D1694374

# Evolutionsbiologie

Daniel Dreesmann – Dittmar Graf – Klaudia Witte (Hrsg.)

# Evolutionsbiologie
## Moderne Themen für den Unterricht

Unter Mitarbeit von Nanette Hänsel

gefördert durch

## Herausgeber

Prof. Dr. Daniel C. Dreesmann  Johannes Gutenberg-Universität Mainz, AG
Didaktik der Biologie, Institut für Zoologie
E-Mail: daniel.dreesmann@uni-mainz.de

Prof. Dr. Dittmar Graf  Technische Universität Dortmund, Fachgruppe Biologie
und Didaktik der Biologie
E-Mail: dittmar.graf@uni-dortmund.de

Prof. Dr. Klaudia Witte  Universität Siegen, Institut für Biologie und Didaktik der Biologie
E-Mail: witte@biologie.uni-siegen.de

**Ergänzende Materialien zum Buch unter** http://extras.springer.com/

**Wichtiger Hinweis für den Benutzer**
Der Verlag, die Autoren und die Herausgeber haben alle Sorgfalt walten lassen, um vollständige und akkurate Informationen in diesem Buch zu publizieren. Der Verlag übernimmt weder Garantie noch die juristische Verantwortung oder irgendeine Haftung für die Nutzung dieser Informationen, für deren Wirtschaftlichkeit oder fehlerfreie Funktion für einen bestimmten Zweck. Der Verlag übernimmt keine Gewähr dafür, dass die beschriebenen Verfahren, Programme usw. frei von Schutzrechten Dritter sind. Die Wiedergabe von Gebrauchsnamen, Handelsnamen, Warenbezeichnungen usw. in diesem Buch berechtigt auch ohne besondere Kennzeichnung nicht zu der Annahme, dass solche Namen im Sinne der Warenzeichen- und Markenschutz-Gesetzgebung als frei zu betrachten wären und daher von jedermann benutzt werden dürften. Der Verlag hat sich bemüht, sämtliche Rechteinhaber von Abbildungen zu ermitteln. Sollte dem Verlag gegenüber dennoch der Nachweis der Rechtsinhaberschaft geführt werden, wird das branchenübliche Honorar gezahlt.

**Bibliografische Information der Deutschen Nationalbibliothek**
Die Deutsche Nationalbibliothek verzeichnet diese Publikation in der Deutschen Nationalbibliografie; detaillierte bibliografische Daten sind im Internet über http://dnb.d-nb.de abrufbar.

Springer ist ein Unternehmen von Springer Science+Business Media, springer.de

© Spektrum Akademischer Verlag Heidelberg 2011
Spektrum Akademischer Verlag ist ein Imprint von Springer

11 12 13 14 15   5 4 3 2 1

Das Werk einschließlich aller seiner Teile ist urheberrechtlich geschützt. Jede Verwertung außerhalb der engen Grenzen des Urheberrechtsgesetzes ist ohne Zustimmung des Verlages unzulässig und strafbar. Das gilt insbesondere für Vervielfältigungen, Übersetzungen, Mikroverfilmungen und die Einspeicherung und Verarbeitung in elektronischen Systemen.

Planung und Lektorat: Dr. Ulrich G. Moltmann
Redaktion: Dipl.-Biol. Nanette Hänsel, Marburg
Satz und Layout: Andreas Franke, SatzWERK, Siegen
Zeichnungen: Kai W. Reinschmidt, Görlitz
Herstellung: Crest Premedia Solutions (P) Ltd, Pune, Maharashtra, India
Umschlaggestaltung: SpieszDesign, Neu-Ulm
Titelbild: Lehrerin: © Fotolia.com, contrastwerkstatt; Tafel: © Fotolia.com, Carolina K. Smith MD;
Kuckuck: © istockphoto, nicoolay; Darwin: © Richard Milner Archive

ISBN: 978-3-8274-2785-4

# Geleitworte

## Dr. Wilhelm Krull,
## Generalsekretär der VolkswagenStiftung, Hannover

Die Erkenntnis, dass Evolution das gesamte heutige Leben geformt hat, gehört zu den Kernaussagen der modernen Biologie. Noch immer ist die Erklärung des Ursprungs und die Entwicklung der Artenvielfalt eine der größten Herausforderungen der biologischen Grundlagenforschung. Zentrale Konzepte der Evolutionstheorie wie Mutation, Selektion und Anpassung können den gesamten Biowissenschaften grundlegende Orientierung geben.

Weltweit boomen daher heute evolutionsbiologische Forschung und Lehre. An deutschen Universitäten und Forschungsinstituten aber war dieses Fach – von wenigen Ausnahmen abgesehen – in den letzten Jahrzehnten kaum nennenswert vertreten. Das war im 19. und frühen 20. Jahrhundert noch anders. Damals arbeiteten so berühmte Evolutionsbiologen wie Ernst Haeckel, August Weismann und Ernst Mayr in Deutschland. Doch während des Nationalsozialismus wurde die Theorie von der Evolution zur Verteidigung von Rassismus und menschenverachtender Eugenik missbraucht, sodass diese Disziplin bis heute in den Lehrplänen deutscher Schulen und Hochschulen ein Schattendasein führt.

Um junge Wissenschaftlerinnen und Wissenschaftler für Evolutionsbiologie zu interessieren, ihnen berufliche Perspektiven in Deutschland zu eröffnen, aber auch eine breitere Öffentlichkeit anzusprechen, startete die VolkswagenStiftung 2005 die Förderinitiative „Evolutionsbiologie".

Im Zentrum dieser Initiative stand die Unterstützung exzellenter junger Forscherinnen und Forscher: Eigenständiges Arbeiten, internationale Vernetzung sowie die Möglichkeit für Auslandsaufenthalte stellten die wesentlichen Rahmenbedingungen dar, die zunächst auf Doktoranden- und später auf Postdoktorandenebene die Grundlage für eine eigene Karriere bieten sollten.

Der eklatante Mangel in Lehre und Ausbildung – und somit auch an Absolventinnen und Absolventen und evolutionsbiologisch arbeitenden Wissenschaftlerinnen und Wissenschaftlern – ließ es jedoch aus Sicht der Stiftung erforderlich erscheinen, mit der Förderung bereits bei der Lehre im Fach Evolutionsbiologie anzusetzen. Vier innovative Ausbildungskonzepte in München, Münster, Tübingen und Potsdam wurden im Zuge zweier Wettbewerbsrunden auf den Weg gebracht. Dabei soll und darf der Unterricht in Evolutionstheorie sich nicht nur auf diejenigen Biologiestudierenden beschränken, die eine Karriere in der Forschung anstreben. Vielmehr müssen Module zur Evolutionstheorie gerade auch integraler Bestandteil der Ausbildung von Lehramtsstudierenden im Fach Biologie sein. Denn sie sind es, die im Schulunterricht die Grundlage für die evolutionsbiologischen Kenntnisse von Schülerinnen und Schülern legen.

Um die Relevanz evolutionsbiologischer Ansätze und Erkenntnisse auch einer breiten Öffentlichkeit zu vermitteln, hat die Stiftung im Vorfeld des Darwinjahrs 2009 einen Ideenwettbewerb ausgeschrieben. In ungewohnten Allianzen zwischen Wissenschaftlern und Partnern wie IKEA oder der Kölner Straßenbahn wurden neue Kommunikationsformate entwickelt und so die Aktualität des Themas einem breiten Publikum anregend nahegebracht. Die von Kölner Kunststudierenden eindrucksvoll gestaltete Darwin-Bahn rollte mehrere Monate lang durch die Domstadt und erlaubte Kölnern und Kölnbesuchern, in ihrem Alltag Evolution zu „erfahren". Fragen rund um die Evolutionstheorie beantworteten ihnen als „Darwin-Scouts" ausgebildete Schülerinnen und Schüler des Biologie-Leistungskurses eines Kölner Gymnasiums.

## Geleitworte

Durch diese und andere öffentlichkeitswirksame Aktionen zur Vermittlung der Evolutionstheorie von Charles Darwin, die im doppelten Jubiläumsjahr 2009 weltweit eine schier unüberschaubare Vielfalt und Vielzahl erreichten, sind die Erkenntnisse des großen Naturforschers auch in Deutschland wieder einer breiteren Öffentlichkeit bekannt geworden.

Doch auch jenseits des viel beachteten Jubiläumsjahres sollen und wollen Lehrerinnen und Lehrer in ihrem Biologieunterricht neue Erkenntnisse der Evolutionstheorie auf anschauliche und zugleich wissenschaftlich fundierte Weise vermitteln. Das vorliegende Buch liefert dafür wertvolle Anregungen und wird dazu beitragen, dass die Evolutionstheorie auf den Lehrplänen von Deutschlands Primar- und Sekundarschulen einen festen und sichtbaren Platz erhält.

*Wilhelm Krull*  
*Hannover, im Mai 2011*

### Prof. Dr. Diethard Tautz,
### Max-Planck-Institut für Evolutionsbiologie, Plön

Evolution ist „*survival of the fittest*". Diese Kurzfassung kommt den meisten wohl noch am schnellsten über die Lippen. Dabei verbirgt sich dahinter eines der größten – und letztlich auch tragischsten – Missverständnisse der Wissenschaftsgeschichte. Denn „fit" wird nur allzu gern als „Stärke" übersetzt. Und daraus wurde zusammen mit anderen verqueren Theorien und Vorurteilen unter anderem das Konzept von „Herrenrassen" konzipiert – mit seinen katastrophalen Folgen während der Nazi-Zeit. Wie gesagt, ein wirklich tragischer Übersetzungsfehler, denn Darwin hat „fit" eben nicht im Sinne von „Stärke", sondern im Sinne von „passend" verstanden. Also ist Evolution nicht das „Überleben des Stärkeren", sondern das „Überleben des besser Angepassten". Anpassungen (oder Adaptationen) sind das A und O der Evolutionsbiologie. Sie begegnen uns in ungeheuer vielfältiger Form und haben in aller Regel sehr wenig mit „Stärke" zu tun. Anpassungen sind optimierte Überlebensstrategien und die können sehr interessante Konstellationen erzeugen. Während zum Beispiel zwei Platzhirsche um ein Rudel Weibchen kämpfen, nutzen andere Männchen die Zeit zur Begattung eines Teils der Weibchen. Beide Strategien sind erfolgreich und können daher koexistieren – wer ist hier der „Stärkere"?

Moderne Evolutionsbiologie ist eng verflochten mit der Suche nach solchen „Strategien" – und das beschränkt sich nicht nur auf das Verhalten. Manche Evolutionsbiologen sind sogar der Meinung, dass selbst einzelne Gene Überlebensstrategien haben. Ein Globin-Gen, das eine höhere Affinität zu Sauerstoff entwickelt, kann zum Beispiel dafür sorgen, dass sein Trägerorganismus in großen Höhen überleben und damit ein neues Habitat erschließen kann. Damit überlebt der Organismus – aber auch das neu entstandene Gen. Molekulargenetik und Genomforschung erlauben uns heute immer tiefere Einblicke, wie solche Adaptationen tatsächlich funktionieren. Und das Aufregendste dabei ist, dass wir erkennen, dass solche Adaptationen quasi in Echtzeit vor unseren Augen ablaufen können. Insbesondere verabschieden wir uns von der Vorstellung, dass Evolution nur in langen Zeiträumen abläuft und wir deren Produkte nur als Fossilien im Museum bestaunen können. Ganz im Gegenteil – wenn man genau hinsieht, findet Evolution überall und ständig statt. Insbesondere auch in unserer direkten Umgebung – also vor unserer Haustür!

# Geleitworte

Wir haben uns in den vergangenen Jahren aus mehreren Gründen darum bemüht, die Metapher „Evolution vor unserer Haustür" zu prägen. Ein Grund ist, dass man Evolutionsprozesse immer dann besonders gut beobachten kann, wenn es zu drastischen Veränderungen von Lebensräumen kommt, die alle darin lebenden Organismen dazu zwingt, neue Überlebensstrategien zu entwickeln. In Mitteleuropa, also vor unserer Haustür, ist das in jüngerer Zeit gleich zwei Mal passiert. Zum einen ist unsere Region noch immer durch die nacheiszeitliche Wiederbesiedlung charakterisiert, die bei vielen eingewanderten Tieren und Pflanzen einen neuen Speziationsprozess in Gang gesetzt hat, auch wenn dieser oft nur unter Zuhilfenahme molekularer Methoden in den Anfängen zu erkennen ist. Die zweite große Veränderung, nämlich der Umbau Mitteleuropas in eine durch den Menschen geprägte Kulturlandschaft, ist erst wenige Jahrhunderte alt, hat aber auch bereits Spuren in neuen evolutionären Anpassungen bis hin zur Entstehung neuer Arten hinterlassen.

Der zweite Grund, warum wir „Evolution vor unserer Haustür" als wichtige Metapher sehen, ist, dass sie vermitteln soll, dass Evolution eine Tatsache ist und es sich eben nicht „nur" um eine Theorie handelt. Denn die zugehörigen Prozesse sind recht greifbar und mit dem geschulten Auge leicht beobachtbar. Es gibt ja immer noch viele Zweifler an der Evolutionstheorie, die nicht glauben können, dass ausschließlich durch den Mechanismus der Selektion zufälliger Varianten komplizierte Anpassungen entstehen können. Tatsächlich verfügt jede existierende Population über eine Vielzahl genetischer Varianten, die bei sich verändernden Umweltbedingungen quasi „abgerufen" werden können. Es ist einfach das Gesetz der großen Zahl: Jeder einzelne Lottospieler weiß, dass er eine extrem kleine Chance auf einen Hauptgewinn hat, aber dennoch gibt es bei fast jeder Ziehung einen Hauptgewinn, einfach weil so viele Spieler beteiligt sind. Ebenso verhält es sich mit Mutationen: Jede einzelne hat eine sehr geringe Chance, zu einer neuen Adaptation zu führen, aber weil in einer natürlichen Population immer sehr viele Mutationen gleichzeitig entstehen, gibt es eben auch kontinuierlich adaptive Mutationen, die zu neuen Anpassungen führen, wenn die Umweltbedingungen das erlauben.

Es ist diese dynamische Betrachtungsweise der Evolutionsbiologie, die sich auch in den hier im Buch vorgestellten Beispielen niederschlägt. Natürlich ist es auch wichtig, den historischen Ablauf der Evolution zu kennen, der ist in den Schulbüchern in der Regel bereits gut abgedeckt. Evolutionsbiologen beschäftigen sich heutzutage aber hauptsächlich mit den Prozessen, die innerhalb von Populationen ablaufen, mit zunehmend tieferen Einblicken in die molekularen Grundlagen. Dazu kommen grundsätzliche Fragen, wie die Entstehung der Arten, die kurz- und langfristigen Vorteile sexueller Fortpflanzung oder die Entstehung kooperativen Verhaltens. Und bei den letzten Themen begegnet die Evolutionsforschung auch der modernen Forschung in der Ökonomie.

Es freut mich, dass dieses Buch zustande gekommen ist. Es stellt eine wunderbare Kombination von Berichten von der vordersten Forschungsfront und Beiträgen von Schulpraktikern dar. Ich bin sicher, dass sich daraus viele Anregungen für den Unterricht gewinnen lassen. Es ist sogar zu hoffen, dass es eine Wende einleiten kann in der Art und Weise wie Evolution im Unterricht präsentiert wird – und damit vielleicht sogar einen Anstoß zum Überdenken des Stellenwerts der Evolutionsbiologie im Lehrplan geben kann.

*Diethard Tautz*                                                      *Plön, im Juni 2011*

# Vorwort

Seit Charles Darwin vor mehr als 150 Jahren zum ersten Mal seine Evolutionstheorie veröffentlichte, sind zahlreiche Metaphern aufgestellt worden, die der außerordentlichen Bedeutung der Evolutionstheorie für die Biologie angemessen Ausdruck verleihen sollen. Die vielleicht beste und am meisten zitierte Formulierung stammt von Theodosius Dobzhansky. Sie besagt, dass Biologie ohne Evolution sinnlos sei[1]. Über ihre Bedeutung für die Biologie hinaus tragen evolutionäre Betrachtungen Entscheidendes zum Selbst- und Weltbild des Menschen bei. Ein angemessenes Bild von uns selbst können wir nur herausbilden, wenn wir akzeptieren, dass wir uns in langen, durch Zufälle angetriebenen Prozessen in natürlicher Weise aus affenartigen Vorfahren entwickelt haben, auch wenn es – auch heute noch – den einen oder anderen in seinem Stolz kränken mag.

Leider wird der schulische Biologieunterricht der Bedeutung des Themas „Evolution" nur bedingt gerecht. Zwar kommt die Evolution in den Biologie-Bildungsstandards[2] für den mittleren Bildungsabschluss als Basiskonzept vor, dort aber aufs Unglücklichste zusammengespannt mit dem Thema „Ontogenese". In der Oberstufe bildet Evolution oft einen die anderen Themen integrierenden Abschluss. Es ist jedoch nicht angemessen, der Wissenschaft Biologie, um bei Dobzhanskys Bild zu bleiben, erst am Ende der Schulzeit – quasi nachträglich – Sinn zu verleihen. Vielmehr muss das sinnstiftende Element der Evolutionsbiologie von Anfang an, d. h. schon in der Grundschule eingeführt werden. Das Thema sollte nicht nur in jedem Biologieunterricht mitgedacht und mitbedacht werden, sondern es muss in verschiedenen Altersstufen im Sinne eines Spiralcurriculums immer wieder als eigenständiges Thema aufgegriffen werden.

Bis heute gibt es nur vergleichsweise wenige bewährte Unterrichtsvorschläge zur Evolutionsbiologie. Diese sind zudem teilweise veraltet und werden der aktuellen Evolutionsforschung nicht gerecht.

Für dieses Buch ist es uns gelungen, Autorenteams aus Evolutionsbiologen und Schulpraktikern zu gewinnen, die gemeinsam die neuste Wissenschaft für die Schule aufgearbeitet und dabei neue Ideen für den Unterricht entwickelt haben. Somit ist sichergestellt, dass die wissenschaftliche Aktualität der Themengebiete didaktisch angemessen aufbereitet dem Leser / der Leserin zur Verfügung gestellt wird.

Jedes Kapitel beginnt mit einer ansprechenden, verständlichen und aktuellen fachwissenschaftlichen Einführung in das Thema und wie man es im Unterricht umsetzen kann. In den einzelnen Kapiteln werden dann interessante und innovative Unterrichtsmaterialien für verschiedene Schulstufen angeboten. Diese wurden so konzipiert, dass ihre Gültigkeit und Aktualität möglichst lange gewährleistet bleibt. Der modulare Aufbau und das als online abrufbare Material gestatten es, Themen einzeln aufzugreifen und entsprechend den eigenen Anforderungen in den Unterricht schnell und bequem zu integrieren. Die veränderbaren Unterrichtsmaterialien, die Lösungen dazu, Grafiken und Abbildungen sowie weitere spannende Zusatzmaterialien wie Audiodateien finden Sie auch online unter *http://extras.springer.com/* (bei Eingabe der ISBN).

---

[1] „Nothing in biology makes sense except in the light of evolution.": „Nichts in der Biologie ergibt einen Sinn außer im Lichte der Evolution."

[2] Das vorliegende Buch ist so konzipiert, dass es möglichst langfristig den Evolutionsunterricht bereichert. Aus diesem Grund wurde bewusst darauf verzichtet, sich zu eng an didaktische Entwicklungen zu binden, die sich aktuell im Fluss befinden und deren nachhaltige Bedeutsamkeit bis heute nicht endgültig feststeht und die zudem noch von Bundesland zu Bundesland unterschiedlich ausgelegt werden. Außerdem erscheint es uns nicht sinnvoll, mögliche Einsatzszenarien der Unterrichtsvorschläge durch Angabe zum Beispiel von zu erwerbenden Kompetenzen didaktisch unnötig zu begrenzen. Konkret haben wir uns als Herausgeber dagegen entschieden, in den einzelnen Unterrichtsvorschlägen auf Standards und Kompetenzen zu verweisen. Wir überlassen es vielmehr den Nutzerinnen und Nutzern dieses Buches, den Inhalt der Kapitel in geeigneter Weise in ihren Unterricht zu integrieren und entsprechende Zuordnungen selbst vorzunehmen.

# Danksagung

Das Spektrum der unterrichtlichen Aufarbeitungen umfasst alle Altersstufen, von der Grundschule bis zur Sekundarstufe II. Die Vielfalt der Themengebiete lässt sich in folgende Bereiche untergliedern:

- Vorstellungen von Schülern zur Evolution: Wie greife ich Ideen und Vorstellungen von Schülern im Unterricht auf und „spinne den Faden" weiter?
- Von Medikamentenresistenzen bis Lebenszyklen: Evolution im Spiegel der Zeit und im Alltag
- Bänderschnecken, Kuckuck und Groppe: Neue Fragestellungen der Evolutionsbiologie an Modellsystemen kennenlernen
- Evolutionäre Verwandtschaftsverhältnisse: Durch Computer gestützte Verfahren Stammbäume besser verstehen
- Ob gewollt oder nicht: Evolution und Schöpfung sind immer wieder Themen im Unterricht.

Wir wünschen uns, dass dieses Buch „Schule macht" und von den Lehrkräften intensiv genutzt wird.

## Danksagung

Die Idee zu diesem Buch entstand auf dem vom Institut für Genetik (Abt. Evolutionsgenetik) der Universität zu Köln organisierten Workshop „Evolution und Schule" im Rahmen der Initiative Evolutionsbiologie der VolkswagenStiftung, der im Dezember 2007 stattfand.

Wir bedanken uns bei der VolkswagenStiftung, die durch die großzügige finanzielle Förderung den erwähnten Workshop und unser Buchprojekt erst möglich gemacht hat. Hier gilt unserer besonderer Dank Frau Dr. Henrike Hartmann, die sich als verantwortliche Programmmanagerin für das Thema Evolution und Schule hat begeistern lassen und die Entstehung dieses Buches mit Wohlwollen und Interesse begleitet hat. Dem Generalsekretär der VolkswagenStiftung, Herrn Dr. Wilhelm Krull, danken wir für sein Geleitwort. Ebenfalls danken wir dem Präsidenten des Verbands Biologie, Biowissenschaften und Biomedizin, Herrn Prof. Dr. Diethard Tautz (Max-Planck-Institut für Evolutionsbiologie, Plön), für seine einführenden Worte. Er hat dieses Projekt ebenfalls von Anfang an nachdrücklich unterstützt.

Den verantwortlichen Lektoren des Spektrum-Verlags, Herrn Dr. Ulrich Moltmann und Frau Barbara Lühker, danken wir nicht nur für ihr Interesse, ein „Schulbuch" in das Verlagsprogramm aufzunehmen, sondern auch für die geduldige Begleitung der „Evolution" dieses Buches.

Frau Dipl.-Biol. Nanette Hänsel (Marburg) hat als Fachredakteurin die nicht in allen Phasen des Projektes leichte Aufgabe übernommen, die Verschiedenartigkeit der Manuskripte in die vorliegende, wie wir finden, gelungene Form zu bringen. Hierfür sei ihr herzlichst gedankt.

*Mainz, Dortmund und Siegen, im Juni 2011*

*Daniel Dreesmann, Dittmar Graf, Klaudia Witte*

# Herausgeber

Prof. Dr. **Daniel Dreesmann**, geb. 1967, Studium der Biologie und Chemie in Konstanz, Göttingen und an der Rutgers University (New Jersey, USA), Dipl. Biol., Promotion ETH Zürich, Habilitation Universität zu Köln. Wiss. Mitarbeiter an der Universität zu Köln und dem Forschungszentrum Jülich (PtJ). Seit 2010 Professor für Didaktik der Biologie an der Johannes Gutenberg-Universität Mainz. Mitherausgeber der Zeitschrift „Praxis der Naturwissenschaften – Biologie in der Schule". Aktuelle Forschungsschwerpunkte: Vom Labor ins Klassenzimmer: Fachdidaktische Bearbeitung aktueller Themen für den Unterricht; Wissenschaft und Öffentlichkeit.

Prof. Dr. **Dittmar Graf**, geb. 1955, Studium der Biologie und Geographie in Gießen, Dipl. Biol., Tätigkeiten als Dozent an der TU Braunschweig und als Studienrat i. H. an der Universität Gießen; Inhaber des Lehrstuhls für Biologie und ihre Didaktik an der TU Dortmund, Sprecher der Biologiedidaktiker in Nordrhein-Westfalen, Mitherausgeber der Zeitschrift „Der Mathematische und Naturwissenschaftliche Unterricht". Aktuelle Forschungsschwerpunkte: Evolutionsdidaktik, Begriffserwerb, Handlungsgenese.

Prof. Dr. **Klaudia Witte**, geb. 1963, Studium der Biologie in Bochum, Dipl. Biol., Promotion an der Ruhr-Universität Bochum, Postdoc an der UT (Texas), Habilitation Universität Bielefeld, Gastprofessur an der UQAM (Montreal). Seit 2006 Professorin für Ökologie und Verhaltensbiologie an der Universität Siegen. Aktuelle Forschungsschwerpunkte: Sexuelle Selektion, Lebenslaufstrategien & Artenschutz.

# Inhaltsverzeichnis

Geleitworte ............................................................................................................... 5
Vorwort ..................................................................................................................... 9
Danksagung ............................................................................................................. 10
Herausgeber ............................................................................................................ 11
Autorenverzeichnis ................................................................................................. 21

## Teil I
## Schülervorstellungen zur Evolution                                                      23

### Dittmar Graf und Elena Hamdorf
### 1 Evolution: Verbreitete Fehlvorstellungen zu einem zentralen Thema        25
  1.1 Fachinformationen ....................................................................................... 25
    1.1.1 Einleitung ........................................................................................... 25
    1.1.2 Lernen auf konstruktivistischer Grundlage ...................................... 25
    1.1.3 „Einfachheit der Evolutionstheorie" ................................................. 28
    1.1.4 „Evolution ist nur eine Theorie" ....................................................... 29
    1.1.5 Fehlvorstellungen zum Evolutionsbegriff ........................................ 30
    1.1.6 Fehlvorstellungen zur Zeitdimension ............................................... 32
    1.1.7 Schwierigkeiten, Evolutionsmechanismen zu verstehen ................. 34
    1.1.8 Angebliche Nicht-Wissenschaftlichkeit der Evolutionstheorie ....... 36
    1.1.9 Evolutionstheorie, Glaube und Intelligent Design ........................... 37
    1.1.10 Fehlvorstellungen zur Artenentstehung ............................................ 38
    1.1.11 Vermeitlich fehlende Übergangsformen ........................................... 39
    1.1.12 Schlussbemerkungen ......................................................................... 39
  1.2 Literatur ...................................................................................................... 40

### Brunhilde Marquardt-Mau und Regina Rojek
### 2 Kinder auf den Spuren Charles Darwins – Evolutionsbiologie im Sachunterricht    43
  2.1 Fachinformationen ....................................................................................... 43
    2.1.1 Einleitung ........................................................................................... 43
    2.1.2 Das biologische Konzept der Angepasstheit von Lebewesen an ihren Lebensraum ............................................................................. 44
    2.1.3 Boden – ein Lebensraum ................................................................... 44
    2.1.4 Steckbrief Regenwürmer ................................................................... 46

## 2.2 Unterrichtspraxis ... 48
- 2.2.1 Scientific literacy als Ziel naturwissenschaftlicher Grundbildung im Sachunterricht ... 48
- 2.2.2 Vorstellungen der Kinder ... 49
- 2.2.3 Was ist beim biologischen Konzept der Angepasstheit zu berücksichtigen? ... 50
- 2.2.4 Evolution konkret – oder warum können Regenwürmer im Boden leben? ... 52
- 2.2.5 Fazit ... 56

## 2.3 Unterrichtsmaterialien ... 57
## 2.4 Literatur ... 62

**Walter Leditzky und Günther Pass**

## 3 Die Bedeutung der Sexualität für Evolutionsprozesse – wissenschaftliche Konzepte, Schülervorstellungen, Lehrpläne und Schulbücher ... 65

### 3.1 Fachinformationen ... 65
- 3.1.1 Einleitung ... 65
- 3.1.2 Hintergrundwissen ... 66
- 3.1.3 Veränderung und Abwandlung von Sexualität ... 70
- 3.1.4 Unterrichtsperspektive ... 72
- 3.1.5 „Sexualität und Evolution" in den österreichischen AHS-Lehrplänen ... 73
- 3.1.6 „Sexualität und Evolution" in den Schulbüchern ... 74
- 3.1.7 Schülervorstellungen zu „Sexualität und Evolution" ... 78
- 3.1.8 Diskussion ... 81

### 3.2 Unterrichtspraxis ... 85
- 3.2.1 Didaktische Rekonstruktion des Themas ... 85
- 3.2.2 Ideen für den Unterricht ... 86

### 3.3 Unterrichtsmaterialien ... 87
### 3.4 Literatur ... 89

# Teil II
# Vielfältige Evolution ... 93

**Jonathan Jeschke und Ernst Peller**

## 4 Von r-Strategen und K-Strategen sowie schnellen und langsamen Lebenszyklen ... 95

### 4.1 Fachinformationen ... 95
- 4.1.1 Einleitung ... 95
- 4.1.2 Historische Entwicklung des r/K-Konzepts ... 95
- 4.1.3 Probleme des r/K-Konzepts ... 100
- 4.1.4 Ein Nachfolgekonzept: schnelle und langsame Lebenszyklen (*fast/slow*-Konzept) ... 101
- 4.1.5 r/K-Konzept und *fast/slow*-Konzept im Vergleich ... 105

### 4.2 Unterrichtspraxis ... 105
### 4.3 Unterrichtsmaterialien ... 107
### 4.4 Literatur ... 113

**Rebecca Meredith, Meike Wittmann und Pleuni Pennings**

## 5 Evolution von Medikamentenresistenzen — 115
- 5.1 Fachinformationen — 115
  - 5.1.1 Einleitung — 115
  - 5.1.2 Malaria — 116
  - 5.1.3 HI-Virus und AIDS — 121
  - 5.1.4 Bakterien — 127
  - 5.1.5 Krebs — 132
  - 5.1.6 Fazit — 138
- 5.2 Unterrichtspraxis — 139
  - 5.2.1 Nähere Erläuterungen zu den Unterrichtsmaterialien — 140
- 5.3 Unterrichtsmaterialien — 141
- 5.4 Literatur — 149

**Uwe Hoßfeld, Lennart Olsson und Georgy S. Levit**

## 6 Evolutionäre Entwicklungsbiologie (Evo-Devo) — 151
- 6.1 Fachinformationen — 151
  - 6.1.1 Einleitung — 151
  - 6.1.2 (Evolutionäre) Entwicklungsbiologie im Unterricht — 152
  - 6.1.3 Von der Präformation und Epigenese zur Embryologie — 153
  - 6.1.4 Haeckels Ideen über Phylogenie und Ontogenie — 155
  - 6.1.5 Evolutionäre Entwicklungsbiologie – eine neue Synthese? — 162
  - 6.1.6 Embryologie und Entwicklungsbiologie in Schulbüchern der Biologie — 165
- 6.2 Unterrichtspraxis — 168
  - 6.2.1 Beobachtungen und Experimente an Froschembryonen und Kaulquappen — 168
- 6.3 Unterrichtsmaterialien — 170
- 6.4 Literatur — 174

**Christina Beck**

## 7 Genetik, Ökologie und Verhaltensbiologie aus evolutionsbiologischer Sicht — 181
- 7.1 Fachinformationen — 181
  - 7.1.1 Einleitung — 181
  - 7.1.2 Biologie im Licht der Evolution — 181
- 7.2 Unterrichtspraxis — 182
  - 7.2.1 Anregungen für die Genetik — 182
  - 7.2.2 Anregungen für die Ökologie — 186
  - 7.2.3 Anregungen für die Verhaltensbiologie — 190
- 7.3 Unterrichtsmaterialien — 195
  - 7.3.1 Anregungen für die Genetik — 195
  - 7.3.2 Anregungen für die Ökologie — 196
  - 7.3.3 Anregungen für die Verhaltensbiologie — 198
- 7.4 Literatur — 202

## Teil III
## Modellorganismen der Evolutionsbiologie     203

Christian Anton, Oliver Bossdorf und Egbert Weisheit
### 8 Evolution vor unserer Haustür entdecken: Das Projekt „Evolution MegaLab"     205
    8.1    Fachinformationen ........................................................................................... 205
            8.1.1    Einleitung ............................................................................................ 205
            8.1.2    Variation, Selektion und Adaptation bei Bänderschnecken .................. 206
            8.1.3    Schnelle Evolution .............................................................................. 209
            8.1.4    Das Evolution MegaLab ..................................................................... 210
    8.2    Unterrichtspraxis ................................................................................................ 212
            8.2.1    Bänderschnecken im Biologieunterricht............................................... 212
    8.3    Unterrichtsmaterialien ....................................................................................... 213
    8.4    Literatur .............................................................................................................. 215

Claudia Fichtel, Elisabeth Scheiner und Bettina Maack
### 9 Über die Kommunikation bei nicht menschlichen Primaten und die Evolution von Sprache     217
    9.1    Fachinformationen ........................................................................................... 217
            9.1.1    Einleitung ............................................................................................ 217
            9.1.2    Olfaktorische Kommunikation ............................................................ 217
            9.1.3    Visuelle Kommunikation .................................................................... 220
            9.1.4    Akustische Kommunikation ................................................................ 225
            9.1.5    Evolution von Sprache ........................................................................ 231
            9.1.6    Exkurs: Grundlagen der Kommunikation ............................................ 233
            9.1.7    Exkurs: Signale und Evolutionsmechanismen ..................................... 236
    9.2    Unterrichtspraxis ................................................................................................ 237
    9.3    Unterrichtsmaterialien ....................................................................................... 239
    9.4    Literatur .............................................................................................................. 253

Walter Salzburger und Hans-Peter Ziemek
### 10 Buntbarsche – Modellorganismen für die wissenschaftsorientierte Bearbeitung der Evolutionsbiologie in der Schule     259
    10.1    Fachinformationen .......................................................................................... 259
            10.1.1    Einleitung ........................................................................................... 259
            10.1.2    Buntbarsche in der Forschung ............................................................ 260
            10.1.3    Buntbarsche mal anders betrachtet ..................................................... 262
    10.2    Unterrichtspraxis .............................................................................................. 270
            10.2.1    Buntbarsche in der Schule .................................................................. 270
            10.2.2    Buntbarsche außerhalb der Schule ..................................................... 272
    10.3    Unterrichtsmaterialien ..................................................................................... 273
    10.4    Literatur ............................................................................................................ 277

**Klaudia Witte, Ursula Wussow und Steffen Pröhl**

## 11 Der europäische Kuckuck – ein Erfolgsmodell der Evolution — 279

11.1 Fachinformationen .................................................................................. 279
    11.1.1 Einleitung ...................................................................................... 279
    11.1.2 Kuckucke und ihre Fortpflanzungsstrategien im Überblick ................. 280
    11.1.3 Wettrüsten zwischen den Arten – allgemeine Überlegungen
          zum Anpassungsprozess ................................................................. 281
    11.1.4 Evolutive Wechselwirkungen zwischen Kuckuck und Wirtsvogel ....... 281
    11.1.5 Was stimuliert die Zieheltern? Experimente zur Fütterung
          eines jungen Kuckucks .................................................................... 286
    11.1.6 Weitere Bettelruf-Untersuchungen ................................................... 290
    11.1.7 Experimente zu Warnrufen .............................................................. 293
    11.1.8 Evolutionsbiologen versus Evolutionskritiker ..................................... 296
11.2 Unterrichtspraxis ..................................................................................... 296
    11.2.1 (Evolutions-)Biologie des europäischen Kuckucks .............................. 296
11.3 Unterrichtsmaterialien ............................................................................. 299
    11.3.1 Unterrichtsmaterialien für die Grundschule ....................................... 299
    11.3.2 Unterrichtsmaterialien für die Realschule, das Gymnasium
          und die Gesamtschule (Sek. I) ......................................................... 300
    11.3.3 Unterrichtsmaterialien für das Gymnasium (Sek. II) ........................... 315
11.4 Literatur .................................................................................................. 319

**Katharina Ley, Kathryn Stemshorn und Daniel Dreesmann**

## 12 Aus zwei mach drei – Artbildungsprozesse bei der Groppe — 321

12.1 Fachinformationen .................................................................................. 321
    12.1.1 Einleitung ...................................................................................... 321
    12.1.2 Mögliche Mechanismen zur Entstehung neuer Arten .......................... 322
    12.1.3 Vor unserer Haustür: Bildung einer neuen Groppenart ....................... 327
    12.1.4 Artensteckbrief ............................................................................... 329
12.2 Unterrichtspraxis ..................................................................................... 330
    12.2.1 Artentstehung durch Hybridisierung – die Groppe konkret im Unterricht ....... 331
12.3 Unterrichtsmaterialien ............................................................................. 333
12.4 Literatur .................................................................................................. 343

**Anuschka Fenner und Nicola Lammert**

## 13 Zahmer Pelz mit wilden Wurzeln – die rasante Haustierwerdung des Silberfuchses — 345

13.1 Fachinformationen .................................................................................. 345
    13.1.1 Einleitung ...................................................................................... 345
    13.1.2 Die zahmen Füchse aus Sibirien ...................................................... 347
    13.1.3 „Auf das Schaf gekommen" – die Domestikation unserer heutigen Nutztiere ... 351
    13.1.4 Vom Wolf zum Wuff – die Domestikation des Wolfes ........................ 354
    13.1.5 Viele Veränderungen – auf der Suche nach Zusammenhängen ........... 355
    13.1.6 Das Experiment geht weiter – aktuelle Forschung beim Silberfuchs .... 358

13.2 Unterrichtspraxis ............................................................................................ 359
    13.2.1 Evolutionsbiologie in der Sekundarstufe I ...................................... 360
    13.2.2 Einstieg und Problemgewinnung .................................................... 361
    13.2.3 Unterrichtsabschnitte zum Silberfuchs ........................................... 363
13.3 Unterrichtsmaterialien ................................................................................... 367
13.4 Literatur .......................................................................................................... 373

# Teil IV
# Stammbäume und Verwandtschaftsverhältnisse     375

**Janina Jördens, Roman Asshoff und Harald Kullmann**

## 14 Stammbäume lesen und verstehen     377
14.1 Fachinformationen ......................................................................................... 377
    14.1.1 Einleitung .......................................................................................... 377
    14.1.2 Die Geschichte des Stammbaums .................................................... 377
    14.1.3 Prinzipien der phylogenetischen Systematik .................................. 380
    14.1.4 Welche Informationen stecken in einem Stammbaum? ................. 384
14.2 Unterrichtspraxis ............................................................................................ 388
    14.2.1 Biologische Arbeitsweisen ............................................................... 388
    14.2.2 Das Thema Evolution im Unterricht ................................................ 389
    14.2.3 Die Unterrichtsmaterialien im Überblick ........................................ 390
14.3 Unterrichtsmaterialien ................................................................................... 391
    14.3.1 Unterrichtsmaterialien für die Unterstufe (Klasse 5–6) .................. 391
    14.3.2 Unterrichtsmaterialien für die Unterstufe bis Mittelstufe (Klasse 5–9) .............. 393
    14.3.3 Unterrichtsmaterialien für die Mittelstufe (Klasse 7–9) ................. 394
    14.3.4 Unterrichtsmaterialien für die Oberstufe (Klasse 10–12) ............... 399
14.4 Literatur .......................................................................................................... 403

**Anuschka Fenner und Röbbe Wünschiers**

## 15 Von den Gebeinen Lucys zu dem Genom des Neandertalers     405
15.1 Fachinformationen ......................................................................................... 405
    15.1.1 Einleitung .......................................................................................... 405
    15.1.2 Lucy und die Neandertaler .............................................................. 406
    15.1.3 Paläogenetik ..................................................................................... 408
15.2 Unterrichtspraxis ............................................................................................ 412
    15.2.1 Vorstellung von drei Unterrichtsmodulen ...................................... 412
15.3 Unterrichtsmaterialien ................................................................................... 427
    15.3.1 Unterrichtsmaterialien für den 1. Unterrichtsabschnitt ................. 427
    15.3.2 Unterrichtsmaterialien für den 2. Unterrichtsabschnitt ................. 441
    15.3.3 Unterrichtsmaterialien für den 3. Unterrichtsabschnitt ................. 448
15.4 Literatur .......................................................................................................... 457

**Vanessa DI Pfeiffer, Christine Glöggler, Stephanie Hahn und Sven Gemballa**

## 16 Wie DNA helfen kann, die Verwandtschaft der Menschenaffen zu verstehen — 461
16.1 Fachinformationen .................................................................. 461
    16.1.1 Einleitung ................................................................. 461
    16.1.2 Theoretischer Überblick .......................................... 463
    16.1.3 Durchführen einer Verwandtschaftsanalyse ............ 466
16.2 Unterrichtspraxis .................................................................. 473
    16.2.1 Einbindung in den Unterricht ................................. 473
    16.2.2 Unterrichtsvorschlag für den Sekundarbereich II .... 474
16.3 Unterrichtsmaterialien .......................................................... 476
16.4 Literatur ................................................................................ 481

# Teil V
# Evolution und Schöpfung — 483

**Karl Peter Ohly**

## 17 Evolutionstheorie und Schöpfungslehre im Biologieunterricht — 485
17.1 Fachinformationen .................................................................. 485
    17.1.1 Einleitung ................................................................. 485
    17.1.2 Was unterscheidet naturwissenschaftliches Wissen von religiösen Überzeugungen? ............................... 486
    17.1.3 Was ist naturwissenschaftlichem Arbeiten vorausgesetzt? ......................................................... 487
    17.1.4 Was unterscheidet gute Wissenschaft von schlechter? ........................................................ 488
    17.1.5 Religiöse Positionen zur Evolutionstheorie ............. 491
    17.1.6 Schlussbetrachtung .................................................. 500
17.2 Literatur ................................................................................ 502

**Thomas Waschke und Christoph Lammers**

## 18 Evolutionstheorie im Biologieunterricht – (k)ein Thema wie jedes andere? — 505
18.1 Fachinformationen .................................................................. 505
    18.1.1 Einleitung ................................................................. 505
    18.1.2 Einflussfaktoren für die Ablehnung der Evolutionstheorie aus religiöser Perspektive ................................ 506
    18.1.3 Vorurteile in Bezug auf Wissenschaft und Evolutionstheorie ...................... 509
    18.1.4 Zur (Un-)Vereinbarkeit von Evolutionstheorie und Glauben ............ 514
    18.1.5 Mögliche Widerstände auf verschiedenen Ebenen: Wer könnte sich gegen eine Evolutionstheorie im Unterricht stellen? ..................... 516
18.2 Unterrichtspraxis .................................................................. 520
    18.2.1 Vorüberlegungen ...................................................... 520
    18.2.2 Wichtige Inhalte ....................................................... 522
    18.2.3 Wie reagieren Schüler auf die Bedrohung ihrer Weltanschauung? Tipps für den Unterricht ............ 525
    18.2.4 Ausblick ................................................................... 531
18.3 Literatur ................................................................................ 532

## Inhaltsverzeichnis

**Bildnachweis** 535
**Stichwortverzeichnis** 537

# Autorenverzeichnis

**Dr. Roman Asshoff**
Westfälische Wilhelms-Universität Münster, Zentrum für Didaktik der Biologie,
D-48143 Münster

**Dr. Christian Anton**
Nationale Akademie der Wissenschaften,
D-06108 Halle/Saale

**Dr. Oliver Bossdorf**
Universität Bern, Institut für Pflanzenwissenschaften,
CH-3013 Bern

**Dr. Christina Beck**
Max-Planck-Gesellschaft, Referat für Presse und Öffentlichkeitsarbeit,
D-80539 München

**Prof. Dr. Daniel Dreesmann**
Johannes Gutenberg-Universität, Institut für Zoologie, AG Didaktik der Biologie,
D-55128 Mainz

**StR Anuschka Fenner**
TU Dortmund, FG Biologie und Didaktik der Biologie,
D-44227 Dortmund

**Dr. Claudia Fichtel**
Deutsches Primatenzentrum GmbH, Leibniz-Institut für Primatenforschung, Abteilung Verhaltensökologie und Soziobiologie,
D-37077 Göttingen

**Prof. Dr., StR Sven Gemballa**
Uhlandgymnasium Tübingen,
D-72070 Tübingen

**StR Christine Glöggler**
Hans und Sopie Scholl-Gymnasium Ulm, D-89077 Ulm

**Prof. Dr. Dittmar Graf**
TU Dortmund, FG Biologie und Didaktik der Biologie,
D-44227 Dortmund

**Elena Hamdorf B.A.**
TU Dortmund, FG Biologie und Didaktik der Biologie,
D-44227 Dortmund

**Stephanie Hahn Referend.**
Eugen-Bolz-Gymnasium Rottenburg,
D-72108 Rottenburg

**Prof. Dr. Uwe Hoßfeld**
Friedrich-Schiller-Universität Jena, AG Biologiedidaktik, Biologisch-Pharmazeutische Fakultät, D-07743 Jena

**Dr. Jonathan Jeschke**
Ludwig-Maximilians-Universität München, Department Biologie II, Ökologie,
D-82152 Planegg-Martinsried

**Dipl. Biol. Janina Jördens**
Westfälische Wilhelms-Universität Münster, Zentrum für Didaktik der Biologie,
D-48143 Münster

**Dr. Harald Kullmann**
Westfälische Wilhelms-Universität Münster, Zentrum für Didaktik der Biologie,
D-48143 Münster

**Christoph Lammers M.A.**
TU Dortmund, FG Biologie und Didaktik der Biologie,
D-44227 Dortmund

**Dipl. Biol. Nicola Lammert**
TU Dortmund, FG Biologie und Didaktik der Biologie,
D-44227 Dortmund

**Walter Leditzky Mag.**
Bundesrealgymnasium Wien 19,
A-1090 Wien

**Dr. Georgy Levit**
Friedrich-Schiller-Universität Jena, AG Biologiedidaktik, Biologisch-Pharmazeutische Fakultät,
D-07743 Jena

**Katharina Ley Referend.**
D-51373 Leverkusen

**Bettina Maack**
D-64807 Dieburg

**Prof. Dr. Brunhilde Marquardt-Mau**
Universität Bremen, FB 12, Interdisziplinäre Sachbildung/ Sachunterricht,
D-28334 Bremen

**Rebecca Meredith M.S.**
USA-98102 Seattle, WA

**Dr. Karl-Peter Ohly**
D-60437 Frankfurt am Main

**Prof. Dr. Lennart Olsson**
Friedrich-Schiller-Universität Jena, Institut für Spezielle Zoologie und Evolutionsbiologie,
D-07743 Jena

# Autorenverzeichnis

**Prof. Dr. Günther Pass**
Universität Wien, Department
für Evolutionsbiologie,
A-1090 Wien

**OStR Ernst Peller**
Gymnasium Kirchseeon,
D-85614 Kirchseeon

**Dr. Pleuni Pennings**
4094 Biological Laboratories,
Harvard University,
USA-02138 Cambridge, MA

**Dr. Vanessa D.I. Pfeiffer**
Universität Duisburg-Essen,
Didaktik der Biologie,
D-45127 Essen

**Dr. Regina Rojek**
Universität Bremen, FB 12,
Interdisziplinäre Sachbildung/
Sachunterricht,
D-28334 Bremen

**OStR Steffen Pröhl**
Gesamtschule Eiserfeld,
D-57080 Siegen

**Ass. Prof.**
**Dr. Walter Salzburger**
Universität Basel, Zoologisches
Institut, Evolutionsbiologie,
CH-4051 Basel

**Dr. Elisabeth Scheiner**
Ecole d'Humanité,
CH-6085 Hasliberg-Goldern

**Dr. Kathryn Stemshorn**
Universität zu Köln, Cologne
Center for Genomics (CCG),
D-50931 Köln

**OStR Thomas Waschke**
Wilhelm-von-Oranien-Schule,
D-35683 Dillenburg

**StR Egbert Weisheit**
Studienseminar für Gymnasien
in Kassel,
D-34233 Fuldatal

**Prof. Dr. Klaudia Witte**
Universität Siegen, Department
Chemie-Biologie,
Abteilung Biologie,
D-57068 Siegen

**Meike Wittmann**
Ludwig-Maximilians-
Universität München,
Department Biologie II,
D-82152 Martinsried

**Prof. Dr. Röbbe Wünschiers**
Hochschule Mittweida,
Fakultät MNI,
D-09648 Mittweida

**Ursula Wussow**
Realschule am Kreuzberg,
D-57250 Netphen

**Prof. Dr. Hans-Peter Ziemek**
Justus-Liebig-Universität,
Institut für Biologiedidaktik,
D-35394 Gießen

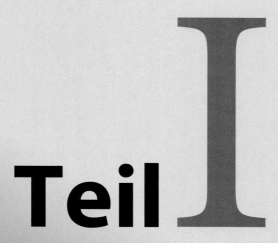

# Teil I

## Schülervorstellungen zur Evolution

Dittmar Graf und Elena Hamdorf
1 Evolution: Verbreitete Fehlvorstellungen zu einem zentralen Thema

Brunhilde Marquardt-Mau und Regina Rojek
2 Kinder auf den Spuren Charles Darwins – Evolutionsbiologie im Sachunterricht

Walter Leditzky und Günther Pass
3 Die Bedeutung der Sexualität für Evolutionsprozesse – wissenschaftliche Konzepte, Schülervorstellungen, Lehrpläne und Schulbücher

**Dittmar Graf und
Elena Hamdorf**

# 1 Evolution: Verbreitete Fehlvorstellungen zu einem zentralen Thema

## 1.1 Fachinformationen

### 1.1.1 Einleitung

„Anscheinend habe ich nie die Evolutionstheorie im Unterricht durchgenommen, da ich erschreckend wenig weiß. Alles sind eigentlich nur Vermutungen. Dabei habe ich gedacht, es wäre bestimmt vorgekommen und ich hätte es nur vergessen. Aber das, was ich weiß oder glaube zu wissen, ist Alltagswissen beziehungsweise -denken!" (Teilnehmerin einer Befragung unter Biologie-Studierenden zum Thema Evolution, die Biologie in der Schule als Leistungskurs hatte).

### 1.1.2 Lernen auf konstruktivistischer Grundlage

In den 90er-Jahren des vergangenen Jahrhunderts kam es zu einem Paradigmenwechsel bezüglich der Art und Weise, wie schulisches Lernen angeregt, gefördert beziehungsweise optimiert werden sollte. Im Zuge dieser sogenannten „konstruktivistischen Wende" hat sich die Auffassung durchgesetzt, dass Lernakte Konstruktionsleistungen der Gehirne von Lernenden sind, die neue Informationen **auf der Basis ihres Vorwissens** interpretieren, damit harmonisieren und entsprechend in ihre vorhandene Wissensstruktur einbauen. Lernen ist also immer entscheidend davon abhängig, was ein Mensch bereits gelernt hat. So kann es vorkommen (und ist nicht einmal unwahrscheinlich), dass die gleiche im Unterricht gegebene Information bei verschiedenen Personen zu ganz anderen Vorstellungen und damit auch zu unterschiedlichen Lernergebnissen führt (Abb. 1.1).

Schüler besitzen zu vielen schulischen Inhalten bereits vor Beginn des Unterrichtens implizite oder auch explizite Vorstellungen, deren Basis durch außerunterrichtliche Informationsquellen aller Art und natürlich durch vorhergehenden Unterricht geschaffen sein kann.

# 1 Evolution: Verbreitete Fehlvorstellungen zu einem zentralen Thema

**Abb. 1.1** Je nach Vorwissen unterschiedliche Vorstellungen zum Thema „Entstehung des Menschen"

Selbst wenn zu einem bestimmten Unterrichtsthema keine Vorstellungen vorhanden sind, wird die neu erworbene Information mit bestehendem Wissen aus anderen Gebieten in Einklang gebracht. Aus diesem konstruktivistischen Paradigma ergibt sich die didaktische Notwendigkeit, das Vorwissen und die Vorerfahrungen der Schüler bezüglich des Lerngegenstands vor Beginn des Unterrichts zu ermitteln.

## Fehlvorstellungen – Probleme und Konsequenzen für den Unterricht

### Info

In Fachkreisen wird der Terminus **„Fehlvorstellung"** gelegentlich wegen seines normativ-wertenden Charakters im didaktischen Kontext kritisiert und daher eher selten gebraucht. Meist werden – insbesondere, wenn die Schüler im Fokus der Betrachtungen stehen – Termini wie Alltagsvorstellungen, alternative Vorstellungen, voruntersrichtliche Vorstellungen, Lernendenvorstellungen, Präkonzepte und teilweise auch die englischen Termini *alternative conceptions* oder *preconceptions* verwendet. Nachfolgend wird trotz der Einwände im didaktischen Kontext der Terminus „Fehlvorstellung" gebraucht, weil aus der Sicht der Fachwissenschaft argumentiert wird.

Probleme können in einem wissenschaftsorientierten Unterricht dann entstehen, wenn Schülervorstellungen zu einem Sachverhalt in **Disharmonie** oder gar im **Widerspruch** zur wissenschaftlichen Verwendung stehen. Man spricht dann von einer Fehlvorstellung. Bedeutsam dabei ist, dass diese nicht wissenschaftlichen Vorstellungen **lernbehindernd** sein können, weil alle neuen Informationen auf ihrer Grundlage interpretiert und verarbeitet werden. Dadurch wird ein Verständnis des Gegenstands erschwert. In diesem Zusammenhang muss jedoch bedacht werden, dass die gedanklichen Konstrukte, die sich bei den Lernenden voruntersrichtlich entwickelt haben, **in Alltagskontexten** oft durchaus **angemessen** sind, sich in der Regel bewährt haben, zu dem vorhandenen Hintergrundwissen passen und bei der Bewältigung von Alltagsproblemen helfen. Zu diesem Thema existiert umfangreiche Literatur, die in einer Zusammenstellung von Duit (2009) eingesehen werden kann.

Es ist eine verbreitete Illusion, etablierte Fehlvorstellungen könnten beseitigt werden, indem man die Lernenden auf ihre Fehler hinweist und ihnen mitteilt, wie das entsprechende Konzept wissenschaftlich korrekt zu verwenden ist. Vielmehr muss es den Lehrkräften im Unterricht gelingen, **den Lernenden einsichtig zu machen**, dass das Erklärungspotenzial ihrer eigenen Vorstellungen für den neuen Sachverhalt begrenzt ist und mit einigen Fakten im Widerspruch steht. Nur so besteht die Chance, den wissenschaftlichen Konzepten gegenüber den überkommenen Vorstellungen in den Köpfen der Schüler dauerhaft zum Durchbruch zu verhelfen. Wichtig dabei ist, dass sich die Schüler in ihren Denkweisen ernst genommen fühlen und ihre Vorstellungen explizit bei der Unterrichtsplanung berücksichtigt werden. Üblicherweise werden vier verschiedene Voraussetzungen genannt, die bei Lernenden erfüllt sein müssen, damit sich **etablierte Vorstellungen dauerhaft ändern** können:

1 Es muss beispielsweise durch einen kognitiven Konflikt Unzufriedenheit mit der existierenden Vorstellung ausgelöst werden.

2 Die neue Vorstellung muss für die Lernenden verstehbar sein.

3 Die neue Vorstellung muss mit der individuellen Vorstellungswelt (dem Hintergrundwissen) in Übereinstimmung zu bringen sein, d. h., sie muss als plausibel aufgefasst werden können.

4 Die neue Vorstellung muss als fruchtbar angesehen werden, d. h., sie muss die im ersten Schritt erzeugte Unzufriedenheit der Lernenden reduzieren oder beseitigen.

Eine solche Veränderung des individuellen Begriffsverständnisses wird Konzeptwechsel (*conceptual change*) genannt (Krüger 2007). Hier ist jedoch zu beachten, dass ein Konzeptwechsel nicht einfach durch einen Test nachgewiesen werden kann. Schüler sind nämlich in Prüfungen durchaus in der Lage, korrekte Antworten zu geben, obwohl Fehlvorstellungen noch vorhanden sind und ein Konzeptwechsel nicht vollzogen wurde. Die korrekte Antwort wurde nur angelernt und wird dann fälschlich als Überwindung der Fehlvorstellung interpretiert. Häufig treten die vorunterrichtlichen Konzepte Wochen oder Monate nach dem Unterricht wieder zutage (Mestre 1994). Erst wenn sich sachgerechte Konzepte herausgebildet haben, sollte damit begonnen werden, darauf basierende Inhalte im Unterricht zu entwickeln. Wann solche Fehlvorstellungen aber genau abgebaut sind, lässt sich in der Unterrichtspraxis nicht immer leicht erkennen.

In der schulischen Praxis ist es unrealistisch, vor jedem neuen Unterrichtsthema die individuellen Schülervorstellungen zu erheben, da dies in der Regel ein recht aufwändiges Unterfangen ist. Die Vorstellungen bei Schülern entwickeln sich jedoch nicht arbiträr; es finden sich immer wieder Regelhaftigkeiten und typische Vorstellungen. Aus diesem Grund haben

# 1 Evolution: Verbreitete Fehlvorstellungen zu einem zentralen Thema

Wissenschaftler vor geraumer Zeit damit begonnen, regelmäßig auftretende Schülervorstellungen zu wichtigen biologischen Konzepten zu ermitteln und zu systematisieren. Allerdings gibt es bis heute in vielen Bereichen Defizite in der Aufarbeitung der Ergebnisse, speziell für die Schulpraxis. Im Folgenden sind daher verbreitete, also nicht nur bei Schülern auftretende, Fehlvorstellungen aus dem Bereich der Evolutionsbiologie zusammengetragen.

## 1.1.3 „Einfachheit der Evolutionstheorie"

**Info**

**Ernst Mayr** (1904–2005), einer der wichtigsten Evolutionsbiologen des 20. Jahrhunderts, zählte zu den Hauptvertretern der „Synthetischen Theorie der Evolution". Bekannt ist er vor allem durch seine Konzepte zur biologischen Art als Fortpflanzungsgemeinschaft und zur allopatrischen Artbildung.

**Stephen Jay Gould** (1941–2002), US-amerikanischer Paläontologe und Evolutionsforscher, entwickelte zusammen mit Niles Eldredge die „Theorie des unterbrochenen Gleichgewichts" (→ Punktualismus). Zu den Theorien von Mayr und Gould siehe auch Abschnitt 18.2.1.

**Jacques Monod** (1910–1976), Nobelpreisträger und eigentlich Molekularbiologe aus Frankreich, beschäftigte sich unter anderem mit philosophischen Fragen der modernen Biologie und den Auswirkungen der Evolutionstheorie auf das Menschenbild.

Immer wieder hört und liest man, die Kernaussagen der Evolutionstheorie seien sehr einfach, besäßen Eleganz und sollten aus diesem Grund auch einfach zu verstehen sein. So schrieb Ernst Mayr zur natürlichen Selektion (2003, S. 27): „Die natürliche Selektion stellt einen Prozess dar, der ebenso einfach wie überzeugend ist, so dass es eigentlich ein Rätsel ist, warum es fast 80 Jahre dauerte, bis er von den Evolutionisten allgemein angenommen wurde." Stephen Jay Gould formulierte es so: „Im Gegensatz zu anderen […] Ideen in der Wissenschaftsgeschichte ist die Vorstellung von der natürlichen Selektion tatsächlich bemerkenswert einfach." (Gould 1999, S. 169–170)

Diese Einfachheit erschließt sich einem offensichtlich aber erst im Nachhinein, dann nämlich, wenn man die zentralen Konzepte der Evolutionsbiologie verstanden hat. Für Personen, die sich nicht professionell mit dem Thema auseinandersetzen, eröffnet sich diese Schlichtheit und Erklärungseleganz vielfach nicht. Jacques Monod ist uneingeschränkt recht zu geben, wenn er schreibt (Monod 1997, S. 390, eigene Übersetzung): „[…] ein weiterer merkwürdiger Aspekt der Evolutionstheorie ist, dass jeder glaubt sie zu verstehen […] während sie in Wirklichkeit nur sehr wenige Menschen verstehen." Und er schließt hier in die Gruppe der Nichtversteher explizit auch Wissenschaftler mit ein. Wenn man so will, ist es eine Fehlvorstellung zu glauben, Evolutionsbiologie sei ein leicht zu verstehender Inhalt.

Tatsächlich wurden zur Evolutionsbiologie eine Vielzahl an Verständnisschwierigkeiten und Fehlvorstellungen festgestellt, die erfahrungsgemäß eine gewisse Instruktionsresistenz zeigen (siehe oben). In einer eigenen Zusammenstellung konnten in der Literatur mehr als 80 verschiedene Fehlvorstellungen gefunden werden. An dieser Stelle kann nur auf die am weitesten verbreiteten eingegangen werden.

### 1.1.4 „Evolution ist nur eine Theorie"

In dieser Aussage verbergen sich gleich zwei Vorstellungen, die nicht mit wissenschaftlichen übereinstimmen:

- Zum einen ist die Evolution keine Theorie. Sie ist eine **empirisch wissenschaftliche Tatsache**. Für die Evolution gibt es nach 150 Jahren Forschung eine derartig überwältigende Vielzahl an Belegen, die sich zudem auch noch gegenseitig stützen, dass man bei ihr mit hinreichender Gewissheit von einem Faktum sprechen kann.

- Zum anderen wird der Begriff „Theorie" oft in einem alltagssprachlichen und abwertenden Kontext verstanden – im Sinne einer reinen Spekulation. In der Wissenschaft aber haben Theorien eine andere Bedeutung. Wissenschaftliche Theorien **erklären Tatsachen**, die Evolutionstheorie erklärt also die Tatsache der Evolution.

Theorien sind stets vorläufig und ständiger empirischer Prüfung unterzogen. Dies unterscheidet wissenschaftliche Theorien von Glaubenssätzen. Ihre Stärken sind gerade die Möglichkeit der Falsifikation und damit die Möglichkeit, an neue Erkenntnisse angepasst oder gar verworfen und durch bessere ersetzt zu werden. Wissenschaftliche Theorien sind das Beste, was eine empirische Wissenschaft zu bieten hat, sie bleiben jedoch immer vorläufig und werden niemals zu Tatsachen.

Im Grunde wird die Evolution heute durch ein Bündel sich gegenseitig stützender Theorien erklärt, im Kern verbleibt jedoch die Selektionstheorie. Etwas vereinfachend kann gesagt werden: **Zurzeit** ist die als gültig angesehene Evolutionstheorie die **Synthetische Theorie**, die wiederum eine Erweiterung der von Darwin erstmals formulierten „Theorie der Evolution durch natürliche Selektion" darstellt.

Dass die Begriffe „Faktum" und „Theorie" auch im Schulkontext nicht immer korrekt auseinandergehalten werden, belegt eine PISA-Beispielaufgabe aus dem Jahr 2006 – eine der wenigen, die veröffentlicht wurden (OECD 2006, S. 17).

*Welche der folgenden Aussagen trifft am besten auf die Evolutionstheorie zu?*

**A** *Die Theorie ist unglaubwürdig, da Veränderungen der Arten nicht beobachtet werden können.*

**B** *Die Evolutionstheorie gilt für Tiere, nicht aber für den Menschen.*

**C** *Die Evolution ist eine wissenschaftliche Theorie, die sich gegenwärtig auf zahlreiche Beobachtungen stützt.*

**D** *Die Evolution ist eine Theorie, die durch Forschung bewiesen worden ist.*

# 1 Evolution: Verbreitete Fehlvorstellungen zu einem zentralen Thema

Hier werden die Begriffe „Evolution" und „Evolutionstheorie" alles andere als sauber verwendet. Richtig soll nach den PISA-Auswertungsvorschriften die Aussage C sein. Die kritische Auseinandersetzung mit dieser Aufgabe eignet sich unseres Erachtens übrigens sehr gut, um mit Schülern den Unterschied zwischen wissenschaftlichem Faktum und wissenschaftlicher Theorie zu reflektieren.

## 1.1.5 Fehlvorstellungen zum Evolutionsbegriff

> **Info**
>
> Unter **„kosmischer Evolution"** versteht man die Entwicklung von Raum, Zeit und Materie, also die Entwicklung des Universums. Sie begann mit dem sogenannten Urknall vor etwa 14 Milliarden Jahren; seitdem dehnt sich das Universum aus.
>
> Als **„chemische Evolution"** bezeichnet man die Entwicklung organischer Moleküle (z. B. Proteine, Fette, Nukleinsäuren) aus anorganischen Stoffen. Die Entstehung der ersten organischen Stoffe hat sich vermutlich in den Urozeanen unter Einfluss von Energie ereignet. Organische Moleküle sind eine der Voraussetzungen, damit sich Lebewesen entwickeln konnten.

„**Biologische Evolution**" kann einfach definiert werden als „die Veränderung von Populationen in der Generationenfolge" oder als „die Änderung der genetischen Zusammensetzung von Populationen". Auch folgende Definition ist sinnvoll: „Biologische Evolution ist der Vorgang, durch den sich die Gesamtheit der Lebewesen nach ihrer Entstehung im Laufe der Zeit entwickelt hat und noch heute entwickelt." Der Ausdruck „Evolution" ist der dazugehörige Oberbegriff und umfasst neben der „biologischen Evolution" die Begriffe „kosmische Evolution" und „chemische Evolution".

In diesem Kontext gibt es eine ganze Reihe von Fehlvorstellungen: Robbins und Roy (2007) ließen College-Studierende den Evolutionsbegriff definieren, indem sie fragten, was die Evolutionstheorie erkläre (nämlich die Evolution). Nur 6 % gaben eine korrekte Antwort. Die meisten meinten, die Evolutionstheorie erkläre, dass **der Mensch vom Affen abstamme**. Mit dieser falschen Auffassung ist bei vielen eine weitere Fehlvorstellung verbunden, nämlich die Ansicht, der Mensch stamme von den heute lebenden Schimpansen ab. Gegenüber dem letzten gemeinsamen Vorfahren von Schimpansen und Menschen haben sich die Schimpansen jedoch im Laufe der seit der Trennung vergangenen 7 Millionen Jahren selbstverständlich verändert. Sie haben mit diesem Vorfahren vermutlich genauso viel gemein wie der Mensch. Zu beachten ist weiterhin, dass sich der Mensch nicht aus Affen herausentwickelt hat, sondern nach wie vor zu der Säugerordnung der Primaten gehört, biologisch gesehen also ein Affe ist.

> **Info**
>
> **Jean-Baptiste de Lamarck** (1744–1829), bedeutender Evolutionsbiologe vor Charles Darwin, formulierte eine erste Evolutionstheorie. Seiner Auffassung nach gibt es eine gerichtete Höherentwicklung von Lebewesen, die wiederholt aus ursprünglichen einfachen Formen entstanden sind. Im Laufe der Evolution erlangen Lebewesen direkt und „absichtlich" zweckmäßige Eigenschaften (z. B. durch Gebrauch oder Nichtgebrauch von Organen) und geben diese an ihre Nachkommen weiter. Die Vererbung erworbener Eigenschaften wird als „Lamarckismus" bezeichnet.
>
> Nach **Charles Darwin** (1809–1882) passen sich Lebewesen nicht aktiv an ihre Umweltbedingungen an, sondern konkurrieren um Ressourcen und damit auch die Fortpflanzung. Die Erlangung bestimmter Eigenschaften ereignet sich nicht gerichtet, sondern beruht auf zufälliger Variabilität. Besser an existierende Umweltbedingungen angepasste Individuen haben einen höheren Fortpflanzungserfolg als schlechter angepasste.
>
> Die **Epigenetik** beschäftigt sich mit Mechanismen, die in bestimmten Fällen die Genaktivität regulieren. Veränderungen manifestieren sich hierbei nach heutigen Erkenntnissen jedoch nicht in der DNA-Sequenz, sondern werden durch das An- oder Abschalten einzelner Gene beziehungsweise Genabschnitte bewirkt. Es gibt epigenetische Veränderungen, die über einige Generationen hinweg vererbt werden.

Die zweithäufigste Auffassung war, dass die Evolutionstheorie die Anpassung einzelner Organismen (Individuen) erkläre. Dahinter steht letztlich lamarckistisches Denken. Seit den Experimenten von August Weismann ist bekannt, dass individuelle Anpassungen an bestimmte Umweltbedingungen, die im Laufe des Lebens erlangt wurden, gerade nicht evolutionsrelevant sind (siehe unten). Auch jüngere Forschungsergebnisse aus der Epigenetik, wonach bestimmte Informationen die Keimbahn beeinflussen können, sprechen nicht für einen lamarckistischen Evolutionsmechanismus, obwohl es Autoren gibt, die dies behaupten (z. B. Jablonka und Lamb 2005). Durch epigenetischen Einfluss wird nur bereits vorhandene genetische Information zum Beispiel durch DNA-Methylierung ein- oder abgeschaltet. Es entsteht also keineswegs neue Information, denn an der genetischen Zusammensetzung der Population ändern epigenetische Effekte nichts. Es wird demnach allenfalls die Ausprägung genetischer Potenziale moduliert. Außerdem sind solche epigenetischen Informationen in Untersuchungen nur über wenige Generationen persistent.

Eine andere Fehlvorstellung zum Evolutionsbegriff wird oft (absichtlich oder aus Unwissenheit) von Evolutionsleugnern (**Kreationisten**) verbreitet – und kommt auch bei Schülern an: Die Evolutionstheorie sei eine Ursprungstheorie, würde also die Entstehung des Lebens zu erklären versuchen. Diese Auffassung muss zurückgewiesen werden. Tatsächlich ist die Lebensentstehung nicht Gegenstand der biologischen Evolution, sondern der chemischen. Biologische Evolution setzt erst ein, nachdem die erste Zelle, also das erste Lebewesen, bereits entstanden ist. Viele Kreationisten verwenden diese unpassende Definition, damit sie behaupten können, dass die Belegsituation für die biologische Evolution sehr dürftig sei.

☞ „Religiöse Positionen zur Evolutionstheorie" in Abschnitt 17.1.5

### 1.1.6 Fehlvorstellungen zur Zeitdimension

Seit der Entstehung unseres Planeten beziehungsweise des ihn bevölkernden Lebens ist sehr viel Zeit vergangen (4,5 Milliarden beziehungsweise ca. 3,8 Milliarden Jahre). John McPhee (1981) bezeichnete diese Phase als **Tiefenzeit** (*deep time*). Die Vorstellungskraft der meisten Menschen reicht nicht aus, um sich diese gewaltige Zeitdimension vor Augen zu führen. Sie liegt ironischer Weise außerhalb des Wahrnehmungs- und Vorstellungsbereichs, auf den der Mensch evolutionsbiologisch optimiert ist. Stephen Jay Gould (1992, S. 15) brachte die Problematik auf den Punkt: „*Abstrakt-intellektuell zu verstehen, was Tiefenzeit ist, ist nicht schwer. Ich weiß, wie viele Nullen ich hinter eine 1 setzen muss, wenn ich eine ‚Milliarde' meine. Aber sie wirklich ‚intus' zu haben, ist etwas ganz anderes. Die Tiefenzeit ist etwas so Fremdes, dass wir sie wirklich nur als Metapher begreifen können.*"

Korrekte Auffassungen über die Zeitdimensionen sind aber zwingend notwendig, um angemessene Vorstellungen über den Ablauf der Evolution zu entwickeln. Eine durch natürliche Selektion angetriebene Evolution benötigt sehr lange Zeiträume. Diese Zeitdimensionen werden oft von Schülern nicht annähernd erfasst. In einer eigenen Befragung waren Schüler beispielsweise der Meinung, dass sich in einem Teich innerhalb geologisch kurzer Zeiträume aus Mikroorganismen wie Bakterien komplexeres Leben entwickeln könne. Eine Schüleräußerung auf die Frage, wie Leben in einen frisch gegrabenen Teich komme, war: „*Wenn man zum Beispiel Dreck ins Wasser rein wirft. Die Chemikalien lösen irgendetwas aus, wie zum Beispiel früher, wie ich jetzt erklärt habe mit den Bakterien. Die Chemikalien verbinden sich und daraus entsteht eine Lebensform.*"

Abbildung 1.2 zeigt die Ergebnisse einer anderen Befragung mit Studierenden zu diesem Thema. Die Aufgabe kann leicht im eigenen Unterricht nachvollzogen werden (siehe Erläuterungen in der Legende zu Abb. 1.2). Man erkennt, dass mehrere Personen annehmen, dass Dinosaurier und Menschen zur gleichen Zeit lebten. Es gab keinen Studenten, der auch nur annähernd korrekte Angaben gemacht hätte. Wenige Teilnehmer waren sogar davon überzeugt, dass Dinosaurier und Menschen zur gleichen Zeit entstanden sind, da sie von Schöpfungsvorstellungen ausgehen. Alle Beteiligten lassen die Dinosaurier in ihren Vorstellungen zeitlich schon verschwinden, bevor sie in der Realität überhaupt entstanden sind. Auch das Erscheinen des Menschen wird auf einen viel zu frühen Zeitpunkt geschätzt. Beides ist problematisch, da das viel zu früh eingeschätzte Auftauchen so hochkomplexer Lebewesen wie der Dinosaurier oder des Menschen die zur Verfügung stehende Zeit bis zu ihrer Entstehung geringer erscheinen lässt. Der evolutive Prozess wäre dadurch in der Summe weniger plausibel. Besonders schwer vorstellbar ist offensichtlich der vergleichsweise sehr kurze Zeitraum, in dem der Mensch die Erde bevölkert.

## 1.1 Fachinformationen

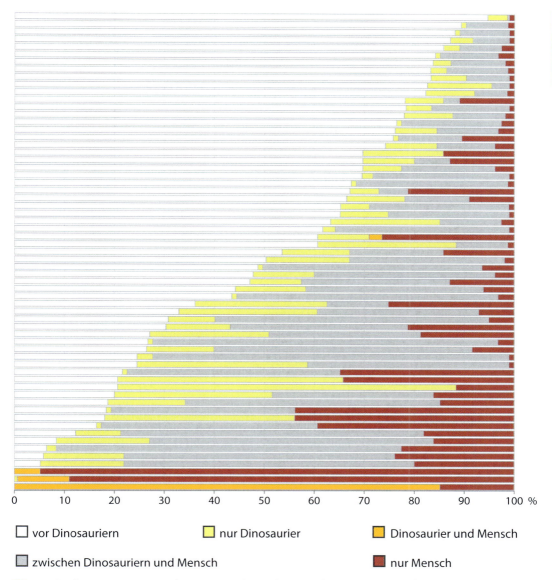

**Abb. 1.2** Ergebnisse einer eigenen Befragung von Biologie-Lehramtsstudierenden (Studienanfänger) zur Tiefenzeit (n = 63). Die Teilnehmer bekamen eine Skala auf einem Blatt vorgelegt, am linken Skalenende stand „Entstehung des Lebens", am rechten „Jetztzeit". Die Aufgabe bestand darin zu schätzen, wann Dinosaurier und Menschen lebten beziehungsweise leben (nach einer Anregung von C. Wulff).

Die Ordinate dokumentiert die Angaben für jede der beteiligten Personen. Die Abszisse gibt die Skala in Prozent der Gesamtzeit an, die seit Entstehung der ersten Lebewesen vergangen ist (es wurden keine Jahresangaben auf der den Studierenden präsentierten Skala verwendet, um dadurch keine Hinweise zu geben).

Korrekt wären die Dinosaurier bei etwa 93,5 % der Abszissenskala entstanden (bei einer Annahme, dass die Dinosaurier etwa 225 Millionen Jahren alt sind) und bei 98 % ausgestorben. Der Mensch wäre bei 99,8 % entstanden, was zeichnerisch kaum darstellbar ist.

# 1 Evolution: Verbreitete Fehlvorstellungen zu einem zentralen Thema

Einige Metaphern helfen vielleicht bei der Veranschaulichung. McPhee (zitiert nach Gould 1992, S. 16) verwendet ein Längenmaß zum Vergleich: *„Wenn man sich die Erdgeschichte als das alte englische ‚Yard' vorstellt, das heißt, als die Entfernung zwischen der Nase des Königs und der Spitze seiner ausgestreckten Hand, dann würde eine Nagelfeile am Mittelfinger des Königs mit einem einzigen Strich die ganze Menschheitsgeschichte in Staub zerfallen lassen."* Oder mit den Worten von Mark Twain (2004, S. 226): *„Wenn die Höhe des Eifelturms dem Alter der Erde entspräche, dann entspräche dem Alter des Menschen die dünne Lackschicht auf der obersten Turmspitze."*

## 1.1.7 Schwierigkeiten, Evolutionsmechanismen zu verstehen

> **Info**
>
> Unter **Finalismus**, Finalität oder auch **Teleologie** versteht man die unangemessene Vorstellung einer „Ziel-" beziehungsweise „Zweckgerichtetheit" der Entwicklung von Populationen. Danach entstehen Eigenschaften, *weil* sie bestimmte Funktionen ermöglichen. Ihre Entwicklung ist also nicht vom Zufall abhängig, sondern gerichtet und erfolgt durch eine höhere Instanz oder durch die Steuerung der Lebewesen selbst. Ein Beispiel wäre: Der Vogel hat Flügel entwickelt, damit er fliegen kann.
>
> Nach Darwin sind Anpassungen nicht auf einen Zweck hin gerichtet entstanden, sondern durch zufällige Variation und darauf folgende Selektion. Anpassungen können aber durchaus „zweckmäßig" sein, im Sinne von sinnvoll unter herrschenden Umweltbedingungen.

In Untersuchungen wird immer wieder deutlich, dass viele Menschen **lamarckistische und finalistische Anschauungen** zur evolutionären Entwicklung besitzen (Graf und Soran 2011). Besonders weit verbreitet sind finalistische Erklärungen. Dies gilt selbst für Personen, die in ihrer Schulzeit Biologie als Leistungskurs hatten (Graf et al. 2009). Nur vergleichsweise wenige Menschen haben Vorstellungen, die mit der Selektionstheorie übereinstimmen (darwinsche Erklärungen in Abb. 1.3).

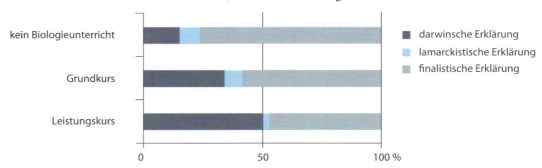

**Abb. 1.3** Vergleich der Häufigkeiten lamarckistischer, finalistischer und darwinscher Vorstellungen bei Studienanfängern aller Fächer und Lehrämter, die in der Oberstufe einen Leistungskurs, einen Grundkurs oder gar keinen Biologieunterricht besuchten (n = 1228, eigene Daten, bisher unveröffentlicht). Es wurde gefragt, wie sich die Fähigkeit zum schnellen Laufen bei Geparden herausgebildet hat.

Hinter finalistischem beziehungsweise teleologischem Denken stecken in vielen Fällen **Glaubensüberzeugungen**, wonach der Mensch Ziel und Zweck der Evolution sei. Unabhängig von den Zufällen der historischen Ereignisse würde sich dieser Auffassung zufolge die Entwicklung zielgerichtet vollziehen. Diese Meinung ist zum Teil sogar unter Wissenschaftlern, die sich mit Evolutionsbiologie beschäftigen, verbreitet. So ist beispielsweise der britische Paläontologe Simon Conway Morris (2003) davon überzeugt, dass die gesamte Evolution vorbestimmt sei und sich der Mensch auch entwickelt hätte, wenn die Dinosaurier nicht vor 65 Millionen Jahren ausgestorben wären.

In mehreren eigenen Untersuchungen mit Studierenden und Schülern stellte sich heraus, dass manche Vorstellungen zu Evolutionsmechanismen trotz vordergründig korrekter Angaben im Grunde genommen fehlerhaft geblieben sind – ein Konzeptwechsel also nur bedingt erfolgt ist. Hinter angemessenen Vorstellungen verbergen sich **latent lamarckistische Ansichten** (Abb. 1.4).

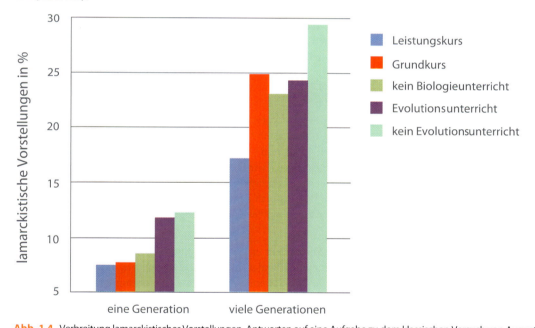

**Abb. 1.4** Verbreitung lamarckistischer Vorstellungen. Antworten auf eine Aufgabe zu dem klassischen Versuch von August Weismann (1834–1914). Dieser entfernte bei Mäusen über Generationen die Schwänze und prüfte damit, wie das die Schwanzlänge der Filialgenerationen beeinflusst. Er stellte zum ersten Mal im Experiment fest, dass sich diese im Laufe des Lebens erworbene Eigenschaft (Schwanzlosigkeit) nicht vererbte, dass das lamarckistische Vererbungsprinzip somit falsch ist.

Es wurde nun gefragt, wie sich das Abtrennen nach einer Generation (links) und nach vielen Generationen (rechts) auswirkt. Auf der Ordinate ist der Prozentsatz der Antworten der Schüler beziehungsweise Studenten aufgeführt, die davon ausgehen, dass sich die Schwanzlänge verkürzt. Die drei oberen Angaben in der Legende beziehen sich auf Studierende, die in ihrer Schulzeit entweder einen Leistungskurs oder einen Grundkurs in Biologie besucht oder gar keinen Biologieunterricht in der Oberstufe hatten (n = 1 055, eigene Daten, bisher unveröffentlicht). Die beiden unteren Angaben („Evolutionsunterricht", „kein Evolutionsunterricht") entstammen einer Befragung von Schülern der Sekundarstufe I, die Evolutionsunterricht hatten oder nicht (Hölscher 2008).

Anscheinend generieren viele der Befragten das nicht zutreffende lamarckistische Konzept, erworbene Eigenschaften könnten zwar nicht über eine einzige Generation, wohl aber über zahlreiche Generationen, bei denen sich jeweils im Laufe des Lebens immer wieder gleichgerichtete Veränderung ereignen, vererbt werden. Diese Fehlvorstellung kann im Unterricht leicht übersehen werden.

Des Weiteren findet sich auch unangemessenes typologisches Denken. Viele Menschen glauben, dass sich durch Umweltänderungen ausgelöste evolutionäre Vorgänge die Population als Ganzes modifiziere. Als Beispiel kann man ein fiktives Szenario wie eine Klimaveränderung annehmen, die dazu führt, dass es immer kälter wird. Personen, die typologisch denken, gehen nun davon aus, dass beispielsweise bei Wölfen jedes Individuum der gesamten Population von Generation zu Generation ein etwas dichteres Fell entwickelt, bis schließlich die gesamte Population ein sehr dichtes Fell besitzt. Der Typus der Population ändert sich nach dieser Denkweise, indem die Gesamtpopulation transformiert wird. Dieser Auffassung steht die Tatsache entgegen, dass durch Rekombination und Mutation zufällige Variationen der Felllänge und -dichte bei den Individuen entstehen. Diejenigen mit längerem Fell werden sich in kaltem Klima aber erfolgreicher fortpflanzen als diejenigen mit kurzem (Selektionsprinzip, Populationsdenken).

> **Info**
>
> Unter **typologischem Denken**, auch Essentialismus genannt, versteht man die Überzeugung, dass die Variationen natürlicher Erscheinungen (z. B. innerhalb biologischer Arten) auf eine begrenzte Zahl fixer und gegeneinander streng abgegrenzter Kategorien (Typen) zurückgeführt werden können. Zu beobachtende Vielfalt der Angehörigen eines Typus wird als unwichtige Abweichung vom „Ideal" gesehen. Der Fokus liegt auf der Wesensform beziehungsweise der Essenz, d. h. auf den Gemeinsamkeiten der Angehörigen. Ein Beispiel: Zur Wesensform des Pferdes gehören seine langen Zähne und seine Füße mit nur einem Zeh. Variationen zwischen verschiedenen Pferdeindividuen wird keine Bedeutung beigemessen (Mayr 2003).
>
> Darwin löste sich vom typologischen Denken, indem er die Bedeutung der Einzelerscheinungen, der Varianten, erkannte. Jedes Individuum in einer Population ist danach einzigartig und die Variation das Entscheidende. Fixe Typen existieren in Populationen nicht. Diese Auffassung wird als „**Populationsdenken**" bezeichnet (Mayr 1982).

### 1.1.8 Angebliche Nicht-Wissenschaftlichkeit der Evolutionstheorie

„Die Evolutionstheorie ist nicht wissenschaftlich."

☞ Abschnitt 17.1.4

Gelegentlich wird argumentiert, dass die Evolutionsbiologie keine Wissenschaft sei, da man **keine Experimente** durchführen könne. In der Tat ist es für Evolutionsbiologen schwierig, zu experimentieren. Die Durchführbarkeit von Experimenten ist jedoch kein notwendiges Charakteristikum für das Vorliegen einer empirischen Wissenschaft (Vollmer 2011). Es gibt gleich mehrere Erfahrungswissenschaften, in denen dies nicht möglich ist. Dazu zählen unter anderem Astronomie, Klimaforschung oder auch Geologie.

Überdies stimmt es nicht, dass man in der Evolutionsbiologie nicht experimentieren kann. Insbesondere mit Mikroorganismen, aber auch mit höheren Lebewesen sind Evolutionsexperimente möglich und wurden bereits durchgeführt. Ein erstes Experiment zur natürlichen Selektion ist aus den 1880er-Jahren überliefert. Der damalige Präsident der englischen Royal Microscopical Society, William Henry Dallinger, experimentierte mit nicht näher bestimmten Infusorien, die er in einem speziell konstruierten Wasserbad mit sehr exakter Temperaturregulierung zunächst bei 16 °C anzog. Im Laufe von sieben Jahren wurde die Temperatur in kleinen Schritten sukzessive auf 70 °C erhöht. Durch diesen langsamen Prozess über viele Generationen konnten Individuen überleben, die an hohe Temperatur angepasst waren. Organismen, die Dallinger direkt von 16 °C in das 70 °C Wasserbad gegeben hatte, verstarben alle (Huey und Rosenzweig 2009).

Ein weiteres kritisches Argument besteht darin, dass Aussagen zur Evolutionsbiologie das für empirische Wissenschaften notwendige Kriterium „**Prüfbarkeit**" nicht erfüllen würden. Inhalte, die sich auf vergangene Ereignisse (wie bei der Evolution) beziehen, sind prinzipiell nicht experimentell zugänglich. Allerdings kann man Hypothesen über vermutete Ereignisse in der Vergangenheit erstellen (Retrodiktionen). Solche Aussagen sind prüfbar, können anhand empirischer Funde falsifiziert werden und sind demnach bei Bewährung wissenschaftlich fundiert. So könnte die gesamte Rekonstruktion der Stammesgeschichte als widerlegt angesehen werden, wenn man, um es mit den Worten des britischen Populationsgenetikers John Burdon Sanderson Haldane zu sagen, Kaninchenfossilien im Präkambrium finden würde.

## 1.1.9 Evolutionstheorie, Glaube und Intelligent Design

In vielen Klassen gibt es Schüler, die Evolution und/oder die Evolutionstheorie leugnen. In erster Linie werden **religiöse Gründe** hinter dieser Ablehnung stehen. Dies zeigte sich zum Beispiel bei einer eigenen Befragung von Biologie-Studierenden an drei verschiedenen deutschen Universitäten (n = 1 055). Es stellte sich heraus, dass von Angehörigen der katholischen und evangelischen Amtskirche mehr als 80 % von der Wissenschaftlichkeit der Evolutionstheorie überzeugt waren (aber immerhin fast 20 % waren dies nicht!), von den beteiligten Muslimen waren es nur etwa 45 % und von den Angehörigen evangelikaler Freikirchen gar nur 37 % (Graf et al. 2009).

☞ **Kapitel 17 und Kapitel 18**

„**Die Evolutionstheorie und die Intelligent-Design-Theorie sind zwei gleichwertige Ansätze, die das Gleiche (die Evolution) auf unterschiedliche Weise erklären.**"

Insbesondere aus den USA hört man immer wieder Argumente, der **Intelligent-Design-Kreationismus** (ID) sei genauso wissenschaftlich wie die Evolutionstheorie. Es würde sich um zwei gleichwertige Aussagengebäude handeln, die dasselbe auf unterschiedliche Weise wissenschaftlich erklären. Intelligent-

Design-Kreationismus beruht auf der Kernaussage, dass man aufgrund des komplexen Aufbaus und der zweckvollen Eigenschaften aller Lebewesen zwangsläufig auf das planvolle Wirken eines intelligenten Designers schließen müsse. Aus dieser Annahme ergeben sich allerdings keine prüfbaren Schlussfolgerungen. Außerdem wird bei Annahme eines Designers, der übernatürlich wirken kann, das Gebot des **methodologischen Naturalismus** als bewährte Voraussetzung, Wissenschaft sinnvoll zu betreiben, verletzt. ID-Aussagen entsprechen somit nicht den allgemein anerkannten Bedingungen einer wissenschaftlichen (empirischen) Theorie, wie Falsifizierbarkeit und Naturalismus. Damit sind sie wissenschaftlich diskreditiert und können nicht auf eine Qualitätsstufe mit der Evolutionstheorie gestellt werden.

### 1.1.10 Fehlvorstellungen zur Artenentstehung

**Fundiertes Grundlagenwissen** in Evolutionsbiologie ist eine Voraussetzung für das Verständnis der biologischen Artbildung. Ist dieses nicht vorhanden, resultiert das in entsprechenden Fehlvorstellungen oder fehlenden Vorstellungen.

☞ Abschnitt 18.1.2

In mehreren Arbeiten hat sich die Entwicklungspsychologin E. Margaret Evans mit Schülervorstellungen zur Entstehung von Arten beschäftigt. Die Lernenden waren unter anderem im Grundschulalter oder in der Sekundarstufe I und hatten im Wesentlichen drei verschiedene Vorstellungen zur Artentstehung:

- spontane Entstehung
- Schöpfung
- biologische Evolution

Bei einer Auswertung nach verschiedenen Altersklassen (jung [6,9 Jahre], mittel [8,8 Jahre] und alt [11,7 Jahre]) ergab sich eine Veränderung im Verteilungsmuster der Antwortkategorien. Bei jungen Kindern ist die Vorstellung spontaner Entstehung am häufigsten vertreten, diese nimmt allerdings mit zunehmendem Alter deutlich ab. Evolutionäre Erklärungen können die Jüngeren dagegen nur marginal geben, werden aber bei den Älteren zur dominierenden Begründung. Bei Schülern, die kreationistische Argumente in Erwägung ziehen, folgen die Vorstellungen einem anderen Muster: Hier sind Erklärungen, die einen Schöpfer beinhalten, bei den jungen Schülern häufig, steigen zur mittleren Altersgruppe hin noch an und nehmen bei den älteren Schülern stark ab (Evans 2000).

In einer eigenen unveröffentlichten Befragung über die Entstehung des Lebens auf der Erde zeigten sich interessante Ähnlichkeiten zu den oben umrissenen Vorstellungen zur „Entstehung der Arten". So fand sich auch in unserer Befragung die Vorstellung einer „spontanen Entstehung". Eine Schülerin äußerte sich beispielsweise wie folgt: *„Dass irgendwie [...] irgendwo mal eine Pflanze aufgetaucht ist, zum Leben erwacht ist."* Es scheint, als würden einige Schüler die Entstehung von Arten und die Entstehung von Leben als gleichzusetzendes Ereignis betrachten (beides entstand „spontan"). Geht man davon aus, dass Leben in Form „fertiger" Lebewesen spontan entsteht, können auch Arten spontan entstehen. Dadurch werden Lebens- und Artentstehung – in dieser Denkweise schlüssig – als dasselbe aufgefasst. Hierzu gibt es allerdings bis heute keine weiteren Untersuchungen. Des Weiteren konnte neben dem zutreffenden Konzept der chemischen Evolution ein in sich nicht schlüssiges Konzept „Lebensentstehung durch Mikroorganismen" identifiziert werden, das ja bereits Leben voraussetzt.

## 1.1.11 Vermeitlich fehlende Übergangsformen

„Es gibt keine Übergänge zwischen den Organismengruppen, entsprechende Fossilien fehlen. Zwischen den Großgruppen existieren ausgeprägte Lücken."

Diese Aussage mag zu Lebzeiten Darwins gegolten haben, heute kennt man eine Vielzahl an Fossilien, die zwischen vielen systematischen Großgruppen vermitteln. Nahezu zwischen allen größeren Organismengruppen gibt es **reiche und detaillierte Fossilienfunde**, die als *connecting links* angesehen werden müssen. Eine ausführliche Zusammenstellung von Übergangsformen findet sich bei Jeßberger (1990), der bereits in den 1980er-Jahren von über tausend gefundenen Mosaikfossilien ausgeht. Beispielsweise ist der Übergang zwischen Fischen und Amphibien mit mehreren *connecting links* oder der zwischen theropoden Dinosauriern und Vögeln (→ *Archaeopteryx*) gut belegt. Auch für die Entwicklung landlebender Säugetiere zu Walen gibt es zahlreiche verbindende Fossilfunde. Natürlich sind nicht alle Bindeglieder im Detail gleich gut dokumentiert, einige Übergänge sind mit Sicherheit fossil gar nicht überliefert, da Fossilisation und Erhaltung der Formen historisch gesehen eher seltene Ereignisse waren. Einzelne Lücken in der fossilen Überlieferung sprechen allerdings nicht gegen die Tatsache der Evolution.

Überdies sind alle bis heute gemachten Fossilfunde **in sich konsistent**, niemals wurden Fossilien in „unpassenden" Schichten gefunden, zum Beispiel Dinosaurierreste in Sedimenten, die jünger als 65 Millionen Jahre sind, oder die bereits erwähnten Kaninchen im Präkambrium. Mittlerweile werden viele der aufgrund von Fossilien rekonstruierten Verwandtschaftsverhältnisse auch durch Erbgutanalysen bestätigt: Pseudogene – ehemals funktionierende Gene, die im Laufe der Zeit Mutationen angesammelt haben und die heute nicht mehr in Proteine umgesetzt werden – können als fossile Gene angesehen werden und können Verwandtschaften zwischen Organismen unabhängig von echten Fossilien aufzeigen (Näheres u. a. bei Carrol 2008).

> **Info**
>
> Eine Übergangsform (auch als Mosaikform oder *connecting link* bezeichnet) ist ein fossiles Lebewesen, das ein Mosaik von Merkmalen zweier Taxa aufweist. Es ist damit ein gutes Indiz für die stammesgeschichtliche Verwandtschaft dieser beiden Taxa. Ein *missing link* ist demnach ein (noch) fehlendes Bindeglied.

## 1.1.12 Schlussbemerkungen

Hier konnte nur auf einen kleinen Teil der in der Literatur dokumentierten Fehlvorstellungen eingegangen werden, allerdings sind die wohl verbreitetsten dabei. Eine etwas weitergehende, aber kurze Zusammenstellung findet sich bei Graf (2008). Es wird eine Aufgabe der Zukunft sein, spezifische Unterrichtsansätze zu entwickeln, die die problematischen Vorstellungen unterrichtlich gezielt infrage zu stellen und zu beseitigen helfen. Mit Sicherheit können viele der in diesem Buch gemachten Unterrichtsvorschläge dabei hilfreich sein.

## 1.2 Literatur

- Carrol SB (2008) Die Darwin-DNA: Wie die neueste Forschung die Evolutionstheorie bestätigt. S. Fischer, Frankfurt
- Conway Morris S (2003) Life's solution: inevitable humans in a lonely universe. Cambridge University Press, Cambridge
- Darwin C (1859) On the origin of species by means of natural selection or the preservation of favoured races in the struggle of life. John Murray, London
- Duit R (2009) Students' and teachers' conceptions and science education. URL http://www.ipn.uni-kiel.de/aktuell/stcse/stcse.html [10.01.2011]
- Evans ME (2000) The emergence of beliefs about the origins of species in school-age children. Merrill-Palmer Quarterly 46: 221–254
- Gould SJ (1992) Die Entdeckung der Tiefenzeit. Hanser, München
- Gould SJ (1999) Illusion Fortschritt – die vielfältigen Wege der Evolution. Fischer, Frankfurt/M.
- Graf D (2008) Kreationismus vor den Toren des Biologieunterrichts? Das Thema „Evolution" im Biologieunterricht. In: Antweiler C, Lammers C, Thies N (Hrsg) Die unerschöpfte Theorie. Evolution und Kreationismus in Wissenschaft und Gesellschaft. Alibri, Aschaffenburg. 17–38
- Graf D, Richter T, Witte K (2009) Einstellungen und Vorstellungen von Lehramtsstudierenden zur Evolution. In: Harms U, Bogner FX, Graf D, Gropengießer H, Krüger D, Mayer J, Neuhaus B, Prechtl H, Sandmann A, Upmeier zu Belzen A (Hrsg) Heterogenität erfassen – individuell fördern im Biologieunterricht. Bericht zur Internationalen Tagung der FDdB, Kiel. 262–263
- Graf D, Soran H (2011) Einstellung und Wissen von Lehramtsstudierenden zur Evolution – ein Vergleich zwischen Deutschland und der Türkei. In: Graf D (Hrsg) Evolutionstheorie – Akzeptanz und Vermittlung im europäischen Vergleich. Springer, Berlin. 141–162
- Hölscher I (2008) Wissen und Einstellung von Schülerinnen und Schülern zur Evolution – empirische Analysen. Universität Dortmund, unveröffentlichte Staatsexamensarbeit
- Huey RB, Rosenzweig F (2009) Laboratory evolution meets catch-22: balancing simplicity and realism. In: Garland T, Rose MR (Hrsg) Experimental evolution – concepts, methods, and applications of selection experiments. University of California Press, Berkeley. 671–702
- Jablonka E, Lamb MJ (2005) Evolution in four dimensions: genetic, epigenetic, behavioral and symbolic variation in the history of life. MIT Press, Cambridge MA
- Jeßberger R (1990) Kreationismus. Kritik des modernen Antievolutionismus. Parey, Berlin
- Krüger D (2007) Die Conceptual Change-Theorie. In: Krüger D, Vogt H (Hrsg) Theorien in der biologiedidaktischen Forschung. Springer, Berlin. 81–92
- Mayr E (1982) Die Entwicklung der biologischen Gedankenwelt. Springer, Berlin
- Mayr E (2003) Das ist Evolution. Bertelsmann, München
- Mestre JP (1994) Cognitive aspects of learning and teaching science. In: Fitzsimmons SJ, Kerpelman LC (Hrsg) Teacher enhancement for elementary and secondary science and mathematics: status, issues and problems. National Science Foundation, Washington DC. 3-1–3-53
- Monod JL (1997) On the molecular theory of evolution. In: Ridley M (Hrsg) Evolution. Oxford University Press, Oxford. 389–395
- Organisation for Economic Co-operation and Development (OECD) (2006) PISA-Beispielaufgaben, u. a. zur Evolution. URL http://www.oecd.org/dataoecd/8/22/39803689.pdf [01.03.2011]

- McPhee J (1981) Basin and range. Farrar, Straus & Giroux, New York
- Robbins J, Roy P (2007) The natural selection: identifying and correcting non-science student preconceptions through an inquiry-based, critical approach to evolution. Am Biol Teach 69: 460–466
- Twain M (2004) Letters from the earth: uncensored writings. HarperCollins, New York
- Vollmer G (2011) Wie wissenschaftlich ist der Evolutionsgedanke? In: Graf D (Hrsg) Evolutionstheorie – Akzeptanz und Vermittlung im europäischen Vergleich. Springer, Berlin. 45–64

# 2 Kinder auf den Spuren Charles Darwins – Evolutionsbiologie im Sachunterricht

**Brunhilde Marquardt-Mau und Regina Rojek**

## 2.1 Fachinformationen

### 2.1.1 Einleitung

Mit dem Darwin-Jahr 2009 ist die Evolutionstheorie erneut in den Fokus der Öffentlichkeit gerückt, sei es im Feuilleton der Tageszeitungen oder in Radio- und Fernsehbeiträgen. Stets wird versucht, die Bedeutsamkeit dieser grundlegenden naturwissenschaftlichen Theorie einem breiten Adressatenkreis nahezubringen.

Als schulischer Bildungsinhalt ist die Evolutionsbiologie aufgrund ihrer Komplexität bisher vor allem Thema der Oberstufenbiologie. Es gibt jedoch wichtige Gründe und Indizien dafür, dass wir uns bereits mit Kindern im **Grundschulalter** auf die Spuren Charles Darwins begeben und mit ihnen Inhalte der Evolutionsbiologie anbahnen. Für die Grundschule eignen sich hier Teilaspekte wie die Mannigfaltigkeit und abgestufte Ähnlichkeit der Lebewesen, die Veränderung der Lebewesen im Laufe langer Zeiten sowie die Angepasstheit der Lebewesen an ihre Umweltbedingungen (American Association for Advancement of Science 1993, Eschenhagen 1976).

☞ Abschnitt 2.2.1

Im Fokus des folgenden Beitrags stehen fachdidaktische Überlegungen und Unterrichtsbausteine („Materialien") zum Thema **Angepasstheit** von Lebewesen an ihren Lebensraum **am Beispiel von Regenwürmern**. Auch Charles Darwin, der Begründer der Evolutionstheorie, hat über Regenwürmer geforscht und seine entsprechenden Erkenntnisse 1881 in dem Buch „The formation of vegetable mould through the action of Worms" veröffentlicht. Ihm ist zu verdanken, dass der Regenwurm als eines der wichtigsten Bodentiere erkannt wurde. Bis zu den Untersuchungen Darwins galt der Regenwurm als Schädling, der Pflanzenwurzeln frisst, und deshalb getötet wurde.

Es ist davon auszugehen, dass der Regenwurm auch für Kinder aufgrund der Nähe zu ihrem Alltag von Interesse ist.

## 2.1.2 Das biologische Konzept der Angepasstheit von Lebewesen an ihren Lebensraum

Das Thema Anpassung beziehungsweise Angepasstheit ist ein Herzstück der Evolutionstheorie. In der Biologie unterscheidet man zwei Anpassungsprozesse: die **evolutionäre (stammesgeschichtliche)** und die **individuelle Anpassung**. Innerhalb einer Population gibt es unter den Nachkommen sowohl Individuen, die aufgrund ihrer Eigenschaften sehr gut an ihren Lebensraum angepasst sind, aber auch solche, die es weniger gut sind. Der Grad der Angepasstheit bestimmt die Wahrscheinlichkeit, mit der ein Organismus überlebt oder auch nicht. Somit findet eine ständige Selektion im darwinschen Sinne statt, die zur Angepasstheit führt. Eine individuelle Anpassung kann sich dagegen beispielsweise in physiologischen Reaktionen auf Umweltfaktoren zeigen oder durch individuelle Lernprozesse erreicht werden.

Das Konzept der Angepasstheit von Lebewesen an ihren Lebensraum ist für Lernende häufig ein schwieriges Konzept. Viele sehen Anpassung als Notwendigkeit, die den Individuen von ihrer Umwelt auferlegt wird. In der Vorstellung der Schüler reagieren die Organismen aktiv und absichtlich auf Veränderungen der Umwelt, indem sie sich anpassen. Die Lernenden benutzen das Konzept der Angepasstheit als allumfassende Erklärung für evolutionäre Prozesse. Es bleibt für sie schwierig, Darwins Selektionstheorie nachzuvollziehen.

> **Info**
>
> In der fachwissenschaftlichen Literatur werden fast ausschließlich die Begriffe Anpassung oder Adaptation verwendet. In der Fachdidaktik wird empfohlen, den Ausdruck „**Anpassung**" im evolutionären Sinn ausschließlich mit dem Passiv zu umschreiben. Lebewesen werden der Umwelt angepasst; sie passen sich nicht aktiv (im evolutionären Sinn) an. Die aufgrund von Anpassungsprozessen hervorgetretenen Strukturen beziehungsweise Verhaltensweisen bezeichnet man dann als „**Angepasstheiten**".
>
> ☞ Abschnitte 2.2.2 und 2.2.3

### 2.1.3 Boden – ein Lebensraum

Böden sind – bildhaft gesprochen – die „Haut der Erde". Wenn Hitze, Kälte, Wind, Wasser, Schnee und Eis die äußere Erdkruste angreifen und im Laufe von Jahrhunderten oder auch Jahrtausenden das ursprünglich feste Gestein verwittern lassen, wird dort Boden gebildet.

**Woraus besteht Boden?**

Die **mineralische Substanz** des Bodens entsteht aus der Verwitterung der Gesteine; sie ist maßgeblich an der Strukturierung des Bodenkörpers beteiligt und liefert lebenswichtige Mineralsalze für die Ernährung der Pflanzen. Die Korngröße der mineralischen Substanz dient als Grundlage zur Unterscheidung verschiedener Bodenarten. Zunächst einmal wird zwischen Grobboden (Korndurchmesser > 2 mm) und denen des Feinbodens (Korndurchmesser < 2 mm) unterschieden. Beim Feinboden differenziert man Sand (2–0,063 mm), Schluff (0,063–0,002 mm) und Ton (< 0,002 mm). In der Regel sind die verschiedenen Korngrößenklassen in einem Boden gemischt. Der Namen einer Bodenart leitet sich von der dominierenden Korngrößenklasse ab, zum Beispiel sandiger Ton oder schluffiger Sand. Als Lehm wird ein Boden bezeichnet, bei dem Sand-, Schluff- und Tonpartikel in etwa zu gleichen Teilen vorkommen. Fast alle physikalischen und chemischen Eigenschaften des Mineralbodens werden vom Anteil und der Verteilung der unterschiedlichen Korngrößen, also von der Bodenart, bestimmt, zum Beispiel Wasser- und Nährstoffanlagerung sowie Verfügbarkeit, Quellung und Schrumpfung, Gefügebildung und Bearbeitungsfähigkeit. Beispielsweise sind sandige Böden eher trocken und nährstoffarm und daher weniger fruchtbar, während Böden mit einem hohen Schluffanteil sehr fruchtbar sind. Diese Böden zeigen ein gutes Wasserhaltevermögen und eine gute Nährstoffverfügbarkeit. Zur Bestimmung der Bodenart (d. h. Korngrößenverteilung im Boden) kann man eine Schlämmprobe durchführen. Dabei nutzt man aus, dass große Mineralpartikel (Sand) in einer Flüssigkeit schneller zu Boden sinken als leichte (Ton).

Die **organische Bodensubstanz** bildet zusammen mit der mineralischen den festen Bodenkörper. Im Mittel besteht die organische Substanz in Mineralböden aus 85 % toter organischer Substanz (= Humus), 10 % Pflanzenwurzeln und 5 % Edaphon (Bodenflora und -fauna). Als Humus (lat. = feuchter, fruchtbarer Boden) werden die im Boden angereicherten, humifizierten, pflanzlichen und tierischen Rückstände bezeichnet. Er verleiht dem Boden eine charakteristische dunkle Farbe.

Neben den festen Bodenbestandteilen besteht der Boden aus einem Hohlraumsystem, das mit **Wasser und Luft** gefüllt ist. Bodenwasser und Bodenluft haben großen Einfluss auf alle Prozesse im Boden.

☞ „Der Boden" in Abschnitt 2.2.4

**Material 4**
Erforsche den Lebensraum Boden: Woraus besteht Boden?

## Bodenlebewesen

Der auf den ersten Blick „leblose" Boden ist mit einer Vielzahl und Vielfalt von Lebewesen erfüllt, die als **Edaphon** bezeichnet werden. Die wohl wichtigste Funktion der Bodenlebewesen ist im Ökosystem die **Zersetzung der organischen Substanz**, zum Beispiel von Blättern und abgestorbenen Wurzeln, und damit die Rückführung von Mineralstoffen wie Phosphor, Schwefel oder Magnesium in den Nährstoffkreislauf.

**Regenwürmer**, die im Rahmen dieser Unterrichtsmaterialien genauer untersucht werden, gehören zu den **Erstzersetzern**. Hierzu zählt man außerdem Asseln, Milben, Doppelfüßer oder Springschwänze, die abgestorbene Pflanzenteile fressen. Vom Kot dieser Tiere leben Bakterien und Pilze. Bakterien und Pilze können aber auch direkt bei der Zersetzung der abgestorbenen Pflanzen mitwirken. In einer Kette von Zersetzungsvorgängen werden Nährstoffe freigesetzt, die wiederum von den Pflanzenwurzeln aufgenommen werden können.

**Material 3**
Regenwürmer zu Gast

Der Regenwurm ist einer der wichtigsten Bodenorganismen, sodass man ihn „Gärtner der Erde" nennt. Durch die Regenwurmgänge wird der Boden belüftet. Regenwürmer durchmischen zudem den Boden, produzieren fruchtbaren Boden (Humus) und verbessern die Bodenstruktur. In einem Kubikmeter Boden können bis zu 400 Regenwürmer leben, wobei die Tiere mittelschwere Lehm- bis leichte Sandböden bevorzugen. Hinsichtlich der Feuchtigkeit brauchen Regenwürmer 10–30 Volumenprozent; die heimischen Regenwurmarten bevorzugen einen pH-Wert von 3,5–7,5. Sie haben ihr Temperaturoptimum bei 10–15 °C, dann zeigen sie ihre größte Aktivität. Überlebensfähig sind sie im Temperaturbereich von 0–25 °C (Vetter 2003).

### 2.1.4 Steckbrief Regenwürmer

#### Systematik und Körperbau

Regenwürmer (Lumbricidae) sind gegliederte Würmer und gehören zum Stamm der Ringel- beziehungsweise Gliederwürmer (Annelida). Weltweit gibt es mehr als 3 000 verschiedene Regenwurmarten. In Europa leben 400 Arten, wovon etwa 40 in Deutschland vorkommen. Eine der häufigsten einheimischen Arten ist der Gemeine Regenwurm (*Lumbricus terrestris*).

Der Gemeine Regenwurm wird 9–15 cm lang (in Ausnahmefällen bis 30 cm) und bis zu 1 cm dick. Er hat einen langgestreckten und runden Körper, der aus vielen gleichartigen Abschnitten, sogenannten Segmenten, besteht. Diese kann man gut als Ringelung erkennen. Von der Ringelung ausgespart bleibt der Kopfabschnitt, der sich dadurch von den übrigen Körpersegmenten unterscheidet. Hier befindet sich die Mundöffnung. Der Gemeine Regenwurm ist vorne zugespitzt und erscheint am Hinterende oft abgeplattet (Abb. 2.1).

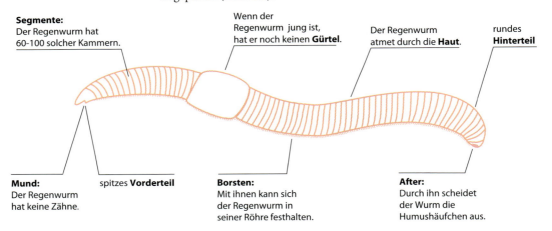

**Abb. 2.1** Der Körper des Regenwurms (nach Locker 1999)

Alle **Segmente** des Regenwurms (außer dem Kopfsegment) sind gleich gestaltet. In jedem Körpersegment sitzen zwei Nervenknoten und zwei kleine Nieren. Das Nervensystem, die Blutgefäße an Bauch- und Rückenseite und der Darm durchziehen den ganzen Körper. Das Blut des Regenwurms ist rot gefärbt und hat wie beim Menschen die Aufgabe, alle Organe mit Nährstoffen und Sauerstoff zu versorgen. Ein Skelett haben Regenwürmer nicht.

An jedem Segment (mit Ausnahme des ersten und letzten) befinden sich vier **Borstenbündel** mit je zwei Borsten, mit deren Hilfe sich die Würmer beim Kriechen im Boden festhalten können.

Geschlechtsreife Tiere besitzen im vorderen Körperdrittel einen verdickten, drüsigen **Gürtel** (= Clitellum), der bei der Fortpflanzung eine Rolle spielt (Regenwürmer sind Zwitter und befruchten sich gegenseitig).

Man hört immer wieder die falsche Vorstellung, dass beide Hälften eines in der Mitte getrennten Regenwurms sich wieder zu je einem lebensfähigen Exemplar entwickeln würden. Tatsache ist aber, dass nur das Vorderende mit den lebenswichtigen Organen weiterlebt, sofern hinter dem Gürtel noch genügend Segmente einen funktionsfähigen Darm gewährleisten und keine Wundinfektion eintritt. Das abgetrennte Hinterende stirbt in jedem Falle nach kurzer Zeit ab.

## Atmung

Regenwürmer atmen über die Haut; sie besitzen weder Lungen noch Kiemen. Die Tiere nehmen mit der gesamten Körperoberfläche direkt Sauerstoff auf, dafür muss aber ihre Haut stets feucht sein. Der Luftsauerstoff wird durch den feuchten Schleimfilm auf der Haut gelöst, gelangt durch die Oberhaut in die Blutadern und wird dort durch das Hämoglobin locker gebunden.

Direkte Sonneneinstrahlung ist für Regenwürmer also gefährlich – sie können dann schnell austrocknen und zugrunde gehen. Mithilfe schleimiger Körperflüssigkeiten, die über verschiedene Drüsen ausgeschieden werden, schützen sie sich davor.

## Sinnesorgane

Regenwürmer haben keine Augen, Ohren oder Nase. Sie können aber mittels Lichtsinneszellen am Vorder- und Hinterende zwischen Hell und Dunkel unterscheiden. Unter der Erde finden sich die Regenwürmer mithilfe eines Tast- und Gravitationssinnes zurecht. Damit können sie Spalten und Hindernisse orten und Oben und Unten im Boden erkennen. Bodenerschütterungen werden mit einem Drucksinn wahrgenommen, was die rechtzeitige Flucht vor Fressfeinden ermöglicht. Catania (2008) konnte zeigen, dass Regenwürmer tatsächlich vor den Schwingungen flüchten, die Maulwürfe erzeugen. Die These, dass die Würmer hinter den Vibrationen einen starken Regenfall vermuten und aus Angst vor dem Ertrinken aus ihren Röhren kommen, wurde von dem Wissenschaftler widerlegt. Dazu stellte er seine Versuchskiste mit 50 Würmern für eine Stunde unter eine Sprinkleranlage mit dem Ergebnis, dass lediglich drei Tiere bei fünf Wiederholungen an die Oberfläche kamen. Warum die Regenwürmer trotzdem auch bei starkem Regen oft aus der Erde kriechen, ist noch nicht geklärt.

Die Tiere haben in der Mundhöhle Sinnesknospen, mit denen sie auf chemische Reize reagieren und die der Geschmackswahrnehmung dienen. Regenwürmer können also Gerüche erkennen und Flüssigkeiten mit scharfem Geruch ausweichen, die ihrer empfindlichen Haut Schaden zufügen könnten.

## Ernährung

Regenwürmer ernähren sich von abgestorbenen, verfaulten Pflanzenteilen, die bei der Passage durch den Verdauungstrakt zu Kothumus verarbeitet und in kleinen Haufen meist an den Öffnungen der Gänge ausgeschieden werden. Besonders in der Nacht ziehen Regenwürmer abgefallene Blätter von der Erdoberfläche in ihre Wohnröhren, wodurch der Prozess der Verrottung beschleunigt wird. Durch das Graben wird der Boden durchmischt, gelockert und damit das Eindringen von Regenwasser erleichtert. Die Bodenfruchtbarkeit unserer Ökosysteme ist wesentlich von der Tätigkeit der Regenwürmer abhängig.

## 2.2 Unterrichtspraxis

### 2.2.1 Scientific literacy als Ziel naturwissenschaftlicher Grundbildung im Sachunterricht

Zielsetzung des Sachunterrichts ist es, Kinder auf ihrem Weg zum Verstehen der Welt zu begleiten. „Wie funktioniert die Welt?" und „Wie soll sie einmal werden?" sind bedeutsame Leitfragen, an denen wir uns bei der Arbeit mit Kindern orientieren können. In einer Wissensgesellschaft gilt *scientific literacy*, d. h. ein **Verständnis zentraler (natur)wissenschaftlicher Konzepte** (wie dem von Angepasstheit von Lebewesen an ihren Lebensraum) **und Methoden**, als eine Schlüsselkompetenz. Diese ist notwendig, um sich in der Welt orientieren und verantwortungsvoll am Leben unserer Gesellschaft teilnehmen zu können. *Scientific literacy* muss jedoch früh angelegt werden (Marquardt-Mau 2004, Marquardt-Mau und Rohen-Bullerdiek 2009).

> **Info**
>
> **Präkonzepte** sind (Alltags-)Vorstellungen eines Lernenden zu einem Phänomen, bevor diese zum Beispiel im Unterricht überprüft und gegebenenfalls in Richtung eines fachwissenschaftlich korrekten Konzepts verändert werden.

Die kindliche Neugier und Entdeckerfreude bilden dabei gute Voraussetzungen. Das Konzept der *scientific literacy* stellt aber auch besondere Anforderungen an Lehr-Lern-Prozesse. Ausgehend von den Präkonzepten der Kinder zu Phänomenen aus der belebten und unbelebten Natur, müssen Lernsituationen geschaffen werden, die den Kindern das eigene Entdecken und Experimentieren (*hands on*) sowie eigenständige Denkprozesse (*minds on*) ermöglichen. Dadurch können sie ihre Vorerfahrungen wissenschaftlichen Auffassungen annähern.

Verstehendes Lernen in der Grundschule ist von der Ebene des wissenschaftlichen Verstehens noch weit entfernt; insofern kann es sich weniger um einen Wechsel von der Alltagssicht hin zur wissenschaftlichen Sicht, sondern mehr um eine Präzisierung, Differenzierung und Generalisierung von Aussagen **auf der Basis von Erfahrungen** handeln (Möller 1992). Es geht also nicht um die bloße Vermittlung von naturwissenschaftlichen Fakten, sondern

- um den Aufbau von Interesse,
- um ein Verständnis erster elementarer naturwissenschaftlicher Methoden und Konzepte sowie des Wesens der Naturwissenschaften (*nature of science*) und
- um ein beginnendes Verstehen der kulturellen und gesellschaftlichen Bedeutung von Naturwissenschaften (Marquardt-Mau 2004, Möller et al. 2002).

Die Grundschulkinder können somit eine neugierige, forschende Haltung und Zutrauen in ihre Forscherfähigkeiten und ein Verständnis für grundlegende naturwissenschaftliche Konzepte und Methoden entwickeln. Das Thema Evolutionsbiologie bietet sich für einen forschend-entdeckenden Zugang unbedingt an. Um an die Vorstellungen der Kinder im Unterricht anknüpfen zu können, sollte man sich zunächst damit auseinandersetzen.

## 2.2.2 Vorstellungen der Kinder

Evolutionsbiologie ist für Kinder im Grundschulalter ein komplexes Thema. Gleichwohl knüpft es an Sinnfragen an, mit denen sie sich in diesem Alter besonders gerne auseinandersetzen, zum Beispiel:

- Warum leben Dinosaurier heute nicht mehr?
- Wie ist das Leben auf der Erde entstanden?
- Warum gibt es so unterschiedliche Lebewesen?
- Warum können manche Lebewesen in ihrer Umwelt besser überleben als andere?

Zudem haben Studien über Vorstellungen von Grundschulkindern zu Themen der Evolutionsbiologie gezeigt, dass die jungen Lernenden bereits **eigene Vorstellungen und Ideen** zu Prozessen der Evolution besitzen (Hedegaard 1996, Møller-Andersen und Hesselholdt 1998, Rojek und Marquardt-Mau 2011, Schilke 1999, Scholl 2002). Eddi (10 Jahre) äußert sich beispielsweise in einem Interview auf die Frage, wie es kommt, dass Giraffen einen so langen Hals haben, wie folgt: *„Das war nämlich so: Früher hatten die Giraffen einen kleinen Hals und da ist das Futter auf dem Boden ausgegangen und dann sind die Giraffen dann mal so gewachsen, dass der Hals lang war und die konnten an das Essen auf den Bäumen rankommen. Die Giraffen ohne den langen Hals sind dann ausgestorben."* Auf die Frage nach einer Erklärung, warum der Hals mancher Giraffen gewachsen ist, führte er aus: *„Ja, sie haben sich wahrscheinlich so angepasst, damit sie nicht verhungern."* Bei einer weiteren Nachfrage, ob die Giraffen das selbst in der Hand hatten, einen langen Hals zu bekommen, antwortete er: *„Ich glaube, das ist zufällig – von der Natur aus – passiert."* Eddi hat also bereits wesentliche Aspekte der Selektionstheorie von Charles Darwin verstanden (Rojek und Marquardt-Mau 2011). Dieses Interview wurde im Anschluss an eine Projektwoche an einer Grundschule in Bremen zum Thema „Auf den Spuren von Charles Darwin …" geführt. Das Kind hatte in dieser Woche zum Thema Angepasstheit von Lebewesen an ihren Lebensraum gearbeitet. Die Giraffe war jedoch nicht Unterrichtsgegenstand.

### Darwins Erklärungen über die Entstehung von Giraffen

Charles Darwin (1859) schreibt in seinem Buch „On the origin of species by means of natural selection" (S. 173f.) über die Entstehung der Giraffe Folgendes:

*„So werden auch im Naturzustand, als die Giraffe entstanden war, diejenigen Individuen, die die am höchsten wachsenden Zweige abweiden und in Zeiten der*

*Dürre auch nur eine oder zwei Zoll höher reichen konnten als die anderen, häufig erhalten geblieben sein, denn sie werden auf der Nahrungssuche das ganze Gebiet durchstreift haben. Dass die Individuen einer Art oft ein wenig in der relativen Länge all ihrer Teile differieren, kann man aus zahlreichen naturgeschichtlichen Werken ersehen, die sorgfältig die Maße angeben. Diese geringen Unterschiede, Folgen der Gesetze des Wachstums und der Variation, sind für die meisten Arten ohne jeden Wert. Anders wird es während ihrer Entstehung bei der Giraffe (wegen ihrer wahrscheinlichen Lebensgewohnheiten) gewesen sein, denn diejenigen Tiere, bei denen einzelne Körperteile ihre gewöhnliche Länge etwas überschritten, werden im Allgemeinen länger am Leben geblieben sein. Sie werden sich gekreuzt und Nachkommen hinterlassen haben, die entweder dieselben körperlichen Eigentümlichkeiten oder doch die Neigung erbten, in derselben Weise zu variieren, während in dieser Beziehung weniger begünstigte Individuen am ehesten ausstarben."*

### Anpassung – anscheinend eine Notwendigkeit

Untersuchungen von Präkonzepten älterer Schüler zum Thema Anpassung haben gezeigt, dass viele Anpassung als Notwendigkeit sehen, die den Individuen von ihrer Umwelt auferlegt wird (Baalmann et al. 2004, Johannsen und Krüger 2005). In der Vorstellung der Schüler reagieren die Organismen aktiv und absichtlich auf Veränderungen der Umwelt, indem sie sich anpassen (Baalmann et al. 2004, Bishop und Anderson 1990, Halldén 1988, Schilke und Lehrke 1994). Auch Grundschulkinder greifen offensichtlich auf dieses Erklärungsmuster zurück. Cord (9 Jahre) antwortete auf die Frage, wie es kommt, dass Giraffen einen so langen Hals haben: *„Sie haben sich angepasst. Die Vorfahren waren kleiner. Sie haben sich angepasst, da die Bäume immer höher und höher wurden."* (Rojek und Marquardt-Mau 2011)

Halldén (zitiert in Baalmann et al. 2004, S. 7) erklärt den hohen Stellenwert solcher Vorstellungen von Anpassungen wie folgt: *„Wenn Lernende versuchen, die Entstehung oder Veränderung von Merkmalen im Laufe der Evolution zu erklären, verwenden sie derart häufig und zentral Anpassungs-Vorstellungen, dass Anpassung sich den Lernenden als ein allumfassendes Erklärungsmuster für evolutionäre Änderungen anzubieten scheint."*

Schüler zeigen oft **finale oder teleologische Vorstellungen** (Johannsen und Krüger 2005). In finalen Vorstellungen, die sich auf evolutionäre Prozesse beziehen, wird die Funktionalität einer Eigenschaft als Ursache derselben gesehen. Teleologische Vorstellungen sind ähnlich – sie sind auf ein Ziel ausgerichtet, weil sie damit einen Zweck erfüllen. In der Gestaltung des Unterrichts ist es wichtig, diese Vorstellungen nicht noch zu verstärken.

## 2.2.3 Was ist beim biologischen Konzept der Angepasstheit zu berücksichtigen?

Anknüpfend an den Ergebnissen der Untersuchungen zu Präkonzepten zum Thema Anpassung beziehungsweise Angepasstheit sollten die folgenden Aspekte im Sachunterricht berücksichtigt werden:

- Die **Unterscheidung im Sprachgebrauch zwischen „angepasst" und „passend"** scheint wichtig zu sein (Baalmann et al. 2004). „Anpassung" sollte im evolutionären Sinn ausschließlich mit dem Passiv umschrieben werden: Lebewesen werden der Umwelt angepasst; sie passen sich nicht aktiv (im evolutionären Sinn) an.

  *„Dieser Grundsatz verhindert nicht, dass Anpassung vom Individuum her gedacht wird, und betrifft zudem nur eine Seite der Medaille. Die fachliche Klärung zeigt die andere Seite, bei der die Lebewesen als aktive Veränderer ihrer Umwelt auftreten. Lebewesen sind in der Evolution nicht nur an ihre Umwelt angepasst worden, sondern sie haben diese vielfältig verändert."* (Baalmann et al. 2004, S. 17)

  Für den Regenwurm bedeutet dies zum Beispiel, dass jedes Individuum dieser Art durch seine Wühl- und Zersetzungstätigkeit für sich und andere Bodenlebewesen günstige Lebensbedingungen schafft. Demnach passen sich Lebewesen nicht der Umwelt an, *„sondern verändern diese auch, so dass sie zu ihnen passt beziehungsweise nachfolgende Organismen günstige Lebensbedingungen treffen."* (Kattmann 1997)

  Baalmann et al. (1999) haben darauf hingewiesen, dass der Gesichtspunkt der biotischen Veränderung der Umwelt produktiv gewendet werden kann, um an die lebensweltlichen Vorstellungen der Lernenden anknüpfen zu können.

  *„So, wie man in Hinsicht auf die Veränderung der Lebewesen von Anpassung an die Umwelt spricht, so kann man in Hinblick auf die Veränderungen der Umwelt von Aneignung durch die Lebewesen sprechen. Anpassung und Aneignung sind komplementäre Begriffe: Die Lebewesen sind an ihre Umwelt angepasst; die Umwelten sind von den Lebewesen angeeignet. Selektion besteht nicht in der Einwirkung von Umweltfaktoren auf den Organismus, sondern sie ist das Ergebnis der Wechselbeziehungen zwischen den Lebewesen und ihrer Umwelt."* (Baalmann et al. 2004, S. 18)

- Es sollte immer nur die **begrenzte Angepasstheit der Lebewesen** betont und damit Aspekte der Unangepasstheit von Lebewesen herausgestellt werden (Kattmann 1998). Für das hier beschriebene Beispiel bedeutet dies, dass ebenfalls die Frage diskutiert werden sollte, ob ein Regenwurm auch in einem anderen Lebensraum, zum Beispiel an der Oberfläche einer Wiese, gut leben könnte.

- Selektionstheoretische Erklärungen sollten so früh wie möglich im Unterricht herangezogen werden (Baalmann et al. 2004). In unserem Beispiel wählen wir dafür einen spielerischen Zugang.

- Als Lehrkraft sollte man darauf achten, dass man nicht selbst durch eine **unangemessene Ausdrucksweise** dem anthropomorphistischen und finalen Denken der Kinder Vorschub leistet. Jeder Satz, der sich auf Lebewesen bezieht und die Wörter „damit", „weil" oder „um zu" enthält, sollte kritisch geprüft werden (Eschenhagen 1976). Grundschulkinder stellen häufig „Warum-Fragen", die in Wirklichkeit verkappte „Wozu-Fragen" sind. Lehrkräfte sollten daher bemüht sein, in ihrem Sprachgebrauch Fragen nach dem Zweck oder der „biologischen Bedeutung" einer Erscheinung deutlich zu unterscheiden von solchen nach den Ursachen.

☞ **Abschnitt 2.1.2**

**Material 6**
Der Regenwurm auf Reisen – auf einer Wiese

**Material 7**
Selektionsbeispiel

### 2.2.4 Evolution konkret – oder warum können Regenwürmer im Boden leben?

Wie ausgeführt, stellen die Vorstellungen der Kinder, entdeckende Zugänge, eigenes Experimentieren und das Reflektieren über ihr Vorgehen wichtige Bausteine eines wissenschaftsorientierten Sachunterrichts dar. Eine als Charles Darwin verkleidete Person kann als Identifikationsfigur die Aufgabe übernehmen, die zentrale Forschungsfrage („Warum können Regenwürmer so gut im Boden leben?") einzuführen. Diese legt nahe, dass die Kinder wichtige Lebensweisen und Eigenschaften eines Regenwurms sowie seinen Lebensraum kennenlernen. Ein wesentlicher Fokus liegt dabei auf dem wechselseitigen Prozess der Anpassung zwischen Regenwurm und dem Ökosystem Boden. Darüber hinaus soll die begrenzte Angepasstheit des Regenwurms thematisiert werden, indem die Kinder eine Fantasiegeschichte schreiben, wie das Leben des Regenwurms wohl auf einer Wiese aussehen könnte. Mit einem Spiel kann ein erster Eindruck von Selektionsprozessen vermittelt werden.

Im Folgenden werden zentrale Bausteine und Materialien für die Unterrichtspraxis zum Thema Angepasstheit von Regenwürmern an den Lebensraum Boden beschrieben. Die Aufgaben des Materialteils dienen dazu, den Kindern ein eigenständiges Entdecken, Beobachten und Experimentieren zu ermöglichen, d. h., welche Materialien werden zur Beantwortung der Aufgabe benötigt, welche Reihenfolge ist bei der Durchführung eines Experiments zu beachten (Vermutung, Durchführung, Dokumentation der Beobachtungen), welche Erklärungen lassen sich finden und Austausch der Ergebnisse mit den anderen Kindern. Es versteht sich von selbst, dass die Kinder zu eigenständigen Formulierungen gelangen, die nicht in allen Aspekten mit den fachwissenschaftlichen Erkenntnissen übereinstimmen müssen. Vielfach bieten die genannten Ergebnisse einen Anlass, um weitere Beobachtungen oder Experimente zu initiieren.

Die Lösungen zu den Aufgaben sind aus diesem Grunde **auf keinen Fall als Merksätze** für die Kinder gedacht, sondern als Hilfestellung für Lehrkräfte, um die Kinder beim Formulieren ihrer Lösungen unterstützen zu können.

#### Präkonzepte

**Material 1**
An den Vorstellungen der Kinder anknüpfen

Die Kinder erhalten den Auftrag, mithilfe einer Zeichnung (Fingerfarben, Wachsmalstifte) oder mit Knete zu zeigen, wie sie sich einen Regenwurm und dessen Lebensweise im Boden vorstellen. Anschließend sollen sie sich über ihre Produkte in einem Sitzkreis austauschen. Die auf einem Poster dokumentierten Vorstellungen können so den Ausgang bilden für weiterführende Fragen der Kinder und zur zentralen Forschungsfrage der Unterrichtseinheit überleiten.

## Identifikationsfigur Darwin

Charles Darwin eignet sich besonders gut als Identifikationsfigur, um die Kinder für naturwissenschaftliche Fragestellungen zu motivieren (Abb. 2.2). Zum einen kann die Schilderung der Reise Darwins auf der Beagle an der Entdecker- und Abenteuerlust der Kinder anknüpfen. Zahlreiche Kinderbücher (Gibbons 2009, Mosbrugger 2008, Nielsen 2009, Novelli 2005, Novelli 2009) lassen sich zu diesem Zwecke sinnvoll in den Sachunterricht integrieren. Zum anderen hat Charles Darwin sich bereits als Kind für die Beobachtung von Tieren interessiert; in späterem Lebensalter für den Regenwurm, der den meisten Kindern aus ihrem Alltag bekannt sein dürfte. Die Kinder sollen im Unterricht selbst in die Rolle des Forschers oder der Forscherin schlüpfen – in unserem Beispiel sich auf die Spuren von Charles Darwin begeben – und somit wichtige Aspekte der naturwissenschaftlichen Arbeitsweise anwenden und ihre Zusammenhänge erleben.

In unserem Unterrichtsbaustein dient eine kurze einleitende Geschichte über Darwin dazu, die zentrale Fragestellung der Unterrichtseinheit einzuführen: „Warum können Regenwürmer so gut im Boden leben?" Gemeinsam mit den Kindern wird dann anschließend geplant, wie sich diese Fragestellung bearbeiten lässt und welche weiteren Fragen sich daraus ergeben.

Es ist sinnvoll, die unterrichtlichen Aktivitäten in drei thematische Blöcke (Regenwurm, Boden, Angepasstheit) zu gliedern. Bevor es jedoch an das Erforschen und Entdecken durch die Kinder gehen kann, stehen „Forschungsregeln" im Umgang mit den mit Vorsicht und Behutsamkeit zu behandelnden Lebewesen Regenwürmern im Fokus.

## Der Regenwurm

Hier steht die Untersuchung von Regenwürmern im Zentrum. Je nach Jahreszeit können die Kinder überlegen, wo sie besonders gut Regenwürmer ausgraben könnten. Ansonsten bietet es sich an, Regenwürmer (*Lumbricus terrestris*) aus dem Anglerbedarf für die Beobachtungen im Sachunterricht zu verwenden.

Es ist wichtig, den Kindern genügend Zeit einzuräumen, damit sie sich mit diesem Tier vertraut machen können. Für manche Kinder sind Regenwürmer mit Ekel und Angst besetzt. Oftmals weicht jedoch ein anfänglich ablehnendes Verhalten einer Faszination hinsichtlich Aussehen oder Verhalten dieser Tiere. Man sollte aber kein Kind dazu zwingen, einen Regenwurm in die Hand zu nehmen, wenn es dies nicht möchte. Hier kann die Kooperation mit anderen Kindern oder die vorsichtige Verwendung eines Wattestäbchens weiterhelfen.

Die einzelnen Aufgaben sollen folgende Fragen klären:

- Wie sieht ein Regenwurm aus?
- Wie bewegt sich ein Regenwurm?
- Kann ein Regenwurm hören? Hat ein Regenwurm Ohren?
- Kann ein Regenwurm sehen? Hat er Augen?
- Kann ein Regenwurm riechen?

**Material 2**
Charles Darwin zu Besuch

**Material 8**
Dokumentation der Ergebnisse und Reflexion

**Abb. 2.2**
Charles Darwin – Motivator für naturwissenschaftliche Fragestellungen (Bildausschnitt; Regina Rojek)

**Material 3**
Regenwürmer zu Gast

Die Aufgaben können entweder an Stationen oder jeweils nacheinander als arbeitsgleiche Gruppenarbeit mit 3–4 Kindern pro Gruppe bearbeitet werden. Sie müssen Vermutungen äußern, selbstständig experimentieren und ihre Ergebnisse dokumentieren. Abschließend sollen diejenigen Faktoren zusammengefasst werden, die dem Regenwurm ein „gutes" Leben im Boden ermöglichen, und erklärt werden, wie sie dazu beitragen, die Qualität von Böden zu verbessern.

### Der Boden

**Material 4**
*Erforsche den Lebensraum Boden: Woraus besteht Boden?*

Zunächst sollen die Kinder verschiedene Böden durch genaues Betrachten, Sortieren, Riechen oder Kneten mit allen Sinnen wahrnehmen. Bevor man mit der Bodenuntersuchung beginnt, ist es wichtig, die Bodentiere zu entfernen, damit die Aufmerksamkeit der Kinder nicht auf die Tiere gelenkt wird. Unter der Lupe oder einem Stereomikroskop lassen sich die Bestandteile des Bodens gut betrachten. Anschließend kann eine Schlämmprobe durchgeführt werden, bei der sie die verschiedenen Korngrößengruppen (z. B. Sand oder Ton) kennenlernen und sehen, dass organisches Material wie Pflanzenreste Bestandteile des Bodens sind. Eine ausführliche Versuchsanleitung zur Schlämmprobe sowie weitere Versuchsanleitungen zum Thema Boden findet man im Internet (Hellberg-Rode 2010).

Die einzelnen Bodenbestandteile werden dann im Klassenverband zusammengetragen und dokumentiert. Es wird gemeinsam überlegt, welche Faktoren in einem Boden von besonderer Bedeutung sind, damit Regenwürmer dort gut leben können.

### Anpassungen an ein Leben im Boden

**Material 5**
*Erfinde ein Bodentier*

Durch das Erfinden eines Tieres, das gut an den Lebensraum Boden angepasst ist, sollen die Kinder sich Gedanken darüber machen, was ein Tier zum Überleben im Boden braucht und was nicht. Hier ist also eine Transferleistung aus dem bisher Gelernten zu erbringen. Als Bastelmaterialien eignen sich zum Bilden eines Tierkörpers beispielsweise Kartoffeln, Kastanien, Eicheln, Fichtenzapfen, leere Walnüsse, Pfeifenputzer oder Plastilin. Darüber hinaus werden Fingerfarben, Zahnstocher, Bindedraht, Klebstoff, Wollreste sowie Scheren und anderes benötigt. Die Kinder erfinden in Einzel-, Partner- oder Gruppenarbeit ein Bodentier. Anschließend findet eine „Tierschau" mit allen Tieren statt – die Kinder sollen hier die spezifischen Fähigkeiten ihrer Tiere erläutern: Welche besonderen Eigenschaften hat das gebastelte Tier, um im Boden gut leben zu können? Als Aufgabe ist auch denkbar, dass die Kinder einen Werbetext formulieren, um die Besonderheiten ihres Tieres herauszustellen.

### Begrenzte Angepasstheiten und Unangepasstheiten

**Material 6**
*Der Regenwurm auf Reisen – auf einer Wiese*

Damit die teleologischen und finalen Schülervorstellungen zur Angepasstheit der Lebewesen an ihre Umwelt durch den Unterricht nicht noch bestätigt werden, empfiehlt Kattmann (1998), die begrenzte Angepasstheit der Lebewesen zu betonen und Aspekte der Unangepasstheit von Lebewesen herauszustellen. Für das Beispiel Regenwürmer kann das bedeuten, dass die Kinder eine Geschichte schreiben, wie das Leben eines Regenwurms auf einer Wiese aussehen könnte.

Anhand dieser Geschichten lassen sich dann die Unterschiede der Lebensräume (im Boden, auf dem Boden) zusammentragen und die Bedeutung von Unangepasstheit herausarbeiten.

## Selektion

Im Sachunterricht kann man ein erstes Verständnis von Selektionsprozessen durch einen spielerischen Zugang erreichen. Die Ausgangsfrage kann beispielsweise lauten: Wie kommt es eigentlich, dass Regenwürmer nicht zitronengelb sind?

In dem Spiel kommen auffällig gefärbte Steine und weniger auffällige („getarnte") zum Einsatz. In der Regel werden dann mehr von den auffällig gefärbten Steinen gefunden. So kann man den Kindern bereits das Prinzip von Tarnung und Angepasstheiten an den Lebensraum beziehungsweise an ihre Räuber anschaulich zeigen. Zu guter Letzt können solche Angepasstheiten als eine Folge der Selektion gedeutet werden.

**Material 7**
Selektionsspiel

## Abschließende Reflexion

Ähnlich wie Wissenschaftler die Ergebnisse ihrer Forschung auf Tagungen oder Konferenzen vorstellen und sich darüber austauschen, bietet eine von den Kindern durchgeführte Forschungskonferenz einen Rahmen zum Austausch und zur Diskussion ihrer Ergebnisse. Ein weiterer wichtiger Schritt ist die Reflexion über das Vorgehen im Sachunterricht: Fragestellungen und Vermutungen formulieren, Beobachtungen oder ein Experiment durchführen, die Ergebnisse dokumentieren, interpretieren und mit den Ergebnissen anderer Kinder vergleichen, sind wichtige wissenschaftliche Vorgehensweisen. Eventuell eröffnen sich daraus neue Fragestellungen (Marquardt-Mau und Rohen-Bullerdiek 2009). Alle diese Elemente umfassen im Wesentlichen den theoretischen Aspekt der Naturwissenschaftsverständigkeit. Die Kinder können so der begrifflichen und methodischen Struktur der Naturwissenschaften begegnen.

**Material 8**
Dokumentation der Ergebnisse und Reflexion

Nachdem die Kinder sich in einer Forschungskonferenz über ihre Ergebnisse ausgetauscht haben, können sie einen Brief an Charles Darwin schreiben, um ihm zu erklären, was sie über den Regenwurm herausgefunden haben und warum sie denken, dass der Regenwurm gut an das Leben im Boden angepasst ist. Den Abschluss der Forschungskonferenz kann dann der Vergleich der ersten Vorstellungen (Präkonzepte) der Kinder mit ihren Ergebnissen sowie den Beobachtungen und dem Vorgehen Darwins bei seinen Untersuchungen zu Regenwürmern darstellen.

Ähnlich wie die Kinder hat Charles Darwin untersucht, ob Regenwürmer sehen, hören oder riechen können. So hat er beispielsweise Regenwürmern etwas auf dem Klavier vorgespielt. Weitere Beispiele dazu, wie Charles Darwin den Regenwurm erforscht hat, haben Gad und Schwanewedel (2009) beschrieben.

### 2.2.5 Fazit

Das Thema Angepasstheit von Lebewesen ist offensichtlich in besonderer Weise geeignet, ein grundlegendes naturwissenschaftliches Konzept bei Grundschulkindern anzubahnen. Die Unterrichtsmaterialien wurden im Zusammenhang mit dem von der Volkswagenstiftung geförderten Projekt „Evolutionsbiologie im Sachunterricht" (Gewinner des Ideenwettbewerbs „Evolution heute") entwickelt und in einer Projektwoche in einer Grundschule in Bremen erprobt. Wie erste Ergebnisse zeigen, ist es sinnvoll, sich bereits früh mit Kindern auf die Spuren Charles Darwins zu begeben.

## 2.3 Unterrichtsmaterialien

### Material 1: An den Vorstellungen der Kinder anknüpfen

**Aufgabe 1**

Wie würdest du jemanden, der noch nie einen Regenwurm gesehen hat, erklären, was das für ein Tier ist? Male dazu ein Bild oder knete etwas.

### Material 2: Charles Darwin zu Besuch

Charles Darwin war ein berühmter englischer Naturforscher und hätte, wenn er noch leben würde, im Februar 2009 seinen 200. Geburtstag gefeiert. Sein Vater war Arzt und er hatte vier Schwestern und einen Bruder.

Charles hatte bereits als Kind viel Freude daran, die Natur zu erforschen und zu beobachten. Er sammelte alles Mögliche, zum Beispiel Fossilien und Mineralien, er beobachtete Käfer und Vögel, er ging zum Fischen und Jagen, und er machte im Schuppen zusammen mit seinem Bruder chemische Experimente. Als junger Mann studierte er an einer Universität, um Naturforscher zu werden. Als er 22 Jahre alt war, durfte er mit einem Schiff eine Forschungsreise antreten, die ihn um die ganze Welt führte. Auf dieser Reise beobachtete und beschrieb er viele verschiedene Tiere. Als er nach fünf Jahren wieder zurück nach Hause kam, hatte er viel Zeit, um über seine Reise und seine Entdeckungen nachzudenken. Ihn beschäftigte insbesondere die Frage, wieso es so viele verschiedene Tiere auf dieser Erde gibt. Darwin ging nie wieder auf eine Forschungsreise, aber er arbeitete weiterhin als Naturforscher. Eines seiner Forschungsgebiete waren die Regenwürmer. Früher dachte man, dass Regenwürmer Schädlinge sind, die Pflanzenwurzeln fressen, und deshalb tötete man sie. Darwin fand durch genaues Beobachten etwas Anderes heraus.

Im Sachunterricht wollen wir ähnlich wie Charles Darwin forschen. Unsere Forschungsfrage lautet: Warum können Regenwürmer so gut im Boden leben?

**Aufgabe 2**

Überlegt euch in Kleingruppen, wie ihr vorgehen könnt, um diese Frage zu beantworten. Welche weiteren Fragen ergeben sich daraus?

### Material 3: Regenwürmer zu Gast

**Aufgabe 3**

Bevor ihr mit dem Experimentieren und dem Erforschen des Regenwurms anfangen könnt, überlegt euch Forschungsregeln. Denkt daran, dass die Regeln ein sicheres Arbeiten in eurer Gruppe gewährleisten sollen und dass es sich beim Regenwurm um ein Lebewesen handelt, mit dem man sorgsam umgehen muss.

## 2 Kinder auf den Spuren Charles Darwins – Evolutionsbiologie im Sachunterricht

**Aufgabe 4**

Für diese Regenwurmuntersuchung brauchst du: Regenwurm, Plastikschale, Küchentuch, Sprühflasche mit Wasser, Lupe, Buntstifte

Lege ein Küchentuch in die Plastikschale und feuchte es an. Lege nun einen Regenwurm in die Plastikschale und halte den Regenwurm feucht!

a  Sieh dir den Regenwurm von allen Seiten mit einer Lupe genau an! Zeichne nun einen Regenwurm.

b  Schreibe deine Beobachtungen auf:
- Welche Farbe hat der Wurm?
- Kannst du vorne und hinten unterscheiden?
- Ist der Wurm an allen Stellen gleich dick?
- Kann man beim Regenwurm Bauch und Rücken voneinander unterscheiden?

**Aufgabe 5**

Für diese Regenwurmuntersuchung brauchst du: Regenwurm, Plastikfolie, Filterpapier, Petrischale, Stereomikroskop

a  Lege einen Regenwurm auf die Plastikfolie und beobachte genau, wie er sich bewegt (auch von unten).

b  Lege den Regenwurm auf Filterpapier. Gehe mit deinem Ohr nah an den Wurm heran. Was hörst du?

c  Halte das Filterpapier schräg und drehe es langsam um.
- Was wird wohl passieren? (Vermutung)
- Was hast du beobachtet?

d  Schau dir den Regenwurm durch das Stereomikroskop an. Kannst du etwas beobachten, was du zuvor noch nicht gesehen hast?

siehe auch Onlinematerialien unter *http://extras.springer.com*

## 2.3 Unterrichtsmaterialien

**Aufgabe 6**

Für diese Regenwurmuntersuchung brauchst du: Regenwurm, Lupe, Glöckchen

a Sieh dir den Regenwurm mit der Lupe an. Findest du Ohren?

b Mache mit dem Glöckchen in der Nähe des Regenwurms Geräusche.
- Was wird wohl passieren? (Vermutung)
- Was hast du beobachtet? Was hat der Regenwurm gemacht?
- Kann der Regenwurm hören? (Ergebnis)

**Aufgabe 7**

Für diese Regenwurmuntersuchung brauchst du: Regenwurm, Lupe, Taschenlampe, Papprolle

a Sieh dir den Regenwurm mit der Lupe an. Findest du Augen?

b Lege den Regenwurm mit dem Vorder- oder Hinterteil in die Papprolle. Beleuchte den Teil vom Regenwurm mit der Taschenlampe, der aus der Papprolle rausguckt.
- Was wird wohl passieren? (Vermutung)
- Was hast du beobachtet? Was hat der Regenwurm gemacht?
- Kann der Regenwurm sehen? (Ergebnis)

**Aufgabe 8**

Für diese Regenwurmuntersuchung brauchst du: Regenwurm, Wattestäbchen, Apfelsaft, Essig, Putzmittel

Tunke das Wattestäbchen in den Saft, Essig oder in das Putzmittel.

a Bevor du das Wattestäbchen vor den Regenwurm hältst, schreibe deine Vermutungen auf (Tab. 2.1).

b Halte das Wattestäbchen nun vor den Regenwurm. ACHTUNG! Nicht den Wurm berühren!

**Tab. 2.1:** Reaktionen des Regenwurms

| Flüssigkeit | Wie reagiert der Regenwurm? Vermutung | Wie reagiert der Regenwurm? Beobachtung |
|---|---|---|
| Apfelsaft | | |
| Essig | | |
| Putzmittel | | |

c Kann der Regenwurm riechen? (Ergebnis)

## 2 Kinder auf den Spuren Charles Darwins – Evolutionsbiologie im Sachunterricht

### Aufgabe 9

Klärt zunächst für euch alleine die beiden folgenden Aufgaben. Tauscht euch anschließend im Klassenverband aus.

**a** Fasse diejenigen Faktoren zusammen, die dem Regenwurm ein „gutes" Leben im Boden ermöglichen.

**b** Wie tragen Regenwürmer dazu bei, die Qualität von Böden zu verbessern?

### Material 4: Erforsche den Lebensraum Boden: Woraus besteht Boden?

Für die folgende Untersuchung braucht ihr verschiedene Bodentypen/Böden. Bevor ihr aber mit dem Forschen beginnt, entfernt bitte alle Bodentiere. Die könnt ihr in einem Restboden „parken" und später wieder freilassen.

### Aufgabe 10

**a** Betrachtet, sortiert, riecht und knetet die verschiedenen Böden. Was nehmt ihr wahr?

**b** Schaut euch die Böden mithilfe einer Lupe beziehungsweise einem Stereomikroskop genauer an. Was seht ihr?

### Aufgabe 11

Um die einzelnen Bodenbestandteile zu untersuchen, führt eine Schlämmprobe durch. Dabei geht ihr folgendermaßen vor:

1 Nummeriert die verschiedenen Böden. So kommt ihr später nicht durcheinander.

2 Für die Schlämmprobe wird eine frische Bodenprobe in ein hohes Becherglas oder Schraubglas für Würstchen gegeben. Das Gefäß sollte etwa zu einem Viertel mit der Bodenprobe gefüllt werden (= 1 Teil). Nun fügt ihr 3 Teile Wasser hinzu und rührt kräftig um. Der Boden wird so aufgeschlämmt.

3 Die einzelnen Bodenpartikel sinken entsprechend ihrer Größe und ihres Gewichts unterschiedlich schnell nieder und lagern sich schichtweise am Grunde des Gefäßes ab.

**a** Zeichne, wie sich die einzelnen Bodenbestandteile im Glas verteilen.

**b** Sieh dir die Schichten genau an und versuche sie zu beschreiben (z.B. klares Wasser, trübes Wasser, Steine, Sand, Pflanzenreste, Humus, …).

**c** Tragt eure Ergebnisse zu den Bodenuntersuchungen zusammen und vergleicht diese.

### Material 5: Erfinde ein Bodentier

### Aufgabe 12

**a** Bastelt ein Fantasie-Bodentier, das gut an den Lebensraum Boden angepasst ist. Gebt eurem Tier einen Namen.

**b** Führt im Klassenverband eine „Tierschau" durch. Erläutert dabei, welche besonderen Eigenschaften euer Tier hat, um im Boden gut leben zu können.

## Material 6: Der Regenwurm auf Reisen – auf einer Wiese

*„Lumbi, der kleine Regenwurm, lebt mit seiner Familie tief unter einer Wiese in einem Park. Lumbi war noch nie oben und träumt davon, einen Ausflug auf die Wiese zu machen. Eines Tages beschließt Lumbi, an die Oberfläche zu kriechen und den Park zu erkunden."*

### Aufgabe 13

a  Schreibe eine Geschichte darüber, wie es Lumbi dort oben im Park ergangen ist. Bedenke, was du schon über die Lebensweise von Regenwürmern erfahren hast. Was wird besonders schwierig für ihn werden?

b  Fasst die Unterschiede der verschiedenen Lebensräume (im Boden, auf dem Boden) zusammen. Welcher Lebensraum ist passend für den Regenwurm, welcher nicht?

## Material 7: Selektionsspiel

### Aufgabe 14

Warum sind Regenwürmer eigentlich nicht zitronengelb? Dieser Frage könnt ihr spielerisch nachgehen.

**Spielanleitung.** Steine in unterschiedlichen Farben werden vor Spielbeginn von der Spielleitung auf dem Schulgelände versteckt. Dabei ist darauf zu achten, dass manche Farben dem Untergrund entsprechen (z. B. dunkelbraun, grau, schwarz), andere sich dagegen deutlich davon abheben (gelb, rot, blau, hellgrün).

Die Aufgabe für jedes Kind: Stelle dir vor, du bist eine Amsel und die Spielsteine sind Regenwürmer. Finde so viele Steine wie möglich. Alle Kinder haben nun eine begrenzte Zeit zur Verfügung, um möglichst viele Steine einzusammeln.

## Material 8: Dokumentation der Ergebnisse und Reflexion

### Aufgabe 15

a  Schreibt einen Brief an Charles Darwin. Erklärt ihm, was ihr über den Regenwurm herausgefunden habt und warum er gut an ein Leben im Boden angepasst ist.

b  Vergleicht eure jetzigen Erkenntnisse über den Regenwurm mit euren ersten Vorstellungen.

## 2.4 Literatur

- American Association for Advancement of Science (AAAS) (1993) Benchmarks for science literacy. Oxford University, New York
- Baalmann W, Frerichs V, Gropengießer H, Kattmann U (1999) Das Modell der Didaktischen Rekonstruktion – Untersuchungen in den Bereichen „Genetik" und „Evolution". In: Duit R, Mayer J (Hrsg) Studien zur naturwissenschaftsdidaktischen Lern- und Interessensforschung. Leibniz-Institut für die Pädagogik der Naturwissenschaften und Mathematik (IPN), Kiel. 82–92
- Baalmann W, Frerichs V, Weitzel H, Gropengießer H, Kattmann U (2004) Schülervorstellungen zu Prozessen der Anpassung – Ergebnisse einer Interviewstudie im Rahmen der Didaktischen Rekonstruktion. ZfDN 10 (1): 7–28
- Bishop B, Anderson C (1990) Student conceptions of natural selection and its role in evolution. J Res Sci Teach 27 (5): 415–427
- Catania KC (2008) Worm grunting, fiddling, and charming – Humans unknowingly mimic a predator to harvest bait. PLoS ONE 3 (10): e3472. doi:10.1371/journal.pone.0003472
- Darwin C (1859) On the origin of species by means of natural selection. Zitiert nach der Übersetzung von Neumann CW, 5. Aufl. von 1872, Reclam, Stuttgart 1963
- Darwin C (1881) The formation of vegetable mould through the action of worms with oberservations on their habits. John Murray, London
- Eschenhagen D (1976) Das Thema Evolution im Unterricht. Unterricht Biologie 1 (3): 2–12
- Gad G, Schwanewedel J (2009) Im Boden ist der Wurm drin – Was Darwin besser als alle anderen wusste. PdN-BioS 3/58: 34–38
- Halldén O (1988) The evolution of the species – pupil perspectives and school perspectives. Int J Sci Educ 10 (5): 541–552
- Hedegaard M (1996) How instructions influences children's concepts of evolution. Mind, Culture, and Activity 3 (1): 11–24
- Hellberg-Rode G (2010) Projekt Hypersoil. URL *http://hypersoil.uni-muenster.de* [12.11.2010]
- Johannsen M, Krüger D (2005) Schülervorstellungen zur Evolution – eine quantitative Studie. IDB Münster 14: 23–48
- Kattmann U (1997) Dynamik der Evolution. Unterricht Biologie (CD-ROM Evolution), Friedrich, Seelze
- Kattmann U (1998) Prozesse der Evolution – Basisinformationen. In: Hedewig R, Kattmann U, Rodi D (Hrsg) Evolution im Unterricht. Aulis Deubner, Köln. 47–53
- Locker C (1999) Die Regenwurm-Werkstatt (Lernmaterialien). Verlag an der Ruhr, Mühlheim
- Marquardt-Mau B (2004) Ansätze zur Scientific Literacy – Neue Wege für den Sachunterricht. In: Kaiser A, Pech D (Hrsg) Basiswissen Sachunterricht. Bd. 2, Schneider, Hohengehren. 67–83
- Marquardt-Mau B, Rohen-Bullerdiek C (2009) Die gemeinsame Ausbildung von ElementarpädagogInnen und Grundschullehrkräften an der Universität Bremen im Studienfach „Interdisziplinäre Sachbildung/Sachunterricht". In: Lauterbach R, Giest H, Marquardt-Mau B (Hrsg) Lernen und kindliche Entwicklung – Elementarbildung im Sachunterricht. Klinkhardt, Bad Heilbrunn. 101–108

- Möller K (1992) Lernen im Vorfeld von Physik und Technik – Neuere Untersuchungen zum naturwissenschaftlich-technischen Sachunterricht. In: Wiebel KH (Hrsg) Zur Didaktik der Physik und Chemie. Bd. 12, Leuchtturm, Alsbach. 18–38
- Möller K, Jonen A, Hardy I, Stern E (2002) Die Förderung von naturwissenschaftlichem Verständnis bei Grundschulkindern durch Strukturierung der Lernumgebung. In Prenzel M, Doll J (Hrsg) Bildungsqualität von Schule: Schulische und außerschulische Bedingungen mathematischer, naturwissenschaftlicher und überfachlicher Kompetenzen. ZfPäd 45, Beiheft. 176–191
- Møller-Andersen A, Hesselholdt S (1998) The teaching and learning of evolution at the primary level. In: Andersson B, Harms U, Helldén G, Sjöbeck ML (Hrsg) Research in didaktik of biology – Proceedings of the 2nd Conference of European Researchers in didaktik of Biology, University of Göteborg Nov 18–22. 155–168
- Rojek, R, Marquardt-Mau B (2011) Schülervorstellungen von Grundschulkindern zu Themen der Evolutionsbiologie – Interviewstudie im Rahmen des Projekts „Evolutionsbiologie im Sachunterricht" an der Universität Bremen. In Vorbereitung
- Schilke K, Lehrke M (1994) Untersuchungen über Schülervorstellungen zur Evolution. In: Kattmann U (Hrsg) Biologiedidaktik in der Praxis. Aulis Deubner, Köln. 82–105
- Schilke K (1999) Lernvoraussetzungen von Kindern zum Thema Dinosaurier. ZfDN 5: 3–14
- Scholl S (2002) Welche Vorstellungen haben Grundschulkinder von der Entwicklung der Lebewesen? Examensarbeit, Fachbereich Didaktik der Biologie, Johann Wolfgang Goethe-Universität Frankfurt am Main. GRIN, München
- Vetter F (2003) Regenwurm – Führer zur Ausstellung. Zentrum für angewandte Ökologie Schattweid (Hrsg). URL *http://www.regenwurm.ch/files/downloadfiles/DOWNLOADS/broschrw1.pdf* [12.11.2010]

**Kinderbücher zum Thema Charles Darwin und Evolutionsbiologie**

- Gibbons A (2009) Charles Darwin – Das Abenteuer Evolution. Arena, Würzburg
- Mosbrugger V (2008) Darwin für Kinder und Erwachsene – Die ungeheure Verschiedenartigkeit der Pflanzen und Tiere. Insel, Frankfurt
- Nielsen M (2009) Abenteuer & Wissen. Charles Darwin – Ein Forscher verändert die Welt. Gerstenberg, Hildesheim
- Novelli L (2005) Darwin und die wahre Geschichte der Dinosaurier. Arena, Würzburg
- Novelli L (2009) Das Darwin-Projekt – Charles Darwins Reise um die Welt. Cbj, München

**Tipps fürs Internet**

- American Association for Advancement of Science (AAAS) (2010) Project 2061. URL *http://www.project2061.org* [12.11.2010]
- Bundesamt für Umwelt (BAFU) (2010) Bodenreise.ch. URL *http://www.bodenreise.ch* [12.11.2010]

# 3 Die Bedeutung der Sexualität für Evolutionsprozesse – wissenschaftliche Konzepte, Schülervorstellungen, Lehrpläne und Schulbücher

Walter Leditzky und Günther Pass

## 3.1 Fachinformationen

### 3.1.1 Einleitung

„*Nothing in biology makes sense except in the light of evolution.*"
(Dobzhansky 1973)

Sexuelle Fortpflanzung ist evolutionsbiologisch gesehen umständlich, zeitaufwändig und riskant. Trotzdem hat sich diese Form, Nachkommen zu erzeugen, bei höheren Pflanzen und Tieren durchgesetzt. Neben vielen Nachteilen gibt es bei der sexuellen Fortpflanzung nämlich zwei entscheidende Vorteile: Die Kinder bekommen die **Genome von zwei Eltern** mit auf ihren Lebensweg, und die Gene werden in jeder Generation **neu gemischt**. Die Nachkommen haben zwar viele Ähnlichkeiten mit den Eltern, jedes Individuum hat dennoch seine eigene unverwechselbare genetische Identität, die es von jedem anderen Artgenossen unterscheidet (Ausnahme: eineiige Mehrlinge). Diese Gen-Neukombination erfolgt bei der Bildung der Gameten im Zusammenhang mit der Meiose beziehungsweise der Verschmelzung der Gameten zur Zygote. Dadurch wird die Zahl möglicher Genotypen in einer Population enorm erhöht. Diese **genetische Variabilität** ist die Grundlage für die Entwicklung der phänotypischen Variabilität, an der wiederum **Selektion** ansetzt. Darüber hinaus haben diese Prozesse Konsequenzen hinsichtlich der **Verbreitung beziehungsweise Elimination von Mutationen**, die für den Genbestand einer Population bedeutsam sind. Im Grunde genommen ist es also die sexuelle Fortpflanzung, die als Generator genetischer Variabilität die Grundlagen für die Evolution und die Entwicklung vielfältigen Lebens schafft. Sie ist somit ein fundamentales Phänomen höherer Organismen und es ist klar, dass diese Inhalte zentral für ein wissenschaftliches Verständnis der gesamten Biologie sind.

Erfahrungen an der Universität mit Biologie-Studienanfängern zeigen, dass diese Zusammenhänge weitgehend unbekannt sind und offenbar im Schulunterricht kaum verstanden werden. Fragt man Schüler/Studienanfänger nach den Mechanismen der Evolution, bekommt man stereotyp die Antwort: Mutation und Selektion. Rekombination wird kaum genannt und ein Zusammenhang der sexuellen Fortpflanzung mit der Erzeugung der genetischen Variabilität wird praktisch nie gesehen. Damit fehlen ganz entscheidende Einsichten für ein richtiges Verständnis von Evolutionsprozessen.

**Fachdidaktisches Forschungsprojekt der Uni Wien**

Um die Lernschwierigkeiten und Erkenntnishürden bei diesem Thema genauer zu erfassen, wird zurzeit an der Universität Wien ein fachdidaktisches Forschungsprojekt durchgeführt. Die Untersuchungen folgen dem **Modell der Didaktischen Rekonstruktion** (Kattmann et al. 1997, Kattmann 2007). Dieses Modell beruht auf einem konstruktivistischen Verständnis von Lernprozessen, d. h., Lernen ist eine aktive Konstruktion der Lernenden auf Basis eines schon existierenden Wissens. Dementsprechend wird bei der Didaktischen Rekonstruktion ein konkreter Unterrichtsinhalt aus drei Blickrichtungen untersucht. Zum einen wird eine fachliche Klärung des Themas durchgeführt (Analyse fachwissenschaftlicher Aussagen aus fachdidaktischer Sicht, also aus Vermittlungsabsicht). Zum anderen wird versucht, die Voraussetzungen und Perspektiven der Lernenden zu erfassen. Daraus folgen als zentraler Planungsprozess die didaktische Strukturierung des Themas und die Entwicklung eines Unterrichtskonzepts.

Die Thematik der vorliegenden Arbeit ist außerordentlich vielschichtig, deshalb wird nur auf die zentralen Probleme und Grundaussagen fokussiert. Um die Rahmenbedingungen für den Schulunterricht zu erfassen, wurden die Lehrpläne und die derzeit an den allgemeinbildenden höheren Schulen (AHS) in Österreich verwendeten Schulbücher auf das Thema hin untersucht. Zur Erfassung der Schülerperspektiven führten wir halbstrukturierte Interviews mit Schülern am Ende ihrer Gymnasialzeit durch. Die fachwissenschaftlichen Bücher, die Schulbücher und die transkribierten Interviews mit Schülern wurden dann nach der Methode der qualitativen Inhaltsanalyse (Mayring und Gläser-Zikuda 2005, Mayring und Gläser-Zikuda 2007) ausgewertet. Aus der Gesamtheit der Daten leiteten wir schließlich entsprechende Konsequenzen für den Schulunterricht ab und entwickelten Unterrichtsmaterialien.

> **Info**
>
> In Österreich wird das 8-jährige Gymnasium als **allgemeinbildende höhere Schule (AHS)** bezeichnet. Die Unterstufe mit den Klassen 1–4 und die Oberstufe mit den Klassen 5–8 entsprechen den deutschen Sekundarstufen I und II.

### 3.1.2 Hintergrundwissen

Ein großer Teil der nachfolgenden Fachinformationen ist klassisches Lehrbuchwissen (siehe Campbell und Reece 2009, Diamond 2000, Kutschera 2008, Mayr 2005, Storch et al. 2001, Zrzavý et al. 2009). Es wird hier nur in den Kernaussagen und im Überblick wiedergegeben, um die Bedeutung der

Sexualität im Zusammenhang mit Evolution diskutieren zu können. Im Folgenden wird der Fokus dieser Arbeit behandelt, nämlich die Bedeutung der genetischen Variabilität für Evolutionsprozesse und ihre Entstehung im Zuge der Gametenbildung beziehungsweise der Befruchtung bei der sexuellen Fortpflanzung. Mit dem Aufkommen dieser biparentalen Fortpflanzungsform sind aber noch eine Reihe weiterer Aspekte verbunden, die ebenfalls evolutionsbiologisch bedeutsam sind und erst in den letzten Dekaden genauer erforscht wurden. Sie werden in den nachfolgenden Abschnitten behandelt.

## Genetische Variabilität und Evolution

Genetische Variabilität in Populationen ist die grundlegende Voraussetzung und **Triebfeder für Evolution**. Bei Pflanzen und Tieren, die sich sexuell fortpflanzen, ist – abgesehen von eineiigen Mehrlingen – jedes Individuum genetisch einzigartig. Für die Entstehung der genetischen Variabilität gibt es eine Reihe von Ursachen. Die weitaus bedeutendste Quelle sind die Vorgänge bei der Gametenbildung (Meiose und Rekombination, siehe unten) und das Zusammenführen der beiden haploiden elterlichen Chromosomensätze bei der Befruchtung. Weitere Ursachen sind Genfluss durch Zu- und Abwanderung, Gendrift, Polyploidie, Hybridisierung und natürlich Mutationen. Letztere tragen zwar vergleichsweise wenig zur genetischen Variation in Populationen bei, sie sind aber die Ursache für die Entstehung neuer Gene und liefern somit gewissermaßen das Ausgangsmaterial für Veränderungen der Genome.

Genetische Variabilität in Populationen ist die **Basis für Selektion**. Durch die Neukombination bei der sexuellen Fortpflanzung entstehen immer wieder Individuen, die mit veränderten Lebensbedingungen besser (oder auch schlechter) zurechtkommen. Selektion setzt dabei an den Phänotypen an, wobei für den evolutiven Erfolg nur deren Fitness entscheidend ist, d. h., ob sie einen erhöhten Fortpflanzungserfolg haben und sich ihre Gene dadurch in der Population etablieren können.

Hinsichtlich der Bedeutung der verschiedenen Selektionsfaktoren gibt es heute neue Sichtweisen. Während man früher primär Anpassungen an veränderte Umweltbedingungen oder eine effizientere Nutzung von Nahrungsressourcen im Auge hatte, ist es heute vor allem die **Resistenzbildung** von Pflanzen und Tieren gegenüber Krankheitserregern. Beim **koevolutiven Wettrüsten** zwischen Parasit und Wirt haben Bakterien oder Viren nämlich aufgrund ihrer einfachen Genomorganisation und den wesentlich kürzeren Reproduktionszyklen entscheidende Vorteile: Günstige Mutationen können in kurzer Zeit fixiert werden und verbreiten sich in einer Population sehr schnell. Wir kennen das auch aus unserer Alltagserfahrung mit Grippeimpfstoffen; sie müssen jedes Jahr optimiert beziehungsweise neu entwickelt werden. Angepasstheiten der Wirtsorganismen zur Abwehr von Krankheitserregern veralten demnach schnell und ihr Immunsystem ist gefordert, rasch zu reagieren. Tatsächlich konnte gezeigt werden, dass einzelne Gene zur Produktion bestimmter Immunglobuline stark polymorph sind und bedeutend schneller evolvieren als andere. *„Hierzulande musst du*

**Material 1**
Gametenbildung und genetische Variabilität

**Material 2**
Blutgruppen

**Material 3**
Selektionsspiel

☞ **Kapitel 5**

*so schnell rennen, wie du kannst, wenn du am gleichen Fleck bleiben willst"*, erklärt die Rote Königin der neugierigen Alice in Lewis Carrols berühmtem Roman „Alice hinter den Spiegeln". In Anknüpfung an dieses Zitat wird das beschriebene koevolutive Wettrüsten oft auch als **Red-Queen-Hypothese** bezeichnet.

**Meiose und Rekombination**

Unter Rekombination versteht man die Verteilung beziehungsweise Neukombination genetischen Materials. Sie ist besonders wichtig bei sexuell reproduzierenden Organismen während der Meiose. Für die genetische Variabilität verschiedener Individuen einer Art spielen drei Mechanismen eine Rolle:

- unabhängige Verteilung der Chromosomen auf die Gameten
- Rekombination durch Crossing over
- zufällige Gametenfusion bei der Befruchtung

Endprodukt dieser Prozesse sind haploide Gameten, bei denen die Gene neu kombiniert wurden und die sich in ihrer genetischen Ausstattung voneinander unterscheiden.

Im Zusammenhang mit Evolutionsprozessen ist es aufschlussreich, wenn man sich das nahezu unvorstellbare **Ausmaß genetischer Variabilität** klar macht, das aufgrund von Meiose und Zygotenbildung entsteht.

- Bei der unabhängigen und zufälligen Verteilung der Chromosomen während der Meiose können beim Menschen mit seinen 46 Chromosomen in den diploiden Körperzellen $2^{23}$ unterschiedliche haploide Keimzellen gebildet werden – das sind rund 8,4 Millionen Möglichkeiten. Für die Bildung der Zygote, in der die Chromosomen der beiden Eltern zusammengeführt werden, ergeben sich $2^{46}$ Kombinationsmöglichkeiten, also über 70 Billionen!

- Auf Ebene der Gene gibt es eine noch größere Vielfalt. Ein Elternteil (Weibchen oder Männchen) mit n Genen und zwei Allelen kann $2^n$ genetisch unterschiedliche Eizellen beziehungsweise Spermien produzieren. Jedes Elternpaar kann also Nachkommen mit $4^n$ unterschiedlichen Genotypen erzeugen. Nehmen wir in einer Beispielrechnung an, dass jeder elterliche Genotyp 150 Gene mit je zwei Allelen hat, so kann jedes Elternpaar $2^{150}$ genetisch unterschiedliche Spermien beziehungsweise Eizellen bilden. Das bedeutet, dass ein Paar $4^{150}$ genetisch unterschiedliche Nachkommen haben kann. Bei sich sexuell fortpflanzenden Organismen ist somit die Wahrscheinlichkeit von zwei genetisch identischen Individuen gleich null, und das Angebot an genotypischer Variabilität für die Selektion astronomisch!

Im Vergleich dazu ist das Ausmaß der Entstehung genetischer Variabilität durch Mutation relativ gering. Bei einer natürlichen Mutationsrate (das ist die Wahrscheinlichkeit einer Mutation an einem Genort pro Generation) von $10^{-6}$ ist beim Menschen mit rund 30 000 Genorten jede 33. Keimzelle betroffen; somit hat nur etwa jeder 16. Mensch ein mutiertes Allel von einem Elternteil.

## Sexuelle Fortpflanzung: Elterngeneration und „Ausgangsmaterial"

Die sexuelle Fortpflanzung ist normalerweise **biparental**, d. h., es gibt zwei Eltern, die Keimzellen (Gameten) produzieren, die bei der Befruchtung miteinander verschmelzen (Karyogamie). Evolutionsbiologisch gesehen ist dabei die Erhöhung der genetischen Variation durch Rekombination und die Zusammenführung der Gene von zwei Eltern der entscheidende Fortschritt gegenüber den Vermehrungsmethoden der Prokaryonten.

Von großer Bedeutung für die Evolution sexuell reproduzierender Organismen ist die **Trennung von somatischen und generativen Zellen**. Bei Tieren reifen die Gameten in speziellen Organen, den Keimdrüsen, während die somatischen Zellen den übrigen Körper aufbauen. Diese Trennung wiederum ist die Grundlage für die Entstehung von komplex gebauten Organismen. Aus evolutionärer Sicht ist erst dadurch die Entwicklung verschiedener unterschiedlich spezialisierter Gewebe und Organe möglich geworden. Darüber hinaus ist durch die Trennung von somatischen und generativen Zellen auch der **Tod mit einer Leiche** als reguläres Entwicklungsgeschehen in die Welt gekommen. Bei asexueller Fortpflanzung (z. B. durch Zweiteilung) gibt es ja keine Leiche und die Lebewesen sind gewissermaßen unsterblich. Bei sexuell sich fortpflanzenden Organismen betrifft die Leiche nur das Soma, während die Keimzellen ihre Gene an die Nachkommenschaft weitergeben, die dadurch ebenfalls über den Tod der Eltern hinaus erhalten bleiben.

Die Gameten waren ursprünglich gleichartig (Isogamie); erst im Laufe der Evolution sind **zwei Gametentypen** entstanden, die in Zahl und Größe sehr unterschiedlich ausfallen (Anisogamie). Im typischen Fall sind es bei den Weibchen wenige große, unbewegliche Oozyten mit vielen Baustoffen für die Nachkommenschaft und bei den Männchen zahllose kleine Spermien, die praktisch nur bewegliche Genome darstellen (über die Art der Gameten erfolgt im Übrigen definitionsgemäß die Zuordnung der Geschlechter!). Die Entstehung der Männchen ist von den Evolutionsbiologen bis heute noch wenig verstanden. Ein Männchen kann mit seinen Millionen Spermien sehr viele Weibchen befruchten, trotzdem werden bei den meisten Tierarten ungefähr gleich viele Weibchen und Männchen produziert. Warum also wird in der Natur so viel Energie eingesetzt, um mehr Männchen zu produzieren als für die Fortpflanzung benötigt werden? Die Spermien verhalten sich zudem wie Parasiten: Sie bringen nur das Genom mit, aber keinerlei Baustoffe für die Nachkommenschaft. Nur bei Arten, bei denen sich die Männchen später an der Brutpflege beteiligen, sieht die Sache einigermaßen balanciert aus.

Die Unterschiede zwischen den beiden Geschlechtern betreffen nicht nur die Gameten, sondern auch das Soma. Bei Arten, bei denen diese Unterschiede besonders augenfällig sind, spricht man von **Sexualdimorphismus**. Unterschiede in diesen Merkmalen und im Verhalten spielen eine entscheidende Rolle für die sexuelle Selektion, die wiederum von großer Bedeutung für den Reproduktionserfolg ist.

### 3.1.3 Veränderung und Abwandlung von Sexualität

In der Evolution der höheren Eukaryonten hat sich die sexuelle Fortpflanzung durchgesetzt. Das erscheint uns selbstverständlich, ist es bei genauer Betrachtung aber gar nicht. Sexuelle Fortpflanzung ist nämlich **aufwändig und riskant**. Zum einen kostet die Partnersuche Zeit und Energie beziehungsweise besteht bei der Paarung auch die Gefahr der Übertragung von Krankheitserregern oder Beute von Prädatoren zu werden. Zum anderen ist asexuelle Fortpflanzung im Vergleich viel produktiver: Hier erzeugt jedes Individuum Nachkommen, während das bei sexuell reproduzierenden nur die Weibchen tun (Abb. 3.1). Man spricht in diesem Zusammenhang oft auch von den „doppelten Kosten für Sex". Außerdem wird bei der sexuellen Fortpflanzung ein erfolgreicher Genotyp aufgegeben und durch das Genom eines anderen Individuums „verwässert", während bei asexueller Fortpflanzung die Nachkommen Klone sind, bei denen die mütterlichen Gene unverändert weitergegeben werden. Auf den ersten Blick scheint die sexuelle Fortpflanzung unökonomisch und gefährlich zu sein.

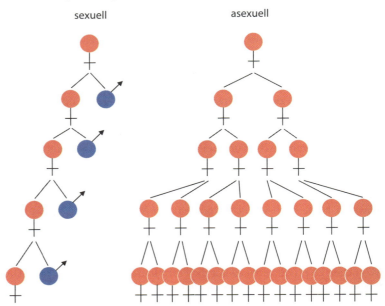

**Abb. 3.1**
Die „Kosten für Sex". Asexuelle Weibchen produzieren nur weibliche Nachkommen, die alle wieder Nachwuchs haben können. Wenn – wie im dargestellten Beispiel – jedes Weibchen zwei Kinder bekommt, verdoppelt sich die Zahl der Nachkommen in jeder Generation. Bei sexuell sich fortpflanzenden Arten sind in der Regel die Hälfte der Nachkommen Männchen. Wenn hier jedes Weibchen zwei Nachkommen hat, wird die Population auch nach mehreren Generationszyklen nicht größer. Asexuelle Fortpflanzung ist also wesentlich produktiver.

Warum hat sich die sexuelle Fortpflanzung bei höheren Pflanzen und Tieren gegenüber der asexuellen durchgesetzt? Seit Darwin beschäftigt diese Frage Molekularbiologen, Populationsgenetiker und Evolutionsbiologen und sie haben eine Reihe von Theorien über die Evolution der sexuellen Fortpflanzung entwickelt.

Aufschlussreich ist in diesem Zusammenhang die Parthenogenese. Die vergleichende Analyse der Parthenogenese zeigt, dass sich diese uniparentale Fortpflanzungsform in nicht näher verwandten Tiergruppen mehrfach und unabhängig aus sich bisexuell fortpflanzenden Vorfahren entwickelt hat (z. B. Rädertierchen, Wasserflöhe, Blattläuse, einige Arten von Stabheuschrecken, Fischen und Reptilien, sehr selten Vögel). Da sich immer nur einzelne Arten oder Artengruppen parthenogenetisch fortpflanzen, nimmt man an, dass sich diese Fortpflanzungsform evolutionär nicht lange halten kann – auch heute noch gibt es entsprechende Arten, aber es wären wahrscheinlich viel mehr, wenn sie mit ihrem Fortpflanzungssystem „erfolgreicher" wären. Ähnliches lässt sich bei Arten mit Generationswechsel erkennen, bei denen sich bisexuelle und asexuelle beziehungsweise parthenogenetische Fortpflanzung abwechseln. Sie nutzen offenbar die Vorteile der beiden Fortpflanzungsformen: Bei günstigen und stabilen Umweltbedingungen erzeugen sie asexuell/uniparental eine große Anzahl von Nachkommen, bei wechselhaften und ungünstigen pflanzen sie sich biparental fort. Dadurch wird die genetische Variabilität der Nachkommenschaft und damit die Anpassungsfähigkeit der Population erhöht. Offensichtlich ist also die biparentale sexuelle Fortpflanzung in der Evolution als langfristiges Programm erfolgreicher als die asexuelle.

Neben der Erzeugung genetischer Variabilität gibt es eine Reihe anderer Theorien, warum sich die biparentale Fortpflanzung durchgesetzt hat. Zum einen können vorteilhafte Gene in einer Population wesentlich schneller verbreitet werden, zum anderen können nachteilige Gene als rezessive Allele „maskiert" oder über homozygote Träger völlig aus Populationen entfernt werden. Die Sexualität ist so gesehen ein **genetisches „Gesundheitsprogramm"**. Andere Überlegungen betonen die Tatsache, dass Diploidie die Entwicklung neuer Gene beschleunigt.

Diese Theorien (und es gibt noch weitere) schließen sich gegenseitig nicht aus und wahrscheinlich tragen alle zum Erfolg der sexuellen Fortpflanzung bei. Die Bedeutung der einzelnen Faktoren für den evolutiven Ursprung und die Aufrechterhaltung der sexuellen Fortpflanzung werden von den Wissenschaftlern allerdings sehr unterschiedlich beurteilt. Selbst bei der genetischen Variabilität ist noch nicht gut verstanden, wie sie trotz starker selektiver Gegenkräfte erhalten geblieben ist. Dass die genetische Variabilität aber in erster Linie über die sexuelle Fortpflanzung entsteht und die Grundlage für die Selektion darstellt, ist eine unbestrittene und gut belegte Tatsache (vertiefende Fachliteratur zum Thema: Barton und Charlesworth 1998, Burt 2000, Hurst und Peck 1996, Maynard Smith 1978, Nielsen 2006).

**Info**

Unter **Parthenogenese** versteht man eine unisexuelle (eingeschlechtliche) Fortpflanzung, bei der es nur ein Elternindividuum gibt (uniparental). Ähnlich wie bei der asexuellen Fortpflanzung findet kein Austausch genetischen Materials statt und der Genbestand wird unverändert vom Elternindividuum an die Nachkommen weitergegeben. Im Gegensatz zur asexuellen Fortpflanzung, bei der sich ausschließlich Körperzellen mitotisch teilen, erfolgt bei der uniparentalen Parthenogenese die Fortpflanzung aus unbefruchteten Eizellen. Dabei kann der Eizellenbildung eine Meiose vorausgehen oder die Eizellen entwickeln sich direkt aus diploiden Keimbahnzellen.

### 3.1.4 Unterrichtsperspektive

Dieser kurze Überblick zeigt die vielschichtige und weitreichende Bedeutung der Sexualität für Evolutionsprozesse und macht klar, dass ein **Verständnis der Zusammenhänge** für viele grundlegende Fragen der Biologie unbedingt notwendig ist. Die Vorgänge und Phänomene sind allerdings sehr kompliziert und man benötigt eine gute Alphabetisierung in mehreren Bereichen der Biologie, um die notwendigen Verknüpfungen machen zu können. Das macht das Unterrichten des Themas nicht leicht. Wenn die Verknüpfung der einzelnen Aspekte gelingt, haben die Schüler aber zahlreiche Aha-Erlebnisse, was wiederum das Interesse am Thema verstärkt und zur Festigung des Basiswissens beiträgt. Es ist für die Schüler zudem spannend, dass bei dieser Thematik noch einige ganz grundlegende Fragen offen sind.

Für den Schulunterricht ergeben sich folgende Fragestellungen und Konzepte:

1 Sexualität als zentrales biologisches Phänomen und Schlüsselereignis in der Evolution höherer Pflanzen und Tiere: Wozu Sexualität? Welche biologische Bedeutung(en) hat die sexuelle Fortpflanzung? Welche Zusammenhänge gibt es zwischen Sexualität und Evolutionsprozessen? Wichtige Konzepte in diesem Zusammenhang:

- Erzeugung genetischer Vielfalt durch Rekombination bei der Gametenbildung und das Zusammenführen der Genome von zwei Eltern bei der Befruchtung

- Sexuelle Fortpflanzung erhöht die genetische Variabilität in Populationen und damit steigt deren Anpassungsfähigkeit gegenüber Krankheitserregern und veränderten Umweltbedingungen.

- Sexuelle Fortpflanzung ermöglicht in großen Populationen die schnelle Verbreitung vorteilhafter und die Eliminierung nachteiliger Gene.

2 Welche biologische Bedeutung hat die Rekombination für Evolutionsprozesse?
Konzept: Rekombination im Zusammenhang mit der Meiose erzeugt eine enorme genetische Vielfalt bei den Gameten. Neben Mutation und Selektion ist Rekombination ein wichtiger Evolutionsfaktor.

3 Welche biologische Bedeutung hat die Meiose?
Konzept: Die Meiose steht im Zusammenhang mit der Gametenbildung und damit im größeren Kontext der sexuellen Fortpflanzung. Sie muss in engem Zusammenhang mit Rekombination und dem gametischen Kernphasenwechsel (Haploidie/Diploidie) gesehen werden.

Diese Konzepte waren Ausgangspunkte für die nachfolgend vorgestellten Untersuchungen und Auswertungen: Behandlung des Themas in den Lehrplänen und Schulbüchern sowie Interviews zur Erfassung der Schülervorstellungen.

## 3.1.5 „Sexualität und Evolution" in den österreichischen AHS-Lehrplänen

Die Lehrpläne für den Unterrichtsgegenstand Biologie und Umweltkunde der allgemeinbildenden höheren Schulen in Österreich (AHS) gliedern sich in die Bereiche Bildungs- und Lehraufgabe, didaktische Grundsätze und Lehrstoff. Obwohl die Thematik „Sexualität und Evolution" auch allgemeine Bildungs- und Lehraufgaben betrifft, finden sich konkrete Hinweise nur bei den Beschreibungen zum Lehrstoff.

☞ „**Fachdidaktisches Forschungsprojekt der Uni Wien**" **in Abschnitt 3.1.1**

Unter Sexualität wird in den österreichischen Lehrplänen grundsätzlich die Sexualität des Menschen verstanden mit den jeweiligen Bezügen zu Geschlechtsorganen, Pubertät, Empfängnis, Empfängnisverhütung, Schwangerschaft, Geburt, Geschlechtskrankheiten und verantwortungsvollem Umgang mit der Sexualität. Auf die Aufklärung über sexuellen Missbrauch wird bereits im Lehrplan der 1. Klasse hingewiesen. In der Oberstufe kommen dann Sexualität als biologisches, psychologisches und soziales Phänomen sowie das Wissen über die Möglichkeiten der Fortpflanzungsmanipulationen hinzu. Es fehlt jedoch der Hinweis auf die Tatsache, dass Sexualität ein allgemeines und fundamentales biologisches Phänomen höherer Organismen darstellt. Außerdem wird kein Zusammenhang mit Evolutionsprozessen aufgezeigt.

Im Lehrplan der Unterstufe ist der Begriff „Evolution" gar nicht zu finden! Im Abschnitt Bildungs- und Lehraufgabe wird lediglich der Erwerb eines *„biologischen Grundverständnisses"* als Unterrichtsziel genannt. Bei den didaktischen Grundsätzen merkt der Lehrplan zum Themenbereich Tiere und Pflanzen an, dass die Schüler durch den Hinweis auf verwandtschaftliche Beziehungen zwischen den Lebewesen ein Verständnis für die Einordnung der Organismen in ein System entwickeln sollen. Im Lehrstoff für die 3. Klasse heißt es dann: *„Weiters ist die Entwicklungsgeschichte der Erde und des Lebens, einschließlich des Menschen, zu behandeln."* Im Lehrplan der Oberstufe wird bei den Bildungs- und Lehraufgaben das Unterrichtsziel formuliert, dass die Schüler *„Grundzüge eines biologischen beziehungsweise naturwissenschaftlichen Weltverständnisses"* erwerben sollen. Der Begriff „Evolution" taucht erstmals im Lehrstoff der 8. Klasse auf. Dazu gibt es einige lapidare Wortgruppen: *„Grundlagen chemischer und biologischer Evolution erwerben; Einblick in Evolutionstheorien; Überblick über den Ablauf der Entwicklungsgeschichte"*.

In den Lehrplänen findet sich keine Aussage, die auf den Zusammenhang Sexualität – Vererbung – Evolution hinweist. Es wird nicht einmal ein Unterrichtsziel formuliert, das die Evolution als zentrale Theorie der Biowissenschaften erkennen lässt. Ein *„biologisch-naturwissenschaftliches Grundverständnis"*, das bei den Bildungs- und Lehraufgaben eingefordert wird, ist aber ohne evolutionäre Betrachtungsweise biologischer Zusammenhänge sicher nicht zu erlangen.

### 3.1.6 „Sexualität und Evolution" in den Schulbüchern

Schulbücher werden gerne als die konkretisierten Lehrpläne bezeichnet und bestimmen häufig die Gestaltung des Unterrichts. Deshalb wurden die derzeit für die AHS zugelassenen Schulbücher auf das Thema „Sexualität und Evolution" hin untersucht. Konkret wurden neun Lehrbücher für Biologie und Umweltkunde in je vier Bänden für die AHS-Unterstufe (Sekundarstufe I) und sechs Lehrbücher in je drei (vier) Bänden für die AHS-Oberstufe (Sekundarstufe II) analysiert. Von den insgesamt 55 Büchern enthielten 34 Beiträge zum Themenkomplex der vorliegenden Arbeit. Eine Liste der Titel der untersuchten Schulbücher findet sich im Literaturverzeichnis.

Entsprechend dem Lehrplan wird Sexualität in den Büchern für die 1., 4. und 6. Klasse, Genetik in den Bänden für die 4. und 8. Klasse behandelt. Evolution kommt in den Büchern für die 3. Klasse rein deskriptiv als „Geschichte der Erde und der Lebewesen" vor. Erst in der 8. Klasse werden auch die kausalen Mechanismen der Evolution behandelt.

Die qualitative Inhaltsanalyse der Bücher ergab induktive Kategorien und Subkategorien, die auch bei der Analyse der Schülerinterviews verwendet wurden. Im Folgenden werden diese Kategorien und Subkategorien mit **charakteristischen Textbeispielen** („Ankerbeispielen") aufgelistet; Ergänzungen zum Verständnis der Textstellen stehen in eckigen Klammern.

**Sexualität, geschlechtliche Fortpflanzung**

Fortpflanzung, Arterhaltung:

- Biologie compact – Biologie 2, S. 85, Abstract: Sexualität ist ein Teil der Partnerbindung, ein Mittel zur Fortpflanzung und zum Lustgewinn. Die am häufigsten praktizierten Methoden zur Empfängnisverhütung samt ihrer Vor- und Nachteile werden aufgezählt. Weiters werden verschiedene, von der Norm abweichende sexuelle Verhaltensweisen beschrieben.
- Leben und Umwelt 4, S. 90: Der Geschlechtstrieb des Menschen ist das ganze Jahr wirksam und nicht nur auf die Zeit der Fortpflanzung beschränkt. Dadurch nimmt die menschliche Geschlechtlichkeit (Sexualität) eine Sonderstellung ein.
- Welt des Lebens 4, S. 51: [Der Geschlechtstrieb erfüllt] die Zeugungsfunktion.
- Biologie 6, S. 176: Ihr ursprünglicher Zweck ist die Fortpflanzung und Vermehrung.

Lustempfinden:

- Welt des Lebens 4, S. 51: Sexuelles Verhalten verschafft den Menschen nicht nur körperliche, sondern auch seelische Befriedigung.
- Biologie 6, S. 176: Die Sexualität bestimmt das Erleben und Verhalten jedes Menschen. (…) doch hat sie beim Menschen eine Reihe weiterer Bedeutungen erfahren: Sie ist etwas Lustvolles.

Paarbeziehung:

- Leben und Umwelt 4, S. 90: Sie [die Sexualität] ist darüber hinaus auch ein wesentliches Partner bindendes Element.
- Welt des Lebens 4, S. 51: [Der Geschlechtstrieb erfüllt] die Funktion der seelischen und sexuellen Partnerbindung.
- Biologie 6, S. 176: (…) sie führt zur Bildung von Paaren.

biologische Bedeutung, Evolution:

- Welt des Lebens 4, S. 51: Der Geschlechtstrieb erfüllt eine biologische Funktion. [Es wird nicht gesagt, welche.]
- Biologie 6, S. 176: Die Vereinigung von Zellen führt dagegen zu einer neuen Kombination von Erbanlagen. Sie findet bei jeder geschlechtlichen Fortpflanzung statt.
- Biologie compact – Basiswissen 2, S. 59–62: Bei der geschlechtlichen oder sexuellen Fortpflanzung dagegen kommt es zu einer Rekombination (Vermischung) des Erbguts zweier Partner. Der große Vorteil ist, dass die Nachkommen sich voneinander unterscheiden. Diese Art der Fortpflanzung erlaubt eine bessere Anpassung an sich ändernde Umweltbedingungen. (…)
Trotz all dieser Nachteile ist die sexuelle Fortpflanzung bei den höheren Lebewesen die wichtigere und oft einzige Form der Fortpflanzung. Der große Vorteil dieser Methode besteht darin, dass die Erbanlagen und damit die Merkmale von Mutter und Vater gemischt werden (Rekombination) und dass sich die Nachkommen von ihren Eltern, aber auch von ihren Geschwistern unterscheiden (Variation). Diese Variation erlaubt eine viel schnellere Anpassung an wechselnde Umweltbedingungen im Zuge der Evolution.

**Rekombination**

Neukombination der elterlichen Erbanlagen:

- Linder Biologie 3, S. 62: Für die Wirksamkeit von Mutation und Selektion ist weiters die Rekombination der Gene innerhalb des Genpools wichtig. Infolge der geschlechtlichen Fortpflanzung entstehen so immer wieder neue Genkombinationen (Genotypen), die der Selektion unterliegen.
- Biologie 8, S. 113 f.: Dabei werden alle Gene einer Population frei kombiniert. Durch diese Rekombination entstehen neue Individuen, die sich wieder voneinander unterscheiden und somit neue Varianten ein und derselben Art sind. An diesen wird die Selektion und/oder die Gendrift wirksam. Somit verändert sich die Zusammensetzung des Genpools. Gleichzeitig gelangen durch Mutationen und manchmal auch durch Individuen einer anderen Population neue Gene in den Genpool. So verändert sich der Genpool mit jeder Generation. Die Allele werden aufs Neue kombiniert und bilden neue Varianten. (…) Die Variabilität der Individuen ist die erste Voraussetzung für die Evolution neuer Arten. Sie entsteht durch zwei Vorgänge, durch Mutation und durch Rekombination.

## 3 Die Bedeutung der Sexualität für Evolutionsprozesse

Weitergabe erwünschter Gene:

- bio-logisch 4, S. 102: Von den vier reinerbigen Nachkommen der 2. Tochtergeneration gleichen zwei den Großeltern. Weitere zwei sind Neukombinationen. Die Möglichkeit, dass sich getrennt vorkommende Anlagen in einem Lebewesen reinerbig kombinieren lassen, ist für die Züchtung von großer Bedeutung. Auf diese Weise können Lebewesen mit neuen Eigenschaften gezüchtet werden.

- Biologie und Umweltkunde 4, S. 84: Schon von alters her sind die Menschen bestrebt, ihr Nahrungsangebot zu erweitern. Dies gelingt vor allem durch Züchten.

**Meiose**

zytologische Vorgänge:

- Linder Biologie 2, S. 11: Durch die Meiose erhält jede reife Geschlechtszelle einen einfachen, aber vollständigen Satz von Chromosomen, d. h. von jedem Paar homologer Chromosomen eines. Bei der Befruchtung verschmelzen eine männliche und eine weibliche Geschlechtszelle und damit wird in der befruchteten Eizelle der doppelte Chromosomensatz wiederhergestellt. Chromosomen entstehen also niemals neu, sondern stets durch identische Verdoppelung vorhandener Chromosomen; sie werden auf dem Weg über die Keimzellen an die folgende Generation weitergegeben.

- Linder Biologie 3, S. 9: Bei der Meiose werden die homologen (die einander entsprechenden mütterlichen und väterlichen) Chromosomen in der Äquatorialebene zufällig angeordnet und verteilt. Man spricht von der interchromosomalen Rekombination. Bei der intrachromosomalen Rekombination überkreuzen sich während der Prophase der Meiose homologe Chromosomen. Die speziellen Kreuzungsstellen nennt man Chiasmata (Einzahl: Chiasma), die Überkreuzung crossing-over. Dabei werden zwischen den homologen Chromosomen bestimmte Chromosomenbereiche ausgetauscht. Auf diese Weise können völlig neu kombinierte Chromosomen entstehen.

- Biologie compact – Biologie 2, S. 63–64: Die Meiose ist die Teilung, die die Keimzellen hervorbringt. Dabei erfolgt eine Reduktion des Chromosomensatzes – von diploid auf haploid. Würde dies nicht passieren, hätte die Zygote nach der Befruchtung doppelt so viele Chromosomen wie ihre Eltern. (…)
Das bedeutendste Ereignis in Prophase I ist die genetische Neukombination. Zwischen den gepaarten Chromatiden mütterlicher und väterlicher Herkunft kommt es zum Austausch von kleinen DNA-Fragmenten (interchromosomale Rekombination). [Es müsste intrachromosomale Rekombination heißen.] (…) In der darauffolgenden Anaphase I werden die jeweils homologen Chromosomen getrennt und zu den Zellpolen gezogen. Dadurch erfolgt die genetische Durchmischung (Rekombination), weil es dem Zufall überlassen ist, wie die jeweiligen homologen Chromosomen auf die Tochterzellen verteilt werden.

biologische Bedeutung:

- Linder Biologie 3, S. 71: Eine genetische Rekombination ist nur bei geschlechtlicher Fortpflanzung möglich, denn sie erfolgt durch die Zufallsverteilung der väterlichen und mütterlichen Chromosomen sowie durch crossing-over während der Meiose.

- Biologie 8, S. 55: Durch die freie Kombination der Chromosomen bei der Keimzellenbildung wird eine sehr große Zahl genetisch unterschiedlicher Gameten ausgebildet. Durch den Chromosomenstück-Austausch während der Meiose, das crossing-over, wird diese Zahl noch erhöht. Bei der Verschmelzung von Ei- und Spermazelle entsteht ein neuer Genotyp. Dem 3. Mendelgesetz entsprechend findet eine Neukombination der Gene und damit auch der Merkmale statt. Diese Neukombination von Erbanlagen bei der sexuellen Fortpflanzung nennt man Rekombination. Durch die verschiedenen Prozesse der Rekombination entsteht in einer Population genetische Vielfalt. Rekombinationen sind für die Entstehung neuer Genotypen noch wichtiger als die Mutationen.

## Resümee

Das Thema Sexualität findet sich in den Schulbüchern für die 1., 4. und 6. Klasse. Hier gibt es jeweils ein detailliertes Kapitel zur menschlichen Fortpflanzung und Sexualität, was natürlich dem Lehrplan und dem fächerübergreifenden Prinzip Sexualerziehung entspricht. Allerdings wird auf die Wichtigkeit der Sexualität für Evolutionsprozesse und für die genetische Variabilität von *Homo sapiens* nicht eingegangen – was eben auch dem Lehrplan entspricht (siehe oben). Bei der Bedeutung der Sexualität werden nach der Reproduktion (in wechselnder Reihenfolge) Paarbindung, Lustgewinn, Macht und sexueller Missbrauch angeführt. Das deckt sich ziemlich genau mit den Ergebnissen der Interviews (siehe unten), in denen auffallend war, dass die Schüler – trotz anderer Hinweise – bei Sexualität grundsätzlich nur an die eigene und damit an die besondere Sexualität des Menschen denken.

Die Bücher für die 8. Klasse behandeln alle die Themen Evolutionstheorien und Entwicklungsgeschichte der Lebewesen ausführlich, aber in den meisten Fällen doch rein deskriptiv und historisch. Rekombination wird als wichtiger Faktor für die genetische Variabilität einer Population besprochen (neben Mutation und Gendrift in wechselnder Reihenfolge). Der Begriff Sexualität wird in diesem Zusammenhang in den wenigsten Fällen und wenn, dann nur nebenbei erwähnt.

Von den 34 Schulbüchern (14 für die Sekundarstufe I, 20 für die Sekundarstufe II) stellt nur ein einziges das Evolutionsprinzip als grundlegendes biologisches Prinzip dar (das ist allerdings auch ein Sonderband zum Thema „Evolution"), in weiteren fünf sind Ansätze dazu erkennbar. Auch in Kapiteln, die sich nicht unmittelbar mit Evolution befassen, sollten entsprechende Querverbindungen zu diesem wichtigsten biologischen Prinzip hergestellt werden, was in den untersuchten Schulbüchern tatsächlich sehr rar ist. Die Sexualität als zentrales biologisches Naturphänomen und ihre Verbindung zu Evolutionsvorgängen wird in fünf Schulbüchern ansatzweise erfasst.

## 3.1.7 Schülervorstellungen zu „Sexualität und Evolution"

### Design und Durchführung der Untersuchung

Um die Perspektiven der Lernenden zu erfassen, wurden 29 strukturierte Interviews mit Schülern aus sieben Abschlussklassen an drei Wiener allgemeinbildenden höheren Schulen durchgeführt. Diese Schüler hatten acht beziehungsweise sechs Schuljahre das Fach „Biologie und Umweltkunde" mit insgesamt 12 (im Gymnasium) beziehungsweise 17 (im Realgymnasium) oder 15 (im wirtschaftskundlichen Realgymnasium) Jahreswochenstunden hinter sich. Für die Interviews wurde ein Leitfaden entwickelt, der die folgenden Begriffe nicht vorgab, sondern das Gespräch auf die entsprechenden Gebiete lenken sollte:

- Sexualität wozu? Vermehrung und Anpassung
- Wie kommt es zur Vielfalt? Bedeutung der Meiose (Rekombination, Crossing over)
- Strategien für Fortpflanzung – was ist wann sinnvoll? Haploide und diploide Organismen, Zwitter und getrenntgeschlechtliche Organismen
- Höherentwicklung und Spezialisierung?

Die Interviews dauerten im Durchschnitt 30 Minuten. Sie wurden aufgenommen, transkribiert und nach der Methode der qualitativen Inhaltsanalyse ausgewertet.

### Ergebnisse

#### Antworten und Meinungen der Schüler analog zu den Schulbüchern

Im Folgenden wurden typische Antworten und Meinungen (Auswahl) der Lernenden den Kategorien und Subkategorien, die sich aus der Analyse der Schulbücher ergaben, zugeordnet. Die Äußerungen der Schüler wurden redigiert.

#### Sexualität, geschlechtliche Fortpflanzung

Fortpflanzung, Arterhaltung:

- 02-Sebastian: Damit sich sämtliche Lebewesen vermehren können.
- 04-Johannes: Weil sich homosexuelle Paare nicht fortpflanzen können.
- 13-Carina: Um die Organismen zu erhalten oder die Menschen, damit sie nicht aussterben.
- 21-Veronika: Von der Natur ist es nur wegen der Fortpflanzung.
- 23-Andreas: Sexualität ist prinzipiell zur Fortpflanzung.
- 29-Andi: Sexualität dient zur Fortpflanzung.

Lustempfinden:

- 01-Robert: Der Anreiz ist anscheinend nur, dass es Spaß macht.
- 15-Aida: Ich glaube, dass manche Organismen auch Spaß daran haben, wenn wir zum Beispiel die Menschen selbst betrachten, in unserer heutigen Gesellschaft, oder auch verschiedene Affenarten, die das auch nicht nur zur Fortpflanzung ausüben.
- 20-Kehan: Beim Menschen wäre es auch das Triebverhalten, weil es da ja verschiedene Differenzierungen gibt. Dann gibt es Variationen bei Schimpansen und Bonobos, zum Beispiel bei den Schimpansen selbst, die sind ziemlich aggressiv gegenüber Partnern. Bei den Bonobos paart sich zum Beispiel ein Weibchen mit allen, und es gibt auch Homosexualität. Also, es ist ein ziemlich breites Spektrum der Sexualität.
- 26-Ella: Lust empfinden, vor allem beim Menschen. Bei den Tieren weiß ich von den Affen, dass es bei ihnen auch so ist; bei den anderen Tieren und Pflanzen weiß ich nicht, ob es das in der Form gibt, aber wahrscheinlich auch.

Paarbeziehung:

- 20-Kehan: Manche verbinden das mit Liebe, wobei für andere Leute Sex nur ein Trieb ist.
- 23-Andreas: Das hat etwas mit Liebe zu tun.

biologische Bedeutung, Evolution:

- 15-Aida: Das hat etwas mit der Erhaltung der Art zu tun, oder dem Grad der biologischen Unsterblichkeit; d. h., wenn ich zum Beispiel meine Gene weitergebe, lebe ich eigentlich in meinen Kindern weiter.
- 29-Andi: Dass sich eine Gattung vermehren und erhalten kann und Nachkommen zeugt.

**Rekombination**

Neukombination der elterlichen Erbanlagen:

- 05-Alexander: Man kriegt das Erbmaterial vom Vater und von der Mutter, das wird vermischt.
- 08-Victor: Wenn sich die [Eltern] jetzt wieder fortpflanzen, dann hätten sie auch die Eigenschaften von den Großeltern, d. h., der Genpool wird immer erweitert.
- 19-Bernhard: Austausch von Genen; es können auch verschiedene Eigenschaften entstehen oder wegfallen.
- 23-Andreas: Erbanlagen werden ausgetauscht; deshalb befruchten sich zwittrige Individuen nicht selber, da sie Erbmaterial austauschen wollen.

Weitergabe erwünschter Gene:
- 02-Sebastian: Die Erbanlage, die weniger günstig ist für das Überleben des jungen Tieres, wird nicht weitergegeben.
- 16-Martin: Im Gegensatz zum Klonen von Leuten wird das Erbgut vermischt, damit nur die besseren Fähigkeiten erhalten bleiben.
- 17-Katharina: Die DNA oder das genetische Material werden vermischt; dadurch wird versucht, dass keine Missbildungen vorkommen, oder dass sich die Arten weiterentwickeln können, durch Mutationen, und dass einfach die guten Merkmale weitergegeben werden.

**Meiose**

zytologische Vorgänge:
- 04-Johannes: Das hat etwas mit Zellteilung zu tun.
- 08-Victor: Das ist die Vermehrung der Zellen bei der geschlechtlichen Fortpflanzung; die Mitose ist die Kernteilung und die Meiose ist die Vermehrung der einzelnen Zellen.
- 10-Florian: Körperzellen beim Menschen haben einen doppelten Chromosomensatz. Die Keimzellen, beispielsweise die Spermien beim Mann, haben einen einfachen Chromosomensatz; da muss eine Teilung stattgefunden haben, das kann die Mitose gewesen sein, und die Meiose. ...
- 14-Elisabeth: Diploide Zellen teilen sich in haploide Zellen, bei den Geschlechtszellen.

biologische Bedeutung:
- [Wird von den Lernenden nicht genannt.]

**Wozu Sex?**

Auf die Frage „*Wozu Sexualität?*" wird praktisch immer in folgender Reihenfolge genannt:
- Fortpflanzung oder Vermehrung
- Spaß
- Paarbeziehung

Die Schüler bringen Sexualität, geschlechtliche Fortpflanzung und Meiose von sich aus nicht mit Evolutionsprozessen in Verbindung. Bei Sexualität denken sie automatisch an Fortpflanzung und Lustgewinn, eventuell noch an Paarbeziehung (Tab. 3.1).

Die Vermischung der elterlichen Erbanlagen und das Entstehen neuer Genotypen werden ohne entsprechende Hinweise nicht mit Sexualität verbunden. Bei der Entstehung genetischer Variabilität haben die Lernenden nur Mutationen im Kopf. Der Begriff „Rekombination" ist den Schülern im Zusammenhang mit Evolutionsprozessen zwar meist bekannt, wird aber wiederum nicht mit Sexualität in Verbindung gebracht.

**Tab. 3.1:** Quantitative Auswertung der Interviews (m = Schüler, w = Schülerinnen; n = 29)

| Kategorie | Subkategorien und Antworten der Schüler | m | w | m+w | % |
|---|---|---|---|---|---|
| Sexualität, geschlechtliche Fortpflanzung | Fortpflanzung, Arterhaltung | 15 | 14 | 29 | 100 |
| | Lustempfinden | 8 | 5 | 13 | 45 |
| | Paarbeziehung | 2 | 0 | 2 | 7 |
| | biologische Bedeutung, Evolution | 0 | 0 | 0 | 0 |
| Rekombination | Begriff bekannt | 7 | 9 | 16 | 55 |
| | können das Konzept erklären | 8 | 6 | 14 | 48 |
| | stellen einen Zusammenhang mit Sexualität her | 2 | 1 | 3 | 10 |
| | stellen einen Zusammenhang mit Evolution her | 2 | 1 | 3 | 10 |
| Meiose | Begriff bekannt | 2 | 3 | 5 | 17 |
| | können das Konzept erklären | 0 | 0 | 0 | 0 |
| | stellen einen Zusammenhang mit Sexualität her | 2 | 3 | 5 | 17 |
| | stellen einen Zusammenhang mit Evolution her | 0 | 0 | 0 | 0 |

Mit der Meiose verbinden die Lernenden nichts, was für Evolutionsprozesse von Bedeutung ist. Besonders Schüler, die den Stoff der 6. Klasse noch gut beherrschen, scheinen sich während des Gesprächs erstmals über den Zusammenhang zu Evolutionsprozessen bewusst zu werden.

### 3.1.8 Diskussion

**Vergleich von Fachwissenschaft, Schulbüchern und Schülervorstellungen**

In Tabelle 3.2 werden die Konzepte der Fachwissenschaft, die Schulbücher und die Schülervorstellungen der Lernenden in Kurzform einander gegenübergestellt.

Der Vergleich zeigt, dass die Schulbücher weitgehend die Konzepte der Fachwissenschaft wiedergeben, die Sexualität aber nicht mit der notwendigen Gewichtung als fundamentales Phänomen und Schlüsselereignis in der Evolution der höheren Pflanzen und Tiere darstellen. Bei den Lernenden fehlen meist die Konnexe zwischen Meiose, Rekombination und Evolutionsprozessen.

## 3 Die Bedeutung der Sexualität für Evolutionsprozesse

**Tab. 3.2:** Zusammenfassender Vergleich von wissenschaftlichen Konzepten, Schulbüchern und Schülervorstellungen zur Thematik

| wissenschaftliche Konzepte | Schulbücher | Schülervorstellungen |
|---|---|---|
| **Bedeutung der Sexualität für Evolutionsprozesse** | | |
| Bei der sexuellen Fortpflanzung entstehen durch die ständige Neukombination der Gene Genotypen, die mit veränderten Lebensbedingungen besser (oder auch schlechter) zurechtkommen. Genetische Variabilität in Populationen wiederum ist die Basis für Selektion. Selektion setzt an den Phänotypen an, wobei für den evolutiven Erfolg nur deren Fitness entscheidend ist, d. h., ob sie einen erhöhten Fortpflanzungserfolg haben und sich dadurch ihre Gene in der Population etablieren können. Darüber hinaus können sich über die sexuelle Fortpflanzung vorteilhafte Mutationen in Populationen schneller ausbreiten bzw. werden nachteilige Mutationen „maskiert" bzw. eliminiert. | Nur eines der 14 Bücher für die AHS-Unterstufe (Sekundarstufe I) und 4 der 20 Bücher für die AHS-Oberstufe (Sekundarstufe II) stellen die Bedeutung der Sexualität für Evolutionsprozesse entsprechend den Konzepten der Fachwissenschaft dar. Dies geschieht in allen Büchern ausnahmslos in den Kapiteln zur Evolution. Bei den Textteilen, die das Thema sexuelle Fortpflanzung des Menschen behandeln, fand sich in keinem einzigen Schulbuch ein Hinweis auf die Konsequenzen für die genetische Vielfalt. | Die biologische Bedeutung der Sexualität wird nur in der Fortpflanzung gesehen. Gewissermaßen zur Optimierung der Fortpflanzung ist Sexualität mit Lust verbunden (45 %) und festigt die Paarbeziehung (7 %). Abgesehen vom Konzept der „Arterhaltung" (6 %) wird von keinem Schüler ein Zusammenhang der sexuellen Fortpflanzung mit Evolutionsprozessen gesehen. |
| **Rekombination** | | |
| Bei sexuell reproduzierenden Organismen ist Rekombination im Zusammenhang mit Meiose von zentraler Bedeutung für die Erzeugung der genetischen Vielfalt der Nachkommenschaft. Sie entsteht zum einen durch die unabhängige Verteilung der Chromosomen auf die haploiden Gameten, zum anderen durch den Austausch zwischen väterlichen und mütterlichen Chromosomen bei der Gametenbildung (Crossing over). | In den Büchern für die AHS-Oberstufe wird Rekombination entsprechend dem Konzept der Fachwissenschaft dargestellt. Der thematische Kontext ist immer die Evolution. Nur in drei Büchern gibt es einen deutlichen Hinweis auf den Zusammenhang der Rekombination mit der sexuellen Fortpflanzung und der damit verbundenen Erzeugung genetischer Vielfalt. | 55 % der Schüler kennen den Begriff. Dominierendes Konzept: Das Erbmaterial der Eltern wird bei der Rekombination vermischt, wobei verschiedene Eigenschaften entstehen oder wegfallen können (48 %). Weitere Konsequenzen für die Evolution werden ad hoc nie genannt und Zusammenhänge erst nach direktem Hinführen im Gespräch erkannt. Ein unerwartetes Konzept: Durch die Vermischung des Erbguts der Eltern werden nur die günstigen Erbanlagen weitergegeben (10 %). |

**Tab. 3.2:** Zusammenfassender Vergleich von wissenschaftlichen Konzepten, Schulbüchern und Schülervorstellungen zur Thematik (Fortsetzung)

| wissenschaftliche Konzepte | Schulbücher | Schülervorstellungen |
|---|---|---|
| **Meiose** | | |
| Form der Zell- und Kernteilung bei sexuell reproduzierenden Organismen im Rahmen der Gametenbildung. Der Vorgang beinhaltet zwei nacheinander ablaufende Kernteilungen bei nur einer Chromosomenreplikation und führt zu haploiden Gameten. Wichtig im Zusammenhang mit Evolutionsprozessen ist, sich das nahezu unvorstellbare Ausmaß genetischer Variabilität klar zu machen, das durch die mit der Meiose verbundenen Rekombinationsvorgänge entsteht. | Die Meiose wird in den Büchern für die AHS-Oberstufe im thematischen Kontext Zytologie, Zellteilung und sexuelle Fortpflanzung entsprechend dem Konzept der Fachwissenschaft dargestellt. Bei der Beschreibung der Meiose wird auf die Möglichkeiten der Rekombination, nicht aber auf die Bedeutung für Evolutionsprozesse hingewiesen. | 17 % der Schüler kennen den Begriff. Dominierendes Konzept: Meiose ist die Vermehrung der Zellen bei der geschlechtlichen Fortpflanzung. Dabei entstehen Keimzellen mit einem einfachen Chromosomensatz. Ein Zusammenhang von Meiose mit Rekombination und Evolutionsvorgängen wird von keinem der Schüler erkannt. |

Auffallend bei den Äußerungen der Schüler war in drei Fällen die Vorstellung, dass nur „gute" beziehungsweise „erwünschte" Erbanlagen weitergegeben werden. Dieses Konzept hat in der Fachwissenschaft keine Entsprechung, da ja erst die Selektion entscheidet, welche Erbanlagen sich in der jeweiligen Umwelt bewähren. Eine tiefere Untersuchung über die Verbreitung dieser Schülervorstellung und ihrer Hintergründe erscheint lohnenswert und wichtig. Möglicherweise haben diese (Fehl-)Vorstellungen ihre Wurzeln in den Lerninhalten über die Züchtung von Nutztieren und Nutzpflanzen.

### Lehrplan und Schulbücher

Die AHS ist in Österreich die Schulform mit den weitaus meisten Stunden „Biologie und Umweltkunde" und wird von 21 % eines Schülerjahrgangs absolviert (Schmid und Kailer 2008). Die Analyse der Lehrpläne ist selbst in diesem Schultyp ernüchternd, was die Behandlung von Evolution anbelangt. In der Unterstufe kommt der Begriff im Lehrplan gar nicht vor und die Schulbücher enthalten nur deskriptive Darstellungen der Entwicklung der Lebewesen, im Wesentlichen Paläontologie. In der Oberstufe ist Evolution Thema der letzten Schulstufe. Entsprechend dem berühmten Satz von Theodosius Dobzhansky *„Nothing in biology makes sense except in the light of evolution"* bedeutet das, dass die Schüler erst am Ende ihres Schulunterrichts den Schlüssel zum tieferen Verständnis dieses Faches bekommen! Wie sieht es mit den anderen Schultypen aus? Der größte Teil der Schüler eines Jahrganges, nämlich 39 %, absolviert nach der Pflichtschulzeit eine Berufsschule. Sie beenden mit der Sekundarstufe I ihren Biologieunterricht und werden somit in ihrer Schulausbildung mit der Evolutionstheorie gar nicht konfrontiert.

Angesichts dieser mangelhaften Behandlung von Evolution in der Schule verwundert es nicht, dass die Akzeptanz der Evolutionstheorie in Österreich besonders schlecht ist: Nach der umfassenden Vergleichsstudie von Miller et al. (2006) halten nur knapp 60 % der Österreicher die Evolutionslehre für wahr. Die neue Studie von Eder et al. 2011 kommt zu ähnlichen Schlussfolgerungen.

### Das Problem der Verknüpfung von Lerninhalten aus mehreren „Schubladen"

Die in der vorliegenden Arbeit untersuchte Thematik ist aufgrund der Vielschichtigkeit für die Lernenden nicht ganz einfach zu verstehen. Es ist nämlich eine gewisse biologische Alphabetisierung bei einer Reihe von Fachthemen nötig und erst dann kann die notwendige Synthese gemacht werden. Da die Vermittlung dieser Fachinformationen in verschiedenen Schulstufen erfolgt, sind die entsprechenden Verknüpfungen erfahrungsgemäß recht schwierig.

Entsprechend dem Lehrplan und den danach ausgerichteten Lehrbüchern lernen die Schüler die Begriffe „Meiose" und „Crossing over" in der 6. Klasse im Rahmen der Zytologie – dort bleiben sie auch. Wenn dann in der 8. Klasse das Kapitel „Evolution" besprochen wird, sind diese Begriffe längst vergessen beziehungsweise in der Schublade „Zytologie" (6. Klasse) gut aufgehoben und verschüttet. Sexualität wiederum wird in erster Linie mit Fortpflanzung und Vermehrung, in zweiter mit Lustgewinn und Paarbindung in Verbindung gebracht. Dass die Lernenden bei Sexualität vor allem an die eigene und damit an die Sexualität des Menschen denken, ist nicht nur verständlich, sondern deckt sich mit den Vorstellungen, die im täglichen Leben damit assoziiert werden.

### Konsequenzen für den Unterricht

Die Schülerinterviews bestätigen die Erfahrungen, die bei Biologie-Studienanfängern an der Universität gemacht wurden: Die Themen Sexualität – Meiose – Rekombination – Evolution werden im Schulunterricht nicht erfolgreich zusammengebracht. Meiose ist *„irgendetwas bei der Zellteilung"*, Rekombination spielt bei Evolutionsprozessen zwar eine gewisse Rolle, allerdings eine geringere als die Mutation, und bei Sexualität denken alle zuerst an Fortpflanzung etc.

Daraus lassen sich folgende Konsequenzen für den Schulunterricht ableiten: Sexualität darf nicht einfach nur als eine der verschiedenen Fortpflanzungsformen beschrieben werden. Sie sollte auch nicht ausschließlich in Verbindung mit menschlicher Sexualität behandelt werden. Ziel muss es vielmehr sein, dass Schüler Sexualität als **Schlüsselereignis in der Evolution höherer Organismen** erkennen. Bei Meiose und Rekombination ist zudem viel stärker die enorme Erhöhung der genetischen Vielfalt herauszuarbeiten. Die Schüler müssen lernen, dass zu den zentralen Evolutionsfaktoren neben Mutation und Selektion auch die genetische Variabilität in Populationen gehört.

Es ist zu vermuten, dass simple Appelle zur stärkeren Verknüpfung der Themen im Unterricht nicht zielführend sein werden. Solange die Meiose zentral in der „Schublade Zytologie" behandelt wird, wird in den Köpfen der Schüler die Verknüpfung mit genetischen und evolutionsbiologischen Aspekten nicht gelingen! Wir sind deshalb der Meinung, dass man bei dieser Thematik **in den Lehrplänen eine grundlegende Umstrukturierung oder Änderung der Gewichtung** vornehmen sollte. Die enge Verbindung von Mitose und Meiose im Schulunterricht ist zwar allgemein üblich und hat lange Tradition, sie ist allerdings primär wissenschaftshistorisch begründet und geht auf eine Forschungsperiode zurück, in der es noch keine Genetik und Evolutionsbiologie im modernen Sinne gab. Wichtiger als die Kenntnis der zytologischen Details des Meioseablaufs ist es aber ohne Zweifel, dass die Schüler die Bedeutung der Meiose im Kontext „sexuelle Fortpflanzung – Gametenbildung – Rekombination – genetische Variabilität" lernen. Für ein tieferes Verständnis dieser Aspekte ist wiederum ein Grundwissen in Genetik nötig, das aber erst in der 8. Klasse behandelt wird. Die Behandlung dieses Themenkomplexes sollte deshalb unserer Meinung nach in den Lehrplan dieser Schulstufe übersiedeln (das Herausarbeiten der unterschiedlichen zytologischen Vorgänge bei Meiose und Mitose kann auch in dieser Schulstufe erfolgen und würde eine Festigung des bereits gelernten Basiswissens der mitotischen Zellteilung ermöglichen).

## 3.2 Unterrichtspraxis

### 3.2.1 Didaktische Rekonstruktion des Themas

Eine Lernumgebung im konstruktivistischen Sinn muss Bedingungen für Vorstellungsveränderungen schaffen. Dies erscheint mit dem Einbeziehen der Schülerperspektiven beim konkreten Thema nicht einfach, da sich die bisherigen Konzepte im Alltag durchaus bewährt haben: In den Lehrbüchern werden Rekombinationsvorgänge während der Meiose bei den Kapiteln Zytologie und Genetik besprochen. Wenn es um Sexualität geht, steht praktisch immer die Sexualität des Menschen auf dem Programm und die Erwartungshaltung in der Klasse steigt entsprechend. Die Lernenden sind also mit ihrer existierenden Vorstellung durchaus zufrieden. Es muss deshalb **nach unerklärbaren Anomalien** gesucht werden (Krüger 2007), durch die das Vertrauen in die mitgebrachte (Fehl-)Vorstellung verloren geht. Unmittelbar aus der Lebenswelt der Schüler stammt die Tatsache, dass jeder Mensch ein einmaliges genetisches Individuum darstellt – hier kann auch an den Religions- beziehungsweise Ethikunterricht angeknüpft werden, wo diese Tatsache bei Diskussionen um den Schutz des (ungeborenen) menschlichen Lebens als Argumentation herangezogen wird. In weiterer Folge kann man die praktisch unerschöpfliche Variabilität von *Homo sapiens* innerhalb einer Familie oder einer Population darstellen.

Auch die enorme Biodiversität in bestimmten Lebensräumen, wie den tropischen Regenwäldern und Korallenriffen, kann für die Schüler eine Anomalie darstellen, die zum Überdenken der eigenen (alten) Vorstellung führt. Biologische Vielfalt ist nämlich mit Mutation und Selektion alleine nicht erklärbar. Mutationen sind zwar der „Urquell" von Veränderungen im Genom, aber meist letal. Es ist den Schülern meist bewusst, dass sich Mutationen vor allem negativ auswirken – das zeigt auch der Ausdruck „Mutante", der in der Science-Fiction-Literatur und im Sprachgebrauch der Jugend eine eher negative Bedeutung hat. Tatsächlich begründet dieses Fehlkonzept oft grundsätzliche Zweifel an der Richtigkeit der Evolutionstheorie: Wenn Mutationen so häufig negativ sind, wie konnte dann diese enorme und komplexe biologische Vielfalt überhaupt entstehen?!

Um die **neue Vorstellung plausibel** zu machen, müssen im Unterricht die Kapitel „Genetik" und „Evolution" entsprechend verbunden werden. Es ist nicht einzusehen, warum als Beispiel für die III. Mendel-Regel immer die gefleckten Kühe herhalten müssen: Dass der Mensch durch Züchtung neue Formen hervorbringt, ist den Schülern durch die Beschäftigung mit (ihren) Haustieren im Allgemeinen bekannt. Man könnte also stattdessen den „guten alten Birkenspanner" bringen und den Industriemelanismus nicht erst bei der Evolution besprechen. Darüber hinaus sollte, wie schon erwähnt, das **Evolutionsprinzip bei allen biologischen Themen gegenwärtig** sein.

### 3.2.2 Ideen für den Unterricht

Es ist nicht schwer, mit den heute zur Verfügung stehenden Medien eine konstruktivistische Lernumgebung beispielsweise zum Thema „Biodiversität" zu schaffen. Das **offene Lernen** gibt hier besonders gute Anhaltspunkte, denn den Schülern werden möglichst viele verschiedene Materialien zu einem Thema angeboten. Sie wählen selbst aus, anhand welcher Unterlagen und Hilfsmittel sie die Aufgaben im Arbeitsplan, der sich über mehrere Unterrichtseinheiten erstrecken kann, bearbeiten. Diese Lernmethode ist auch ein Weg zur heute so oft eingeforderten Individualisierung und Begabtenförderung.

Geeignete Unterrichtsmaterialien zur Verbindung von Genetik und Evolution sind zum Beispiel:

- Die Vögel von Avisvaria (Grabe 2005)
- Evolutionsspiel (Rogl und Bergmann 2005, biologie aktiv 3; besonders für die Unterstufe)

Weitere Unterrichtsideen, wie Sie das Thema Evolution und Genetik beziehungsweise andere Teildisziplinen miteinander verknüpfen können, siehe oben.

## 3.3 Unterrichtsmaterialien

### Material 1: Gametenbildung und genetische Variabilität

#### Aufgabe 1

Bei der Meiose werden ausgehend von einer diploiden Urkeimzelle die elterlichen Chromosomen zufällig auf die haploiden Keimzellen verteilt.

**a** Zeichne schematisch eine Urkeimzelle, die drei Chromosomenpaare enthält. Kennzeichne die väterlichen Chromosomen in einer Farbe, die mütterlichen in einer anderen.

**b** Überlege, wie viele Möglichkeiten es gibt, die drei väterlichen und drei mütterlichen Chromosomen auf die haploiden Gameten aufzuteilen.

**c** Welche mathematische Rechenoperation steckt dahinter, väterliche und mütterliche Chromosomen neu zu verteilen und zu kombinieren?

**d** Berechne, wie viele verschiedene Keimzellen bei der Meiose des Menschen (2n = 46) entstehen können.

### Material 2: Blutgruppen

#### Aufgabe 2

Die Blutgruppen A und B werden kodominant, der Rhesusfaktor Rh+ dominant vererbt; die Blutgruppe 0 und der Rhesusfaktor Rh- werden dagegen rezessiv vererbt.

Ein Elternpaar mit den phänotypischen Blutgruppen B/Rh+ (Mutter) und A/Rh+ (Vater) hat ein Kind mit der Blutgruppe 0/Rh-.

**a** Überlege dir die Genotypen der Eltern und des Kindes.

**b** Stelle ein Schema mit den verschiedenen Gameten der Eltern auf und notiere hier die möglichen Blutgruppen (Genotypen) des Kindes.
Welche Gameten der Eltern müssen sich vereinigt haben, damit sie ein Kind mit der Blutgruppe 0/Rh- bekommen konnten?

**c** Mit welcher Wahrscheinlichkeit konnten die Eltern mit einem Kind der Blutgruppe 0/Rh- rechnen?

**d** Welche Blutgruppen können Kinder dieses Elternpaares phänotypisch sonst noch haben?

#### Aufgabe 3

Die Blutgruppen A, B, AB und 0 sind in den menschlichen Populationen nicht gleichmäßig verteilt (Tab. 3.3). Überlege dir theoretische Gründe für die ungleiche Verteilung und gehe dabei besonders auf die Indianer Perus ein.

## 3 Die Bedeutung der Sexualität für Evolutionsprozesse

**Tab. 3.3:** Verteilung der Blutgruppen in verschiedenen Bevölkerungsgruppen der Welt (Angaben in %; modifiziert nach Christner 1996)

| Land | A | B | AB | 0 |
|---|---|---|---|---|
| Mitteleuropa | 43 | 14 | 6 | 37 |
| USA (europäische Herkunft) | 41 | 10 | 4 | 45 |
| USA (afrikanische Herkunft) | 28 | 20 | 5 | 47 |
| Australien (Ureinwohner) | 66 | 0 | 0 | 34 |
| Peru (indianische Bevölkerung) | 0 | 0 | 0 | 100 |

**Aufgabe 4**

Pockenviren tragen an der Oberfläche das Antigen A. Überlege, wie sich früher wiederholt auftretende Pockeninfektionen in einer Population auswirken könnten. Mit welcher Verteilung der Blutgruppen des AB0-Systems ist zu rechnen?

### Material 3: Selektionsspiel

**Material:**

- Poster oder Tapete mit lebhaftem Muster (schwarz-weiß oder bunt), ca. 100 x 60 cm als Spielfläche
- jeweils 50 Spielmarken in verschiedenen Farben oder Grautönen, mit Locher (ca. 1 cm Durchmesser) aus Karton gestanzt
- Behälter (z. B. Petrischalen) für die Spielmarken

**Durchführung:** Es werden 100 Spielmarken (z. B. je 10 von 10 verschiedenen Farben) gleichmäßig auf der Spielfläche verteilt. 5 Schüler stellen sich mit dem Rücken zur Spielfläche, sie stellen die „Räuber" dar. Auf ein Zeichen drehen sie sich um und nehmen jeweils eine Spielmarke auf. Dieser Vorgang wird 15-mal wiederholt, sodass sich am Ende noch 25 Marken auf der Spielfläche befinden. Diese werden nach Farben/Grautönen sortiert und ausgezählt.

Nun wird eine „asexuelle" Vermehrung simuliert. Dabei wird jede noch vorhandene Spielmarke auf der Fläche durch 3 weitere ergänzt, sodass wieder 100 „Individuen" (Spielmarken) die Ausgangsposition für das nächste Spiel darstellen. Nach diesem zweiten und einem folgenden dritten Durchgang wird das Spiel abgebrochen.

**Aufgabe 5**

**a** Diskutiert und erklärt das Spielergebnis. Gab es Spielmarken, die besonders häufig beziehungsweise selten von der Spielfläche genommen wurden?

**b** Konstruiere eine weiterführende Spielanleitung, welche die Rekombination nach den Mendel-Gesetzen und das Auftreten von Mutanten einbezieht.

## 3.4 Literatur

**Fachdidaktische Literatur**

- Christner J (1996) ABI-Training Biologie – Methodische Arbeitsschritte und Übungsklausuren. Klett, Stuttgart
- Duit R (1995) Zur Rolle der konstruktivistischen Sichtweise in der naturwissenschaftsdidaktischen Lehr- und Lernforschung. ZfPäd 41 (6): 905–923
- Duit R, Treagust DF (2003) Conceptual change: a powerful framework for improving science teaching and learning. Int J Sci Ed 25 (6): 671–688
- Eckebrecht D (1998) Aufgabensammlung Biologie – Sekundarstufe II. Klett, Stuttgart
- Eckebrecht D (2005) NATURA – Oberstufe – Aufgabensammlung. Klett, Stuttgart
- Graf D, Ralle B (2009) Evolution. Sonderausgabe MNU, Seeberger, Neuss
- Gropengießer H (2005) Qualitative Inhaltsanalyse in der fachdidaktischen Lehr-Lernforschung. In: Johannsen M, Krüger D (Hrsg) Schülervorstellungen zur Evolution – eine quantitative Studie. IDB Münster, Ber Inst Didaktik Biologie 14. 23–48
- Kattmann U (1995) Evolution. Sammelband Unterricht Biologie, Friedrich, Seelze
- Kattmann U, Duit R, Gropengießer H, Komorek M (1997) Das Modell der Didaktischen Rekonstruktion – Ein Rahmen für naturwissenschaftsdidaktische Forschung und Entwicklung. ZfDN 3 (3): 3–18
- Kattmann U (2002) Entwicklung und Evolution. Unterricht Biologie 272, Friedrich, Seelze
- Kattmann U (2005) Von Darwin bis Dawkins. Unterricht Biologie 310, Friedrich, Seelze
- Kattmann U (2007) Didaktische Rekonstruktion – eine praktische Theorie. In: Krüger D, Vogt H (Hrsg) Theorien in der biologiedidaktischen Forschung. Heidelberg, Springer. 93–104
- Kattmann U (2008) Evolution und Schöpfung. Unterricht Biologie 333, Friedrich, Seelze
- Knoll J (1989) Biologie Oberstufe – Evolution. Westermann, Braunschweig
- Krüger D (2007) Die Conceptual Change-Theorie. In: Krüger D, Vogt H (Hrsg) Theorien in der biologiedidaktischen Forschung. Heidelberg, Springer. 82–92
- Mayring P, Gläser-Zikuda M (2005) Die Praxis der Qualitativen Inhaltsanalyse. Beltz, Weinheim
- Mayring P (2007) Qualitative Inhaltsanalyse – Grundlagen und Techniken. 9. Aufl. Beltz UTB, Weinheim
- Riemeier T (2007) Moderater Konstruktivismus. In: Krüger D, Vogt H (Hrsg) Theorien in der biologiedidaktischen Forschung. Heidelberg, Springer. 69–79
- Ruppert W (2009) Menschen – Gene – Mutationen. Unterricht Biologie 343, Friedrich, Seelze

**Fachliteratur**

- Barton NH, Charlesworth B (1998) Why sex and recombination. Science 281: 1986–1990
- Burt A (2000) Perspective: sex, recombination, and the efficiacy of selection – was Weismann right? Evolution 54: 337–351
- Campbell NA, Reece JB (2009) Biologie. 8. Aufl., Pearson Studium, München
- Diamond J (2000) Warum macht Sex Spaß? Goldmann, München
- Dobzhansky CT (1973) Nothing in biology makes sense except in the light of evolution. American Biology Teacher 35: 125–129

- Eder E, Turic K, Milasowsky N, van Azdin K, Hergovics A (2011) The relationships between paranormal belief, creationism, intelligent design and evolution at secondary schools in Vienna (Austria). Sci & Educ 20: 517–534
- Gehring W, Wehner R (2007) Zoologie (begründet von A. Kühn). Thieme, Stuttgart
- Hurst LD, Peck JR (1996) Recent advances in understanding of the evolution and maintenance of sex. Trends Ecol Evol 11: 46–52
- Kutschera U (2008) Evolutionsbiologie. 3. Aufl., Ulmer, Stuttgart
- Maynard Smith J (1978) The evolution of sex. Cambridge University, Cambridge
- Mayr E (2005) Das ist Evolution. Goldmann, München
- Miller JD, Scott EC, Okamotos S (2006) Public acceptance of evolution. Science 313: 765–766
- Nielsen R (2006) Why sex? Science 311: 960–961
- Schmid K, Kailer N (2008) Weiterbildung älterer ArbeitnehmerInnen – ibw-AMS-Studie. Institut für Bildungsforschung der Wirtschaft, Wien
- Storch V, Welsch U, Wink M (2001) Evolutionsbiologie. Heidelberg, Springer
- Wickler W, Seibt U (1990) Männlich weiblich. Piper, München
- Zrzavy J, Storch D, Mihulka S (2009) Evolution – Ein Lese-Lehrbuch. Spektrum Akademischer, Heidelberg

## Schulbücher

### AHS-Unterstufe (Sekundarstufe I)
- Arienti H, Gridling H, Katzensteiner K, Wurz I (2008) ganz klar: Biologie 3. Jugend und Volk, Wien
- Driza M, Cholewa G, Holemy L (1996) Leben und Umwelt 4. Verlegergemeinschaft Neues Schulbuch, St. Pölten
- Driza M, Cholewa G (2003) Leben und Umwelt 3. Verlegergemeinschaft Neues Schulbuch, St. Pölten
- Hännl H, Kopeski H, Tezner H (2002) Welt des Lebens 3. Leykam, Graz
- Hännl H, Kopeski H, Tezner H (2003) Welt des Lebens 4. Leykam, Graz
- Jaenicke J, Jungbauer W (2001) bio-logisch 3. Dorner, Wien
- Jaenicke J, Jungbauer W (2002) bio-logisch 4. Dorner, Wien
- Keil M, Ruttner B (2003) BIOS 3. Dorner, Wien
- Kugler R (2004) Bio Buch 3. Verlegergemeinschaft Neues Schulbuch. St. Pölten
- Laiminger H (2002) Entdecken – Erleben – Verstehen 4. Veritas, Linz
- Rogl H, Bergmann L (2005) biologie aktiv 3. Leykam, Graz
- Rogl H, Bergmann L (2006) biologie aktiv 4. Leykam, Graz
- Schullerer P, Burgstaller J, Karl P (2002) Biologie und Umweltkunde 3. Veritas, Linz
- Schullerer P, Burgstaller J (2003) Biologie und Umweltkunde 4. Veritas, Linz

### AHS-Oberstufe (Sekundarstufe II)
- Biegl CE (2005a) Begegnungen mit der Natur 5. öbvhpt, Wien
- Biegl CE (2005b) Begegnungen mit der Natur 6. öbvhpt, Wien
- Biegl CE (2006) Begegnungen mit der Natur 8. öbvhpt, Wien

## 3.4 Literatur

- Fleck M, Gayl R, Igersheim A, Kopeszki H, Weber M (2007a) Biologie compact – Basiswissen 1. öbvhpt, Wien
- Fleck M, Gayl R, Igersheim A, Kopeszki H, Weber M, Zmugg G (2007b) Biologie compact – Basiswissen 2. öbvhpt, Wien
- Fleck M, Igersheim A, Kopeszki H, Weber M (2007c) Biologie compact – Basiswissen 3. öbvhpt, Wien
- Grabe S (2005) Die Vögel von Avisvaria. Unterricht Biologie 310: 30–31
- Hofer H (2005) Biologie 5. Dorner, Wien
- Hofer H, Reiter E (2006) Biologie 6. Dorner, Wien
- Hofer H, Hofer E (2007) Biologie 7. Dorner, Wien
- Hofer H, Salzburger W (2008) Biologie 8. Dorner, Wien
- Kadlec V, Dördelmann K (2006) Natura 5. öbvhpt, Wien
- Kadlec V, Dördelmann K (2007) Natura 8. öbvhpt, Wien
- Kadlec V, Dördelmann K (2008) Natura 6. öbvhpt, Wien
- Knauer B, Kronberg I, Krull HP (2007) Natura – Evolution. Klett, Stuttgart
- Kronberg I, Schneeweiss H (2005) Natura – Genetik und Immunbiologie. Klett, Stuttgart
- Linder H, Liebetreu G u.a. (2005) Linder Biologie 1. Dorner, Wien
- Linder H, Liebetreu G u.a. (2006) Linder Biologie 2. Dorner, Wien
- Linder H, Liebetreu G u.a. (2007) Linder Biologie 3. Dorner, Wien
- Schermaier A, Taferner F, Weisl H (2006a) bio@school 5. Veritas, Linz
- Schermaier A, Taferner F, Weisl H (2006b) bio@school 6. Veritas, Linz
- Schermaier A, Weisl H (2007) bio@school 8. Veritas, Linz
- Seidler H, Viola TB (2006) Biologie compact – Evolution des Menschen. öbvhpt, Wien

# Teil II

## Vielfältige Evolution

Jonathan Jeschke und Ernst Peller
4  Von r-Strategen und K-Strategen sowie schnellen und langsamen Lebenszyklen

Rebecca Meredith, Meike Wittmann und Pleuni Pennings
5  Evolution von Medikamentenresistenzen

Uwe Hoßfeld, Lennart Olsson und Georgy S. Levit
6  Evolutionäre Entwicklungsbiologie (Evo-Devo)

Christina Beck
7  Genetik, Ökologie und Verhaltensbiologie aus evolutionsbiologischer Sicht

# 4

**Jonathan Jeschke und
Ernst Peller**

# Von r-Strategen und K-Strategen sowie schnellen und langsamen Lebenszyklen

## 4.1 Fachinformationen

### 4.1.1 Einleitung

Ein Teilbereich der Evolutionsbiologie ist die **Makroevolution**, welche sich auf Artbildung und Unterschiede zwischen Arten sowie höhere taxonomische Gruppen konzentriert. Bei der Mikroevolution werden dagegen Unterschiede innerhalb von Arten betrachtet, die in diesem Beitrag nicht im Fokus stehen. Die Makroevolution fragt beispielsweise, warum Arten so sind, wie sie sind.

Das Konzept, Organismen in r- und K-Strategen einzuteilen, ist in der Makroevolution angesiedelt. Es kann auch als evolutionsökologisches Konzept bezeichnet werden, weil eine starke Verknüpfung mit der Ökologie besteht. Allgemein betrachtet, sind Evolutionsbiologie und Ökologie stark miteinander verbunden.

Das r/K-Konzept findet sich bis heute in Lehrplänen und -büchern (z. B. Bayrhuber und Kull 2005, Beyer et al. 2005, Jaenicke und Paul 2004, Solbach 2000, Weber 2001), obwohl es seit den 1980er-Jahren von Fachwissenschaftlern als überholt angesehen wird und von der Idee abgelöst wurde, Organismen mit „schnellen Lebenszyklen" von solchen mit „langsamen Lebenszyklen" zu unterscheiden. In diesem Kapitel stellen wir den Ursprung und die Geschichte des r/K-Konzepts vor. Wir machen deutlich, warum das Konzept heute als nicht mehr haltbar gilt und beschreiben das Nachfolgekonzept der schnellen und langsamen Lebenszyklen.

### 4.1.2 Historische Entwicklung des r/K-Konzepts

Unterschiedliche Arten von Lebewesen leben in verschiedenen **Populationsdichten** (Anzahl an Individuen pro Fläche). Diese Populationsdichten sind auch unterschiedlich stabil: Bei manchen Arten schwanken sie kaum,

# 4 Von r-Strategen und K-Strategen sowie schnellen und langsamen Lebenszyklen

bei anderen dagegen sehr (Abb. 4.1). Das Konzept, Organismen in r- und K-Strategen einzuteilen, basiert auf der Annahme, dass bei niedrigen und stark schwankenden Populationsdichten **bestimmte Arteigenschaften** von Vorteil sind (r-selektierte Arteigenschaften), die das Gegenteil der Arteigenschaften sind, die bei hohen und stabilen Populationsdichten vorteilhaft sind (K-selektierte Arteigenschaften).

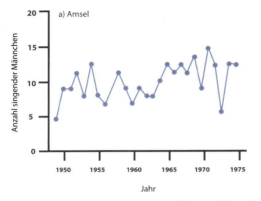
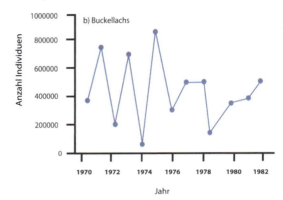

**Abb. 4.1** Beispiele für eine relativ stabile (Amsel) beziehungsweise schwankende (Buckellachs) Population. Bei einem Vergleich der Populationen bitte beachten, dass sich die Skalen der beiden Graphen deutlich unterscheiden: Die Amsel-Population schwankt zwischen 5 und 14 Individuen, die Buckellachs-Population dagegen zwischen ca. 40000 und 850000 Individuen. a) Zeitliche Entwicklung der Anzahl singender Amsel-Männchen (*Turdus merula*) in Eastern Wood, Bookham Common, Surrey, Großbritannien, von 1949–1975. b) Zeitliche Entwicklung der Buckellachs-Population (*Oncorhynchus gorbuscha*) in Upper Skeena, British Columbia, Kanada, von 1970-1982.
Die Daten für beide Populationen stammen aus NERC Centre for Population Biology, Imperial College (2010). Dort finden sich auch viele weitere Beispiele für relativ stabile beziehungsweise schwankende Populationen.

**Material 2**
**Das Konzept der r- und K-Strategen**

In diesem Zusammenhang sind die Überlegungen des Evolutionsbiologen Theodosius Dobzhansky erwähnenswert, der vor rund 60 Jahren die Evolution in den Tropen mit der Evolution in temperierten Gebieten verglich. Die Tropen haben relativ stabile **Umweltbedingungen** und werden von mehr Arten bevölkert als temperierte Gebiete. Aufgrund dessen nahm Dobzhansky an: „*Interrelationships between competing and symbiotic species become the paramount adaptive problem.*" (Dobzhansky 1950, S. 220)

Für temperierte Gebiete schrieb er dagegen: „*Physically harsh environments, such as arctic tundras or high alpine zones of mountain ranges, are inhabited by few species of organisms. The success of these species in colonizing such environments is due simply to the ability to withstand low temperatures or to develop and reproduce during the short growing season.*" (Dobzhansky 1950, S. 220)

Dobzhansky hat sich also noch nicht auf Populationsdichten bezogen, sondern auf die **Anzahl verschiedener Arten**, die in einem Lebensraum vorkommen. Er nahm an, bei einer hohen Artenzahl (Tropen) seien andere Arteigenschaften von Vorteil als bei einer niedrigen Artenzahl (temperierte Gebiete).

## Der Beginn des Konzepts der r- und K-Selektion

Die amerikanischen Wissenschaftler Robert MacArthur und Edward Osborne Wilson verglichen dagegen bereits Umweltbedingungen, die zu unterschiedlichen Populationsdichten und -schwankungen führten. Wir möchten hier vor allem ihr Buch „The theory of island biogeography" von 1967 nennen. Zunächst mit dem **Fokus auf Inseln**, dann allgemeiner, zeigten sie, dass es für solche Arten, die niedrige Populationsdichten aufweisen, vorteilhaft ist, eine hohe Wachstumsrate r zu besitzen (siehe Infobox am Ende dieses Abschnitts). Das war zwar durch Arbeiten der Evolutionsbiologen Ronald Aylmer Fisher, John Burdon Sanderson Haldane und Sewall Wright bereits bekannt, doch fügten MacArthur und Wilson hinzu, dass es für Arten, die eine hohe Populationsdichte nahe der Tragekapazität K haben, von Vorteil ist, wenn K hoch ist. Aufgrund dieses Unterschieds zwischen Arten mit einer niedrigen beziehungsweise hohen Populationsdichte führten sie die Begriffe „r-Selektion" und „K-Selektion" ein.

Bei **stark wechselnden Umweltbedingungen** werden Populationen von Lebewesen immer wieder stark verringert, zum Beispiel durch Katastrophen. Arten, die unter solchen Bedingungen leben, werden in der Regel eine recht niedrige Populationsdichte aufweisen; sie sind r-selektiert. Auf die Frage, welche Eigenschaften solche r-Strategen haben sollten, findet sich in ihrem Buch folgende Antwort: *„A shorter developmental time, a longer reproductive life, and greater fecundity, in that order of probability."* (MacArthur und Wilson 1967, S. 157)

Die aus ihrer Sicht andere Seite der Medaille ist die K-Selektion: Bei stabilen Umweltbedingungen sind auch die Populationsdichten von Arten in der Regel recht stabil und pendeln um einen Wert, die Tragekapazität K. Arten, die unter solchen Bedingungen leben, sind K-selektiert. Laut MacArthur und Wilson sollten solche Arten besonders effizient sein, insbesondere im Verwerten von Nährstoffen. Die genauen Arteigenschaften nannten die beiden Wissenschaftler jedoch nicht.

Eric Pianka, ein amerikanischer Biologe, vollendete dann weitgehend das r/K-Konzept im Jahr 1970. Wie in Tabelle 4.1 angegeben, erweiterte Pianka die Eigenschaften der r-Strategen im Vergleich zu MacArthur und Wilson, vor allem nannte er explizit die Eigenschaften der K-Strategen. Diese sollten nach seiner Meinung das Gegenteil der Eigenschaften der r-Strategen sein. Theoretisch begründet hat er die **gegenteiligen Arteigenschaften** jedoch nicht. Als typische r-Strategen nannte Pianka Insekten, wohingegen Wirbeltiere eher K-Strategen seien. Die Einteilung ist aber relativ. So lässt sich innerhalb jeder taxonomischen Gruppe ein r/K-Kontinuum aufstellen: Auch innerhalb der Wirbeltiere gibt es Arten, die – relativ gesehen – eher r-Strategen sind (z. B. viele Nagetiere), und Arten, die eher K-Strategen sind (z. B. Primaten).

# 4 Von r-Strategen und K-Strategen sowie schnellen und langsamen Lebenszyklen

Tab. 4.1: Übersicht über das r/K-Konzept (nach Pianka 1970)

|  | r-Strategen | K-Strategen |
|---|---|---|
| Umweltbedingungen | variabel | relativ stabil |
| Populationsgröße und -entwicklung | Populationsgröße weit unterhalb der Tragekapazität K und fluktuierend (Abb. 4.2a) | Populationsgröße nahe Tragekapazität K und recht konstant (Abb. 4.2b) |
| inner-/zwischenartliche Konkurrenz | variabel, oft schwach ausgeprägt | stark ausgeprägt |
| Arteigenschaften | produktiv | effizient |
|  | schnelle Entwicklung | langsame Entwicklung, ausgeprägte Konkurrenzfähigkeit |
|  | hohe maximale Wachstumsrate $r_{max}$ | Wachstum auch bei niedrigen Ressourcenkonzentrationen |
|  | frühe Reproduktion | verspätete Reproduktion |
|  | kleine Individuen | große Individuen |
|  | semelpar (alle Nachkommen werden auf einmal produziert) | iteropar (Nachkommen werden getrennt voneinander produziert) |
|  | kurze Lebensspanne | lange Lebensspanne |

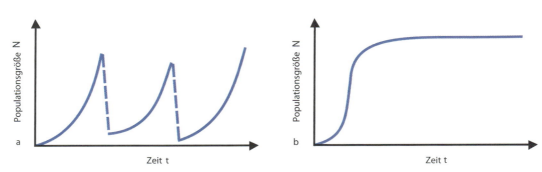

Abb. 4.2 Populationsgröße und -entwicklung. a) r-Strategen. b) K-Strategen. (nach Pianka 1970)

**Info**

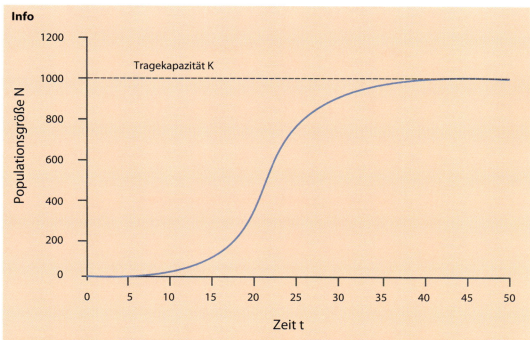

**Abb. 4.3** Logistisches (dichteabhängiges) Wachstum, abhängig von der Wachstumsrate r und der Tragekapazität K

In Abbildung 4.3 ist die logistische Wachstumsgleichung mit ihren Parametern r und K grafisch dargestellt. Die Gleichung lautet

$$\frac{dN}{dt} = rN\left(1 - \frac{N}{K}\right),$$

wobei N die Populationsgröße ist, t die Zeit, r die Wachstumsrate und K die Tragekapazität.

Eine alternative Formulierung ist

$$N(t) = \frac{K}{1 + (K/N_0 - 1) \cdot \exp(-r \cdot t)},$$

wobei $N_0$ die Populationsgröße zum Zeitpunkt $t = 0$ ist.

Die **Wachstumsrate r** ist die Differenz zwischen der Geburten- und Sterberate pro Kopf bei sehr niedrigen Populationsdichten. Über die sogenannte Euler-Lotka-Gleichung kann sie mit dem Lebenszyklus von Arten und damit deren Eigenschaften verknüpft werden.

Im Gegensatz dazu ist die **Tragekapazität K** (*carrying capacity*) nicht direkt biologisch erklärbar. Dieser Parameter lässt sich nicht aus anderen messbaren Größen berechnen. Es handelt sich hierbei also um einen sogenannten phänomenologischen Parameter: Die Tragekapazität ist die Populationsgröße, die sich bei stabilen Umweltbedingungen im Gleichgewicht einstellt. Streng genommen kann man also auch nur bei solchen Populationen von einer Tragekapazität sprechen, die unter stabilen Umweltbedingungen leben. Bei anderen Populationen ist die Tragekapazität weder definiert noch bekannt.

### 4.1.3 Probleme des r/K-Konzepts

Das r/K-Konzept war vor allem in den 1970er-Jahren extrem erfolgreich (zusammengefasst von Reznick et al. 2002) und wurde auch von Wissenschaftsdisziplinen außerhalb der Biologie aufgegriffen, teilweise jedoch mehr als unglücklich. So wendete beispielsweise John Philippe Rushton, kanadischer Professor für Psychologie, das r/K-Konzept innerhalb von Menschen an und behauptete, aggressive Menschen seien r-Strategen, wohingegen weniger aggressive Menschen K-Strategen seien (Rushton 1988). In einem weiteren Artikel unterschied er sogar ethnische Gruppen: „*Mongoloid people are more K-selected than Caucasoids, who are more K-selected than Negroids.*" (Rushton 1996, S. 21)

#### Ablehnung unter Fachwissenschaftlern

**Material 2**
Das Konzept der r- und K-Strategen

Außerhalb der Biologie wird das r/K-Konzept zwar teilweise noch verwendet, aber die Urheber dieses Konzepts – Evolutionsbiologen und Ökologen – betrachten es seit den 1980er-Jahren als nicht mehr zeitgemäß: „*The theory of r-selection and K-selection […] helped to galvanize the empirical field of comparative life-history and dominated thinking on the subject from the late 1960s through the 1970s. […] By the early 1980s, sentiment about the theory had changed so completely that a proposal to test it or the use of it to interpret empirical results would likely be viewed as archaic and naive.*" (Reznick et al. 2002, S. 1509)

Derek Roff, amerikanischer Biologie-Professor, empfiehlt, die Begriffe r- und K-Selektion heute gänzlich zu vermeiden (Roff 2002). Obwohl Fachwissenschaftler das r/K-Konzept seit Langem als überholt betrachten, wird es bis heute von manchen anderen Wissenschaftlern verwendet und – das ist hier besonders wichtig – in Schulbüchern unkritisch behandelt (z.B. Bayrhuber und Kull 2005, Beyer et al. 2005, Jaenicke und Paul 2004, Solbach 2000, Weber 2001).

Doch warum lehnen Fachwissenschaftler das r/K-Konzept heute ab?

1 Im Konzept wird fälschlicherweise angenommen, die Ausprägung einer hohen Wachstumsrate r und gleichzeitig einer hohen Tragekapazität K wäre nicht möglich.

Hier wird von einem Gegensatz zwischen r und K ausgegangen, der jedoch keine theoretische Grundlage hat. Auch empirische Experimente mit verschiedenen Organismen konnten die Annahme nicht bestätigen (zusammengefasst in Jeschke et al. 2008).

2 Das Konzept basiert zur Hälfte auf dem Parameter „Tragekapazität K", der jedoch biologisch nicht erklärbar ist (siehe auch Infobox).

Stephen Stearns hat dieses Problem des r/K-Konzepts wie folgt beschrieben: „*K is not a population parameter, but a composite of a population, its resources, and their interaction. Calling K a population trait is an artifact of logistic thinking […]. Thus r and K cannot be reduced to units of common currency.*" (Stearns 1977, S. 155) Nach Stearns vergleicht das r/K-Konzept also Äpfel mit Birnen.

**3** Die Arteigenschaften von K-Strategen sind nicht begründbar.
Eric Pianka, der den K-Strategen Eigenschaften zugeordnet hat, lieferte diese Begründung nicht, und auch andere Wissenschaftler taten dies nicht. Der Grund ist einfach: Es lässt sich nun mal nicht schlüssig argumentieren, warum Lebewesen mit einer stabilen Populationsdichte genau die Eigenschaften haben sollten, die Pianka ihnen zugeordnet hat. Bereits bei den Eigenschaften von r-Strategen ergeben sich Probleme, denn eine hohe Wachstumsrate r kann entweder durch eine hohe Geburtenrate *oder* eine niedrige Sterberate erreicht werden – und diese beiden Möglichkeiten werden sich in unterschiedlichen Arteigenschaften niederschlagen, nicht nur in *einer* Kombination von Arteigenschaften. Bei den Eigenschaften der K-Strategen ist das Problem noch größer. Zum einen gibt es keinen Grund anzunehmen, sie seien das Gegenteil der Eigenschaften der r-Strategen (siehe oben). Zum anderen kommen bei einigen Eigenschaften der K-Strategen bereits auf den ersten Blick Fragen auf. Beispielsweise ist unklar, warum eine Population aus großen Individuen eine höhere Tragekapazität aufweisen sollte als eine Population aus kleinen Individuen. Große Individuen brauchen mehr Ressourcen als kleine, d.h., bei vorgegebenem Ressourcenangebot wird eine Population aus großen Individuen eine *kleinere* Tragekapazität aufweisen und keine größere, wie im r/K-Konzept behauptet. Man könnte sich hier behelfen, indem man die Tragekapazität umdefiniert und auf die Biomasse bezieht statt auf die Anzahl an Individuen. Das hilft jedoch nicht, wenn man fragt, warum eine Population aus konkurrenzstarken (z.B. aggressiven) Individuen eine höhere Tragekapazität aufweisen sollte als eine Population aus konkurrenzschwächeren (z.B. weniger aggressiven). Wenn überhaupt ein Zusammenhang zwischen Konkurrenzstärke und Tragekapazität besteht, dann sollte er eher negativ als positiv sein. Man stelle sich beispielsweise sehr aggressive, territoriale Individuen vor. Schon aufgrund räumlicher Begrenzungen wird deren Populationsdichte geringer sein als von Individuen, die sich den vorgegebenen Lebensraum teilen. Wie in Jeschke et al. (2008) zusammengefasst, fehlt für die Eigenschaften von K-Strategen jegliche theoretische Grundlage. Auch empirische Daten konnten das r/K-Konzept nicht retten, denn der behauptete Zusammenhang zwischen der Stabilität von Populationsdichten und den angegeben Arteigenschaften ließ sich nicht nachweisen.

## 4.1.4 Ein Nachfolgekonzept: schnelle und langsame Lebenszyklen (fast/slow-Konzept)

Aufgrund der Probleme des r/K-Konzepts wurde in den späten 1980er-Jahren ein Nachfolgekonzept entwickelt, nämlich das der schnellen und langsamen Lebenszyklen, auch als *fast/slow*-Konzept bezeichnet. Hier wird kein Zusammenhang mehr zwischen der Stabilität von Populationsdichten und bestimmten Arteigenschaften postuliert. Jedoch werden wie im r/K-Konzept Korrelationen von **Arteigenschaften** dazu verwendet, um Lebewesen **auf einem Kontinuum zwischen zwei Extremen** darzustellen. Im *fast/slow*-Konzept befinden sich auf der einen Seite des Kontinuums Lebewesen mit einem besonders schnellen Lebenszyklus und auf der anderen Seite Lebewesen mit einem besonders langsamen Lebenszyklus. Nach unserem Wissen wurde das *fast/slow*-Kontinuum zum ersten Mal von Bernt-Erik Sæther (1987) erwähnt. Weitere wichtige Publikationen in diesem Zusammenhang sind zum Beispiel Read und Harvey (1989), Promislow und Harvey (1990) oder Reynolds (2003). In Jeschke und Kokko (2009) werden zudem weitere Studien zu diesem Thema erwähnt.

### Aussagen und Hintergründe des *fast/slow*-Konzepts

**Material 4**
Schnelle und langsame Lebenszyklen – *fast/slow*-Konzept

Das *fast/slow*-Konzept besagt, dass sich Arten im Tempo ihrer Lebenszyklen unterscheiden: Lebewesen mancher Arten „leben schnell", d. h., sie haben hohe **Geburten- und Sterberaten**. Andere Arten haben sich evolutiv dagegen anders entwickelt. Lebewesen dieser Arten „leben langsam", d. h., sie haben niedrige Geburten- und Sterberaten. Die Eigenschaften von Lebewesen mit schnellem Lebenszyklus ähneln denen von r-Strategen im r/K-Konzept (sind aber nicht identisch), und die Eigenschaften von Lebewesen mit langsamem Lebenszyklus ähneln denen von K-Strategen.

**Material 3**
Korrelationen von Eigenschaften

Empirisch begründen lässt sich das *fast/slow*-Konzept damit, dass Lebenszyklus-Eigenschaften von Arten tatsächlich teilweise stark miteinander korrelieren. Das ist aber **von Taxon zu Taxon unterschiedlich**. Außerdem hängt es davon ab, wie das *fast/slow*-Kontinuum genau definiert wird: Manche Autoren nehmen die tatsächlich gemessenen Rohdaten der Arteigenschaften und beziehen auch die Körpergröße mit ein. Andere Autoren sagen dagegen, dass viele beobachtete Korrelationen zwischen diesen Rohdaten auf Zusammenhängen mit der Körpergröße beruhen. Sie rechnen deshalb die Körpergröße erwachsener Individuen heraus, indem sie Residuen (basierend auf Regressionsanalysen) für die Berechnung des *fast/slow*-Kontinuums verwenden. Ein so berechnetes Kontinuum kann sich von einem auf Rohdaten beruhendem Kontinuum unterscheiden (Jeschke und Kokko 2009).

Der Einfachheit halber beziehen wir uns hier nur auf *fast/slow*-Kontinua mit Rohdaten. Tabelle 4.2 gibt die typischen Eigenschaften von Arten mit einem schnellen beziehungsweise langsamen Lebenszyklus wieder. Nach Jeschke und Kokko (2009) gilt diese Tabelle jedoch **streng genommen nur für Säugetiere**. Bei Vögeln sind die Abstände zwischen aufeinanderfolgenden Geburten nicht Teil des Kontinuums, weil diese Eigenschaft nicht signifikant mit den anderen Eigenschaften korreliert. Bei Fischen passt die Fekundität nicht ins Konzept, was auf Abbildung 4.4 zu sehen ist: Die Korrelation zwischen Fekundität und Maximalalter ist bei Fischen positiv, obwohl das Konzept eine negative Korrelation voraussagt (vergleiche Säugetiere in Abb. 4.4). Ähnliche (gegensätzliche) Trends zeigen sich bei Fischen auch für Korrelationen zwischen Fekundität und anderen Lebenszyklusparametern.

## 4.1 Fachinformationen

**Tab. 4.2:** *Fast/slow*-Konzept – Eigenschaften von Arten mit einem schnellen beziehungsweise langsamen Lebenszyklus (nach Reynolds 2003 und Jeschke et al. 2008)

|  | **fast** schneller Lebenszyklus | **slow** langsamer Lebenszyklus |
|---|---|---|
| Fortpflanzung | beginnt früh | beginnt spät |
| Abstände zwischen Geburten | kurze Abstände | lange Abstände |
| Wurf-/Gelegegröße | hohe Fekundität (Wurf-/Gelegegröße) | niedrige Fekundität (Wurf-/Gelegegröße) |
| Körpergröße der Nachkommen | Nachkommen klein | Nachkommen groß |
| Körpergröße der adulten Tiere | Erwachsene klein | Erwachsene groß |
| Lebensspanne | kurz | lang |

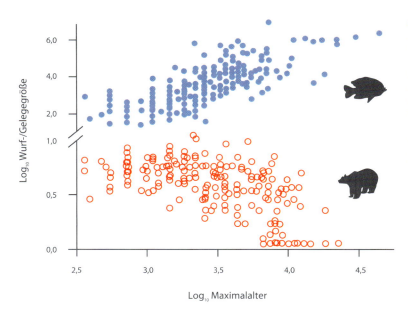

**Abb. 4.4** Die Korrelation zwischen Fekundität (Wurf-/Gelegegröße) und Maximalalter (in Tagen) ist bei Fischen (blaue Punkte) positiv. Nach dem *fast/slow*-Konzept sollte sie jedoch negativ sein, was bei Säugetieren der Fall ist (rote Punkte) (244 Fischarten und 230 Säugetierarten aus Europa und Nordamerika; Daten aus Jeschke und Strayer 2006).

## Tiere mit schnellen und langsamen Lebenszyklen

Die meisten der hier genannten Arten finden Sie in den Unterrichtsmaterialien 1.

Beispiele für Säugtiere mit einem relativ schnellen Lebenszyklus sind die Hausmaus (*Mus musculus*) oder die Rötelmaus (*Clethrionomys glareolus*). Die grundsätzlichen Eigenschaften der Hausmaus sind denen der Rötelmaus ähnlich; auch die Rötelmaus beginnt früh mit der Reproduktion, hat kurze Abstände zwischen zwei Geburten, eine hohe Wurfgröße, kleine Nachkom-

**Material 1**
Karten zum Ausdrucken und Ausschneiden – Eigenschaften von Säugetieren, Vögeln und Fischen

men und Erwachsene sowie eine kurze Lebensspanne. Am anderen Ende des Säugetier-Kontinuums, dem *slow*-Ende, befinden sich zum Beispiel der Buckelwal (*Megaptera novaeangliae*) und der Mensch (*Homo sapiens*). Die meisten anderen Säugetierarten liegen eher in der Mitte des Kontinuums, zum Beispiel der Baummarder (*Martes martes*), der Gepard (*Acinonyx jubatus*), die Hauskatze (*Felis catus*), das Wildschwein (*Sus scrofa*) oder der Wolf (*Canis lupus*). Bei den Fledermausarten passt die Mehrheit dagegen nicht gut in das *fast/slow*-Kontinuum der restlichen Säugetiere, denn Fledermäuse haben eine vergleichsweise geringe Wurfgröße und werden älter, als man das für ihre Größe erwarten würde. In den Unterrichtsmaterialien findet sich die Mausohrfledermaus (*Myotis lucifugus*) als Beispiel.

Bei Vögeln ist beispielsweise der Spatz (*Passer domesticus*) am *fast*-Ende des Kontinuums, der Flamingo (*Phoenicopterus ruber*) dagegen am *slow*-Ende. Der Uhu (*Bubo bubo*) befindet sich auch eher am *slow*-Ende, genauso wie der Höckerschwan (*Cygnus olor*), wobei dieser eine für Vögel mit langsamem Lebenszyklus untypisch hohe Gelegegröße hat. Das lässt sich dadurch erklären, dass der Höckerschwan zu den Gänsevögeln (Anseriformes) gehört, welche generell viele Eier legen; innerhalb der Gänsevögel hat der Höckerschwan eine eher niedrige Gelegegröße. Auch der Gänsesäger (*Mergus merganser*) hat als Gänsevogel große Gelege. Ansonsten ist er wie Amsel (*Turdus merula*), Blässhuhn (*Fulica atra*), Trottellumme (*Uria aalge*) und Wanderfalke (*Falco peregrinus*) eher in der Mitte des *fast/slow*-Kontinuums bei Vögeln angesiedelt.

Wie bereits angesprochen, haben bei Fischen große Arten und solche, die ein hohes Alter erreichen, keine niedrige, sondern eine hohe Fekundität. Große beziehungsweise alt werdende Fischarten legen also viele Eier. Sie verfolgen damit eine andere Strategie als Vögel und vor allem Säugetiere. Große Vogel- und Säugetierarten investieren nämlich im Vergleich zu kleineren Arten zusätzlich vorhandene Reproduktionsenergie nicht in mehr Nachkommen, sondern in größere Nachkommen, die sie mit mehr Aufwand pflegen. Bei einem weiteren Vergleich von Fischen mit Vögeln und Säugetieren stellt man außerdem fest, dass Fische auch im hohen Alter weiter wachsen, wohingegen Vögel und Säugetiere als ausgewachsene Individuen nicht mehr an Größe zunehmen. Das könnte ein zusätzlicher Grund dafür sein, warum Individuen langlebiger Fischarten oft extrem viele Eier legen. Von den in den Unterrichtsmaterialien wiedergegebenen Arten befindet sich der Atlantische Stör (*Acipenser oxyrhynchus*) am *slow*-Ende des Kontinuums, gefolgt vom Hecht (*Esox lucius*). Auf der anderen Seite hat die Schwarzmund-Grundel (*Neogobius melanostomus*) einen schnellen Lebenszyklus; Bachforelle (*Salmo trutta*), Regenbogenforelle (*Oncorhynchus mykiss*), Saibling (*Salvelinus fontinalis*) und Streifenbarsch (*Morone saxatilis*) liegen dazwischen. Letzteres gilt auch für den Buckellachs (*Oncorhynchus gorbuscha*), der jedoch sehr jung stirbt. Der Amerikanische Aal (*Anguilla rostrata*) passt noch weniger ins *fast/slow*-Kontinuum der übrigen Fischarten, da er extrem viele Eier produziert und für seine Größe relativ alt wird. Wie der Lachs ist der Aal semelpar – die Individuen sterben nach der ersten und einzigen Reproduktion.

Auch einige andere Tier- und Pflanzenarten werden vom in Tabelle 4.2 angegebenen Grundschema des *fast/slow*-Kontinuums abweichen (siehe oben). Es existieren jedoch im Moment nicht genug Studien, um hier gesicherte Aussagen machen zu können. Die überwiegende Mehrheit der Studien zum *fast/slow*-Konzept beschäftigt sich nämlich mit Säugetieren, Vögeln und Fischen. Für andere taxonomische Gruppen empfehlen wir, im Zweifelsfall vom Grundschema in Tabelle 4.2 auszugehen.

### 4.1.5 r/K-Konzept und *fast/slow*-Konzept im Vergleich

Insgesamt gesehen ist das *fast/slow*-Konzept bescheidener, aber auch richtiger als das r/K-Konzept. Die Annahmen des r/K-Konzepts, die sich als nicht haltbar erwiesen haben, finden sich im *fast/slow*-Konzept nicht wieder. Insbesondere wurde die Verbindung zwischen der Populationsentwicklung von Arten und ihren Lebenszyklus-Eigenschaften nicht übernommen. Eine Komplikation im *fast/slow*-Konzept ist, dass sich die *fast/slow*-Kontinua unterscheiden, zum Beispiel zwischen Taxa oder je nachdem, ob die Körpergröße mit einbezogen wird oder nicht. Damit spiegelt das Konzept aber die Komplexität und Diversität von Lebewesen wider.

## 4.2 Unterrichtspraxis

In den folgenden Unterrichtsmaterialien sollen die Schüler

- das r/K-Konzept erarbeiten, hinterfragen und kritisch bewerten (Material 2),
- die Idee von korrelierenden Arteigenschaften kennenlernen und Beziehungen/Korrelationen zwischen Arteigenschaften bei verschiedenen Tiergruppen finden (Material 3),
- das neuere *fast/slow*-Konzept nachvollziehen und anwenden (Material 4).

Die Unterrichtsmaterialien können in der Sekundarstufe II sowohl im Rahmen des Ökologieunterrichts im Anschluss an populationsökologische Themen als auch im Rahmen des Evolutionsunterrichts im Anschluss an das Thema Selektion als Beispiel für Lebenslaufstrategien beziehungsweise die Einteilung von Organismen nach verschiedenen Lebenszyklen eingesetzt werden. Die kritische Auseinandersetzung mit einem lange Zeit etablierten Konzept aus der Biologie bietet sich an, um die von der Kultusministerkonferenz – in den Bildungsstandards für den Mittleren Schulabschluss Biologie (KMK 2004a) und in den Einheitlichen Prüfungsanforderungen zur Abiturprüfung Biologie (KMK 2004b) – geforderten fachlichen und methodischen Kompetenzen einzuüben.

Die Materialien sind so konzipiert, dass die Schüler (z. B. in Zweiergruppen) die Aufgaben weitgehend selbstständig lösen können. Erfahrungsgemäß kann jeweils ein Materialteil (2, 3 bzw. 4) in circa einer Unterrichtsstunde bearbeitet und gegebenenfalls besprochen werden. Folg-

## 4 Von r-Strategen und K-Strategen sowie schnellen und langsamen Lebenszyklen

lich sollte die gesamte Unterrichtssequenz mit Einführung und Besprechung etwa vier Unterrichtsstunden benötigen. Da einzelne Schüler(gruppen) unterschiedlich schnell arbeiten, bietet es sich an, die Lösungen der Aufgaben zum Beispiel am Pult zur Selbstkontrolle zur Verfügung zu stellen.

Als Ausgangsmaterial stehen Karten mit Arteigenschaften von je neun ausgewählten Säugetieren, Vögeln und Fischen zur Verfügung (Material 1). Bei mehrmaligem Gebrauch empfiehlt sich das Laminieren der Karten (bessere Haltbarkeit).

Material 2 behandelt das Konzept der r- und K-Strategen. Die Schüler sollen sich kritisch mit diesem Konzept auseinandersetzen und Widersprüche sowie unlogische Aussagen aufdecken. Hierfür benötigen die Schüler Vorkenntnisse aus der Ökologie wie Umweltfaktoren und Populationsdynamik (Wachstum von Populationen: exponentiell, logistisch; Populationsdichte; dichteabhängige und dichteunabhängige Faktoren). Weiterhin sind Kenntnisse zu den Lebensräumen Pfütze und See (können auch recherchiert werden) und zum zuvor erarbeiteten r/K-Konzept notwendig. Aufgabe 1 bezieht sich auf die Kompetenzbereiche Kommunikation (Anforderungsbereich 2) und Erkenntnisgewinnung (Anforderungsbereich 3). Aufgabe 2 beinhaltet die Kompetenzbereiche Fachwissen (Anforderungsbereich 1) sowie Kommunikation (Anforderungsbereich 3) und Bewertung (Anforderungsbereich 3).

Bei Material 3 sollen die Schüler Zusammenhänge bestimmter Arteigenschaften erarbeiten und diese interpretieren. Es wird auf dem r/K-Konzept aufgebaut und auf das folgende *fast/slow*-Konzept hingearbeitet. Die Schüler sollen hierbei tabellarische Daten in Graphen umformen, welche dann beschrieben und interpretiert werden. Zudem sollen zwei Graphen miteinander verglichen werden. Die Aufgaben 3 und 4 entsprechen den Kompetenzbereichen Fachwissen (Anforderungsbereich 3), Erkenntnisgewinnung (Anforderungsbereich 2) und Kommunikation (Anforderungsbereich 2).

Material 4 bildet den Abschluss der Thematik. Basierend auf den Schwächen des r/K-Konzepts und beobachteten Zusammenhängen zwischen Arteigenschaften, wird hier das *fast/slow*-Konzept erarbeitet. Die Schüler sollen erkennen, dass sich eine Einteilung in *fast/slow*-Kontinua immer nur auf einzelne taxonomische Gruppen bezieht und stark verallgemeinernde Aussagen (wie beim r/K-Konzept) selten möglich sind. Die Aufgaben 5 und 6 lassen sich den Kompetenzbereichen Fachwissen (Anforderungsbereich 3) und Erkenntnisgewinnung (Anforderungsbereich 2) zuordnen.

# 4.3 Unterrichtsmaterialien

## Material 1: Karten zum Ausdrucken und Ausschneiden

### Eigenschaften von Säugetieren

Baummarder

Foto: USFWS / E. & P. Bauer

| | |
|---|---:|
| Fortpflanzungsalter | 2 Jahre |
| Zeit zwischen 2 Würfen | 12 Monate |
| Wurfgröße | 3,3 |
| Gewicht, Nachkommen | 30 g |
| Gewicht, Erwachsene | 1,2 kg |
| Maximalalter | 17 Jahre |

Buckelwal

Foto: NOAA / Louis M. Herman

| | |
|---|---:|
| Fortpflanzungsalter | 6 Jahre |
| Zeit zwischen 2 Würfen | 2 Jahre |
| Wurfgröße | 1 |
| Gewicht, Nachkommen | 1,4 t |
| Gewicht, Erwachsene | 35 t |
| Maximalalter | 80 Jahre |

Gepard

Foto: USFWS / Gary M. Stolz

| | |
|---|---:|
| Fortpflanzungsalter | 2 Jahre |
| Zeit zwischen 2 Würfen | 17 Monate |
| Wurfgröße | 3,8 |
| Gewicht, Nachkommen | 388 g |
| Gewicht, Erwachsene | 50 kg |
| Maximalalter | 19 Jahre |

Hauskatze

Foto: Pascal Jeschke

| | |
|---|---:|
| Fortpflanzungsalter | 12 Monate |
| Zeit zwischen 2 Würfen | 7,5 Monate |
| Wurfgröße | 4,4 |
| Gewicht, Nachkommen | 97 g |
| Gewicht, Erwachsene | 3 kg |
| Maximalalter | 34 Jahre |

Hausmaus

Foto: Otto Wiedemann

| | |
|---|---:|
| Fortpflanzungsalter | 6 Wochen |
| Zeit zwischen 2 Würfen | 2 Monate |
| Wurfgröße | 6,1 |
| Gewicht, Nachkommen | 1,3 g |
| Gewicht, Erwachsene | 16 g |
| Maximalalter | 6 Jahre |

Mausohrfledermaus

Foto: USFWS / Don Pfritzer

| | |
|---|---:|
| Fortpflanzungsalter | 12 Monate |
| Zeit zwischen 2 Würfen | 12 Monate |
| Wurfgröße | 1 |
| Gewicht, Nachkommen | ? |
| Gewicht, Erwachsene | 10 g |
| Maximalalter | 30 Jahre |

Mensch

Leonardo da Vinci (ca. 1492)

| | |
|---|---:|
| Fortpflanzungsalter | 30 Jahre |
| Zeit zwischen 2 Würfen | 9 Monate |
| Wurfgröße | 1 |
| Gewicht, Nachkommen | 3,5 kg |
| Gewicht, Erwachsene | 74 kg |
| Maximalalter | 122 Jahre |

Wildschwein

Foto: Jonathan Jeschke

| | |
|---|---:|
| Fortpflanzungsalter | 23 Monate |
| Zeit zwischen 2 Würfen | 15 Monate |
| Wurfgröße | 5,3 |
| Gewicht, Nachkommen | 817 g |
| Gewicht, Erwachsene | 55 kg |
| Maximalalter | 21 Jahre |

Wolf

Foto: Jonathan Jeschke

| | |
|---|---:|
| Fortpflanzungsalter | 2,5 Jahre |
| Zeit zwischen 2 Würfen | 12 Monate |
| Wurfgröße | 5,5 |
| Gewicht, Nachkommen | 425 g |
| Gewicht, Erwachsene | 33 kg |
| Maximalalter | 20 Jahre |

siehe auch Onlinematerialien unter *http://extras.springer.com*

## 4 Von r-Strategen und K-Strategen sowie schnellen und langsamen Lebenszyklen

## Eigenschaften von Vögeln

### Amsel

Foto: Jonathan Jeschke

| | |
|---|---:|
| Fortpflanzungsalter | 12 Monate |
| Zeit zwischen 2 Gelegen | 4,8 Monate |
| Gelegegröße | 3,5 |
| Gewicht, Eier | 7,5 g |
| Gewicht, Erwachsene | 113 g |
| Maximalalter | 20 Jahre |

### Blässhuhn

Foto: Jonathan Jeschke

| | |
|---|---:|
| Fortpflanzungsalter | 18 Monate |
| Zeit zwischen 2 Gelegen | 8 Monate |
| Gelegegröße | 7 |
| Gewicht, Eier | 38 g |
| Gewicht, Erwachsene | 700 g |
| Maximalalter | 18 Jahre |

### Flamingo

Foto: Jonathan Jeschke

| | |
|---|---:|
| Fortpflanzungsalter | 4,5 Jahre |
| Zeit zwischen 2 Gelegen | 12 Monate |
| Gelegegröße | 1 |
| Gewicht, Eier | 140 g |
| Gewicht, Erwachsene | 3 kg |
| Maximalalter | >44 Jahre |

### Gänsesäger

Foto: Jonathan Jeschke

| | |
|---|---:|
| Fortpflanzungsalter | 2 Jahre |
| Zeit zwischen 2 Gelegen | 12 Monate |
| Gelegegröße | 10 |
| Gewicht, Eier | 73 g |
| Gewicht, Erwachsene | 1,5 kg |
| Maximalalter | 13 Jahre |

### Höckerschwan

Foto: Jonathan Jeschke

| | |
|---|---:|
| Fortpflanzungsalter | 4 Jahre |
| Zeit zwischen 2 Gelegen | 12 Monate |
| Gelegegröße | 6,5 |
| Gewicht, Eier | 330 g |
| Gewicht, Erwachsene | 11 kg |
| Maximalalter | 27 Jahre |

### Spatz

Foto: Jonathan Jeschke

| | |
|---|---:|
| Fortpflanzungsalter | 12 Monate |
| Zeit zwischen 2 Gelegen | 4,8 Monate |
| Gelegegröße | 5 |
| Gewicht, Eier | 3 g |
| Gewicht, Erwachsene | 28 g |
| Maximalalter | 13 Jahre |

### Trottellumme

Foto: Jonathan Jeschke

| | |
|---|---:|
| Fortpflanzungsalter | 4 Jahre |
| Zeit zwischen 2 Gelegen | 12 Monate |
| Gelegegröße | 1 |
| Gewicht, Eier | 108 g |
| Gewicht, Erwachsene | 990 g |
| Maximalalter | 32 Jahre |

### Uhu

Foto: Jonathan Jeschke

| | |
|---|---:|
| Fortpflanzungsalter | 2,5 Jahre |
| Zeit zwischen 2 Gelegen | 12 Monate |
| Gelegegröße | 2,5 |
| Gewicht, Eier | 75 g |
| Gewicht, Erwachsene | 2,7 kg |
| Maximalalter | 68 Jahre |

### Wanderfalke

Foto: USFWS / Steve Maslowski

| | |
|---|---:|
| Fortpflanzungsalter | 2 Jahre |
| Zeit zwischen 2 Gelegen | 12 Monate |
| Gelegegröße | 3,5 |
| Gewicht, Eier | 52 g |
| Gewicht, Erwachsene | 782 g |
| Maximalalter | 16 Jahre |

siehe auch Onlinematerialien unter *http://extras.springer.com*

## 4.3 Unterrichtsmaterialien

# Eigenschaften von Fischen

### Amerikanischer Aal

Zeichnung: USFWS / Duane Raver

| | |
|---|---|
| Fortpflanzungsalter | 10 Jahre |
| Zeit zwischen 2 Gelegen | semelpar |
| Gelegegröße | 10.000.000 |
| Gewicht, Eier | ? |
| Gewicht, Erwachsene | 6,8 kg |
| Maximalalter | 20 Jahre |

### Atlantischer Stör

Zeichnung: USFWS / Duane Raver

| | |
|---|---|
| Fortpflanzungsalter | 19 Jahre |
| Zeit zwischen 2 Gelegen | 4 Jahre |
| Gelegegröße | 1.118.000 |
| Gewicht, Eier | ? |
| Gewicht, Erwachsene | 369 kg |
| Maximalalter | 60 Jahre |

### Bachforelle

Foto: USFWS / Eric Engbretson

| | |
|---|---|
| Fortpflanzungsalter | 3,2 Jahre |
| Zeit zwischen 2 Gelegen | 12 Monate |
| Gelegegröße | 1.600 |
| Gewicht, Eier | 62 mg |
| Gewicht, Erwachsene | 18 kg |
| Maximalalter | 18 Jahre |

### Buckellachs

Zeichnung: USFWS / Timothy Knepp

| | |
|---|---|
| Fortpflanzungsalter | 2 Jahre |
| Zeit zwischen 2 Gelegen | semelpar |
| Gelegegröße | 1.700 |
| Gewicht, Eier | 113 mg |
| Gewicht, Erwachsene | 5 kg |
| Maximalalter | 3 Jahre |

### Hecht

Zeichnung: USFWS / Timothy Knepp

| | |
|---|---|
| Fortpflanzungsalter | 3 Jahre |
| Zeit zwischen 2 Gelegen | 12 Monate |
| Gelegegröße | 500.000 |
| Gewicht, Eier | 11 mg |
| Gewicht, Erwachsene | 28 kg |
| Maximalalter | 24 Jahre |

### Regenbogenforelle

Zeichnung: USFWS / Duane Raver

| | |
|---|---|
| Fortpflanzungsalter | 3,6 Jahre |
| Zeit zwischen 2 Gelegen | 12 Monate |
| Gelegegröße | 2.400 |
| Gewicht, Eier | ? |
| Gewicht, Erwachsene | 24 kg |
| Maximalalter | 11 Jahre |

### Saibling

Zeichnung: USFWS / Duane Raver

| | |
|---|---|
| Fortpflanzungsalter | 2,2 Jahre |
| Zeit zwischen 2 Gelegen | 12 Monate |
| Gelegegröße | 670 |
| Gewicht, Eier | 42 mg |
| Gewicht, Erwachsene | 6,6 kg |
| Maximalalter | 15 Jahre |

### Schwarzmund-Grundel

Foto: USFWS / Eric Engbretson

| | |
|---|---|
| Fortpflanzungsalter | 2,5 Jahre |
| Zeit zwischen 2 Gelegen | 40 Tage |
| Gelegegröße | 900 |
| Gewicht, Eier | 14 mg |
| Gewicht, Erwachsene | 155 g |
| Maximalalter | 5 Jahre |

### Streifenbarsch

Zeichnung: USFWS / Duane Raver

| | |
|---|---|
| Fortpflanzungsalter | 4 Jahre |
| Zeit zwischen 2 Gelegen | 12 Monate |
| Gelegegröße | 245.000 |
| Gewicht, Eier | 1,4 mg |
| Gewicht, Erwachsene | 36 kg |
| Maximalalter | 19 Jahre |

siehe auch Onlinematerialien unter *http://extras.springer.com*

## 4 Von r-Strategen und K-Strategen sowie schnellen und langsamen Lebenszyklen

### Material 2: Das Konzept der r- und K-Strategen

**Aufgabe 1**

Beim Vergleich von Organismen, die in den Tropen leben, mit solchen, die in temperierten Gebieten vorkommen, ist dem Evolutionsbiologen Theodosius Dobzhansky etwas aufgefallen: In den Tropen gibt es relativ stabile Umweltbedingungen und eine große Zahl an Arten in großer Populationsdichte, vermutlich nahe der Tragekapazität K. Dobzhansky nahm an, dass bestimmte Eigenschaften von Arten bei unterschiedlichen Populationsdichten von Vorteil sind.

Die Wissenschaftler Robert MacArthur und Edward Osborne Wilson knüpften an diese Annahme an und erweiterten das Konzept von Dobzhansky. Sie behaupteten, dass es für Arten, die eine niedrige Populationsdichte aufweisen, von Vorteil ist, wenn sie eine hohe Wachstumsrate r besitzen. Umgekehrt sollte es für Arten mit einer hohen Populationsdichte (nahe der Tragekapazität K) vorteilhaft sein, wenn der Wert K hoch ist.

Arten, die in stark wechselnden Umweltbedingungen leben (deren Individuenzahl beispielsweise häufig durch Katastrophen wie das Austrocknen eines Tümpels verändert wird), weisen so üblicherweise niedrige Populationsdichten auf. Sie sind r-selektiert und werden als r-Strategen bezeichnet. Sie zeichnen sich durch eine hohe Wachstumsrate, ein niedriges Fortpflanzungsalter und eine – oft nur einmalige – hohe Anzahl an Nachkommen aus. Sie sind zudem eher klein und haben eine nur kurze Lebensspanne.

Das genaue Gegenteil dieser r-Strategen nennt man K-Strategen, die unter stabilen Umweltbedingungen leben und hohe Populationsdichten haben (nahe an K). Sie sollten besonders effizient sein, zum Beispiel bei der Verwertung von Nährstoffen. Nach einer Arbeit des Biologen Eric Pianka aus dem Jahr 1970 sind K-Strategen groß, haben ein hohes Fortpflanzungsalter, weniger (dafür mehrmals) Nachkommen und eine längere Lebensspanne.

Eine absolute Einteilung von Lebewesen in diese beiden Kategorien ist nicht möglich. Innerhalb einer Verwandtschaftsgruppe wie den Säugetieren kann man die verschiedenen Arten entlang eines r/K-Kontinuums aufreihen. So gehören die Nagetiere (z. B. Hausmaus) eher zu den r-Strategen und die Primaten (z. B. Mensch) zu den K-Strategen.

Seit den 1980er-Jahren wurde viel Kritik an dem Konzept geäußert und es wird empfohlen, auf die Begriffe r- und K-Selektion zu verzichten.

**a** Fasse die wesentlichen Aussagen des r/K-Konzepts tabellarisch zusammen.

**b** Suche nach Widersprüchen beziehungsweise unlogischen Aussagen im r/K-Konzept. Gibt es Beispiele von Organismen, die nicht in das Konzept passen? Recherchiere!

**Aufgabe 2**

In einem Biologiebuch wurde die folgende Aussage zur Begründung des Konzepts der r- und K-Strategen gemacht: „*Die optimale Strategie zum Überleben von Populationen hängt wesentlich von der **Konstanz** der Lebensbedingungen ab. So beherbergt ein See mit seinen gleichbleibenden Lebensbedingungen überwiegend K-Strategen wie Fische. Eine Pfütze dagegen existiert nur kurze Zeit: Sie wird von r-Strategen wie Einzellern und Wasserflöhen besiedelt.*"

**Tab. 4.3:** Arteigenschaften von Hecht und Wasserfloh

|  | **Hecht** | **Wasserfloh** |
|---|---|---|
| Fortpflanzungsalter | 3 Jahre | 1 Woche |
| Zeit zwischen 2 Gelegen | 12 Monate | 3 Tage |
| Gelegegröße | 500 000 | 6 |
| Gewicht, Eier | 11 mg | 0,01 mg |
| Gewicht, Erwachsene | 28 kg | 0,5 mg |
| Maximalalter | 24 Jahre | 3 Monate |

a  Recherchiere, welche Lebewesen es in Pfützen und Seen gibt.

b  Bewerte die oben gemachte Aussage. Ziehe hierfür auch die Arteigenschaften beispielsweise von Hecht und Wasserfloh heran (Tab. 4.3).

## Material 3: Korrelation von Eigenschaften

Evolutionsbiologen und Ökologen betrachten das r/K-Konzept seit den 1980er-Jahren als nicht mehr zeitgemäß. Ein pauschaler Zusammenhang zwischen konstanten Umweltbedingungen, einer großen Populationsdichte und zum Beispiel den Arteigenschaften „große Individuen" und „kleine Nachkommenzahl" – wie im r/K-Konzept gefordert – konnte nicht bestätigt werden.

Nichtsdestotrotz hat man sehr wohl einen Zusammenhang (beziehungsweise eine Korrelation) zwischen bestimmten Eigenschaften von Arten finden können. So gibt es eine lineare Beziehung (Korrelation) zwischen den Arteigenschaften „Maximalalter" und „Anzahl an Nachkommen". Man darf aber nicht vergessen, dass weitere Faktoren Arteigenschaften wie die Anzahl der Nachkommen beeinflussen. Lebewesen, die beispielsweise Brutpflege betreiben, d. h. sich intensiv um ihre Nachkommen kümmern, können nicht gleichzeitig sehr viele (aber relativ große) Nachkommen versorgen. Tiere, die keine Brutpflege betreiben, können dafür mehr (kleinere) Nachkommen auf einmal hervorbringen, da sie sich nicht um jedes einzelne Individuum kümmern müssen.

## Aufgabe 3

a  Erstelle eine Tabelle, aus der das Maximalalter und die Wurfgröße ausgewählter Säugetierarten ersichtlich sind. Die Datengrundlage findest du in den Karten „Eigenschaften von Säugetieren" (Material 1).

b  Zeichne unter Verwendung der Tabelle einen Graphen, der die Abhängigkeit der Wurfgröße (y-Achse) vom Maximalalter (x-Achse) darstellt.

c  Beschreibe und interpretiere den Graphen.

## Aufgabe 4

a  Erstelle eine Tabelle, aus der das Maximalalter und die Gelegegröße ausgewählter Fischarten ersichtlich sind. Die Datengrundlage findest du in den Karten „Eigenschaften von Fischen" (Material 1).

b  Zeichne unter Verwendung der Tabelle einen Graphen, der die Abhängigkeit der Gelegegröße (y-Achse) vom Maximalalter (x-Achse) darstellt.

siehe auch Onlinematerialien unter http://extras.springer.com

## 4 Von r-Strategen und K-Strategen sowie schnellen und langsamen Lebenszyklen

**c** Beschreibe und interpretiere den Graphen.
Hinweis: Eine Besonderheit bei Fischen ist, dass sie – im Gegensatz zu Vögeln und Säugetieren – mit zunehmendem Alter weiterhin wachsen.

**d** Vergleiche die Ergebnisse bei Fischen mit denen von Säugetieren (Aufgabe 3).

### Material 4: Schnelle und langsame Lebenszyklen – *fast/slow*-Konzept

In den späten 1980er-Jahren wurde ein Nachfolgekonzept für das r/K-Konzept entwickelt. Es sagt aus, dass sich Arten im Tempo ihrer Lebenszyklen unterscheiden. Lebewesen mancher Arten „leben schnell" (sie haben eine vergleichsweise kurze Lebensspanne), Lebewesen anderer Arten dagegen „leben langsam" (sie haben eine vergleichsweise lange Lebensspanne).

Die Eigenschaften der Arten (Tab. 4.4) mit schnellem Lebenszyklus ähneln denen von r-Strategen und die der Arten mit langsamem Lebenszyklus denen von K-Strategen. Doch im Gegensatz zum r/K-Konzept sind die Merkmale beim *fast/slow*-Konzept nicht in Zusammenhang mit Populationsdichte und Stabilität der Umweltbedingungen gebracht. Außerdem sind die Korrelationen genauer untersucht und weniger pauschal: Es gibt unterschiedliche *fast/slow*-Kontinua für unterschiedliche Organismengruppen.

**Tab. 4.4:** Eigenschaften von Arten mit schnellem beziehungsweise langsamem Lebenszyklus, gültig für Säugetiere und Vögel (nach Reynolds 2003 und Jeschke et al. 2008)

|  | **schneller Lebenszyklus** (*fast life history*) | **langsamer Lebenszyklus** (*slow life history*) |
|---|---|---|
| Fortpflanzung | beginnt früh | beginnt spät |
| Abstände zwischen Geburten | kurze Abstände | lange Abstände |
| Wurf-/Gelegegröße | hohe Wurf-/Gelegegröße | niedrige Wurf-/Gelegegröße |
| Körpergröße der Nachkommen | Nachkommen sind klein | Nachkommen sind groß |
| Körpergröße der Erwachsenen | Erwachsene sind klein | Erwachsene sind groß |
| Lebensspanne | kurz | lang |

Wie im r/K-Konzept sind die Merkmale der „schnellen" beziehungsweise „langsamen" Arten Extremwerte einer großen Bandbreite an Merkmalen, sodass man viele Arten entlang eines Kontinuums von „schnell" nach „langsam" aufreihen kann.

### Aufgabe 5

Sortiere jeweils die neun Karten mit Säugetieren beziehungsweise Vögeln (Material 1) so, dass du eine Reihe – beginnend mit Lebewesen mit „schnellem" Lebenszyklus mit Übergängen zu Lebewesen mit „langsamem" Lebenszyklus – erhältst. Beachte, dass du hier nur *eine* Arteigenschaft als Hauptkriterium verwendest.

### Aufgabe 6

**a** Erstelle analog zu Aufgabe 5 mithilfe der neun Fischkarten (Material 1) eine Reihe, die ein Kontinuum von „schnellen" zu „langsamen" Lebenszyklen darstellt.

**b** Vergleiche die Arteigenschaften deiner Reihe mit den Merkmalen in Tabelle 4.4. Modifiziere die Tabelle entsprechend.

## 4.4 Literatur

- Bayrhuber H, Kull U (Hrsg) (2005) Linder – Biologie Gesamtband SII. Schroedel, Braunschweig
- Beyer I, Bickel H, Gropengießer H, Kronberg I (2005) Natura – Biologie für Gymnasien, Oberstufe. Klett, Stuttgart
- Dobzhansky T (1950) Evolution in the tropics. Am Sci 38: 209–221
- Jaenicke J, Paul A (Hrsg) (2004) Biologie heute entdecken SII. Schroedel, Braunschweig
- Jeschke JM, Strayer DL (2006) Determinants of vertebrate invasion success in Europe and North America. Global Change Biol 12: 1608–1619
- Jeschke JM, Gabriel W, Kokko H (2008) Population dynamics: r-strategists / K-strategists. In: Jørgensen SE, Fath BD (Hrsg) Encyclopedia of ecology. Elsevier, Oxford. 3113–3122
- Jeschke JM, Kokko H (2009) The roles of body size and phylogeny in fast and slow life histories. Evol Ecol 23: 867–878
- Kultusministerkonferenz (KMK) (2004a) Bildungsstandards im Fach Biologie für den Mittleren Schulabschluss. URL *http://www.kmk.org/dokumentation/veroeffentlichungen-beschluesse/bildung-schule/allgemeine-bildung.html* [25.11.2010]
- Kultusministerkonferenz (KMK) (2004b) Einheitliche Prüfungsanforderungen in der Abiturprüfung Biologie. URL *http://www.kmk.org/dokumentation/veroeffentlichungen-beschluesse/bildung-schule/allgemeine-bildung.html* [25.11.2010]
- MacArthur RH, Wilson EO (1967) The theory of island biogeography. Princeton University, Princeton
- NERC Centre for Population Biology, Imperial College (2010) The global population dynamics database version 2. URL *http://www.sw.ic.ac.uk/cpb/cpb/gpdd.html* und *http://www3.imperial.ac.uk/cpb/research/patternsandprocesses/gpdd* [28.10.2010]
- Pianka ER (1970) On r- and K-selection. Am Nat 104: 592–597
- Promislow DEL, Harvey PH (1990) Living fast and dying young: a comparative analysis of life-history variation among mammals. J Zool 220: 417–437
- Read AF, Harvey PH (1989) Life history differences among the eutherian radiation. J Zool 219: 329–353
- Reynolds JD (2003) Life histories and extinction risk. In: Blackburn TM, Gaston KJ (Hrsg) Macroecology – concepts and consequences. Blackwell, Oxford. 195–217
- Reznick D, Bryant MJ, Bashey F (2002) r- and K-selection revisited – the role of population regulation in life-history evolution. Ecology 83: 1509–1520
- Roff DA (2002) Life history evolution. Sinauer, Sunderland, MA
- Rushton JP (1988) Epigenetic rules in moral development – distal-proximal approaches to altruism and aggression. Aggress Behav 14: 35–50
- Rushton JP (1996) Race, genetics, and human reproductive strategies. Genet Soc Gen Psychol Monogr 122: 21–53
- Sæther B-E (1987) The influence of body weight on the covariation between reproductive traits in European birds. Oikos 48: 79–88
- Solbach H (2000) Vita Nova – Biologie für die Sekundarstufe II. Buchner, Bamberg
- Stearns SC (1977) The evolution of life history traits – a critique of the theory and a review of the data. Annu Rev Ecol Syst 8: 145–171
- Weber U (Hrsg) (2001) Biologie Oberstufe – Gesamtband. Cornelsen, Berlin

# 5 Evolution von Medikamentenresistenzen

Rebecca Meredith, Meike Wittmann und Pleuni Pennings

## 5.1 Fachinformationen

### 5.1.1 Einleitung

Wenn wir das Wort „Evolution" hören, denken wir oft an Charles Darwin und sein berühmtes Werk „Die Entstehung der Arten"; oder wir haben die Entwicklung des Menschen und seiner nächsten Verwandten, der Menschenaffen, im Sinn. Evolution ist jedoch nicht einfach etwas, das vor langer Zeit geschehen ist. Evolution geschieht **hier und jetzt** und ist von großer Bedeutung für unser tägliches Leben. Wenn beispielsweise bei einem Krebskranken die Chemotherapie keine Wirkung mehr zeigt, liegt das wahrscheinlich an der Evolution der Tumorzellen. In diesem Fall kann Evolution für uns zur tödlichen Gefahr werden.

In den verschiedenen Kapiteln dieses Buches wird beschrieben, wie Populationen von Organismen auf Veränderungen ihrer Umwelt reagieren. Wenn erbliche genetische Variation in einer Population vorhanden ist, kann sich diese durch den Prozess der natürlichen Selektion an die veränderten Bedingungen anpassen. Während einer Behandlung mit Medikamenten sind Populationen von krankheitserregenden Mikroorganismen oder Krebszellen starker Selektion ausgesetzt. Zufällige **Mutationen** können dazu führen, dass ein Individuum (ein einzelnes Virus, eine Krebszelle, ein Bakterium) nicht mehr anfällig für ein bestimmtes Medikament (oder auch mehrere) ist. Dieses Individuum besitzt eine höhere Fitness als „empfängliche" Individuen, weil es die Behandlung mit diesem Medikament überlebt und Nachkommen produzieren kann. Seine Nachkommen können die Widerstandskraft erben und im Extremfall alle anderen Individuen aus der Population verdrängen. Die gesamte Population ist dann resistent und das betroffene Medikament erzielt keine Wirkung mehr.

Dieses Kapitel soll einen Überblick über die Evolution von Resistenzen bei vier Typen von Krankheitserregern geben: bei *Plasmodium*, dem Erreger der Malaria, beim HI-Virus, bei pathogenen Bakterien und bei Krebszellen. Anhand dieser vier Beispiele, die im Biologieunterricht an unterschiedlicher Stelle (Genetik, Ökologie, Humanbiologie/Gesundheits-

> **Info**
>
> Definitionsgemäß ist ein **Medikament** ein Arzneimittel, das in bestimmter Dosierung zur Heilung, Vorbeugung oder Diagnose einer Krankheit dient. Ein Medikament besteht aus chemischen Wirkstoffen und wirkneutralen Hilfsstoffen; dabei kann ein Medikament einen oder mehrere Wirkstoffe enthalten.
> Im Text wird zum Teil der allgemeine Begriff „Medikament" verwendet, auch wenn in dem ein oder anderen Fall ein Wirkstoff gemeint ist. Dies soll den Lesefluss erleichtern.

erziehung) thematisiert werden, können jedoch auch Bezüge zu anderen Themen der Evolutionsbiologie hergestellt werden.

Resistenzen gegenüber bestimmten Medikamenten sind das Ergebnis eines Wettlaufs zwischen beispielsweise Wirkstoffen und Krankheitserregern, anhand derer sich gut Prinzipien der Evolution erläutern lassen. Für jedes Beispiel wird erklärt, durch welche Mechanismen Medikamentenresistenzen entstehen und wie die Krankheitserreger es schaffen, unempfänglich für ein Medikament zu werden. Wir vergleichen die Bedeutung von Resistenzmutationen, die im einzelnen Patienten geschehen und sich in dessen Körper vermehren, mit der von Resistenzmutationen, die sich in der Weltbevölkerung ausbreiten. Schließlich werden wir Strategien vorstellen, die die Evolution von Resistenzen verhindern sollen.

### 5.1.2 Malaria

Malaria ist eine Infektionskrankheit, die von einem einzelligen, eukaryotischen Parasiten namens *Plasmodium* verursacht wird. *Plasmodium* benötigt sowohl Stechmücken als Vektor (Zwischenwirt) als auch Wirbeltiere als Hauptwirt, um seinen Lebenszyklus zu vollenden. Die für den Menschen gefährlichste *Plasmodium*-Art ist *Plasmodium falciparum*, welche für ungefähr 80 % aller Malaria-Fälle und 90 % der Malaria-Todesfälle weltweit verantwortlich ist. Malaria ist ein großes Problem in Afrika, Asien, Mittel- und Südamerika. Jedes Jahr infizieren sich schätzungsweise 500 Millionen Menschen mit Malaria und etwa zwei Millionen sterben daran. Resistenzen sind ein Hauptgrund dafür, warum mit den verfügbaren Malaria-Medikamenten nicht jedem Patienten geholfen werden kann. Typischerweise tauchen Medikamentenresistenzen zuerst in Südostasien auf und breiten sich dann aus, beispielsweise nach Afrika. Die Ursachen für dieses Verhalten sind bis heute unbekannt.

#### Malaria-Medikamente

Seit den 40er-Jahren des 20. Jahrhunderts haben Pharmaunternehmen eine Vielzahl von Malaria-Medikamenten auf den Markt gebracht. Diese Medikamente wurden und werden zur Behandlung und zum Teil zur Vorbeugung von Malaria eingesetzt. Früher oder später tauchten jedoch Resistenzen gegen jedes einzelne dieser Medikamente beziehungsweise dieser Wirkstoffe auf (Abb. 5.1). Meist dauerte es nur wenige Jahre, bis eine Resistenz zum ersten Mal irgendwo auf der Welt beobachtet wurde.

Bis sich die Resistenz über andere Länder und Kontinente ausbreitete, ist jedoch teilweise eine längere Zeit vergangen. Aus diesem Grund kann ein bestimmtes Medikament in einem Land (Kontinent) gut funktionieren, während es in einem anderen Land (Kontinent) nahezu unbrauchbar ist, weil die Parasitenpopulation dort vollständig widerstandsfähig ist. Chloroquin wirkte beispielsweise in den 1970er-Jahren in Afrika sehr gut, obwohl asiatische *Plasmodium*-Linien bereits resistent waren. Überraschenderweise ist in Afrika nie eine Chloroquin-Resistenz evolviert, sondern ist von Asien aus nach Afrika eingewandert. Heute müssen in Asien und Afrika alternative Wirkstoffe eingesetzt werden, die meist viel teurer als Chloroquin sind.

## 5.1 Fachinformationen

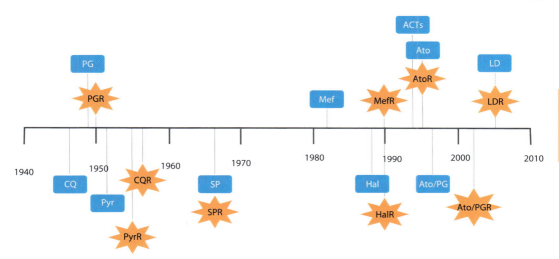

**Abb. 5.1** Chronologische Abfolge von Malaria-Medikamenten und -Wirkstoffen und ihre Entwicklung (blau) bzw. Resistenzbildung (orange; R = Resistenz). ACTs = Artemisinin-Kombinationstherapie, Ato = Atovaquon, Ato/PG = Atovaquon/Proguanil-Kombination (Malaron), CQ = Chloroquin, Hal = Halofantrin, LD = LapDap (Chlorproguanil-Dapson), Mef = Mefloquin, PG = Proguanil, Pyr = Pyrimethamin, SP = Sulfadoxin-Pyrimethamin (nach von Read und Huijben 2009)

Aber nicht nur Chloroquin-, auch Sulfadoxin-Pyrimethamin-Resistenzen haben sich von wenigen Ursprüngen aus über die ganze Welt ausgebreitet (Abb. 5.2).

☞ „Out-of-Asia-Theorie" in Abschnitt 5.1.2

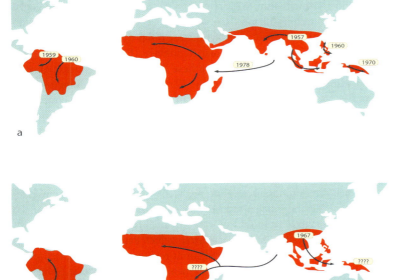

**Abb. 5.2** Ursprung und weltweite Ausbreitung von Wirkstoff-Resistenzen bei *Plasmodium*.
a) gegenüber Chloroquin.
b) gegenüber Sulfadoxin-Pyrimethamin.
(nach Read und Huijben 2009)

Die Weltgesundheitsorganisation schätzt die Evolution von **Medikamentenresistenzen** bei *Plasmodium* als **unvermeidbar** ein (WHO 2010a). Dies bedeutet, dass ständig neue Medikamente entwickelt werden müssen, die nur für wenige Jahre erfolgreich verwendet werden können. In vielen Ländern ist es inzwischen Standard, **Kombinationstherapien** zur Behandlung von Malaria einzusetzen. So wird der Wirkstoff Artemisinin zusammen mit einem anderen Wirkstoff gegeben (Artemisinin-basierte Kombinationstherapie [ACT = *Artemisinin-based combination therapy*]). In Südostasien wurde schon eine Resistenz gegen diese Kombinationstherapie beobachtet, die bis jetzt noch nicht weit verbreitet ist. Es ist unklar, ob Kombinationstherapien die Evolution und Ausbreitung von Resistenzen langfristig verhindern oder verlangsamen werden.

### Genetische Mechanismen

*Plasmodium* kann durch verschiedene genetische Mechanismen Medikamentenresistenzen erlangen. Für die Widerstandsfähigkeit gegen das Medikament Atovaquon ist beispielsweise nur ein einziger **Nukleotidaustausch** nötig, während beim Mittel Pyrimethamin 3–4 solcher Veränderungen erforderlich sind. Die Resistenz gegen Mefloquin hat eine ganz andere genetische Basis und wird durch die ein- oder mehrmalige **Duplikation** des *Pfmdr*-Gens ausgelöst (*Pfmdr* steht für *Plasmodium falciparum multi drug resistance*).

## Fallstudien: Chloroquin- und Pyrimethamin-Resistenzen

### Entstehung einer Pyrimethamin-Resistenz durch Mutation

Sulfadoxin-Pyrimethamin (SP) ist eine Wirkstoffkombination, die gegen Infektionen durch Protozoen (→ Malaria) verwendet wird. Sulfadoxin setzt das Enzym Dihydropteroat-Synthetase (DHPS) außer Kraft und Pyrimethamin das Enzym Dihydrofolat-Reduktase (DHFR). Beide Enzyme werden für die DNA- und RNA-Synthese bei *Plasmodium* benötigt, und wenn die nicht funktionieren, stirbt der Parasit. Allerdings können wenige Veränderungen im *DHFR*-Gen das Enzym widerstandsfähig gegenüber Pyrimethamin machen. Ein Parasit mit dieser resistenten Enzymform kann überleben und sich fortpflanzen, auch wenn der Patient SP einnimmt, da Sulfadoxin alleine den Parasit nicht genug hemmen kann.

Um eine fast vollständige Pyrimethamin-Resistenz zu erlangen, benötigt der Malaria-Erreger drei Nukleotidsubstitutionen im *DHFR*-Gen. Dadurch ändern sich drei Aminosäuren (Nummer 51, 59 und 107 in der Aminosäurekette). Diese Veränderungen machen Pyrimethamin als Hemmstoff für das Enzym unbrauchbar. Es ist sehr unwahrscheinlich, dass ein zunächst sensitiver *Plasmodium*-Stamm im Körper eines einzelnen Patienten an allen drei Positionen im *DHFR*-Gens mutiert und somit resistent wird. Das gleichzeitige Vorkommen aller drei Mutationen in einem Individuum wurde bisher nur wenige Male auf der Welt beobachtet. Wenn das unwahrscheinliche Ereignis aber doch eintritt und ein Parasit erst einmal alle drei Mutationen besitzt, dann besitzt er einen enormen Selektionsvorteil und kann sich schnell auf andere Menschen und über weite Distanzen ausbreiten (Abb. 5.3).

## 5.1 Fachinformationen

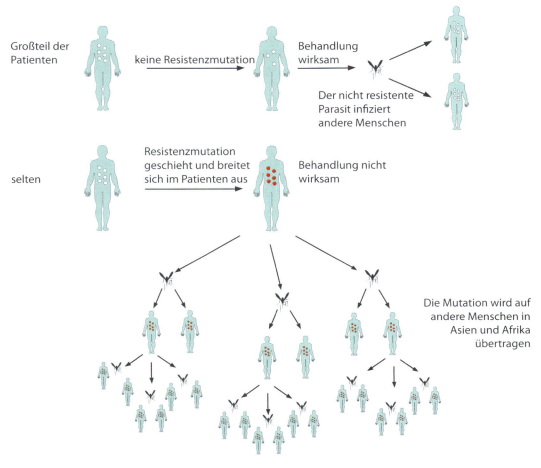

**Abb. 5.3** Evolution von Chloroquin- und Pyrimethamin-Resistenzen: Ursprung und Mensch-zu-Mensch-Ausbreitung im Cartoon. Resistenzmutationen im einzelnen Patienten sind selten, aber die Ausbreitung ist häufig.

### Out-of-Asia-Theorie

Es gibt **Pyrimethamin-resistente *Plasmodium falciparum*** aus Afrika, die ein Allel mit drei Mutationen tragen, das seinen Ursprung in Südostasien hat. Mithilfe der Technik *genetic fingerprinting* wurde nämlich bei den widerstandsfähigen afrikanischen Parasiten der gleiche genetische Fingerabdruck (das gleiche charakteristische DNA-Profil) nachgewiesen wie bei den schon länger bekannten resistenten Parasiten aus Asien (Roper et al. 2004). Dies ist ein Indiz dafür, dass die Mutationen, die in Afrika beobachtet wurden, ursprünglich aus Asien kommen und nicht unabhängig in Afrika entstanden sind.

Die Widerstandsfähigkeit gegenüber Pyrimethamin ist nicht die einzige Resistenz, die von Asien nach Afrika gelangte. Auch die **Chloroquin-Resistenz** hat ihren Ursprung in Asien und bewegte sich nach Afrika (vgl. Abb. 5.2). Ein

Grund, warum sich widerstandsfähige Plasmodien so schnell ausbreiten können, ist, dass Patienten, die mit einem resistenten Stamm infiziert sind, aufgrund unwirksamer Therapien länger krank bleiben als Patienten mit nicht resistenten Plasmodien. Die Wahrscheinlichkeit, während dieser Zeit von einer Mücke gestochen zu werden, ist demnach groß – die Mücken können dann andere Menschen mit dem resistenten *Plasmodium* infizieren.

Bei beiden Wirkstoffresistenzen ist das Resistenzallel wahrscheinlich nur ein einziges Mal in einem Patienten in Thailand oder Myanmar durch Mutation entstanden. Über den Zwischenwirt wurde die Infektion mit dem resistenten Parasiten auf andere Menschen übertragen (vgl. Abb. 5.3). Durch die Fortbewegung von Mücken und Menschen konnte sich das Allel schnell über Asien und schließlich bis nach Afrika ausbreiten. Um eine derart schnelle Ausbreitung über große Strecken zu verhindern, schlagen Roper und ihre Kollegen Reiseverbote für Malaria-Patienten (z. B. von Asien nach Afrika) vor.

### Fallstudie: Atovaquon-Resistenz – Entwicklung im Patienten

Resistenzen gegen den Antimalaria-Wirkstoff Atovaquon (Ato) sind derzeit nicht weit verbreitet. Dies könnte sich allerdings ändern, da diese Art der Widerstandsfähigkeit durch eine einzige Mutation im *Pfcytb*-Gen (*P.-falciparum-Cytochrom-b*-Gen) auftreten kann. Manche Menschen, die mit einem nicht resistenten *Plasmodium*-Stamm infiziert sind, können später nämlich einen Ato-resistenten Stamm in sich tragen. Die Patienten sprechen zunächst auf eine Atovaquon/Proguanil (Ato/PG)-Kombinationstherapie an, doch nach einiger Zeit lässt die Wirksamkeit nach. In diesen Fällen ist eine Ato-Resistenz offenbar innerhalb eines Patienten evolviert, und Proguanil allein reicht nicht aus als Medikament.

#### Untersuchung der Atovaquon-Resistenz

Lise Musset (Musset et al. 2007), eine Pariser Malaria-Wissenschaftlerin, untersuchte Parasiten-Proben von sieben Patienten, jeweils vor der Ato/PG-Behandlung und nach deren Scheitern. Anschließend betrachtete die Forscherin die genetischen Veränderungen zwischen den „Vorher"- und „Nachher"-Proben. Ziel war es herauszufinden, ob sich Resistenzmutationen in den einzelnen Patienten entwickelt haben oder ob Patienten schon zu Beginn der Therapie mit einem resistenten Stamm infiziert waren, der im Laufe der Zeit die Oberhand über die anderen Stämme gewann. Das Ergebnis: Die Resistenzmutationen waren in jedem Patienten unabhängig entstanden. Dieser Fund war überraschend und steht im Gegensatz zur Situation bei Pyrimethamin- oder Chloroquin-Resistenzen, wo Resistenzmutationen nur sehr selten auftreten. Allerdings springen Ato-Resistenzmutationen offenbar nicht so leicht auf andere Patienten über (Abb. 5.4), da sie sich sonst bereits über den asiatischen Kontinent ausgebreitet hätten. Warum dies so ist, ist derzeit noch unklar.

## 5.1 Fachinformationen

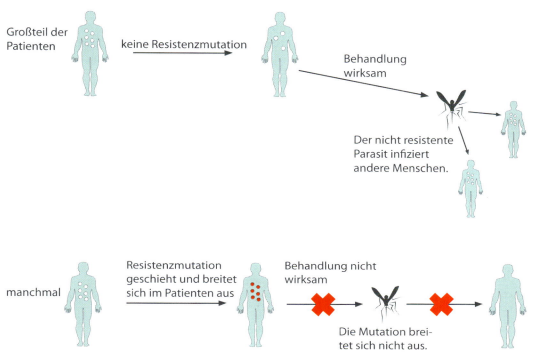

**Abb. 5.4** Evolution einer Atovaquon-Resistenz im Cartoon. Eine solche Resistenz entsteht relativ häufig in einzelnen Patienten, die Übertragung auf andere Menschen ist dagegen selten.

### 5.1.3 HI-Virus und AIDS

Eine Infektion mit dem HI-Virus (Humanes Immundefizienz-Virus; *human immunodeficiency virus*) führt, wenn unbehandelt, zur Erkrankung an AIDS (*aquired immuno deficiency syndrome*; Immunschwäche-Syndrom). AIDS ist eine Krankheit, bei der das Immunsystem nach und nach zusammenbricht, was zu lebensgefährlichen opportunistischen Infektionen führt. Das Immunschwäche-Syndrom ist für mehr als 25 Millionen Todesfälle seit seiner Entdeckung im Jahr 1981 verantwortlich. Allein im Jahr 2005 hat AIDS geschätzte 2,4–3,3 Millionen Leben gekostet, darunter waren mindestens 570 000 Kinder. Eine HIV-Infektion ist bis heute unheilbar und Patienten müssen ein Leben lang Medikamente nehmen. Aufgrund verbesserter Therapien (siehe unten) kommen Medikamentenresistenzen weniger häufig vor als früher, und HIV-Patienten können viele Jahre mit dem Virus leben.

HIV ist ein Retrovirus, das zur Familie der sogenannten Lentiviren gehört. Das Virus **beeinträchtigt das Immunsystem**, indem es T-Helferzellen (CD4-positive T-Zellen) infiziert und so deren Anzahl vermindert. Mit einer reduzierten Anzahl an T-Zellen kann das Immunsystem nicht optimal auf Infektionen durch andere Mikroben reagieren. Bei der Infektion einer neuen Zelle bindet das HI-Virus an die Zellmembran und verschmilzt mit ihr, wodurch das Kapsid, die das Genom des Virus enthält, in die Zelle eintritt (Abb. 5.5). Im Zellinneren angekommen, wird das virale RNA-Genom durch das viral kodierte Enzym Reverse Transkriptase in doppelsträngige DNA umgewandelt. Diese Umwandlung beinhaltet keinen Fehlerkorrektur-Mechanismus (*proof-reading*), wodurch es in dieser Phase zu vielen Mutationen kommt. Die virale DNA wird anschließend durch Integrase, ein anderes virales Enzym, in die DNA der Wirtszelle integriert. Die so eingeschleuste DNA dient dann als Vorlage für die Produktion neuer viraler RNA-Genome. Neue Virus-Partikel werden gebildet und durch Abknospung in den Körper entlassen. Diese Virus-Partikel können andere T-Zellen infizieren und der Kreislauf beginnt von Neuem.

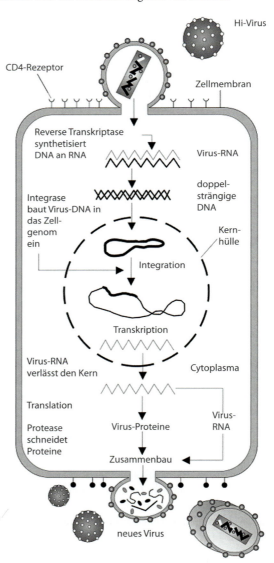

Abb. 5.5
Schematische Darstellung des Lebenszyklus des HI-Virus (nach Wikipedia 2010a)

## Antiretrovirale Medikamente

Medikamente zum Kampf gegen HIV zielen auf verschiedene **Stadien im Lebenszyklus** des Virus (vgl. Abb. 5.5). Resistenzen werden gewöhnlich von einer oder wenigen **Mutationen** verursacht, die die Infektions- oder Vermehrungsweise des Virus verändern. Diese Veränderung erlaubt es dem Virus, den Effekt eines Wirkstoffs zu umgehen, die Wirkung des Medikaments zu reduzieren oder vollständig zu eliminieren. Eine einzige Mutation im Gen für Reverse Transkriptase macht das HI-Virus beispielsweise vollständig resistent gegen die häufig eingesetzten Medikamente Epivir (auch bekannt als 3TC oder Lamivudin) und Emtriva (Emtricitabin). Falls die Therapie eines Patienten nur aus einem dieser Medikamente besteht (nicht in Kombination mit anderen Medikamenten), kann das Virus meist innerhalb weniger Monate eine Resistenz entwickeln.

### Schnelle Evolution

Dass das HI-Virus so schnell und mit großer Wahrscheinlichkeit resistent gegen antiretrovirale Medikamente wird, hat vier Hauptgründe:

1. große Populationsgröße
2. hohe Mutationsrate
3. schnelle Vermehrung (kurze Generationszeit)
4. hoher Selektionsdruck während der Behandlung

Die ersten drei Faktoren führen dazu, dass eine **große Anzahl von Varianten** mit unterschiedlichen Mutationen in der HIV-Population eines Patienten vorhanden ist. Einige dieser Mutationen **erhöhen die Fitness** des Virus, weil sie es ihm ermöglichen, der Wirkung eines Medikaments auszuweichen. Dadurch kann das Virus überleben und sich im Vergleich zu anderen Virus-Partikeln erfolgreicher vermehren. Die Nachkommen solch eines resistenten Virus-Partikels können im Laufe der Zeit alle anderen Virus-Partikel in der Population verdrängen. Wenn das geschehen ist, wird das Medikament für den Patienten wirkungslos. Resistenzmutationen können bei HIV auch von Mensch zu Mensch weitergegeben werden; dies passiert jedoch nicht so häufig wie bei Malaria. Folglich sind HIV-Wirkstoffresistenzen mehr ein Problem einzelner Patienten (wie im Fall von Krebs) als ein Problem der ganzen Gemeinschaft (wie bei Malaria und TB).

☞ **Abschnitt 5.1.2 und Abschnitt 5.1.5**

☞ „**Fallstudie: Resistenz bei Tuberkulose**" in Abschnitt 5.1.4

## Fallstudie: Von Azidothymidin (AZT) zu Medikamentencocktails

Nach der Entdeckung von AIDS im Jahr 1981 dauerte es lange, bis das erste Medikament zur Verfügung stand. Nach fast sieben Jahren kam Zidovudin (auch Azidothymidin, kurz AZT), der erste Anti-HIV-Wirkstoff, auf den Markt. AZT hemmt die Aktivität eines entscheidenden Enzyms im Lebenszyklus des HI-Virus: die **Reverse Transkriptase**. Ist dieses Enzym außer Kraft gesetzt, kann sich das Virus nicht mehr vermehren.

# 5 Evolution von Medikamentenresistenzen

☞ **„Chemotherapie mit Analoga" in Abschnitt 5.1.5**

Reverse Transkriptase benötigt Nukleoside für die reverse Transkription, also die Herstellung viraler DNA mit einer RNA-Vorlage. AZT ist nun ein Thymidin-Analog: Es kann während des RNA-DNA-Umschreibeprozesses anstelle des Nukleosids Thymidin eingebaut werden. Ist das AZT in die DNA eingesetzt, wird die reverse Transkription unterbrochen und das Virus kann keine DNA ins menschliche Genom einschleusen.

Anfangs hofften Ärzte und Patienten, AZT würde das Leben von AIDS-Patienten signifikant verlängern. Leider entwickelte das Virus von vielen Patienten schnell eine Resistenz gegen den Wirkstoff. Eine AZT-Resistenz entsteht, wenn sich die Form des Reverse-Transkriptase-Proteins durch Mutationen verändert. Man hat sechs Mutationen entdeckt, die entscheidend zur AZT-Resistenz beitragen. HIV-Stämme mit vier dieser Mutationen sind hoch resistent gegen AZT. In diesen Stämmen wird während der reversen Transkription kein AZT mehr eingebaut und das Virus kann sich problemlos vermehren. HIV-Stämme mit zwei oder drei der verantwortlichen Mutationen sind teilresistent gegen AZT.

### Monotherapien und Wirkstoffresistenzen

Im Jahr 1988 beschrieben Forscher aus Amsterdam den Fall von zwei Patienten, die für ungefähr ein halbes Jahr mit AZT behandelt wurden (Reiss et al. 1988). In beiden Fällen nahm die Viruslast (die Konzentration der Viren im Blut) ab und blieb für die ersten paar Monate der Behandlung auf einem niedrigen Wert. Nach etwa 16 Wochen stieg sie jedoch wieder an (Abb. 5.6). Weniger als ein Jahr später berichteten Wissenschaftler, 5 von 15 Patienten, die für ein halbes Jahr mit AZT behandelt wurden, besäßen HIV-Stämme, die 100-mal weniger sensitiv für AZT waren als Stämme unbehandelter Patienten (Larder et al. 1989). Das bedeutet, dass die betroffenen Patienten eine 100-mal höhere Dosis von AZT einnehmen müssten, um einen vergleichbaren Rückgang der Viren zu erreichen. Dies ist jedoch nicht möglich, weil hohe Dosen von AZT sehr giftig sind.

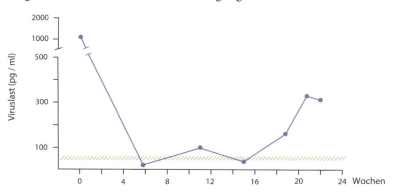

**Abb. 5.6**
Viruslast eines Patienten in der Studie von Reiss et al. (1988); Behandlung mit AZT (6 x 200 mg/Tag). pg = Pikogramm = 1 Billionstel Gramm; Nachweisgrenze der Viruslast < 50 pg/ml (gestrichelte Linie)

Resistenzen stellten nicht nur bei AZT, sondern auch bei anderen Monotherapien, d. h. Behandlungen mit nur einem Wirkstoff, ein Problem dar. Genau wie bei AZT hatte sich auch hier schnell eine Widerstandsfähigkeit entwickelt und die Viruslast kehrte rasch zu hohen Werten zurück. In einer

1994 veröffentlichten Studie gab man Patienten statt AZT den Wirkstoff **Didanosin**, der ebenfalls die Reverse Transkriptase hemmt. Über die Hälfte der Patienten entwickelte weniger als 24 Wochen nach der Umstellung eine Didanosin-Resistenz (Kozal et al. 1994).

### Kombinationstherapien

Seit den frühen 1990er-Jahren ist es üblich, zwei oder drei Medikamente gleichzeitig einzusetzen. Eine solche Kombinationstherapie **verlangsamt die Entwicklung** von Resistenzen bei HIV, weil es viel **unwahrscheinlicher** ist, dass ein einziges Virus-Partikel alle Mutationen erlangt, die für eine Widerstandsfähigkeit gegen zwei oder mehr Wirkstoffe nötig sind. Zwei Wirkstoffe können sogar mehr als doppelt so gut sein wie ein Wirkstoff. Es könnte zum Beispiel bei der alleinigen Einnahme von AZT beziehungsweise nur von Didanosin jeweils ein halbes Jahr dauern, bis eine Resistenz entsteht. Wenn beide Medikamente jedoch zusammen eingenommen werden, kann es wesentlich länger als ein Jahr dauern, bis eine Resistenz gegen beide Wirkstoffe evoluiert (vgl. Abb. 5.7).

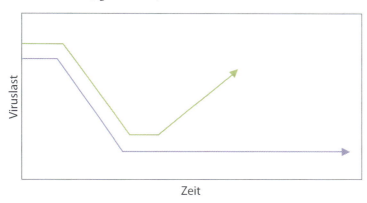

**Abb. 5.7**
Schematische Zeitkurven der Viruslast eines Patienten bei einer Monotherapie (grün) und einer Kombinationstherapie (blau). Kombinationstherapien können die Viruslast über längere Zeit auf einem niedrigen Niveau halten, während Monotherapien dies nur über kurze Zeiträume gelingt. Sobald sich eine Resistenz entwickelt, steigt die Viruslast wieder an.

### Warum Kombinationstherapien die Evolution von Resistenzen verlangsamen

Wenn ein Patient mehrere Medikamente nimmt, kann das Virus fast nicht mehr replizieren. Dadurch ist es auch unwahrscheinlicher, dass Resistenzmutationen auftreten. Dazu kommt, dass die Evolution einer Resistenz gegen eine Kombinationstherapie viel unwahrscheinlicher ist als eine Resistenz gegen einen einzelnen Wirkstoff.

Angenommen, das Virus benötigt eine Mutation „a" für eine Resistenz gegen den Wirkstoff A und eine Mutation „b" für die Resistenz gegen Wirkstoff B. Weiterhin wollen wir annehmen, dass sowohl Mutation „a" als auch „b" regelmäßig in einem HIV-Patienten geschehen. Falls der Patient nur Wirkstoff A einnimmt, wird ein Virus-Partikel mit der Mutation „a" sich schneller vermehren als andere Virus-Partikel. Nach einiger Zeit haben die Viren mit der Mutation „a" alle anderen Virus-Partikel verdrängt und die gesamte Population ist widerstandsfähig gegen Wirkstoff A. Hätte der Patient gleichzeitig auch Wirkstoff B genommen, sähe die Situation ganz anders aus: In Gegenwart der Wirkstoffe A und B würde sich ein Virus-Partikel mit der Mutation „a" vielleicht gar nicht vermehren oder nur sehr langsam. Nur Virus-Partikel mit beiden Mutationen, also „a" und „b", haben einen klaren Vorteil. Damit ein Virus eine Resistenz gegen die gleichzeitig eingesetzten Medikamente A und B erlangen kann, müssen die Mutationen „a" und „b" **gleichzeitig** in einem einzelnen Virus-Partikel vorhanden sein – und das ist sehr unwahrscheinlich. Je mehr verschiedene Wirkstoffe man in der Kombinationstherapie verwendet, desto unwahrscheinlicher ist demnach die Entwicklung einer Resistenz. Gewöhnlich besteht eine HIV-Kombinationstherapie aus drei verschiedenen Wirkstoffen, was bei den meisten Patienten gut zu funktionieren scheint. In problematischen Fällen können auch vier oder sogar fünf Wirkstoffe gleichzeitig verschrieben werden.

**Unwahrscheinlich ist nicht gleich ausgeschlossen**

Unglücklicherweise treten gelegentlich doch Resistenzen gegen HIV-Medikamente auf. In wohlhabenden Ländern ist das ein geringeres Problem, weil eine Vielzahl verschiedener Wirkstoffe verfügbar ist. Wenn die Viruslast eines Patienten ansteigt, wird die Viruspopulation auf ihre Widerstandsfähigkeit getestet. Hier gleicht man beispielsweise die Nukleotidsequenz der Virus-RNA mit Datenbanken bekannter Resistenzmutationen ab. Mit dem Ergebnis dieses Tests kann eine andere Kombination aus den ungefähr 20 verfügbaren Wirkstoffen ausgewählt werden. In Teilen von Afrika und anderen ärmeren Gegenden ist die Situation schwieriger. Dort stehen nicht so viele verschiedene Medikamente zur Auswahl und viele Patienten bekommen nicht die Chance, im Falle einer Resistenz auf andere Wirkstoffe umzusteigen.

**Exkurs: Das Resistenz-Lotto**

Um ein Gefühl dafür zu bekommen, wie unwahrscheinlich es ist, dass zwei Resistenzmutationen zur gleichen Zeit in einem Virus-Partikel geschehen, vergleichen wir die Situation mit einem Lotto-Spiel. Angenommen, eine Million Menschen nehmen teil. Jeder wählt eine Zahl zwischen 1 und 50. Nun wählt eine Maschine ebenfalls eine Zahl zwischen 1 und 50. Diejenigen Teilnehmer, die sich dieselbe Zahl wie die Maschine ausgesucht haben, gewinnen. Das sind in dieser ersten Runde ungefähr 20 000 Teilnehmer. Jetzt wiederholen wir das Spiel, aber sowohl die Maschine als auch die Spieler wählen dieses Mal zwei Zahlen aus. In diesem Fall werden ungefähr 400 Personen beide Zahlen richtig geraten haben. Wenn wir eine dritte Zahl hinzufügen, gibt es im Durchschnitt nur noch 8 Gewinner unter einer Million Teilnehmern. Normalerweise gibt es niemanden, der 6 Zahlen richtig rät. Deshalb ist der Jackpot manchmal so hoch.

Mit Viren ist es ganz ähnlich. Wenn es im Körper eines Patienten eine Million Virus-Partikel gibt, besitzen vielleicht 100 die Mutation, die Resistenz gegen Wirkstoff A verleiht, aber es wird nicht viele Virus-Partikel geben, die Resistenzen sowohl gegen Wirkstoff A als auch gegen Wirkstoff B besitzen.

Mit einem dritten Wirkstoff C kann es Jahre dauern, bevor ein Virus-Partikel gegen A, B und C widerstandsfähig ist. Das trifft umso mehr zu, da sich das Virus in der Gegenwart der Medikamente kaum vermehren kann.

### Behandlung von HIV heute

Die Kombinationstherapie mit drei Wirkstoffen ist heute weltweit die Standardbehandlung gegen HIV. Für die Patienten war diese Art der Behandlung eine wirkliche Revolution, denn sie verwandelte HIV von einer in kurzer Zeit tödlichen Krankheit in eine chronische. Eine 2008 veröffentlichte Studie (The Antiretroviral Therapy Cohort Collaboration 2008) schätzt, dass eine Person, die im Jahr 2005 im Alter von 20 Jahren eine Kombinationstherapie beginnt (und in Europa oder Nordamerika lebt), im Durchschnitt das 50. Lebensjahr erreichen wird.

## 5.1.4 Bakterien

Bakterien sind eine große Gruppe einzelliger Mikroorganismen. Die meisten Bakterien haben ein einziges kreisförmiges Chromosom, sind typischerweise wenige Mikrometer lang und können verschiedene Formen haben (Kokken, Stäbchen, Spirillen und andere). Manche Bakterienarten wachsen unter optimalen Bedingungen sehr schnell und teilen sich entsprechend häufig. Solche Bakterienpopulationen können sich in nur 10 Minuten verdoppeln. Die Mikroorganismen gibt es überall auf der Erde, zum Beispiel im Boden, in sauren, heißen Quellen, in radioaktivem Abfall, im Wasser, tief in der Erdkruste und in den Körpern lebender Pflanzen und Tiere, darunter dem des Menschen.

Geschätzte 500–1 000 Bakterienarten bevölkern den menschlichen Körper, ganz besonders die Haut und den Verdauungstrakt. Bakterielle Zellen sind wesentlich kleiner als menschliche Zellen und kommen in unserem Körper mindestens 10-mal so häufig vor. Die meisten dieser Bakterienarten sind harmlos beziehungsweise sogar sehr nützlich, einige wenige sind dagegen pathogen, d.h., sie machen uns krank. Pathogene Bakterien stellen eine **Haupttodesursache** für uns Menschen dar, denn sie verursachen Krankheiten wie Tetanus, Typhus, Diphtherie, Syphilis, Cholera, Lepra oder Tuberkulose.

### Behandlung bakterieller Infektionen

Die Medikamente, die zur Behandlung bakterieller Infektionen eingesetzt werden, heißen **Antibiotika**. Auf verschiedene Weisen stoppen sie die Vermehrung bakterieller Zellen im menschlichen Körper. Dazu greifen sie **Stoffwechselwege** an, die es nur bei Bakterien gibt, nicht bei ihrem eukaryotischen Wirt.

Theoretisch könnte man viele verschiedene Antibiotika herstellen, denn Bakterien unterscheiden sich in vielen Aspekten von Eukaryoten. Ein Beispiel sind die Betalaktam-Antibiotika, die die Synthese der bakteriellen Zellwand blockieren, einer Struktur, die aus Peptidoglykan hergestellt wird, welches bei Eukaryoten nicht vorkommt. Betalaktame binden an Enzyme,

# 5 Evolution von Medikamentenresistenzen

die für die Synthese der Zellwand verantwortlich sind, hemmen diese und beeinträchtigen so die Integrität der Zellwand, was zum Tod der Bakterienzelle führt. Betalaktame und andere Antibiotika können in vielen Fällen bakterielle Infektionen stoppen oder verlangsamen. Leider treten häufig Resistenzen auf.

## Resistenzentwicklung

Bakterien können auf drei verschiedenen Wegen Resistenzen erwerben. Zunächst kann während der Replikation ihrer DNA eine Mutation geschehen (Abb. 5.8a). Außerdem können sie DNA-Fragmente mit anderen Bakterien austauschen. Der Wechsel von ganzen Genen wird durch den Vorgang der Konjugation ermöglicht. Dabei werden Plasmide (DNA-Ringe, die vom bakteriellen Genom unabhängig sind) zwischen Bakterienzellen ausgetauscht (Abb. 5.8b). Ein Austausch ist auch über sogenannte Transposons möglich. Diese bewegen sich von einem Bakterium zum anderen und können in die chromosomale DNA eingebaut werden (Abb. 5.8c).

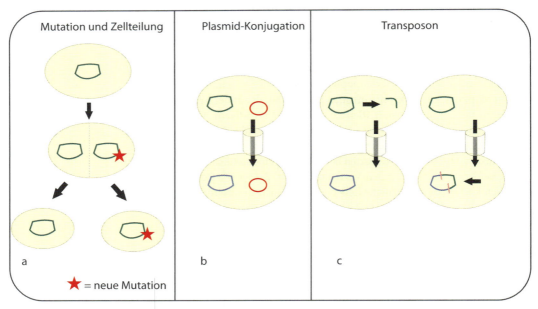

**Abb. 5.8** Resistenzentwicklung bei Bakterien, mehrere Möglichkeiten. a) Mutation bei der DNA-Replikation in der Mutterzelle. b) Austausch von Plasmiden. c) Austausch von Transposons.

Die mutierten Allele, die ein bakterieller Organismus über einen dieser Wege erhält, können über vier Mechanismen zu einer Antibiotika-Resistenz führen:

1. Die Bakterien produzieren Substanzen oder Enzyme, die den Wirkstoff direkt deaktivieren. Manche Bakterien produzieren beispielsweise Betalaktamasen, d.h. Enzyme, die den Betalaktam-Ring von Antibiotika wie Penizillin spalten.

2 Die Bindestelle für den Wirkstoff wird verändert, sodass das Medikament seine Wirksamkeit verliert. Zum Beispiel wird die Penizillin-Bindestelle verändert und der Wirkstoff kann nun nicht mehr an die Zelle binden.

3 Ein Stoffwechselweg wird verändert oder umgangen. Ein Beispiel hierfür sind Bakterien, die resistent gegenüber Sulfonamid werden, indem sie die Umsetzung von Paraaminobenzolsäure (PABA) vermeiden. Bei Bakterien ist PABA ein wichtiger Vorläufer für Folsäure und der wichtigste Angriffspunkt für Sulfonamid-Antibiotika. Sulfonamid-resistente Bakterien stellen selbst keine Folsäure her, sondern verwenden in der Umgebung vorhandene Folsäure.

4 Die Bakterien verhindern, dass der Wirkstoff in die Zelle gelangt oder er wird aus der Zelle wieder herausgepumpt. Dadurch kann der Wirkstoff keine größeren Konzentrationen in der Zelle erreichen.

## Probleme mit Antibiotika: Ungestümer Einsatz und Resistenzen

### Je mehr Antibiotika, desto mehr Resistenzen

Antibiotika werden fast überall in der Welt eingesetzt; und überall lassen sich Bakterien mit Antibiotika-Resistenzen finden. Ergebnisse von Studien zeigen: Je mehr Antibiotika in einem Land verwendet werden, desto mehr Resistenzen treten auf. In einer Studie mit 26 europäischen Staaten hatte Frankreich den höchsten Penizillin-Verbrauch und auch das höchste Vorkommen an Penizillin-Resistenzen. Die Niederlande dagegen verwendeten am wenigsten Penizillin und hatten die geringste Anzahl an Resistenzen (Abb. 5.9).

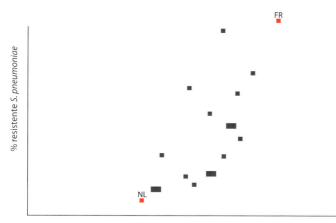

**Abb. 5.9**
Vorkommen resistenter *Streptococcus-pneumoniae*-Infektionen in Abhängigkeit vom Penizillin-Einsatz. Jeder Datenpunkt entspricht einem von insgesamt 26 europäischen Staaten. Die Staaten mit dem niedrigsten und höchsten Penizillin-Einsatz, die Niederlande und Frankreich, sind rot hervorgehoben.
(nach Goossens et al. 2005)

### Antibiotika für gesunde Schweine

Nicht nur Menschen, auch Schweine, Kühe und andere Nutztiere behandelt man mit Antibiotika. Dabei werden Antibiotika meist nicht gezielt bei erkrankten Tieren eingesetzt, sondern in geringen Dosen dem Futter aller Tiere

# 5 Evolution von Medikamentenresistenzen

beigemischt. Die Antibiotika bekämpfen Bakterien, um dem Eingreifen des Immunsystems der Tiere zuvorzukommen. Dadurch können die Tiere schneller und, aus Sicht des Landwirts, effizienter wachsen. Es ist bekannt, dass Nutztiere und deren Züchter oft Bakterien mit Antibiotika-Resistenzen tragen, und zwar vor allem dann, wenn auf einem landwirtschaftlichen Betrieb viel Antibiotikum benutzt wird (Graveland et al. 2010).

### Folgen von Antibiotika-resistenten Bakterien

In den USA sterben jährlich mehr Menschen an Infektionen mit Antibiotika-resistenten Bakterien als an AIDS (Klevens et al. 2007). Eine Reduzierung des Antibiotika-Einsatzes und die Entwicklung von neuen Antibiotika sind wichtige Maßnahmen. Leider fehlt Pharmaunternehmen oft der Anreiz, in die Erforschung neuer Antibiotika zu investieren, weil sich mit Antibiotika kaum Gewinn machen lässt, zum Teil wegen der schnellen Entwicklung von Resistenzen (Abb. 5.10).

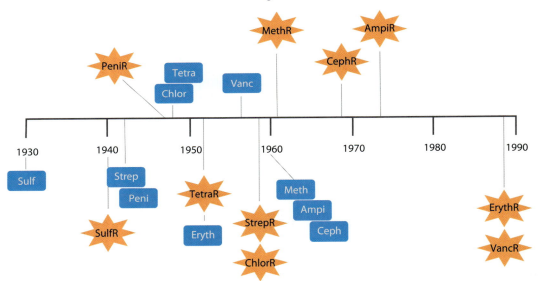

**Abb. 5.10** Chronologische Abfolge von Antibiotika und ihre Einführung (blau) bzw. Resistenzbildung (orange; R = Resistenz). Ampi = Ampizillin, Ceph = Zephalosporine, Chlor = Chloramphenikol, Eryth = Erythromyzin, Meth = Methizillin, Peni = Penizillin, Strep = Streptomyzin, Sulf = Sulfonamide, Tetra = Tetrazyklin, Vanc = Vankomyzin (nach Palumbi 2001)

### Fallstudie: Die Geschichte von *Staphylococcus aureus* und Penizillin

Der wahrscheinlich bekannteste Fall von Medikamentenresistenz ist der von *Staphylococcus aureus*. Ungefähr jede fünfte Person trägt *S. aureus* in der Nase oder auf der Haut. Das Bakterium kann eine Reihe verschiedener Krankheitsbilder hervorrufen – von harmlosen Hautinfektionen wie Pickeln bis zu lebensbedrohlichen Krankheiten wie Lungenentzündung und Hirnhautentzündung. Krankenhauspatienten infizieren sich am häufigsten mit *S. aureus*; oft verursacht das Bakterium Wundinfektionen nach einer Operation (Wikipedia 2010b).

**Erste Medikamente und Resistenzen**

Penizillin, ein Antibiotikum, das auch gegen *S. aureus* verwendet werden kann, gibt es seit 1943. Es ist ein natürliches Ausscheidungsprodukt bestimmter Pilze und Bodenbakterien. Die Moleküle von Penizillin und Penizillin-artigen Antibiotika haben eine ringförmige Struktur, wegen der sie Betalaktame genannt werden. Die ersten Penizillin-resistenten Stämme von *S. aureus* entstanden innerhalb weniger Jahre nach der Einführung dieses Antibiotikums. Widerstandsfähige Staphylokokken haben einen Überlebensvorteil, weil sie das Enzym **Betalaktamase** bilden, das die Ringstruktur des Penizillins zerstört. Durch die Ausbreitung des Plasmids mit dem Penizillinase-Gen wurde die Wirksamkeit von Penizillin gegen Krankenhaus-Staphylokokken-Infektionen innerhalb eines Jahrzehnts zunichte gemacht. In den Jahrzehnten seit der Einführung von Penizillin wurden viele weitere Antibiotika entdeckt. Unglücklicherweise reagieren die Bakterien auf die Antibiotika-Entwicklung sehr schnell mit einer Ausbildung von Resistenzen (vgl. Abb. 5.10).

*Staphylococcus-aureus*-Stämme, die gegen alle bisher verfügbaren Beta-laktam-Antibiotika widerstandsfähig sind, werden gewöhnlich **MRSA** (Methizillin-resistente *Staphylococcus aureus*) genannt. 2001 wurden 20 % aller *S.-aureus*-Infektionen in deutschen **Krankenhäusern** durch MRSA-Stämme verursacht (Wisplinghoff et al. 2005).

**Ausbreitung von MRSA**

Betrachtet man die Ausbreitung von MRSA, muss man im Kopf haben, dass Antibiotika-Resistenzen sich nur selten im einzelnen Patienten von Neuem durch Mutation entwickeln. Stattdessen wird der widerstandsfähige Stamm zwischen Patienten ausgetauscht und das Resistenzgen zwischen bakteriellen Stämmen und Arten. Dadurch sind *S.-aureus*-Stämme in der Regel schon zum Zeitpunkt der Infektion resistent. Aus dieser Tatsache folgen zwei wichtige Punkte:

- Erstens ist es ein Mythos, dass das Nichtbeenden einer Antibiotika-Therapie zur Ausbildung von Resistenzen führt. Falls ein Patient mit einem resistenten Stamm infiziert ist, macht es keinen Unterschied, ob die Therapie zu Ende gebracht wird oder nicht. (Es ist trotzdem wichtig, eine Antibiotika-Therapie zu Ende zu bringen, damit man wieder gesund wird!)
- Zweitens ist es wichtig, die Ausbreitung (im Gegensatz zur Entstehung) von Resistenzen unter Kontrolle zu bringen, vor allem an Orten wie Krankenhäusern.

**Strategien zur Vermeidung von MRSA-Infektionen**

MRSA werden hauptsächlich in Krankenhäusern und Pflegeheimen gefunden und es gibt verschiedene Strategien, die Ausbreitung von MRSA-Stämmen in solchen Einrichtungen zu verhindern. Wenn beispielsweise

Patienten, die in anderen Ländern im Krankenhaus waren, anschließend in einem niederländischen Krankenhaus behandelt werden müssen, werden sie immer von den anderen Patienten isoliert, damit es zu keiner Übertragung möglicher MRSA-Infektionen auf andere Patienten kommt. Außerdem ist es wichtig, dass sich das Krankenhauspersonal regelmäßig mit antibakterieller Seife die Hände reinigt und dass Patienten sich vor Operationen mit antiseptischen Mitteln waschen (Coia et al. 2006).

**Fallstudie: Resistenz bei Tuberkulose**

Tuberkulose (TB) ist eine Infektionskrankheit, die durch das Bakterium *Mycobacterium tuberculosis* verursacht wird. Die Behandlung ist langwierig; bleibt sie jedoch aus, kann Tuberkulose tödlich sein. Normalerweise müssen Patienten für 6–9 Monate Antibiotika einnehmen. Auch hier kommt es zur Resistenzausbildung und -verbreitung, die bei Tuberkulose gut untersucht sind.

Um die Evolution von Resistenzen zu vermeiden, wird TB immer mit einer **Kombinationstherapie** behandelt. Hierbei ist es wichtig, dass Patienten eine **angefangene Behandlung zu Ende führen**. Wird die Behandlung nämlich unterbrochen und von Neuem begonnen, ist die Wahrscheinlichkeit einer Resistenzbildung besonders hoch. Um Patienten zu helfen, den Therapieplan einzuhalten, werden sie oft jeden Tag von Pflegekräften besucht, die ihnen die Medikamente verabreichen. Hat sich dann eine Resistenz entwickelt, kann diese nun auf andere Patienten übertragen werden. In manchen Staaten, zum Beispiel in denen der ehemaligen Sowjetunion, sind mehr als 50 % der neuen TB-Fälle bereits vor Beginn der Behandlung widerstandsfähig (WHO 2008).

☞ „Schnelle Evolution" in Abschnitt 5.1.3

Eine TB-Resistenz kombiniert mehrere ungünstige Eigenschaften bisher besprochener Fälle: Die Evolution von Resistenzen im einzelnen Patienten ist relativ häufig (wie beim HI-Virus), aber die Übertragung von Resistenzen von Mensch zu Mensch kommt ebenfalls mit hoher Wahrscheinlichkeit vor (wie bei Malaria; vgl. Abb. 5.3).

## 5.1.5 Krebs

Krebs ist eine Krankheit, bei der sich Zellen öfter teilen und länger leben, als sie sollten, und dabei häufig **Tumore** bilden. Diese Tumore können in benachbarte Gewebe eindringen und sie zerstören. Darüber hinaus wandern Krebszellen teilweise über Blut, Lymphe oder das Knochenmark in andere Körperteile. Alle Typen von Krebs haben gemein, dass **abnormale Zellen unkontrolliert wachsen**.

Krebs kann in verschiedenen Körperteilen beginnen, und die unterschiedlichen Krebstypen zeigen ein mannigfaltiges Verhalten. Lungenkrebs und Brustkrebs wachsen beispielsweise unterschiedlich schnell und reagieren divers auf Therapien. Ungefähr **jede dritte Person** erkrankt während ihres Lebens mindestens einmal an Krebs. Nach Angabe der American Cancer Society starben im Jahr 2005 weltweit 7,6 Millionen Menschen an dieser Krankheit (WHO 2006).

## Beschädigte DNA

Krebszellen entstehen aufgrund von DNA-Schäden, die an sich keine Seltenheit sind. In den allermeisten Fällen kann die DNA repariert werden oder die Zelle stirbt. Manchmal wird jedoch bei einem DNA-Schaden eine zu geringe Menge derjenigen Moleküle produziert, die den **programmierten Zelltod** einleiten. Dies macht die Zelle zu einer Krebszelle, die anstatt zu sterben weiter wächst und neue Krebszellen produziert. Meist sind für eine beschädigte DNA **Umwelteinflüsse** wie Chemikalien, Viren, Tabakrauch oder Sonnenstrahlung verantwortlich, allerdings können DNA-Schäden auch vererbt werden.

## Chemotherapie

Die Chemotherapie, d. h. die Behandlung mit chemischen Substanzen, ist eine der häufigsten Krebs-Therapien. Eine traditionelle Chemotherapie greift in den Zellteilungsmechanismus ein und **tötet dadurch alle Körperzellen**, die sich gerade teilen. Sie wirkt also nicht nur auf Tumorzellen ein, sondern auch auf Zellen der Magenschleimhaut und auf Haarzellen. Durch Letzteres verlieren viele Patienten während einer Chemotherapie ihre Haare. Heutzutage schaffen es Chemotherapien zum Teil, gezielt die Tumorzellen zu attackieren und andere sich teilende Zellen zu verschonen. Bestrahlung und operative Entfernung von Tumoren sind die anderen beiden wichtigen Therapieformen bei Krebs.

### Vom Senfgas zur ersten Chemotherapie

Das erste wirksame Medikament in der Krebs-Chemotherapie war Stickstoff-Lost (engl. *nitrogen mustard*), eine Verbindung, die mit dem chemischen Kampfstoff Senfgas verwandt ist. 1942 bemerkte Louis Goodman an der Yale-Universität, dass das Blut von Soldaten, die Stickstoff-Lost ausgesetzt waren, ungewöhnlich wenige weiße Blutkörperchen enthielt. Da Leukämie-Patienten zu viele weiße Blutkörperchen bilden, dachte er, Stickstoff-Lost könnte Abhilfe schaffen. Er testete es bei einem Mann, dessen Lymphkrebs gegen Bestrahlung resistent geworden war. Der Patient reagierte gut. Die gleichen Erfolge erhielt er in weiterführenden Untersuchungen bei 67 anderen Patienten mit Lymphomen, Morbus Hodgkin oder Leukämie. Der positive Effekt hielt zwar nur wenige Wochen an, aber die Entdeckung von Stickstoff-Lost war dennoch ein Durchbruch im Kampf gegen Krebs (Goodman et al. 1946).

### Chemotherapie mit Analoga

Kurz nach dem Zweiten Weltkrieg entwickelte sich ein weiterer Ansatz der Krebs-Chemotherapie. Dabei wurden Analoga verwendet, d. h. künstlich hergestellte Moleküle, die die Stelle eines natürlichen Moleküls einnahmen und dadurch dessen Funktion blockierten (Abb. 5.11).

# 5 Evolution von Medikamentenresistenzen

**Abb. 5.11**
Schematische Darstellung der Wirkungsweise von Analoga. Ein Analog (grün) ist ein Molekül, das an der gleichen Stelle bindet wie ein natürliches Molekül (blau) und so dessen Funktion blockiert.

Sidney Farber von der Harvard Medical School untersuchte die Wirkung von **Folat-Analoga** auf Leukämie-Patienten. Folat, auch als Vitamin B9 oder Folsäure bekannt, spielt eine wichtige Rolle im DNA-Stoffwechsel. Offenbar stimulieren Folate das Wachstum von Krebszellen bei Kindern mit akuter lymphoblastischer Leukämie (ALL). Farber erwartete also, dass Folat-Analoga das Wachstum der Krebszellen stoppen würden. Als 1948 an ALL erkrankte Kinder mit Folat-Analoga behandelt wurden, gingen ihre Symptome zurück und sie hatten weniger Krebszellen im Körper. Auch wenn die Erholung nur von kurzer Dauer war, wurde das Prinzip klar: Folat-Analoga können die Vermehrung von Krebszellen unterdrücken.

### Resistenzen

Es wurde schnell deutlich, dass die Evolution von Resistenzen der Grund war, weshalb **Chemotherapien nur für kurze Zeit** wirksam waren. Wenn eine Krebszelle widerstandsfähig wird, ersetzen ihre Nachkommen alle anderen Tumorzellen – das Medikament wird dann wirkungslos und der Tumor kann weiter wachsen (Abb. 5.12). Im Jahr 1973 fand man einen Hauptfaktor für die Ausbildung von Resistenzen bei Krebszellen heraus: das **Herauspumpen des Medikaments** direkt nach seiner Aufnahme in die Zelle. Später zeigte man, dass Transmembran-Proteine für dieses Herauspumpen verantwortlich sind.

Obwohl das nicht oft zum Thema gemacht wird, scheitert eine Chemotherapie häufig aus dem gleichen Grund wie eine Antibiotika-Therapie gegen Bakterien beziehungsweise eine Antimalaria-Behandlung: der Evolution von Resistenzen. Um der Resistenzbildung bei Krebszellen entgegenzuwirken, gibt es im Wesentlichen zwei Möglichkeiten: die adjuvante Therapie und die Kombinationstherapie.

### Adjuvante Therapie

☞ „Exkurs: Das Resistenz-Lotto" in Abschnitt 5.1.3

Zusätzlich zur Chemotherapie können eine Operation und/oder Bestrahlung helfen, die Ausbreitung des Tumors zu stoppen oder zu verlangsamen. Wenn die Chemobehandlung zusammen mit Operationen oder einer Bestrahlung angewendet wird, heißt das „adjuvante Therapie". Die Idee ist, dass man die Tumorlast durch eine Operation beziehungsweise Bestrahlung verringert, bevor der Patient mit der Chemotherapie behandelt wird. Je weniger Tumorzellen es gibt, desto kleiner ist die Wahrscheinlichkeit, dass eine von ihnen eine Resistenzmutation trägt, und desto größer ist die Wahrscheinlichkeit, den gesamten Tumor durch die Chemotherapie zu beseitigen (als ob man Lotto mit 100 000 anstatt 1 000 000 Losen spielt). Die adjuvante Chemotherapie wird erfolgreich bei Knochenkrebs, Darmkrebs und Brustkrebs eingesetzt.

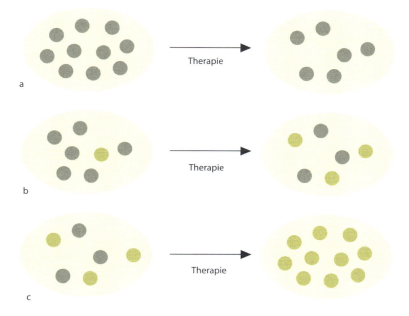

**Abb. 5.12**
Evolution von Resistenzen bei Krebszellen.
a) Am Anfang der Chemotherapie tötet der Wirkstoff normale (nicht resistente) Krebszellen (grau).
b) Eine zufällige Mutation schafft eine Zelle mit einer Resistenzmutation (grün), die nicht von dem Wirkstoff getötet wird; sie kann sich sogar vermehren.
c) Am Ende sind alle für den Wirkstoff empfänglichen Zellen abgetötet und der Tumor besteht nur noch aus resistenten Zellen.

**Kombinationstherapien**

Aufgrund der nur kurzfristigen Wirksamkeit von Chemotherapien mit einem einzigen Medikament, begannen Forscher in den 1960er-Jahren die Möglichkeiten von Kombinationstherapien bei Krebs zu untersuchen. 1965 schlugen James Holland und Kollegen vor, die Krebs-Chemotherapie sollte der Strategie der Antibiotika-Therapie gegen Tuberkulose folgen und man sollte eine Kombination von Medikamenten mit unterschiedlichen Wirkungsweisen einsetzen. Krebszellen können leicht mutieren und gegen eine einzige Substanz resistent werden. Setzt man dagegen mehrere Medikamente ein, ist es weniger wahrscheinlich, dass sich eine Resistenz gegen diese Kombination entwickelt. Die Wirksamkeit einer Kombinationstherapie beruht auf dem Lotto-Analog. Dank diesem Ansatz konnten bei Kindern mit akuter lymphoblastischer Leukämie (ALL) langfristige Verbesserungen erzielt werden. Durch eine schrittweise Verbesserung ist die Lebenserwartung von Kindern mit ALL von 5 % Überlebenswahrscheinlichkeit für mindestens 5 Jahre in den 1960er-Jahren bis heute auf 85 % angestiegen. Die aktuell erfolgreichsten Krebs-Chemotherapien basieren auf dem Prinzip des gleichzeitigen Einsatzes von mehreren Medikamenten.

## Multi-Medikamentenresistenzen

Unglücklicherweise können die Transporterproteine, die verantwortlich für Resistenzen gegen einzelne Wirkstoffe sind, auch eine Widerstandsfähigkeit gegen mehrere Medikamente gleichzeitig verursachen, indem sie eine Vielzahl von Substanzen unspezifisch aus der Zelle herauspumpen. Das bedeutet, dass sich Resistenzen auch dann relativ schnell entwickeln können, wenn mehrere Medikamente mit verschiedenen Wirkungsweisen eingenommen werden.

## Resümee zu Resistenzen bei Krebs

Bis heute ist es gelungen, einige Arten von Krebs erfolgreich mit einer Chemotherapie zu behandeln. Andere Formen verlaufen jedoch immer noch tödlich, vor allem, wenn sich der Krebs bereits im Körper ausgebreitet hat. Bei der Behandlung von Krebs in diesem fortgeschrittenen Stadium sind Medikamentenresistenzen ein Hauptproblem. Manche Krebstypen können mit einem einzigen Wirkstoff behandelt werden, aber meist funktionieren adjuvante Therapien oder Kombinationstherapien besser. Resistenzmutationen bei Krebs entwickeln sich immer von Neuem im einzelnen Patienten, eine Übertragung auf andere Patienten ist nicht möglich. Deshalb ist Krebs im Vergleich zu den hier besprochenen Erkrankungen einer HIV-Infektion am ähnlichsten.

## Fallstudie: Chronische Myeloid-Leukämie (CML) und Imatinib

Die chronische Myeloid-Leukämie (CML) ist eine Form der Leukämie, die sich durch unregelmäßiges Wachstum spezifischer Zellen im Knochenmark auszeichnet. Hier sammeln sich dann die Zellen im Blut an. CML ist ein besonderer Typ von Krebs, weil er durch eine **genetische Abnormalität**, das Philadelphia-Chromosom, verursacht wird. Dieses Chromosom entsteht durch eine gegenseitige Translokation zwischen Chromosom 9 und 22 (Abb. 5.13). Dabei wird ein neues Gen gebildet, das für das **BCR-ABL-Protein** kodiert, welches die Zelle dazu veranlasst, sich weiter zu teilen, sodass Krebs entsteht. Die Mutation, die für CML verantwortlich ist, geschieht im Knochenmark. Weil die Keimbahn nicht betroffen ist, wird CML nicht an die Nachkommen vererbt. Jedes Jahr erkranken etwa 1 600 Personen in Deutschland an CML (Hochhaus et al. 2010). In Europa sind 1–2 Menschen von 100 000 Personen betroffen.

### Behandlung

Für lange Zeit war CLM eine tödliche Krankheit. Die Hälfte der Patienten überlebte keine fünf Jahre nach der CLM-Diagnose im Frühstadium. Aber die Behandlung von CLM wurde mit der Entdeckung des Medikaments Imatinib im Jahr 1998 entscheidend verbessert. Imatinib blockiert das BCR-ABL-Protein, sodass es nur Krebszellen angreift und nicht alle sich teilenden Zellen. Die Imatinib-Therapie ist ein Beispiel für eine „gezielte Therapie", eine relativ neue Entwicklung in der Krebs-Therapie.

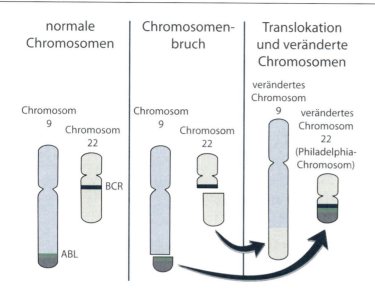

**Abb. 5.13**
Eine Translokation zwischen Chromosom 9 und Chromosom 22 führt zum Philadelphia-Chromosom. Durch diese Mutation entsteht ein Gen für das Protein BCR-ABL (BCR [dunkelgrau] = *breakpoint cluster region*; ABL [grün] = *abelson leukemia oncogen*).
(nach MayoClinic.com 2010, verändert)

Im Jahr 2002 wurde eine internationale Vergleichsstudie durchgeführt, bei der Patienten zufällig einer von zwei Gruppen zugeteilt wurden. Die eine Gruppe erhielt Imatinib, die andere eine traditionell angewandte Kombination von zwei Medikamenten (Interferon und Cytarabin). Die Studie wurde von Stephen O'Brien von der Universität Newcastle in Großbritannien geleitet. Es waren 1 106 Patienten in 16 Staaten beteiligt. Nach 18 Monaten hatten 85 % der Patienten, die Imatinib einnahmen, signifikant weniger Krebszellen als vor der Behandlung. Das konnte dagegen nur bei 22 % der Patienten, die mit der konventionellen Methode behandelt wurden, festgestellt werden. Auch in allen anderen Punkten schnitt Imatinib besser ab. 95 % der Patienten, bei denen CML im Frühstadium erkannt wird und die dann mit Imatinib behandelt werden, überleben die nächsten fünf Jahre (O'Brien et al. 2003).

### Imatinib-Resistenz

Obwohl Imatinib im Allgemeinen sehr gut wirkt, wurde Wissenschaftlern schnell klar, dass Resistenzen (genauso wie bei den meisten anderen Behandlungsmethoden) ein Problem darstellen können. Unter den Patienten, die in einem frühen CML-Stadium eine Imatinib-Therapie beginnen, entwickeln jährlich nur wenige Prozent eine Resistenz. Patienten, die sich schon in einer späteren Phase von CML befinden, werden gegen das Medikament häufiger widerstandsfähig. Gewöhnlich wird eine Resistenz durch eine Mutation in einer erkrankten Zelle verursacht, die die Fähigkeit des Wirkstoffs, BCR-ABL außer Kraft zu setzen, beeinflusst. Zellen mit einer Imatinib-Resistenz können nun wachsen, während der Patient Imatinib einnimmt.

Die aktuelle Behandlungsstrategie gegen CML ist eine **sequenzielle Gabe von Medikamenten**. CML-Patienten erhalten nach Diagnosefeststellung zunächst Imatinib. Wenn es wegen Resistenzbildung aufhört zu wirken, steigen sie auf Dasatinib, ein anderes Medikament gegen CML, um. Einige Forscher halten es jedoch für besser, CML von Anfang an mit einer Kombination aus zwei bis drei Medikamenten zu behandeln.

### 5.1.6 Fazit

In diesem Kapitel haben wir die Evolution von Medikamentenresistenzen bei vier verschiedenen Erkrankungen beschrieben: bei Malaria, einer HIV-Infektion, bei bakteriellen Infektionen und Krebs. Was die beste Strategie ist, um Resistenzen zu reduzieren oder zu vermeiden, **hängt von der jeweiligen Erkrankung ab**.

Bei HIV und Krebs entstehen Resistenzen in der Regel im einzelnen Patienten, daher muss man auch für jeden einzelnen Patienten die entsprechend beste Behandlung finden. Am erfolgversprechendsten sind Kombinationstherapien (bei HIV und Krebs) beziehungsweise eine adjuvante Therapie (bei Krebs). Tuberkulose wird durch Bakterien verursacht, aber auch hier können Resistenzen im einzelnen Patienten evolvieren. Man kontrolliert die Ausbildung einer solchen Widerstandsfähigkeit am besten durch eine gewissenhaft durchgeführte Kombinationstherapie.

Bei bakteriellen Infektionen und Malaria können Resistenzen leicht mit der Krankheit von Mensch zu Mensch übertragen werden. Die Bekämpfung von Resistenzen sollte sich deshalb darauf konzentrieren, Ausbrüche resistenter Stämme zu unterbinden. Bei MRSA wird das auf zwei Arten getan: Reduzierung eines unnötigen Antibiotika-Einsatzes und Vermeidung von Kontakt zwischen infizierten Patienten und anderen (infiziert oder nicht infiziert).

In jedem Fall ist es wichtig, dass **verschiedene Wirkstoffe** zur Verfügung stehen, sodass einzelne Patienten oder die ganze Gemeinschaft auf andere Medikamente umsteigen können, wenn eines versagt.

Wir hoffen, dieses Kapitel hat verdeutlicht, dass die Evolution von Medikamentenresistenzen ein ernst zu nehmendes Problem ist, mit dem sich Wissenschaftler verschiedener Fachrichtungen beschäftigen sollten: Evolutionsbiologen, Virologen, Epidemiologen und Onkologen. Wir haben uns auf vier Beispiele konzentriert, die sicher nicht die einzigen Erkrankungen sind, bei denen Resistenzen eine große Schwierigkeit darstellen. Zusätzlich sind Resistenzen auch bei der Schädlingsbekämpfung ein Problem, mit DDT-Resistenzen bei Insekten als bekanntestes Beispiel.

## 5.2 Unterrichtspraxis

### Info

In der Evolution der Organismen sind es vor allen die vielen kleinen graduellen Veränderungen, durch die es zu einer immer besseren Anpassung an die jeweils gegebenen Umweltbedingungen kam und immer noch kommt (**Mikroevolution** = „Evolution der kontinuierlichen Veränderungen"). Diese Prozesse spielen sich auf Populationsebene ab. Als **Makroevolution** bezeichnet man dagegen Prozesse, die zu vollkommen neuen Organisationstypen führen („Evolution der großen Sprünge") – sie finden über Artgrenzen hinaus statt und als ihre Folge haben sich neue Taxa (Gattungen, Familien, Ordnungen, Stämme) entwickelt. Die Begriffe Mikro- und Makroevolution sind allerdings, auch unter Evolutionsbiologen, umstritten.

Wie es zu solchen (makroevolutionsbiologischen) Sprüngen kommen konnte, versucht das **Konzept der phylogenetischen** Großübergänge (*major evolutionary transitions*) zu erklären. Demnach haben sich Fortpflanzungseinheiten, die sich zunächst selbstständig entwickelten, zu komplexeren Einheiten zusammengeschlossen (Beispiel: Endosymbiontentheorie). Die so entstandenen Systeme konnten dann Ausgangspunkte für völlig neue Entwicklungslinien werden.

Zu den häufigsten Fragen über Evolution zählt die Frage, inwieweit sich Evolution, also Veränderungen im zeitlichen Ablauf, tatsächlich beobachten lässt. Dies trifft besonders auf Fragen der Makroevolution zu, d.h. auf Prozesse, die oberhalb der Ebene von Arten erfolgen und unter anderem im Konzept der phylogenetischen Großübergänge beschrieben werden. Es ist daher nicht weiter verwunderlich, dass sich Makroevolution einer direkten Beobachtung entzieht. Im Unterschied hierzu lassen sich **evolutionäre Veränderungen**, die auf – zunächst geringen – Mutations- und Rekombinationsereignissen basieren (→ Mikroevolution), **experimentell belegen**. Dass diese in der Summe beziehungsweise über einen größeren Zeitraum hinweg auch zu größeren evolutionären Veränderungen führen können, ist ein wichtiges Argument für die Entstehung neuer taxonomischer Gruppen.

Unter den als **Mikroevolution** beschriebenen Phänomenen sind neben zahlreichen gut untersuchten Beispielen im Kontext der evolutionären Entwicklungsbiologie („Evo-Devo") auch die in diesem Kapitel vorgestellten Beispiele zu nennen, die zudem eine hohe Alltagsrelevanz bieten. Außerdem sind grundlegende Kenntnisse auf dem Gebiet „Medikamente gegen bestimmte Erreger" zum Teil noch mangelhaft. Immer noch geben rund die Hälfte der in repräsentativen Umfragen in Europa und den USA Befragten an, dass Antibiotika auch bei Viruserkrankungen helfen können (National Science Foundation 2010).

☞ Kapitel 6

Das Thema Medikamentenresistenzen wird in den Lehrplänen traditionell der Genetik und angewandten Biologie zugerechnet, da zum Beispiel bakterielle Antibiotika-Resistenzgene auf Plasmiden lokalisiert sind. Die Bedeutung der sich weltweit auf dem Vormarsch befindenden Resistenzen gegen Antibiotika gewinnt (auch an den Schulen) zusätzlich an Gewicht, da die Weltgesundheitsorganisation (WHO) den Weltgesundheitstag 2011 diesem Thema gewidmet hat. AIDS, Malaria und andere durch Pathogene verursachte Krankheiten werden in der Regel im Kontext von Gesundheitserziehung beziehungsweise das Thema Krebs im Zusammenhang mit Zellbiologie und Genetik thematisiert.

Eine Betrachtung der hier angesprochenen Krankheiten und Erreger erfolgt also meist vereinzelt, die Darstellung in einem eher evolutionären Kontext fehlt hingegen. Hier bieten sich jedoch zahlreiche Möglichkeiten, Aspekte von Genetik und Populationsgenetik, Evolution und Ökologie miteinander zu verbinden. Die in diesem Kapitel beschriebenen Beispiele sind zudem gute Ausgangspunkte, sich Medikamentenresistenzen auch aus einer evolutionsbiologischen Perspektive anzunähern.

### 5.2.1 Nähere Erläuterungen zu den Unterrichtsmaterialien

**Fallstudie – Malaria-Bekämpfung in Südostasien: mit medizinischem und evolutionärem Sachverstand!**

*Material 1*
*Malaria-Bekämpfung*

Fallstudien zeichnen sich durch ein Höchstmaß an Realität aus und ermöglichen es den Schülern, sich mit einem aus der Praxis abgeleiteten Fall auseinanderzusetzen. Dadurch fördert man nicht nur das eigenständige Vertiefen mit einer im Alltag relevanten Fragestellung, sondern auch den Umstand, Entscheidungen zu treffen und diese zu begründen. Dies kann zunächst in Partnerarbeit oder in Kleingruppen geschehen und später im Plenum diskutiert werden.

Ausgehend von dieser Fallstudie sind weitere Unterrichtsmethoden wie Experteninterview, Dilemma-Diskussion, Rollenspiel oder Gruppenpuzzle denkbar, zu deren Zweck das Unterrichtsmaterial nach einer geringfügigen Modifikation genutzt werden kann.

**Das „Antibiotika-Dilemma" – ein Spiel über den Wettlauf zwischen Medikamentenwirkung und bakteriellen Krankheitserregern**

*Material 2*
*Das „Antibiotika-Dilemma"*

Das sogenannte Gefangenendilemma (*prisoner's dilemma*) wird seit den 1950er-Jahren im Rahmen der Spieltheorie verwendet, um Beziehungen zwischen zwei Handelnden und ihren Handlungsalternativen zu beschreiben. Dabei stehen zwei schuldige, voneinander räumlich getrennte Untersuchungshäftlinge vor der Wahl zu schweigen, d.h. ihre Tat zu leugnen, oder ihre Tat zu gestehen. Das Gefangenendilemma hat sich in vielen Bereichen – von den Sozial- und Wirtschaftswissenschaften über die Politik bis hin zu naturwissenschaftlichen Fragestellungen – zu einem wichtigen Instrument entwickelt, um Prozesse spielerisch zu simulieren.

☞ *„Warum Kombinationstherapien die Evolution von Resistenzen verlangsamen" in Abschnitt 5.1.3*

Die Spieltheorie und ihre Anwendungen bieten im Zusammenhang mit evolutionären Prozessen eine Reihe von sinnvollen Bezügen zum Biologieunterricht. Dies wurde bereits anhand des Resistenz-Lottos näher veranschaulicht. Es kann aber auch auf die Entwicklung von Resistenzen gegen Antibiotika angewendet werden. Hier werden nicht nur die biologischen Sachverhalte, sondern auch die daraus resultierenden Maximen für das Gesundheitssystem diskutiert.

## 5.3 Unterrichtsmaterialien

### Material 1: Fallstudie – Malaria-Bekämpfung in Südostasien: mit medizinischem und evolutionärem Sachverstand!

In den 1970er-Jahren wurde im Grenzgebiet zwischen Thailand und Kambodscha ein ungewöhnlicher Fall von Medikamentenresistenzen beobachtet: Malaria-Parasiten wurden gegen eine Reihe von typischerweise zur Malaria-Prophylaxe eingesetzten Substanzen resistent. Hierzu zählten Chloroquin ebenso wie die Wirkstoffe Sulfadoxin und Pyremithamin. Dieselben Resistenzen traten etwas später in anderen Teilen Asiens sowie in Afrika auf.

**Aufgabe 1**

Tabelle 5.1 nennt eine Reihe von Faktoren, die das Auftreten von Medikamentenresistenzen erst ermöglichen. Überlegt, wie sich die Faktoren evolutionsbiologisch auswirken können. Bearbeitet die Aufgabenstellung in Partner- oder Kleingruppen.

Tipp: Wenn ihr nicht weiterkommt, lasst euch helfen, indem ihr auf das Expertenwissen in den entsprechenden Umschlägen (U1–U4) zurückgreift.

**Tab. 5.1:** Faktoren, die bei Malaria das Auftreten von Medikamentenresistenzen erst ermöglichen

| Faktor | Evolutionsbiologie |
|---|---|
| natürliche Selektion (U1) | |
| qualitativ schlechte Medikamente (U2) | |
| Einwirkstoff-Therapie (U3) | |

# 5 Evolution von Medikamentenresistenzen

**Tab. 5.1:** Faktoren, die bei Malaria das Auftreten von Medikamentenresistenzen erst ermöglichen

| Faktor | Evolutionsbiologie |
|---|---|
| Migration und Tourismus (U4) | |

Hinweis: Das folgende Material als Kopie in mit den Ziffern 1–4 beschriftete Briefumschläge stecken und an einem für die Schüler gut zugänglichen Ort platzieren.

## Umschlag 1

**Natürliche Selektion.** Resistenzen werden in der Regel durch Mutationen im Genom des Malaria-Erregers *Plasmodium* verursacht. Eine Unempfindlichkeit ist hier ein Selektionsvorteil und erlaubt es, sich in Anwesenheit eines Wirkstoffs zu vermehren. Die empfindlichen Erreger werden weiterhin abgetötet, sodass nur noch resistente Erreger vorhanden sind, die dann von Wirt zu Wirt übertragen werden können.

Die **Wirksamkeit der Malaria-Medikamente** ist auch von individuellen Eigenschaften der jeweils betroffenen Personen abhängig. Ein Beispiel sind unterschiedliche Stoffwechseleigenschaften, die die Effektivität des Medikaments beeinflussen, indem dessen Wirkung unterschiedlich lange anhält. Weitere generelle Faktoren sind Alter, Geschlecht, Ernährung sowie das Vorhandensein anderer Krankheiten beziehungsweise die Einnahme weiterer Medikamente. Bei eingeschränkter Wirkung haben Parasiten also bessere Chancen, sich im Körper ihres Wirtes zu vermehren.

## Umschlag 2

**Qualitativ schlechte Medikamente.** Nicht nur Medikamente, deren Mindesthaltbarkeit abgelaufen ist, auch Fälschungen mit keinem Wirkstoff oder nur geringen Mengen davon stellen vor allem in Entwicklungs- und Schwellenländern ein ernst zu nehmendes Problem dar. Hinzu kommt, dass 70 % der kambodschanischen Bevölkerung ihre Malaria-Medikamente nicht in offiziellen Krankenhäusern des staatlichen Gesundheitswesens beziehen, sondern sich privat in Apotheken, auf Märkten oder bei privaten „Medikamentenverkäufern" mit Arzneien versorgen, deren Qualität nicht immer ausreicht.

Kommt es zu einer eingeschränkten Medikamentenwirkung, begünstigt das wiederum die Selektion resistenter Parasitenstämme.

## Umschlag 3

**Einwirkstoff-Therapie.** Für Experten ist die jahrzehntelange Verwendung von Malaria-Medikamenten, die nur einen Wirkstoff enthielten, Hauptursache für die zahlreichen Medikamentenresistenzen! Denn die Wahrscheinlichkeit, dass ein Malaria-Erreger gegenüber nur einem Wirkstoff tolerant wird, ist viel höher als bei sogenannten Kombinationstherapien. Dies hängt unter anderem mit den unterschiedlichen Resistenzmechanismen zusammen, die durch verschiedene Gene kodiert werden. Für die Entwicklung einer Resistenz müssten hier nämlich zwei oder mehr Gene gleichzeitig mutieren, was viel unwahrscheinlicher ist. Kombinationstherapien sind daher auch dann noch erfolgreich, wenn der Erreger bereits gegen einen Wirkstoff resistent geworden ist.

In Kambodscha wurde lange Zeit Artemisinin, einer der derzeit besten Wirkstoffe gegen Malaria, im Rahmen von Einwirkstoff-Therapien eingesetzt. Dies geschah unter anderem aus Kostengründen und wegen einer besseren Verträglichkeit des Medikaments. Erst im Jahr 2009 verhängte die Regierung ein Verbot – auch um den entstehenden Artemisinin-Resistenzen entgegenzuwirken.

**Umschlag 4**

**Migration und Tourismus.** Malaria-Erreger werden durch einen mobilen Zwischenwirt (*Anopheles*-Mücke) von Wirt zu Wirt, also von Mensch zu Mensch, übertragen. Bei jeder Blutmahlzeit können so resistente Erreger von Mücken aufgenommen und weitergegeben werden. Mobile Wirte, die zum Beispiel über große Entfernungen wandern, tragen somit zur Verbreitung ihrer Erregerpopulation bei. Sind die Erreger resistent, kann dies fatale Folgen haben: Plötzlich treten an Orten Unempfindlichkeiten gegenüber einem bewährten Medikament auf, die es vorher dort nicht gab.

In Kambodscha sind es vor allem Wanderarbeiter, die meist unwissentlich innerhalb des Landes zu einer nationalen Ausbreitung beitragen.

International können Resistenzen durch Flugreisende von einem Kontinent auf den anderen gelangen! So sind Touristen beispielsweise an der Verbreitung von Malaria-Resistenzen nicht ganz unbeteiligt. Die Anzahl an weltweit reisenden Touristen hat nach Angaben der Welttourismusorganisation zwischen 1990 und 2000 von 6,7 Millionen Menschen auf 17 Millionen zugenommen. Ungefähr 30 000 Reisende aus Nichtentwicklungsländern infizieren sich jährlich mit Malaria (Stand 2006; Franco-Paredes und Santos-Preciado 2006). Vor allem Reisende in das südliche Afrika und nach Ozeanien sind aufgrund von resistenten Malaria-Erregerstämmen hiervon betroffen. Wissenschaftliche Studien belegen zudem, dass Menschen, die in diesen Regionen Freunde oder Verwandte besuchen, ein höheres Ansteckungsrisiko aufweisen. Dies liegt daran, dass sie sich offenbar als „Einheimische" und somit als weniger gefährdet erachten. Zudem handelt es sich häufig um Auswanderer, die über eingeschränkte finanzielle Möglichkeiten verfügen, entsprechende Prophylaxe-Maßnahmen zu ergreifen.

**Aufgabe 2**

Lies den kurzen Infotext über Malaria in Kambodscha und informiere dich mithilfe des Materials über die geografischen und klimatischen Verhältnisse in diesem südostasiatischen Land.

**Kambodscha und Malaria.** Malaria stellt in Kambodscha eines der größten Gesundheitsprobleme dar. Von den etwa 14 Millionen Einwohnern leben rund 2,5 Millionen Menschen in Regionen, in denen eine hohe Ansteckungsgefahr besteht. Diese ist besonders hoch in den waldreichen Gebieten des Landes. Während in waldarmen Landesteilen nur 0–3 % der Bevölkerung infiziert sind, beträgt die Malaria-Verbreitung in Dörfern, die in oder in unmittelbarer Nähe von Wäldern liegen, bis zu 40 %! Vor allem Kinder unter fünf Jahren, deren Immunsystem noch nicht ausgereift ist, erkranken hier sehr häufig und schwer. Malaria ist zudem eine Berufskrankheit von Wald- und Wanderarbeitern, die auf Suche nach Arbeit zwischen den Landesteilen hin und her wandern.

Im Jahr 2008 wiesen über 20 % der mit einer Artemisinin-basierten Kombinationstherapie behandelten Patienten im thailändisch-kambodschanischen Grenzgebiet resistente *Plasmodium-falciparum*-Erreger auf – ein gravierender Befund! Der Schutz vor Insektenstichen des Überträgers, d. h. den *Anopheles*-Mücken, ist zudem schwierig. In den besonders betroffenen Regionen halten sich die Mücken überwiegend im Freien auf und stechen dort auch zu.

## 5 Evolution von Medikamentenresistenzen

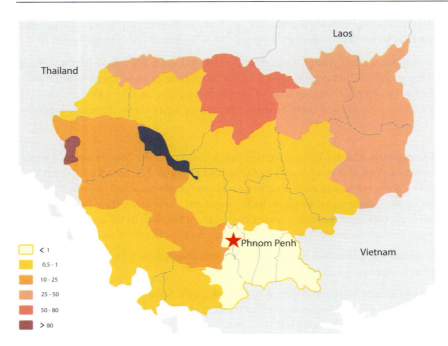

**Abb. 5.14** Malaria-Fälle in Kambodscha, Jahr 2003 pro Tausend Einwohner (nach WHO 2010b)

### Klima und Geografie Kambodschas.

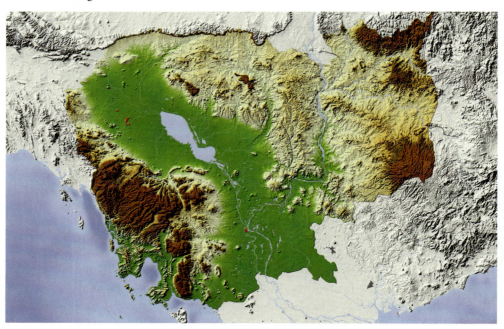

**Abb. 5.15** Reliefkarte von Kambodscha (Arid Ocean)

## 5.3 Unterrichtsmaterialien

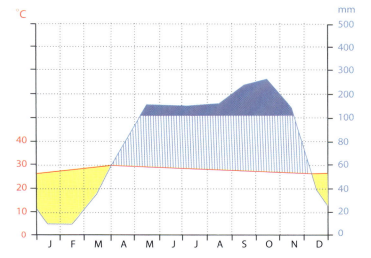

**Abb. 5.16** Klimadiagramm von Phnom Penh, der Hauptstadt Kambodschas (nach Erdpunkte.de 2010)

### Aufgabe 3

Alarmiert von dem hohen Anteil an resistenten Erregern, hat die Weltgesundheitsorganisation (WHO) Sofortmaßnahmen ergriffen.

Wenn du WHO-Berater wärst, wie würdest du die kambodschanische Regierung unter Berücksichtigung deines medizinischen und evolutionsbiologischen Wissens beraten?

Orientiere dich bei deinen Überlegungen an Tabelle 5.2. Bedenke zudem, dass unter Umständen weitere, nicht medizinische Faktoren von Bedeutung sein können, um die Malaria erfolgreich zu bekämpfen!

**Tipp:** Frische zunächst dein Wissen über das Zusammenspiel des Malaria-Erregers *Plasmodium* mit dem Zwischenwirt (*Anopheles*-Mücke) und dem Wirt Mensch auf.

**Tab. 5.2:** Empfohlene Maßnahmen zur Bekämpfung der Malaria und resistenter Malaria-Erreger in Kambodscha

| Ziel | empfohlene Maßnahmen |
|---|---|
| Eliminierung Artemisinin-resistenter Parasiten in den besonders betroffenen Gebieten beziehungsweise Durchbrechung des Infektionszyklus Mensch – Mücke – Mensch | |

siehe auch Onlinematerialien unter http://extras.springer.com

## 5 Evolution von Medikamentenresistenzen

**Tab. 5.2:** Empfohlene Maßnahmen zur Bekämpfung der Malaria und resistenter Malaria-Erreger in Kambodscha

| Ziel | empfohlene Maßnahmen |
|---|---|
| Absenkung des Selektionsdrucks für die Ausbildung von Artemisinin-Resistenzen | |
| Verhinderung von Neuinfektionen mit resistenten Erregern | |
| Verhinderung der Verbreitung resistenter Erreger in andere Landesteile | |
| bessere Aufklärung der Bevölkerung | |
| Steigerung der Effektivität des staatlichen Gesundheitswesens, zum Beispiel schnellere Information über neue Resistenzfälle | |

siehe auch Onlinematerialien unter *http://extras.springer.com*

## Material 2: Das „Antibiotika-Dilemma" – ein Spiel über den Wettlauf zwischen Medikamentenwirkung und bakteriellen Krankheitserregern

Das sogenannte Gefangenendilemma (*prisoner's dilemma*) wird im Rahmen der Spieltheorie verwendet, um Beziehungen zwischen zwei Handelnden und ihren Handlungsalternativen zu beschreiben. Dabei stehen zwei schuldige, voneinander räumlich getrennte Untersuchungshäftlinge vor der Wahl zu schweigen, d.h. ihre Tat zu leugnen, oder ihre Tat zu gestehen.

### Aufgabe 4

Der Infotext beschreibt die Ausgangssituation und nennt die möglichen Haftstrafen in Abhängigkeit des Verhaltens der Gefangenen. Übertrage diese zunächst in Tabelle 5.3.

**Infotext.**

- Ausgangssituation: Die Polizei verdächtigt zwei Gefangene (A und B), gemeinsam eine Straftat begangen zu haben. Die beiden werden hierzu in getrennten Räumen verhört und haben daher keine Möglichkeit, sich zu beraten.
- Strafmaß: Die Höchststrafe für das Verbrechen beträgt sechs Jahre Haft. Das jeweilige Strafmaß ist jedoch vom Verhalten der Gefangenen während des Polizeiverhörs wie folgt abhängig:
  - Wenn beide Gefangenen schweigen, wird jeder von ihnen wegen kleinerer Delikte zu zwei Jahren Haft verurteilt.
  - Wenn beide Gefangenen die Tat gestehen, erwartet beide eine Gefängnisstrafe in Höhe von vier Jahren, da wegen der Zusammenarbeit mit den Ermittlungsbehörden das Strafmaß abgemildert wird.
  - Gesteht nur einer, während der andere schweigt, bekommt der erste als Kronzeuge eine symbolische einjährige Bewährungsstrafe und der andere die Höchststrafe von sechs Jahren.

**Tab. 5.3:** Strafmaß für die zwei Gefangenen (A und B), je nach ihrem Verhalten

|  | B schweigt | | B gesteht | |
|---|---|---|---|---|
|  | Strafe (in Jahren) | Σ | Strafe (in Jahren) | Σ |
|  | für A | für B | für A | für B |
| **A schweigt** |  |  |  |  |
| **A gesteht** |  |  |  |  |

siehe auch Onlinematerialien unter *http://extras.springer.com*

## 5 Evolution von Medikamentenresistenzen

### Aufgabe 5

Betrachte in allen vier Fällen die Gesamtsumme der Haftstrafen.

**a** Welches Verhalten ist das günstigste?

**b** Welche Schlussfolgerungen kannst du hinsichtlich der unterschiedlichen Strategien der Gefangenen ziehen?

Tipp: Berücksichtige hierbei auch, inwieweit sich individuelles und kollektives Verhalten unterscheiden können.

### Aufgabe 6

Angenommen, die Gefangenen hätten kurz die Möglichkeit, ihr Vorgehen abzusprechen. Wie würde diese Kommunikation das Ergebnis verändern?

### Aufgabe 7

Das Gefangenendilemma der Antibiotika-Resistenzen: Auch hier gibt es zwei Möglichkeiten, für die sich die Ärzte A und B entscheiden können. Entweder sie setzen sich für, teilweise kostenintensive, Maßnahmen ein, auftretende Resistenzen zu bekämpfen. Oder aber sie ignorieren dieses Problem, indem sie Antibiotika weiterhin in hohem Maß verschreiben.

Übertrage deine bisherigen Erkenntnisse auf die in Tabelle 5.4 dargestellte Situation.

Tipp: Was geschieht in den weißen, was in den grauen Feldern aus Sicht von A und B?

**Tab. 5.4:** Das Gefangenendilemma der Antibiotika-Resistenzen

|  | **B bekämpft Resistenzen** | **B ignoriert Resistenzen** |
|---|---|---|
| **A bekämpft Resistenzen** |  |  |
| **A ignoriert Resistenzen** |  |  |

### Aufgabe 8

Wie bewertest du den Einfluss von Kommunikation auf das jeweilige „Strafmaß", d.h. die Verhinderung weiterer Antibiotika-Resistenzen?

## 5.4 Literatur

- O'Brien SG, Guilhot F, Larson RA, Gathmann I, Baccarani M, Cervantes F, Cornelissen JJ, Fischer T, Hochhaus A, Hughes T, Lechner K, Nielsen JL, Rousselot P, Reiffers J, Saglio G, Shepherd J, Simonsson B, Gratwohl A, Goldman JM, Kantarjian H, Taylor K, Verhoef G, Bolton AE, Capdeville R, Druker BJ (2003) Imatinib compared with interferon and low-dose cytarabine for newly diagnosed chronic-phase chronic myeloid leukemia. N Engl J Med 348: 994–1004
- Coia JE, Duckworth GJ, Edwards DI, Farrington M, Fry C, Humphreys H, Mallaghan C, Tucker DR (2006) Guidelines for the control and prevention of meticillin-resistant *Staphylococcus aureus* (MRSA) in healthcare facilities. J Hosp Infec 63: S1–S44
- Erdpunkte.de (2010) Klima Kambodscha. URL *http://www.erdpunkte.de/klima-kambodscha.html* [16.12.2010]
- Franco-Paredes C, Santos-Preciado J (2006) Problem pathogens: prevention of malaria in travelers. Lancet Infect Dis 6: 139–149
- Goodman LS, Wintrobe MM, Dameshek W, Goodman MJ, Gilman A, McLennan MT (1946) Nitrogen mustard therapy: use of methyl-bis(beta-chloroethyl) amine hydrochloride and tris(beta-chlorethyl) amine hydrochloride for Hodgkin's disease, lymphosarcoma, leukemia, and certain allied and miscellaneous disorders. JAMA 132:126–132
- Goossens H, Ferech M, Vander Stichele R, Elseviers M, ESAC Project Group (2005) Outpatient antibiotic use in Europe and association with resistance: a cross-national database study. Lancet 365: 579–587
- Graveland H, Wagenaar JA, Heesterbeek H, Mevius D, van Duijkeren E, Heederik D (2010) Methicillin resistant *Staphylococcus aureus* ST398 in veal calf farming: human MRSA carriage related with animal antimicrobial usage and farm hygiene. PLoS ONE 5(6): e10990. URL *http://www.plosone.org/article/info%3Adoi%2F10.1371%2Fjournal.pone.0010990* [08.11.2010]
- Hochhaus A, Hehlmann R, Berger U (2003) Chronische myeloische Leukämie: Biologie – Klinik – Diagnostik –Therapie. URL *http://www.onkodin.de/e2/e13145/e13166/index_ger.html* [08.11.2010]
- Klevens RM, Morrison MA, Nadle J, Petit S, Gershman K, Ray S, Harrison LH, Lynfield R, Dumyati G, Townes JM, Craig AS, Zell ER, Fosheim GE, McDougal LK, Carey RB, Fridkin SK (2007) Invasive methicillin-resistant *Staphylococcus aureus* infections in the United States. JAMA 298: 1763–1771
- Kozal MJ, Kroodsma K, Winters MA, Shafer RW, Efron B, Katzenstein DA, Merigan TC (1994) Didanosine resistance in HIV-infected patients switched from zidovudine to didanosine monotherapy. Ann Intern Med 121: 263–268
- Larder BA, Kemp SD (1989) Multiple mutations in HIV-1 reverse-transcriptase confer high-level resistance to zidovudine (AZT). Science 246: 1155–1158
- MayoClinic.com (2010) Chronic myelogenous leukemia. URL *http://www.mayoclinic.com/health/medical/IM03579* [08.10.2010]
- Musset L, Le Bras J, Clain J (2007) Parallel evolution of adaptive mutations in *Plasmodium falciparum* mitochondrial DNA during atovaquone-proguanil treatment. Mol Biol Evol 24: 1582–1585
- National Science Foundation (NSF) (2010) Science and engineering indicators 2010. URL *http://www.nsf.gov/statistics/seind10/start.htm* [16.12.2010]
- Palumbi SR (2001) Humans as the world's greatest evolutionary force. Science 293: 1786–1790
- Read AF, Huijben S (2009) Evolutionary biology and the avoidance of antimicrobial resistance. Evol Appl 2: 40–51

- Reiss P, Lange JMA, Boucher CA, Danner SA, Goudsmit J (1988) Resumption of HIV antigen production during continuous zidovudine treatment. Lancet 1: 420–421
- Roper C, Pearce R, Nair S, Sharp B, Nosten F, Anderson T (2004) Intercontinental spread of pyrimethamine-resistant malaria. Science 305: 1124
- The Antiretroviral Therapy Cohort Collaboration (2008) Life expectancy of individuals on combination antiretroviral therapy in high-income countries: a collaborative analysis of 14 cohort studies. Lancet 372: 293–299
- World Health Organization (WHO) (2006) World cancer day: global action to avert 8 million cancer-related deaths by 2015.
URL *http://www.who.int/mediacentre/news/releases/2006/pr06/en/index.html* [08.11.2010]
- World Health Organiszation (WHO) (2008) Anti-tuberculosis drug resistance in the world, Report No. 4.
URL *http://whqlibdoc.who.int/hq/2008/WHO_HTM_TB_2008.394_eng.pdf* [08.11.2010]
- World Health Organization (WHO) (2010a) Strategy paper on management of antimalarial drug resistance for the roll back malaria (RBM) Board, 17th Meeting, 2–4 December 2009, Global Malaria Programme. URL *http://www.rollbackmalaria.org/partnership/wg/wg_management/docs/ RBMStrategy_AntimalarialDrugResistance.pdf* [05.11.2010]
- World Health Organization (WHO) (2010b) Malaria epidemiology, Cambodia.
URL *http://www.wpro.who.int/sites/mvp/epidemiology/malaria/cam_maps.htm* [16.12.2010]
- World Health Organization (WHO) (2010c) Progress on the containment of Artemisinin tolerant malaria parasites in South-East Asia (ARCE) Initiative.
URL *http://www.who.int/malaria/diagnosis_treatment/resistance/Malaria_brief_containment_project_ apr10_11_en.pdf* [22.12.2010]
- Wikipedia (2010a) Humanes Immundefizienz-Virus.
URL *http://de.wikipedia.org/wiki/Humanes_Immundefizienz-Virus* [06.10.2010]
- Wikipedia (2010b) *Staphyloccocus aureus.*
URL *http://de.wikipedia.org/wiki/Staphylococcus_aureus* [08.11.2010]
- Wisplinghoff H, Ewertz B, Wisplinghoff S, Stefanik D, Plum G, Perdreau-Remington F, Seifert H (2005) Molecular evolution of methicillin-resistant *Staphylococcus aureus* in the metropolitan area of Cologne, Germany, from 1984 to 1998. J Clin Microbiol 43: 5445–5451

# 6 Evolutionäre Entwicklungsbiologie (Evo-Devo)

Uwe Hoßfeld,
Lennart Olsson und
Georgy S. Levit

## 6.1 Fachinformationen

### 6.1.1 Einleitung

Wir leben in einem „Zeitalter der Extreme" (Hobsbawn 1998) und stürmischer wissenschaftlicher Entwicklungen; das gilt insbesondere für einige Bereiche der Biologie und Medizin. Trotz aller Erfolge und Neuerungen kommen wir nicht umhin, von Zeit zu Zeit zurückzublicken und unseren Standort zu bestimmen – gerade auch in Fachdisziplinen wie der sich rathesant entwickelnden Entwicklungsbiologie –, um uns die Ursprünge bewusst zu machen und aus der Geschichte neue Impulse für kommende Aufgaben zu gewinnen.

Seit etwa 25 Jahren ist nun eine neue Fachdisziplin mit der Bezeichnung „Evo-Devo" (*evolution and development*) in den Fokus der Biowissenschaften gerückt. Sie hat es sich zur Aufgabe gemacht, die Bereiche von Entwicklungsbiologie und Evolutionsbiologie (analog einer früheren evolutionären Morphologie oder Embryologie im Zeitalter von Aleksander und Vladimir Kowalevsky oder Ernst Haeckel) zu verbinden (Olsson et al. 2009, Raff 1996, Raff und Kaufmann 1983).

Evo-Devo hat aktuell sowohl in der Öffentlichkeit als auch beim Fachpublikum eine gewisse **Präsenz** errungen, wie nur einige wenige Beispiele belegen sollen. So titelte beispielsweise die FAZ am 13. Dezember 2008 „*Evo Devo-Forschung. Danken wir den Fischen mit fünf Fingern*" (Axel Meyer) und auch DIE ZEIT berichtete in Ihrer Onlineausgabe etwas zum Thema (12. Februar 2009; „*Darwin-Jahr: Stellenwert der Evolutionstheorie in der Schule erhöhen! Koexistenz & Dialog von Glauben & Wissenschaft*", Werner Hahn). In der Zeitschrift Praxis der Naturwissenschaften erschien 2008 ein Sonderheft (Hoßfeld und Olsson 2008) und 2009 brachte Neukamm im Laborjournal einen Evo-Devo-Übersichtsartikel. Im Jahre 2008 wurde zudem eine deutsche Fassung von Sean Carrolls Buch „Evo Devo" publiziert – der Autor versucht hier, die Geschichte von der winzigen Zelle bis zum ausgewachsenen Lebewesen nachzuerzählen, ebenso den Weg vom Ursprung der Tiere bis zu ihrer heutigen Vielfalt. Ein Blick in die (bei Carroll zu knapp geratene) Biologiegeschichte zeigt, dass in der Entwicklungsbiologie die wesentlichen Fragestellungen vergangener Tage bis heute weitgehend gleich geblieben sind, obwohl das Fach (Embryologie) eine lange, bewegte Entwicklung nahm (Olsson und Hoßfeld 2007). Die **Kernfragen der Entwicklungsbiologie** haben sich im Laufe der Zeit kaum geändert, nur die Antworten wurden immer präziser. Einige wesentliche Fragestellungen sind die nach:

- Differenzierung: Wie entstehen aus einer Eizelle die verschiedenen Zelltypen im adulten Organismus?
- Morphogenese: Wie entstehen aus den verschiedenen Zelltypen organisierte Gewebe und Organe?
- Wachstumskontrolle: Woher „wissen" Zellen, wann und wie oft sie sich teilen müssen, damit Organe definierter Größe entstehen?
- Reproduktion: Wie entstehen Keimzellen, um die genetische Information zur Bildung eines Organismus von Generation zu Generation weiterzugeben?
- Evolution und Entwicklung: Wie führen Änderungen während der Entwicklung eines Organismus zur Entstehung und Bewahrung neuer Körperformen?

Probleme der aktuellen entwicklungsbiologischen Forschung sorgten und sorgen immer wieder – und nicht nur in den Medien – für Diskussionen, wie die Klonierung von Säugetieren (z. B. bei dem Schaf „Dolly") oder die Stammzellenforschung bis hin zum Fälschungsskandal um den Südkoreaner Hwang Woo-Suk zum Jahreswechsel 2005/06 (vgl. Triendl und Gottweis 2006). Es handelt sich hierbei um Beispiele, die auch in den PISA-Fragen für das Fach Biologie teilweise (Dolly) Berücksichtigung fanden.

### 6.1.2 (Evolutionäre) Entwicklungsbiologie im Unterricht

Betrachtet man nun die derzeitigen Schulbücher, Lehrpläne, Unterrichtsmaterialien, Hochschullehrbücher oder die bundesweiten Programme von Lehrerfortbildungen, fällt auf, dass diesem aktuellen Entwicklungstrend in den letzten 20 Jahren kaum Rechnung getragen wurde. Neben der Evo-Devo-Erkenntnislücke trifft dies beispielsweise auch für neuere Sichtweisen der Wal- und Buntbarsch-Evolution zu, wobei als stellvertretendes Beispiel der veraltete Thüringer Biologie-Lehrplan für Gymnasien und Regelschulen des Jahres 1999 als Beleg angeführt werden kann.

Im Folgenden werden deshalb als erste Orientierung für den Biologieunterricht der Sekundarstufen I und II ausgewählte Themen aus der Geschichte und Theorie der Entwicklungsbiologie vorgestellt. Zunächst gehen wir, in der gebotenen Kürze, der historischen Langzeitfrage nach, ob der Keim präformiert ist oder aber wachstumssteuernde Interaktionen über die Ausbildung des Organismus entscheiden. Danach untersuchen wir kurz den Einfluss evolutionsbiologischer Konzepte auf die Embryologie.

Dabei werden exemplarisch Ernst Haeckel und seine entwicklungsbiologischen Arbeiten – der neben Johann Gregor Mendel, Charles Darwin und Jean Baptiste de Lamarck seit Jahrzehnten immer wieder als zentrale Persönlichkeit der Biologiegeschichte thematisiert wird – näher betrachtet. Abschließend versuchen wir eine Synthese von Evolutions- und Entwicklungsbiologie herzustellen, die bis in die Gegenwart reicht („Evo-Devo"). Einige Bemerkungen zu kleinen Evo-Devo-Versuchen im Biologieunterricht sind ebenso integriert.

## 6.1.3 Von der Präformation und Epigenese zur Embryologie

Schon Aristoteles (384–321 v. Chr.) hatte die Entwicklung des Embryos im Vogelei beobachtet und die präformistischen Ansichten der hippokratischen Schule kritisch hinterfragt. Er unterschied dabei klar zwischen zwei Möglichkeiten: Die Organe entstehen entweder aus präexistierenden Teilen oder sie werden während der Entwicklung im Ei neu gebildet, die Embryonen durchlaufen demzufolge eine Epigenese. Diese Dichotomie hat die Geschichte der Entwicklungsbiologie geprägt; theoretische Überlegungen über den Verlauf der Embryonalentwicklung hatten folglich über Jahrhunderte entweder präformistischen oder epigenetischen Charakter (Needham 1959, Oppenheimer 1967). Die fantasievolle Deutung menschlicher Spermien als präformierte „Menschlein" (Abb. 6.1) durch Mikroskopiker wie Jan Ham (1650–1723) und Nicolas Hartsoeker (1656–1725) gaben der Kontroverse neue Nahrung (zu den frühen Quellen 1677/78 und den Prioritätsstreitigkeiten um die Entdeckung der Spermatozoen siehe Jahn 1998).

Noch zu Beginn des 18. Jahrhunderts bildete die Frage nach der Gültigkeit der Präformationstheorie ein zentrales Problem der Embryologie. Dabei ging es um den Sitz des vorgebildeten Keimes und die Ovulisten wie Francesco Redi (1626–1697), Marcello Malpighi (1628–1694), Jan Swammerdam (1637–1680) oder Reignier de Graaf (1641–1673), die den Keim im Ei ansiedelten, stritten mit den Animalkulisten wie Antoni van Leeuwenhoek (1632–1723), Nicolas Malebranche (1638–1715), Gottfried Wilhelm Leibniz (1646–1716), Jan Ham oder Nicolas Hartsoeker, die die neu entdeckten Spermatozoen favorisierten (Jahn 1998). Die von ihnen zurückgedrängten Epigenetiker, die zuletzt in William Harvey (1578–1657) einen prominenten Fürsprecher gefunden hatten (Harvey 1651), erhielten dann aber mit vertieften Studien zur Organregeneration und Keimesentwicklung durch Abraham Trembley (1710–1784), Pierre Louis Moreau de Maupertuis (1698–1759), John Turberville Needham (1713–1781) oder Georges Buffon (1707–1788) neue Argumente, die Caspar Friedrich Wolff (1734–1794) schließlich aufgrund tatsächlicher Beobachtungen in einer überzeugenden **„Theoria generationis"** (1759) vereinte. Wolffs Ansicht von einer epigenetischen Entwicklung der Lebewesen fand zahlreiche Befürworter, sie erweckte gleichwohl die Urzeugungsideen der Antike zu neuem Leben (Jahn 1998).

> **Info**
>
> Nach der **Präformationslehre** ist der gesamte Organismus im Spermium beziehungsweise im Ei vorgebildet und muss sich dann nur noch entfalten und wachsen. Nach Meinung von Vertretern der **Epigenese** bilden sich dagegen bei der Entwicklung eines Lebewesens neue Strukturen heraus, die nicht bereits im Ei oder Samen vorgebildet waren.

**Abb. 6.1**
Homunculus
(Zeichnung von Hartsoeker 1694, Bildarchiv des Ernst-Haeckel Hauses 2011)

### Beginn einer entwicklungsgeschichtlichen Forschung

Der Zoologe und vergleichende Anatom Oscar Hertwig (1849–1922) unterschied in seiner Einleitung zum ersten Band des „Handbuchs der vergleichenden und experimentellen Entwickelungsgeschichte der Wirbeltiere" (1901) für die Geschichte der Entwicklungslehre im 19. Jahrhundert zwei zentrale Forschungsrichtungen:

- (1) die morphologische, die etwa bis zur Begründung der Zellentheorie (1838/39) reichte, sowie
- (2) die physiologische Richtung, die dann bis ins 20. Jahrhundert führte.

Die ältere Richtung der Entwicklungslehre, die **morphologische**, verdankte ihren raschen Aufschwung zu Beginn des 19. Jahrhunderts vor allem der vergleichenden Methode. Anatomen und Zoologen hatten erkannt, dass man sich nicht ausschließlich auf die Beschreibung einzelner Naturobjekte beschränken durfte, sondern vielmehr aus dem **Vergleich der Lebewesen und ihrer Organe** auf allgemeine Gesetze der Formbildung schließen konnte (Hertwig 1901). In der Folge verglich man beispielsweise sich entwickelnde Embryonen verschiedener Tiere und ihre Organe sowohl untereinander als auch zwischen vollentwickelten niederen und höheren Tierformen, wobei die Beobachtungen oft untrennbar mit philosophischen Positionen verbunden waren. So wurde in Anlehnung an naturphilosophische Entwicklungsgedanken, wie sie unter anderem Lorenz Oken (1779–1851) vertrat, auch in der morphologischen Forschung das Deszendenzdenken gefördert: *„Entwickelungsgeschichte und vergleichende Anatomie haben fortan ihren Bund geschlossen, welcher für den Fortschritt der Wissenschaft so überaus förderlich geworden ist".* (Hertwig 1901, S. 37) Welch reges Interesse dabei die Embryologie besonders in Deutschland fand, ist an den bedeutsamen Untersuchungen von Forschern wie Johann Friedrich Meckel (1781–1833), Carl Ernst von Baer (1792–1876) oder Heinrich Rathke (1793–1860) zu ersehen.

An die morphologische schloss sich die **physiologische Periode** an, die vor allem durch zwei Ereignisse beeinflusst war:

- die Begründung der Zellentheorie (1838/39) durch Matthias Jacob Schleiden (1804–1881) und Theodor Schwann (1810–1882) und
- die „Entstehung der Arten" (1859) von Charles Darwin (1809–1882)

Mit diesen beiden Voraussetzungen beziehungsweise Grundlagen (Zellenlehre, Begründung der darwinschen Abstammungslehre) konnten Aufgaben und Ziele einer entwicklungsgeschichtlichen Forschung klarer und exakter formuliert werden, zumal sich nun ein weit ausgedehnteres, neues Arbeitsfeld bot, das vergleichend-anatomische und embryologische Erkenntnisse (auch mithilfe neuer mikroskopischer Techniken und Hilfsmittel) zusammenführte.

Die Zellentheorie förderte insbesondere „Untersuchungen über die Entwickelung der Wirbelthiere" (1855), wie sie Robert Remak (1815–1865) durchführte, wobei der Anteil der Keimblätter an der Organbildung, die

Entstehung verschiedener Gewebe und anderes diskutiert wurden. Der Einfluss Darwins war im Vergleich dazu noch gravierender: „*Mit dem Darwinismus hat die Spekulation auf dem Gebiete der Entwickelungsgeschichte wieder neue Impulse erhalten, [allerdings] weniger durch Darwin selbst als durch Haeckel.*" (Hertwig 1901, S. 52) Darwin habe in seinem gesamten wissenschaftlichen Werk nie einen **direkten Zugang** durch entwicklungsgeschichtliche Forschungen angestrebt, während Haeckel viele solcher Untersuchungen vornahm und international bekannt machte.

## 6.1.4 Haeckels Ideen über Phylogenie und Ontogenie

Zum Beweis dessen, dass die darwinsche Lehre auch hinsichtlich der Embryologie nicht nur hypothetischen beziehungsweise spekulativen Charakter hatte, fand die Frage nach dem Zusammenhang zwischen Phylogenese und Ontogenese schon früh besondere Beachtung (Gould 1977, Haider 1953, Schmalhausen 2010). Es ist das Verdienst Ernst Haeckels (1834–1919; Abb. 6.2), die **vergleichende Anatomie und Entwicklungsgeschichte** zu stichhaltigen „Zeugnissen" für die **Richtigkeit der Deszendenztheorie** gemacht zu haben (Hoßfeld 2010).

> **Info**
>
> Unter **Ontogenese** versteht man die Individualentwicklung eines Organismus von der befruchteten Eizelle bis zu seinem Tod. Für Vergleiche teilt man die Ontogenese oft in verschiedene Stadien (z. B. frühes Embryonalstadium) ein. **Phylogenese** bezeichnet die stammesgeschichtliche Entwicklung der Lebewesen, sowohl in ihrer Gesamtheit als auch bei bestimmten Gruppen.

**Abb. 6.2** Ernst Haeckel (Bildarchiv des Ernst-Haeckel-Hauses 2011)

### Das Biogenetische Grundgesetz

Wie schon Meckel in seinem „Entwurf einer Darstellung der zwischen dem Embryonalzustande der höhern Thiere und dem permanenten der niedern statt findenden Parallele" (1812), legte auch Haeckel das größte (theoretische) Gewicht auf diese „Parallele". Diese zeigte sich beim Studium der vergleichenden Anatomie und Systematik zwischen der **Stufenfolge embryonaler Entwicklungsformen** und der **Reihe niederer und höherer Tierformen**. Zu beiden fügte er noch eine dritte Parallele hinzu, die man aus der paläontologischen Forschung ziehen konnte. Im **dreifachen Parallelismus** der phyletischen (paläontologischen), biontischen (individuellen) und systematischen Entwicklung sah er eine der wichtigsten und merkwürdigsten allgemeinen Erscheinungen der organischen Natur. Die Erklärung dieser dreifachen genealogischen Parallele bezeichnete er als das „Grundgesetz der organischen Entwickelung" oder kurz das „Biogenetische Grundgesetz"(Haeckel 1866). Über das **wechselseitige Kausalverhältnis** liest man in seinem zweibändigen Hauptwerk „Generelle Morphologie der Organismen" an anderer Stelle: „*41. Die Ontogenesis ist die kurze und schnelle Recapitulation der Phylogenesis, bedingt durch die physiologischen Functionen der Vererbung (Fortpflanzung) und Anpassung (Ernährung). 42. Das organische Individuum […] wiederholt während des raschen und kurzen Laufes seiner individuellen Entwickelung die wichtigsten von denjenigen Formveränderungen, welche seine Voreltern während des langsamen und langen Laufes ihrer paläontologischen Entwickelung nach den Gesetzen der Vererbung und Anpassung durchlaufen haben.*" (Haeckel 1866, 2, S. 300; siehe auch Abb. 6.3)

Haeckel wies an dieser Stelle aber auch auf die Schwierigkeiten bei der Beschäftigung mit der Thematik hin. Die „*vollständige und getreue Wiederholung [werde] verwischt und abgekürzt, [da die …] Ontogenese einen immer geraderen Weg einschlägt*". Die Wiederholung werde außerdem „*gefälscht und abgeändert durch secundäre Anpassung*" und sei daher „*um so getreuer, je gleichartiger die Existenzbedingungen sind, unter denen sich das Bion und seine Vorfahren entwickelt haben.*" (Haeckel 1866, 2, S. 300) Diese Möglichkeiten umschrieb er später mit den Begriffen **Cenogenie** (Fälschungsgeschichte, sekundäre Anpassung) und **Palingenie** (Auszugsgeschichte, tatsächliche Rekapitulation; Haeckel 1875). Vererbung und Anpassung werden also als die treibenden Faktoren des Entwicklungsprozesses bezeichnet. Auch in seiner „Natürlichen Schöpfungsgeschichte" (1868) stellte Haeckel dieses Verhältnis (Causal-Nexus der biotischen und phyletischen Entwicklung) als bedeutsamsten und unwiderlegbaren Beweis der Deszendenztheorie dar.

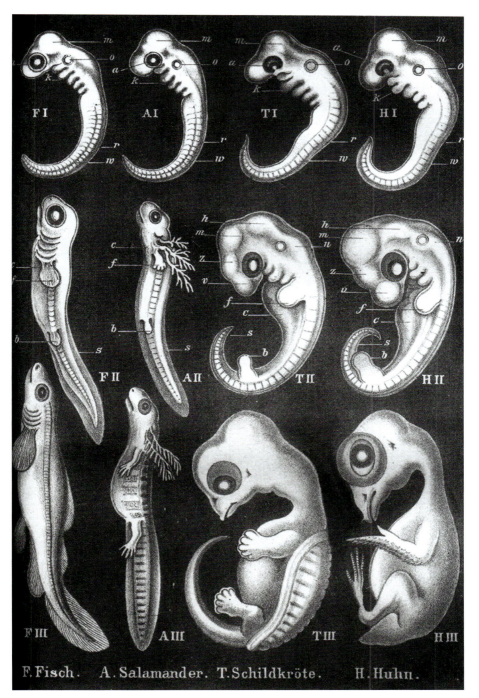

**Abb. 6.3** Vergleichende Embryonalentwicklung verschiedener Tierarten nach Haeckel. Hier zeigt sich seiner Meinung nach die stammesgeschichtliche Entwicklung der Arten. Die großen Ähnlichkeiten lassen weiterhin den Schluss einer gemeinsamen Abstammung der Wirbeltiere zu. (Bildarchiv des Ernst-Haeckel-Hauses 2011)

# 6 Evolutionäre Entwicklungsbiologie (Evo-Devo)

## Die Gastraea-Theorie

Die umfassendste Anwendung des Biogenetischen Grundgesetzes nahm Haeckel in seiner „Gastraea-Theorie" vor. Bei der *Gastraea* handelt es sich um die hypothetische **Urform** aller vielzelligen Tiere (Metazoa). Sie lasse sich laut Haeckel nicht paläontologisch, sondern nur in der Embryonalentwicklung vieler Tiere, und zwar im Gastrula-Stadium (Abb. 6.4), nachweisen: „*Aus dieser Identität der Gastrula bei Repräsentanten der verschiedensten Thierstämme, von den Spongien bis zu den Vertebraten, schliesse ich nach dem biogenetischen Grundgesetze auf eine gemeinsame Descendenz der animalen Phylen von einer einzigen unbekannten Stammform, welche im Wesentlichen der Gastrula gleichgebildet war: Gastraea.*" (Haeckel 1872, 1, S. 467)

> **Info**
>
> Die **Gastrulation** ist eine Phase in der frühen Embryonalentwicklung vielzelliger Tiere. Dabei stülpt sich der „Blasenkeim" (Blastula) ein und es entstehen die Keimblätter. Bei der Gastrulation kommt es also zu einer ersten Differenzierung des Embryos in verschiedene Zellschichten, aus denen sich anschließend unterschiedliche Strukturen, Gewebe und Organe entwickeln.

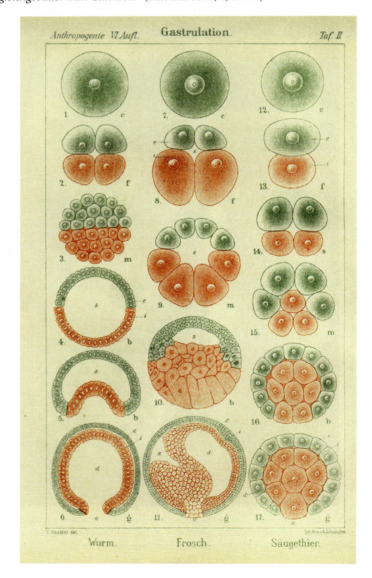

**Abb. 6.4**
Nach Haeckel: Nachweis des monophyletischen Ursprungs aller vielzelligen Tiere (Metazoa) aufgrund der ähnlichen Gastrula-Stadien. (Bildarchiv des Ernst-Haeckel-Hauses 2011)

Haeckel hoffte, mit dieser Theorie den monophyletischen Ursprung aller vielzelligen Tiere nachweisen zu können. Falls die Keimblätter tatsächlich bei allen Metazoen homolog sind (Abb. 6.5), wie Haeckel postulierte, dann hätte er den frühesten und wichtigsten embryologischen Vorgang, die Entstehung der Keimblätter, evolutionistisch erklärt (Haeckel 1874, Haeckel 1875). Selbst wenn Haeckels weitgehende Verallgemeinerungen nicht gemeinhin anerkannt wurden, galt die Embryologie doch bald als unverzichtbares Werkzeug, um ansonsten unsichere Homologien zu erkennen. Mit dem Biogenetischen Grundgesetz schuf Haeckel ein Konstrukt, das noch heute in der wissenschaftlichen Literatur zu finden ist (Gould 1977, Sander 2002, Sander 2004).

**Abb. 6.5**
Verschiedene Tierarten und ihre „homologen" Keimblätter nach Haeckel. Gleiche Bezeichnungen und Farben sollen ähnliche/gleiche Strukturen symbolisieren.
Längsschnitte durch: Gastrula (9), hypothetischen Urwurm (Prothelmis; 10), niederen Coelomaten-Wurm (11), hypothetischen Chorda-Wurm (Chordonium; 12), Urfisch (*Proselachius*; 13), menschliches Embryo von drei Wochen (14), menschliches Embryo von fünf Wochen (15), erwachsene menschliche Frau (16) (Bildarchiv des Ernst-Haeckel-Hauses 2011)

### Die Geschichte des „Grundgesetzes" – Befürworter und Kritiker

Die eigentliche Benennung und exakte Formulierung des „Grundgesetzes" nahm Haeckel vor; letztlich ist das Rekapitulationsproblem aber so alt wie die Evolutionsvorstellungen selbst (Funkenstein 1965, Goll 1972). Auch die von Haeckel herausgestellten Parallelen waren schon **vorher zahlreichen Forschern aufgefallen** (Haider 1953, Kohlbrugge 1911, Müller 1998, Peters 1980). Einen der frühesten Hinweise gab 1793 Carl Friedrich Kielmeyer (1765–1844; vgl. Kanz 1993). Unter den vordarwinistischen Erklärungsversuchen galt die Rekapitulation der Stammes- in der Individualgeschichte vornehmlich als Beleg für eine Stufenleiter der Lebewesen (*scala naturae*). Die einheitliche Ordnung der Welt entsprang danach einer stufenweisen Höherentwicklung, und Beobachtungen der Embryonalentwicklung sollten diese Sicht stützen.

Dagegen zweifelte **Carl Ernst von Baer** eine Parallele von Tierreihen und Embryonalstufen an (1828, 1837): *„Sein Gesetz basiert auf der Idee des Parallelismus und nicht auf der Vorstellung einer Rekapitulation von Ahnenzuständen in der Individualentwicklung."* (Uschmann 1953, S. 133) **Charles Darwin** selbst wies in Anlehnung an Baer bereits auf die Übereinstimmungen in der Bildung von Embryonen hin, die eine gemeinsame Abstammung offenbarten: *„Wenn wir uns auf die Embryologie verlassen können, die stets der sicherste Führer bei der Klassifikation war, so scheinen wir wenigstens eine Spur des Ursprungs der Wirbeltiere entdeckt zu haben. Damit wäre auch die Ansicht gerechtfertigt, daß in einer besonders fernen Erdepisode eine Gruppe von Tieren existierte, die in manchen Beziehungen den Larven unserer heutigen Aszidien glichen und in zwei großen Zweigen divergierten; einer davon ging in der Entwicklung zurück und brachte die jetzige Klasse der Aszidien hervor, und der andere erhob sich bis zur Krone des Tierreichs, indem er die Wirbeltiere entstehen ließ."* (Darwin 1871, 1, S. 205f.; in dt. Übersetzung von 1949, S. 167f.) Darwin maß diesen Zusammenhängen einen großen Wert für die Klassifikation bei.

Große Bedeutung für die Diskussion des Biogenetischen Grundgesetzes erlangte das Buch „Für Darwin" (1864) von **Fritz Müller** (1822–1897). Aufgrund von Studien an Krebstieren (Crustacea) kam Müller zu einem ersten phylogenetischen Verständnis, dass nämlich die Änderung der Arten sich hauptsächlich durch „Abirren" und „Hinausschreiten" vollziehe, wobei auch Störungen der Rekapitulation – die Cenogenesen Haeckels – zu berücksichtigen seien. In der Endkonsequenz führte Müller aber die phylogenetischen Veränderungen auf ontogenetische zurück, während Haeckel umgekehrt in der Phylogenie die Ursachen für die Ontogenie sah. Auch beide Zielstellungen unterschieden sich: Während Müller nach einer Erklärung suchte, erhob Haeckel sein Postulat zum Grundgesetz.

Die Debatte um das Biogenetische Grundgesetz spricht für die fruchtbare Wechselwirkung von Embryologie und vergleichender Anatomie im 19. Jahrhundert; sie zeigt aber auch, dass ontogenetische Befunde, damals wie heute, **nur mit großer Vorsicht** für evolutionsbiologische Betrachtungen zu verwenden sind (Schäfer 1973, Schäfer 1975). Da die von Haeckel eingeführten Formulierungen zur Klärung gewisser Fragen nicht ausreichten, unternahmen später verschiedene Biologen den Versuch, das „Grundgesetz" zu ergänzen beziehungsweise zu ersetzen. Alles in allem wurde die Diskussion darum zu einem wichtigen **Meilenstein** auf dem Wege zur Entstehung der evolutionären Entwicklungsbiologie.

In Konkurrenz zur evolutionistischen Embryologie entwickelte **Wilhelm His** (1831–1904) in den 1870er-Jahren eine reduktionistisch ausgerichtete Embryologie. Er wandte seine Aufmerksamkeit von der phylogenetischen Begründung der organischen Formen ab und interessierte sich für direkte, zunächst vor allem **mechanische Einflüsse** auf die organische Entwicklung. His (1874) führte die Gestaltung des Embryos letztlich auf Formveränderungen einer sich ungleich dehnenden, elastischen Platte zurück. Diese Richtung embryologischer Forschung erlebte in der Entwicklungsmechanik von **Wilhelm Roux** (1895) ihren Höhepunkt (Mocek 1974, Mocek 1998).

## Diskussion um die „gefälschten" Embryonentafeln

Ende der 1990er-Jahre kam es überraschend zu einer Neuauflage des Streits um den von Haeckel vertretenen Kausalzusammenhang zwischen Phylogenese und Ontogenese (Bender 1998, Richardson et al. 1997, Richardson et al. 1998; Sander 2002, Sander 2004). Hauptkritikpunkt waren die von Haeckel gezeichneten Embryonentafeln (Abb. 6.3) in seinen Büchern „Natürliche Schöpfungsgeschichte" (1868) und „Anthropogenie oder Entwicklungsgeschichte des Menschen" (1874), die zu „Fälschungen" deklariert wurden. Der Disput dauert bis heute an. Haeckel wollte mit der Darstellung der großen Ähnlichkeit der Embryonen in ihren Frühstadien aber keine direkte Beobachtung fixieren, sondern vielmehr ein Phänomen illustrieren. Die **daraus gezogene Schlussfolgerung** einer gemeinsamen Abstammung der Wirbeltiere war und ist der **Stein des Anstoßes** – und nicht etwa das Faktum der Gemeinsamkeiten, wie sie auch andere Forscher beschrieben hatten. Für Haeckel galt die Deszendenztheorie insoweit als gesichert, dass er in seiner Überzeugung von ihrer Richtigkeit bedenkenlos der Deduktionsmethode den Vorrang gab, zumal ihm verständlicherweise menschliche Embryonen als Untersuchungsmaterial nicht zur Verfügung standen. Lücken in der Abstammungsreihe füllte er also hypothetisch und deduktiv mit vorhandenem Vergleichsmaterial. Seinen Gegnern geht/ging es aber vermutlich weniger um das Biogenetische Grundgesetz als um dessen „Geist", den Darwinismus.

Es ist und bleibt ein Verdienst Haeckels, die von Fritz Müller und anderen aufgezeigte Beziehung zwischen Phylogenese und Ontogenese weitergedacht zu haben; sein Biogenetisches Grundgesetz – schon von Otto Bütschli (1848–1920) als „Kautschukparagraph" diskreditiert (Peters 1980) – hat zweifelsohne einen besonderen heuristischen Wert. Zu Recht findet es sich nach wie vor in den entwicklungsbiologischen Abschnitten der einzelnen Schulbücher.

### 6.1.5 Evolutionäre Entwicklungsbiologie – eine neue Synthese?

**Material 1**
Entwicklungsbiologie von Amphibien

Der Zoologe **Wilhelm Roux** stellte sich das Ziel, die Frage nach den Ursachen der Formbildung in der Keimesentwicklung (Ontogenese) mit experimentellen Mitteln (kausalanalytische Methode etc.) aufzuklären. Der dafür zu etablierenden wissenschaftlichen Fachrichtung gab er zunächst den Namen „kausale Morphologie", später nannte er sie „**Entwicklungsmechanik**" (1895). Bekannt wurde Roux vor allem mit seiner Theorie über die Herausbildung des Embryos aus dem Ei, die er mit zahlreichen Experimenten an Froschlaich untermauerte. Sein Kollege **Hans Driesch** hingegen beschäftigte sich speziell mit Regenerationsprozessen an Seeigelkeimen, Aszidienlarven und Medusen, wobei es ihm durch seine Schüttelversuche (Schütteln als Trennungsmethode) gelang, Blastomeren (Zellen, die durch Furchung entstanden sind) zu trennen. Anders als Roux, der Hemiembryonen verwendet hatte, erhielt Driesch nun vielmehr aus jedem Teil Gesamtorganismen und stellte entsprechend eine Ganzheitstheorie auf. In seinem Buch „Analytische Theorie der organischen Entwicklung" (1894) nahm er noch richtende Kräfte in Form elektrischer und magnetischer Ströme an, erklärte später aber die „ganzheitsbezogene Regeneration" – zum Beispiel in seinem Werk „Die Lokalisation morphogenetischer Vorgänge: ein Beweis vitalistischen Geschehens" (1899) – mit spezifischen Lebenskräften (Neovitalismus) und ersetzte Roux Begriff der Determination mit dem der Selbstdifferenzierung. Die Überwindung des Teleologie-Begriffs führte Driesch schließlich zum Vitalismus und zur Entwicklungsphysiologie, deren führendster Vertreter er wurde.

☞ „**Evolutionskritik im Unterricht behandeln – ja oder nein?**" in Abschnitt 18.2.1

Diese entwicklungsmechanische Schule (Wilhelm Roux, Hans Driesch) dominierte die experimentelle Embryologie im ersten Drittel des 20. Jahrhunderts. Spätere Entwicklungsbiologen wie der Amerikaner Thomas Hunt Morgan (1866–1945) wechselten dann vollständig zur Genetik und waren maßgeblich an der Herausbildung der Molekulargenetik beteiligt. Ein anderer Teil der Genetik, die Populationsgenetik, wurde in der sogenannten Synthetischen Theorie der Evolution (auch als „Moderne Synthese" oder „Neodarwinismus" bezeichnet) mit der Evolutionsbiologie zusammengeführt (Junker 2004, Junker und Hoßfeld 2009). Die Erfolge der Molekulargenetik beförderten schließlich bis zum Ende der 1990er-Jahre in der Entwicklungsbiologie die Entstehung einer Entwicklungsgenetik, die in einem neuen Zusammenschluss mit der Synthetischen Evolutionstheorie schließlich die „Evolutionäre Entwicklungsbiologie", kurz Evo-Devo, hervorbrachte (Abb. 6.6). Diese weit verbreitete Retrospektive lässt jedoch die vergleichend-embryologische Tradition (unter anderem die Heterochronie-Theorie, siehe unten) unberücksichtigt (Love und Raff 2003).

## 6.1 Fachinformationen

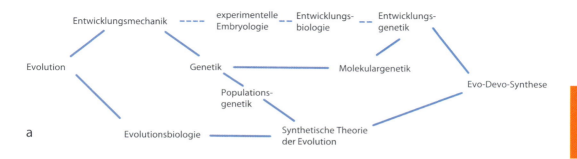

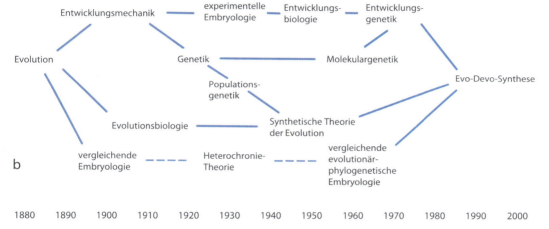

**Abb. 6.6** Geschichte und Zusammenschluss mehrerer Evolutionszweige zu Evo-Devo.
a) Allgemeine Vorstellung, dass die Trennung von Entwicklungsmechanik und Evolutionsbiologie zunächst zur Entwicklungsgenetik und Synthetischen Evolutionstheorie führte, die sich schließlich in der „Evo-Devo-Synthese" vereinigten.
b) Revidierte Ansicht mit einer zusätzlichen Traditionslinie von der vergleichenden Embryologie über die Heterochronie-Forschung zur vergleichend evolutionär-phylogenetischen Embryologie. (nach Love und Raff 2003)

### Von Haeckel zu Evo-Devo

Aber welche Bedeutung haben Haeckel und seine Schüler für uns heute? Zentrale Fragen an die evolutionäre Entwicklungsbiologie hat der kanadische Entwicklungsbiologe Brian Keith Hall im Jahr 2000 formuliert:

1  Wie sind Ursprung und Evolution in der Embryonalentwicklung zu erklären?

2  Wie führen Modifikationen von Entwicklungsprozessen zur Herausbildung neuer Merkmale?

3  Wie ist die adaptive Plastizität der Entwicklung in der Evolution von Lebenszyklen zu erklären?

4  Wie beeinflusst die Ökologie die Entwicklung und ruft damit evolutionäre Veränderungen hervor?

5  Was sind die entwicklungsbiologischen Grundlagen von Homologie und Analogie?

**Material 2**
Vergleichende Amphibienentwicklung

Haeckels Gastraea-Theorie berührt, unter Berücksichtigung späterer Modifikationen zur Erklärung des Ursprungs und der Evolution von mehrzelligen Tieren und deren Lebenszyklen, gleich vier Grundfragen (1, 2, 4 und 5) der evolutionären Entwicklungsbiologie, wie sie Hall (2000) stellte. So verwundert es nicht, dass sie in den letzten Jahrzehnten weiterentwickelt wurde. Der schwedische Zoologe Gösta Jägersten (1903–1993) bezog sich ausdrücklich auf Haeckel, als er in seinem Buch „Evolution of the metazoan life cycle" (1972) eine Theorie entwickelte, nach der der *Gastraea* ein bilateralsymmetrisches Stadium – **Bilaterogastraea** – folgt. In dieser Tradition steht auch die **Trochaea-Theorie** von Claus Nielsen, der hypothetische Vorfahren für Protostomia und Deuterostomia (oder Gastroneuralia und Notoneuralia in seiner Terminologie) durch ein elaboriertes Szenario rekonstruierte, welches mit Haeckels Blastula und Gastrula beginnen sollte (Nielsen und Nørrevang 1985, Nielsen 2001). Diese beiden Theorien stellten eine Weiterentwicklung von Haeckels Gastraea-Theorie dar, insbesondere in Bezug auf die späteren Entwicklungsstadien.

Die Überlegungen Haeckels schlugen sich auch im Werk eines seiner bedeutendsten Schüler (Oscar Hertwig) nieder. Er zählt aufgrund seiner breiten wissenschaftlichen Interessen und Arbeitsgebiete (vergleichende Anatomie, Embryologie, experimentelle Entwicklungslehre, Zellbiologie, Meeresbiologie, Systematik, allgemeine Biologie, Geschichte der Biologie, Didaktik des Unterrichts und anderes mehr) und seiner Entdeckungen, vornehmlich am Seeigelei und Spulwurm, zu den bedeutendsten Biologen des 19. und frühen 20. Jahrhunderts. Seine erste wissenschaftliche Untersuchung bei Haeckel galt den Aszidien (Seescheiden), deren Entwicklung manche **Vergleichspunkte zu den Wirbeltieren** bietet. Nach der Entdeckung der Befruchtung am Seeigelei erforschte er gemeinsam mit seinem Bruder die Beeinflussung der regulären Befruchtungs- und Teilungsvorgänge durch äußere (chemische und physikalische) Faktoren. Mit ihren Arbeiten etablierten sie die experimentelle Methode in der morphologischen Forschung.

Hertwigs Diskussion über interne und externe Ursachen der Evolution entspricht ferner der modernen Debatte über die Bedeutung von **entwicklungsbiologischen Zwängen** (*developmental constraints*) hinsichtlich Richtung und Tempo der Evolution. So gibt es auch heute noch Ultraselektionisten, die solche „Zwänge" ablehnen. Selektion könne alles hervorbringen, die Funktion bestimme die Form – dem würde Hertwig nicht zustimmen. Er argumentierte vielmehr dahingehend, dass der Selektion keine bedeutende Rolle in der Evolution zukäme. Heutige Verfechter von „Zwängen" beziehungsweise *constraints* sollten sich mehr für Hertwigs exakte Analysen interessieren. Hertwig kritisierte auch die Idee, dass Ähnlichkeiten zwischen Embryonen von verschiedenen Organismen etwas über phylogenetische Beziehungen aussagen könnten. Ihm war klar, dass Ähnlichkeiten ebenso durch konvergente Evolution entstehen könnten. Seine Arbeiten betreffen mithin Halls Fragen 2, 3 und 4 (Modifikationen, Plastizität und Ökologie).

Die Haeckel-Schüler Victor Franz (1883-1950) und Aleksej N. Sewertzoff (1866-1936) hingegen bereiteten der aktuellen Heterochronie-Forschung den Boden, als sie fragten, wie sich die verschiedenen, heterochronen Veränderungen in die zugrunde liegenden Entwicklungsprozesse einordnen ließen (Sewertzoff 1931). Die entwicklungsbiologischen Grundlagen der Heterochronie zu verstehen, bleibt bis heute eine Herausforderung für die evolutionäre Entwicklungsbiologie. Erste Ergebnisse sind hinsichtlich der Identifizierung von „Heterochronie-Genen", vor allem beim Rundwurm *Caenorhabditis elegans*, zu verzeichnen. Franz war zudem davon überzeugt, dass die Evolution progressiv fortschrittlich sei. Diese Idee wird auch heute noch kontrovers diskutiert. Es gibt dabei mehrere Diskussionsansätze. Was verstehen wir beispielsweise überhaupt unter „Fortschritt" in der Evolution? Franz dachte, dass Selektion automatisch zu mehr Angepasstheit bei den Organismen führen würde, beachtete dabei aber wahrscheinlich nicht, dass die Umwelt sich so schnell verändern könnte, dass die Organismen „hinterherlaufen müssten", wie es die „*Red queen*"-Hypothese postuliert (Franz 1927, Franz 1934, Franz 1935). Die Stärke von Sewertzoffs Evolutionsmodell liegt darin, dass er Ergebnisse aus der vergleichenden Anatomie und Embryologie mit neuen Einsichten der sich entwickelnden Synthetischen Evolutionstheorie verband (Levit et al. 2004, Levit et al. 2006, Levit und Gilbert 2007, Levit et al. 2008a, Levit et al. 2008b, Levit und Hoßfeld 2009, Starck 1965). Aber es gab nicht nur im deutschen und russischen Sprachraum eine Traditionslinie, in der aus der vergleichenden Embryologie verschiedene Theorien zur Erklärung der zu beobachtenden Heterochronien entwickelt wurden. Alan Love (2003, 2006) hat eine zeitgleiche angloamerikanische Geschichte beschrieben mit Protagonisten wie Gavin Rylands de Beer (1899–1972; Brigandt 2006).

Somit konnte in den letzten Jahren ein differenzierteres Bild von der Geschichte der Entwicklungsbiologie und deren Verbindung zur Evolutionsbiologie gezeichnet werden. Aus der vergleichenden Embryologie ging die Heterochronie-Forschung hervor, aus der wiederum Forscher wie Jägersten und Nielsen eine vergleichende evolutionär-phylogenetische Embryologie entwickelten. Diese ist derzeit maßgeblich an der Verschmelzung von Entwicklungsgenetik, Synthetischer Evolutionstheorie und vergleichender Embryologie zu einer neuen Evo-Devo-Synthese beteiligt (siehe Abb. 6.6).

> **Info**
>
> Unter **Heterochronie** versteht man die unterschiedliche relevante Dauer einzelner Entwicklungsschritte bei eng verwandten Organismen – sie führt zu einer evolutionären Änderung des zeitlichen Verlaufs der Individualentwicklung. Heterochronie beruht zumeist auf Mutationen oder epigenetischen Veränderungen jener Gene, die für den zeitlichen Entwicklungsablauf zuständig sind.

## 6.1.6 Embryologie und Entwicklungsbiologie in Schulbüchern der Biologie

Welchen Stellenwert nahm und nimmt nun das Fach Embryologie beziehungsweise Entwicklungsbiologie innerhalb des Biologieunterrichts in Deutschland ein? Hierfür wurde eine Vergleichsanalyse von ausgewählten Schulbüchern zunächst aus der DDR, danach aus der heutigen BRD vorgenommen.

# 6 Evolutionäre Entwicklungsbiologie (Evo-Devo)

### Lehrbücher der DDR

Für eine exemplarische Analyse wurden Lehrbücher der Biologie (10. und 12. Klasse) zwischen 1953 und 1989 analysiert. Es ergab sich folgende Übersicht:

- Lehrbuch der Biologie für das 12. Schuljahr (1953). Volk und Wissen, Berlin: Kapitel „Beweise der Ontogenie", 39–44 (mit Abbildungen)
- Entwicklung der Organismen. Lehrbuch der Biologie (1961). Volk und Wissen, Berlin: Kapitel „Tatsachen aus der Embryologie", 28–32 (mit Abbildungen)
- Der Mensch. Ein Lehrbuch für den Biologieunterricht (1965). Volk und Wissen, Berlin: Kapitel „Die Entwicklung des Menschen", 103–107 (mit Abbildungen)
- Biologie IV. Ein Lehrbuch für die Erweiterte Oberschule 12. Klasse (1965). Volk und Wissen, Berlin: Kapitel „Tatsachen aus der Ontogenie" mit den Unterkapiteln „Die Biogenetische Grundregel", „Die stammesgeschichtliche Bedeutung der Gastrula" und „Vergleich von Wirbeltierembryonen", 39–49 (mit Abbildungen)
- Entwicklung der Organismen. Lehrbuch der Biologie (1968). Volk und Wissen, Berlin: Kapitel „Aus der Embryonal- und Jugendentwicklung", 26–29 (mit Abbildungen)
- Biologie. Lehrbuch für Klasse 10. Vorbereitungsklassen (1968). Volk und Wissen, Berlin: Kapitel „Evolution und Ontogenese", 44–46 (mit Abbildungen)
- Biologie. Lehrbuch für Klasse 12 (1973). Volk und Wissen, Berlin: Kapitel „Entwicklungsphysiologie", 74–88 (mit Abbildungen)
- Biologie. Lehrbuch für Klasse 10 (1981). Volk und Wissen, Berlin: keine nennenswerten Einträge
- Biologie. Lehrbuch für Klasse 12. Physiologie und Genetik (1983). Volk und Wissen, Berlin: Kapitel „Individualentwicklung" mit Teilüberschriften „Entwicklungsphasen mehrzelliger Tiere und des Menschen" sowie „Ontogenese des Menschen", 119–134 (zahlreiche Abbildungen)
- Biologie. Lehrbuch für Klasse 10. Vererbung und Evolution (1989). Volk und Wissen, Berlin: keine nennenswerten Einträge

Die Beispiele zeigen, dass bis zur Mitte der 1980er-Jahre in der DDR der Bereich „Embryologie im engeren Sinne" – häufig als Ontogeneseforschung dargestellt – in den allgemeinbildenden und erweiterten Oberschulen kontinuierlich gelehrt wurde. Umfang und Inhalt der Stunden waren dabei unterschiedlich. In der Abiturstufe, Klasse 12, wurde das Thema häufig am umfangreichsten sowie detailliertesten gelehrt. Es war zudem Bestandteil der Disziplinkombination „Evolution und Vererbung" beziehungsweise „Evolution und Ökologie/Physiologie" der jeweiligen Jahrgangsstufe. Zum Ende der DDR fand die Embryologie – zumindest für die 10. Klasse – dann allerdings kaum noch Berücksichtigung.

## Lehrbücher der Bundesrepublik

Für eine exemplarische Analyse wurden Lehrbücher der Biologie (zumeist Sekundarstufe II) ab Mitte der 1990er-Jahre analysiert. Es ergab sich folgende Übersicht:

- Biologie. Lehrbuch für Sekundarstufe II. Gymnasium/Gesamtschule (1996). Volk und Wissen, Berlin: Kapitel „Entwicklung des Menschen", 156–166 (bebildert)
- Basiswissen Schule. Biologie (2001). Duden/Paetec, Mannheim: Kapitel „Individualentwicklung des Menschen", 230–235 (bebildert; ohne Entwicklungsbiologie)
- Biologie. Lehrbuch SII. Gymnasiale Oberstufe (2005). Duden Paetec Schulbuchverlag, Berlin: Unterkapitel „Hinweise aus der Ontogenie", eine halbe Seite (375/376, bebildert)
- Linder Biologie. Lehrbuch für die Oberstufe (2005). 22. Aufl. Schroedel, Braunschweig: Großkapitel „Entwicklungsbiologie", 412–437 (bebildert) sowie Kapitel „Stammesgeschichte" mit Unterkapitel „Homologien in der Ontogenese", 464–465 (bebildert)
- Natura. Biologie für Gymnasien. Oberstufe (2005). Ernst Klett, Stuttgart: nur Zettelkasten „Biogenetische Grundregel", 415
- Biologie. Oberstufe Gesamtband (2007). Cornelsen, Berlin: Kapitel „Fortpflanzung und Entwicklung", 210–221 (bebildert)
- Linder Biologie. Arbeitsbuch (2007). Schroedel, Braunschweig: Kapitel „Entwicklungsbiologie", 134–137 (acht Experimentieranleitungen)
- Materialien SII. Biologie. Evolution (2008). Schroedel, Braunschweig: Kapitel „Belege aus der Entwicklungsbiologie", 80–84 (bebildert)

Die Beispiele belegen, dass in den aktuellen, derzeit an den Schulen der Bundesrepublik verwendeten Lehrbüchern der Bereich „Embryologie im engeren Sinne" thematisiert wird. Die Einträge umfassen quantitativ in einem Werk eine halbe Seite, in einem anderen Beispiel 25 Seiten. Der Linder (mit Arbeitsbuch) ragt dabei in der Präzision und Aktualität der Thematik heraus, wobei man vereinzelt auch biologiehistorische Verweise – über Haeckels Biogenetisches Grundgesetz hinausgehend – findet (Carl E. von Baer usw.). Der Umfang und Inhalt der Stunden gestaltet sich nach der Analyse dementsprechend unterschiedlich. Das Thema ist oftmals in der Nähe der Stoffeinheit „Evolution" beziehungsweise „Genetik" angesiedelt. In Basiswissen Schule. Biologie (Dudenverlag) kommt hingegen die Entwicklungsbiologie nicht vor.

# 6.2 Unterrichtspraxis

## 6.2.1 Beobachtungen und Experimente an Froschembryonen und Kaulquappen

### Einführung

Amphibien sind mit weltweit über 6 600 Arten eine sehr artenreiche Wirbeltiergruppe. Zum Vergleich: Es gibt nur etwa 4 700 Säugetierarten.

Die Tiere eignen sich sehr gut für entwicklungsbiologische Beobachtungen und Experimente in der Schule und Universität. Die Eier sind recht groß (1–2 mm) und reichlich vorhanden. Viele einheimische Froscharten legen Hunderte von Eiern beim Ablaichen. Allerdings sind **alle Amphibienarten** in Deutschland, auch die sehr häufig vorkommenden wie der Grasfrosch (*Rana temporaria*) **geschützt**. Es muss grundsätzlich zuerst eine **Genehmigung** durch die zuständige Behörde erteilt werden, bevor Eier eingesammelt werden dürfen.

Die meisten Amphibien legen Eier, die sich im Wasser entwickeln, sodass die Embryonen und Larven ungeschützt und ständigen Umwelteinflüssen ausgesetzt sind. Sowohl direkte Umweltveränderungen (sinkende pH-Werte, steigende Temperaturen) wie auch Krankheitserreger (Viren, Pilze, Bakterien) sind für die sich entwickelnden Embryonen und Larven, aber auch für Adulttiere gefährlich. In den letzten Jahren ist ein globaler Rückgang der Artenanzahl bei Amphibien zu beobachten, dem mehrere Ursachen zugrunde liegen.

Froscheier sind von einer **transparenten Gallerthülle** umgeben. Dadurch kann man die komplette Embryonalentwicklung beobachten – von frühen Furchungsstadien bis hin zum Schlupf und weiter danach. So ist beispielsweise die für Ernst Haeckels Gastraea-Theorie so wichtige Gastrulation direkt einsehbar. Auch die Neurulation (Bildung des Neuralrohrs beim Embryo → Manifestation des zentralen Nervensystems bei Wirbeltieren), die Entwicklung von Kiemen, erste Herzaktivität usw. können studiert werden. Einfache Experimente zur Abhängigkeit der Entwicklungsgeschwindigkeit, von beispielsweise Temperatur, pH-Wert oder Nahrungsangebot, können ergänzend in der Durchführung folgen. Derartige Experimente werden von Hemmer (1978) ausführlich beschrieben. Am Ende der Entwicklung und des Experimentierprozesses sollten die Kaulquappen zurück in die freie Natur gebracht werden.

### Beobachtung der Amphibienentwicklung

**Material 1**
Entwicklungsbiologie von Amphibien

Eine Studie der Entwicklung bei Fröschen ist einfach durchzuführen. Man benötigt außer Froschlaich nur einen Behälter oder ein kleines Aquarium, Regen- oder Teichwasser und eine einfache Aquariumpumpe (Abb. 6.7). Um frühe Entwicklungsstadien weiterhin gut betrachten zu können, ist ferner ein Stereomikroskop hilfreich. Fischfutter (Flocken) dient als Nahrung für die Larven.

## 6.2 Unterrichtspraxis

**Abb. 6.7**
Materialien für eine einfache Kaulquappenaufzucht (nach Hemmer 1978)

Die Entwicklung wird in verschiedene Stadien eingeteilt. Für viele Arten wurden sogenannte **Normentafeln (Stadientabellen)** hergestellt. In Abbildung 6.8 (in Abschnitt 6.3) sieht man die didaktisch hervorragenden Zeichnungen von *Rana sylvatica* (Pollister und Moore 1937). Diese Stadientabelle kann problemlos auf unsere einheimischen Frösche übertragen werden. Die Autoren teilen die Entwicklung von *Rana sylvatica* in 23 Stadien ein. Jede Teilabbildung besteht zunächst aus der Stadium-Nummer (*ST.NO*) und dem Alter in Stunden, wenn die befruchteten Eier sich bei 18 °C entwickeln (*AGE HRS. 18°*). Beispielsweise entspricht Stadium 3 nach 2,5 Stunden Entwicklungszeit (bei 18 °C) dem 2-Zellstadium. In späteren Stadien (ab Stadium 18) werden auch die Länge in mm angegeben (*length mm.*) und wichtige stadiumtypische äußere Merkmale benannt.

Um diese Studie durchzuführen, müssen die Froscheier möglichst **kurz nach der Eiablage** eingesammelt werden. Die verschiedenen Stadien können dann von den Schülern mithilfe der Stadientabelle erkannt und studiert werden.

### Vergleichende Amphibienentwicklung

Hemmer (1978) beschreibt mehrere Experimente zur Abhängigkeit der Entwicklungsgeschwindigkeit von äußeren Faktoren. Die **Wassertemperatur** ist ein wichtiger Faktor, wobei Stadientabellen immer nur bei einer bestimmten Temperatur gültig sind. Die Normentafel von Pollister und Moore (1937) für *Rana sylvatica* spezifiziert, dass die Entwicklungszeiten eigentlich nur für 18 °C gelten.
Variiert man nun die Temperatur, wird beispielsweise das Stadium 20 bei 18 °C nach 90 Stunden, bei 15,4 °C erst nach 130 Stunden und bei 10,4 °C sogar erst nach 275 Stunden erreicht.

Hemmer berichtet von weiteren Versuchen, in denen Gruppen von Larven mit unterschiedlichem **Nahrungsangebot** aufwachsen oder unterschiedlichen **Besatzdichten** ausgesetzt sind. Andere Parameter wie der pH-Wert, Salinität usw. können natürlich auch ausprobiert und getestet werden.

**Material 2**
Vergleichende Amphibienentwicklung

# 6 Evolutionäre Entwicklungsbiologie (Evo-Devo)

## 6.3 Unterrichtsmaterialien

### Material 1: Entwicklungsbiologie von Amphibien

**Material pro Gruppe**

- Froschlaich
  Vorsicht: Vor dem Sammeln des Laichs ist eine Genehmigung durch die zuständige Behörde einzuholen!
- Behälter oder kleines Aquarium
- Regen- oder Teichwasser
- einfache Aquariumpumpe
- Stereomikroskop
- Fischfutter

**Durchführung.** Jede Gruppe sammelt den Laich eines einheimischen Frosches, zum Beispiel von *Rana temporaria* (Grasfrosch). Für das Gelingen des Experiments muss der Laich kurz nach der Eiablage gesammelt werden.

Der mit Regen- oder Teichwasser gefüllte Behälter beziehungsweise das kleine Aquarium werden an einen schattigen Ort gestellt. Die Wassertemperatur sollte mehr oder weniger konstant 18 °C betragen, auf keinen Fall mehr als 20 °C. Hat man den Froschlaich in das Behältnis eingebracht, ist das Wasser regelmäßig mit der Aquariumpumpe zu belüften. Nach dem Schlupf der Larven sind diese mit Fischfutter zu füttern. Ist das Experiment dann irgendwann vorbei, sollte man die Kaulquappen am Ort ihres Fangs wieder freilassen.

### Aufgabe 1

Beobachtet die Entwicklung der heranwachsenden Amphibien, wenn nötig mit dem Stereomikroskop. Führt eure Beobachtungen am 1. Tag alle zwei Stunden, an den darauffolgenden Tagen jeweils morgens, mittags und abends durch. Ziel ist es, möglichst alle Stadien der Amphibienentwicklung zu sehen. Notiert euch jeweils

- die Stadium-Nummer (*ST.NO*; siehe Abb. 6.8 und Beschreibung unten),
- das Alter in Stunden bei möglichst 18 °C Wassertemperatur (*AGE HRS. 18°*) und
- die Länge in mm (*length mm.*; ab Stadium 18).

siehe auch Onlinematerialien unter http://extras.springer.com

6.3 Unterrichtsmaterialien

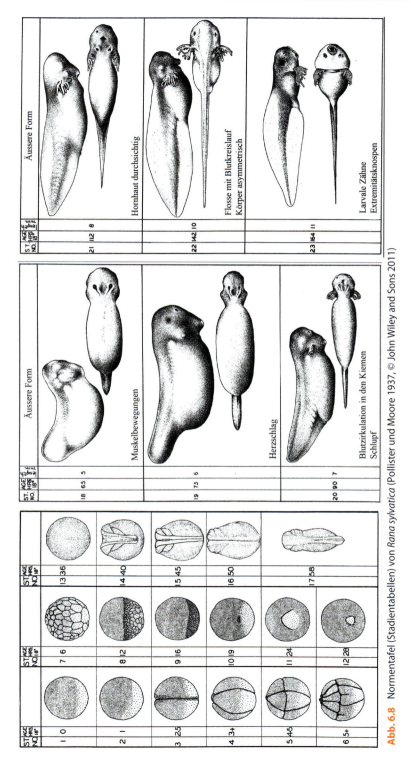

**Abb. 6.8** Normentafel (Stadientabellen) von *Rana sylvatica* (Pollister und Moore 1937, © John Wiley and Sons 2011)

**Kurze Beschreibung der Stadien:**

1. Ei bei der Befruchtung

2. Nach einer Stunde erste Anzeichen von Entwicklung, die sogenannte *grey crescent* (graue Mondsichel) entwickelt sich.

3–6. frühe Furchungsstadien

7–9. späte Furchungsstadien

10. dorsale Urmundlippe erscheint, Anfang der Gastrulation

11. Urmund bildet einen Halbkreis.

12. Urmund komplett, mit Dotterpropf (gepunktet)

13. Neuralplatte und Andeutung von Neuralwülsten, Anfang der Neurulation

14. frühe Neurula

15. späte Neurula, Neuralleistenzellen migrieren im Kopfbereich

16. Schließung der Neuralwülste ist komplett, die Neurulation ist vorbei.

17. Anfang der Entwicklung einer Schwanzknospe

18.–23. Für jedes Stadium werden Embryonen oder Larven in lateraler (seitlich, von der Körpermitte abgewandt) und ventraler (am Bauch gelegen) Ansicht gezeigt. Stadium 22 wird aber in dorsaler (am Rücken gelegen) statt ventraler Ansicht gezeigt.

18. Embryo fängt an, Muskeln zu bewegen.

19. Herz fängt an zu schlagen. Das Herz liegt direkt hinter und unterhalb des Kopfes.

20. Äußere Kiemen sind entwickelt. Blutkörperchen strömen durch die Kiemen. Gegen Ende des Stadiums schlüpfen die Larven.

21. Hornhaut wird transparent, die Linse wird dadurch sichtbar.

22. Schwanzflosse mit Blutkreislauf. Der Darm fängt an, sich zu biegen, wodurch der Körper (von dorsal betrachtet) asymmetrisch wirkt.

23. Extremitätsknospen werden sichtbar. Larvale Hornzähne sind ausgebildet. Der Kiemendeckel (Operculum) fängt an, sich zu entwickeln. Die Kaulquappen fangen an zu fressen.

## Material 2: Vergleichende Amphibienentwicklung

**Material pro Gruppe**

- wie oben
- pro Gruppe jeweils drei Behälter oder kleine Aquarien

**Durchführung.** Grundsätzlich wird bei diesem Experiment auf die gleiche Art und Weise verfahren wie in Aufgabe 1 (Abweichungen siehe Aufgabe 2).

In dem Experiment sollen die Auswirkungen verschiedener Umweltfaktoren für die Amphibienentwicklung vergleichend untersucht werden. Es gibt drei Gruppen. Gruppe 1 arbeitet mit einem Laich, dessen Eier kurz nach der Eiablage gesammelt wurden. Gruppe 2 und 3 nehmen frisch geschlüpfte Kaulquappen. Jede Gruppe teilt ihre Versuchsobjekte in drei gleich große Teile und verteilt diese auf die drei Behältnisse. Dann wird einer der folgenden Parameter untersucht und die Ergebnisse den anderen in einem 10-minütigen Referat vorgestellt.

### Gruppe 1:

- Versuchsobjekt: Amphibieneier, kurz nach der Eiablage gesammelt
- Variation der Wassertemperatur in den Behältnissen 1, 2 und 3: 10,4 °C, 15,4 °C und 18 °C
- konstante mittlere Besatzdichten und konstantes mittleres Nahrungsangebot

### Gruppe 2:

- Versuchsobjekt: frisch geschlüpfte Kaulquappen
- Variation des Nahrungsangebots in den Behältnissen 1, 2 und 3: gering, mittel, hoch
- konstante Wassertemperatur 18 °C und konstante mittlere Besatzdichten

### Gruppe 3:

- Versuchsobjekt: frisch geschlüpfte Kaulquappen
- Variation der Besatzdichten in den Behältnissen 1, 2 und 3: gering, mittel, hoch
- konstante Wassertemperatur 18 °C und konstantes Nahrungsangebot

### Aufgabe 2

Beobachtet nun die Entwicklung der heranwachsenden Amphibien bei den verschiedenen Umweltbedingungen. Auch hier sollt ihr eure Beobachtungen am 1. Tag alle zwei Stunden, an den darauffolgenden Tagen jeweils morgens, mittags und abends durchführen. Notiert euch jeweils pro Behältnis

- die Umweltbedingungen,
- wenn möglich die Stadium-Nummer (*ST.NO*; siehe Abb. 6.8 und Beschreibung oben),
- das Alter in Stunden (*AGE HRS. 18°*) und
- die Länge in mm (*length mm.*; ab Stadium 18).

## 6.4 Literatur

- von Baer CE (1828 bzw. 1837) Über Entwickelungsgeschichte der Thiere: Beobachtung und Reflexion. 2 Bde. Bornträger, Königsberg
- de Beer G (1971) Homology, an unsolved problem. Oxford University, Oxford
- Bender R (1998) Der Streit um Ernst Haeckels Embryonenbilder. Biologie in unserer Zeit 28: 157–164
- Brigandt I (2006) Homology and heterochrony: the evolutionary embryologist Gavin Rylands de Beer (1899-1972). J Exp Zool B Mol Dev Evol 306 (4): 317–328
- Carroll S (2008) Evo Devo: Das neue Bild der Evolution. Berlin University, Berlin
- Darwin C (1859) On the origin of species by means of natural selection, or the preservation of favoured races in the struggle of life. John Murray, London
- Darwin C (1871) The descent of man, and selection in relation to sex. 2 Vols. John Murray, London
- Darwin C (1949) Die Abstammung des Menschen und die geschlechtliche Zuchtwahl. Mit einem Nachwort von Georg Uschmann, übersetzt von CW Neumann. Philipp Reclam Junior, Leipzig
- Dondua AK (2005) Biologija razvitija. Tom 1: Nacala sravnitelnoj embriologii. St. Petersburg
- Driesch H (1894) Analytische Theorie der organischen Entwicklung. Engelmann, Leipzig
- Driesch H (1899) Die Lokalisation morphogenetischer Vorgänge: Ein Beweis vitalistischen Geschehens. Engelmann, Leipzig
- Ernst-Haeckel-Haus. Institut für Geschichte der Naturwissenschaften, Medizin und Technik – Museum und Archiv (2011) URL *http://www.ehh.uni-jena.de* [18.04.2011]
- Fäßler PE, Sander K (2005) Entwicklungsbiologie der Tiere – vom „springenden Punkt" zu den Genen. In: Freudig D (Hrsg) Faszination Biologie: Von Aristoteles bis zum Zebrafisch. Elsevier/Spektrum Akademischer, München. 50–67
- Franz V (1927) Ontogenie und Phylogenie. Abh Theo organ Entwickl 3: 1–51
- Franz V (1934) Die stammesgeschichtliche zunehmende Arbeitsersparnis beim Akkomodationsapparat des Wirbeltierauges: Ein Baustein zur Vervollkommnung der Organismen. Biol Zentralbl 54: 403–418
- Franz V (1935) Der biologische Fortschritt: Die Theorie der organismengeschichtlichen Vervollkommnung. Gustav Fischer, Jena
- Funkenstein A (1965) Heilsplan und natürliche Entwicklung: Gegenwartsbestimmung im Geschichtsdenken des Mittelalters. Nymphenburger, München
- Gilbert SF (1994). A conceptual history of modern embryology. Johns Hopkins University, Baltimore, MA
- Gilbert SF (2003) Developmental biology. 7. Aufl. Sinauer Associates, Sunderland, MA
- Goll R (1972) Der Evolutionismus: Analyse eines Grundbegriffs neuzeitlichen Denkens. Beck, München
- Goodman CS, Coughlin BS (2000) Special feature: the evolution of evo-devo biology. PNAS 97: 4424–4456
- Gould SJ (1977) Ontogeny and phylogeny. Harvard University, Cambridge, MA
- Haeckel E (1866) Generelle Morphologie der Organismen. 2 Bde. Reimer, Berlin
- Haeckel E (1868) Natürliche Schöpfungsgeschichte. Reimer, Berlin
- Haeckel E (1872) Monographie der Kalkschwämme. 3 Bde. Reimer, Berlin

- Haeckel E (1874) Anthropogenie oder Entwicklungsgeschichte des Menschen: Gemeinverständliche wissenschaftliche Vorträge über die Grundzüge der menschlichen Keimes- und Stammesgeschichte. Engelmann, Leipzig
- Haeckel E (1875) Die Gastrula und die Eifurchung der Thiere. Jenaische Zeitschr Naturw 9: 402–508
- Haeckel E (1911) Natürliche Schöpfungsgeschichte. 11. Aufl. Reimer, Berlin
- Hahn W (2009) Darwin-Jahr: Stellenwert der Evolutionstheorie in der Schule erhöhen! Koexistenz & Dialog von Glauben & Wissenschaft. Die Zeit, Ausgabe 12.02.2009
- Haider H (1953) Materialien zur Geschichte des biologischen Grundgesetzes in der Zeit von 1793 bis 1937. 2 Bde. Dissertation Philosophische Fakultät, Wien
- Hall BK (2000) Evo-devo or devo-evo – does it matter? Evol Develop 2: 177–178
- Hartsoeker N (1694) Essai de dioptrique. Anisson, Paris
- Harvey W (1651) Exercitationes de generatione animalium. Elzevir, Amsterdam
- Hemmer H (1978) Kröte und Frosch im Unterricht. Biologische Arbeitsbücher. Quelle und Meyer, Heidelberg
- Hertwig O (1901) Einleitung und allgemeine Literaturübersicht. In: Hertwig O (Hrsg) Handbuch der vergleichenden und experimentellen Entwicklungsgeschichte der Wirbeltiere. Gustav Fischer, Jena. 1–85
- His W (1874) Unsere Körperform und das physiologische Problem ihrer Entstehung. Vogel, Leipzig
- Hobsbawn EJ (1998) Das Zeitalter der Extreme: Weltgeschichte des 20. Jahrhunderts. dtv, München
- Horder TJ, Witkowski JA, Wylie CC (1986) A history of embryology. Cambridge University, Cambridge, MA
- Hoßfeld U, Olsson L (2002) From the modern synthesis to lysenkoism, and back? Science 297 (5578): 55–56
- Hoßfeld U, Olsson L (2003) The road from Haeckel: the Jena tradition in evolutionary morphology and the origin of „evo-devo". Biol Philos 18: 285–307
- Hoßfeld U, Olsson L, Breidbach O (2003) Carl Gegenbaur and evolutionary morphology. Theory Biosci 122 (2/3): 105-302
- Hoßfeld U, Olsson L (2008) Entwicklung und Evolution – ein zeitloses Thema. PdN 57 (4): 4–8
- Hoßfeld U (2010) Ernst Haeckel. Biographienreihe absolute, orange, Freiburg
- Höxtermann E, Kaasch J, Kaasch M (2004) Von der „Entwickelungsmechanik" zur Entwicklungsbiologie. Verh Gesch Theorie Biol 10, Berlin
- Jägersten G (1972) Evolution of the Metazoan life cycle. Academic, London
- Jahn I (1990) Grundzüge der Biologiegeschichte. Gustav Fischer, Jena
- Jahn I (1998) Geschichte der Biologie: Theorien, Methoden, Institutionen, Kurzbiographien. 3. Aufl. Gustav Fischer, Jena
- John Wiley and Sons (2011) URL *http://www.wiley.com* [18.04.2011]
- Junker T (2004) Die zweite Darwinsche Revolution: Geschichte des Synthetischen Darwinismus in Deutschland 1924 bis 1950. Acta Biohistorica 8, Basilisken, Marburg
- Junker T, Hoßfeld U (2009) Die Entdeckung der Evolution: Eine revolutionäre Theorie und ihre Geschichte. 2. Aufl. Wissenschaftliche Buchgesellschaft, Darmstadt
- Kalthoff K (2001) Analysis of biological development. McGraw-Hill, Boston

- Kanz KT (1993) Einführung. In: Kielmeyer CF (Hrsg) Ueber die Verhältniße der organischen Kräfte unter einander in der Reihe der verschiedenen Organisationen, die Geseze und Folgen dieser Verhältniße. Faksimile der Ausgabe Stuttgart 1793. Basilisken-Druck 8, Basilisken, Marburg
- Kielmeyer CF (1793) Ueber die Verhältniße der organischen Kräfte unter einander in der Reihe der verschiedenen Organisationen, die Geseze und Folgen dieser Verhältniße. Faksimile der Ausgabe Stuttgart 1793. Basilisken-Druck 8, Basilisken, Marburg
- Kohlbrugge JHF (1911) Das biogenetische Grundgesetz: Eine historische Studie. Zool Anz 37: 447–453
- Laubichler MD, Maienschein J (2007) From embryology to evo-devo: a history of embryology in the 20th century. MIT, Cambridge, MA
- Laubichler MD, Maienschein J (2009) Form and function in developmental evolution. Cambridge University, Cambridge, MA
- Levit GS, Hoßfeld U, Olsson L (2004) The integration of darwinism and evolutionary morphology: Alexej Nikolajevich Sewertzoff (1866-1936) and the developmental basis of evolutionary change. J Exp Zool B Mol Dev Evol 302 (4): 343–354
- Levit GS (2006) Revisiting „peripheries" and „alternatives" in evolutionary biology. Jahrbuch für Europäische Wissenschaftskultur 2, Franz Steiner, Stuttgart
- Levit GS, Hoßfeld U, Olsson L (2006) From the „Modern Synthesis" to cybernetics: Ivan Ivanovich Schmalhausen (1884–1963) and his research program for a synthesis of evolutionary and developmental biology. J Exp Zool B Mol Dev Evol 306 (2): 89–106
- Levit GS (2007) The roots of evo-devo in Russia: is there a characteristic „Russian tradition"? Theory Biosci 4: 131–148
- Levit GS, Gilbert SF (2007) National traditions in evolutionary developmental biology I. Theory Biosci 4: 115–175
- Levit GS, Meister K, Hoßfeld U (2008a) Alternative evolutionary theories from the historical perspective. J Bioecon 10 (1): 71–96
- Levit GS, Simunek M, Hoßfeld U (2008b) Psychoontogeny and psychophylogeny: the selectionist turn of Bernhard Rensch (1900–1990) through the prism of panpsychistic identism. Theory Biosci 127: 297–322
- Levit GS, Hoßfeld U (2009) From molecules to the biosphere: Nikolai V. Timoféeff-Ressovsky's (1900–1981) research program within a totalitarian landscapes. Theory Biosci 128: 237–248
- Love AC (2003) Evolutionary morphology: innovation and the synthesis of evolutionary and developmental biology. Biol Philos 18: 309–334
- Love AC, Raff RA (2003) Knowing your ancestors: themes in the history of evo-devo. Evol Dev 5: 327–330
- Love AC (2006) Evolutionary morphology and evo-devo: hierarchy and novelty. Theory Biosci 124: 317–333
- Meckel JF (1812) Beyträge zur vergleichenden Anatomie. Bd. 2: Entwurf einer Darstellung der zwischen dem Embryonalzustande der höhern Thiere und dem permanenten der niedern statt findenden Parallele. Reclam, Leipzig
- Medawar PB (1957) The uniquess of the individual. Methuen, London
- Meyer A (2008) „Evo Devo"-Forschung: Danken wir den Fischen mit fünf Fingern. FAZ, Ausgabe 13.12.2008
- Minelli A (2003) The development of animal form: ontogeny, morphology, and evolution. Cambridge University, Cambridge, MA

- Mocek R (1974) Wilhelm Roux – Hans Driesch: Zur Geschichte der Entwicklungsphysiologie der Tiere. Gustav Fischer, Jena
- Mocek R (1998) Die werdende Form: Eine Geschichte der Kausalen Morphologie. Basilisken, Marburg
- Mollenhauer D (1975) Anmerkungen zum „Biogenetischen Grundgesetz" aus der Sicht der Algenforschung. In: Schäfer W (Hrsg) Ontogenetische und konstruktive Gesichtspunkte bei phylogenetischen Rekonstruktionen. Aufs Red Senckenberg Naturforsch Ges 27, Frankfurt am Main. 25–32
- Mollenhauer D (1980) Die Haeckel-Rezeption in der Botanik. Medizinhist J 15: 305–336
- Müller F (1864) Für Darwin. Engelmann, Leipzig
- Müller I (1998) Historische Grundlagen des Biogenetischen Grundgesetzes. In: von Aescht E, Aubrecht G, Krauße E (Hrsg) Welträtsel und Lebenswunder: Ernst Haeckel – Werk, Wirkung und Folgen. Stapfia 56 (NF 131), Linz. 119–130
- Müller WA, Hassel M (2003) Entwicklungsbiologie und Reproduktionsbiologie von Mensch und Tier. 3. Aufl. Springer, Berlin
- Müller GB, Newman SA (2003) Origination of organismal form: beyond the gene in developmental and evolutionary biology. MIT, Cambridge, MA
- Needham J (1959) A history of embryology. 2. Aufl. Cambridge University, Cambridge, MA
- Neukamm M (2009) Evolutionäre Entwicklungsbiologie: Neues Paradigma. Laborjournal 15 (11): 24–27
- Nielsen C, Nørrevang A (1985) The trochaea theory: an example of life cycle phylogeny. In: Conway Morris S, George JD, Gibson R, Platts HM (Hrsg) The origin and relationships of lower invertebrates. Oxford University, Oxford. 28–41
- Nielsen C (2001) Animal evolution: interrelationships of the living phyla. 2. Aufl. Oxford University, Oxford
- Nüsslein-Volhard C (2004) Das Werden des Lebens: Wie Gene die Entwicklung steuern. Beck, München
- Olsson L, Hoßfeld U, Bindl R, Joss J (2004) The development of the Australian lungfish *Neoceratodus forsteri* (Osteichthyes, Dipnoi, Neoceratodontidae): from Richard Semon's pioneering work to contemporary approaches. Rudolstädter naturhist Schriften 12: 51–128
- Olsson L, Hoßfeld U, Breidbach O (2006) From evolutionary morphology to the modern synthesis and „evo-devo": historical and contemporary perspectives. Theory Biosci 124 (3/4)
- Olsson L, Hoßfeld U (2007) Die Entwicklung: Die Zeit des Lebens. Ausgewählte Themen zur Geschichte der Entwicklungsbiologie. In: Höxtermann E, Hilger H (Hrsg) Lebenswissen: Eine Einführung in die Geschichte der Biologie. Natur & Text, Rangsdorf. 218–243
- Olsson L, Hoßfeld U, Breidbach O (2009) Between Ernst Haeckel and the homeobox: the role of developmental biology in explaining evolution. Theory Biosci 128 (1)
- Olsson L, Levit GS, Hoßfeld U (2010) Evolutionary developmental biology: its concepts and history with a focus on Russian and German contributions. Naturwiss 11: DOI 10.1007/s00114-010-0720-9
- Oppenheimer JM (1967) Essays in the history of embryology and biology. MIT, Cambridge, MA
- Peters DS (1975) Braucht man das „biogenetische Grundgesetz"? In: Schäfer W (Hrsg) Ontogenetische und konstruktive Gesichtspunkte bei phylogenetischen Rekonstruktionen. Aufs Red Senckenberg Naturforsch Ges 27, Frankfurt am Main. 16–24
- Peters DS (1980) Das Biogenetische Grundgesetz – Vorgeschichte und Folgerungen. Medizinhist J 15: 57–69

- Pollister AW, Moore JA (1937) Table for the normal development of *Rana sylvatica*. Anat Rec 68: 489–496.
- Raff RA, Kaufman TC (1983) Embryos, genes and evolution. MacMillan, New York
- Raff RA (1996) The shape of life: genes, development, and the evolution of animal form. Chicago University, Chicago
- Remak R (1855) Untersuchungen über die Entwickelung der Wirbelthiere. Reimer, Berlin
- Richardson MK, Hanken J, Gooneratne ML, Pieau C, Raynaud A, Selwood L, Wright GM (1997) There is no highly conserved embryonic stage in the vertebrates: implications for current theories of evolution and development. Anat Embryol 196: 91–106
- Richardson MK, Hanken J, Selwood L, Wright GM, Richards RJ, Pieau C, Raynaud A (1998) Haeckel: embryos and evolution. Science 280: 983–985
- Roux W (1884) Ueber die Entwickelung der Froscheier bei der Aufhebung der richtenden Wirkung der Schwere. Reprinted in: Roux W (1895) Gesammelte Abhandlungen. Bd. 2, Engelmann, Leipzig. 256–276
- Roux W (1895) Gesammelte Abhandlungen über Entwickelungsmechanik der Organismen. 2 Bde. Engelmann, Leipzig
- Sander K (1990) Von der Keimplasmatheorie zur synergetischen Musterbildung – einhundert Jahre entwicklungsbiologischer Ideengeschichte. Verh Dt Zool Ges 83: 133–177
- Sander K (1996) On the causation of animal morphogenesis: concepts of German-speaking authors from Theodor Schwann (1839) to Richard Goldschmidt (1927). Int J Dev Biol 40: 7–20
- Sander K (1997) Landmarks in developmental biology 1883–1924: historical essays from Roux's Archives. Springer, Berlin
- Sander K (2002) Ernst Haeckel's ontogenetic recapitulation: irritation and incentive from 1866 to our time. Ann Anat 184: 1–11
- Sander K (2004) Ernst Haeckels ontogenetische Rekapitulation – Leitbild und Ärgernis bis heute? Verh Gesch Theorie Biol 10: 163–176
- Sarkar S, Robert JS (2003) Special issue to evolutionary developmental biology. Biol Philos 18: 209–389
- Schäfer W (1973) Phylogenetische Rekonstruktionen – Theorie und Praxis. Aufs Red Senckenberg Naturforsch Ges 24, Frankfurt am Main
- Schäfer W (1975) Ontogenetische und konstruktive Gesichtspunkte bei phylogenetischen Rekonstruktionen. Aufs Red Senckenberg Naturforsch Ges 27, Frankfurt am Main
- Schleiden MJ (1838) Beiträge zur Phytogenesis. Archiv Anat Physiol wiss Med: 137–176
- Schmalhausen II (2010) Die Evolutionsfaktoren: Eine Theorie der stabilisierenden Auslese. Kommentierter Reprint der deutschen Fassung. Hoßfeld U, Olsson L, Levit GS, Breidbach O (Hrsg) Reihe „Wissenschaftskultur um 1900, Bd. 7." Franz Steiner, Stuttgart
- Schwann T (1839) Mikroskopische Untersuchungen über die Übereinstimmung in der Struktur und dem Wachsthum der Thiere und Pflanzen. Sandersche Buchhandlung, Berlin
- Sewertzoff AN (1931) Morphologische Gesetzmäßigkeiten der Evolution. Gustav Fischer, Jena
- Starck D (1965) Vergleichende Anatomie der Wirbeltiere von Gegenbaur bis heute. Verh Dt Zool Ges: 51–67
- Steps M, Hoßfeld U, Olsson L, Levit GS, Simunek M (2010) Wilhelm Roux's archives of developmental biology, 1894–2004. An author index, introductory essays, and classical papers. Studies in the history of sciences and humanities. Vol. 24, Pavel Mervat, Prag

- Triendl R, Gottweis H (2006) Koreanische Träume. Die verwegenen Fälschungen des Stammzellforschers Hwang Woo-Suk sind auch eine Folge politischer Verantwortungslosigkeit. Die Zeit, Ausgabe Nr. 2 vom 05.01.2006
- Uschmann G (1953) Einige Bemerkungen zu Haeckels biogenetischem Grundgesetz. Urania 16: 131–138
- Wolff CF (1759) Theoria generationis. Hendel, Halle
- Wolff CF (1764) Theorie von der Generation in zwo Abhandlungen erklärt und bewiesen. Nachdruck 1896 in Ostwalds Klassiker der exakten Wissenschaften 84/85. Birnsteil, Berlin

**Als ein- und weiterführende Literatur für Biologielehrer können empfohlen werden:**

- Neuere Lehrbücher beziehungsweise Überblicksdarstellungen der Entwicklungsbiologie mit den aktuellen, aber auch historischen ontogenetischen Konzepten verfassten Dondua (2005), Gilbert (2003), Kalthoff (2001), Laubichler und Maienschein (2007, 2009), Minelli (2003), Müller und Hassel (2003) sowie Müller und Newmann (2003).
- Die Geschichte der Embryologie beziehungsweise Entwicklungsbiologie behandeln unter anderem Fäßler und Sander (2005), Gilbert (1994), Horder et al. (1986), Needham (1959), Nüsslein-Volhard (2004), Oppenheimer (1967) sowie Sander (1990, 1996, 1997).
- Die evolutionsmorphologischen Schulen mit Gegenbaur, Haeckel und Sewertzoff in Jena beziehungsweise Moskau werden von Hoßfeld und Olsson (2003), Hoßfeld et al. (2003) sowie Levit et al. (2004, 2006) vorgestellt. Levit und Co-Autoren analysierten dabei auch den Einfluss im und aus dem russischen Sprachraum (2004–2009).
- Das „Biogenetische Grundgesetz" mit seinen Vorläufern und Präzisierungen, Potenzen und Grenzen ist Gegenstand unzähliger Abhandlungen, unter anderem von Haider (1953), Hoßfeld und Olsson (2008), Hoßfeld (2010), Kohlbrugge (1911), Medawar (1957), Mollenhauer (1975), Müller (1998), Olsson und Hoßfeld (2007), Peters (1975, 1980), Sander (2002, 2004) oder Schäfer (1973, 1975).
- Historische und aktuelle methodisch-theoretische Aspekte der evolutionären Entwicklungsbiologie (Evo-Devo) werden von Hoßfeld und Olsson (2002), Olsson et al. (2004, 2006, 2009, 2010), Sarkar und Robert (2003) sowie Steps et al. (2010) erörtert.

# 7 Genetik, Ökologie und Verhaltensbiologie aus evolutionsbiologischer Sicht

Christina Beck

## 7.1 Fachinformationen

### 7.1.1 Einleitung

„Lasst uns mit Darwin denken lernen" – so war im Dezember 2008 ein Artikel in der Frankfurter Allgemeinen Zeitung überschrieben. Darin proklamierte der Autor Jürgen Kaube: *„Wenn Schulunterricht Denken lehren soll, gibt es innerhalb der Biologie kaum ein Gebiet, das dazu geeigneter wäre als die Evolutionstheorie."* Tatsächlich birgt jedes biologische Problem eine **Evolutionsfrage**. Bei der Betrachtung einer Struktur, einer Funktion oder eines Prozesses ist es in der Biologie legitim und richtig zu fragen: **Warum** gibt es das? **Welchen Überlebensvorteil** brachte sein Erwerb? **Wozu** ist das gut? Fragen dieser Art hatten und haben einen enormen Einfluss auf alle Gebiete biologischer Forschung, besonders auf die Genetik, die Ökologie und die Verhaltensforschung.

### 7.1.2 Biologie im Licht der Evolution

In anderen Naturwissenschaften wie der Physik geht man anders vor. Hier tauchen Fragen nach dem „was" oder „wie" auf – es gibt einen ganz klaren konzeptionellen Rahmen. Die Biologie lässt sich dagegen nicht in einen solchen Rahmen zwängen. Der „Wissenschaft des Lebendigen" müssen wir anders begegnen. So spielen Gesetze in der Theorienbildung der Biologie eher eine untergeordnete Rolle. Warum ist das so? In der physikalischen Welt folgen Veränderungen von Objekten ausnahmslos den Naturgesetzen; Vorgänge in der Biologie hingegen unterliegen einer **wechselseitigen Verursachung**. Eine Ursache sind die Naturgesetze, eine andere ist das genetische Programm (das es in den physikalischen Wissenschaften nicht gibt). Es gibt in der Natur kein einziges Phänomen und keinen einzigen Prozess, die nicht zumindest teilweise von einem genetischen Programm gesteuert werden, das im Genom verankert ist. „*Alle Prozesse der organischen Evolution laufen zwar im Einklang mit physikalischen Gesetzen ab; daraus lässt sich jedoch nicht der Umkehrschluss ziehen, die biologische Evolution sei auf die Gesetze der Physik reduziert*", schrieb der berühmte deutsche Evolutionsbiologe Ernst Mayr (Mayr 2005).

Funktionale Prozesse können wir zwar rein mechanistisch mit Physik und Chemie erklären, dies aber nur, solange wir uns auf zellulärer Ebene bewegen. Hierfür benötigen wir kein historisches Wissen. Doch für die Erklärung aller Aspekte der belebten Natur, in denen die **Dimension der historischen Zeit** eine Rolle spielt, ist es unverzichtbar. Vor diesem Hintergrund stellt sich in der Biologie eben nicht nur die Frage nach dem „wie", sondern auch nach dem „warum". In den physikalischen Wissenschaften reichen dagegen „was"- oder „wie"-Fragen aus, um zu Erklärungen zu gelangen. Die Frage, zu welchem Zweck beispielsweise der Blitz den Baum getroffen hat, ist hier nicht relevant. In der Biologie ist jedoch keine Erklärung mehr vollständig, wenn nicht auch die Fragen nach dem „warum" oder „wozu" gestellt werden. Sie sind der Schlüssel in der biologischen Forschung; ohne ihn bliebe uns ein großer Bereich der Biologie verschlossen.

Darwins Ideen waren von herausragender Bedeutung für die Entdeckung, dass einige Grundprinzipien der physikalischen Wissenschaften nicht auf die Biologie übertragbar sind. Darüber hinaus waren sie für die Entwicklung neuer Konzepte wichtig, die zwar für die Biologie gelten, aber nicht auf die unbelebte Natur angewendet werden können. So gesehen wäre das Konzept der Evolution und damit verbunden die Fragen nach dem „warum" beziehungsweise „wozu" an den Anfang der biologischen Grundausbildung in der gymnasialen Oberstufe zu stellen. Alle Themen, von der Genetik über die Ökologie bis hin zur Verhaltensbiologie, sollten „im Licht der Evolution" betrachtet werden – das wäre die große Klammer über vier Schulhalbjahre Biologie in der Kollegstufe. Die folgenden drei Unterrichtsthemen sollen das verdeutlichen.

## 7.2 Unterrichtspraxis

### 7.2.1 Anregungen für die Genetik

**Was haben Fadenwürmer, Mäuse und Menschen gemeinsam?**

**Genomevolution**

Molekularbiologische Untersuchungen haben es ans Licht gebracht: Wir teilen einen Großteil unserer Gene mit Bakterien, Pflanzen und Tieren. Während der letzten 3,5 Milliarden Jahre Evolutionsgeschichte haben sich zwar viele Merkmale des Genoms verändert – die am höchsten konservierten Gene sind jedoch bei allen lebenden Spezies sehr ähnlich geblieben.

Neue Gene werden immer **aus bereits vorhandenen Genen** erzeugt, denn es gibt keinen natürlichen Mechanismus, um lange Abschnitte aus neuen Zufallssequenzen aufzubauen (möglicherweise stammen alle heutigen Gene von wenigen Ur-Genen ab, die bei den frühesten Lebensformen vorkamen). Und in diesem Sinne ist auch kein Gen jemals vollständig „neu". Es gibt verschiedene Wege, auf denen gewisse Neuerungen entstehen können:

- Ein vorhandenes Gen kann durch Mutation in seiner DNA-Sequenz verändert werden,
- ein Gen kann verdoppelt werden, sodass ein Paar nächstverwandter Gene in einer Zelle entsteht,
- zwei oder mehrere Gene können gespalten und zu einem hybriden Gen wieder vereinigt werden oder
- DNA-Abschnitte können durch Gentransfer vom Genom einer Zelle in das einer anderen übertragen werden.

Durch Genverdopplung sind im Laufe der Zeit ganze Genfamilien entstanden. Solche Familienbeziehungen zwischen Genen sind nicht nur aus historischem Interesse wichtig, sondern auch, weil sie die Aufgabe, Genfunktionen zu entziffern, außerordentlich vereinfacht haben. Wenn man die Sequenz eines neu entdeckten Gens bestimmt hat, ist es heute mithilfe von Computern möglich, die Datenbanken mit den bekannten Gensequenzen nach Genen abzusuchen, die mit ihnen verwandt sind. In vielen Fällen ist die Funktion eines oder mehrerer solcher Homologen schon experimentell bestimmt, und daher kann man oft (nicht immer) recht treffsicher mutmaßen, welche Funktion das neue Gen hat (schließlich diktiert die Gensequenz die Genfunktion).

Nahezu jedes Gen im Wirbeltier-Genom besitzt **paraloge Gene** – andere Gene im gleichen Genom, die eindeutig verwandt sind und durch Genduplikation entstanden sein müssen. In vielen Fällen ist eine ganze Sammlung von Genen mit ähnlichen Sammlungen eng verwandt, die an anderen Stellen im Genom liegen. Solche molekularbiologischen Untersuchungen stützen die Annahme, dass sich in der Frühzeit der Evolution der Wirbeltiere das gesamte Genom zweimal hintereinander verdoppelt hat (in einigen Wirbeltiergruppen fand dann noch eine weitere Verdopplung statt, wobei der genaue Verlauf der Evolution des Wirbeltier-Genoms unsicher bleibt, weil es zu viele weitere Veränderungen gegeben hat).

Diese Genomverdopplung hat die **Entwicklung komplexerer Lebensformen** ermöglicht. Sie stattete einen Organismus mit zahlreichen Ersatzkopien eines Gens aus, die frei mutierten und nun verschiedene Funktionen erfüllten. Während eine Kopie beispielsweise optimal in der Leber eingesetzt werden konnte, kam eine andere im Gehirn perfekt zum Einsatz oder hatte eine ganz neue Funktion übernommen. Auf diese Weise ermöglichten zusätzliche Gene eine zunehmende Komplexität und Differenzierung. Wenn Gene divergierende Funktionen innehaben, sind sie nicht mehr redundant. Häufig behalten sie jedoch einen Teil ihrer ursprünglichen Grundfunktion bei, auch wenn sie eigentlich neue spezialisierte Aufgaben erfüllen (Alberts et al. 2004).

# 7 Genetik, Ökologie und Verhaltensbiologie aus evolutionsbiologischer Sicht

**Material 1**
Bauen mit Legosteinen

Um die vorangestellten Ausführungen zu veranschaulichen, werden Legosteine unterschiedlicher Größe und Farbe eingesetzt. Die verschiedenen Legosteine symbolisieren unterschiedliche Gene und damit auch Proteine, die durch Mutation entstanden sind. Eine neu eingeführte Farbe und Größe kennzeichnet beispielsweise ein hybrides Gen. Schüler 1 erhält einen kleinen Satz unterschiedlicher Legosteine; Schüler 2 bekommt einen umfangreicheren Satz an „Genen", der den kleinen Satz einschließt. Der Satz von Schüler 2 enthält darüber hinaus mehrere Exemplare von Legosteinen derselben Farbe und Größe (Beispiel für eine Genverdopplung) sowie Legosteine anderer Farbe und Größe. Beide Schüler sollen daraus etwas konstruieren. Die Schüler werden feststellen, dass man mit einem größeren Lego- sprich Gensatz etwas Komplexeres bauen kann. Eine Evolution der Gene schafft daher biologische Neuerungen, die letztendlich zu neuen Arten führen können.

### Sequenzvergleiche von Krankheitsgenen

Gensequenzen sind oft viel strikter konserviert als die Struktur des gesamten Genoms, wobei das Ausmaß der Sequenzähnlichkeit homologer Gene unterschiedlicher Arten von der Zeitspanne abhängt, die seit dem letzten gemeinsamen Ahnen vergangen ist. Die große Mehrheit der Gene, die für bestimmte Krankheiten verantwortlich sind, existiert interessanterweise bereits **seit dem Ursprung der ersten Zellen** (Domazet-Lošo und Tautz 2008). Seit der Evolution der Säugetiere sind kaum neue potenzielle Krankheitsgene hinzugekommen. Offenbar betreffen genetisch bedingte Krankheiten vor allem evolutionär alte zelluläre Prozesse, die bereits in der Frühphase organischen Lebens entstanden sind. Genau deshalb lassen sich aber nicht nur bei der Maus (immerhin ein Säugetier), sondern auch beim Fadenwurm oder der Fliege **grundlegende Zusammenhänge** von genetisch determinierten Krankheiten erforschen, die möglicherweise für Therapieansätze beim Menschen genutzt werden können.

☞ „Sequenzvergleiche von Aminosäuren und DNA" in Abschnitt 15.2.1

Die Suche nach homologen Genen (oder Proteinen) in Sammlungen bekannter Sequenzen geschieht üblicherweise über das Internet: Man wählt eine geeignete Datenbank und gibt die gewünschte Sequenz ein. Ein Sequenz vergleichendes Programm (z. B. BLAST) durchsucht die Datenbank dann nach ähnlichen Sequenzen. Die eingegebene Sequenz wird sozusagen an den archivierten entlang geschoben – die Sequenzen werden miteinander abgeglichen, bis ein Cluster von Resten ganz oder teilweise übereinstimmt. Hintergründe und den genauen Umgang mit Datenbanken und Softwaretools für Sequenzvergleiche finden Sie in Abschnitt 15.3.1.

**Chorea Huntington** ist eine vererbbare, derzeit noch nicht zu heilende Nervenkrankheit. Im Verlauf der Krankheit kommt es zum Absterben von Nervenzellen im Gehirn und infolgedessen zu schweren körperlichen Behinderungen, zu geistigem Verfall und schließlich zum Tod. 1993 isolierten Forscher das Gen, über das Chorea Huntington vererbt und ausgelöst wird. Es liegt auf dem menschlichen Chromosom 4. Durch vergleichende Analysen des Gens von Gesunden mit dem von Chorea-Huntington-Patienten konnten Wissenschaftler feststellen, welche Mutation der Krankheit zugrunde liegt: Die Änderung betrifft einen Abschnitt des Gens, in dem ein Triplett, bestehend aus den Nukleotidbausteinen Cytosin, Adenin und Guanin (kurz CAG), mehrmals nacheinander vorkommt. Bei Gesunden folgt dieses Triplett innerhalb der Wiederholungssequenz 6- bis 39-mal hintereinander, bei Patienten mit Chorea Huntington wird es hingegen 40- bis 180-mal wiederholt (Abb. 7.1).

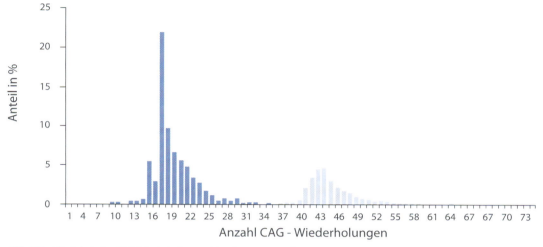

**Abb. 7.1** Häufigkeit der CAG-Wiederholungen (C = Cytosin, A = Adenin, G = Guanin). blau: Gesunde; grau: Chorea-Huntington-Patienten beziehungsweise Mutationsträger (nach Ruhr-Universität Bochum 2010)

Bei der Verlängerung des CAG-Tripletts handelt es sich um eine sogenannte **dynamische Mutation**. Hat die Zahl der Wiederholungen erst einmal den Schwellenwert von 40 überschritten, von dem an Chorea Huntington auftritt, wird es im Zuge der Vererbung von einer Generation zur nächsten immer länger. Dieser Zuwachs verstärkt die Wirkung der fehlerhaften Erbinformation. Denn je länger der wiederholte Abschnitt im Gen ist – und damit die entsprechende Glutamin-Reihe im Huntington-Protein –, desto früher bricht die Krankheit aus und desto dramatischer verläuft sie. Die Moleküle des Huntington-Proteins „verkleben" zu faserig-filzigen Knäueln und bilden eine Art Sperrmüll in den Nervenzellen. Bei Patienten, die erst als Erwachsene erkranken, enthält das Huntington-Protein in der Regel eine Sequenz von 40–55 Glutaminen, bei Kindern und Jugendlichen mit Chorea Huntington aber mehr als 70.

Die physiologische Funktion des Huntington-Proteins ist trotz intensiver Forschung noch nicht geklärt. Um Antworten auf solche Fragen zu finden, arbeiten Forscher mit Tiermodellen. Die Schüler sollen nun herausfinden, ob die Maus ein geeigneter Modellorganismus ist, um die Krankheit zu untersuchen.

Mittlerweile existieren Mäuse, die an Chorea Huntington erkranken. Durch die Übertragung der Mutation auf die Maus konnte ein Tiermodell geschaffen werden, das nicht nur in den genannten Symptomen der Chorea Huntington entspricht, sondern auch histologisch und pathophysiologisch

**Material 2**
Untersuchung von Krankheitsgenen

diese menschliche Krankheit widerspiegelt. Das Modell bietet zum ersten Mal die Möglichkeit, durch Versuche an intaktem Hirngewebe die funktionellen Veränderungen der Botenstoffe im Gehirn (Neurotransmitter) bei Chorea Huntington zu erforschen – ein wichtiger Fortschritt auf dem Weg zu besseren Therapien und zu einem besseren Verständnis des Krankheitsbildes.

### 7.2.2 Anregungen für die Ökologie

#### Der Vogelzug als Beispiel für Mikroevolution

#### Teilzieher und Co

*Material 3*
*Vogelzug – Standvögel, Zugvögel und Teilzieher*

Wo das Klima im Verlauf des Jahres stark schwankt, müssen sich Pflanzen und Tiere den **wechselnden Umweltbedingungen** anpassen. Einige Arten nutzen dabei ihre Beweglichkeit aus und wandern regelmäßig oder saisonal zwischen zwei Lebensräumen. Das gilt unter anderem für Schmetterlinge, Heuschrecken, Lachse, Vögel, Fledermäuse und auch große Säugetierherden in Afrika (z. B. Gnus, Elefanten). Periodische Wanderungen kommen überall auf der Erde vor, wo sich die Nahrungsgrundlage infolge des variierenden Klimas jahreszeitlich stark ändert. Auch der Vogelzug ist in erster Linie eine Reaktion auf ein wechselndes Nahrungsangebot. Mehr als die Hälfte unserer einheimischen Vogelarten entgeht so der **Nahrungsknappheit** im Winter.

Die Schüler sollen zunächst die Unterschiede zwischen Stand- und Zugvögeln beziehungsweise Teilziehern herausarbeiten und mögliche Vor- und Nachteile des Vogelzugs nennen. Der Vogelzug hat nämlich nicht nur Vorteile – die Tiere nehmen ungeheure Anstrengungen und Gefahren auf sich. Vor dem Abflug müssen Zugvögel zudem große Mengen an Nahrung aufnehmen, die im Stoffwechsel fast ausschließlich in Lipide umgewandelt werden. Das Fett wird in Fettpolstern als sogenanntes „Speckhemd", aber auch in der Leber und in der Brustmuskulatur gespeichert. Unter günstigen Bedingungen können Vögel ihr Fettdepot schon innerhalb von zwei Wochen ansammeln. Große Zugvögel (z. B. Störche, Kraniche) legen relativ geringe Fettpolster an, da sonst ihre Flugfähigkeit durch ein zu hohes Körpergewicht beeinträchtigt werden würde. Sie müssen deswegen während des Zugverlaufes ihre Fettreserven, besonders vor dem Überfliegen großer Hindernisse (Gebirge, Wüsten, Meere), in Rastbiotopen durch Aufnahme neuer Nahrung auffüllen.

#### Zugverhalten und Zugunruhe

*Material 4*
*Zugaktivität – ein angeborenes Verhalten*

Das Zugverhalten wird auch **genetisch gesteuert**. Ziehende Vögel zeigen kurz vor ihrem Abflug in Richtung ihres Sommer- beziehungsweise Winterquartiers eine erhöhte Aktivität (Zugunruhe), egal, ob sie sich in Freiheit oder in Gefangenschaft befinden (Abb. 7.2, vgl. auch Abb. 7.12 in Lösungen). Die Schüler werden aufgefordert, sich Versuche und mögliche Erklärungen der Zugaktivität auszudenken.

In einem Experiment haben Forscher die Zugunruhe bei Gartengrasmücken untersucht, die in Käfige gesperrt waren. Sie haben diese per Video aufgezeichnet und ausgewertet: Über 90 % der erfassten Zugunruhe zeichnete sich durch Schwirren, also rasches Flügelschlagen im Sitzen aus. Auch die meisten Hüpfbewegungen von Stange zu Stange, an die Käfigwände und auf den Boden wurden von Schwirren begleitet. Auf der Basis der Video-Aufzeichnungen wurde eine durchschnittliche Schwirrzeit von rund 165 Stunden ermittelt. Multipliziert man diesen Wert mit der durchschnittlichen Fluggeschwindigkeit der Art während des Zuges, die bei 25–30 km/h liegt, so ergibt sich für die Schwirrzeit eine theoretische Streckenleistung von etwa 4500–5000 km. Damit würden süddeutsche Gartengrasmücken auf ihrem Zugweg über die Iberische Halbinsel bis etwa zur Nigermündung, also ins Zentrum ihres Winterquartiers, gelangen. Die Zugunruhe der gefangenen Gartengrasmücken, das Schwirren, ist demnach eine Art „Ziehen im Sitzen". Die Information über die Länge des Zugweges ist offenbar durch ein angeborenes Bewegungsprogramm gesichert (Berthold und Querner 1988).

Haus- und Gartenrotschwänze zeigen ein unterschiedliches Zugverhalten (Abb. 7.3). Auch hier bestätigen Experimente zur Zugunruhe beider Arten, dass diese offenbar genetisch festgelegt ist. Der zeitliche Ablauf des Vogelzugs beruht auf genetisch programmierten Phasen von Zugaktivität. Sie sind bei Langstreckenziehern groß und werden während mehrerer Monate „produziert", entsprechend kürzer fallen sie bei Kurzstreckenziehern aus. Hybride Vögel verhalten sich intermediär, nehmen also eine Zwischenstellung ein (Abb. 7.4).

**Abb. 7.2**
Eine Mönchsgrasmücke mit Zugunruhe im Käfig (MPI für Ornithologie)

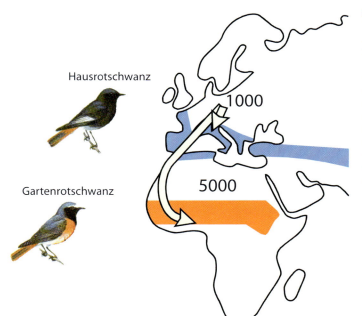

**Abb. 7.3**
Zugverhalten von Hausrotschwänzen (Kurzstreckenzieher; blau) und Gartenrotschwänzen (Langstreckenzieher; orange) im Vergleich. Hausrotschwänze ziehen von Süddeutschland aus etwa 1000 km weit, bis sie ihre Winterquartiere im Mittelmeerraum erreichen. Gartenrotschwänze legen 5-mal so viel Strecke zurück und fliegen bis südlich der Sahara (nach Berthold 2001).

# 7 Genetik, Ökologie und Verhaltensbiologie aus evolutionsbiologischer Sicht

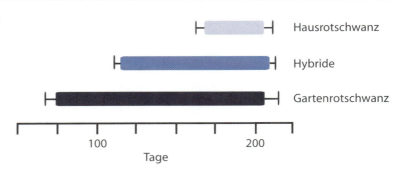

**Abb. 7.4**
Zugaktivität von handaufgezogenen Garten- und Hausrotschwänzen (Tage = Lebensalter). Je nach Zugstrecke entwickeln die Vögel unterschiedliche Zugaktivität, und zwar in Übereinstimmung mit ihren frei lebenden Artgenossen - Gartenrotschwänze sind frühzeitig und lange nach dem Schlupf zugaktiv, Hausrotschwänze sind es dagegen spät und kurz.
(nach Berthold 2001)

Über die Zugunruhe lässt sich somit messen, welche Informationen zum Thema „Reisestrecke" gewissermaßen schon aus dem Ei mitgebracht werden. So „weiß" auch der auf sich gestellte Neuling, wie weit er fliegen muss. Inzwischen hat die Untersuchung von mehr als 100 Zugvogelarten (mit über 5000 von Hand aufgezogenen Individuen) gezeigt, dass die Zugunruhe ein erstaunlich genaues art- und populationsspezifisches **Abbild des Zuges von Artgenossen in freier Natur** liefert. Das gilt sowohl im Hinblick auf Beginn, Ende und Dauer der Zugzeit als auch hinsichtlich der Zugintensität in bestimmten Phasen der Zugperiode und anderes mehr. Diese einfache und verlässliche Methode erlaubt somit wesentliche Elemente des Vogelzugs unter kontrollierten Versuchsbedingungen in vielen Einzelheiten zu untersuchen.

### Selektion des Zugverhaltens

**Material 5**
Zweiweg-Selektionsverfahren

Wenn genetische Faktoren bei der Steuerung des Zug- beziehungsweise des Standvogelverhaltens in größerem Umfang beteiligt sind, sollte sich durch die gezielte Auswahl der Elterntiere die Zusammensetzung (und damit das Verhalten) der Folgegenerationen im Vergleich zur Ausgangspopulation verändern. In einem Experiment mit teilziehenden Mönchsgrasmücken wurden deshalb ziehende Individuen mit anderen ziehenden Individuen als Brutpaare in eine Voliere gesetzt und die Nichtzieher mit anderen Nichtziehern. Die Ausgangspopulation mit 267 Individuen bestand zu 75 % aus Ziehern und zu 25 % aus Standvögeln (Nichtziehern; Berthold 2001). Nach kurzer Zeit war das Versuchsziel einer reinen Zugvogelpopulation mit der $F_3$-Generation erreicht; bei der Selektion der Nichtzieher hatten die Forscher mit der $F_6$-Generation eine reine Standvogelpopulation (Abb. 7.13 in Lösungen).

Eine zu rund drei Viertel ziehende Population kann durch entsprechende Selektion also bereits nach drei Generationen auf genetischer Basis zu einer ausschließlich zugaktiven Population werden und nach etwa 4–6 Generationen zu einer fast nicht mehr ziehenden Population. Das ist die schnellste bisher beschriebene Verhaltensänderung auf genetischer Basis. Unter natürlichen Bedingungen würde die Umwandlung einer Zugvogel- in eine nahezu reine Standvogelpopulation (oder umgekehrt) bei Singvögeln somit vermutlich etwa 25 Generationen oder 40 Jahre dauern. **Das Teilzug-Verhalten besitzt damit ein hohes Mikroevolutionspotenzial.** Seine genetische Verankerung bringt keinerlei Nachteile, bietet aber den großen Vorteil, dass die Entwicklung unter andersartigen Umweltbedingungen jederzeit durch einfache Genselektion wieder umkehrbar ist.

**Vogelzug und Klimawandel**

Aus den vorher genannten Untersuchungen folgt, dass der **Teilzug** eine Art **Drehscheibe zwischen Zug- und Standvogelverhalten** darstellt. Ziehen oder Nichtziehen sind somit keine getrennten Verhaltensbereiche, sondern können vielmehr durch **Selektion** (ohne weitere Einflüsse wie Mutationen und Verhaltenssprünge) ineinander übergehen. Bei sich rasch verändernden Umweltbedingungen ändert sich durch Selektion somit auch das Zugverhalten (siehe auch Max-Plank-Gesellschaft 2011a). Ein Gedankenexperiment dazu:

- Eine lang anhaltende Kältewelle als Vorbote einer möglichen neuen Kälteperiode könnte sich bis in den nördlichen Mittelmeerraum auswirken, sodass eine dort ansässige teilziehende Vogelpopulation nicht mehr erfolgreich im Brutgebiet überwintern könnte. Dann würden – wie im Selektionsexperiment – von der nächsten Brutperiode an nur noch heimkehrende Zieher untereinander brüten. Sie könnten bereits nach drei Generationen eine rein ziehende, gut an die neuen Verhältnisse angepasste Population aufbauen.

- Kommen umgekehrt vom Süden Vorboten einer neuen Warmzeit bis nach Mitteleuropa – wie es jetzt angesichts des Klimawandels geschieht –, besitzt der nicht ziehende Teil einer hier brütenden Vogelpopulation einen zunehmenden Vorteil: Ihr Überwinterungserfolg steigt; sie (die Nichtzieher) paaren sich verstärkt untereinander und erreichen eine höhere Fitness. In kurzer Zeit könnte sich somit eine reine Standvogelpopulation etablieren.

Genau das ist derzeit im Zuge der globalen Klimaerwärmung in großem Umfang zu beobachten. So hat die in höheren geografischen Breiten fortschreitende **Reduzierung des Zugumfangs** bereits dazu geführt, dass beispielsweise Amseln im Rheinland Standvögel geworden sind. In diesen Regionen wird infolge milderer Winter der Anteil an Standvögeln also zunehmen. Des Weiteren dringen **subtropische Arten** in klimatisch gemäßigte geografische Breiten vor (Abb. 7.5). Die Schüler sollen sich nun Gedanken dazu machen, was eine Klimaerwärmung für die Langstreckenzieher bedeuten könnte.

Für viele Vögel ist nicht die jährliche Durchschnittstemperatur entscheidend, sondern die Frage, ob es durch die Wärme zugleich trockener wird. Für die Iberische Halbinsel wird angenommen, dass die Zahl der Niederschläge im Winter sinkt, während die Temperaturen steigen. Das würde zu deutlich ausgedehnten Trockenperioden führen, in deren Folge immer mehr Gebiete in Spanien verdörren, ja teilweise sogar wüstenähnlich werden würden. Auf den Britischen Inseln könnte die Erwärmung wegen des maritimen Klimas und größerer Feuchtigkeit dagegen für viele Arten positiver sein als im kontinental geprägten Osteuropa, wo die Hitze ebenfalls mit großer Trockenheit einhergeht. Während Nordwest-Europa warme und feuchte Winter erlebt, nimmt im Zuge dieser Winter die Produktivität

**Material 6**
Langstreckenzieher und Klimawandel

der Vegetation in der afrikanischen Sahelzone ab – einem wichtigen Zwischenstopp für durchziehende Vögel – und es kommt damit einhergehend zu einer starken Desertifikation (Wüstenbildung). Wer unter den Vogelarten gewinnt und wer verliert, das entscheidet sich erst, wenn klar ist, wie sich das Klima tatsächlich verändert. Bereits der gemessene durchschnittliche Temperaturanstieg um 0,8 °C in Deutschland hat für eine Verschiebung der Klimazonen um bis zu 100 Kilometer nach Norden gesorgt. Folglich beginnt der Frühling zeitiger – zwischen zwei und sieben Tagen früher als noch vor 20 Jahren. Subtropisch-exotische Einwanderer werden häufiger denn je bis in die nördlichen Breiten vordringen und dort wahrscheinlich die Biodiversität verstärken – allerdings mit bislang noch nicht vorhersagbaren Folgen im Hinblick auf die Konkurrenz mit anderen Arten, das sich einpendelnde Artengefüge und das Ausmaß an Umstrukturierungen in der Vogelwelt.

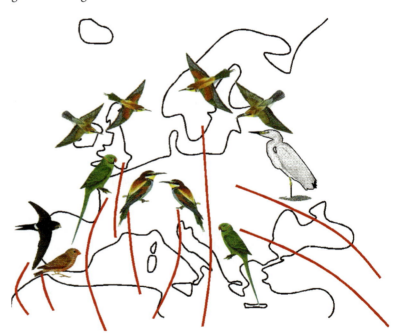

**Abb. 7.5**
Vordringen und Brüten subtropischer Arten in klimatisch gemäßigte Breiten, schematische Darstellung. Kaffernsegler und Wüstengimpel überwintern teilweise auf der Iberischen Halbinsel. Darüber hinaus dringen der Bienenfresser und Halsbandsittiche aus Nordafrika sowie der Silberreiher aus Vorderasien in klimatisch gemäßigte geografische Breiten nach Mitteleuropa vor (nach Berthold 2001).

### 7.2.3 Anregungen für die Verhaltensbiologie

#### Partnerwahl als Beispiel für Fitnessmaximierung

Männer und Frauen betreiben unterschiedlichen Aufwand für den Nachwuchs, und das beginnt schon auf zellulärer Ebene. So benötigt beispielsweise die große weibliche Eizelle, die reich an Nährstoffen ist, sehr viel mehr Biomasse als die Spermien. Eine Frau produziert während ihres gesamten Lebens nur 400 reife Eizellen. Dagegen sind Spermien kaum mehr als „bewegliche DNA-Schnipsel", von denen man an die 300 Millionen in einem einzigen Ejakulat finden kann. Diese Diskrepanz im biologischen Aufwand für den Nachwuchs wird nach der Befruchtung noch größer. Während eine Frau in der Regel nicht mehr als 20 Schwangerschaften in ihrem Leben auszutragen vermag, wird die Anzahl der Kinder für einen Mann letztlich nur durch die Zahl der Frauen begrenzt, mit denen er Kinder zeugen kann. Streng biologisch betrachtet investiert eine Frau in ein einzelnes Kind also mehr als ein Mann. Und diese Unterschiede führen zu den Abweichungen im Verhalten der Geschlechter: Während das Geschlecht mit dem geringeren biologischen Aufwand als Elternteil (beim Menschen der Mann) die Zeit nutzen kann, um noch mehr Nachkommen zu produzieren, wird das Geschlecht mit der biologisch höheren elterlichen Investition seinen Partner äußerst sorgfältig wählen, da es bei einer schlechten Wahl einen größeren Verlust hinnehmen muss (Allman 1996).

### Unser evolutionäres Erbe

Unser Sexualverhalten beruht auf einem entwicklungsgeschichtlichen Vermächtnis, das uns unsere frühen Vorfahren hinterlassen haben. Die unterschiedlichen entwicklungsgeschichtlichen Strategien, wie Männer und Frauen jeweils in ihre Nachkommen investieren, spiegeln sich noch heute in unserem Verhalten bei der Partnerwahl wider. Die psychischen und physischen Merkmale, die Männer und Frauen beim jeweils anderen Geschlecht bevorzugen, sind somit keineswegs eine Erfindung der Medien und Werbeagenturen, sondern tief in der menschlichen Psyche verwurzelt (Werbeagenturen nutzen sie gerade deshalb geschickt für ihre Zwecke). Und auch die Kriterien für Partnerwahl, Reaktionen auf Untreue und sexuelles Begehren fallen bei Mann und Frau ganz unterschiedlich aus.

### Strategien zur Fitnessmaximierung

Mit der Entwicklung und Anwendung geeigneter und zuverlässiger Methoden für Elternschaftsnachweise stellte sich heraus, dass bei vielen, zuvor als strikt monogam angesehenen Vogelarten (z. B. Blaumeisen), Jungtiere keine Seltenheit sind, die auf **Kopulationen außerhalb des Paarbundes** zurückgehen („extra-pair young", EPY; siehe auch Max-Planck-Gesellschaft 2011b). Tatsächlich konnten bei 86 % aller bisher untersuchten Singvogelarten außerpaarlich gezeugte Nachkommen nachgewiesen werden. Offenbar handelt es sich um eine alternative Fortpflanzungsstrategie, die den Reproduktionserfolg einzelner Individuen erheblich beeinflussen kann. Für Evolutionsbiologen stellt sich die Frage, welchen Nutzen beziehungsweise welche Kosten dieses Verhalten für die Weibchen und die Männchen hat (Abb. 7.6).

### Fremdgehen der Männchen

Forscher haben den Reproduktionserfolg von „fremdgehenden" Kohlmeisenmännchen untersucht (Abb. 7.7): Danach können die Tiere durch außerpaarliche Kopulationen die **Anzahl ihrer Nachkommen** im Mittel tatsächlich **steigern**. Vergleicht man die Gewinne und Verluste der genetischen Väter direkt, d. h. paarweise miteinander, zeigt sich, dass die Gewin-

**Material 7**
Anzeigen und Partnersuche

**Info**

Eine **Strategie** ist eine genetisch fixierte Entscheidungsregel. Sie beschreibt das Ausmaß der phänotypischen Plastizität des Verhaltens eines Individuums. Typischerweise „sagt" sie einem Individuum, an welchem Punkt es bei sich verändernden Umweltbedingungen zwischen zwei verschiedenen Taktiken umschalten muss. Eine **Taktik** ist ein phänotypisches Verhalten.

**Material 8**
Fremdgehen und Fitness bei Vögeln

ne durch außerpaarlich gezeugte Nachkommen in Fremdnestern signifikant höher liegen als die Verluste, die diese Männchen durch außerpaarlich gezeugte Nachkommen im eigenen Nest hinnehmen mussten. Ähnliche Überlegungen sollten auch die Schüler anstellen.

Wie hoch eine derartige Steigerung des Fortpflanzungserfolges aufseiten der Männchen ausfallen kann, zeigt ein Befund an Tannenmeisen: Im Jahr 2000 konnte ein Männchen in einer Tannenmeisenpopulation seinen Reproduktionserfolg netto, d. h. nach Abzug von in diesem Fall zwei Fremdküken im eigenen Nest, um insgesamt 25 Nachkommen erhöhen. Das entspricht mehr als einer Verfünffachung der Nachkommenzahl, die dieses Männchen mit dem eigenen Weibchen hatte. Insgesamt brachte es dieses Männchen damit auf 33 Nachkommen in nur einem Jahr (Lubjuhn 2005).

**Abb. 7.6**
Diese Blaumeisengeschwister stammen zwar aus demselben Nest, aber von verschiedenen Vätern. Kurz vor dem Ausfliegen sehen sie alle gleich gut entwickelt aus, doch der erste Winter trennt die Spreu vom Weizen: Dann haben Junge, deren Eltern genetisch weniger verwandt waren, einen entscheidenden Überlebensvorteil (Max-Planck-Forschungsstelle für Ornithologie/Kaspar Delhey).

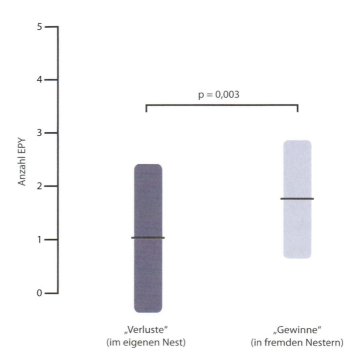

**Abb. 7.7**
Vergleich der Gewinne durch außerpaarliche Kopulation (*extra-pair young*, EPY) in anderen Bruten und der Verluste im eigenen Nest für 42 Kohlmeisenmännchen, die als genetische Väter von EPY identifiziert werden konnten. Paarvergleiche „Verluste" und „Gewinne" nach Wilcoxon. p = Signifikanzwert (nach Lubjuhn 2005).

## Fremdgehen der Weibchen

Die Frage, ob außerpaarliche Kopulationen den Nachkommen der Weibchen einen Fitnessvorteil liefern, ist etwas differenzierter zu beantworten. Hier gibt es zwei verschiedene Hypothesen:

- **„Gute Gene"-Hypothese**: „Gute Gene" können Gene sein, die zu einem stärkeren Körperbau, erhöhter Vitalität, besserer Konkurrenzfähigkeit, einer besseren Immunabwehr oder einer höheren Attraktivität als Paarungspartner beitragen. Sie machen ihre Träger gesünder oder attraktiver als andere. Diese Gene werden durch den Partner an die Nachkommen eines Weibchens vererbt und kodieren dort ähnlich erfolgreiche Eigenschaften. Weibchen sollten daher bei der Suche nach dem passenden Vater für ihre Jungen versuchen, Männchen mit „guten Genen" zu finden. Stimmt diese Hypothese, sollten die Männchen, mit denen die Weibchen außerpaarliche Kopulationen eingehen, absolut betrachtet bessere Gene besitzen als der jeweilige soziale Partner.

- **Genetische Kompatibilitäts-Hypothese**: Nicht nur einzelne Gene von Vater und Mutter sind wichtig, sondern auch die Kombination des genetischen Materials beider Eltern bestimmt die Fitness der Nachkommen. Die Paarung verwandter und daher genetisch ähnlicher Partner kann nachteilige Auswirkungen haben. So haben Nachkommen von Paaren, die genetisch einander sehr ähnlich sind (an vielen Genen die gleichen Allele besitzen), aufgrund ihrer geringen Heterozygotie (das Vorkommen von zwei verschiedenen Allelen an einem Gen → genetische Vielfalt) oft eine geringere Überlebens- und Fortpflanzungschance. Weibchen sollten daher auch Partner wählen, die ihnen nicht ähnlich sind. Vor dem Hintergrund dieser Hypothese sollten Weibchen außerpaarliche Kopulationen also mit solchen Männchen suchen, deren Genom das eigene quasi besser ergänzt als das des eigentlichen Paarpartners.

Die Grundannahmen der beiden Hypothesen sind unterschiedlich und führen deshalb zu unterschiedlichen Vorhersagen: Wählen die Weibchen nämlich nach der „Gute Gene"-Hypothese, so sollten alle dasselbe Männchen als außerpaarlichen Partner bevorzugen. Denn die genetische Qualität eines bestimmten Männchens wäre dann für alle Weibchen gleich. Vor dem Hintergrund der genetischen Kompatibilitäts-Hypothese ist die genetische Qualität eines Männchens für verschiedene Weibchen jedoch unterschiedlich und damit auch seine Eignung als außerpaarlicher Partner. Bei beiden Hypothesen ergibt sich jedoch eine gemeinsame Grundaussage: Außerpaarliche Kopulationen führen zu einer **Erhöhung der genetischen Qualität** der daraus resultierenden Nachkommen.

## Fitness zwischen Halbgeschwistern

In diesem Fall sollten Fitnessunterschiede zwischen den Halbgeschwistern nachweisbar sein, d.h. die außerpaarlich gezeugten Nachkommen sollten in irgendeiner Form „besser" sein als ihre Halbgeschwister. Das wäre ein Beleg für den Nutzen außerpaarlicher Kopulationen aufseiten der Weibchen.

> **Info**
>
> Mithilfe des **DNA-Fingerprintings** können DNA-Regionen, die aus sich wiederholenden Sequenzen (z. B. CACACA...) aufgebaut sind, nachgewiesen werden. Die Anzahl der Wiederholungen und damit die Länge eines solchen Abschnitts variiert sehr stark in einer Population. Wegen der Variabilität erbt ein Individuum meist von jedem Elternteil eine andere Variante – und damit bietet sich hier die Möglichkeit für einen „Vaterschaftstest" (vgl. Abb. 7.9 in Unterrichtsmaterialien).

Verglichen werden deshalb außerpaarlich gezeugte Nestlinge und ihre Halbgeschwister. Von Bedeutung sind dabei all jene Merkmale, die Einfluss auf den späteren Fortpflanzungserfolg der Nestlinge nehmen und somit auch die Gesamtfitness der Mutter beeinflussen. Dabei werden nur solche Nestlinge miteinander verglichen, die unter denselben Randbedingungen von denselben sozialen Eltern aufgezogen wurden. Alle anderen Einflussgrößen (z. B. unterschiedliche Territoriumsqualität, unterschiedliche Qualität der sozialen Eltern etc.) sind damit automatisch kontrolliert. Das Auftreten von Bruten mit gemischten Vaterschaften kann in diesem Zusammenhang als eine Art Naturexperiment verstanden werden.

Foerster und Kollegen (Foerster et al. 2003) haben einen solchen Versuch mit Blaumeisen durchgeführt (Abb. 7.10 in Unterrichtsmaterialien). In der Regel bleiben Blaumeisen in dem Territorium, in dem sie aufgewachsen sind. Und das heißt, dass ein Weibchen mit seinem sozialen Partner und seinen nächsten Nachbarn deutlich näher verwandt ist als mit einem entfernt lebenden Männchen. Aufgrund dieser genetischen Populationsstruktur können Blaumeisenweibchen sicher sein, dass außerpaarliche Kopulationen mit fremden, **nicht lokalen** Männchen zu Nachkommen führen, die von höherer genetischer Vielfalt sind als die Jungen des sozialen Partners. Tatsächlich waren die außerpaarlich gezeugten Jungvögel, deren Väter nicht in der direkten Nachbarschaft der Weibchen lebten, **stärker heterozygot als ihre Halbgeschwister**.

Von einer im Durchschnitt elfköpfigen Blaumeisenbrut erleben meist nur ein oder zwei Jungvögel den nächsten Frühling. Die Forscher beobachteten nun die Blaumeisenpopulation über mehrere Jahre und stellten fest, dass vor allem die stärker heterozygoten Jungvögel den ersten Winter überlebten und im gleichen Gebiet zu brüten begannen. Ihre individuelle genetische Vielfalt bescherte ihnen also einen entscheidenden Vorteil – und wirkte sich auch auf die erwachsenen Blaumeisen aus: Die Weibchen legten größere Gelege und lebten länger, wenn sie stärker heterozygot waren. Heterozygote Männchen wiederum waren erfolgreicher bei der Jungenaufzucht und produzierten mehr überlebende Nachkommen. Diese Ergebnisse sind damit ein Beleg für die genetische Kompatibilitäts-Hypothese.

Allerdings stammt nach wie vor die Hälfte der außerpaarlich gezeugten Nachkommen von benachbarten Blaumeisenmännchen ab. Die Forscher fanden heraus, dass bei der Wahl benachbarter Blaumeisenmännchen die Weibchen jene aussuchten, die älter und besonders groß waren. Auch das dürfte bessere Überlebenschancen beziehungsweise einen Konkurrenzvorteil gegenüber anderen Artgenossen bedeuten – die „guten Gene" wurden hier ebenfalls an die Nachkommen weitergegeben. Damit zeigt die Studie von Foerster et al. (2003) erstmals, dass zwei Mechanismen („Gute Gene" und individuelle genetische Vielfalt [Heterozygotie]) unabhängig voneinander zur Evolution von weiblicher Promiskuität im selben sozialen monogamen System führen können.

## 7.3 Unterrichtsmaterialien

### 7.3.1 Anregungen für die Genetik

**Material 1: Bauen mit Legosteinen**

#### Aufgabe 1

Je zwei Schüler bilden eine Gruppe. Als Material stehen Legosteine unterschiedlicher Größe und Farbe zur Verfügung, die verschiedene Gene (und damit auch Proteine) symbolisieren. Die „Gene" sind durch Mutation entstanden.

Schüler 1 erhält einen kleinen Satz an Legosteinen. Schüler 2 bekommt einen umfangreicheren Legostein-Satz, der den kleinen Satz einschließt. Der Satz von Schüler 2 enthält darüber hinaus mehrere Exemplare von Legosteinen derselben Farbe und Größe (Beispiel für eine Genverdopplung) sowie Legosteine anderer Farbe und Größe. Baut aus euren Legosteinen nun etwas.

Überlegt, was das Legostein-Beispiel mit dem Genom und seiner Entwicklung zu tun haben könnte. Zieht ein Fazit hinsichtlich der Entstehung neuer Arten.

**Material 2: Untersuchung von Krankheitsgenen**

#### Aufgabe 2

Für welche Aminosäure kodiert das Triplett CAG? Welche Veränderungen erwartest du demnach bei dem entsprechenden Protein bei Gesunden beziehungsweise bei Chorea-Huntington-Kranken?

#### Aufgabe 3

Überprüfe, ob auch Mäuse das Huntington-Gen tragen und möglicherweise als Modellorganismus geeignet sind, um diese Krankheit zu untersuchen.

a   Um diese Frage zu beantworten, benötigst du einen Internetzugang. Gehe folgendermaßen vor:

- Rufe die Website des National Center for Biotechnology Information (NCBI) auf: *http://www.ncbi.nlm.nih.gov/sites/entrez?db=homologene*
- Gib das Stichwort „Huntington Disease" in das Suchfeld ein und klicke auf „Go".
- Scrolle ein wenig nach unten und klicke auf das Resultat Nr. 4: „HomoloGene:1593. Gene conserved in Euteleostomi"
- Es werden nun zwei Listen angeboten („Genes" und „Proteins").

b   Unter „Genes" sind verschiedene Organismen aufgeführt. Finde heraus, welche Lebewesen sich hinter den lateinischen Namen verbergen.

- *Homo sapiens*
- *Pan troglodytes*
- *Canis lupus familiaris*
- *Bos taurus (Bos primigenius taurus)*

- *Mus musculus*
- *Rattus norvegicus*
- *Gallus gallus*
- *Danio rerio*

c Scrolle ein wenig nach unten zu „Protein Alignments". Klicke nun „Show Pairwise Alignment Scores" an.
Stelle fest, wie groß die Übereinstimmung zwischen dem Maus-Huntington-Gen und dem menschlichen Huntington-Gen ist. Wie ähnlich ist das Maus-Protein dem menschlichen Huntington-Protein?

d Erkläre, warum das Protein der Maus (die Aminosäuresequenz) dem menschlichen Protein ähnlicher ist als die Nukleotidsequenz.

e Bei der Maus befindet sich das Huntington-Gen auf Chromosom 5, während es beim Menschen auf Chromosom 4 liegt. Erkläre, warum man das Gen nicht in beiden Organismen auf demselben Chromosom findet.

f Überlege, was passieren würde, wenn das Maus-Gen in ähnlicher Weise mutiert wie das menschliche Krankheitsgen. Würde die Maus ebenfalls an Chorea Huntington erkranken?

### 7.3.2 Anregungen für die Ökologie

#### Material 3: Vogelzug – Standvögel, Zugvögel und Teilzieher

**Aufgabe 4**

Erkläre anhand der vorliegenden Grafik (Abb. 7.8) die Begriffe Standvogel, Zugvogel und Teilzieher.

**Aufgabe 5**

Erläutere, warum im Winter gerade die Vögel aus Nord- und Mitteleuropa fortziehen, die Insekten und Weichtiere fressen.

**Aufgabe 6**

Überlege, welche Nachteile Langstreckenzieher in Kauf nehmen müssen.

**Aufgabe 7**

Erkläre, welche Vorteile Teilzieher-Populationen haben.

#### Material 4: Zugaktivität – ein angeborenes Verhalten

**Aufgabe 8**

Überlege dir, wie das Teilzug-Verhalten gesteuert sein könnte.

**Aufgabe 9**

Wie kann man im Experiment zwischen Ziehern und Nichtziehern unterscheiden? Überlege dir einen Versuch.

## 7.3 Unterrichtsmaterialien

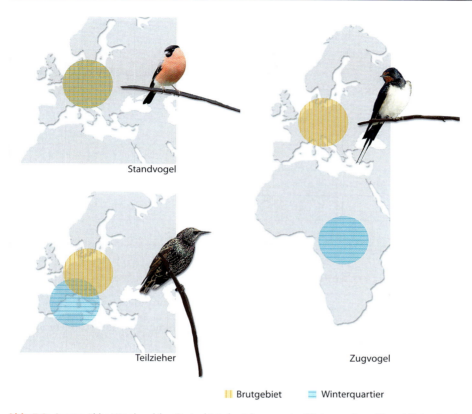

**Abb. 7.8** Ausgewählte Vögel und ihre Brutgebiete beziehungsweise Winterquartiere. Gimpel (links oben), Rauchschwalbe (rechts), Star (links unten)

## Aufgabe 10

Anhand welcher Beobachtungen könnte man überprüfen, dass Zugunruhe tatsächlich über ein „genetisch festgelegtes Zugprogramm" bestimmt wird? **Tipp:** Recherchiere das Zugverhalten des Hausrotschwanzes und des Gartenrotschwanzes und stelle dann begründete Vermutungen über ihr Zugverhalten an.

### Material 5: Zweiweg-Selektionsverfahren

## Aufgabe 11

In einem Experiment bestanden die Elterntiere teilziehender Mönchsgrasmücken zu 75 % aus Ziehern und zu 25 % aus Nichtziehern (Standvögeln). Um einen möglichen genetischen Einfluss auf das Zug- beziehungsweise Standvogelverhalten zu untersuchen, wurden Zieher mit Ziehern und Nichtzieher mit Nichtziehern jeweils als Brutpaare in Volieren gesetzt. In Tabelle 7.1 sind die Ergebnisse des Experiments wiedergegeben.

Stelle die Ergebnisse des Zweiweg-Selektionsverfahrens in einer Grafik dar, indem du den prozentualen Anteil der Nichtzieher (Y-Achse) gegen die jeweilige Folgegeneration (X-Achse) aufträgst. Welches Fazit kannst du aus dem Experiment und seinen Ergebnissen ziehen?

siehe auch Onlinematerialien unter *http://extras.springer.com*

# 7 Genetik, Ökologie und Verhaltensbiologie aus evolutionsbiologischer Sicht

**Tab. 7.1:** Ergebnisse des Zweiweg-Selektionsexperiments mit teilziehenden Mönchsgrasmücken. Angabe der Nichtzieher je Folgegeneration ($F_1$–$F_6$) in % (nach Berthold 2001).

| Nichtzieher je Folgegeneration (in %) | Zieher x Zieher | Nichtzieher x Nichtzieher |
|---|---|---|
| $F_1$ | 15 | 54 |
| $F_2$ | 8 | 68 |
| $F_3$ | 0 | 81 |
| $F_4$ | | 90 |
| $F_5$ | | 90 |
| $F_6$ | | 100 |

### Material 6: Langstreckenzieher und Klimawandel

#### Aufgabe 12

Welche Probleme kommen mit dem Klimawandel deiner Meinung nach insbesondere auf die Langstreckenzieher zu?

## 7.3.3 Anregungen für die Verhaltensbiologie

### Material 7: Anzeigen und Partnersuche

#### Aufgabe 13

Welche Kriterien spielen bei der Partnerwahl eine Rolle? Untersuche verschiedene Anzeigen zur Partnersuche und stelle die Kriterien zusammen, nach denen Männer beziehungsweise Frauen den Wunschpartner aussuchen.

### Material 8: Fremdgehen und Fitness bei Vögeln

#### Aufgabe 14

Überlege, welchen evolutionären Vorteil die Männchen durch Fremdgehen haben könnten – und welche Nachteile damit verbunden sein könnten.

#### Aufgabe 15

Überlege, welchen evolutionären Vorteil die Weibchen durch Fremdgehen haben könnten.

#### Aufgabe 16

Wie lassen sich die Überlegungen aus den beiden vorherigen Aufgaben überprüfen? Formuliere Fragen, die durch Beobachtungen im Freiland beziehungsweise durch Laboruntersuchungen geklärt werden können.

## Aufgabe 17

Kläre anhand der vorliegenden genetischen Fingerabdrücke einer Blaumeisenfamilie (Abb. 7.9), welcher der beiden Jungvögel aus einer außerpaarlichen Kopulation des Weibchens stammt.

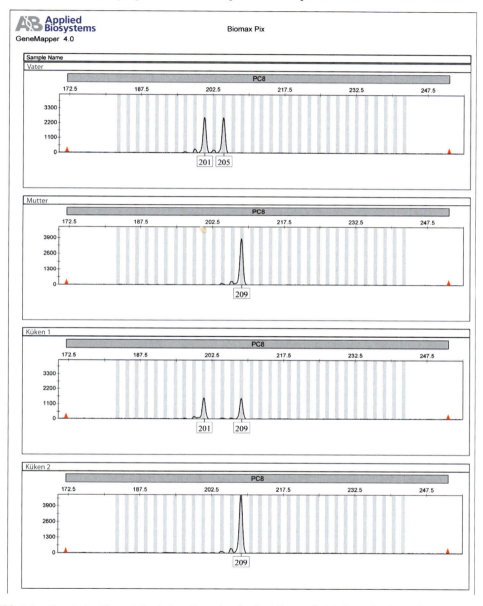

**Abb. 7.9a** Genetischer Fingerabdruck einer Blaumeisenfamilie; Mikrosatellit PC8 (Max-Planck-Gesellschaft)

# 7 Genetik, Ökologie und Verhaltensbiologie aus evolutionsbiologischer Sicht

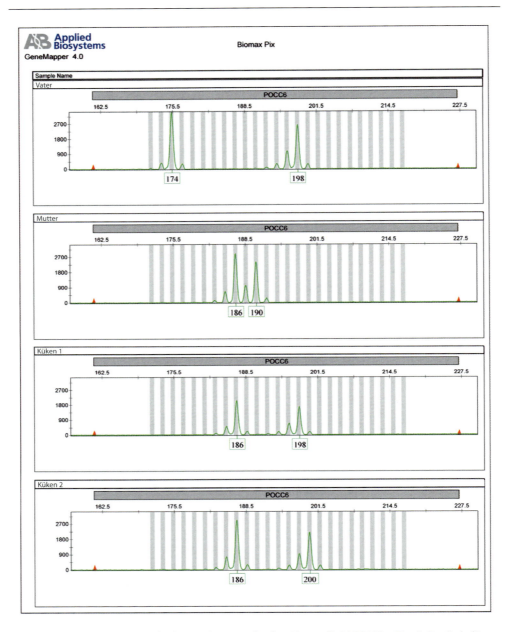

**Abb. 7.9b** Genetischer Fingerabdruck einer Blaumeisenfamilie; Mikrosatellit POCC6 (Max-Planck-Gesellschaft)

Innerhalb der DNA-Sequenz eines Organismus befinden sich wiederholende Abschnitte (z. B. „CACACA"). Die Anzahl der Wiederholungen und damit die Länge eines solchen Abschnitts, der als Mikrosatelliten-Sequenz bezeichnet wird, variiert sehr stark innerhalb einer Population. Aufgrund dessen erbt ein Individuum meist von jedem Elternteil eine andere Variante. Mit synthetisch hergestellten Oligonukleotidsonden, an die ein Fluoreszenzfarbstoff gekoppelt ist, können solche Mikrosatelliten nachgewiesen werden. Sie werden mittels PCR-Analyse (PCR: Polymerase-Ketten-Reaktion) vervielfältigt und dann durch Kapillarelektrophorese entsprechend ihrer Länge aufgetrennt. Für jedes Individuum erhält man pro Mikrosatelliten-Region bei homozygoten Individuen einen und bei heterozygoten zwei Peaks, von denen der eine die mütterliche, der andere die väterliche Variante darstellt.

## Aufgabe 18

Abbildung 7.10 zeigt den Unterschied in der Heterozygotie (genetischen Vielfalt) zwischen außer- und innerpaarlich gezeugten Nachkommen bei Blaumeisen. Die außerpaarlich gezeugten Nachkommen stammen von direkten Nachbarn (n = 58), von lokalen Nicht-Nachbarn (n = 15) und von weiter entfernt lebenden Männchen (n = 44). Interpretiere die Abbildung.

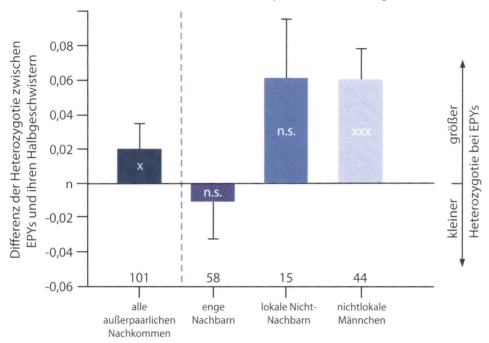

**Abb. 7.10** Vergleich der Heterozygotie zwischen außerpaarlich gezeugten Nachkommen (EPYs) und deren Halbgeschwistern (innerpaarlich gezeugt) bei Blaumeisen (Mittelwert mit Standardabweichung; nach Foerster et al. 2003). * = signifikant (p < 0,05); *** = höchst signifikant (p < 0,001); n.s. = nicht signifikant

## Aufgabe 19

Welchen Vorteil könnte die andere Hälfte der außerpaarlich gezeugten Jungen haben, die von engen Nachbarn gezeugt wurden (immerhin 58 von 101 EPYs), die aber nichts zur genetischen Vielfalt beitragen? Stelle begründete Vermutungen an.

## 7.4 Literatur

- Alberts B, Johnson A, Lewis J, Raff M, Roberts K, Walter P (2004) Molekularbiologie der Zelle. 4. Aufl. Wiley-VCH, Weinheim
- Allman WF (1996) Mammutjäger in der Metro. Spektrum, Heidelberg, Berlin, Oxford
- Berthold P, Querner U (1988) Was Zugunruhe wirklich ist – eine quantitative Bestimmung mit Hilfe von Video-Aufnahmen bei Infrarotlichtbeleuchtung. J Ornithol 129 (3): 372–375
- Berthold P (2001) Vogelzug als Modell der Evolutions- und Biodiversitätsforschung. Jahrbuch der Max-Planck-Gesellschaft 2001: 27–48
- Coppack T, Tindemans I, Czisch M, van der Linden A, Berthold P, Pulido F (2008) Can long-distance migratory birds adjust to the advancement of spring by shortening migration distance? The response of the pied flycatcher to latitudinal photoperiodic variation. Global Change Biology 14 (11): 2516–2522
- Domazet-Lošo T, Tautz D (2008) An ancient evolutionary origin of genes associated with human genetic diseases. Mol Biol Evol 25 (12): 2699–2707
- Foerster K, Delhey K, Johnsen A, Lifjeld JT, Kempenaers B (2003) Females increase offspring heterozygosity and fitness through extra-pair matings. Nature 425: 714–717
- Kaube J (2008) Mit Darwin denken lernen. Frankfurter Allgemeine Zeitung, 13. Dezember 2008
- Lubjuhn T (2005) Fremdgehen mit Folgen? – Kosten und Nutzen von Fremdkopulationen bei Vögeln. Vogelwarte 43: 3–13
- Max-Planck-Gesellschaft (2011a) BIOMAX 14: Vom Vorteil etwas anderes zu sein – Warum Leben auf Biodiversität setzt. URL *http://www.max-wissen.de/Fachwissen/bereich/Biologie.html* [01.06.2011]
- Max-Planck-Gesellschaft (2011b) BIOMAX 26: Vaterschaftstest im Nistkasten – Warum sich Fremdgehen lohnen kann. URL *http://www.max-wissen.de/Fachwissen/bereich/Biologie.html* [01.06.2011].
- Mayr E (2005) Konzepte der Biologie. Hirzel, Stuttgart
- National Center for Biotechnology Information (NCBI) (2010). URL *http://www.ncbi.nlm.nih.gov/* [19.03.2010]
- Ruhr-Universität Bochum (2010) Humangenetik, Huntington-Zentrum. URL *http://www.ruhr-uni-bochum.de/mhg/huntingtonzentrum.htm* [19.03.2010]

# Teil III

## Modellorganismen der Evolutionsbiologie

Christian Anton, Oliver Bossdorf und Egbert Weisheit
8  Evolution vor unserer Haustür entdecken:
   Das Projekt „Evolution MegaLab"

Claudia Fichtel, Elisabeth Scheiner und Bettina Maack
9  Über die Kommunikation bei nicht menschlichen Primaten und
   die Evolution von Sprache

Walter Salzburger und Hans-Peter Ziemek
10 Buntbarsche – Modellorganismen für die wissenschaftsorientierte
   Bearbeitung der Evolutionsbiologie in der Schule

Klaudia Witte, Ursula Wussow und Steffen Pröhl
11 Der europäische Kuckuck – ein Erfolgsmodell der Evolution

Katharina Ley, Kathryn Stemshorn und Daniel Dreesmann
12 Aus zwei mach drei – Artbildungsprozesse bei der Groppe

Anuschka Fenner und Nicola Lammert
13 Zahmer Pelz mit wilden Wurzeln – die rasante Haustierwerdung
   des Silberfuchses

# 8 Evolution vor unserer Haustür entdecken: Das Projekt „Evolution MegaLab"

Christian Anton, Oliver Bossdorf und Egbert Weisheit

## 8.1 Fachinformationen

### 8.1.1 Einleitung

Sie sind gelb, rot oder braun und tragen auf ihren Gehäusen bis zu fünf dunkle Streifen. Die Gehäuse der Schwarzmündigen Bänderschnecke (*Cepaea nemoralis*, Abb. 8.1) und ihrer nahen Verwandten, der Weißmündigen Bänderschnecke (*C. hortensis*), gehören zu den auffälligsten und bekanntesten Beispielen für innerartliche Variation. Neben den drei Grundfarben und der Musterung durch die Bänder gibt es weitere Varianten: So können einzelne Bänder verschmolzen oder in Doppelreihen aufgespalten sein. In seltenen Fällen befinden sich statt der Bänder Punktreihen auf dem Gehäuse, oder die Bänder sind in Folge einer Pigmentstörung zu glasigen Streifen geworden.

> **Info**
>
> **Adaptationen** sind bestimmte Merkmalsausprägungen, die sich im Laufe der Evolution durch natürliche Selektion entwickelt haben, und die bei den betreffenden Individuen unter den herrschenden Umweltbedingungen zu einem höheren Fortpflanzungserfolg führen, entweder durch eine höhere Nachkommenzahl oder durch höhere Überlebensfähigkeit.
> Im Deutschen wird oft zwischen **Anpassung** (Prozess) und **Angepasstheit** (Ergebnis) unterschieden.

**Abb. 8.1**
Variationen der Schwarzmündigen Bänderschnecke (*Cepaea nemoralis*; Christian Anton)

# 8 Evolution vor unserer Haustür entdecken: Das Projekt „Evolution MegaLab"

Welche Bedeutung hat diese extreme Vielfalt? Nach Meinung des berühmten Evolutionsbiologen Ernst Mayr hat die Bänderung nichts mit evolutionärer Adaptation (Angepasstheit) zu tun: *„Es gibt keinen Grund zu glauben, dass die Anwesenheit oder Abwesenheit eines Bandes auf einer Schnecke einen erkennbaren Vor- oder Nachteil hat."* (Mayr 1942) Mayr hat sich in diesem Punkt gründlich geirrt. Nach intensiven Disputen in den 1950er- und 1960er-Jahren (Millstein 2009) und zahlreichen wissenschaftlichen Untersuchungen ist nun klar, dass sowohl die Grundfarbe des Gehäuses als auch die Bänderung unmittelbare Auswirkungen auf die Fitness (Überlebenswahrscheinlichkeit und Nachkommenzahl) der Bänderschnecken haben (Jones et al. 1977). Die Bänderschnecken gelten heute als ein **Musterbeispiel für adaptive Variation** (Ridley 1996). Sie sind in Mitteleuropa sehr häufig und kommen beinahe überall vor. Dies macht sie zu idealen Untersuchungsobjekten für ein Pilotprojekt, das der Öffentlichkeit das Thema Evolution mit neuen Mitteln nahezubringen versucht.

### Ein kurzer Blick auf das Pilotprojekt

Das „Evolution MegaLab" bietet Schülern, Studierenden und Natur-Interessierten einen unmittelbaren Einblick in die Evolution. Durch eine Kombination von Freilanduntersuchungen und Internetnutzung können Teilnehmer Evolution vor der eigenen Haustür entdecken und gleichzeitig Teil eines virtuellen Labors und internationalen wissenschaftlichen Projekts sein. Ziel dieses Projekts ist die Beantwortung von wichtigen und aktuellen wissenschaftlichen Fragen, Gegenstand sind die Bänderschnecken.

## 8.1.2 Variation, Selektion und Adaptation bei Bänderschnecken

### Variation

**Material 2**
Innerartliche Vielfalt entdecken

**Info**
**Polymorphismus:** erbliche Variation innerhalb von Populationen.

Die Gattung der Bänderschnecken (*Cepaea*) gehört zu den Landschnecken. Von den vier in Deutschland vorkommenden Arten sind nur die Schwarzmündige Bänderschnecke (*Cepaea nemoralis*) und die Weißmündige Bänderschnecke (*Cepaea hortensis*) weit verbreitet. Beide Arten kommen von den Küsten der Nord- und Ostsee bis in die Alpen in einer Vielzahl von Lebensräumen vor. Dazu gehören Gärten, Parks und Wiesen, aber auch Wälder und Hecken. In Regionen, in denen *C. nemoralis* und *C. hortensis* zu finden sind, bevorzugt die Weißmündige Bänderschnecke kühlere Lebensräume. Auffallend ist die große Ähnlichkeit der beiden Arten. Bei beiden findet man dieselben drei Grundfarben mit zahlreichen Bänderungsvarianten. Einzig anhand der „Lippe" (Abb. 8.2a), dem Wulst an der Gehäusemündung ausgewachsener Schnecken, kann man sie unterscheiden. Die Färbung dieser Mündung gab ihnen ihren jeweiligen Namen (Abb. 8.2b-c).

8.1 Fachinformationen

**Abb. 8.2** a) Ansicht einer Bänderschnecke von der Seite mit Hinweisen auf die einzelnen Körperteile.
b) Zu unterscheiden sind die Weißmündige und Schwarzmündige Bänderschnecke anhand ihrer „Lippe";
Weißmündige Bänderschnecke (*Cepaea hortensis*). c) Schwarzmündige Bänderschnecke (*Cepaea nemoralis*).
(André Künzelmann/UFZ)

Variation innerhalb einer Art ist **Voraussetzung für Evolution**. Nur wenn Individuen sich in ihren sichtbaren Merkmalen (= Phänotyp) unterscheiden, diese Merkmale einen Einfluss auf die Reproduktion haben und gleichzeitig erblich sind, dann sind evolutionäre Veränderungen und Anpassungen möglich. Die Gehäusevariation der Bänderschnecken erfüllt all diese Kriterien und ist sehr gut untersucht: Die Gehäuse sind sehr variabel, und man weiß, dass Farbe und Bänderung genetisch bestimmt sind. Es gibt Gene, die die Grundfarbe des Gehäuses festlegen, und solche, die für die Bänderung verantwortlich sind (Murray 1975). Wo liegt jedoch der Grund für die Unterschiede im Fortpflanzungserfolg verschieden gefärbter Schnecken? Warum haben Schnecken mit braunem Gehäuse in bestimmten Lebensräumen eine höhere Fitness als Schnecken mit gelbem Gehäuse? Um dies zu verstehen, müssen wir einen Blick in die Lebensräume der Bänderschnecken werfen.

> **Info**
>
> In der Evolutionsbiologie versteht man unter dem Begriff „**Fitness**" den relativen Fortpflanzungserfolg eines Individuums (Weitergabe des Genotyps in die nächste Generation). Dieser Erfolg wird gemessen am Erfolg anderer Individuen derselben Population.

## Selektion und Adaptation

**Material 3**
Selektion und Adaptation

Beide Arten (*C. nemoralis* und *C. hortensis*) besiedeln sehr unterschiedliche Lebensräume. Sie sind in Wiesen und Gärten zu finden, ebenso wie auf Waldlichtungen und Dünen oder in dichten Hecken. In diesen Lebensräumen herrschen unterschiedliche Umweltbedingungen. Betrachtet man nun die Untergrundfarben vor dem Hintergrund dieser Lebensräume, dann wird schnell klar, dass Schnecken mit verschieden gemusterten und gefärbten Gehäusen **unterschiedlich gut getarnt** sind – denn Bänderschnecken haben Fressfeinde.

Die größte Gefahr ist die **Singdrossel**. Da Singdrosseln die Schnecken nicht aus ihrem Gehäuse ziehen können, fliegen sie mit den erbeuteten Tieren zu einem großen Stein und zerschlagen dort die Gehäuse. An diesen Steinen, den sogenannten „Drosselschmieden", findet man dann die Überreste der Schnecken. Diese Besonderheit machten sich die britischen Ökologen Cain und Sheppard (1954) zunutze. Sie vermuteten, dass auf Wiesen **gebänderte Schneckengehäuse** für die Singdrossel schwerer zu entdecken sind. Um ihre Hypothese zu testen, verglichen sie die Häufigkeit der Gehäusetypen an den Drosselschmieden mit deren Häufigkeit in den umliegenden Wiesen. Sie stellten fest, dass der Anteil der gebänderten Gehäuse an den Drosselschmieden deutlich geringer ist als deren Anteil auf den umliegenden Wiesen. Damit war der Nachweis erbracht, dass Singdrosseln die gebänderten Schnecken tatsächlich in diesem Lebensraum schwerer entdecken können als die ungebänderten, und dass somit in Wiesen eine natürliche Auslese (Selektion) der gebänderten Gehäusetypen stattfindet.

Neben dem Streifenmuster spielt auch die **Farbe der Schneckengehäuse** eine wichtige Rolle. Rote und braune Gehäuse sind für eine Singdrossel in Wäldern und schattigen Lebensräumen, wo der Hintergrund eher dunkel ist, generell schwerer zu entdecken als gelbe Gehäuse (Cook 1998).

Ein anderer Faktor, der für den Reproduktionserfolg der Bänderschnecken sehr wichtig ist, ist das **Klima** des jeweiligen Lebensraums. Wälder und dichte Hecken sind relativ kühle Lebensräume – den Waldboden erreicht nur ein Bruchteil der Wärmestrahlung, die auf eine offene Wiese trifft. Die wechselwarmen Schnecken sind aber auf Strahlungswärme angewiesen. Um auf dem kühlen Waldboden aktiv sein zu können, müssen Schnecken die Strahlungswärme möglichst effektiv nutzen. Hierfür ist ein braunes oder rotes Gehäuse effektiver als ein gelbes, da dunkle Pigmente die Strahlung stärker absorbieren. Auf einer Wiese hingegen bekommen Bänderschnecken mit einem dunklen Gehäuse schnell ein Überhitzungsproblem, und auf einem exponierten Südhang bei direkter Sonneneinstrahlung kann ein solches dunkles Gehäuse einer Schnecke zum Verhängnis werden. Hier haben wiederum Schnecken mit gelbem Gehäuse einen Vorteil, da dieses einen Großteil der Wärmestrahlung reflektiert.

Natürliche Selektion durch Fressfeinde und Klima führen also zum folgenden (vereinfachten) Verteilungsmuster: In kühlen und schattigen Lebensräumen haben *C. nemoralis* und *C. hortensis* mit dunklem, bänderlosem Gehäuse eine höhere Überlebenswahrscheinlichkeit und folglich mehr Nachkommen als Schnecken mit hellem, gebändertem Gehäuse.

In warmen, offenen Lebensräumen ist es umgekehrt: Hier haben Schnecken mit gestreiften gelben Gehäusen den höchsten Reproduktionserfolg (Cain und Sheppard 1954, Cook 2008).

### Lokale genetische Vielfalt

Die beschriebene natürliche Auslese durch Fressfeinde und Klima führt jedoch nicht zu „reinen" Populationen, in denen ausschließlich ein Gehäusetyp vorkommt. So waren zum Beispiel von 3 000 untersuchten Standorten in England nur 20 Populationen monomorph, d. h. in mehr als 99 % der Populationen kamen unterschiedliche Gehäusetypen vor (Jones et al. 1977). Dieser Punkt ist sehr wichtig für das allgemeine Verständnis von Evolution: In Bänderschnecken-Populationen wird man fast **immer mehrere Gehäusetypen** finden. Was sich von Lebensraum zu Lebensraum ändert, sind die Häufigkeiten der verschiedenen Gehäusetypen innerhalb einer Population. Auch wenn auf einer Wiese eine gebänderte gelbe Schnecke theoretisch immer im Vorteil sein sollte, werden Zufall, die Heterogenität der Wiese und eine gelegentliche Einwanderungen von Schnecken aus umliegenden Lebensräumen stets dazu führen, dass gelegentlich auch rote oder ungebänderte Exemplare vorkommen. Bei *C. nemoralis* beispielsweise erreicht der häufigste Gehäusetyp nie mehr als 90 % der Individuen eines Standortes (Cook 2008). Diese lokale genetische Vielfalt erklärt, warum Bänderschnecken-Populationen relativ schnell auf wechselnde Umweltbedingungen reagieren können (Cameron 1992, Cameron und Pokryszko 2008).

**Material 4**
Umweltbedingungen (und ihr Wandel)

**Info**

Eine **Population** ist eine Gruppe von Individuen einer Art in einem räumlich zusammenhängenden Gebiet, die sich über mehrere Generationen hinweg untereinander fortpflanzen und so eine genetische Kontinuität aufweisen.

## 8.1.3 Schnelle Evolution

Evolution ist nicht unbedingt ein langsamer Prozess. Forscher haben schon bei vielen Lebewesen sehr schnelle evolutionäre Anpassungsprozesse beobachtet. Beispiele für solch schnelle Evolution sind die Entwicklung von Antibiotika-Resistenzen bei Bakterien oder Pestizid-Resistenzen bei Pflanzen und Insekten (Jaseniuk et al. 1996) sowie die Evolution von stark befischten Fischarten (Law 2007). Bei all diesen Beispielen ist der Urheber der Mensch, der in einem starken Ausmaß in ökologische und vor allem evolutionäre Zusammenhänge eingreift. Ganz allgemein haben der globale Wandel, vor allem die Veränderung des Klimas und Intensivierung der Landnutzung, dazu geführt, dass der Mensch heute zum „größten evolutionären Faktor" geworden ist (Palumbi 2001).

☞ Abschnitt 5.1.4

### Auswirkungen des Klimawandels auf die Tier- und Pflanzenwelt

Ein Beispiel für solche durch den Menschen verursachten Umweltveränderungen ist der Klimawandel. Durch den Ausstoß klimaschädlicher Gase wird der natürliche Treibhauseffekt verstärkt (IPCC 2011), und dies führt zu erhöhten Temperaturen und einer Zunahme von extremen Wetterereignissen in Europa. Viele Tier- und Pflanzenarten reagieren schon jetzt auf den Klimawandel. Beispielsweise kehren Zugvögel früher aus ihren Überwinterungsgebieten zurück, Pflanzen fangen früher an zu blühen, und viele Arten in Europa breiten sich zunehmend nach Norden aus (Parmesan 2006).

Während die ökologischen Auswirkungen des Klimawandels immer besser untersucht sind, weiß man über die evolutionären Konsequenzen bisher noch sehr wenig. Können sich Pflanzen und Tiere an die veränderten Umweltbedingungen anpassen? Und wenn ja, wie schnell und unter welchen Bedingungen ist dies möglich? Die innerartliche Variation spielt hier mit großer Wahrscheinlichkeit eine Schlüsselrolle.

### Bänderschnecken und Klimawandel

**Material 4**
Umweltbedingungen (und ihr Wandel)

Sind auch Bänderschnecken von der Klimaerwärmung betroffen? Wenn ja, kann man bereits evolutionäre Reaktionen beobachten? Der Einfluss der Temperatur macht sich bei den Bänderschnecken nicht nur im Vergleich der verschiedenen Lebensräume bemerkbar, sondern auch in der geografischen Verteilung der Gehäusetypen. Während im Mittelmeerraum gelbe Gehäuse dominieren, bestehen mitteleuropäische Populationen vorwiegend aus roten und gelben Typen. Je weiter man in den Norden kommt, desto größer scheint der Anteil brauner Gehäuse zu werden (Jones et al. 1977). Ausgehend von diesen Zusammenhängen vermuten Wissenschaftler nun, dass sich der Klimawandel vor allem auf die Häufigkeiten der verschiedenen Gehäusefarben auswirken wird. Bei einer Klimaerwärmung sollten Schnecken mit gelbem Gehäuse zunehmend im Vorteil sein gegenüber Schnecken mit dunklem Gehäuse. Sowohl bei der Schwarzmündigen als auch der Weißmündigen Bänderschnecke vermutet man schon heute einen **höheren Anteil gelber Gehäuse in Mitteleuropa** als früher. Durch einen Vergleich von aktuellen Daten mit historischen Aufzeichnungen zur lokalen Häufigkeit einzelner Varianten könnte man überprüfen, ob diese Vermutung zutrifft und innerhalb welcher Zeiträume sich die Bänderschnecken-Populationen angepasst haben. Das ist das Ziel des Projekts Evolution MegaLab.

☞ **„Selektion und Adaptation"** in Abschnitt 8.1.2

## 8.1.4 Das Evolution MegaLab

Die Bänderschnecken *C. nemoralis* und *C. hortensis* sind eines der am besten verstandenen Beispiele für adaptive Variation. Beide Arten sind leicht zu bestimmen und die Variation der entscheidenden Merkmale einfach zu erfassen. Zudem kommen sie häufig in unmittelbarer Nachbarschaft des Menschen vor. Damit sind die Bänderschnecken ein **ideales Modellsystem** für ein Bildungsprojekt zur Evolution.

Das „Evolution MegaLab" nutzt dieses Modellsystem, um der Öffentlichkeit, vor allem aber Schülern, das Zusammenspiel von natürlicher Variation, Selektion und Adaptation durch eigene Anschauung zu vermitteln.

Die Grundidee des **internetbasierten** Projekts, dessen Pilotphase von März bis Ende Oktober 2009 stattfand, sieht folgendermaßen aus:

- Die Teilnehmer informierten sich auf der Internetseite des Projekts (Evolution MegaLab 2010) über die Biologie der beiden Bänderschneckenarten und luden sich den Schnecken-Erfassungsbogen herunter.

- Danach sollte an einem beliebigen Ort auf einer Fläche von ca. 30 x 30 Metern systematisch nach beiden Arten (*C. nemoralis* und *C. hortensis*) gesucht werden. Auf dem Erfassungsbogen notierten die Teilnehmer den Lebensraumtyp und die Anzahl der Exemplare, die sie von jeder Variante fanden (3 Farben x 3 Bänderungstypen = 9 Kategorien pro Art).

- Anschließend wurden diese Zahlen in eine Online-Datenbank eingetragen. Für jeden Fundort wurde zuerst ein Datensatz angelegt mit Namen, Funddatum und dem exakten Fundort, der bequem mit einem Klick in die integrierten Google-Karten festgelegt wurde.

- Nach dem Abschluss der Online-Eingabe wurden die neuen Funde mit ihren Variantenhäufigkeiten sofort grafisch auf den Karten gezeigt.

- Die im Evolution MegaLab gesammelten Daten sind für alle Teilnehmer verfügbar. Mit wenigen Klicks lassen sich ausgewählte Daten oder der komplette Datensatz für eigene Analysen herunterladen.

Neben allgemeinen Informationen zur Biologie der Arten, Tipps zur Schneckensuche und zur richtigen Arterkennung bietet die Projektseite auch ein Bänderschnecken-Quiz an, mit dessen Hilfe die Teilnehmer vor der eigentlichen Schneckensuche das richtige Erkennen der Merkmale üben.

Um historische mit aktuellen Daten vergleichen und damit **schnelle Evolution** sichtbar machen zu können, wurden im Rahmen des Evolution MegaLab nicht nur alle verfügbaren lokalen Erfassungen ausgewertet und auf Karten online dargestellt, sondern die Datenbank wurde außerdem nach jeder Dateneingabe auf historische Funde in der Umgebung (Radius 5 km) abgefragt. Wurden historische Daten gefunden, dann verglich das System automatisch die alte und neue Stichprobe und ergänzte anschließend auf dem kleinen Diagramm des Fundortes eine Registerkarte „Evolution", auf der die statistischen Ergebnisse des historischen Vergleichs zu finden sind. So erfuhren die Teilnehmer direkt, ob es an ihrem Suchort tatsächlich zu einer Verschiebung der Häufigkeiten einzelner Bänderschnecken-Varianten gekommen war oder nicht.

Das Evolution MegaLab stieß in der Pilotphase auf große Resonanz. Innerhalb eines Sommers wurden europaweit knapp 6 000 neue Datensätze zu den beiden Schneckenarten gesammelt, 1 400 davon wurden allein in Deutschland zusammengetragen. Mehr als 9 000 Personen besuchten die deutsche Internetseite des Projekts. Die wissenschaftlichen Ergebnisse sollen im Laufe des Jahres 2011 veröffentlicht und danach auch auf der Webseite des Projekts zusammengefasst werden.

## 8.2 Unterrichtspraxis

### 8.2.1 Bänderschnecken im Biologieunterricht

Natürliche Variation innerhalb einer Population ist der Schüssel zum Verständnis von Evolution. Bei wenigen Arten ist die Variation der entscheidenden Merkmale so offensichtlich und der Einfluss von Selektion so anschaulich wie bei den Gehäusen der Bänderschnecken. Die Farbunterscheidung und die Erfassung der Bänder können Schüler der Sekundarstufe I ohne Probleme bewältigen. Dank der Bänderschnecken kann man also den Biologieunterricht mit dem Thema Evolution beginnen, statt ihn, wie in den Lehrplänen üblich, mit diesem Thema zu beenden (Zabel 2006). Die Evolutionstheorie ist die große integrierende Theorie der Biologie, die zum Verständnis aller Teildisziplinen beiträgt. Deshalb fordern Pädagogen, das Thema Evolution früher im Lehrplan zu verankern und nicht als die „Krone der Biologie" erst in den neunten oder zehnten Klassen zu unterrichten (Giffhorn und Langlet 2006).

Der Reiz des Evolution MegaLab besteht aus der angewendeten Kombination aus Freilandarbeit, selbständigem Arbeiten und der Nutzung des Internets. Die Ökologie und Evolution der Bänderschnecken bietet für beinahe alle Altersklassen der Sekundarstufen I und II Ansatzpunkte für einen spannenden Biologieunterricht. Auch heute noch kann man auf der Projektseite des Evolution MegaLab Daten eingeben und so für den Unterricht nutzen (*www.evolutionmegalab.org*).

**Material 1**
Freilanduntersuchung von Bänderschnecken

Die Grundlage aller Themen bildet eine Freilanduntersuchung. Die Schüler erhalten vorab verschiedene Informationen, zum Beispiel „Wie man Bänderschnecken findet" (→ Tipps zur Suche und zur richtigen Arterkennung) oder einen bereits gestalteten Erfassungsbogen. All dies kann auf der Homepage des Evolution MegaLab (2010) oder unter *http://extras.springer.com* heruntergeladen werden.

Die weiteren in den Unterrichtsmaterialien vorgestellten Ansätze sind nach der Komplexität des Themas und dem Alter der Schüler geordnet.

### Danksagung

Die Grundidee des „Evolution MegaLab" stammt von Jonathan Silvertown (Open University, Großbritannien). Das deutsche Teilprojekt des Evolution MegaLab wurde von der VolkswagenStiftung finanziert. Dieses Buchkapitel entstand am Helmholtz-Zentrum für Umweltforschung - UFZ. Wir bedanken uns beim UFZ für die gute Zusammenarbeit.

## 8.3 Unterrichtsmaterialien

### Material 1: Freilanduntersuchung von Bänderschnecken

**Aufgabe 1**

a Bildet für die Freilanduntersuchung Gruppen von etwa 5–6 Schülern.

b Bevor ihr mit der Untersuchung der Schnecken (Schwarzmündige Bänderschnecke [*Cepaea nemoralis*] und Weißmündige Bänderschnecke [*Cepaea hortensis*]) beginnt, macht euch mit den Merkmalen der Bänderschnecken vertraut.

- Auf der Internetseite des Projekts „Evolution MegaLab" findet ihr unter *http://www.evolutionmegalab.org/de_DE/* → *Anleitung* hilfreiche Dateien („Wie man Bänderschnecken findet"). Da man nur bei ausgewachsenen Tieren die beiden Arten unterscheiden kann, ist es wichtig, die nicht ausgewachsenen Schnecken auszusortieren („Wie man ausgewachsene und nicht ausgewachsene Schnecken unterscheidet").

c Je zwei Gruppen sollen die Vielfalt der Bänderschnecken im Lebensraum Wiese und je zwei Gruppen im Lebensraum Hecke/Wald erfassen. Im Lebensraum Wald findet man die Bänderschnecken nur dort, wo noch genügend Licht auf den Boden fällt, sodass dort Gräser und Kräuter wachsen (Waldränder, Waldlichtungen).

- Sucht auf einer Fläche von ca. 400 m² systematisch nach den Bänderschnecken oder deren leeren Gehäusen. Notiert euch die Häufigkeiten der einzelnen Farb- und Bänderungsvarianten der ausgewachsenen Schnecken auf den dafür vorgesehenen Erfassungsbögen.
- Den Erfassungsbogen und Tipps zur richtigen Zuordnung von Farbe und Bänderung findet ihr auf der oben genannten Homepage.
- Erfasst in Stichpunkten die in eurem Lebensraum herrschenden Umweltbedingungen (Licht/Schatten, Temperatur, Farbe des Untergrunds).

d Eventuell stoßt ihr bei eurer Untersuchungsfläche auf eine sogenannte „Drosselschmiede". Dies ist ein Ort, wo die Singdrossel ihre Beute, die Bänderschnecke, auf einem Stein zerschlägt, um an das Innere der Schnecke zu kommen. An einer solchen Stelle findet man dann viele Bruchstücke von Gehäusen.

- Notiert hier möglichst genau die einzelnen Gehäuseteile (Farbe, Bänderung).

### Material 2: Innerartliche Vielfalt entdecken

**Aufgabe 2**

Wertet die Ergebnisse für eure Untersuchungsfläche aus.

a Welche Arten habt ihr erfasst?

b Unterscheiden sich die Individuen innerhalb der Arten? Wenn ja, wie?

c Stellt begründete Vermutungen an, warum die Individuen einer Tier- oder Pflanzenart zum Teil so unterschiedlich aussehen.

siehe auch Onlinematerialien unter *http://extras.springer.com*

## 8 Evolution vor unserer Haustür entdecken: Das Projekt „Evolution MegaLab"

### Material 3: Selektion und Adaptation

**Aufgabe 3**

Wertet die Ergebnisse für eure Untersuchungsfläche aus.

**a** Welche Gehäusefarben und -muster kommen besonders häufig vor, welche sind selten?

**b** Könnt ihr einen Zusammenhang zwischen der Gehäusefarbe sowie dem von euch untersuchten Lebensraum ziehen? Welchen?

**c** Wenn ihr eine Drosselschmiede entdeckt und untersucht habt: Welche Gehäusefarben und -muster sind hier besonders häufig, welche sind selten?

**d** Stellt begründete Vermutungen für euren Fund an der Drosselschmiede an. Tipp: Vögel haben eine andere Farbwahrnehmung als Menschen.

**Aufgabe 4**

Wertet eure Ergebnisse nun *gemeinsam* aus.

**a** Unterscheiden sich die Anteile der hellen (gelben) und dunklen (roten und braunen) Gehäuse in den verschiedenen Lebensräumen (Wiese versus Hecke/Wald)? Wenn ja, wie?

**b** Gibt es Unterschiede bei der Musterung der Gehäuse (gestreift, bänderlos) in den beiden Lebensräumen? Wenn ja, welche?

**c** Stellt begründete Vermutungen an: Welchen Einfluss haben die beiden Selektionskräfte (Singdrossel und örtliches Klima) auf die Schneckenpopulationen?

### Material 4: Umweltbedingungen (und ihr Wandel)

**Aufgabe 5**

Stellt begründete Vermutungen an.

**a** Wie kann sich die Zusammensetzung der Schneckenpopulationen im Laufe der Zeit ändern, wenn es wärmer wird? Stichwort: Klimawandel und Europa

**b** Was passiert in Regionen, in denen die Singdrosselbestände stark abnehmen?

**c** Wirken visuelle Selektion (Singdrossel) und klimatische Selektion (örtliches Klima) immer in die gleiche Richtung?

**d** Was passiert, wenn Selektion durch Fressfeinde und klimatische Selektion in unterschiedliche Richtungen wirken?

**e** Warum findet man immer eine Vielzahl an Varianten an einem Standort beziehungsweise in näherer Umgebung? Was bedeutet dies für wechselnde Umweltbedingungen?

## 8.4 Literatur

- Cain AJ, Sheppard PM (1954) Natural selection in *Cepaea*. Genetics 39: 89–116
- Cameron RAD (1992) Change and stability in *Cepaea* populations over 25 years: a case of climatic selection. Proc R Soc Lond B 248: 181–187
- Cameron RAD, Pokryszko BM (2008) Variation in *Cepaea* population over 42 years: climate fluctuations destroy a topographical relationship of morph-frequencies. Biol J Linn Soc 95: 53–61
- Cook LM (1998) A two-stage model for *Cepaea* polymorphism. Philos Trans R Soc Lond B Biol Sci 353: 1577–1593
- Cook LM (2008) Variation with habitat in *Cepaea nemoralis*: the Cain & Sheppard diagram. J Mollus Stud 74: 239–243
- Evolution MegaLab (2010) Homepage des Projekts. URL *www.evolutionmegalab.org* [14.12.2010]
- Giffhorn B, Langlet J (2006) Einführung in die Selektionstheorie – So früh wie möglich! PdN-BioS 6/55: 6–15
- Intergovernmental Panel on Climate Change (IPCC) (2011) Climate change 2007 – Synthesis report. URL *http://www.ipcc.ch/publications_and_data/publications_ipcc_fourth_assessment_report_synthesis_report.htm* [12.01.2011]
- Jasieniuk M, Brûlé-Babel AL, Morrison IN (1996) The evolution and genetics of herbicide resistance in weeds. Weed Sci 44: 176–193
- Jones JS, Leith BH, Rawlings P (1977) Polymorphism in *Cepaea*: a problem with too many solutions? Ann Rev Ecol Syst 8: 109–143
- Law R (2007) Fisheries-induced evolution: present status and future directions. Mar Ecol Prog Ser 335: 271–277
- Mayr E (1942) Systematics and the origin of species. Columbia University, New York
- Millstein RL (2009) Concepts of drift and selection in „The great snail debate" of the 1950s and early 1960s. In: Cain J, Ruse M (Hrsg) Descended from Darwin: Insights into the history of evolutionary studies, 1900–1970. American Philosophical Society, Philadelphia. 271–298
- Murray J (1975) The genetics of the mollusca. In: King RC (Hrsg) Handbook of genetics, Vol 3: Invertebrates of genetic interest. Plenum, New York. 3–31
- Palumbi SR (2001) Evolution – Humans as the world's greatest evolutionary force. Science 293: 1786–1790
- Parmesan C (2006) Ecological and evolutionary responses to recent climate change. Ann Rev Ecol Syst 37: 637–669
- Ridley M (1996) Evolution. 2. Aufl. Blackwell, Oxford
- Rowan R (2004) Thermal adaptation in reef coral symbionts. Nature 430: 742
- Zabel J (2006) Evolutionsunterricht in der Sekundarstufe I: Argumente und Anregungen. PdN-BioS 6/55: 1–5

# 9 Über die Kommunikation bei nicht menschlichen Primaten und die Evolution von Sprache

Claudia Fichtel, Elisabeth Scheiner und Bettina Maack

## 9.1 Fachinformationen

### 9.1.1 Einleitung

Ein Großteil aller nicht menschlichen Primaten (im Folgenden der Einfachheit halber Primaten) lebt entweder zu zweit oder in Gruppen; einige Arten sind dagegen Einzelgänger. Um Interaktionen mit Paarpartnern, anderen Gruppenmitgliedern, aber auch Nachbarn zu regulieren, wird kommuniziert. Dabei setzen nicht menschliche Primaten unterschiedlichste Signale ein. Diese reichen von olfaktorischen über visuelle zu akustischen Signalen, die unterschiedliche Funktionen haben.

Zunächst werden wir die unterschiedlichen Kommunikationsformen von Primaten darstellen, um im Anschluss daran Aspekte der Evolution von Sprache zu diskutieren. Da die Entwicklung komplexer Sprache eng mit der kulturellen Entwicklung des Menschen verbunden ist, hat sie dazu beigetragen, dass das wachsende Wissen von Generation zu Generation weitergegeben werden kann und Menschen sich zu unterschiedlichen Formen von Kultur entwickeln konnten.

Bei der Darstellung der Primatenkommunikation greifen wir auf Konzepte, Theorien und Begriffe zurück, die Kommunikation bei Tieren allgemein betreffen. Da diese Grundlagen nicht unbedingt vorausgesetzt werden können, haben wir am Ende des Beitrages ein allgemeines Kapitel angefügt, welches diese vermittelt.

☞ Abschnitt 9.1.6

### 9.1.2 Olfaktorische Kommunikation

Die Redewendung „Ich kann dich nicht riechen" besagt im übertragenen Sinne, dass man eine bestimme Person nicht mag. Diese Redewendung hebt hervor, wie sehr der olfaktorische Sinn unser tägliches Handeln bestimmt, obwohl es uns meistens nicht bewusst ist. Die gigantische Industrie

# 9 Über die Kommunikation bei nicht menschlichen Primaten und die Evolution von Sprache

zur Produktion von Düften in Parfums, Körperpflegeprodukten, Kerzen oder Aromen für Duftlämpchen bestätigt ebenso die immense Rolle von Olfaktion bei Menschen. Doch erst 2004 wurde der Medizin-Nobelpreis für die Erforschung der Riechrezeptoren und der Organisation des olfaktorischen Systems vergeben (Abbott 2004). Nun hat auch die Forschung über olfaktorische Kommunikation bei Primaten in den letzten Jahren zugenommen. Dieser Abschnitt gibt einen Überblick über verhaltensbiologische Studien, die den Einsatz und die Funktion von Duftmarken untersucht haben.

**Material 1**
Olfaktorische Kommunikation bei nicht menschlichen Primaten

**Duftmarkierungen** gehören zu den **chemischen, stammesgeschichtlich ältesten Signalen** im Tierreich. Sie werden mit Geruchs- oder Geschmacksrezeptoren wahrgenommen. Bei Primaten dienen sowohl Stoffwechselendprodukte wie Urin, Kot und Speichel, als auch von spezifischen Drüsen hergestellte Sekrete als Signale. Diese Drüsen befinden sich in der Hand- und Fußregion, im Anogenitalbereich, an der Brust und am Kopf (Abb. 9.1). Duftmarken werden zur Kommunikation auf unterschiedliche Substrate, wie Äste, Baumstämme, den Boden, aber auch auf andere Gruppenmitglieder appliziert. Die Tiere übertragen die aus Drüsen produzierten Duftmarken, indem sie die jeweiligen Drüsen an dem Substrat reiben (Abb. 9.2). Kot geben sie häufig nur in geringer Menge ab und den Urin spritzen sie meist auf ihre Hände, mit denen sie wiederum das Substrat einreiben. Dieses Verhalten bezeichnet man auch als „Urinwaschen".

**Abb. 9.1**
Halsdrüse eines männlichen Sifakas (*Propithecus verreauxi*; Claudia Fichtel)

**Abb. 9.2**
Beispiel für eine Anogenitalmarkierung – ein markierender Katta (*Lemur catta*; Peter M. Kappeler)

## Duftmarken – ein ganz besonderes Parfum

Studien an Weißbüschelaffen (*Callythrix jacchus*), die in Südamerika vorkommen, und an Kattas (*Lemur catta*), die zu den nur auf Madagaskar vorkommenden Lemuren gehören, haben anhand von chemischen Analysen gezeigt, dass Duftmarken eine **individuenspezifische Zusammensetzung** haben (Scordato et al. 2007, Smith 2006). Damit können andere Artgenossen erkennen, wer markiert hat. Die Untersuchungen an Kattas ergaben darüber hinaus, dass der Duft aus bis zu 200 verschiedenen Komponenten besteht und sich je nach Drüse unterscheidet.

Männliche Kattas haben neben den Genitaldrüsen sowohl an der Schulter als auch an den Händen Drüsen. Die Duftmarkierungen werden zum Markieren des Territoriums (siehe unten) und beim Wettbewerb zwischen Männchen eingesetzt. So üben männliche Kattas sogenannte „Stinkkämpfe" aus, indem sie ihren buschigen Schwanz an den Handdrüsen reiben, ihn mit den Duftstoffen „parfümieren" und dann beim Kampf dem Gegner entgegenwedeln (Abb. 9.3).

**Abb. 9.3**
Stinkkampf zwischen zwei männlichen Kattas (Peter M. Kappeler)

Duftmarken, die von Genitaldrüsen produziert werden, variieren in ihrer Komposition und mit dem **reproduktiven Status**. Damit können Kattas signalisieren, wer zur Paarung bereit ist (Scordato und Drea 2007, Scordatao et al. 2007). Die Zusammensetzung dieses chemischen Geruchscocktails verändert sich in der Paarungszeit, spiegelt die genetischen Qualitäten der Männchen und damit ihre Eignung als Fortpflanzungspartner wider. So hatten Männchen, die eine größere genetische Variabilität aufwiesen, eine geringere Parasitenbelastung, bessere Blutwerte und lebten länger (Charpentier et al. 2008a). Duftmarken könnten also ehrliche Signale für die Qualität von Männchen sein. Sie geben zudem darüber Aufschluss, inwieweit zwei männliche Tiere miteinander verwandt sind. Je geringer die **Verwandtschaft** ist, umso deutlicher unterscheidet sich der Duft der Männchen (Charpentier et al. 2008b). Ein möglicher Vorteil, mittels Duftmarken die Fitness und die genetische Abstammung zu signalisieren, liegt vermutlich in der **Vermeidung von Inzucht** oder Konflikten mit engen Verwandten.

☞ „Ehrliche Signale" in Abschnitt 9.1.7

### Reaktionen auf Markierungen

In der Regel werden Duftmarken unabhängig davon, wie oder womit sie produziert wurden, von Artgenossen inspiziert. Obwohl man solch ein Inspektionsverhalten schon vielfach beobachtet hat (Übersicht in Heymann

2006), gibt es nur wenige Studien zu den Reaktionen potenzieller Empfänger auf Duftmarken. Kappeler (1998) untersuchte deshalb Duftmarken von Kattas für jeweils 10 Minuten, nachdem sie appliziert wurden. Die meisten Duftmarken wurden unmittelbar, also nachdem ein Tier sie aufgebracht hat, von Gruppenmitgliedern inspiziert. Fast alle Duftmarken wurden von anderen Tieren **übermarkiert**, wobei Männchen häufiger Markierungen von Weibchen übermarkiert haben als umgekehrt. Mit diesem Verhalten kann quasi auch der Empfänger den Transfer des olfaktorischen Signals modifizieren und kontrollieren.

Das Phänomen des Übermarkierens hat man auch bei vielen anderen Primaten beobachtet, was darauf hindeutet, dass Markierungen **allgemein eine wichtige Funktion** im Wettbewerb um Weibchen und zwischen Männchen haben (Benadi et al. 2008, Heymann 2006). Bei grauen Mausmakis (*Microcebus murinus*), einer nachtaktiven und einzelgängerisch lebenden Lemurenart, konnte beispielsweise festgestellt werden, dass dominante Männchen mittels ihrer Duftmarkierungen andere rangniedrigere Männchen in der Produktion von Geschlechtshormonen unterdrücken können (Schilling et al. 1984). Die gleiche Reaktion (niedrige Testosteronwerte) zeigte sich bei Experimenten in Gefangenschaftshaltung, in denen man rangniedrigere Männchen dem Uringeruch des dominanten Männchens aussetzte. Eine solche, vermutlich auch durch Duftmarkierungen, ausgeübte **„psychologische Kastration"** wird weiterhin für eine andere, in Gruppen lebende Lemurenart, den Sifakas (*Propithecus verreauxi*), diskutiert (Fichtel et al. 2007, Kraus et al. 1999).

### Territorium

Bei vielen Primatenarten nimmt man an, dass Duftmarkierungen auch der Markierung und Verteidigung des Territoriums dienen. In diesem Falle sollten Primaten in erster Linie Gebiete markieren, die sich mit denen anderer Gruppen überlappen. Das trifft so jedoch nicht zu, wie Untersuchungen beispielsweise an Sifakas und Kattas zeigten – die Männchen markierten zwar häufig die Randgebiete, aber auch regelmäßig die Zentren ihrer Territorien (Benadi et al. 2008, Kappeler 1998). Ein ähnliches Bild stellte man bei Studien an Neuweltaffen fest. Verschiedene Krallenaffenarten markierten eher das Gebiet, in dem sie sich am meisten aufhielten (Heymann 2006), als die Grenzen ihrer Territorien. So wird mit Duftmarkierungen zwar angezeigt, dass ein Gebiet besetzt ist, die Markierung der Territoriumsgrenzen scheint jedoch **nicht die wesentliche Funktion** von Duftmarken zu sein.

## 9.1.3 Visuelle Kommunikation

Sowohl Primaten als auch Menschen kommunizieren mithilfe einer großen Vielfalt an visuellen Signalen. Visuelle Signale von Primaten werden in solche eingeteilt, die sehr schnell erzeugt und verändert werden können, nämlich Mimik und Gestik, und solche, die eher langlebig sind, sogenannte Ornamente.

## Mimik

Ob eine bestimmte Primatenspezies ein reiches oder weniger reiches Repertoire an mimischen Signalen hat, ist nicht von ihrer phylogenetischen Stellung abhängig (Menschenaffen haben kein größeres Repertoire an Gesichtsausdrücken als andere Affen), sondern korreliert mit der **Komplexität ihres Sozialgefüges** und den **Sichtverhältnissen in ihrem Lebensraum** (Preuschoft und van Hooff 1997, Preuschoft und Preuschoft 1994). So sind zum Beispiel für die in dichten Bäumen, in kleinen Gruppen lebenden Siamangs (*Symphalangus syndactylus*) nur vier verschiedene mimische Signale beschrieben (Liebal et al. 2004), während bei Berberaffen (*Maccaca sylvanus*), die in großen Gruppen unter meist guten Sichtverhältnissen leben, 13 verschiedene mimische Signale identifiziert wurden (Hesler und Fischer 2007).

### Mimische Signale: senden und empfangen – angeboren und erlernt

Die Befähigung zur „Ausbildung" mimischer Signale scheint zu einem großen Teil **angeboren** zu sein. Brand und Kollegen (1971) zeigten, dass Rhesusaffen, die in völliger Isolation aufwuchsen, trotzdem die arteigenen mimischen Signale bilden konnten. Ob Primaten darüber hinaus die „Produktion" mimischer Signale auch erlernen können, ist bislang unklar (Arbib et al. 2008). Das **Verstehen** mimischer Signale kann dagegen vermutlich, zumindest in manchen Fällen, **gelernt** werden.

In einem Experiment wurde ein Rhesusaffe (*Macaca mulatta*), der sogenannte „Informand", darauf trainiert, nach einem bestimmten Warnsignal einen **Elektroschock** zu erwarten (Miller 1971). Der Informand konnte nichts tun, um den Elektroschock zu vermeiden. Er reagierte auf das Warnsignal mit einem mimischen Ausdruck, bei dem die Zähne entblößt werden, das sogenannte Stille-Zähne-Entblößen. In einem Nebenraum saß ein anderer Rhesusaffe, der „Antwortgeber". Immer wenn der Informand einen Schock bekam, bekam der Antwortgeber ebenfalls einen Schock. Dieser Affe wurde nicht vorher durch ein Signal gewarnt, allerdings konnte er über eine Kamera die Mimik des „informierten" Partners auf einem Bildschirm beobachten und per Knopfdruck den erwarteten Elektroschock (für beide) verhindern – was er auch tat, wenn er das Angstgrinsen des anderen sah. Man könnte nun annehmen, dass die Mimik des Informanden das Warnsignal für den Antwortgeber darstellte. Interessanterweise waren aber Individuen, die in Isolation aufgewachsen waren, zwar gute Informanden, jedoch unfähige Antwortgeber. Das heißt, diese Tiere zeigten auf einen bevorstehenden unangenehmen Reiz die entsprechende Mimik, waren aber nicht in der Lage, das Stille-Zähne-Zeigen bei anderen Individuen als ein Warnsignal zu interpretieren. Der dem Kontext angemessene mimische Ausdruck von Angst war also auch bei isoliert aufgewachsenen Tieren vorhanden und ist somit angeboren, die richtige Reaktion auf dieses Signal erforderte jedoch soziale Erfahrung (Preuschoft 2000). Ob nicht menschliche Primaten außer den unwillkürlichen, affektiven mimischen Signalen zudem willkürliche mimische Signale produzieren können, ist unklar (Arbib et al. 2008).

### Typische Signale

Das oben genannte **Stille-Zähne-Entblößen** ist ein Signal, das bei vielen verschiedenen Primatenarten vorkommt. Es wird in beängstigenden Kontexten gezeigt, aber auch als Zeichen der Unterordnung gegenüber dominanten Tieren oder als „höfliches" Signal freundlicher Annäherung (Preuschoft 2000). Da das Signal dem menschlichen Lächeln ähnelt und in vergleichbaren Situationen eingesetzt wird, sieht man es als dessen evolutiven Vorläufer an.

Ein weiteres, häufig vorkommendes mimisches Signal ist das sogenannte **Spielgesicht**. Es ist durch entspannte Lippen und einen weit geöffneten Mund charakterisiert. Das Spielgesicht kommt in allen Primatengruppen vor (Preuschoft und van Hooff 1997). Bei den meisten Arten wird es, wie der Name andeutet, kurz vor und während des Spielens gezeigt. Es scheint anzuzeigen, dass Angriffe und Balgereien „nur gespielt" sind und verhindert damit wahrscheinlich ernsthafte Auseinandersetzungen. Auch das Spielgesicht wird als Vorläufer des menschlichen Lachens diskutiert (van Hooff 1972).

### Gestik

Als Gesten bezeichnet man Signale, die entweder mit den Händen und Armen ausgeführt werden (manuelle Gesten), sowie Zeichen, die die ganze Körperhaltung mit einbeziehen (Körpergesten, Posituren). Manche Gesten sind rein visuelle Signale (z. B. Bettelgeste), andere enthalten taktile (z. B. Umarmung) oder akustische Elemente (z. B. Brusttrommeln). Während sich nur wenige Studien mit den Gesten von anderen Affen beschäftigen (Ausnahmen: Hesler und Fischer 2007, Maestripieri 1997), sind die Gesten von Menschenaffen recht gut erforscht (Überblick in Arbib et al. 2008). Nicht menschliche Primaten haben je nach Art ein Repertoire von ca. 10–40 verschiedenen Gesten (Arbib et al. 2008). Gesten werden meistens im **Kontext des Spielens** verwendet, aber auch in **soziopositiven Situationen**, im Zusammenhang mit der **Rangordnung** und im **sexuellen Kontext** (Arbib et al. 2008, Call und Tomasello 2007).

Mithilfe von Isolationsexperimenten mit Rhesusaffen (Mason 1963) sowie Beobachtungen an zwei jungen Gorillas (*Gorilla gorilla*; Redshaw und Locke 1976) und einer Gruppe junger Schimpansen (*Pan troglodytes*; Beredicio und Nash 1981) konnte man nachweisen, dass auch Individuen, die keine Vorbilder haben, von denen sie lernen könnten, arttypische Gesten zeigen. Das heißt, dass zumindest **ein Teil der artspezifischen Gesten angeboren** ist. Allerdings haben große Menschenaffen eine ausgeprägte Willkürkontrolle über ihre Hände (Rizzolatti und Arbib 1998), sie können also ihre Hände bewusst absichtlich bewegen. Sie sind dadurch nicht nur in der Lage, Handbewegungen **anderer nachzuahmen**, sondern auch, **neue Gesten zu entwickeln** und zu erlernen.

## Erlernen von Gesten: Unterschiede in Populationen und bei Individuen

Beobachtungen an Menschenaffen im Freiland haben gezeigt, dass es Gesten gibt, die nur von jeweils einer ganz bestimmten Population ausgeführt werden und von anderen nicht. Nishida (1980) beschreibt zum Beispiel eine Geste, die er „*leaf-clipping*" (etwa Blattknipsen) nennt. Hierbei nimmt sich ein Schimpanse ein hartes, steifes Blatt und beißt und reißt es geräuschvoll Stück für Stück auseinander, bis er nur noch das Blattgerippe in der Hand hält. Dieses Verhalten offenbaren vor allem junge Männchen gegenüber Weibchen, die sich im Östrus befinden (paarungsbereit sind), oder östrische Weibchen gegenüber heranwachsenden Männchen. Es scheint eine Aufforderung zur Paarung zu sein. *Leaf-clipping* wird nur von einer Population Schimpansen in den Mahale-Bergen Tansanias ausgeführt. Dieselbe Schimpansenpopulation hat noch eine weitere eigene Geste entwickelt, den *grooming hand clasp*. Dabei strecken zwei Schimpansen jeweils einen Arm über ihre Köpfe in die Höhe und halten sich dort an der Hand, während sie mit der freien Hand den Partner lausen.

Kulturelle Variationen wie diese sind auch bei Orang-Utans (*Pongo spec.*; Liebal et al. 2006), Gorillas (Pika et al. 2003) und Bonobos (*Pan paniscus*; Pika et al. 2005) beobachtet worden. Sie sind ein wichtiger Beleg dafür, dass Menschenaffen anscheinend spontan neue Gesten entwickeln und erlernen können. Bei allen Menschenaffenarten wurden außerdem Gesten beschrieben, die nur von einzelnen Individuen ausgeführt wurden und somit sehr wahrscheinlich selbst erfunden waren (Liebal et al. 2006, Pika et al. 2003, Pika et al. 2005, Tomasello et al. 1997). Diese individuellen Gesten wurden verwendet, um bestimmte soziale Ziele zu erreichen und meistens riefen sie auch entsprechende Reaktionen bei den Empfängern hervor (Pika et al. 2003). Man kann sich gut vorstellen, dass solche individuellen Gesten von Gruppenmitgliedern gelernt werden, wodurch kulturelle Besonderheiten im Gesten-Repertoire einer Population entstehen können.

## Gesten – die Grundlage der menschlichen Sprache

Weil Menschenaffen relativ leicht neue Gesten lernen und diese zu kommunikativen Zwecken einsetzen, gibt es die Hypothese, dass der Ursprung der menschlichen Sprache in der Kommunikation mittels Gesten zu suchen ist. Die gesprochene Sprache ist demnach eine spätere evolutive Entwicklung (Arbib et al. 2008).

☞ Abschnitt 9.1.5

## Ornamente

### Auffällige Verfärbungen

Viele Primaten haben auffällige **Fellfärbungen**. Im Gegensatz zu anderen Tieren ist die Funktion von Fellfärbungen bei Primaten noch nicht umfassend analysiert. In zwei Untersuchungen wurde jedoch gezeigt, dass auffällige Färbungen als Ornamente dienen können.

**Material 2**
Ornamente und ehrliche Signale

Adulte männliche Mandrills (*Mandrillus sphinx*) haben bunt gefärbte Gesichter und Hinterteile (Abb. 9.4; siehe auch ARKive 2010). Bei langfristigen Vergleichen zwischen der Färbung, der Körperkondition, der Produktion des männlichen Geschlechtshormons Testosteron und des Dominanzranges konnte man hier nachweisen, dass diese visuellen Ornamente **sexuell selektierte Signale** sind (Setchell und Dixson 2001a, Setchell und Dixson 2001b). So entwickeln Männchen die auffälligen Färbungen erst in einem Alter zwischen 6–9 Jahren, wobei dominante Mandrill-Männchen sowohl größer als auch bunter gefärbt sind als rangniedere. Erobern erwachsene Männchen den höchsten Rang in der Dominanzhierarchie, werden sie schwerer, im Gesicht röter, produzieren mehr Testosteron und bekommen größere Hoden. Verlieren Männchen später die höchste Rangposition, sind diese Merkmale wieder reversibel. Dabei handelt es sich vermutlich um sogenannte ehrliche Signale (Zahavi 1975), die anderen Männchen in der großen anonymen Gruppe mit bis zu 600 Individuen nützen können, um ihr Verhalten gegenüber Rivalen einzuschätzen. Verhaltensbeobachtungen von Männchen und Weibchen zeigten darüber hinaus, dass Weibchen auffällig gefärbte Männchen gegenüber blass gefärbten bevorzugen. Weibchen hielten sich häufiger in der Nähe von auffällig gefärbten Männchen auf, forderten diese häufiger zu Paarungen auf und betrieben bei ihnen mehr Fellpflege. Auffällig gefärbte Männchen konnten zudem mehr Nachkommen zeugen (Setchell 2005).

☞ „Ehrliche Signale" in Abschnitt 9.1.7

**Abb. 9.4** Männlicher Mandrill (*Mandrillus sphinx*) mit bunt gefärbtem Gesicht und Hinterteil als Zeichen des (sexuellen) Status (Robert J Ross/Peter Arnold)

Bei einer anderen afrikanischen Affenart, den Grünen Meerkatzen (*Cercopithecus aethiops*, Abb. 9.5), haben Männchen einen auffällig blau gefärbten Hodensack. Die Intensität der Färbung (hellblau bis dunkelblau) korreliert mit dem **Dominanzrang**, wobei dominante Männchen dunkler gefärbte Hodensäcke haben. In einem Experiment im Freiland veränderte Gerald (2001) bei manchen Männchen die Farbe des Hodensacks mit Sprühfarbe und beobachtete anschließend die Reaktionen auf diese Männchen. Die experimentelle Verdunkelung verursachte keine Veränderung in der Dominanzhierarchie, doch erhielten Männchen mit dem künstlich verdunkelten

Hodensack weniger Aggressionen von niederrangigen und mehr Aggressionen von höherrangigen Männchen. Die manipulierten Männchen wurden also von niederrangigen falsch eingeschätzt, nur die höherrangigen bemerkten dann den Unterschied zwischen Färbung und dem wahrhaftigen Dominanzstatus der manipulierten Männchen. Dieses Ornament dient damit der Konkurrenz zwischen Männchen.

### Auffällige Körperschwellungen

Einige weibliche Ornamente werden entweder bei der Konkurrenz um **Ressourcen, Dominanz oder um Paarungspartner** eingesetzt. Bei manchen Primatenarten entwickeln Weibchen während der Paarungszeit auffällige Schwellungen im Genitalbereich (Abb. 9.6). Da diese Schwellungen im Verlauf der fruchtbaren Phase größer werden und eine auffälligere Farbe bekommen, könnten sie prinzipiell ein ehrliches Ornament für die fruchtbaren Tage der Weibchen sein. Das heißt, sie würden den Zeitpunkt anzeigen, an dem es am wahrscheinlichsten ist, Eizellen zu befruchten. In Untersuchungen an Javaneraffen (*Macaca fasciccullaris*) und Schimpansen, bei denen man zusätzlich Hormonuntersuchungen bei den Weibchen durchführte, wurde jedoch gezeigt, dass der Zeitpunkt der Ovulation nicht mit der Größe und/oder der Farbe der Schwellungen korrelierte (Engelhardt et al. 2005, Townsend et al. 2008). Demnach signalisieren die Weibchen mit diesen Schwellungen zwar prinzipiell ihre Paarungsbereitschaft, aber nicht exakt den Zeitpunkt ihrer fruchtbaren Tage.

**Abb. 9.5**
Grüne Meerkatze (*Cercopithecus aethiops*) mit auffällig gefärbtem Hodensack als Signal für den Dominanzrang
(Biosphoto/Sylvain Cordier)

**Abb. 9.6**
Beispiel einer Genitalschwellung bei einem weiblichen Schimpansen
(Michel Gunther/BIOS/OKAPIA)

## 9.1.4 Akustische Kommunikation

Bei der Untersuchung der akustischen Kommunikation ist es sinnvoll und wichtig, Folgendes zu unterscheiden:

- Produktion: Welche Laute werden geäußert?

**Material 3**
Lautproduktion und Lautverständnis bei nicht menschlichen Primaten

- Einsatz: Wann werden Laute geäußert?
- Verständnis: Wie reagieren die Empfänger auf die Laute?

> „Lautäußerungen bei sozialen Interaktionen" in Abschnitt 9.1.4

Produktion und Einsatz von Lauten erforscht man durch Beobachtung der Sender und der Kontexte, in welchen sie bestimmte Laute äußern. Indem man Laute aufnimmt und deren akustische Struktur mittels spezifischer Software analysiert, kann man Hypothesen über die Art und Weise der Kodierung bestimmter Informationen in Lauten bilden (z. B. über die Tonhöhe, Lautdauer, Modulation). Allerdings muss man die Empfänger „fragen", ob die durch Beobachtungen oder akustische Analysen gewonnenen Informationen auch wirklich relevant für sie sind. Dies kann man tun, indem man den Empfängern verschiedene Laute über einen Lautsprecher vorspielt und ihre Reaktionen beobachtet.

### Laute: gleich und doch etwas verschieden

Man weiß inzwischen, dass bei Primaten das gesamte Lautrepertoire, d. h. alle Lauttypen wie Schreie, Beller, Grunzer oder Triller, die von einer Art geäußert werden können, **angeboren** ist. Verschiedene Studien haben gezeigt, dass Jungtiere, die taub sind, isoliert aufwachsen oder in Gruppen ohne erwachsene Vorbilder aufgezogen werden, genau dieselben Laute produzieren wie hörende Jungtiere, die Vorbilder haben (Hammerschmidt et al. 2000, Hammerschmidt et al. 2001, Winter et al. 1973). Die Laute von jungen Affen verändern sich im Laufe der Ontogenese kaum – sie sind von Geburt an schon fast „fertig". Zwar werden sie mit zunehmendem Alter etwas tiefer und konsistenter, aber diese Veränderungen sind nicht darauf zurückzuführen, dass die Jungtiere Neues dazulernen, sondern auf Körperwachstum, auf neuromuskuläre Reifung und zum Teil auch auf Übung (Hammerschmidt et al. 2000, Hammerschmidt et al. 2001). Trotzdem gleicht, wie auch bei Menschen, nicht jedes Exemplar eines Lauttyps den anderen bis ins Detail, eine gewisse Plastizität in ihrer Feinstruktur ist vorhanden.

### Feinstruktur der Laute

Green (1975) stellte dies zum Beispiel bei Lautäußerungen von Japan-Makaken (*Macaca fuscata*) fest. Der Forscher verglich die Futterrufe von drei Populationen und fand heraus, dass es zwischen den Lauten der drei Populationen kleine, aber systematische Unterschiede gab. Das heißt, jede Population hatte ihren eigenen **„Dialekt"**. Solche Dialektunterschiede, die sich in der Feinstruktur von Lauten zeigen, wurden auch bei Schimpansen beobachtet (Crockford et al. 2004, Mitani et al. 1999).

Die Feinstruktur von Lauten kann sich zudem kurzfristig verändern. Sugiura (1998) entdeckte, dass Weibchen von Japan-Makaken, denen man Kontaktrufe anderer Individuen über Lautsprecher vorspielte, mit Kontaktrufen antworteten, die den vorgespielten ähnlicher waren als den Lauten, die die Weibchen sonst spontan äußern. Dieses Phänomen, welches **vokale Konvergenz** genannt wird, findet man übrigens auch bei Menschen. Menschen gleichen ihre Sprechweise ebenfalls der ihrer Gesprächspartner an.

Darüber hinaus sind in Lauten von Affen sehr viele **Informationen über den Sender** kodiert: zum Beispiel über seine Identität, das Alter, Geschlecht, Größe, Kondition oder den reproduktiven Status (Hauser 1996). Vor allem aber kann er damit Veränderungen in seinen **Emotionen** kodieren (Fichtel et al. 2001, Jürgens 1979). Diese feinen Unterschiede in der akustischen Struktur werden auch von Artgenossen als bedeutungsvoll wahrgenommen und unterschieden (Fichtel und Hammerschmidt 2002, Fichtel und Hammerschmidt 2003). Interessanterweise gibt es bei den feinstrukturellen Lautäußerungen bezüglich Emotionen die meisten **Gemeinsamkeiten mit der menschlichen Sprache**: So unterscheiden sich Laute, die in angenehmen als auch unangenehmen Situationen geäußert werden, bei Affen, menschlichen Säuglingen und Erwachsenen in gleicher Weise voneinander (Hammerschmidt und Jürgens 2007, Scheiner et al. 2002, Scheiner et al. 2003, Scheiner et al. 2004).

### Je nach Kontext: Die richtige Wahl der Laute muss gelernt werden

Obwohl die Laute angeboren sind, gibt es Hinweise, dass Affen zum Teil lernen müssen, in welchen Kontexten sie welche Laute (z. B. Alarmrufe) äußern müssen. Grüne Meerkatzen geben beispielsweise in den ersten Lebensmonaten Luftfeindalarmrufe ab, sobald sie eine Vogelsilhouette am Himmel entdecken. Das heißt, sie kennen noch nicht die Unterschiede zwischen harmlosen Vögeln und Raubvögeln und müssen lernen, nur beim Auftauchen von Raubfeinden Alarmrufe zu äußern (Seyfarth und Cheney 1980). Ebenso müssen sie nach und nach die raubfeindspezifischen Fluchtstrategien mit den jeweiligen Rufen in Verbindung bringen (Fichtel 2008, Seyfarth und Cheney 1986). Affen können jedoch auch mühelos lernen, auf völlig neue akustische Signale adäquat zu reagieren, wenn diese mit für sie bedeutsamen Ereignissen verknüpft sind. Daher sind sie in der Lage, sich bei artfremden Kontaktrufen oder Alarmrufen von Vögeln oder anderen Affen, die im gleichen Habitat leben, entsprechend zu verhalten (Fichtel 2004, Owren et al. 1993). Des Weiteren können sie artifizielle akustische Signale erlernen. Das Klappern von Futterschüsseln sehen sie beispielsweise als Signal dafür, dass sie bald gefüttert werden. Das heißt, dass die Perzeption von Lauten sehr viel flexibler ist als die Produktion.

☞ **„Alarmrufe" in Abschnitt 9.1.4**

### Lautäußerungen bei sozialen Interaktionen

#### Kontakt zur Gruppe

Laute werden überwiegend in verschiedenen sozialen Kontexten eingesetzt. So können **Kontaktrufe** dazu dienen, Gruppenbewegungen zu koordinieren oder um soziale Interaktionen zu regulieren. Kontaktrufe werden von fast allen in Gruppen lebenden Primaten während des Fressens oder bei Wanderungen im Streifgebiet geäußert und dienen der Aufrechterhaltung der Gruppenkohäsion, d. h. dem räumlichen Zusammenhalt der Gruppe (Harcourt et al. 1993). Solche akustischen Koordinationsmechanismen sind von besonderer Bedeutung bei eingeschränkten Sichtverhältnissen

(Boinski und Garber 2000). Oft werden auch spezielle akustische Signale (***travel calls***) eingesetzt, die den Aufbruch einer Gruppe initiieren (Boinski 2000). Bei Totenkopf- und Kapuzineraffen (*Saimiri sciureus, Cebus capucinus*) äußern beispielsweise meist nur eins oder wenige Tiere diese *travel calls*, nachdem sie den Rand der Gruppe aufgesucht haben. Unmittelbar im Anschluss daran setzt sich dann ein Großteil der Gruppenmitglieder in Bewegung (Boinski 2000). Bei anderen Primaten, zum Beispiel den Sifakas, existieren dagegen keine spezifischen *travel calls* (Trillmich et al. 2004). Die meisten Arten haben aber bestimmte Rufe, sogenannte **lost calls**, die geäußert werden, wenn ein Tier den Kontakt zur Gruppe verloren hat und versucht, diesen wiederherzustellen (Fichtel und Kappeler 2002, Fischer et al. 2002).

### Dominanzbeziehungen

**Material 4**
Dominanzhierarchien

Viele soziale Interaktionen erfolgen bei nicht menschlichen Primaten in dem Kontext der Ausbildung und Aufrechterhaltung von Dominanzbeziehungen. So äußern einige Primatenarten spezifische Laute, sogenannte submissive Signale (**Unterwürfigkeitssignale**), mit denen der Rufer einem dominanten Tier signalisiert, dass er die bestehende Rangordnung nicht anficht (Pereira und Kappeler 1997, Richard 1974). Darüber hinaus können beispielsweise Bärenpaviane (*Papio ursinus*) anhand von Lauten oder einer Abfolge von Lauten die **Dominanzbeziehungen anderer** erkennen (Cheney und Seyfarth 2007). Spielt man ihnen über einen Lautsprecher eine Rufsequenz vor, die der vorherrschenden Dominanzhierarchie entspricht, reagieren sie kaum darauf. Spielt man ihnen aber eine Sequenz vor, die eine Veränderung der Dominanzhierarchie simuliert, reagieren sie sehr viel stärker und blicken länger in die Richtung des Lautsprechers (Bergman et al. 2004). Demnach können Paviane anhand der Ruftypen, der Reihenfolge der Rufe und der Rangbeziehung der Rufer untereinander die Bedeutung einer Rufsequenz erschließen.

### Annäherung von Gruppenmitgliedern

Nähern sich zwei Gruppenmitglieder aneinander, äußern verschiedene Primatenarten oftmals bestimmte Laute. Beobachtungen bei verschiedenen Makakenarten, Bärenpavianen und auch Rotstirnmakis (*Eulemur rufifrons*) brachten ans Licht, dass Folgeinteraktionen zwischen zwei Tieren meist freundlicher Natur waren, sobald ein Tier bei der Annäherung an ein anderes Tieres vokalisierte. Blieben die akustischen Laute des sich annähernden Tieres aus, mündete diese Interaktion oftmals in Aggression. Daraus wurde geschlossen, dass die Tiere mit den Lautäußerungen ihre freundliche Gesinnung signalisierten (Bauers 1993, Cheney et al. 1995, Masataka 1989). Auch die Position beziehungsweise wer wem sich annähert und dabei vokalisiert, ist wichtig – dies konnte beispielsweise für Rotstirnmakis gezeigt werden. Gibt der Empfänger, also das Tier, dem sich angenähert wird, keine Laute von sich wie das sich annähernde Individuum, resultiert die Annäherung häufiger in aggressiven Auseinandersetzungen.

## Reaktionen je nach vorangegangenen Lauten

Bärenpaviane äußern sogenannte Grunzer bei verschiedenen freundlichen Interaktionen mit Gruppenmitgliedern, während und zur Versöhnung nach aggressiven Auseinandersetzungen oder wenn sie sich fortbewegen. Obwohl diese Laute in ihrer Struktur sehr ähnlich sind, können Paviane sie unterscheiden (Cheney et al. 1995, Rendall 2003). Bei der Unterscheidung von Grunzern während sozialer Interaktionen beziehen Paviane vorangegangene Interaktionen mit in Betracht. So mieden Weibchen vorherige Opponenten häufiger, wenn sie eine ganze Weile nach dem Kontakt einen Drohgrunzer anstatt eines Versöhnungsgrunzers der „Streithähne" hörten (Engh et al. 2006). Demnach reagieren Paviane auf Laute in Abhängigkeit vorangegangener Interaktionen. Diese Studien zeigen aber auch, dass, obwohl Affen ein limitiertes vokales Repertoire haben, Zuhörer unterschiedliche, dem Kontext entsprechende Bedeutungen aus den Lauten gewinnen können.

## Rufe zur Kennzeichnung von Streifgebieten

Die meisten Primaten kennzeichnen ein Streifgebiet gegenüber Artgenossen. Um ihre Präsenz hier anzuzeigen, geben viele Arten laute, über große Distanzen reichende Rufe von sich. Diese werden oftmals zu bestimmten Zeiten, bei Tagesanbruch oder während der Dämmerung geäußert, aber auch bei direkten Auseinandersetzungen mit anderen Gruppen (Wich und Nunn 2002). Bei Brüllaffen (*Aluatta pigra*) konnte beispielsweise gezeigt werden, dass sie anhand solcher Rufe die Anzahl rufender Männchen einer rivalisierenden Gruppe erkennen, und damit die potenzielle Anzahl der Rivalen einschätzen können (Kitchen 2003).

## Alarmrufe

Viele in Gruppen lebende Primaten äußern laute Alarmrufe, wenn sie Raubfeinde entdecken. Alarmrufe können entweder dazu dienen, den entdeckten Raubfeind zu verjagen oder anderen Gruppenmitgliedern die Art des Raubfeindes zu signalisieren. Bei den Artgenossen kommt es dann zu **Schreck- oder Fluchtreaktionen** (Fichtel und Kappeler 2002, Fichtel 2007, Seyfarth et al. 1980, Zuberbühler et al. 1999).

Grüne Meerkatzen geben beispielsweise beim Entdecken von Schlangen, Leoparden oder Adlern akustisch verschiedene Alarmrufe von sich und zeigen dann raubfeindspezifische Fluchtstrategien (Seyfarth et al. 1980). So klettern die Tiere beim Auftauchen eines Adlers von den Bäumen herab und blicken zum Himmel, beim Entdecken von Leoparden klettern sie dagegen auf die Bäume und schauen zum Boden. Wird vor einer Schlange gewarnt, stellen sie sich meist auf die Hinterbeine und suchen den Boden nach der Schlange ab. Um zu testen, ob die verschiedenen Rufe wirklich mit der Präsenz der jeweiligen Raubfeinde assoziiert sind und nicht nur allgemein eine Gefahr signalisieren, haben Seyfarth und Kollegen (1980) Playback-Experimente durchgeführt. Hier wurden den Grünen Meerkatzen über einen Lautsprecher die jeweiligen Alarmrufe für Schlange, Leopard

**Material 5**
Alarmrufe

und Adler vorgespielt und ihre Reaktionen daraufhin beobachtet. Ergebnis: Die Meerkatzen haben die entsprechenden, raubfeindspezifischen (Flucht-) Reaktionen gezeigt. So sind sie zum Beispiel nach dem Vorspielen eines Leoparden-Alarmrufes den Baum hinauf geklettert und haben den Boden nach dem vorgetäuschten Leoparden abgesucht. Sie haben also mit diesem Alarmruf die Präsenz eines Leoparden assoziiert.

Mit diesem Versuch konnte damals zum ersten Mal gezeigt werden, dass manche Affenrufe eine Bedeutung haben können. Allerdings kann auf die Bedeutung dieser Alarmrufe nur über die Interpretation der Reaktion anderer Tiere geschlossen werden; wir können keine Aussagen darüber machen, ob der Rufer auch wirklich die Absicht hat, andere Gruppenmitglieder zu warnen.

**Funktional referenzielle Laute**

Laute, die stets **in bestimmten Kontexten** geäußert werden, eine **eindeutige Signalstruktur** haben und eine **spezifische Reaktion beim Empfänger** auslösen, werden als funktional referenzielle Laute bezeichnet. Diese funktionale Referenzialität ist in Bezug auf die Diskussion der **Evolution menschlicher Sprache** von Bedeutung, da Sprache referenziell ist. Das heißt, wenn wir das Wort „Leopard" sagen, haben wir das Bild eines Leoparden vor unserem geistigen Auge und erzeugen auch bei unseren Zuhörern die mentale Vorstellung eines Leoparden.

Bei Affen kann man nur von funktionalen Lauten sprechen. Die Laute funktionieren zwar, als wenn sie referenziell wären, wir wissen aber nicht, ob Affen eine mentale Vorstellung von Leoparden haben, wenn sie Leoparden-Alarmrufe äußern, und ob die Empfänger sich einen Leoparden vorstellen, wenn sie diese Rufe hören. Vielleicht assoziieren sie damit nur eine bestimmte Fluchtstrategie. Wir können also nicht sagen, dass die Laute referenziell sind.

Möchte man untersuchen, ob Alarmrufe funktional referenziell sind, hat man in der Regel ein Problem, da man im Freiland nur selten Angriffe von Raubfeinden beobachten kann. Man kann aber mit visuellen oder akustischen **Attrappen** des Raubfeindes entsprechende Fluchtreaktionen experimentell auslösen. Viele Primaten reagieren beispielsweise bereits beim Hören von Raubfeindrufen mit Fluchtreaktionen und äußern selbst Alarmrufe. So wurden Sifakas die Rufe eines Luftfeindes vorgespielt, und zwar der Madagaskar-Höhlenweihe (*Polyboroides radiatus*, siehe auch Filme im Internet unter *http://extras.springer.com*; Fichtel und Kappeler 2002). Die Sifakas blickten unmittelbar nach dem Hören der Rufe zum Himmel, kletterten den Baum hinab und äußerten einen bestimmten Alarmruf, den sogenannten *roaring bark*. Um nun zu testen, ob *roaring barks* auch wirklich mit der Präsenz des spezifischen Luftfeindes assoziiert sind, wurden sie anderen Sifakas vorgespielt und deren Reaktionen beobachtet. Diese Sifakas zeigten nach dem Vorspielen der *roaring barks* die gleichen Reaktionen wie nach dem Vorspielen des Weiherufes. Daraus folgt, dass die *roaring barks* funktional referenzielle Luftfeindalarmrufe sind. Mittlerweile weiß man anhand solcher Versuche, dass mehrere Primatenarten funktional referenzielle Alarmrufe haben (Seyfarth und Cheney 2003).

## 9.1.5 Evolution von Sprache

Primaten kommunizieren miteinander auf sehr vielfältige Weise. Ein Vergleich der kommunikativen Fähigkeiten von nicht menschlichen Primaten und Menschen zeigt aber, dass es hier große Unterschiede zwischen uns und unseren nächsten Verwandten im Tierreich gibt. Nur uns Menschen steht nämlich außer den Mitteln der nonverbalen Kommunikation auch noch die Sprache zur Verfügung.

### „Sprache" von Mensch und Tier

Sprache zeichnet sich unter anderem dadurch aus, dass **Wörter gelernt** werden müssen und wir sie nicht von Geburt an beherrschen, und dass diese **kulturell übermittelt** werden. Es können neue Wörter **erfunden** werden, und Wörter sind **arbiträr** (die Beziehung zwischen einem Wort und dem, was mit diesem Wort bezeichnet wird, beruht auf Konventionen und nicht auf einer naturgegebenen Gesetzmäßigkeit). Außerdem ist **Sprache referenziell** und hat eine **Syntax** (Regeln der Abfolge von Wörtern). Des Weiteren ist sie **situationsentbunden**, d.h., dass Sprache sich auch auf räumlich oder zeitlich entfernte Sachverhalte oder Gegenstände beziehen kann.

Heute weiß man, dass vokale Kommunikation bei Affen diese Bedingungen nicht erfüllt. Die Produktion von Lauten ist angeboren. Affen können keine neuen Laute lernen, weil sie nach Kenntnissen neurobiologischer Studien keine Willkürkontrolle über die akustische Struktur der Laute haben (Jürgens 1992). Zudem äußern Affen einer Art, egal, ob sie beispielsweise in Ostafrika oder Westafrika vorkommen, ihre Laute in den gleichen Kontexten; die Laute sind also nicht arbiträr. Es gibt auch keine Hinweise dafür, dass Affen Syntax verwenden und über räumlich oder zeitlich entfernte Ereignisse kommunizieren. Allerdings können manche Laute funktional referenziell sein, und Empfänger können kontextabhängig unterschiedliche Bedeutungen aus dem limitierten Lautrepertoire ihrer Artgenossen gewinnen.

### Sprachversuche bei Menschenaffen

Anfang bis Mitte des 20. Jahrhunderts vermutete man noch, dass es möglich sein müsste, zumindest Menschenaffen das Sprechen beizubringen, wenn man sie nur unter den gleichen Bedingungen aufziehen würde, in denen Menschenkinder aufwachsen (Arbib et al 2008, Wallman 1992, Wilson 1978). Doch die Versuche waren ernüchternd – dass Menschenaffen die **Lautsprache** erlernen würden, war **unmöglich**. Daher änderten die nachfolgenden Sprachversuch-Projekte ihren Ansatz. Es ging nicht mehr darum, Menschenaffen die Lautsprache beizubringen, sondern um die Frage, ob sie in der Lage sind, das Wesen von Sprache zu verstehen und kommunikativ damit umzugehen. Da Menschenaffen das Durchführen bestimmter Handlungen mit ihren Händen leicht lernen können, versuchte man es mit der **Gebärdensprache** und **künstlichen Symbolsprachen**. Hier mussten die Tiere mit Symbolen hantieren oder auf diese zeigen. Das funktionierte viel besser als die Versuche mit gesprochener Sprache. Die an den Experimenten beteiligten Menschenaffen lernten, über

**Material 6**
Können Menschaffen sprechen?

100 verschiedene Gebärden oder Symbole richtig anzuwenden. Sie bildeten sogar kurze Sequenzen von Symbolen (z.B. „Gib Banane") und erfanden in seltenen Fällen neue Zeichenkombinationen, wenn ihnen ein Begriff fehlte (z.B. Wasser-Vogel für Schwan). Allerdings folgten sie in ihren Sätzen keinen syntaktischen Regeln (was Menschenkinder sehr früh tun), waren äußerst redundant in der Verwendung der Symbole und benutzten die Zeichen vor allem, um Belohnungen zu erhalten und selten unabhängig von der aktuellen Situation. Die Menschenaffen gingen auch nicht sonderlich kreativ mit den Zeichen um, die sie beherrschten. Sie wiederholten Standardwörter beziehungsweise -„sätze" und formulierten kaum neue Inhalte. Diese Ergebnisse zeigen, dass Menschenaffen, auch wenn sie sehr viel lernen können, selbst in menschlicher Obhut keine wirkliche Sprachfähigkeit entwickeln (Arbib et al. 2008, Cheney und Seyfarth 1997). Allerdings vertreten manche Autoren den Standpunkt, dass die Unterschiede in den linguistischen Fähigkeiten von Menschenaffen und Menschen nur quantitativer Art sind (Gibbson 1990).

Aktuelle Theorien gehen davon aus, dass Affen kein sprachähnliches Kommunikationssystem entwickelt haben, weil ihnen vor allem die Fähigkeit fehlt, anderen Individuen (in gleichem Maße wie Menschen das tun können) Intentionen oder Wünsche zuzuschreiben oder ein Verständnis für das Wissen der anderen zu haben (Cheney und Seyfarth 1997, Tomasello 2008). Es ist möglich, dass das Fehlen dieser kognitiven Fähigkeit, sich in die Perspektive eines anderen hineinzuversetzen, der Grund dafür ist, dass Menschenaffen keine Sprache entwickelt haben (Tomasello 2002). Anders gesagt: Wozu sollte man Informationen austauschen, wenn man nicht weiß, dass andere mehr oder weniger wissen als man selbst?

### Die Anfänge von Sprache

Wir wissen nicht, wann und unter welchem selektiven Druck diese kognitiven Fähigkeiten entstanden sind. Ebenso ist unklar, aus welchen nonverbalen Signaltypen heraus sich Sprache entwickelt hat. Zwei potenzielle Vorläufer von Sprache stehen zur Diskussion: Die akustische Kommunikation (Cheney und Seyfarth 2007) und die Kommunikation mittels Gesten (Arbib et al. 2008). Die Vermutung, dass die Sprache **auf die nonverbalen emotionalen Lautäußerungen** (also aus der akustischen Kommunikation) unserer Vorfahren zurückzuführen sein könnte, liegt zunächst nahe, da das Medium der Sprache beim heute lebenden Menschen vorwiegend das gesprochene Wort und nur sekundär die Geste (→ Gebärdensprache) ist.

☞ „Gestik"
in Abschnitt 9.1.3

Es bleibt jedoch ungeklärt, wann und wie unsere Vorfahren die Willkürkontrolle über die Lautproduktion erlangten, die für die Entwicklung gesprochener Sprache unerlässlich ist (Jürgens 2002). Primaten verfügen nicht über eine Willkürkontrolle des Vokalapparats (siehe oben), bei der Produktion von Gesten ist sie dagegen vorhanden. Affen können nämlich manuelle Bewegungen nachahmen und Gesten erlernen. Das führt zu der Überlegung, ob sich Sprache nicht doch über **den Umweg der gestischen Kommunikation** entwickelt haben könnte. Die Vertreter dieser Hypothese (Arbib et al. 2008) führen an, dass auch beim heutigen Menschen Gesten eine wichtige sprachbegleitende Funktion spielen. Außerdem sind die Bereiche im

Gehirn, die bei Affen an der Planung und Ausführung manueller Bewegungsabläufe beteiligt sind, dem Gehirnareal homolog, das beim Menschen an der Sprachproduktion beteiligt ist (→ Broca-Areal; Corballis 2002). Arbib und Kollegen (2008) sind daher der Ansicht, dass am Anfang der Sprache die **Fähigkeit zur Imitation** von manuellen Aktionen und von kommunikativen Gesten von Artgenossen (die wir mit Menschenaffen gemeinsam haben) stand. Aus der Fertigkeit der einfachen Imitation entwickelte sich dann – nach der Linienaufspaltung der Menschenaffen und Menschen – die Fähigkeit, auch **komplexere Aktionen pantomimisch** darzustellen, zum Beispiel mit den Armen zu wedeln, um einen fliegenden Vogel zu imitieren. Aus diesen ikonischen (bildhaften) Zeichen sollen dann arbiträre Zeichen (Zeichen, die das Bezeichnete nicht mehr bildhaft darstellen, sondern nur auf Konventionen beruhen) und schließlich die gestische Protosprache entstanden sein. Nach dieser Hypothese hat sich die Fähigkeit zur gesprochenen Sprache erst sekundär entwickelt, möglicherweise angetrieben dadurch, dass sich, wie wir auch an uns beobachten können, bei der Durchführung komplizierter Bewegungen mit den Händen unwillkürlich auch der Mund mit bewegt. Diese Kopplung könnte die willkürliche Kontrolle des Vokalapparates gefördert haben (Arbib et al. 2008).

## 9.1.6 Exkurs: Grundlagen der Kommunikation

### Was ist Kommunikation?

Damit Kommunikation stattfinden kann, muss es mindestens zwei Individuen geben, die miteinander kommunizieren: einen **Sender** und einen **Empfänger**. Der Sender hat eine Information oder Nachricht, die der Empfänger erhalten soll. Dazu muss die Information **in Form eines Signals** kodiert und ausgesendet werden, zum Beispiel als Laut, Geste oder Duftstoff. Auf seinem Weg zum Empfänger wird das Signal in der Regel durch Umwelteinflüsse modifiziert und abgeschwächt. Laute werden beispielsweise mit wachsender Entfernung immer leiser, und je nach Lebensraum werden bestimmte Frequenzen stärker gedämpft als andere. Der Empfänger empfängt nun das modifizierte Signal und entschlüsselt die darin enthaltene Information. Hat der Empfänger das Signal dekodiert, führt dies zu einer Reaktion. Diese Reaktion kann eine physiologische Reaktion, eine Verhaltensänderung oder auch eine aktive Missachtung der empfangenen Information sein (Abb. 9.7).

**Material 7**
Was ist Kommunikation?

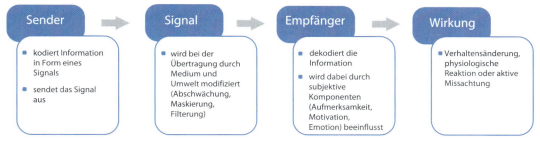

**Abb. 9.7** Ablauf eines kommunikativen Prozesses

Mit dieser Beschreibung sind die meisten Aspekte eines kommunikativen Prozesses genannt. Die Verhaltensökologen Dawkins und Krebs haben in ihrer Definition von Kommunikation noch zwei weitere Aspekte der Kommunikation betont (siehe auch Abb. 9.8): *„Kommunikation ist ein Prozess, in dem ein Sender spezifisch gestaltete Signale oder Signalmuster einsetzt, um das Verhalten eines Signalempfängers zu modifizieren."* (Dawkins und Krebs 1978)

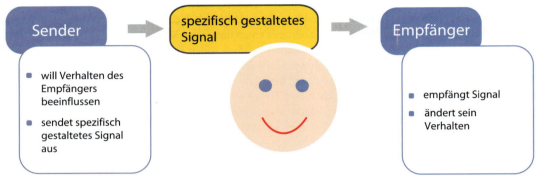

**Abb. 9.8** Kommunikation (nach der Definition von Dawkins und Krebs 1978)

Der erste wichtige Aspekt für Kommunikation hier ist ein **spezifisch gestaltetes Signal des Senders**, damit von Kommunikation gesprochen werden kann. Dawkins und Krebs wollen mit dieser Betonung darauf hinweisen, dass nicht alles, was ein potenzieller „Empfänger" wahrnimmt und interpretieren kann, auch ein vom potenziellen „Sender" gesendetes Signal sein muss. Fremde Fußspuren im Schnee können zum Beispiel von einem Territoriumseigner als Anzeichen dafür interpretiert werden, dass ein fremdes Individuum ins eigene Territorium eingedrungen ist; sie sind aber kein von dem Eindringling gesendetes, spezifisch gestaltetes Signal, sondern ein Nebenprodukt seiner Fortbewegung.

Der zweite Aspekt ist der der **Manipulation des Empfängers durch den Sender**. Das Ziel des Senders ist egoistisch – Signale werden gesendet, um das Verhalten anderer so zu verändern, dass es den eigenen Zielen entgegenkommt (und damit der Maximierung der eigenen Fitness dient). Diese inzwischen weit akzeptierte Sichtweise auf kommunikative Prozesse stand zum Zeitpunkt ihrer Veröffentlichung im Gegensatz zu der in der klassischen Ethologie bis dato vorherrschenden Ansicht. Nach letzterer Meinung mussten kommunikative Prozesse sowohl für den Sender als auch für den Empfänger vorteilhaft sein und eine kooperative Interaktion darstellen.

### Mit wem wird kommuniziert – und worüber?

Tiere (und Menschen) kommunizieren zum einen mit Artgenossen (intraspezifische Kommunikation), zum anderen mit Individuen anderer Arten (interspezifische Kommunikation).

**Intraspezifische Kommunikation** stellt die wichtigsten Mechanismen bereit, mit denen Tiere einer Population miteinander konkurrieren und kooperieren (Kappeler 2008). Sie wird bei der Regulation sozialer Interaktionen (z. B. Droh- und Unterwerfungsgesten), bei der Nahrungssuche (z. B. Austausch von Informationen über die Lage und Qualität von Futterplätzen bei Bienen), der Brutfürsorge (z. B. Erkennung von Jungtieren, Beeinflussung von Elterntieren durch ihre Jungen) und bei der Räubervermeidung (z. B. Warnen von Artgenossen) eingesetzt. Außerdem spielt intraspezifische Kommunikation im Rahmen der Fortpflanzung eine große Rolle. Signale werden genutzt, um potenzielle Paarungspartner der eigenen Art zu erkennen und deren Qualität (z. B. die Gesundheit, die Stärke, den Rang) einzuschätzen. Tiere benutzen auch Signale, um das Verhalten oder die Physiologie ihrer Paarungspartner zu beeinflussen. Des Weiteren verwenden Tiere Signale, um Territorien zu verteidigen (z. B. durch Duftmarken) und um die Fortpflanzung von unterlegenen Individuen zu unterdrücken (z. B. durch Pheromone).

**Interspezifische Kommunikation** findet man beispielsweise zwischen Parasiten und ihren Wirten, wobei der Parasit durch seine Signale das Verhalten des Wirtes beeinflusst (z. B. das Betteln des Kuckucksnestlings), sowie bei Symbiosen (z. B. die Symbiose zwischen Blattläusen und Ameisen). Interspezifische Kommunikation wird auch zur Abwehr von potenziellen Räubern eingesetzt. Viele Tiere verwenden Warnfärbungen, die einem potenziellen Räuber signalisieren, dass sie ungenießbar (z. B. Feuersalamander) oder wehrhaft (z. B. Wespen) sind. Andere haben Warnfärbungen entwickelt, durch die die Angreifer verwirrt oder erschreckt werden (z. B. Schmetterlinge mit Augenflecken).

### Wie wird kommuniziert?

Es gibt eine Fülle von Signalen. Die Vielfalt der Signale lässt sich in verschiedene Signaltypen einteilen. Das Kriterium der Einteilung ist dabei der Sinneskanal, über welchen die Empfänger das Signal wahrnehmen. Akustische Signale werden gehört, visuelle Signale gesehen, olfaktorische Signale gerochen, taktile Signale gespürt und elektrische Signale werden über einen speziellen elektrischen Sinn empfangen. Jeder Signaltyp hat spezielle Eigenschaften, die ihn für bestimmte Zwecke geeigneter oder ungeeigneter machen (Tab. 9.1).

Visuelle Signale sind beispielsweise sehr praktisch, wenn man genau wissen möchte, von wem das Signal kommt, weil visuelle Kommunikation in den meisten Fällen Sichtkontakt zwischen Sender und Empfänger voraussetzt. Allerdings ist es nicht besonders Erfolg versprechend, visuelle Signale in dunkler Nacht oder in dichtem Gestrüpp einzusetzen. Düfte oder Laute eignen sich unter solchen Umständen besser. Soll eine Nachricht lange bestehen bleiben, sodass der Empfänger die kommunizierte Information auch noch erhalten kann, wenn der Sender schon wieder an einem anderen Ort weilt, ist meist das Hinterlassen von Duftmarken sinnvoll. Ist es aber wichtig, dass ein Signal sofort und flexibel übermittelt wird, zum Beispiel beim Warnen vor Feinden, ist häufig der Einsatz akustischer Signale (Warnrufe) angebracht.

**Material 8**
Wie wird kommuniziert?

**Tab. 9.1:** Vor- und Nachteile verschiedener Signaltypen (nach Kappeler 2008)

| Signaltyp | olfaktorisch | taktil | akustisch | visuell | elektrisch |
|---|---|---|---|---|---|
| Reichweite | weit | gering | weit | gering | gering |
| Flexibilität | gering | hoch | hoch | unterschiedlich | hoch |
| Überwindung von Hindernissen | gut | schlecht | gut | schlecht | gut |
| Lokalisierbarkeit | unterschiedlich | gut | mittel | gut | gut |
| Persistenz | hoch | gering | gering | unterschiedlich | gering |
| Produktionskosten | gering | unterschiedlich | hoch | unterschiedlich | hoch |

### 9.1.7 Exkurs: Signale und Evolutionsmechanismen

Die Evolutionstheorie nach Darwin basiert auf zwei wichtigen Mechanismen (Darwin 1859, Darwin 1871): Auf der Variation im Erbgut der Individuen einer Population und auf der Selektion, die dazu führt, dass von einer Überproduktion an Nachkommen nur ein Teil überlebt beziehungsweise zur Fortpflanzung kommt. Bei der Selektion wird zwischen der natürlichen Selektion und der sexuellen Selektion unterschieden. Die natürliche Selektion beruht auf Varianz im Überlebenserfolg, die sexuelle Selektion auf Varianz im Fortpflanzungserfolg (für eine ausführliche Darstellung siehe Kappeler 2008). Beide Selektionsmechanismen wirken auch auf die Entstehung und die Ausprägung von Signalen (Johnstone 1997).

#### Ehrliche Signale

*Material 2 – Ornamente und ehrliche Signale*

Nach der Theorie der natürlichen Selektion setzen sich diejenigen Merkmale durch, die ihren Trägern Überlebensvorteile verschaffen. Es gibt aber auch Merkmale bei Tieren, die so unpraktisch wirken, dass man sich nicht vorstellen kann, dass sie die Überlebenschancen steigern. Das können beispielsweise auffällige Waffen sein (z. B. große Geweihe bei Huftieren) oder Ornamente (z. B. auffällige Färbungen des Gefieders bei Vögeln). Bei vielen Spezies sind diese Merkmale häufiger bei Männchen als bei Weibchen zu finden. Solche **sekundären Geschlechtsmerkmale**, die offensichtlich nicht dazu dienen, die Überlebenswahrscheinlichkeit von Individuen zu erhöhen, interpretierte Darwin (1871) im Rahmen seiner Theorie zur **sexuellen Selektion**. Demnach werden hier Signale zur Schau getragen, die als Konsequenz des intrasexuellen Wettbewerbs um Fortpflanzungsmöglichkeiten entstanden sind. Oder die Signale werden dazu eingesetzt, das andere Geschlecht anzulocken. Viele solcher spektakulären tierischen Angepasstheiten sind sexuell selektierte Ornamente von Männchen. Dabei handelt es sich um Farben, Muster, vergrößerte Strukturen oder aufwändige Signale in anderen Modalitäten, die im Rahmen der Paarungskonkurrenz von Bedeutung sind. Da diese optischen, akustischen oder olfaktorischen Signale theoretisch sowohl von Rivalen als auch von Paarungspartnern wahrgenommen werden können, ist ihre exklusive Funktion im Kontext der Paarungskonkurrenz nicht immer eindeutig nachzuweisen.

**Handicap-Hypothese**

Warum aber fördert die Evolution die Ausbildung von solchen sexuell selektierten Merkmalen, die durch ihre Größe und Auffälligkeit die Überlebenschancen des Trägers reduzieren? Eine Erklärung dafür lieferte Amotz Zahavi (1975) mit seiner Handicap-Hypothese. Nach dieser Hypothese stellen Ornamente ehrliche Signale dar, die als Indikatoren für die **Qualität und Kondition des Senders** dienen. Nur Individuen mit entsprechend guter körperlicher Verfassung können sich solche Merkmale leisten. Männchen signalisieren demnach Weibchen mit aufwändigen, behindernden Ornamenten, dass sie trotz dieses Handicaps überlebt und daher „gute Gene" haben. Darüber hinaus liefern dieselben Signale Informationen an potenzielle Rivalen über die eigene körperliche Verfassung und Kondition. Da direkte körperliche Auseinandersetzungen immer mit einem Verletzungsrisiko behaftet sind, können Ornamente und andere Signale, die Informationen über die Kampfkraft eines Männchen enthalten, auch dazu dienen, Auseinandersetzungen zum Vorteil aller Beteiligten zu vermeiden.

Da sowohl der Überlebens- als auch der Fortpflanzungserfolg des Empfängers davon abhängen kann, dass er angemessen auf die Signale anderer reagiert, gibt es einen entsprechend selektiven Druck, ehrliche von unehrlichen Signalen unterscheiden zu können. Wie aber stellt man sicher, dass man nicht einem „Fälscher" aufsitzt? Manche Signale können einfach nicht gefälscht werden, weil sie mit Körpermerkmalen wie der Größe korreliert sind. In anderen Fällen wird die Entstehung von unehrlichen Signalen durch hohe soziale Kosten in Form von Aggressionen verhindert, die dem entdeckten „Betrüger" blühen.

Signalisiert nun also ein Männchen mit einem behindernden Ornament (Handicap) „ehrlich" zuverlässig, dass es „gute Gene" hat, ist es für die Weibchen von Vorteil, sich mit diesem Männchen fortzupflanzen.

## 9.2 Unterrichtspraxis

Hinsichtlich der Kommunikation bei Tieren besteht bei vielen Menschen (Schülern) die fälschliche Annahme, dass Tiere in ähnlicher Weise vokal kommunizieren wie wir Menschen; also dass vokale Kommunikation bei Tieren menschlicher Sprache gleichzusetzen ist. So wird beispielsweise oft angenommen, dass Tiere mit ihren entsprechenden Lauten bestimmte Handlungen oder Ereignisse signalisieren oder aber auch, dass Tiere in Interaktionen mit Menschen für an sie gerichtete Signale ein sprachähnliches Verständnis haben. Da es aber zwischen tierischer und menschlicher Kommunikation große Unterschiede gibt, ist es wichtig, solche Fehlvorstellungen im Unterricht aufzugreifen. Als Grundlage dafür wird zunächst

# 9 Über die Kommunikation bei nicht menschlichen Primaten und die Evolution von Sprache

erarbeitet, was man unter Kommunikation versteht (Material 7) und wie kommuniziert werden kann (Material 8).

Anhand der Kommunikation bei Primaten können die unterschiedlichen kommunikativen Kanäle, die vielen Tieren zur Verfügung stehen, erlernt werden (Material 1 und 2). Diese Materialien bieten jeweils die Möglichkeit, das Gelernte auf andere, den Schülern bekannte Tiere zu übertragen (Transferleistungen).

Mithilfe der vokalen Kommunikation bei Primaten können grundlegende Prinzipien der vokalen Kommunikation, die auch für viele andere Säugetiere (z. B. Katze, Hund, Pferd) gelten, erarbeitet werden (Materialien 3–6). Die Materialien 3 und 6 zeigen vor allem Unterschiede in der vokalen Kommunikation von nicht menschlichen Primaten zu Menschen auf. Im Rahmen dieser Unterrichtseinheiten kann abschließend wieder das gelernte Fachwissen auf andere Tiere übertragen werden, um die Unterschiede in der vokalen Kommunikation bei Tieren und Menschen zu vertiefen. Dazu würde sich zu Beginn der Unterrichtseinheiten ein Brainstorming im Klassenverband eignen, auf dessen Grundlage die Schüler diskutieren sollen, wie beispielsweise Katzen und Hunde kommunizieren. Die Schüler sollten nun erkennen, wo es Gemeinsamkeiten und Unterschiede zwischen dieser Art der Kommunikation und der menschlichen Sprache gibt. Das Ergebnis kann in Form einer Übersichtstabelle festgehalten werden und zum Schluss der Unterrichtseinheiten erneut diskutiert werden.

Die meisten Materialien sind so aufgebaut, dass die Schüler anhand von Experimenten und Beobachtungen Erkenntnisse gewinnen. Einige davon (wie Material 5) sind bewusst so konzipiert, dass die Schüler mit aktuellen Forschungsthemen vertraut gemacht werden. Zudem sollen sie lernen, dass es in diesem Bereich noch viele offene Fragen gibt.

## 9.3 Unterrichtsmaterialien

### Material 1: Olfaktorische Kommunikation bei nicht menschlichen Primaten

**Aufgabe 1**

Mit welchen Rezeptoren werden Duftmarkierungen von Empfängern wahrgenommen?

**Aufgabe 2**

Was für Substanzen verwenden Primaten, um Duftmarkierungen zu setzen?

**Aufgabe 3**

Wo können sich bei Primaten Duftdrüsen befinden?

**Aufgabe 4**

Was versteht man unter „Urinwaschen"?

**Aufgabe 5**

Schreibe auf, was für Tiere Kattas sind und wo sie leben.

**Aufgabe 6**

Wozu setzen Kattas Duftmarkierungen ein?

**Aufgabe 7**

Was versteht man unter einem „Stinkkampf" bei Kattas?

**Aufgabe 8**

Welche Informationen kann ein Kattaweibchen während der Paarungszeit aus den Duftmarken der Männchen gewinnen?

**Aufgabe 9**

Frage an die Klasse: Bei welchen Tieren spielt die olfaktorische Kommunikation ebenfalls eine wichtige Rolle? Markieren auch andere Tiere die Duftmarken ihrer Artgenossen (z. B. Hunde, Katzen, Mäuse etc.)?

### Material 2: Ornamente und ehrliche Signale

**Aufgabe 10**

Die Evolutionstheorie nach Darwin beruht auf zwei wichtigen Mechanismen: Variation (Varianz) und Selektion. Je nach Betrachtungsweise werden die Begriffe noch weiter unterschieden. Weißt du welche? Trage die fehlenden Begriffe in Abbildung 9.9 ein.

siehe auch Onlinematerialien unter http://extras.springer.com

# 9 Über die Kommunikation bei nicht menschlichen Primaten und die Evolution von Sprache

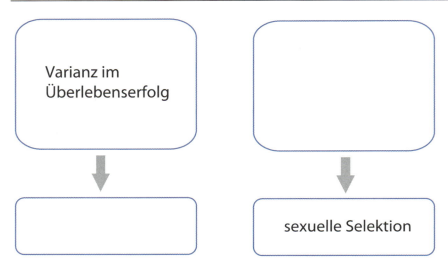

**Abb. 9.9** Varianz und Selektion nach Charles Darwin

## Aufgabe 11

Beurteile, welche der folgenden Aussagen richtig und welche falsch sind.

**Tab. 9.2:** Richtig oder falsch?

| Aussage | richtig | falsch |
|---|---|---|
| Je länger und bunter ein Pfauenschwanz ist, desto größer ist die Wahrscheinlichkeit, dass der Pfau lange lebt. | | |
| Ein Hirsch mit einem großen Geweih zeugt wahrscheinlich mehr Nachkommen als ein Hirsch mit kleinem Geweih. | | |
| Ornamente und auffällig große „Waffen" sind häufiger bei männlichen als bei weiblichen Tieren zu finden. | | |
| Ornamente, die eine Belastung darstellen, konnten sich im Laufe der Evolution entwickeln. Der Grund hierfür ist, dass Gruppenmitglieder an den Ornamenten erkennen können, ob ein Individuum gesund und stark ist. | | |
| Nach der „Handicap-Hypothese" können sich schwache Tiere keine Ornamente leisten. | | |
| Weibchen beachten Ornamente bei der Partnerwahl. | | |
| Männchen beachten die Ornamente anderer Männchen nicht. | | |
| Ornamente sind visuelle Signale. | | |
| Ornamente sind immer ehrliche Signale. | | |

siehe auch Onlinematerialien unter http://extras.springer.com

## Aufgabe 12

Diskutiere mit deinem Sitznachbarn die Frage, ob die Färbungen der männlichen Mandrills Ornamente sind oder nicht. Begründe deine Meinung.

## Aufgabe 13

Diskutiert in der Klasse: Gibt es auch bei Menschen Ornamente (z. B. Kosmetik, Schmuck, Tattoos, Piercing, Markenkleidung etc.)?

## Material 3: Lautproduktion und Lautverständnis bei nicht menschlichen Primaten

Die Klasse wird in vier Gruppen aufgeteilt. Jede Gruppe bekommt einen der vorbereiteten Texte, mit dem sie sich beschäftigt, und diskutiert anschließend die darunter stehenden Fragen. Die verschiedenen Studien sollen dann von den einzelnen Gruppen in Form eines Posters vorgestellt werden.

Die Poster werden aufgehängt. Die Schüler betrachten wie in einer Vernissage alle Arbeiten. Bei jedem Poster bleiben zwei „Experten" stehen, die die Fragen der Betrachter beantworten können.

Die Gemeinsamkeiten und Unterschiede der Ergebnisse der einzelnen Studien werden in der gesamten Klasse herausgearbeitet und festgehalten.

### *Gruppe 1: Lautentwicklung bei Totenkopfaffen*

Die Biologen Kurt Hammerschmidt, Tamara Freudenstein und Uwe Jürgens führten folgende Studie durch.

**Methode.** Die Wissenschaftler hielten die Lautäußerungen von sechs Totenkopfaffen in deren ersten 20 Lebensmonaten fest. Fünf der sechs Affen wuchsen jeweils mit ihrer Mutter zusammen in einem Gehege auf. Sie konnten weitere Totenkopfaffen sehen und hören. Eines dieser fünf Jungtiere war von Geburt an taub. Das sechste Affenjunge wurde von Menschen aufgezogen und kam innerhalb der ersten 20 Lebensmonate nicht in Sicht- und Hörweite anderer Totenkopfaffen.

Die Biologen analysierten nun, was für Laute von den sechs Jungtieren geäußert wurden und wie sich die Laute im Laufe der 20 Monate veränderten.

**Ergebnisse.** Sie stellten fest, dass alle sechs Jungtiere von Geburt an alle zwölf Lauttypen äußerten, die erwachsene Totenkopfaffen in ihrem Repertoire haben. Die akustische Struktur der einzelnen Lauttypen veränderte sich im Laufe der 20 Monate kaum. Die Laute des tauben und des isoliert aufgezogenen Individuums unterschieden sich nicht von den Lauten der anderen vier Affen.

## Aufgabe 14

Diskutiert folgende Fragen:

**a** Was wollten die Wissenschaftler herausfinden?

**b** Welche Ergebnisse hat die Studie erbracht?

**c** Was sagt diese Studie über die Lautproduktion bei Totenkopfaffen aus?

### Aufgabe 15

Erstellt ein Poster, auf dem ihr darstellt, wozu dieser Versuch eurer Meinung nach gemacht wurde, wie er durchgeführt wurde, welche Ergebnisse es gab und wie ihr die Ergebnisse interpretiert.

### *Gruppe 2: Lautentwicklung bei Rhesusaffen*

Junge Rhesusaffen äußern einen bestimmten Laut, den sogenannten „Coo-Laut", wenn sie von ihrer Mutter oder von ihrer Gruppe getrennt werden.

Die Biologen Kurt Hammerschmidt, John D. Newman, Maribeth Champoux und Stephen J. Suomi führten folgende Studie durch.

**Methode.** 20 junge Rhesusaffen wurden regelmäßig für jeweils 5 Minuten isoliert und ihre Coo-Laute dann aufgenommen. Die erste Aufnahme wurde in der ersten Lebenswoche der Jungtiere durchgeführt, die letzte im Alter von fünf Monaten.

10 der 20 jungen Rhesusaffen lebten mit ihren Müttern in Gruppen von 10–16 Individuen, in denen es sowohl weitere Erwachsene als auch weitere Jungtiere gab.

Die anderen 10 jungen Rhesusaffen lebten zusammen in einer Kindergruppe und wurden von Menschen aufgezogen. Sie konnten während der Versuchsperiode erwachsene Rhesusaffen weder sehen noch hören.

**Ergebnisse.** Alle Versuchstiere äußerten von der ersten Aufnahme an Coo-Laute. Die Laute der Jungtiere, die bei ihren Müttern aufwuchsen, und die Laute der Jungtiere, die in der Kindergruppe heranwuchsen, unterschieden sich nicht voneinander. Mit steigendem Alter veränderten sich die Coo-Laute ein wenig. Sie klangen zum Beispiel tiefer und weniger „zittrig".

**Interpretation der gefundenen Veränderungen mit zunehmendem Alter.** Dass die Laute mit steigendem Alter tiefer wurden, führten die Wissenschaftler auf die zunehmende Größe der Tiere zurück. Dass die Laute weniger „zittrig" wurden, erklärten die Forscher damit, dass die Tiere immer mehr Übung darin bekamen, die Muskeln, die man braucht, um einen Laut zu erzeugen, unter Kontrolle zu halten.

### Aufgabe 16

Diskutiert folgende Fragen:

a  Was wollten die Wissenschaftler herausfinden?

b  Welche Ergebnisse hat die Studie erbracht?

c  Was sagt diese Studie über die Lautproduktion bei Rhesusaffen aus?

### Aufgabe 17

Erstellt ein Poster, auf dem ihr darstellt, wozu dieser Versuch eurer Meinung nach gemacht wurde, wie er durchgeführt wurde, welche Ergebnisse es gab und wie ihr die Ergebnisse interpretiert.

## 9.3 Unterrichtsmaterialien

### *Gruppe 3: Reaktionen auf Alarmrufe bei jungen Grünen Meerkatzen*

Die Biologen Dorothy L. Cheney und Robert M. Seyfarth machten folgende Beobachtungen:

Grüne Meerkatzen haben verschiedene Alarmrufe für verschiedene Typen von Feinden. Ein Alarmruf wird geäußert, wenn ein Luftfeind entdeckt wird, ein anderer, wenn ein Bodenfeind bemerkt wird, und der dritte, wenn eine Schlange gesichtet wird.

Wenn erwachsene Tiere nun einen der Alarmrufe hörten, zeigten sie eine jeweils typische Reaktion. Hörten sie einen Luftfeind-Alarmruf, blickten sie zum Himmel, flüchteten baumabwärts und gingen in Deckung. Vernahmen sie einen Bodenfeind-Alarmruf, suchten sie mit den Augen den Boden ab und flüchteten auf einen Baum. Hörten sie dagegen einen Schlangen-Alarmruf, stellten sie sich auf die Hinterbeine und suchten die Schlange. Wurde die Schlange dann entdeckt, wurde sie „gehasst", d.h. die Tiere näherten sich der Schlange und belästigten sie.

Auch die Jungtiere reagierten jeweils unterschiedlich, wenn sie einen Alarmruf vernahmen, und zwar abhängig von ihrem Alter. Waren sie 3–4 Monate alt, flüchteten sie zu ihrer Mutter, egal, ob sie einen Luftfeind-, Bodenfeind- oder Schlangen-Alarmruf hörten. Im Alter von 4–6 Monaten flohen sie immer seltener zur Mutter und begannen, die Reaktionen zu zeigen, die für erwachsene Meerkatzen typisch sind. Allerdings machten die Jungtiere in diesem Alter noch oft Fehler. Sie kletterten beispielsweise auf einen Baum hinauf, nachdem sie einen Luftfeind-Alarmruf hörten, oder begaben sich auf den Boden, wenn sie einen Bodenfeind-Alarmruf vernahmen. Etwa ab dem sechsten Monat beherrschten sie dann die richtigen Reaktionen und machten keine Fehler mehr.

### Aufgabe 18

Diskutiert folgende Fragen:

**a** Wozu haben die Wissenschaftler die jungen Meerkatzen beobachtet?

**b** Was wurde beobachtet?

**c** Was sagt diese Studie über das Lautverständnis bei Grünen Meerkatzen aus?

### Aufgabe 19

Erstellt ein Poster, auf dem ihr darstellt, wozu diese Studie eurer Meinung nach gemacht wurde, wie sie durchgeführt wurde, welche Ergebnisse es gab und wie ihr die Ergebnisse interpretiert.

### *Gruppe 4: Überkreuz-Aufzucht von Japan-Makaken und Rhesusaffen*

Rhesusaffen und Japan-Makaken sind zwei eng verwandte Arten und beide haben ein ähnliches Lautrepertoire. Sie können beide sogenannte „Coo"-Laute und „Gruff"-Laute äußern, diese nutzen sie aber in unterschiedlichen Situationen. Während Rhesusaffen beim Spielen Gruff-Laute von sich geben, äußern Japan-Makaken beim Spielen Coo-Laute. Neben den Unterschieden im Lauteinsatz gibt es zwischen beiden Arten auch messbare Unterschiede in der Struktur der einzelnen Lauttypen.

Michael Owren, Jaqueline A. Dieter, Robert M. Seyfarth und Dorothy L. Cheney führten folgendes Experiment durch.

**Methode**. Sie vertauschten die Kinder von Rhesusaffen- und von Japan-Makaken-Müttern. Jeweils vier Kinder wurden von Müttern der anderen Art aufgezogen. Alle Kinder lebten mit ihren Adoptivmüttern in großen Gruppen, in denen es weitere Erwachsene und weitere Kinder der Art ihrer Adoptivmütter gab. Nun wurde beobachtet, welche Laute die vertauschten Kinder in wel-

siehe auch Onlinematerialien unter *http://extras.springer.com*

chen Situationen verwendeten und wie ihre Adoptivmütter und die anderen Gruppenmitglieder auf die Laute der vertauschten Kinder reagierten.

**Ergebnisse.** Die Forscher stellten fest, dass die vertauschten Kinder sich der Art, bei der sie heranwuchsen, in der Lautproduktion nicht anpassten. Die von Rhesusaffen-Müttern aufgezogenen Japan-Makaken-Kinder äußerten die Laute, die auch Japan-Makaken-Kinder von sich geben, wenn sie normal bei ihrer Art aufwachsen. Sie äußerten die Laute auch in den gleichen Situationen, in denen normal aufgewachsene Japan-Makaken-Kinder das tun. Das heißt, Japan-Makaken-Kinder, die von Rhesusaffen-Müttern aufgezogen wurden, produzierten beim Spielen mit Rhesusaffen-Kindern „Coos", während ihre Spielkameraden alle „Gruffs" von sich gaben. Umgekehrt war es genauso: Die vertauschten Rhesusaffen-Kinder passten ihre Lautproduktion nicht an die der Japan-Makaken an, in deren Mitte sie aufwuchsen.

Trotz dieser Differenzen hatten die vertauschten Kinder keine Kommunikationsprobleme und waren voll in die Aufzuchtgruppe integriert. Sowohl ihre Adoptivmütter als auch die anderen Gruppenmitglieder lernten nämlich, auf die „falschen" Laute der Adoptivkinder richtig zu reagieren. Ebenso reagierten die Adoptivkinder in angemessener Weise auf die Laute der Art, bei der sie aufwuchsen.

## Aufgabe 20

Diskutiert folgende Fragen:

**a** Was wollten die Wissenschaftler herausfinden?

**b** Welche Ergebnisse hat die Studie erbracht?

**c** Was sagt diese Studie über die Lautproduktion und das Lautverständnis bei Rhesusaffen und Japan-Makaken aus?

## Aufgabe 21

Erstellt ein Poster, auf dem ihr darstellt, wozu dieser Versuch eurer Meinung nach gemacht wurde, wie er durchgeführt wurde, welche Ergebnisse es gab und wie ihr die Ergebnisse interpretiert.

## Material 4: Dominanzhierarchien

### *Beobachtungen an Affen*

#### Aufgabe 22

Lies dir den folgenden Text aufmerksam durch.

**Text.** Manche Arten von Affen haben untereinander eine klar gegliederte Dominanzhierarchie (Rangordnung). In einer Gruppe von Affen leben die Mitglieder Olga, Berta und Klementine. Ein Wissenschaftler, der diese Affengruppe schon längere Zeit beobachtet, sagt euch, dass Olga den höchsten Rang hat, Berta den zweithöchsten und Klementine den niedrigsten. Nun sollt ihr die drei Affenweibchen erforschen.

Am ersten Tag verfolgt ihr folgende Szene: Olga sitzt auf dem Boden und beobachtet aus den Augenwinkeln Berta und Klementine. Berta nähert sich Klementine und äußert einen „Drohgrunzer". Klementine „schreit" daraufhin und geht weg. Olga blickt ganz kurz zu Berta und Klementine hin, diese Reaktion ist aber kaum zu bemerken.

Einige Tage später betrachtet ihr die drei Affenweibchen wieder. Diesmal beobachtet ihr Folgendes: Klementine bewegt sich auf Berta zu und äußert einen „Drohgrunzer". Berta „schreit" und geht weg. Olga reagiert dieses Mal sehr viel stärker und blickt lange Zeit zu Berta und Klementine hin.

### Aufgabe 23

Zeichne ein Schaubild, welches die beiden Beobachtungen darstellt.

### Aufgabe 24

Beschreibe, welche Signale ausgetauscht werden.

### Aufgabe 25

Was ist bei der zweiten Beobachtung anders als bei der ersten?

### Aufgabe 26

Was glaubst du? Warum blickt Olga am zweiten Tag länger zu Berta und Klementine?

### Aufgabe 27

Was weiß Olga über die Beziehung zwischen Berta und Klementine?

### „In der Clique"

### Aufgabe 28

Lies dir den folgenden Text aufmerksam durch.

**Text**. Johann kommt aufgeregt nach Hause und erzählt seiner Mutter, dass er jetzt der Anführer seiner Clique sei. Seine Mutter fragt ihn: „Was heißt das denn?" Johann antwortet: „Zum Beispiel bestimme ich, was wir spielen." Zwei Tage später kommt Johann mit den Freunden aus seiner Clique nach Hause. Seine Mutter hört, wie er sich lautstark mit Jakob streitet. Johann will, dass alle Basketball spielen, Jakob möchte dagegen Fußball spielen. Kurze Zeit später sieht sie, wie die Jungen mit einem Fußball nach draußen gehen. Nachdenklich blickt sie ihnen hinterher.

### Aufgabe 29

Beschreibe, was zwischen den Jungen geschehen ist.

### Aufgabe 30

Welche Signale wurden ausgetauscht?

### Aufgabe 31

Erkläre Gemeinsamkeiten und Unterschiede zwischen diesem Szenario und den Beobachtungen an den drei Affenweibchen.

### Aufgabe 32

Darf und kann man die beiden Szenarien miteinander vergleichen? Diskutiert über diese Frage in der Klasse.

## Aufgabe 33

Reflektiert eure eigenen Dominanzhierarchien in der Klasse.

## Material 5: Alarmrufe

### Aufgabe 34

Erkläre das Prinzip von Playback-Versuchen. Was will man allgemein damit untersuchen?

### Aufgabe 35

Informiere dich (z. B. im Internet), was man unter funktional referenziellen Lauten versteht.

### Aufgabe 36

Informiere dich über Sifakas. Was sind Sifakas? Wo leben sie? Was fressen sie? Leben sie in einer Gruppe? Welche Feinde (Prädatoren) haben sie?

Suche die dazu notwendigen Informationen im Internet. Mögliche Suchbegriffe: Sifakas, Raubfeinde, Madagaskar

### Aufgabe 37

Lest euch den unten stehenden Text gemeinsam durch und schaut euch die beiden Filme an. Die Filme findet ihr im Internet unter *http://extras.springer.com*. Der erste Film („Sifaka-Weihe") zeigt die im Text beschriebene Reaktion von Sifakas auf die Rufe einer Höhlenweihe. Im zweiten Film („Sifaka-Luftfeindalarmruf") ist die im Text beschriebene Reaktion von Sifakas auf das Vorspielen von *roaring barks* zu sehen.

**a** Beschreibe, was in den beiden Filmen zu sehen ist.

**b** Diskutiert in der Kleingruppe, ob *roaring barks* funktional referenzielle Rufe sind oder nicht.

**Text**. Möchte man untersuchen, ob Alarmrufe funktional referenziell sind, hat man in der Regel ein Problem, da man im Freiland nur selten Angriffe von Raubfeinden beobachten kann. Man kann aber mit visuellen oder akustischen Attrappen des Raubfeindes entsprechende Fluchtreaktionen experimentell auslösen. Viele Primaten reagieren beispielsweise bereits beim Hören von Raubfeindrufen mit Fluchtreaktionen und äußern selbst Alarmrufe. So wurden Sifakas die Rufe eines Luftfeindes vorgespielt, und zwar der Madagaskar-Höhlenweihe (*Polyboroides radiatus*; siehe Video „Sifaka-Weihe"). Die Sifakas blickten unmittelbar nach dem Hören der Rufe zum Himmel, kletterten den Baum hinab und äußerten einen bestimmten Alarmruf, den sogenannten *roaring bark*. Um nun zu testen, ob *roaring barks* auch wirklich mit der Präsenz des spezifischen Luftfeindes assoziiert sind, wurden sie anderen Sifakas vorgespielt und deren Reaktionen beobachtet. Diese Sifakas zeigten nach dem Vorspielen der *roaring barks* die gleichen Reaktionen wie nach dem Vorspielen des Weiherufes (siehe Video „Sifaka-Luftfeindalarmruf").

### Aufgabe 38

Konntet ihr schon einmal funktional referenzielle Laute bei Haustieren beobachten?

## Material 6: Können Menschenaffen sprechen?

**Aufgabe 39**

Erkläre, wodurch Sprache gekennzeichnet ist. Halte hierfür die Charakteristika schriftlich fest, sodass diese später wieder herangezogen werden können.

Hinweis: Es gibt nicht nur die gesprochene Sprache.

**Aufgabe 40**

Die Klasse wird in vier Gruppen aufgeteilt. Jede Gruppe bekommt einen der vorbereiteten Texte.

Lest euren Text und diskutiert innerhalb eurer Gruppe vor allem die Frage, ob „euer" Affe sprechen gelernt hat oder nicht.

### *Gruppe 1: Gesprochene Sprache (Gua und Viki)*

Zu den frühesten Versuchen, Menschenaffen das Sprechen beizubringen, gehören die mit den Schimpansen Gua und Viki.

Die Forscher und Eheleute Winthrop und Luella Kellogg wollten eigentlich herausfinden, wie viel des menschlichen Verhaltens angeboren beziehungsweise wie groß der Einfluss von Kultur und Erziehung auf Menschen ist. Da sie es – berechtigterweise – unmoralisch fanden, ein Menschenkind von Affen großziehen zu lassen, wählten sie genau den umgekehrten Weg. Sie adoptierten 1933 ein Schimpansenkind, zogen es gemeinsam mit ihrem Sohn groß und beobachteten, ob das Affenkind unter dem Einfluss menschlicher Erziehung menschliche Eigenschaften entwickelt. Sie sprachen mit **Gua** wie mit einem Kind, erteilten ihr aber kein gezieltes Sprachtraining. Mit 16 Monaten konnte Gua ungefähr 100 englische Wörter verstehen – mehr als der Sohn der Kelloggs in diesem Alter. Später allerdings wurde der Affe von dem Kind wieder überholt. Sprechen lernte Gua überhaupt nicht.

Ein paar Jahre später, 1947, begannen der Psychologe Keith Hayes und seine Frau Cathy ein ähnliches Projekt. Sie zogen die Schimpansin **Viki** auf. Im Unterschied zu den Kellogs legten sie es gezielt darauf an, Viki das Sprechen beizubringen. Viki lernte, auf etwa 50 Kommandos, Fragen und Bemerkungen zu reagieren, aber sie reagierte nicht nur auf die Wörter selbst, sondern teilweise auf die begleitenden Gesten oder den Tonfall. Wörter, die in neuen Sätzen arrangiert wurden, verstand sie nicht, zu lange Sätze verwirrten sie. Ihr Sprechen beizubringen, war sehr mühsam. Man musste viele, viele Stunden mit ihr üben und ihre Lippen per Hand in die richtige Position bringen. Trotz intensivster Bemühungen lernte sie nur vier Wörter, nämlich „mama", „papa", „cup" und „up". Diese Wörter flüsterte sie mit sehr heiserer Stimme.

Die Unfähigkeit von Menschenaffen, Wörter artikulieren zu können, wurde lange Zeit damit erklärt, dass bei Menschenaffen der Kehlkopf zu weit oben sitzt. Heute weiß man, dass die neuronalen Verbindungen, die beim Menschen dazu gebraucht werden, willkürlich Laute zu formen und damit zu sprechen, bei Menschenaffen nicht vorhanden sind.

### *Gruppe 2: Gebärdensprache (Washoe und Nim)*

Da Menschenaffen leicht lernen können, mit ihren Händen bestimmte Handlungen durchzuführen, versuchte man, ihnen die amerikanische Gebärdensprache beizubringen. Die berühmtesten Beispiele für diese Versuche werden durch die Schimpansen Washoe und Nim repräsentiert.

Sowohl Washoe als auch Nim wuchsen in sehr engem Kontakt mit Menschen auf. Alle ihre Betreuer unterhielten sich miteinander und mit den Tieren in der Gebärdensprache. Außerdem wurden die Menschenaffen gezielt darauf trainiert, Gebärden mit ihren Händen zu produzieren, indem man ihre Hände in die gewünschten Positionen brachte und sie dafür belohnte, wenn sie eine adäquate Gebärde zeigten.

Die ersten, die mit der Gebärdensprache an Affen arbeiteten, waren Beatrix und Allan Gardner. Sie begannen 1966 damit, die berühmte Schimpansin **Washoe** aufzuziehen. Washoe lernte innerhalb von 4,5 Jahren 132 verschiedene Gebärden. Da sie mit ihren Gebärden meist eine Belohnung erreichte, lernte sie zuerst Zeichen für Forderungen („gib", „essen", „trinken", „Banane"…). Mit der Zeit war sie aber auch fähig, zu generalisieren. Sie zeigte zum Beispiel die Gebärde „Hund" für jeden Hund und nicht nur als Bezeichnung für einen bestimmten Hund; oder sie kannte die Gesten „hören Essen" für den Essensgong und signalisierte „hören Hund", wenn sie einen Hund bellen hörte. Sie benutzte die Gebärden nach Aussage der Gardeners nicht grammatisch, sondern in der Reihenfolge der Wichtigkeit, die sie für sie hatten.

Washoe war auch der erste Menschenaffe, der neue Zeichenkombinationen für Objekte erfand, für die sie noch keine Gebärden gelernt hatte. Ihre berühmteste Erfindung war „Wasser-Vogel" für Schwan. Kritiker allerdings bezweifeln, dass Washoe damit wirklich einen Begriff erfunden hatte. Sie könnte auch einfach zwei Gebärden für das, was sie gesehen hat, nämlich Wasser und einen Vogel, hintereinander weg produziert haben.

Der Affe **Nim Chimpsky** wurde ab 1973 von Herbert S. Terrace und seinen Helfern unterrichtet. Nim lernte etwa so viele Gebärden wie Washoe. Auch er kombinierte Gebärden miteinander und er konnte ebenfalls generalisieren. Terrace untersuchte sehr genau, ob die Struktur der Gebärdenkombinationen grammatisch war. Nach dieser Studie war er der Meinung, dass Menschenaffen nicht fähig seien, Syntax zu verstehen, und dass sie demnach das Wesen von Sprache nicht verstehen können.

Überhaupt stand Terrace seinem eigenen Projekt und den anderen Sprachprojekten sehr kritisch gegenüber. So meinte er, dass die Gebärdensprache, die Nim, Washoe und andere Menschenaffen lernten, eine sehr vereinfachte Version der echten amerikanischen Gebärdensprache sei. Auch seien einige der Gebärden nicht wirklich arbiträr, weil sie aus dem den Affen angeborenen Repertoire natürlicher Gesten entwickelt wurden.

Terrace wies darauf hin, dass Nims Art, die Gebärden zu lernen und zu verwenden, überhaupt nicht dem Spracherwerb schwerhöriger Kinder entsprach, und das nicht nur, weil Nim im Gegensatz zu Kindern keine Grammatik verwendete. Anders als Kinder produzierte er seine Gebärden selten spontan und ahmte häufig einfach seine Trainer nach. Auch gebärdete er nicht wie Kinder mit der Zeit immer häufiger, sondern reduzierte seine Gebärden gegen Ende der Studie immer mehr. Außerdem waren seine Äußerungen oft sehr redundant. Ein Beispiel für eine redundante Äußerung ist Nims längste Gebärden-Kombination. Sie lautete: „GIB ORANGE MIR GIB ESSEN ORANGE MIR ESSEN ORANGE GIB MIR ESSEN ORANGE GIB MIR DU."

### *Gruppe 3: Künstliche Symbolsprache – Plastikplättchen (Sarah)*

Ann und David Premack ging es darum herauszufinden, ob Menschenaffen Fähigkeiten haben, die sie als wichtige Grundvoraussetzungen für die Entwicklung von Sprache ansahen. Sie wollte unter anderem prüfen, ob die Schimpansin Sarah fähig sei

- referenzielle Symbole zu erlernen,
- Sätze zu bilden,

- Konzepte wie Farbe, Form und Größe zu verstehen,
- Quantifikatoren (alle, keiner, einer, viele) zu verwenden,
- Wenn-dann-Beziehungen zu verstehen oder
- neue Symbole dadurch zu erlernen, dass sie ihr mit schon bekannten Symbolen erklärt wurden.

Als Medium dienten Plastikplättchen, die in Form, Größe, Farbe und Textur unterschiedlich waren und als Wörter fungierten. Sätze wurden durch Aneinanderreihung von „Plastikwörtern" gebildet.

Sarah sollte zunächst durch Beobachtung lernen. Das funktionierte aber nicht. Man musste ihr mithilfe von Belohnungen beibringen, die richtigen Plastikplättchen aneinanderzureihen. Machte sie Fehler, wurde sie nicht belohnt. Auf diese Weise lernte Sarah, die meisten der ihr gestellten Aufgaben zu meistern. Ihr wurden die Bedeutung von 130 Plastikplättchen beigebracht, darunter auch solcher, die Eigenschaftswörter repräsentierten. Besonders beeindruckend war, dass Sarah Sätze mit mehreren Satzinhalten meisterte. Der Satz „Lege Banane Topf Apfel Teller" bedeutete beispielsweise, dass sie die Banane in einen Topf und den Apfel auf einen Teller legen sollte – das tat sie auch.

Sarah konnte Sätze mit Wenn-dann-Konstruktionen richtig verstehen. Ein Beispiel dafür ist der Satz „Sarah Nehmen Apfel Wenn-Dann Mary Geben Schokolade". Der bedeutete, dass die Schimpansin den Apfel (und nicht die Banane) nehmen musste, um Schokolade zu erhalten.

Des Weiteren konnte Sarah neue Symbole dadurch lernen, dass sie mit bereits bekannten Symbolen erklärt wurden. Das Symbol für die Farbe Braun brachte man ihr zum Beispiel bei, indem der Satz „Braun Farbe von Schokolade" gelegt wurde. Die Symbole für „Farbe-von" und „Schokolade" kannte sie bereits.

Allerdings wurde auch dieses Projekt heftig kritisiert, weil Sarah bei den Versuchen, in denen sie ihre Fähigkeiten vorführte, immer sehr wenige Möglichkeiten hatte, etwas anderes als das von ihr verlangte zu tun. Sie wurde sukzessiv darauf trainiert, Sätze mit mehreren Inhalten zu bilden und die Inhalte dieser Sätze waren weitgehend festgelegt. Die Kritiker meinten, die Schimpansin hätte überhaupt nicht verstehen müssen, was die von ihr gebildeten Sätze bedeuteten. Eigentlich müsste sie sich nur merken, in welcher Reihenfolge die Plättchen zu liegen hätten, damit sie eine Belohnung bekommen würde. Kurz, die Kritiker sagten, dass das, was Sarah gelernt hatte, im Prinzip auch von einer konditionierten Taube geleistet werden könne. Der einzige Unterschied bestehe darin, dass die Konditionierung von Sarah etwas komplizierter gewesen sei.

### *Gruppe 4: Künstliche Symbolsprache – Yerkish (Lana und Kanzi)*

Lana, ein Schimpansenweibchen, und Kanzi, ein Bonobomännchen, sind zwei von mehreren Menschenaffen, die unter Leitung von Duane und Sue Rumbaugh lernten, eine Symbolsprache namens Yerkish zu verwenden. Yerkish besteht aus abstrakten Symbolen, die Lexigramme genannt werden. Jedes Lexigramm steht für ein Wort. Die Lexigramme sind auf den Tasten einer Tafel angeordnet. Wenn auf eine der Tasten gedrückt wird, leuchtet auf einem Bildschirm, der über der Tafel liegt, das entsprechende Lexigramm auf. Gleichzeitig ertönt das Wort in gesprochener Sprache.

**Lana** musste bestimmte Satzbildungsregeln befolgen. Indem sie durch Drücken auf die Tasten Lexigramm-Sequenzen in grammatisch akzeptierter Form erzeugte, konnte sie den an die Tafel an-

## 9 Über die Kommunikation bei nicht menschlichen Primaten und die Evolution von Sprache

geschlossenen Computer dazu bringen, Futter und Getränke auszuspucken sowie Filme oder Dias zu zeigen. Außerdem konnte sie mit ihren menschlichen Betreuern kommunizieren und sich weitere Wünsche, wie gekitzelt zu werden, erfüllen lassen.

Lana produzierte ihre Sätze anfangs meist genau so, wie sie sie gelernt hatte. Später wurde sie etwas freier und fertigte auch neue Kombinationen. Außerdem konnte sie auf Fragen antworten, in denen nach den Namen von Dingen gefragt wurde – d.h., sie verband die Lexigramme mit Dingen. Sie konnte mit den Trainern kommunizieren, allerdings waren die Themen sehr begrenzt (es ging eigentlich immer um den Wunsch nach irgendeiner Belohnung).

Von Lana wurde berichtet, dass sie auch neue Kombinationen für Objekte erfand, für die sie noch kein Lexigramm kannte. Ihre berühmteste Erfindung ist „Apfel welcher-ist orange" für die Orangenfrucht. Es ist interessant, sich einmal genau anzusehen, wie diese sogenannte „Erfindung" zustande gekommen ist. Glücklicherweise ist dies dokumentiert: Lana sitzt mit ihrem Trainer Tim zusammen. Er zeigt ihr eine Orange, sie kennt die Bezeichnung für diese Frucht aber noch nicht. Was sie jedoch kann, ist die Farbe von Gegenständen, die man ihr zeigt, benennen. Sie kennt auch ein Symbol für die Farbe Orange. Lana will die Frucht, die Tim ihr zeigt, gerne haben. Folgende Kommunikation hat sich zwischen dem Trainer und der Schimpansin abgespielt:

Tim: ? Was Farbe von diesem.

Lana: Farbe von diesem ist orange.

Tim: Ja.

Lana: Tim geben Tasse welche-ist rot.

Tim: Ja.

Lana: ? Tim geben welche-ist geschlossen. ? Shelley geben.

Tim: Nein Shelley.

Lana: Auge. Tim geben welche-ist orange.

Tim: Was welche-ist orange.

Lana: ? Tim geben Apfel welcher-ist grün.

Tim: Nein Apfel welcher-ist grün.

Lana: ? Tim geben Apfel welcher-ist orange.

Tim: Ja.

Dieses Beispiel zeigt, dass Lanas Konstruktion „Apfel welcher-ist orange" mehrere, zum Teil sinnlose und zufällige Variationen dieser Konstruktion vorausgehen. Auch wird deutlich, dass es keine spontane Idee von Lana war, das namenlose Objekt mit einem seiner Attribute zu umschreiben – das Farbmotiv wurde vorher vom Trainer eingeführt.

**Kanzi** begann 1981, Yekish zu lernen, und ist noch immer dabei. Das Bonobomännchen ist sehr berühmt geworden, weil es damit anfing, Lexigramme zu verwenden, ohne dass mit ihm explizit geübt wurde. Er beobachtete jedoch etwa zwei Jahre lang, wie seine Mutter im Umgang mit Lexigrammen trainiert wurde. Sie lernte es nie, doch er fing plötzlich spontan damit an.

Kanzi kann über 200 verschiedene Lexigramme benutzen und versteht auch gesprochene Wörter. Er verwendet häufig Kombinationen von Symbolen und versteht angeblich gesprochene 2- bis 3-Wortsätze. Von ihm wird nicht gefordert, sich an grammatikalische Regeln zu halten und er tut es dementsprechend auch nicht. Wie in allen anderen Sprachprojekten mit Menschenaffen geht es in Kanzis Äußerungen thematisch meist um Wunscherfüllungen.

**Aufgabe 41**

Für diese Aufgabe werden die Gruppenmitglieder (die verschiedenen „Experten") gemischt: Es werden vier neue Gruppen gebildet, und zwar mit je einem Mitglied der vorherigen Gruppen 1–4.

Präsentiert in eurer neuen Gruppe jeweils euer Fachthema (z. B. gesprochene Sprache [Gua und Viki]). Welche Rückschlüsse könnt ihr aus den vier Beispielen ziehen? Können Menschenaffen sprechen lernen?

**Aufgabe 42**

Besprecht die Ergebnisse abschließend im Klassenverband. Kann man die zuvor aufgestellten Charakteristika von Sprache bei Menschenaffen finden?

### Material 7: Was ist Kommunikation?

**Aufgabe 43**

Eine Definition von Kommunikation lautet: „*Kommunikation ist ein Prozess, in dem ein Sender spezifisch gestaltete Signale oder Signalmuster einsetzt, um das Verhalten eines Signalempfängers zu modifizieren.*" (Dawkins und Krebs 1978)

Zeichne eine Grafik, in der ein kommunikativer Prozess mit den Begriffen aus der oben genannten Definition dargestellt wird. Welche Elemente gehören zur Kommunikation? Was geschieht in einem kommunikativen Prozess?

**Aufgabe 44**

Lies dir die folgenden Texte (a und b) durch und entscheide jeweils, ob ein kommunikativer Prozess stattgefunden hat. Begründe deine Meinung.

a Otto und Walter, zwei Bergsteiger, wetten darum, wem es als Erstes gelingt, den Gipfel des Mount Everest zu erklimmen. Als Otto endlich oben ankommt, findet er zu seinem Leidwesen auf dem höchsten Punkt des Gipfels eine Fahne vor, die Walter dort aufgestellt hat. Frustriert macht Otto sich auf den Rückweg und bezahlt seine Wettschulden.

b Otto und Walter, zwei Bergsteiger, wetten darum, wem es als Erstes gelingt, den Gipfel des Mount Everest zu erklimmen. Als Otto endlich oben ankommt, findet er zu seinem Leidwesen auf dem höchsten Punkt des Gipfels Fußspuren im Schnee, die Walter dort hinterlassen hat. Frustriert macht Otto sich auf den Rückweg und bezahlt seine Wettschulden.

**Aufgabe 45**

In Abbildung 9.10 ist genauer dargestellt, welche Prozesse bei Kommunikation ablaufen und von welchen Faktoren sie beeinflusst werden.

Verfasse nun einen Text für ein Schulbuch, in dem beschrieben wird, wie ein kommunikativer Prozess abläuft. Verwende dazu alle Informationen, die in der Abbildung gegeben werden.

# 9 Über die Kommunikation bei nicht menschlichen Primaten und die Evolution von Sprache

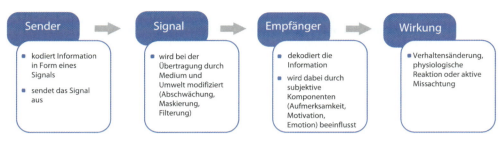

**Abb. 9.10** Ablauf eines kommunikativen Prozesses

## Material 8: Wie wird kommuniziert?

### Aufgabe 46

Bildet Kleingruppen und diskutiert darüber, wie Tiere miteinander kommunizieren. Was für Signale verwenden sie? Schreibt die verschiedenen Möglichkeiten in Stichworten auf.

### Aufgabe 47

Tragt die Signale der verschiedenen Kleingruppen zusammen und versucht, sie entsprechend einer „Ordnung" (Signaltypen) zu sortieren.

Beispiel: Geruchsstoffe (Signal) – olfaktorisch (Signaltyp)

### Aufgabe 48

Die verschiedenen Signaltypen haben unterschiedliche Eigenschaften und unterscheiden sich in diesen bezüglich ihrer

- Reichweite,
- Flexibilität (wie schnell kann das Signal geändert werden?),
- Überwindung von Hindernissen,
- Lokalisierbarkeit (wie gut kann der Empfänger bestimmen, wo der Sender ist?),
- Persistenz (wie lange bleibt das Signal bestehen?) und in ihren
- Produktionskosten (wie viel Energie kostet es, das Signal zu produzieren?).

Erarbeitet nun gemeinsam eine Tabelle, in der die verschiedenen Signaltypen (1. Zeile) und die verschiedenen Eigenschaften (1. Spalte) aufgeführt sind und füllt die Tabelle aus.

### Aufgabe 49

Diskutiert in eurer Gruppe die Vor- und Nachteile der verschiedenen Signaltypen. Wann ist es praktisch, einen bestimmten Signaltyp einzusetzen, wann unpraktisch?

### Aufgabe 50

Informiert euch, ob wir Menschen alle Signaltypen verwenden, die im Tierreich vorkommen. Haben Menschen vielleicht zusätzliche Kommunikationsformen, die Tiere nicht besitzen?

## 9.4 Literatur

- Abbott A (2004) Science of smell wins medicine Nobel. Nature 430: 616

- Arbib MA, Liebal K, Pika S (2008) Primate vocalization, gesture, and the evolution of human language. Curr Anthropol 49: 1053–1076

- ARKive (2010) Images of life on earth. URL *http://www.arkive.org* [11.10.2010]

- Bauers KA (1993) A functional analysis of staccato grunt vocalizations in the stumptailed macaque (*Macaca arctoides*). Ethology 94: 147–161

- Benadi G, Fichtel C, Kappeler PM (2008) Intergroup relations and home range use in Verreaux's Sifaka *(Propithecus verreauxi)*. Am J Primatol 70: 956–965

- Berdecio S, Nash VJ (1981) Chimpanzee visual communication: facial, gestural, and postural expressive movements in young, captive chimpanzees. Vol. 26 Arizona State-University, Tempe

- Bergman TJ, Beehner JC, Cheney DL, Seyfarth RM (2004) Hierarchical classification by rank and kinship in baboons. Science 302: 1234–1236

- Boinski S (2000) Social manipulation within and between troops mediates primate group movement. In: Boinski S, Garber PA (Hrsg) On the move: how and why animals travel in groups. Chicago University, Chicago

- Boinski S, Garber PA (2000) On the move: how and why animals travel in groups. Chicago University, Chicago

- Brandt EM, Stevens CW, Mitchell G (1971) Visual social communication in adult male isolate-reared monkeys (*Macaca mulatta*). Primates 12: 105–112

- Call J, Tomasello M (2007) The gestural communication of apes and monkeys. Erlbaum, Mahwah, NJ

- Charpentier MJE, Williams C, Drea CM (2008a) Inbreeding depression in ring-tailed lemurs (*Lemur catta*): genetic diversity predicts parasitism, immunocompetence, and survivorship. Conserv Genet 9: 1605–1615

- Charpentier MJE, Ne Boulet M, Drea CM (2008b) Smelling right: the scent of male lemurs advertises genetic quality and relatedness. Mol Ecol 17: 3225–3233

- Cheney DL, Seyfarth RM, Silk JB (1995) The response of females baboons *(Papio cynocephalus ursinus)* to anomalous social interactions: evidence for causal reasoning? J Comp Psychol 109: 134–141

- Cheney DL, Seyfarth RM (1997) Why animals don't have language. Tanner Lectures on Human Values, Cambridge University. 173–209

- Cheney DL, Seyfarth RM (2007) Baboon metaphysics: the evolution of a social mind. University Chicago, Chicago

- Corballis MC (2002) From hand to mouth, the origins of language. Princeton University, Princeton

- Crockford C, Herbinger I, Vigilant L, Boesch C (2004) Wild chimpanzees produce group-specific calls: a case for vocal learning? Ethology 110: 221–243

- Darwin C (1859) On the origin of species. Murray, London

- Darwin C (1871) The descent of man and selection in relation to sex. Murray, London
- Dawkins R, Krebs JR (1978) Animal signals: information or manipulation. In: Krebs JR, Davies NB (Hrsg) Behavioural ecology: an evolutionary approach. Blackwell Scientific, Oxford. 282–309
- Engelhardt A, Hodges JK, Niemitz C, Heistermann M (2005) Female sexual behavior, but not sex skin swelling, reliably indicates the timing of the fertile phase in wild long-tailed macaques (*Macaca fascicularis*). Horm Behav 47: 195–204
- Engh AL, Hoffmeier RR, Cheney DL, Seyfarth RM (2006) Who, me? Can baboons infer the target of vocalizations? Anim Behav 71: 381–387
- Fichtel C, Hammerschmidt K, Jürgens J (2001) On the vocal expression of emotion: a multi-parametric analysis of different states of aversion in the squirrel monkey. Behaviour 138: 97–116
- Fichtel C, Hammerschmidt K (2002) Responses of redfronted lemurs (*Eulemur fulvus rufus*) to experimentally modified alarm calls: evidence for urgency-based changes in call structure. Ethology 108: 763–777
- Fichtel C, Kappeler PM (2002) Anti-predator behavior of group-living Malagasy primates: mixed evidence for a referential alarm call system. Behav Ecol Sociobiol 51: 262–275
- Fichtel C, Hammerschmidt K (2003) Responses of squirrel monkeys to their experimentally modified mobbing calls. J Acoust Soc Am 113: 2927–2932
- Fichtel C (2004) Reciprocal recognition in sifaka (*Propithecus verreauxi verreauxi*) and redfronted lemur (*Eulemur fulvus rufus*) alarm calls. Anim Cogn 7: 45–52
- Fichtel C (2007) Avoiding predators at night: antipredator strategies in red-tailed sportive lemurs (*Lepilemur ruficaudatus*). Am J Primatol 69: 611–624
- Fichtel C, Kraus C, Ganswindt A, Heistermann M (2007) Influence of reproductive season and rank on fecal glucocorticoid levels in free-ranging male Verreaux's sifakas (*Propithecus verreauxi*). Horm Behav 51: 640–648
- Fichtel C (2008) Ontogeny of conspecific and heterospecific alarm call recognition in wild Verreaux's sifakas (*Propithecus v. verreauxi*). Am J Primatol 70: 127–135
- Fischer J, Hammerschmidt K, Cheney DL, Seyfarth RM (2002) Acoustic features of male baboon loud calls: influences of context, age, and individuality. J Acoust Soc Am 111: 1465–1474
- Gerald MS (2001) Primate colour predicts social status and aggressive outcome. Anim Behav 61: 559–566
- Gibson KR (1990) New perspectives on instincts and intelligence: brain size and the emergence of hierarchical mental constructional skills. In: Parker ST, Gibson KR (Hrsg) „Language" and intelligence in monkeys and apes. Cambridge University, Cambridge. 97–128
- Green S (1975) Variation of vocal pattern with social situation in the Japanese monkey (*Macaca fuscata*): a field study. In: Rosenblum LA (Hrsg) Primate behavior. Vol. 4 Academic, New York. 1–102
- Hammerschmidt K, Newman JD, Champoux M, Suomi SJ (2000) Changes in rhesus macaque ‚coo' vocalizations during early development. Ethology 106: 873–886

- Hammerschmidt K, Freudenstein T, Jürgens U (2001) Vocal development in squirrel monkeys. Behaviour 138: 1179–1204
- Hammerschmidt K, Jürgens U (2007) Acoustic correlates of affective prosody. J Voice 21: 531–540
- Harcourt AH, Stewart KJ, Hauser M (1993) Functions of wild gorilla ‚close' calls. I Repertoire, context, and interspecific comparison. Behaviour 124: 89–122
- Hauser MD (1996) The evolution of communication. MIT, Cambridge, MA
- Hesler N, Fischer J (2007) Gestural communication in barbary macaques (*Macaca sylvanus*): an overview. In: Call J, Tomasello M (Hrsg) The gestural communication of apes and monkeys. Lawrence Erlbaum, Mahwah, NJ. 159–96
- Heymann EW (2006) The neglected sense-olfaction in primate behavior, ecology, and evolution. Am J Primatol 68: 519–524
- van Hooff JARAM (1972) A comparative approach to the phylogeny of laughter and smile. In: Hinde RA (Hrsg) Non-verbal communication. Cambridge University, Cambridge. 209–241
- Johnstone RA (1997) The evolution of animal signals. In: Krebs JR, Davies NB (Hrsg) Behavioural ecology: an evolutionary approach. 4. Aufl. Blackwell, Oxford. 155–178
- Jürgens U (1979) Vocalization as an emotional indicator: a neuroethological study in the squirrel monkey. Behaviour 69: 88–117
- Jürgens U (1992) On the neurobiology of vocal communication. In: Papousek H, Jürgens U, Papousek M (Hrsg) Nonverbal vocal communication. Cambridge University, Cambridge. 31–42
- Jürgens U (2002) Neural pathways underlying vocal control. Neurosci Biobehav Rev 26: 235–258
- Kappeler PM (1998) To whom it may concern: the transmission and function of chemical signals in *Lemur catta*. Behav Ecol Sociobiol 42: 411–421
- Kappeler PM (2008) Verhaltensbiologie. Springer, Berlin
- Kitchen DM (2003) Alpha male black howler monkey responses to loud calls: effect of numeric odds, male companion behaviour and reproductive investment. Anim Behav 67: 125–139
- Kraus C, Heistermann M, Kappeler PM (1999) Physiological suppression of sexual function of subordinate males: a subtle form of intrasexual competition among male sifakas (*Propithecus verreauxi*)? Physiol Behav 66: 855–861
- Liebal K, Pika S, Tomasello M (2004) Social communication in Siamangs (*Symphalangus syndactylus*): use of gestures and facial expressions. Primates 45: 41–57
- Liebal K, Pika S, Tomasello M (2006) Gestural communication of orangutans (*Pongo pygmaeus*). Gesture 6: 1–38
- Maestripieri D (1997) Gestural communication in macaques. Evol Comm 1: 193–222
- Masataka N (1989) Motivational referents of contact calls in Japanese macaques. Ethology 80: 265–273
- Mason WA (1963) Social development of rhesus monkeys with restricted social experience. Percep Mot Skills 16: 263–70

- Mertl-Millhollen A (2006) Scent marking as resource defense by female, *Lemur catta*. Am J Primatol 68: 605–621

- Miller RE (1971) Experimental studies of communication in the monkey. In: Rosenblum LA (Hrsg) Primate behavior: developments in field and laboratory research. Vol. 2 Academic Press, New York. 139–175

- Mitani JC, Hunley KL, Murdoch ME (1999) Geographic variation in the calls of wild chimpanzees: a reassessment. Am J Primatol 47: 133–151

- Nishida T (1980) The leaf-clipping display: a newly discovered expressive gesture in wild chimpanzees. J Human Evol 9: 117–128

- Owren MJ, Dieter JA, Seyfarth RM, Cheney DL (1993) Vocalizations of rhesus (*Macaca mulatta*) and Japanese (*M. fuscata*) macaques cross-fostered between species show evidence of only limited modification. Dev Psychobiol 26: 389–406

- Pereira ME, Kappeler PM (1997) Divergent systems of agonistic relationship in lemurid primates. Behaviour 134: 225–274

- Pika S, Liebal K, Tomasello M (2003) Gestural communication in young gorillas (*Gorilla gorilla*): gestural repertoire, learning and use. Am J Primatol 60: 95–111

- Pika S, Liebal K, Tomasello M (2005) Gestural communication in subadult bonobos (*Pan paniscus*): repertoire and use. Am J Primatol 65: 39–61

- Preuschoft S (2000) Primate faces and facial expressions. Soc Res 67: 245–271

- Preuschoft S, Preuschoft H (1994) Primate nonverbal communication: our communicatory heritage. In: Noth W (Hrsg) Origins of semiosis. Mouton de Gruyter, Berlin. 61–100

- Preuschoft S, van Hooff JARAM (1997) The social function of ‚smile' and ‚laughter': variations across primate species and societies. In: Segerstrale U, Molnar P (Hrsg) Where nature meets culture. Erlbaum, Mahwah, NJ. 171–189

- Redshaw M, Locke K (1976) The development of play and social behaviour in two lowland gorilla infants. Jersey Wildlife Preservation Trust, 13th Annual Report. 71–86

- Rendall D (2003) Acoustic correlates of caller identity and affect intensity in the vowel-like grunt vocalizations of baboons. J Acoust Soc Am 113: 3390–3402

- Richard A (1974) Intra-specific variation in the social organization and ecology of *Propithecus verreauxi*. Folia Primatol 22: 178–207

- Rizzolatti G, Arbib MA (1998) Language within our grasp. Trends Neurosci 21: 188–194

- Scheiner E, Hammerschmidt K, Jürgens U, Zwirner P (2002) Acoustic analyses of developmental changes and emotional expression in the preverbal vocalizations of infants. J Voice 16: 509–529

- Scheiner E, Hammerschmidt K, Jürgens U, Zwirner P (2003) Unterschiede im vokalen Ausdruck von Emotionen bei hörenden und hochgradig schwerhörigen Säuglingen. In: Gross M, Kruse E (Hrsg) Aktuelle phoniatrisch-pädaudiologische Aspekte 2003/2004. Vol. 11, Median, Heidelberg. 282–286

- Scheiner E, Hammerschmidt K, Jürgens U, Zwirner P (2004) The influence of hearing impairment on the preverbal vocalizations of infants. Folia Phoniatr Logop 56: 27–40

- Scheiner E, Hammerschmidt K, Jürgens U, Zwirner P (2006) Vocal expression of emotions in normally hearing and hearing-impaired infants. J Voice 20: 585–604

- Schilling A, Perret M, Predine J (1984) Sexual inhibition in a prosimian primate: a pheromone-like effect. J Endocrinol 102: 143–151

- Scordato ES, Drea CM (2007) Scents and sensibility: information content of olfactory signals in the ringtailed lemur, *Lemur catta*. Anim Behav 73: 301–314

- Scordato ES, Dubay G, Drea CM (2007) Chemical composition of scent marks in the ringtailed lemur (*Lemur catta*): glandular differences, seasonal variation, and individual signatures. Chem Senses 32: 493–504

- Setchell JM, Dixson AF (2001a) Changes in the secondary sexual adornments of male mandrills (*Mandrillus sphinx*) are associated with gain and loss of alpha status. Horm Behav 39: 177–184

- Setchell JM, Dixson AF (2001b) Circannual changes in the secondary sexual adornments of semifree-ranging male and female mandrills (*Mandrillus sphinx*). Am J Primatol 53: 109–121

- Setchell JM (2005) Do female mandrills prefer brightly colored males? Int J Primatol 26: 715–735

- Seyfarth RM, Cheney DL (1980) The ontogeny of vervet monkey alarm calling behavior: a preliminary report. Z Tierpsychol 54: 37–56

- Seyfarth R, Cheney DL, Marler P (1980) Vervet monkey alarm calls: semantic communication in a free-ranging primate. Anim Behav 28: 1070–1094

- Seyfarth RM, Cheney D (1986) Vocal development in vervet monkeys. Anim Behav 34: 1640–1658

- Seyfarth RM, Cheney DL (2003) Signalers and receivers in animal communication. Annu Rev Psychol 54: 145–173

- Smith T (2006) Individual olfactory signatures in common marmosets (*Callithrix jacchus*). Am J Primatol 68: 585–604

- Sugiura H (1998) Matching of acoustic features during the vocal exchange of coo calls by Japanese macaques. Anim Behav 55: 673–687

- Tomasello M, Call J, Warren J, Frost T, Carpenter M, Nagell K (1997) The ontogeny of chimpanzee gestural signals. In: Wilcox S, King B, Steels L (Hrsg) Evolution of communication. Benjamins, Amsterdam. 223–253

- Tomasello M (2002) Some facts about primate (including human) communication and social learning. In: Cangelosi A, Parisi D (Hrsg) Simulating the evolution of language. Springer, London. 327–340

- Tomasello M (2008) Origins of human communication. MIT, Cambridge, MA

- Townsend SW, Deschner T, Zuberbühler K (2008) Female chimpanzees use copulation calls flexibly to prevent social competition. Plos One 3: e2431

- Trillmich J, Fichtel C, Kappeler PM (2004) Coordination of group movements in wild Verreaux's sifakas (*Propithecus verreauxi verreauxi*). Behaviour 141: 1103–1120

- Wallman J (1992) Aping language. Cambridge University, Cambridge

# 9 Über die Kommunikation bei nicht menschlichen Primaten und die Evolution von Sprache

- Wich SA, Nunn CL (2002) Do male „long-distance calls" function in mate defense? A comparative study of long-distance calls in primates. Behav Ecol Sociobiol 52: 474–484
- Wilson C (1978) Monkeys will never talk ... or will they? Master Books, San Diego, California
- Winter PP, Handley D, Schott D (1973) Ontogeny of squirrel monkey calls under normal conditions and under acoustic isolation. Behaviour 47: 230–239
- Zahavi A (1975) Mate selection: a selection for a handicap. J Theor Biol 53: 205–214
- Zuberbühler K, Cheney DL, Seyfarth RM (1999) Conceptual semantics in a nonhuman primate. J Comp Psychol 113: 33–42

# 10 Buntbarsche – Modellorganismen für die wissenschaftsorientierte Bearbeitung der Evolutionsbiologie in der Schule

Walter Salzburger und
Hans-Peter Ziemek

## 10.1 Fachinformationen

### 10.1.1 Einleitung

Die Buntbarsche (Cichlidae) sind eine Familie von subtropischen und tropischen Süßwasserfischen; sie gehören zu den barschartigen Fischen (Perciformes). Es gibt weltweit etwa 3 000–5 000 Buntbarscharten, wobei der Großteil noch auf eine wissenschaftliche Beschreibung wartet.

Das Verbreitungsgebiet der Cichliden erstreckt sich von Indien und Sri Lanka über Madagaskar und Afrika nach Süd- und Mittelamerika. Diese Verbreitung erklärt sich dadurch, dass die Buntbarsche bereits vor der Aufspaltung des Superkontinents Gondwana vor ungefähr 120 Millionen Jahren existierten und mit den Landmassen der neuen Kontinente und Inseln verdriftet wurden. Dafür spricht auch, dass die ältesten Buntbarschlinien in Indien, auf Sri Lanka und Madagaskar zu finden sind, also den Landmassen, die sich als erste von Gondwana lösten.

Buntbarsche sind eine – im evolutionären Sinn – sehr erfolgreiche Fischgruppe. Die Gruppe der *Tilapia*-Arten stellt überdies einige der am besten in Aquakultur züchtbaren Fische. Dabei sind die morphologischen Aspekte eines Buntbarschkörpers auf den ersten Blick kein wesentlicher Konkurrenzvorteil, weil sie sich nicht sehr stark von anderen Fischgruppen unterscheiden. Dagegen ist aber das **hoch differenzierte Sozialverhalten** vieler Buntbarscharten eine absolute Besonderheit innerhalb der Klasse der Fische:

- Paarbindung mit individueller Kenntnis des Partners und gemeinsamer Verteidigung eines Reviers

- Brutfürsorge/Brutpflege in unterschiedlichster Ausprägung

# 10 Buntbarsche – Modellorganismen für die wissenschaftsorientierte Bearbeitung

Die besonderen Verhaltensweisen von Buntbarscharten sind gut zu beobachten und stellen Musterbeispiele für angepasstes Verhalten als Ergebnis einer spezifischen Selektion durch den Lebensraum dar. Insofern sind Verhaltensaspekte bei dieser Tiergruppe auch Beispiele für evolutionäre Vorgänge.

Hinzu kommt die Fähigkeit, sich **sehr schnell an veränderte Umweltbedingungen anpassen** zu können. Die Ausnutzung unterschiedlicher Nahrungsressourcen führte beispielsweise bei den in den ostafrikanischen Grabenseen beheimateten Cichlidenarten zu einer äußerst raschen Artbildung, die als **Musterbeispiel für adaptive Radiation** dienen kann. Hätte Darwins Weltreise über Ostafrika führen können, wären die Buntbarsche sicher schon vor 150 Jahren zu Weltruhm gelangt.

☞ **„Adaptive Radiation"** in Abschnitt 10.1.3

## 10.1.2 Buntbarsche in der Forschung

So ist es nicht erstaunlich, dass die Cichliden nach ihrer erstmaligen Einfuhr nach Europa Anfang des 20. Jahrhunderts sehr schnell zu Lieblingstieren der Biologen wurden.

### Verhaltensforschung

Speziell die Verhaltensforschung konnte an Buntbarschen grundlegende Daten zum Verständnis des Verhaltens von Tieren gewinnen. Konrad Lorenz, seine Mitarbeiter und Nachfolger am Max-Planck-Institut für Verhaltensphysiologie haben hier bahnbrechende Arbeiten durchgeführt (Lorenz 1964):

☞ **„Parallele Evolution"** in Abschnitt 10.1.3

- Wolfgang Wickler beschäftigte sich mit **Eiattrappen** auf den Afterflossen von **maulbrütenden Buntbarschen** aus Ostafrika (Wickler 1962). Diese gelben bis leicht rötlichen Punkte spielen eine wichtige Rolle bei der Befruchtung der Eier (Abb. 10.1).
  Das Weibchen nimmt ihre Eier unmittelbar nach der Ablage (und noch vor der Befruchtung) in ihr Maul auf – offenbar als Schutz vor Fressfeinden. Das Männchen präsentiert nun seine Eiattrappen, indem es dem Weibchen seine Afterflossen zeigt und diese rüttelnd bewegt. Das Weibchen reagiert auf die Eiflecken und versucht diese Attrappen – genauso wie die echten Eier zuvor – aufzunehmen. In diesem Moment entlässt das Männchen sein Sperma und die Eier werden im Maul des Weibchens befruchtet. Danach brütet das Weibchen die Eier bis zu drei Wochen im Maul aus.

- Jürg Lamprecht beschrieb die **Paarbindung** bei Buntbarschen als eine Beiß- und Aggressionshemmung, die das Zusammenleben der Partner ermöglicht (Lamprecht 1973). Diese Hemmung soll durch einen allmählichen Lernvorgang in Form einer Gewöhnung (Habituation) erfolgen. Dazu sei aber auch das Erlernen individueller Merkmale des Partners notwendig.

## 10.1 Fachinformationen

**Abb. 10.1**
Männchen des Maulbrüters *Astatotilapia cf. calliptera* mit Eiflecken auf der Afterflosse (Rainer Stawikowski)

Auch nach dem Paradigmenwechsel der klassischen Ethologie und der Erweiterung um soziobiologische und verhaltensökologische Aspekte blieben die Buntbarsche im Fokus der Forschung. Das ist unter anderem der privaten Haltung von Cichliden durch weltweit ambitionierte Aquarianer zu verdanken, da man mit ihrer Hilfe bessere Kenntnisse über das Verhalten der vielen noch unbekannten Arten erhielt und noch erhält.

### Molekulare Evolutionsforschung

In den beiden letzten Jahrzehnten wurde zudem ein ganz neuer Bereich der biologischen Forschung auf die Cichliden aufmerksam, die molekulare Evolutionsforschung. Diese verwendet und untersucht genetische Daten auf molekularer Ebene (also auf Ebene der DNA), um **Verwandtschaftsbeziehungen zwischen Individuen und Arten** herstellen zu können. Die Mutationen und Veränderungen, die sich im Laufe der Zeit in der DNA ansammeln, ergeben nämlich ein untrügliches Bild von der evolutionären Vergangenheit eines Individuums. Je enger zwei Individuen miteinander verwandt sind, desto ähnlicher sind sie in einem bestimmten Bereich ihrer DNA. Mittels Computeranalysen können auf Basis von DNA-Sequenzen genaue Stammbäume errechnet werden. Dazu wird zuerst ein bestimmter DNA-Abschnitt mithilfe der PCR-Methode (PCR: *polymerase chain reaction*) vervielfältigt. Die Abfolge der vier Basen („DNA-Sequenz") wird dann unter Verwendung einer DNA-Sequenzier-Maschine ausgelesen.

Für die Rekonstruktion der Evolution der Buntbarsche erwiesen sich die **DNA-Sequenzdaten** als besonders hilfreich, insbesondere, da es bei den so vielfältigen Cichliden kaum möglich ist, Verwandtschaftsbeziehungen anhand morphologischer Merkmale herzuleiten. Bereits zu Beginn der 1990er-Jahre konnte gezeigt werden, dass die Buntbarsch-Artenschwärme des Viktoria- und Malawisees unabhängig voneinander entstanden sind.

**Info**

Unter einem **Artenschwarm** wird in der Evolutionsbiologie eine Gruppe eng verwandter Arten verstanden, die sich in einem isolierten Gebiet sehr rasch aus einer Ursprungsart entwickelt haben und heute im gleichen Gebiet existieren – sie sind das „Ergebnis" adaptiver Radiation (siehe unten). Die Schwarmarten weisen **unterschiedliche Angepasstheiten** auf und besetzen verschiedene Nischen. Berühmte Beispiele für Artenschwärme sind die Darwinfinken oder die hier besprochenen Buntbarsche.

Später stellte sich heraus, dass beide Artenschwärme in sehr enger Verwandtschaft zu einer Gruppe Buntbarsche stehen, die im um einiges älteren Tanganjikasee vorkommen. Es hat demnach nur rund 100 000 Jahre gedauert, bis im Viktoriasee über 500 Buntbarscharten entstanden sind – ein absoluter Geschwindigkeitsrekord bei Artbildungen (Verheyen et al. 2003).

### 10.1.3 Buntbarsche mal anders betrachtet

#### Artbildung

☞ Abschnitt 12.1.2

Seit Charles Darwin der Öffentlichkeit 1859 sein Hauptwerk „Über die Entstehung von Arten" vorstellte, steht die Frage, wie es zur Bildung von neuen Arten kommt, im Zentrum evolutionsbiologischer Forschung.

Unter **allopatrischer Artbildung** versteht man die Entstehung von Arten aufgrund einer **kompletten räumlichen Trennung** von Teilpopulationen – sie ist das klassische Modell zur Artenstehung. Ein Teil einer Ursprungspopulation wird vom Rest geografisch isoliert; die reproduktive Isolation zwischen den getrennten Populationen erfolgt gleichsam als Nebenprodukt der weiter unabhängig ablaufenden Evolution. In den getrennten Populationen kommt es nun aufgrund natürlicher Selektion zu lokalen Angepasstheiten. Diese, das Einwirken von genetischer Drift und/oder die Anhäufung zufälliger Mutationen führen dazu, dass die Vertreter der Teilpopulationen irgendwann sehr unterschiedlich und damit sexuell nicht mehr kompatibel sind.

Innerhalb der Buntbarsche gibt es viele Hinweise für allopatrische Artbildung. Einige Schwesternarten im Tanganjikasee haben beispielsweise eine sich nicht überlappende Verbreitung entlang des Seeufers. Eine Art kommt etwa nur an Felsküsten im südlichen Bereich des Sees vor, während die nächstverwandte Art (die Schwesterart eben) nur im nördlichen Teil zu finden ist. Dazwischen liegende Barrieren, zum Beispiel große Flussmündungen, könnten die beiden Arten getrennt haben. Aber auch klimatisch bedingte Schwankungen des Seespiegels, wie sie in der Geschichte der Seen mehrmals aufgetreten sind, könnten zu einer solchen Trennung geführt haben.

Eine **sympatrische Artbildung** beschreibt die Entstehung von einer oder mehreren neuen Arten **ohne geografische Trennung von der Ausgangsart**. Obwohl Darwin selbst daran glaubte, war diese Form der Artbildung lange Zeit umstritten. Computersimulationen zeigten zwar durchaus die Möglichkeit der sympatrischen Artbildung auf, es fehlten jedoch empirische Daten oder diese waren einfach nicht schlüssig genug.

Buntbarsche in kleinen Kraterseen in Kamerun und in Mittelamerika gelten heute als die besten Beispiele für sympatrische Artentstehung. Der Apoyosee in Nicaragua ist beispielsweise ein kleiner, nur etwa 23 000 Jahre alter Kratersee, der seinen Ursprung in der Implosion eines Vulkans hat. Der so entstandene Krater füllte sich nach und nach mit Wasser und wurde zu einem isolierten See ohne Zu- und Abfluss. Vergangene isolierende Ereignisse wie das Abfallen des Wasserspiegels gab es hier nicht.

---

**Info**

**Genetische Drift** tritt verstärkt in kleinen, isolierten Populationen beziehungsweise nach einem Flaschenhalseffekt (engl. *bottleneck effect*) auf. Die Allelfrequenz einer Population wird bei Gendrift zufällig, also nicht durch natürliche Selektion verändert; die Population ist genetisch verarmt (→ Gründereffekt).

Bei der peripatrischen Artbildung spaltet sich nur ein kleiner Teil von der ursprünglichen Population räumlich ab, zum Beispiel bei Besiedlung eines neuen Lebensraums wie einer weit entfernten Insel (→ Gendrift). Diese Form der Artbildung ist ein Sonderfall der allopatrischen.

Trotzdem findet sich im Apoyosee mindestens eine endemische Buntbarschart (*Amphilophus zaliosus*). Wie genetische Studien zeigen, entwickelte sich diese aus einer sich ebenfalls dort befindlichen, allerdings auch sonst weit verbreiteten Art (*Amphilophus citrinellus*), die den See kurz nach seiner Entstehung besiedelt hat. Für die Artbildung war nicht eine räumliche Trennung verantwortlich, sondern die Spezialisierung auf unterschiedliche Nahrungstypen und Lebensweisen im See. Dies bezeichnet man auch als **ökologische Artbildung** (Barluenga et al. 2006; *ecological speciation* ist mittlerweile das Thema in der Forschung, allerdings ist sie im deutschsprachigen Raum noch nicht so weit verbreitet.).

## Adaptive Radiation

Als adaptive Radiation bezeichnet man die **schnelle Entstehung vieler Arten aus einer Ursprungsart durch Spezialisierung** auf unterschiedliche ökologische Nischen. Klassisches Beispiel für eine adaptive Radiation sind die nach dem Begründer der Evolutionstheorie benannten **Darwinfinken** auf den Galapagos-Inseln. Auf dieser Inselgruppe, die fast 1 000 Kilometer vom südamerikanischen Festland entfernt ist, leben 14 verschiedene und nur dort vorkommende (endemische) Finkenarten, welche sich vornehmlich in ihrer Schnabelform unterscheiden. Die Schnabelform ist Ausdruck der unterschiedlichen Ernährungsweisen und spiegelt den Grad der Spezialisierung auf bestimmte Nahrungstypen wie Samen oder Insekten wider. Man weiß heute, dass alle Arten von Darwinfinken auf eine Ursprungsart zurückgehen, welche die Inselgruppe vom Festland her besiedeln konnte. Innerhalb von drei Millionen Jahren sind die 14 verschiedenen Darwinfinken im Rahmen einer adaptiven Radiation entstanden. Andere Beispiele für adaptive Radiationen sind die *Anolis*-Eidechsen auf diversen karibischen Inseln, die Silberschwertpflanzen (*Argyroxiphium*) auf Hawaii und die Buntbarsche in Ostafrika.

Die adaptiven Radiationen der **Buntbarsche** in Ostafrika sind die mit Abstand artenreichsten bekannten Radiationen (Salzburger 2009). Nicht weniger als 250 endemische Arten tummeln sich im Tanganjikasee; vom Malawisee nimmt man sogar an, dass dieser an die 1 000 endemische Arten beherbergt. Immerhin fast 500 Arten gibt es im Viktoriasee. Wie bei den Darwinfinken spiegelt sich auch bei den Buntbarschen die ökologische Spezialisierung in den verschiedenen Maul- und Schädelformen wider (Abb. 10.2). Nur gibt es bei den Buntbarschen noch viel mehr unterschiedliche „ökologische Berufe":

- Insektenfresser mit spitzen Zähnen zum Herauspicken von Insekten zwischen Steinen
- Zooplanktonfresser mit pipettenförmigen und ausstülpbaren Mäulern, um eine schnelle Saugwirkung zu erzielen.
- Fischfresser mit scharfen Zähnen und torpedoförmigen Körpern, welche ein schnelles Schwimmen erlauben.
- Felsenkratzer (Algenfresser) mit Raspelzähnen zum Abgrasen von Algenmatten auf Steinen

**Info**

Die **drei großen ostafrikanischen Seen** (Tanganjika-, Viktoria- und Malawisee) gehören mit weiteren Seen zum Ostafrikanischen Grabensystem. Hier kommen sehr viele endemische Buntbarscharten vor, die man ausschließlich in einem der Seen findet. Die „Geschichte" der Seen, d. h. zwischenzeitliche und sich wiederholende Absenkungen des Wasserspiegels und damit einhergehende Separierungen in verschiedene Becken, bedingte hier die vielfältige Artbildung.

**Material 3**
Adaptive Radiation bei Buntbarschen

# 10 Buntbarsche – Modellorganismen für die wissenschaftsorientierte Bearbeitung

- Schlammgräber mit schaufelförmigen Mäulern zum Durchwühlen des Sandes nach Invertebraten
- Blätterfresser, die sich auf das Fressen von Pflanzenmaterial spezialisiert haben.
- Flossenbeißer, die sich von Flossenstückchen anderer Buntbarsche ernähren.
- Augenbeißer, die sich von den Augen anderer Buntbarsche ernähren.
- Schuppenfresser, die sich von Schuppen von anderen Buntbarschen ernähren.
- ...

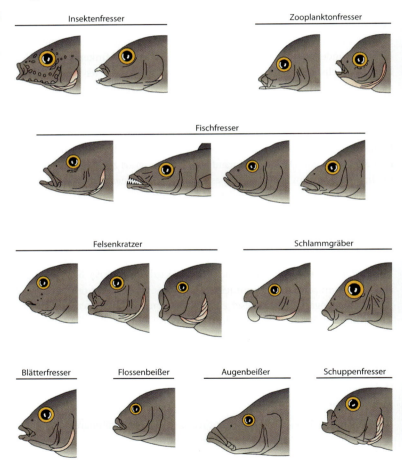

**Abb. 10.2** Ökologische Spezialisierungen und Vielfalt bei ostafrikanischen Buntbarschen hinsichtlich ihrer Maul- und Schädelformen (nach Hofer und Salzburger 2005)

Bei einigen Schuppenfresserarten im Tanganjikasee gibt es zwei verschiedene Typen: Etwa die Hälfte der Individuen hat ein nach rechts ausgerichtetes Maul, um die Beutefische von ihrer linken Seite zu attackieren; die andere Hälfte hat ein nach links ausgerichtetes Maul, um die Beutefische von rechts hinten anzugreifen. Michio Hori konnte nach jahrelangen Beobachtungen zeigen, dass die Häufigkeit der links- und rechtsmäuligen Schuppenfresser der Art *Perissodus microlepis* jeweils um einen Mittelwert von 50 % fluktuiert (Hori 1993). Zwischen den Jahren schwanken die Zahlen allerdings leicht. Grund ist das Verhalten der Beutefische, die sich vor den Attacken desjenigen *P.-microlepis*-Phänotyps hüten, der gerade besonders häufig ist. Die zunächst etwas seltenere Variante erhält also einen Selektionsvorteil (**frequenzabhängige Selektion**; Abb. 10.3).

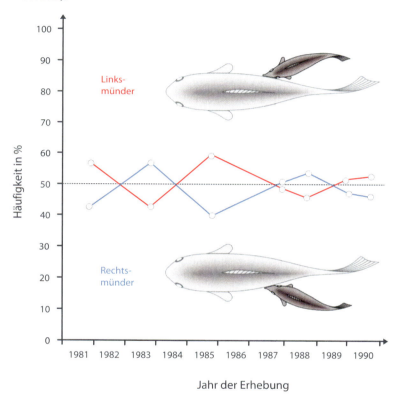

**Abb. 10.3**
Häufigkeit von links- und rechtsmündigen Buntbarschen im Tanganjikasee (nach Erdmann et al. 2008 und Hori 1993)

## Sexuelle Selektion

Als sexuelle Selektion bezeichnet man die Auslese auf Basis des Paarungs- oder Fortpflanzungsverhaltens. Diese kann zum einen durch **direkten Wettbewerb** zwischen Vertretern eines Geschlechts (meistens Männchen) erfolgen, die sich um den Zugang zum anderen Geschlecht bemühen. Die Kämpfe zwischen brünftigen Huftiermännchen sind hierfür ein gutes Beispiel. Zum anderen ist sexuelle Selektion durch **aktive Partnerwahl** möglich, wenn die Vertreter eines Geschlechts (meistens Weibchen) eine Präferenz für bestimmte Merkmale des anderen Geschlechts aufweisen (*mate choice*). Viele sehr stark ausgeprägte und auffällige sekundäre Geschlechtsmerkmale von Männchen sind wohl infolge dieser Form der sexuellen Selektion entstanden, wie etwa das auffallende Gefieder der

Paradiesvögel-Männchen oder die langen Schwerter an der Schwanzflosse der Männchen von Schwertträgerfischen. In diesen und ähnlichen Fällen sind die Weibchen unscheinbar und weisen nicht die entsprechenden sekundären Geschlechtsmerkmale auf. Bei der natürlichen Selektion haben einzelne Individuen einen Vorteil gegenüber anderen in der Population – sie geben ihre Erbanlagen überproportional häufig weiter. Bei der sexuellen Selektion werden dagegen solche Individuen ausgelesen, die einen Vorteil gegenüber anderen Individuen des gleichen Geschlechts aufweisen – es werden nun die Erbanlagen der Merkmale weitergegeben, die die Sexualpartner bevorzugen.

Buntbarsche sind ein Musterbeispiel für sexuelle Selektion. Bei sehr vielen Arten sind die Männchen auffallend bunt gefärbt (daher der deutsche Name, Abb. 10.4), und es konnte in verschiedenen Experimenten gezeigt werden, dass die Weibchen tatsächlich bestimmte Farbmorphen favorisieren. Die Männchen von *Pundamilia nyererei* etwa, einer Buntbarschart aus dem Viktoriasee, sind rötlich, während die der Schwesterart *P. pundamilia* bläulich ist. Die Weibchen der beiden Arten wählen jeweils die „richtigen" Männchen – unter normalen Lichtbedingungen. Beleuchtet man das Versuchsaquarium nun mit künstlichem, monochromatischem Licht, welches alles grau erscheinen lässt, können die Weibchen nicht mehr zwischen den beiden Arten unterscheiden und paaren sich zufällig (Seehausen et al. 1997). Die unterschiedliche Farbwahrnehmung und die Auswahl des Partners durch die Weibchen kann also in früheren Zeiten zur Entstehung (Aufspaltung) der beiden Arten beigetragen haben – und das auch ohne eine räumliche Trennung. Die Männchen anderer Arten, wie *Cyathopharynx furcifer* und *Ophthalmotilapia ventralis* aus dem Tanganjikasee, bauen dagegen riesige Sandkrater, um die Weibchen zu beeindrucken.

### Parallele Evolution

**Material 2**
Angepasstheiten an extreme Umweltbedingungen

Die **Entstehung von ähnlichen Morphologien** aufgrund ähnlicher Lebensweisen oder ähnlicher Umweltbedingungen in voneinander unabhängige evolutionäre Linien (= parallele oder konvergente Evolution) ist ein guter Beweis für natürliche Selektion. Ähnliche ökologische Nischen sind sehr oft mit morphologisch ähnlichen Organismen besetzt (ganz egal, ob diese nun verwandt sind oder nicht), weil hier bestimmte Merkmale von Vorteil sind. Bei einer parallelen Evolution kommt es aber auch sehr oft aufgrund natürlicher Selektion zu ähnlichen Lösungen für dasselbe ökologische Problem.

☞ „Verhaltensforschung" in Abschnitt 10.1.2

Bei den Buntbarschen kennt man das Phänomen der parallelen Evolution insbesondere bei Körperbau, Maulform und Färbung. Wenn man die Arten vom Tanganjika- und Malawisee vergleicht, findet man eine ganze Reihe von überaus ähnlichen Formen, die sich in den beiden Seen unabhängig voneinander entwickelt haben (Abb. 10.5). Bei vielen Buntbarsch-Radiationen entstanden beispielsweise Arten mit dicken beziehungsweise wulstigen Lippen, mit deren Hilfe die Buntbarsche Kleintiere aus dem Algenpolstern zupfen können. Auch Eiattrappen sind mehrmals unabhängig voneinander entstanden. Die Vertreter der artenreichsten Buntbarschgruppe, die Haplochrominen, haben die Eiflecken auf ihrer Analflosse; Vertreter der Ectodini aus dem Tanganjikasee wie *Cyathopharynx furcifer* oder *Ophthalmotilapia ventralis* haben ihre Eiattrappen dagegen auf den Brustflossen (Salzburger et al. 2007).

**Abb. 10.4**
Verschieden gefärbte Buntbarsche (Wildlife/G. Czepluch)

# 10 Buntbarsche – Modellorganismen für die wissenschaftsorientierte Bearbeitung

**Abb. 10.5**
Parallele Evolution bei verschiedenen Buntbarscharten im Tanganjika- und Malawisee (zur Verfügung gestellt von Craig Albertson, nach Kocher et al. 1993)

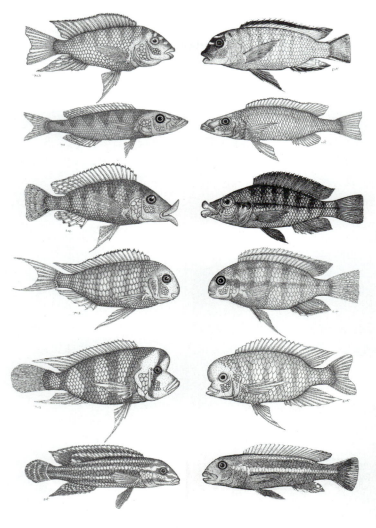

Tanganjikasee                Malawisee

## Paarbindung und Brutpflege

**Material 1**
Paarbindung bei Buntbarschen

Bei vielen Arten lässt sich eine zeitweise oder andauernde Bindung zwischen einem Männchen und einem Weibchen beobachten. „Bindung" wird für die höher entwickelten Wirbeltierarten so definiert, dass es sich bei einem Paar um eine Zweiergruppe handelt, bei der ein Individuum immer wieder zum anderen zurückkehrt, sich beide Individuen folgen und zueinander einen kleineren Abstand halten als zu allen anderen Individuen der gleichen Art (Lamprecht 1973).

Die feste Bindung zwischen Männchen und Weibchen ist eine von den Cichliden „realisierte" Möglichkeit, die eine **optimale Angepasstheit an den jeweiligen Lebensraum** sicherstellt. Die Bindung ist wichtig für eine erfolgreiche Verteidigung eines Reviers gegen Artgenossen sowie bei der Versorgung des Nachwuchses (gemeinsame Betreuung der Gelege und der Jungfische). Der Aspekt der Bindung ist verbunden mit einer bestimmten Brutpflegeform und ist Spiegelbild einer stammesgeschichtlichen Entwicklung innerhalb einer Fischfamilie mit einer Verbreitung auf drei Kontinenten. Bei Buntbarschen können grundsätzlich folgende Brutpflegeformen unterschieden werden:

☞ **„Verhaltensforschung"** in Abschnitt 10.1.2

- „Offenbrüter": Es werden zur Paarungszeit flache Gruben in den Sand gewedelt und die Eier darin abgelegt. Der Nachwuchs wird nun vor Feinden geschützt, der Laichplatz gesäubert, den Eiern Frischwasser zugefächelt und jede Verunreinigung an den Eiern beseitigt (z. B. durch „Ablutschen" oder Fächeln).
- „Höhlenbrüter": Die Eier werden in Höhlen oder anderen Verstecken abgelaicht.
- „Maulbrüter": Die befruchteten Eier oder geschlüpften Jungfische werden zum Schutz vor Feinden ins Maul genommen (Abb. 10.6).

**Abb. 10.6**
Maulbrüter *Heros severus* beim Ausspucken der Jungfische
(Rainer Stawikowski)

In Asien findet man bei den dort vorkommenden Arten nur Offenbrüter. In Afrika und Süd-/Mittelamerika sind dagegen alle Brutpflege- und auch Bindungsformen anzutreffen. Wahrscheinlich haben sich die Schritte vom „Offenbrüter" zum „Maulbrüter" auf den beiden Erdteilen mehrfach vollzogen. Respektive wirkte die Selektion ähnlicher Lebensraumfaktoren gleichartig auf die Entwicklung von spezifischen Verhaltensweisen. Es gibt bei Buntbarschen Übergangsformen, die in Kombination mit molekularbiologischen Erkenntnissen interessante Rückschlüsse auf ihre stammesgeschichtliche Entwicklung geben.

### Ein Parasit: der Kuckruckswels

Auch eine so erfolgreiche Gruppe wie die Buntbarsche ist von Parasiten nicht gefeit. Besonders spannend ist bei Buntbarschen des Tanganjikasees eine ganz besondere Form von Brutparasitismus. Der sogenannte Kuckruckswels (*Synodontis multipunctatus*) parasitiert dabei das überaus ausgeklügelte Paarungsverhalten der Maulbrüter, indem er ein eigenes befruchtetes Ei unter die der Buntbarsche mischt, und zwar in dem kurzen Zeitraum zwischen Eiablage des Buntbarschweibchens und Eiaufnahme in ihr Maul. Der kleine Wels entwickelt sich dann prächtig im geschützten Maul, verspeist er doch nach und nach die Buntbarschjungen. Und nach einiger Zeit verlässt ein sehr großer Wels das Buntbarschmaul, vielleicht zusammen mit einigen überlebenden Buntbarschjungen.

## 10.2 Unterrichtspraxis

Über Buntbarsche gibt es in Schulbüchern oder wissenschaftlichen Filmen nur wenige gute Dokumentationen. Eine Alternative bietet seit wenigen Jahren „AquaNet.TV", ein Online-Fernsehkanal speziell für Aquarianer. Dieses kostenfreie Angebot beinhaltet viele interessante Filmsequenzen über Buntbarsche.

Letztlich ist die originale Begegnung aber durch kein Medium zu ersetzen. Einige Buntbarscharten sind zudem einfach in der Schule zu halten oder können von aktiven Aquarianern „ausgeliehen" werden. Hier sei auf die Deutsche Cichliden-Gesellschaft (DCG 2010) verwiesen. Dieser Zusammenschluss von Buntbarschspezialisten ist bundesweit mit Ortsgruppen vertreten und hilft immer gerne weiter.

### 10.2.1 Buntbarsche in der Schule

Bei der Betreuung der Aquarien/des Aquariums sollten die Schüler eingebunden werden, um eine emotionale Bindung zu den Tieren und ihrem Lebensraum zu erreichen.

Hinweise zu einfach zu haltenden Buntbarscharten findet man auf der Homepage der DCG. In diesem Beitrag werden drei Arten für die Haltung vorgeschlagen (*Cichlasoma nigrofasciatum*, *Lamprologus ocellatus*, *Neolamprologus multifasciatus*).

Merkmale einer gut für die Schulpraxis geeigneten Buntbarschart:

- Größe bis maximal 10–12 cm
- kein Futterspezialist
- Männchen und Weibchen gut unterscheidbar
- haltbar in normalem Leitungswasser
- kein Fischfresser
- Nachzucht aus Deutschland (keine Wildfänge)

## 10.2 Unterrichtspraxis

In der Unterrichtspraxis können viele der beschriebenen Aspekte des Verhaltens von Buntbarschen direkt beobachtet werden. Es bieten sich vor allem folgende Schwerpunkte an:

- Material 1: Paarbildung und Brutpflege bei Buntbarschen (z. B. mit Beobachtungen am Zebrabuntbarsch [*Cichlasoma nigrofasciatum*, Abb. 10.7])
- Material 2: Angepasstheiten an extreme Umweltbedingungen (z. B. mit Beobachtungen an Schneckenbuntbarschen wie *Neolamprologus multifasciatus* [Abb. 10.8] und *Lamprologus ocellatus*)
- Material 3: Adaptive Radiation bei Buntbarschen

**Abb. 10.7**
Zebrabuntbarsch, Weibchen (*Cichlasoma nigrofasciatum*; Rainer Stawikowski)

**Abb. 10.8**
Vielgestreifter Schneckenbuntbarsch (*Neolamprologus multifasciatus*; Rainer Stawikowski)

### 10.2.2 Buntbarsche außerhalb der Schule

Die im Text beschriebenen **unterschiedlichen Kopfformen** können am besten direkt bei einem gut sortierten Fachhändler, Großhändler oder Züchter beobachtet werden. Die Haltung einer Vielzahl von Arten, die im Regelfall auch sehr groß werden, ist für die Schule nicht sinnvoll. Je nach den vorhandenen Arten können dann Zuordnungen von Kopfform und Lebensraum vorgenommen werden oder es können die Unterschiede nahe verwandter Arten dokumentiert werden.

## 10.3 Unterrichtsmaterialien

Es sollen verschiedene Aspekte des Verhaltens von Buntbarschen direkt beobachtet werden.

**Material:**

- Aquarium mit einer Kantenlänge von 60–100 cm und einer Tiefe von 40–50 cm (die Höhe des Beckens spielt keine Rolle).
- Buntbarsche
    - Zebrabuntbarsch (*Cichlasoma nigrofasciatum*), 1 Paar oder 6–8 Jungtiere
    - Schneckenbuntbarsche (z. B. *Neolamprologus multifasciatus* [1–2 Männchen, 4–6 Weibchen] oder *Lamprologus ocellatus* [1 Individuum])
- mehrere leere Schneckenhäuser (z. B. von Weinbergschnecken)
- Sand und feinkörniger Kies
- Innenfilter und Heizung

**Durchführung (Haltung der Fische allgemein):** Man kommt mit einem Aquarium für eine Klasse oder Kursgruppe aus, wenn das Geschehen im Becken über eine Videokamera mithilfe eines Beamers für alle sichtbar projiziert wird. Dann fühlen sich die Fische auch weniger gestört oder können sogar in einem Nachbarraum stehen.

Bei den Arten reicht ein Innenfilter (dieser „regelt" das aquatische Milieu). Eine Heizung sollte die Wassertemperatur bei etwa 24 °C halten. Als Wasser ist normales Leitungswasser mit neutralem pH-Wert und mittlerer Härte zu verwenden.

Die Fische sollten nur mäßig gefüttert werden, speziell die Schneckenbuntbarsche.

### Material 1: Paarbindung bei Buntbarschen

**Aufgabe 1**

Bei dieser Aufgabe soll die Paarbindung von Zebrabuntbarschen untersucht werden. Als Vorbereitung für das Experiment ist das Becken für die Buntbarsche wie in Abbildung 10.9 zu gestalten. Für den Beckengrund wird feinkörniger Kies benötigt.

Vor Beginn der Beobachtung wird die Frontscheibe in 10 gleich große Abschnitte unterteilt. Es reicht das Aufbringen von durchnummerierten Klebeschildern.

Beobachtet nun jedes Fischindividuum – dabei ist immer ein Schüler für einen bestimmten Fisch zuständig. Ab einem vereinbarten Zeitpunkt werden alle 30 Sekunden die Aufenthaltsorte der einzelnen Fische erhoben. Diese Beobachtungsaufgabe wird über 30 Minuten fortgeführt. Ein Schüler kontrolliert die Zeitabstände und gibt alle 30 Sekunden das Kommando zum Eintrag in das vorbereitete Protokollblatt.

Das Protokollblatt ist entsprechend der Unterteilung im Becken in 10 „potenzielle" Abschnitte (Balken) zu gliedern. Jeder „Balken" besteht aus mehreren Kästchenreihen, wobei jede Kästchenreihe für die Zeitabschnitte à 30 Sekunden steht. Wenn sich ein Fisch zu einem bestimmten Zeitpunkt in einem bestimmten Abschnitt aufhält, wird im betreffenden „Balken" ein Kästchen ausgefüllt. Dieses Verfahren wird über den gesamten Beobachtungszeitraum fortgesetzt.

siehe auch Onlinematerialien unter *http://extras.springer.com*

## 10 Buntbarsche – Modellorganismen für die wissenschaftsorientierte Bearbeitung

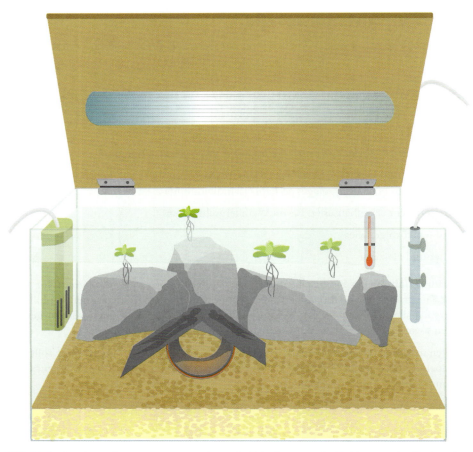

**Abb. 10.9** Gestaltung des Aquariums zur Haltung der Zebrabuntbarsche (*Cichlasoma nigrofasciatum*)

Welche Schlüsse könnt ihr aus euren Beobachtungen ziehen? Konntet ihr Paarbindungen feststellen, traten diese nach einem bestimmten Zeitpunkt auf?

### Aufgabe 2

Stelle begründete Vermutungen an, welche Vorteile die Buntbarsche durch ihre Bindung haben könnten.

### Material 2: Angepasstheiten an extreme Umweltbedingungen

### Aufgabe 3

Bei dieser Aufgabe soll das Verhalten von Schneckenbuntbarschen (z. B. *Neolamprologus multifasciatus* oder *Lamprologus ocellatus*) gegenüber einem leeren Schneckenhaus erfasst werden. Als Vorbereitung für das Experiment ist das Becken für die Buntbarsche wie in Abbildung 10.10 zu gestalten. Für den Beckengrund werden Sand und mehrere leere Schneckenhäuser (z. B. von Weinbergschnecken) benötigt.

**Abb. 10.10** Gestaltung des Aquariums zur Haltung der Schneckenbuntbarsche (z. B. *Neolamprologus multifasciatus* oder *Lamprologus ocellatus*)

a Die Art verfügt über eine Reihe spezialisierter Verhaltensweisen, die sich insbesondere aus der Anpassung an das Leben in und in der Nähe eines Schneckenhauses ergeben. Beobachtet und notiert diese Verhaltensweisen.

b Welche Schlüsse könnt ihr ziehen aus dem Verhalten der Schneckenbuntbarsche und ihrer evolutionsbiologischen Entwicklung?

c Überlegt euch einen Versuch, mit dem ihr weitere Verhaltensweisen von Schneckenbuntbarschen als Reaktion auf Artgenossen oder artfremde Individuen untersuchen könnt. Führt euren Versuch dann durch.

## Material 3: Adaptive Radiation bei Buntbarschen

Abbildung 10.11 zeigt je sechs unterschiedliche Maultypen und Körperformen von Buntbarschen. Diese kann man unterschiedlich kombinieren. Nicht alle machen ökologisch Sinn, d. h. nur bestimmte Kombinationen spiegeln eine gute Angepasstheit an eine spezielle Nahrungsweise oder Lebensweise wider. So gibt es auch nur einige der Kombinationen wirklich in der Natur.

### Aufgabe 4

a Schneide die einzelnen Puzzleteile aus und lege sie aneinander. Welche der Teile passen deiner Meinung nach gut zueinander? An was für eine Nahrung beziehungsweise Lebensweise könnten die Fische angepasst sein (z. B. hinsichtlich auf das Fangen und Fressen von Fischen oder das Abraspeln von Algen)?

b Versuche, wirklich existierende Buntbarscharten zu finden (z. B. in einem Buntbarschbuch, auf einem Buntbarschposter oder im Internet), die den von dir zusammengelegten Fischen ähneln. Dann kannst du deine Fische entsprechend anmalen, sodass sie tatsächlich „BUNTbarsche" werden.

siehe auch Onlinematerialien unter *http://extras.springer.com*

## 10 Buntbarsche – Modellorganismen für die wissenschaftsorientierte Bearbeitung

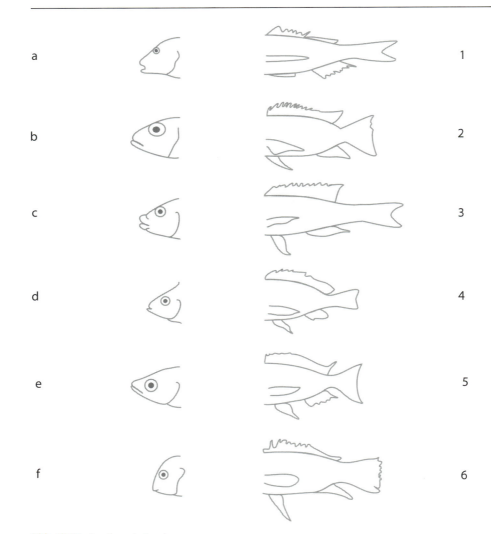

**Abb. 10.11** Buntbarsch-Puzzle

## 10.4 Literatur

- AquaNet.TV (2010) 24-Stunden-Fernsehen für Aquarianer. URL *http://www.aquanet.tv* [24.11.2010]
- Barlow GW (2000) The cichlid fishes – nature's grand experiment in evolution. Perseus, Cambridge
- Barluenga M, Stoelting KN, Salzburger W, Muschick M, Meyer A (2006) Sympatric speciation in Nicaraguan crater lake cichlid fish. Nature 439: 719–724
- Büscher HH (1998) Eigenheim aus zweiter Hand – Buntbarsche in Schneckenhäusern. DATZ, Sonderheft Tanganjikasee: 51–59
- Deutsche Chichliden-Gesellschaft e.V. (DCG) (2010) Die Fachleute für Buntbarsche. URL *http://www.dcg-online.de* [24.11.2010]
- Deutsche Chichliden-Gesellschaft e.V. (DCG) (2010) DCG Encyclopedia. URL *http://www.dcg-online.de/encyclopedia/* [25.01.2011]
- von Drachenfels E (1986) Vergleichende Beobachtungen zum Sozialverhalten von Schneckencichliden und experimentelle Untersuchungen zum Eingrabverhalten von *Neolamprologus ocellatus*. Diplomarbeit, Georg-August-Universität Göttingen
- Erdmann U, Paul A, Polzin C (2008) Materialien SII, Biologie – Evolution. Schroedel, Braunschweig
- FishBase (2011) URL *http://www.fishbase.org/* [25.01.2011]
- Hofer H, Salzburger W (2005) Biologie 3 – Biologie und Umweltkunde. Dorner, Wien
- Hori M (1993) Frequency-dependent natural selection in the handedness of scale-eating cichlid fish. Science 260: 216–219
- Lamprecht J (1973) Mechanismen des Paarzusammenhaltes beim Cichliden *Tilapia mariae*. Z Tierpsychol 32: 10–61
- Kocher TD, Conroy JA, McKaye KR, Stauffer JR (1993) Similar morphologies of cichlid fish in lakes Tanganyika and Malawi are due to convergence. Mol Phylogenet Evol 2: 158–165
- Lorenz K (1964) Das sogenannte Böse – Zur Naturgeschichte der Aggression. Borotha-Schoeler, Wien
- Salzburger W (2009) The interaction of sexually and naturally selected traits in the adaptive radiations of cichlid fishes. Molecular Ecology 18: 169–185
- Seehausen O, van Alphen JJM, Witte F (1997) Cichlid fish diversity threatened by eutrophication that curbs sexual selection. Science 277: 1808–1811
- Stawikowski R, Werner U (1998) Die Buntbarsche Amerikas. Bände 1–3, Eugen Ulmer, Stuttgart
- Verheyen E, Salzburger W, Snoeks J Meyer A (2003) On the origin of the superflock of cichlid fishes from lake Victoria, East Africa. Science 300: 325–329
- Wickler W (1962) Zur Stammesgeschichte funktionell korrelierter Organ- und Verhaltensmerkmale: Ei-Attrappen und Maulbrüten bei afrikanischen. Cichliden Z Tierpsychol 19: 129–164
- Ziemek HP (2003) Die Paarbindung bei Buntbarschen. MNU 56: 415–417
- Ziemek HP (2004) Der Schneckenbuntbarsch *Lamprologus ocellatus*. MNU 57: 428–430

Klaudia Witte,
Ursula Wussow und
Steffen Pröhl

# 11 Der europäische Kuckuck – ein Erfolgsmodell der Evolution

## 11.1 Fachinformationen

### 11.1.1 Einleitung

**Steckbrief**

Klasse: Vögel (Aves)
Ordnung: Kuckucksvögel (Cuculiformes)
Familie: Kuckucke (Cuculidae)
Gattung: *Cuculus*
Art: Europäischer Kuckuck (*Cuculus canorus*)
Vorkommen: Europa bis Südost-Asien
Lebensraum: lichte Laub- und Nadelwälder, aber auch große Gärten und Parks, Moor- und Heidelandschaften sowie Kulturland; Kleinstrukturen sind wichtig
Größe und Gewicht: 32–34 cm (Körperlänge); 110–140 g (Männchen), 95–115 g (Weibchen)
Aussehen: sperberartige Gefiederbänderung, Männchen grau-hell gebändert
Alter: bis 13 Jahre
Besonderheiten: Zugvogel, obligater Brutparasit

Abb. 11.1
Europäischer Kuckuck
(*Cuculus canorus*;
Biosphoto/Schulz Gerhard)

Eigentlich kennt jeder den Kuckuck, zumindest seinen Ruf. Doch nur wenige haben bislang einen Kuckuck gesehen (Abb. 11.1). Sogar in unsere Sprache hat der Kuckuck in Form von Sprichwörtern, Volksliedern, Mythen und anderem vielfältig Einzug gefunden (Bosch 2008).

Bereits Aristoteles hatte vor 2 300 Jahren beobachtet, dass das Kuckucksweibchen seine Eier in die Nester anderer Vogelarten legt und sich selbst nicht um den eigenen Nachwuchs kümmert. Obwohl also der europäische

Kuckuck schon lange als Brutparasit bekannt ist, sind immer noch viele Fragen ungelöst.

Wie ist nun dieses Phänomen zu erklären? Wie wehren sich die Wirtsvögel gegen den Brutparasiten, welche raffinierten Tricks hat der Kuckuck entwickelt? Im folgenden Text werden einige Geheimnisse des Kuckucks gelüftet. Es werden hauptsächlich die Forschungsarbeiten von Prof. Dr. Nick Davies, einem der bekanntesten und erfolgreichsten Kuckucksforscher, vorgestellt. Er und sein Team haben enorm zum Verständnis dieser außergewöhnlichen Fortpflanzungsstrategie beigetragen.

### 11.1.2 Kuckucke und ihre Fortpflanzungsstrategien im Überblick

> **Info**
>
> Der Begriff „**Fortpflanzungsstrategie**" stammt aus der Verhaltensökologie. Er umfasst alle genetisch bedingten und erlernten Verhaltensweisen, die zur Maximierung des eigenen lebenslangen Fortpflanzungserfolges führen.

Die Familie der Kuckucke (Cuculidae) umfasst weltweit 136 Arten. Innerhalb dieser Familie gibt es das gesamte Spektrum der möglichen Brutpflege – **von der eigenen Brutfürsorge bis hin zum (extremen) Brutparasitismus** mit mehreren Zwischenformen. Bei den Cuculidae ziehen 83 Arten ihre Jungen ganz oder teilweise selbst auf, 53 Arten sind Brutparasiten und legen die Eier in artfremde Nester. Die verschiedenen Fortpflanzungsstrategien mit fließenden Übergängen sind (Abb. 11.2):

- Manche Kuckucksarten brüten ihren Nachwuchs selbst aus und versorgen ihn später (eigene Brutfürsorge).
- Fakultativ parasitierende Kuckucke kümmern sich um eine eigene Brut. Sie erhöhen jedoch ihre Reproduktion, indem sie weitere Eier in ein artfremdes Nest ablegen.
- Bei dem obligaten Brutparasitismus betreuen die Kuckucke kein eigenes Gelege mehr. Die jungen Kuckucke werden in den artfremden Nestern mit dem Nachwuchs der Wirtsvögel gemeinsam aufgezogen.
- Der radikale (obligate) Brutparasitismus stellt die extremste Form dar. Der frisch geschlüpfte Kuckuck wirft die anderen Jungvögel aus dem Nest und wird als einziger von den Wirtseltern aufgezogen.

**Abb. 11.2** Kontinuum verschiedener Fortpflanzungsstrategien der Kuckucke

eigene Brutfürsorge | eigene Brut + Extraeier | Brutparasitismus (Mitaufzucht) | radikaler Brutparasitismus

#### Strategie des europäischen Kuckucks

Der europäische Kuckuck *Cuculus canorus* ist ein **obligater, radikaler Brutparasit**. Das Weibchen legt seine Eier, je eines pro Nest, in die Nester bestimmter Wirtsvogelarten und überlässt diesen die Aufzucht seiner Jungen. Für den Wirtsvogel hat das fatale Folgen. Nach dem Ausschlüpfen bewegt sich der junge Kuckuck derart im Nest, dass er alles, was ihn berührt, auf seinen Rücken hebt und ein Ei oder einen bereits geschlüpften Jungvogel aus dem Nest wirft. Er reagiert ausschließlich auf taktile Reize, denn der junge Kuckuck hat noch geschlossene Augen. Am Ende verbleibt nur das Kuckucksjunge alleine im Nest. Der Fortpflanzungserfolg des parasitierten Wirtsvogels ist somit mit dieser Brut völlig vernichtet. Dieser extreme Brutparasitismus macht den europäischen Kuckuck zu einem besonderen Modell für Evolutionsfragen.

### 11.1.3 Wettrüsten zwischen den Arten – allgemeine Überlegungen zum Anpassungsprozess

Wie kann man sich den Weg zu dieser außergewöhnlichen Fortpflanzungsstrategie des Kuckucks vorstellen? Welche Mechanismen und welchen Anpassungswert haben diese Verhaltensweisen? Ein solch radikaler Brutparasitismus ist als „evolutives Wettrüsten" zwischen Wirt und Parasit aus evolutionsbiologischer Sicht zu verstehen. **Selektionsdrücke** beider Parteien auf die jeweils andere Art führen zu erstaunlichen Anpassungen, sowohl beim Parasiten als auch beim Wirt. Diese **Prozesse** sind selbstverständlich nicht abgeschlossen, sondern werden sich weiter **fortsetzen**. Wir können nur einen kurzen Zeitausschnitt dieses evolutiven Wettrüstens miterleben und erforschen.

Beispiel: Ein Wirtsvogel hat eine Strategie gegen den Brutparasitismus entwickelt – er kann seine Eier von denen des Kuckucks unterscheiden. Er pickt nun das fremde Ei an, sodass es sich nicht weiterentwickeln kann oder er verlässt das eigene Gelege und baut ein neues Nest. Es gibt also Gewinner und Verlierer bei diesem Szenario. Der Ausgang dieses evolutiven Wettrüstens zwischen Wirtsvogel und Kuckuck ist nicht vorherzusehen. Der Kuckuck wird wahrscheinlich Gegenstrategien entwickeln oder neue Wirte finden und ausnutzen, die sich wiederum erst wieder an die neue Situation anpassen müssen.

#### Ausblick für den Unterricht

Im Folgenden werden die faszinierenden Anpassungen des Kuckucks an die Wirte (und die Anpassungen der Wirte an den potenziellen Brutparasiten) dargestellt. In Zusammenhang mit diesem wissenschaftlichen Hintergrund wurden für einen interessanten, modernen Unterricht Arbeitsaufträge und Arbeitsblätter entwickelt. Die Materialien können im Rahmen der jeweiligen Lehrpläne und vor allem im Bereich der Evolutionsbiologie beziehungsweise Verhaltensbiologie von der Grundschule bis zum Gymnasium (Oberstufe) eingesetzt werden.

### 11.1.4 Evolutive Wechselwirkungen zwischen Kuckuck und Wirtsvogel

Der europäische Kuckuck parasitiert erfolgreich die Nester von 45 verschiedenen Singvogelarten. Sie alle sind kleiner als der Kuckuck, haben offene oder halboffene Nester, ernähren ihre Jungen mit Insekten und kommen im jeweiligen Brutgebiet meist häufig vor. Die häufigsten Wirtsvogelarten sind hierzulande das Rotkehlchen, die Bachstelze, die Heckenbraunelle, der Teichrohrsänger und der Drosselrohrsänger.

> **Info**
>
> Unter dem Begriff „**Anpassungswert**" wird allgemein die Fähigkeit eines Individuums verstanden, Kopien der eigenen Gene möglichst häufig in den Genpool der nächsten Generation einbringen zu können (hoher Anpassungswert → Gene setzen sich durch; geringer Wert → Gene verschwinden). Hier im Zusammenhang mit Verhalten: Wert einer Verhaltensweise, die zu einem hohen bzw. geringen Fortpflanzungserfolg führt.

# 11 Der europäische Kuckuck – ein Erfolgsmodell der Evolution

**Material 6**
Evolutionsbiologen versus
Evolutionskritiker 2

## Wie wurde der europäische Kuckuck ein Brutparasit?

Aufgrund von phylogenetischen Studien (Krüger und Davies 2002) können wir davon ausgehen, dass die Vorfahren des heutigen europäischen Kuckucks in tropischen Wäldern lebten, Standvögel waren und die Jungen im eigenen Nest selbst versorgten. Die Entwicklung zum Brutparasitismus steht wahrscheinlich in enger Beziehung zu klimatisch bedingten Veränderungen im Verbreitungsgebiet. Durch diese **Klimaveränderungen** wandelte sich der geschlossene Wald zu einer eher offenen Landschaft, und es kam zu einer schlechteren **Nahrungsverfügbarkeit** (insgesamt weniger Insekten und/oder andere Insektenarten). Diese übte einen derart starken Selektionsdruck auf die Kuckucke über Generationen hin aus, dass im Laufe der Zeit die Kuckucke die Verbreitungsgebiete und somit auch die Brutgebiete vergrößerten, und schließlich aufgrund von saisonalen Veränderungen im Brutgebiet zu **Zugvögeln** wurden. Für die zukünftige Brut bedeutete dieser Schritt eine kürzere Brutzeit und schlechtere Bedingungen, geeignete Niststandorte zu finden. Diese ökologischen Faktoren führten beim Kuckuck dann letztendlich zu einer Veränderung in der Fortpflanzungsstrategie.

Man kann sich die Entwicklung zum Brutparasiten so vorstellen: Zunächst platzierten zufällig einige Weibchen einer Population zusätzlich zum eigenen Gelege Eier in die Nester anderer häufig vorkommender Vogelarten. Hatten diese Weibchen einen höheren Fortpflanzungserfolg als diejenigen Weibchen, die keine zusätzlichen Eier in fremde Nester legten, konnte diese Strategie in der Population nach und nach über viele Generationen zunehmen und sich durchsetzen. Damit war der erste Schritt Richtung Brutparasitismus getan. Dieser wurde schließlich „ausgebaut" und irgendwann verzichtete der europäische Kuckuck ganz auf die eigene Brutpflege. Im Laufe der Zeit kam es dann zum „evolutiven Wettrüsten" (siehe oben), was zu erstaunlichen Anpassungen führte und heute auch noch führt.

**Material 6**
Evolutionsbiologen versus
Evolutionskritiker 2

## Eiablage beim Kuckuck

Die Eimimikry beim europäischen Kuckuck ist zweifelsohne die bekannteste und eindruckvollste Anpassung eines Brutparasiten an die jeweilige Wirtsvogelart (siehe unten). Es gibt aber noch andere, subtilere Adaptationen seitens des Kuckucksweibchens (Davies 2002):

- Im Vergleich zur eigenen Körpergröße legt das Kuckucksweibchen relativ **kleine Eier** (→ Anpassung an Eigröße der Wirtsvögel).

- Der Kuckucksembryo entwickelt sich bereits im Ei, während das Ei noch den Eileiter zur Kloake hinabwandert. Obwohl das Weibchen ihr Kuckucksei erst dann ablegt, wenn einige Eier des Wirtsvogels im Nest liegen (siehe unten), hat das Kuckucksjunge einen **Entwicklungsvorsprung** durch die vorzeitige „Reifung" im Ei. Der Kuckucksembryo kann also nach einer kürzeren Brutdauer schlüpfen als die Jungen des Wirtsvogels. Das verschafft ihm gegenüber den anderen Nestlingen einen zeitlichen Vorsprung. Er schlüpft meist vor den anderen Jungvögeln und kann die anderen Eier und Jungvögel aus dem Nest werfen.

## 11.1 Fachinformationen

- Die Nester der Wirtsvogelart werden durch das Kuckucksweibchen genau beobachtet und es weiß, in welchem Nest wie viele Eier liegen. Das Kuckucksweibchen legt erst dann ein Ei ins Wirtsnest, wenn dort **bereits 2–3 Wirtsvogeleier** sind. Da der Kuckuck nicht nur sein Ei hinzufügt, sondern gleichzeitig auch ein Wirtsvogelei entfernt (siehe unten), ist es für die Wirtsvögel schwieriger, das fremde Ei zu entdecken. Hinzu kommt, dass die meisten Singvögel erst ab dem dritten Ei mit dem Brüten beginnen, denn dann schlüpfen die eigenen Jungen mehr oder weniger synchron.

- Die **Legezeit** beim Kuckucksweibchen ist **extrem kurz** – es kann innerhalb von 10 Sekunden ein Ei legen. Es nimmt zuvor ein Wirtsvogelei aus dem Nest und frisst es. Somit bleibt die Eizahl im parasitierten Nest konstant und das Weibchen erhält eine zusätzliche Nährstoffquelle, die es zur Produktion weiterer Eier verwenden kann. Für das Legen von Eiern benötigen Vogelweibchen normalerweise mehrere Minuten bis Stunden.

### Eimimikry – ein Ei gleicht dem anderen

Eine der auffälligsten Anpassungen des Kuckucks an seinen Wirtsvogel ist die Eimimikry. Die weiblichen Kuckucke produzieren Eier, die in Schale, Größe und Form den Eiern der Wirtsvögel täuschend ähnlich sind (Abb. 11.3).

> **Info**
>
> Unter **Mimikry** wird eine täuschende Nachahmung von äußeren Merkmalen wie Körperbau, -farben, -strukturen und Verhaltensmerkmalen einer wehrhaften oder ungenießbaren Spezies (Vorbild) durch eine andere wehrlose Beuteart verstanden. Diese Signalfälschung dient der Täuschung von potenziellen Fressfeinden und verschafft dem Nachahmer einen Vorteil. Die Ähnlichkeit des Nachahmers zum wehrhaften/ungenießbaren Vorbild bildet sich allmählich durch Selektion innerhalb der Nachahmer-Art aus.

**Abb. 11.3**
Im Nest des Drosselrohrsängers liegt ein Kuckucksei.
(*Acrocephalus arundinaceus*).
Das Kuckucksei befindet sich unten rechts.
(Csaba Moskát)

Wie kann sich solch eine Eimimikry entwickeln? Diese Frage muss eigentlich auf zwei verschiedenen Ebenen beantwortet werden: auf der Ebene des Mechanismus (Wie ist Eimimikry entstanden?) und auf der Ebene der Funktion (Warum ist Eimimikry beim Kuckuck entstanden und welchen Anpassungswert hat sie für den Kuckuck?).

Die Eimimikry ist das derzeitige Ergebnis eines langen Selektionsprozesses, in den der Kuckuck und die Wirtsvögel involviert sind. Jeder übt einen Selektionsdruck auf die andere Partei aus.

☞ **Abschnitt 11.1.3**

# 11 Der europäische Kuckuck – ein Erfolgsmodell der Evolution

## Wie ist Eimimikry entstanden?

**Material 1**
Kuckuckspiel

**Material 2**
Eimimikry

Man kann davon ausgehen, dass zu Beginn des Brutparasitismus die Kuckucksweibchen weiße Eier produzierten. Möglicherweise gab es in der damaligen Population (wie auch in jeder heutigen Population jeder beliebigen Art) Variation hinsichtlich eines Merkmals und einige Weibchen legten weiße Eier mit einigen dunklen Sprenkeln. Als die Kuckucke zu Brutparasiten wurden, verteilten die Weibchen zunächst wahllos ihre Eier in die Nester verschiedener Singvogelarten. Bei den Arten, die ebenfalls weiße Eier legten, fiel das Kuckucksei nicht auf. Der Kuckuck hatte hier Erfolg. Dagegen waren die Kuckucksweibchen, die weiße Eier mit Sprenkeln produzierten, wahrscheinlich bei den Singvogelarten erfolgreicher, deren Eier ebenfalls Sprenkel aufwiesen.

Bei den Wirtsvögeln gab es vermutlich auch Variationen, beispielsweise was die Fähigkeit angeht, fremde Eier von den eigenen zu unterscheiden. Diejenigen Individuen, bei denen diese Fähigkeit gut ausgeprägt war, hatten einen enormen Fortpflanzungsvorteil gegenüber denen, die dies nicht oder in zu geringem Maße konnten. Letztere hatten weniger oder sogar keine eigenen Nachkommen, erstere erkannten dagegen das fremde Kuckucksei und vernichteten es. Durch diesen extremen Unterschied im Fortpflanzungserfolg kann man sich gut vorstellen, dass in wenigen hundert Generationen die „kritischen" Individuen in der Population zunahmen und die „unkritischen" verdrängt wurden.

Waren nun zu viele Wirtsvögel „kritisch" gegenüber den Kuckuckseiern und hatten Gegenmaßnahmen entwickelt (z. B. Eianpicken, Nest überbauen, neues Nest bauen, Kuckucksei hinauswerfen u. a.), veränderte das den Erfolg der Kuckucke. Aufgrund von weiteren Variationen in der Eischalenfärbung und -form innerhalb der Kuckucke konnten sich wiederum diejenigen Kuckucke erfolgreich fortpflanzen, deren Eier denen der Wirtsvögel noch ähnlicher sahen. Diese Kuckuckseier sind von den zurzeit existierenden „kritischen" Wirtsvögeln nicht zu erkennen. Bis sich hier wiederum die Wirtsvögel an den Brutparasitismus anpassen, wird einige Zeit vergehen, etc.

Die Entwicklung hin zur perfekten Eimimikry beziehungsweise Eimimikry mit Wirtswechsel setzt sich aus vielen kleinen Schritten zusammen (Abb. 11.4). Gesteuert wird dieser Selektionsprozess durch den Fortpflanzungserfolg seitens der Kuckucke und innerhalb der Wirtsvögel. Die Erfolgreichen (solche mit vielen Jungen) bilden den Hauptanteil zukünftiger Generationen und liefern somit das Ausgangsmaterial für die Selektion.

## Kuckucksei nicht gleich Kuckucksei

**Material 2**
Eimimikry

**Material 6**
Evolutionsbiologen versus Evolutionskritiker 2

Einige Gene entscheiden über die Färbung und Form der Eier (Gibbs et al. 2000). Es gibt interessanterweise innerhalb des europäischen Kuckucks sogenannte **Wirtslinien**. Das bedeutet, dass die Weibchen ihre speziell geformten und gefärbten Eier fast ausschließlich in die Nester nur einer bestimmten Wirtsvogelart legen. Weibchen einer anderen Linie parasitieren eine andere Wirtsvogelart. Die Kuckucksweibchen verhalten sich demnach „wirtsvogelstet" und sind somit auf einen Wirt spezialisiert.

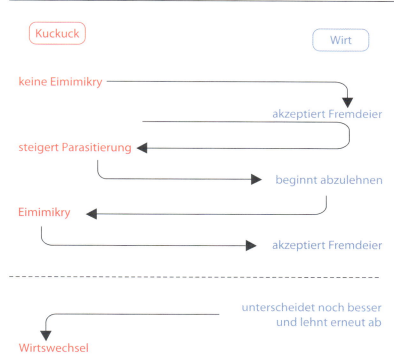

**Abb. 11.4**
Szenario der Selektionsschritte zur Entwicklung der Eimimikry beim Kuckuck und zur Entwicklung der Wirtsvogellinien

Hinsichtlich des Partners sind die Weibchen dagegen nicht so „linientreu" – sie paaren sich mit Männchen, die von derselben oder von anderen Wirtsvogelarten aufgezogen wurden. In Bezug auf die Partnerwahl sind die Weibchen also nicht wirtsvogeltreu.

Wie gelingt es nun, dass die **Gene zur Eigestaltung von der Mutter an den weiblichen Nachwuchs** weitergegeben werden, ohne dass eine Vermischung mit den väterlichen Genen passiert? Der geeignete Ort für die Gene zur Eigestaltung befindet sich auf den **Geschlechtschromosomen**. Vogelweibchen haben die Geschlechtschromosomen WZ, Vogelmännchen haben die Geschlechtschromosomen ZZ. Die Männchen weisen also nur einen Gametentypen mit dem Sex-Chromosom Z auf, d. h., die Männchen sind diesbezüglich homogametisch. Die Weibchen produzieren zwei Gametentypen – solche mit einem Z-Chromosom und solche mit einem W-Chromosom. Verschmelzen die Vorkerne eines W-Gameten und eines Z-Gamenten, entsteht ein Vogelweibchen; verschmelzen die Vorkerne zweier Z-Gameten, entsteht ein Vogelmännchen. Die genetischen Informationen, die sich auf dem W-Chromosom der Weibchen befinden, werden somit ausschließlich an die Töchter weitergegeben ohne den Einfluss des väterlichen Genmaterials. Durch diesen genetisch „Trick" wird die Eimimikry von Generation zu Generation, durch die ungestörte Weitergabe von der Mutter auf die Tochter perfektioniert. Selektionsprozesse, d. h. Wirtsvögel, die das schlecht nachgeahmte Kuckucksei erkennen, fördern die Perfektionierung.

## 11.1.5 Was stimuliert die Zieheltern? Experimente zur Fütterung eines jungen Kuckucks

Für das Eistadium hat sich im Laufe der Zeit beim Kuckuck eine faszinierende Mimikry entwickelt. Schaut man sich einen jungen Kuckuck an, so ist jedem sofort klar, dass dieser sich optisch von den Jungen der Wirtsvogelart deutlich unterscheidet. Was stimuliert die Wirtsvogelarten, das „falsch" aussehende Küken zu füttern?

### Der Rachen – ein überdeutlicher Reiz?

Lange Zeit galt der sehr auffällige, orange bis rot gefärbte große Rachen des jungen Kuckucks als supernormaler Stimulus, der die Zieheltern dazu veranlasst, das artfremde Junge intensiv zu füttern. Aber ist dies wirklich so? Als supernormaler Stimulus muss ein Stimulus größer sein als der natürliche. Der natürliche Stimulus wäre beispielsweise die gesamte Schlundfläche einer vierköpfigen Brut, die anstelle des Kuckucks gefüttert werden würde. Die Frage war daher: Ist der Rachen des jungen Kuckucks tatsächlich größer als der einer vierköpfigen Singvogelbrut?

Um diese Frage zu klären, führten Nick Davies und sein Team ein Experiment durch. Sie verglichen die Rachenfläche von jungen Kuckucken, die in Teichrohrsängernestern aufwuchsen, mit der Gesamtfläche einer vierköpfigen Teichrohrsängerbrut (Kilner et al. 1999). Bei der Untersuchung wurde auch das Körpergewicht (→ Alter) der Jungvögel berücksichtigt (Abb. 11.5).

Ergebnis: Es zeigte sich, dass die Gesamtfläche der Teichrohrsängerbrut immer größer war als die des jungen Kuckucks.

Fazit: Der Rachen des Jungkuckucks ist demnach kein supernormaler Stimulus für die Zieheltern und kann deren intensive Brutpflege gegenüber dem falschen Nestling nicht erklären.

**Material 3** Stimulation zur Fütterung 1

**Material 7** Was veranlasst die Zieheltern zur intensiven Brutpflege des Kuckucksjungen?

### Info

Ein **supernormaler Stimulus** ist ein Stimulus, der zu einer stärkeren Reaktion bei einem Tier führt, als es der natürliche Stimulus leisten kann. Der supernormale Stimulus ist im Vergleich zum natürlichen überdeutlich (z. B. stärkere Kontraste, größer, intensiver gefärbt).

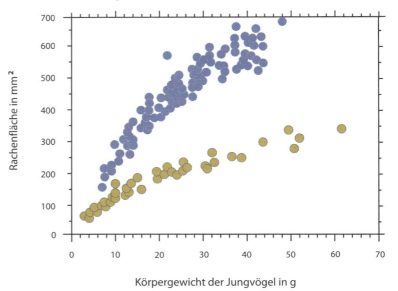

**Abb. 11.5** Beziehung zwischen Körpergewicht von Jungvögeln und ihrer Rachenfläche; beige Kreise: junger Kuckuck; blaue Kreise: vierköpfige Teichrohrsängerbrut (aus Kilner et al. 1999)

## Kükengrößen im Vergleich

Warum wird ein einzelner Kuckuck nun so gut versorgt wie eine vierköpfige Brut? In der Regel ist die Fütterleistung bei nur einem Küken geringer als bei vier Nestlingen, denn die Eltern passen diese an die Anzahl der Jungen im Nest an.

Dieser Frage ging das Team um Davies nach und führte ein Experiment im Freiland durch (Davies et al. 1998). In einem Gebiet namens Wicken Fen bei Cambridge (Ostengland) gibt es eine große Population des Teichrohrsängers (ca. 300 Nester). Die Parasitierungsrate des Kuckucks liegt zwischen 1,6–22,5 % (Untersuchungszeitraum 1985–1997). Es stellte sich unter anderem folgende Frage: Werden die Küken durch die Wirtseltern unterschiedlich viel gefüttert, je nachdem, wie groß sie sind?

Falls der entscheidende Faktor die Größe des Kuckucksjungen ist, sollte ein Jungvogel, der etwa so groß wie ein junger Kuckuck, aber kein Brutparasit ist, ähnlich gut gefüttert werden. Um dies zu testen, untersuchten die Forscher die Anzahl der Fütterungen pro Stunde in insgesamt 40 Teichrohrsängernestern, die unterschiedlich „bestückt" waren (Abb. 11.6). Bei 15 Nestern entnahmen sie die ca. 3–7 Tage alten Jungen und setzten als „Kuckucksersatz" stattdessen eine junge Amsel oder eine junge Singdrossel hinein. In 12 anderen Nestern entfernten sie die Teichrohrsängerbrut und ließen nur eines der 5–8 Tage alten Jungen zurück. In weiteren 13 Nestern war jeweils ein einzelnes Kuckucksjunge.

**Material 3**
Stimulation zur Fütterung 1

**Material 6**
Evolutionsbiologen versus Evolutionskritiker 2

**Material 7**
Was veranlasst die Zieheltern zur intensiven Brutpflege des Kuckucksjungen?

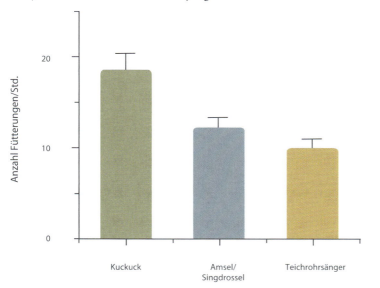

**Abb. 11.6**
Anzahl der Fütterungen pro Stunde für einen jungen Kuckuck (n = 13), ein gleich großes Amsel- oder Singdrosseljunges (n = 15) bzw. ein einzelnes Teichrohrsängerjunges (n = 12); die Fütterungen erfolgten jeweils durch die Teichrohrsängereltern.
(aus Davies et al. 1998)

Ergebnis: Die jungen Kuckucke wurden durch die Teichrohrsängereltern signifikant häufiger gefüttert als die Amsel- beziehungsweise Singdrosseljungen. Diese wurden wiederum nicht häufiger gefüttert als die einzelnen Teichrohrsängerjungen.

Fazit: Die Größe des jungen Kuckucks erklärt **nicht** die intensive Fütterung durch die Zieheltern.

### Bettelrufe

**Material 7**
Was veranlasst die Zieheltern zur intensiven Brutpflege des Kuckucksjungen?

Neben der Kükengröße analysierten Davies und Kollegen die Bettelrufe des jungen Kuckucks (Davies et al. 1998) und verglichen diese mit denen von anderen Jungvögeln. Sind die Bettelrufe vielleicht der entscheidende Stimulus für die Zieheltern?

Junge Kuckucke betteln mit einem kontinuierlichen schnellen „si si si si si". Der Bettelruf der jungen Amsel und der eines einzelnen jungen Teichrohrsängers besteht aus einzelnen „tsip"-Rufen. Um den Effekt der Bettelrufe auf die Fütterrate zu prüfen, nahmen die Forscher im Labor die Bettelrufe folgender Jungvögel auf: von einem Teichrohrsängerküken, von vier Teichrohrsängerküken, von einem jungen Kuckuck, der bei Teichrohrsängern aufwächst, und von einer jungen Amsel. Die Rufe wurden mithilfe von sogenannten Sonagrammen, qualitativen und quantitativen Analysen von Lautäußerungen, untersucht (Abb. 11.7).

Ergebnis: Schaut man sich die Sonagramme an und führt eine statistische Analyse der Bettelrufrate durch, wird deutlich, dass sich die Rufrate des einzelnen Teichrohrsängers von der des Amseljunges kaum unterscheidet. Beide Rufe unterscheiden sich dagegen von der Rufrate des Kuckucks. Die Bettelrufrate eines einzelnen Kuckucks ist dagegen der Bettelrufrate einer vierköpfigen Teichrohrsängerbrut sehr ähnlich.

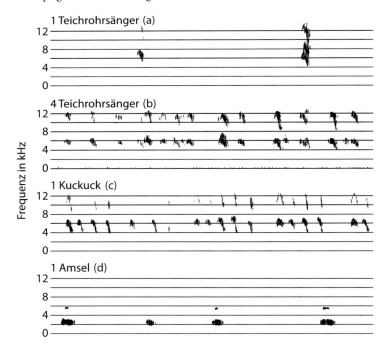

**Abb. 11.7**
Sonagramme von Bettelrufen, Dauer je 2,5 Sek.
a) einzelnes Teichrohrsängerküken.
b) vierköpfige Teichrohrsängerbrut.
c) junger Kuckuck.
d) Amseljunges
(aus Davies et al. 1998, leicht verändert)

## Playback von Kuckuck und Co.

Ist also der Bettelruf des Kuckucks der Schlüssel zum Erfolg? Wenn dies der Fall ist, sollte man die Fütterrate für ein Amsel- oder Singdrosseljunges im Teichrohrsängernest erhöhen können, wenn man den Bettelruf des jungen Kuckucks am Nest abspielen würde. Für dieses Experiment setzten die Forscher jeweils eine junge Amsel oder eine junge Singdrossel, die etwa die Größe eines jungen Kuckucks hatten, in das Nest eines Teichrohrsängers. Die Forscher installierten direkt neben den Nestern einen Lautsprecher, aus dem die verschiedenen Bettelrufe ertönten (Abb. 11.8). Jedes Mal, wenn die Amsel oder Singdrossel bettelten, spielten sie folgende Rufe ab: Bettelrufe eines jungen Kuckucks (vgl. Audiodatei einzelner Kuckuck im Teichrohrsängernest, 8 Tage alt; unter *http://extras.springer.com*), Bettelrufe eines einzelnen Teichrohrsängerkükens, Bettelrufe einer vierköpfigen Teichrohrsängerbrut (vgl. Audiodatei Teichrohrsängerbrut, 4 Stück, 8 Tage alt; unter *http://extras.springer.com*) oder als Kontrolle keine Bettelrufe.

Ergebnis: Spielten die Forscher zeitgleich die Bettelrufe eines jungen Kuckucks oder die einer vierköpfigen Teichrohrsängerbrut ab, wurde die junge Amsel beziehungsweise die Singdrossel signifikant häufiger gefüttert als ohne zusätzliche Bettelrufe aus dem Lautsprecher (Abb. 11.9). Dies könnte zunächst bedeuten, dass irgendein Bettelruf die Fütterleistung der Teichrohrsängereltern steigern würde. In einem Zusatzexperiment testeten die Forscher daher, welchen Effekt der Bettelruf eines einzelnen Teichrohrsängerkükens auf die Fütterleistung hatte. Es gab keine Steigerung der Fütterrate, wenn der Bettelruf eines einzelnen Teichrohrsängerkükens abgespielt wurde.

**Material 4**
Stimulation zur Fütterung 2 – Bettelrufe des Kuckucks

**Material 6**
Evolutionsbiologen versus Evolutionskritiker 2

**Abb. 11.8**
Amseljunges im Teichrohrsängernest. Unmittelbar neben dem Nest ist der Lautsprecher für die Playback-Experimente installiert. (aus Davies et al. 1998)

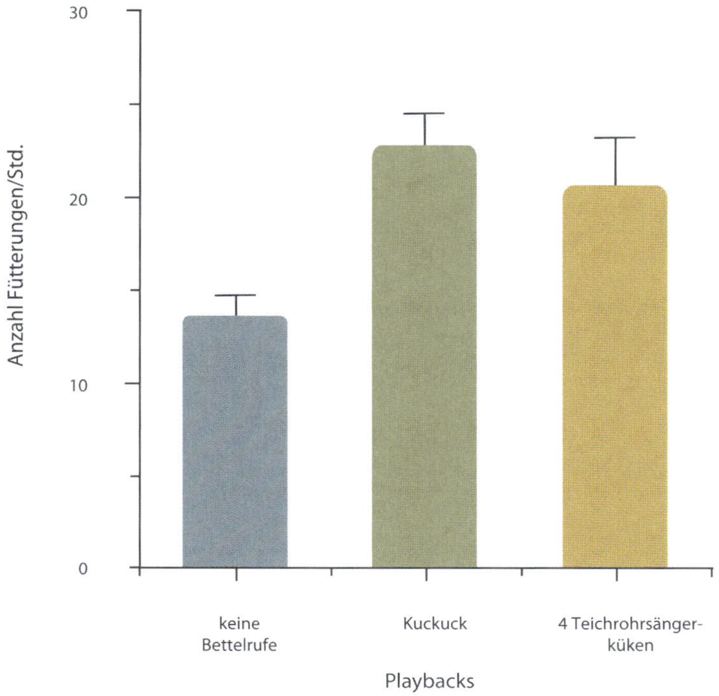

**Abb. 11.9**
Anzahl der Fütterungen pro Stunde für ein Amsel- oder Singdrosseljunges durch die Teichrohrsängereltern (n = 19). Es wurden jeweils verschiedene Playback-Bettelrufe abgespielt. (aus Davies et al. 1998)

# 11 Der europäische Kuckuck – ein Erfolgsmodell der Evolution

Fazit: Es ist nicht egal, welcher Bettelruf ertönt. Der Versuch macht deutlich, dass der junge einzelne Kuckuck die Rufe einer vierköpfigen Brut akustisch qualitativ und quantitativ nachahmt, und so die Fütterrate der Zieheltern manipuliert. Dieses Ergebnis führte zu weiteren interessanten Fragestellungen.

## 11.1.6 Weitere Bettelruf-Untersuchungen

☞ „Kuckucksei nicht gleich Kuckucksei" in Abschnitt 11.1.4

Wie erwähnt, gibt es innerhalb der Art *Cuculus canorus* sogenannte Wirtslinien (Gentes; → Perfektionierung der Eimimikry). Wie verhält es sich diesbezüglich zum möglicherweise **wirtsspezifischen Bettelruf**?

Die Färbung der Eischale wird ausschließlich über das W-Chromosom vom Weibchen an den weiblichen Nachwuchs weitergegeben. Ein wirtsspezifischer Bettelruf müsste aber von der Mutter an Söhne **und** Töchter vererbt werden. Dies könnte über mütterliche Stoffe im Ei (maternale Effekte) oder über die mitochondriale DNA (mtDNA) passieren. Zunächst ist jedoch die Frage zu klären, ob sich Kuckucke verschiedener Wirtsvogellinien im Bettelruf überhaupt unterscheiden. Ist das der Fall, schließt sich die zweite Frage an, ob dieser wirtsspezifische Bettelruf genetisch weitergegeben oder erlernt wird.

### Gibt es wirtsvogelspezifische Bettelrufe beim Kuckuck?

Die Hauptwirtsvogelarten in Südbritannien sind der Teichrohrsänger *Acrocephalus scirpaceus* sowie die Heckenbraunelle *Prunella modularis*. Die beiden Kuckuckslinien, die sich auf jeweils einen dieser Wirte spezialisiert haben, unterscheiden sich genetisch auf mtDNA-Abschnitten. Erstaunlicherweise **differieren** die jungen Kuckucke dieser Linien auch **in ihren Bettelrufen**. Die Kuckucke, die bei Teichrohrsängern aufwachsen, produzieren Silben, die zunächst in der Frequenz ansteigen und dann schnell wieder abfallen. Die jungen Kuckucke, die sich bei Heckenbraunellen entwickeln, haben dagegen ein engeres Frequenzband, geringere Spitzenfrequenzen und maximale Frequenzen (Abb. 11.10).

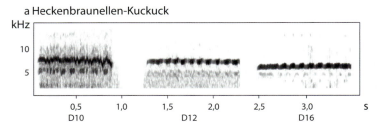
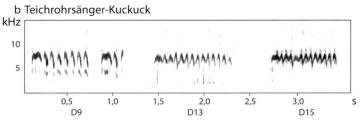

**Abb. 11.10** Typische Sonagramme von jungen Kuckucken, aufgenommen im Freiland; Alter der Kuckucke von 10 (D10) bis 16 (D16) Tage. a) Kuckucke der Heckenbraunellen-Linie. b) Kuckucke der Teichrohrsänger-Linie. (aus Madden und Davies 2006)

## Unterschiede in den Gentes und ihre Auswirkungen

Wie haben sich diese Unterschiede in den Gentes entwickelt und welche Auswirkungen haben sie auf die Fütterraten der jeweiligen Wirtsvogeleltern? Diese Fragen haben Madden und Davies (2006) untersucht. Sie entwarfen zwei extreme Szenarien, wie wirtsspezifische Bettelrufe entstehen könnten:

1. Bettelrufe sind festgelegt und in erster Linie **genetisch** fixiert.
   Voraussetzung: Bei einer genetischen Fixierung des linienspezifischen Bettelrufs müsste dieser an den weiblichen und männlichen Nachwuchs vererbt werden. Dies kann nicht über das W-Chromosom erfolgen, da Männchen zwei Z-Geschlechtschromosomen, aber kein W-Chromosom haben. Ein möglicher Weg, den wirtsspezifischen Bettelruf an beide Geschlechter weiterzugeben, ist der über die sogenannten nicht genetischen, maternalen Effekte (z. B. bestimmte Stoffe im Ei, Ernährung der Mutter). Ein hoher Testosteronspiegel im Eigelb könnte später die Bettelrate von Jungvögeln erhöhen.

2. Bettelrufe sind plastisch und werden durch **Erfahrung** und **Lernen** geformt.
   Von einigen Singvogelarten ist bekannt, dass Jungvögel tatsächlich sehr schnell lernen, ihren Bettelruf und die Bettelposition zu verändern, und so mehr Futter erhalten. Kann dieser Lernprozess auch den Bettelruf des Kuckucks verändern?

Zur Überprüfung der Szenarien haben die Autoren ein Versetzungsexperiment mit jungen Kuckucken und den beiden britischen Hauptwirtsarten Heckenbraunelle und Teichrohrsänger durchgeführt. Kuckucksjungen, die der Teichrohrsängerlinie angehören, wurden in ein Heckenbraunellennest umgesetzt. Den umgekehrten Fall haben die Forscher unterlassen, da es schwierig war, Kuckucke in Heckenbraunellennestern ausfindig zu machen. Würde also Hypothese 1 zutreffen, sollte der Kuckuck den typischen Bettelruf von jungen Kuckucken der Teichrohrsängerlinie beibehalten. Sollte Hypothese 2 gelten, würde man eine Veränderung des Bettelrufs erwarten – der junge Kuckuck sollte nun so betteln wie der der Heckenbraunellenlinie. Um dies zu überprüfen, wurde wieder ein Playback-Experiment mit einem Amseljungen als „Dummy" durchgeführt.

### Ausführung der Experimente

Die Forscher Madden und Davies führten das **Versetzungsexperiment** an jungen Kuckucken und ihren Wirten im Gebiet Wicken Fen in den Jahren 2000–2005 durch (Madden und Davies 2006). Sie entnahmen 17 gerade geschlüpfte Kuckucke aus Teichrohrsängernestern und verteilten sie in 5 Nestern der Heckenbraunelle und 3 Nestern des Rotkehlchens im Botanischen Garten von Cambridge. Die anderen 9 Kuckucke verblieben in ihren ursprünglichen Teichrohrsängernestern. Kuckucke, die bei Rotkehlchen aufwachsen, rufen ähnlich wie Kuckucke der Teichrohrsängerlinie. Dies war eine Kontrolle zum Versetzungsexperiment.

Die Bettelrufe der jungen Kuckucke wurden im Alter von 6–9 Tagen im Labor unter standardisierten Bedingungen aufgezeichnet. Hierfür entnahmen die Forscher die Kuckucke aus den Nestern und ersetzen sie durch andere Jungvögel der jeweiligen Art, damit die Zieheltern das Nest nicht aufgaben.

Für das **Playback-Experiment** suchten die Wissenschaftler nicht parasitierte Nester der Heckenbraunelle, des Rotkehlchens und des Teichrohrsängers auf. Sie nahmen die Jungvögel heraus und ersetzten diese jeweils durch eine junge Amsel. Dann wurden Bettelrufe von Teichrohrsänger-Kuckucken oder Heckenbraunellen-Kuckucken abgespielt, wenn die Eltern zurückkamen und die junge Amsel bettelte. Die Fütterungen wurden auf Video aufgezeichnet und später ausgewertet.

### Ergebnisse

Beim **Versetzungsexperiment** wiesen vier der fünf Teichrohrsänger-Kuckucke, die in die Nester von Heckenbraunellen umgesetzt worden waren, die typischen Merkmale von Bettelrufen der Kuckucke der Heckenbraunellenlinie (enges Frequenzband, längerer Ruf) auf und unterschieden sich nicht von den Bettelrufen der „echten" Heckenbraunellen-Kuckucken. Die Teichrohrsänger-Kuckucke, die in die Rotkehlchennester transferiert wurden oder in den Teichrohrsängernestern verblieben, riefen mit den typischen Bettelrufen der Kuckucke der Teichrohrsängerlinie. Die Versuche zeigen also, dass die versetzten Kuckucke **ihren Bettelruf an die neue Wirtsvogelart anpassen** können – sie erlernen diesen. Demnach trifft Hypothese 2 zu.

Das **Playback-Experiment** offenbarte erhebliche Unterschiede bei den Fütterraten durch die Heckenbraunellenzieheltern (Abb. 11.11). Wurde beim Betteln der Amsel der Bettelruf von jungen Kuckucken der Heckenbraunellenlinie abgespielt, fütterten die Heckenbraunellen das Amseljunge signifikant besser als mit dem Bettelruf von Teichrohrsänger-Kuckucken. Die Amseln in den Rotkehlchennestern wurden dagegen besser gefüttert, wenn der Bettelruf von Teichrohrsänger-Kuckucken erklang.

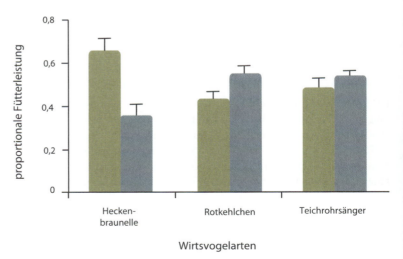

**Abb. 11.11** Proportionale Fütterleistungen der Wirtsvögel gegenüber dem Amseljungen, wenn beim Betteln der Bettelruf von Teichrohrsänger-Kuckucken (blaue Säule) oder der Bettelruf von Heckenbraunellen-Kuckucken (grüne Säule) gespielt wurde. Der Versuch fand in 7 Heckenbraunellennestern, 7 Rotkehlchennestern und 11 Teichrohrsängernestern statt. Die Balken zeigen jeweils die Mittelwerte und den Standardfehler an. (aus Madden und Davies 2006)

Ähnliche Ergebnisse wurden in den Teichrohrsängernestern festgestellt. Auch hier wurde besser gefüttert, wenn die Bettelrufe von Teichrohrsänger-Kuckucken zum Betteln der Amsel vorgespielt wurden. Der richtige Bettelruf verbessert demnach die Fütterrate. **Lernen lohnt sich!** Die jungen Kuckucke lernen also, profitabel zu betteln.

Fazit: Der Bettelruf der jungen Kuckucke ist nicht genetisch fixiert, sondern wird erlernt und ist somit plastisch. Der Lernvorgang erfolgt sehr schnell und die jungen Kuckucke werden besser versorgt.

## 11.1.7 Experimente zu Warnrufen

### Gibt es Reaktionen auf wirtsvogelspezifische Warnrufe?

Einer weiteren Frage wurde nachgegangen, nämlich ob der Kuckuck die Warnrufe der Zieheltern kennt und darauf „richtig" reagiert.

Das Kuckucksjunge ist einem besonders **hohen Räuberrisiko** ausgesetzt. Es bettelt intensiv und wird 17–20 Tage im Nest und noch 16 Tage außerhalb des Nestes von den Wirtsvögeln versorgt. Eine vergleichbare Teichrohrsängerbrut ist nur 11 Tage im Nest und wird weitere 12 Tage außerhalb des Nestes gefüttert. Bereits Jenner (1788) beobachtete, dass junge Kuckucke eine besondere Verteidigungsstrategie entwickelt haben. Wenn ein Mensch sich dem Nest nähert, streckt der junge Kuckuck seine Beine und präsentiert seinen orangeroten Rachen. Er streckt zudem seinen Hals und bewegt plötzlich seinen Kopf zurück. Dies ist für den Beobachter eine Überraschung und könnte eine effektive **Feindverwirrungstaktik** sein, mit der der Kuckuck Zeit gewinnt. Berührt man den kleinen Kuckuck, pickt er um sich, bewegt seinen Körper schnell auf und ab und verspritzt braunen stinkenden, flüssigen Kot.

Aufgrund des höheren Feindrisikos durch die längere Nestlingsperiode und die bereits evolvierten Verwirrungs- und Verteidigungsstrategien liegt die Vermutung nahe, dass die jungen Kuckucke der jeweiligen Wirtslinie die Warnrufe der Zieheltern spezifisch erkennen und darauf reagieren können.

Die typischen Wirtsvogelarten der Kuckucke zeigen **artspezifische Warnrufe**. Diese Tatsache nutzten die Forscher, um folgenden Fragestellungen nachzugehen (Davies et al. 2006):

- Reagieren Kuckucke, die in Teichrohrsängernestern aufwachsen, spezifisch auf den Alarmruf des Teichrohrsängers?

- Was passiert, wenn man Teichrohrsänger-Kuckucke in Nester der Heckenbraunelle oder des Rotkehlchens versetzt? Passen die Kuckucke sich der neuen Situation an (Lernvorgang) oder nicht?

**Ausführung des Experiments**

Zunächst wurden die Warnrufe der potenziellen Ziehelternarten (Rotkehlchen, Heckenbraunelle, Teichrohrsänger) und die von Buchfinken (Kontrolle, keine Wirtsvogelart des Kuckucks) zwischen 2001 und 2004 in Cambridgeshire aufgenommen. Sie waren eine Reaktion der Zieheltern auf einen Menschen in Nestnähe. Von diesen Aufnahmen wurden jeweils 6 Sekunden Playback mit je 5 Warnrufen erstellt.

Neun ca. 6–8 Tage alte Kuckucke aus Teichrohrsängernestern wurden ins Labor gebracht und in ein beheiztes, altes Rohrsängernest gesetzt. Vor jedem Playback-Experiment wurde der Kuckuck zum Betteln stimuliert, indem man ihm mithilfe einer Pinzette Futter anbot. Jeder Kuckuck bekam dann folgende Stimuli in folgender Reihenfolge vorgespielt:

1 Warnrufe und gleichzeitige Stimulierung zum Betteln

2 Warnrufe ohne Stimulation zum Betteln

3 nur Bettelstimulation ohne Warnrufe

Diese Stimulationen sollten folgende natürliche Situationen widerspiegeln:

1 Ein Elterntier füttert, das andere warnt gleichzeitig.

2 Ein Elterntier fliegt vom Nest weg, während das andere warnt.

3 Bereitschaft des Kuckucksjungen zum Betteln, nachdem der Warnruf wieder verstummt ist.

Alle Rufe wurden bei etwa 60–65 Dezibel in 3 Meter Abstand vom Nest vorgespielt. Jeder Kuckuck hörte die Warnrufe verschiedener Arten (Heckenbraunelle, Buchfink [= Kontrolle], Teichrohrsänger) in zufälliger Reihenfolge. Alle Reaktionen des Kuckucks wurden auf Video aufgezeichnet. Es wurden das **stille Schnabelöffnen** und die **Anzahl der Bettelrufe** gemessen.

### Ergebnisse

Die Kuckucke reagierten adäquat und bettelten nur, wenn sie dazu stimuliert wurden. Nachdem die Kuckucke den Warnruf des Teichrohrsängers gehört hatten, blieben sie auch bei der dritten Playback-Situation (nur Stimulation ohne Warnrufe) ganz still, zeigten den roten Schlund als Verteidigungsstrategie und bettelten anschließend trotz der Stimulation nicht. Hatten sie dagegen die Warnrufe des Buchfinkens oder die der Heckenbraunelle gehört, bettelten sie danach auf hohem Niveau.

Fazit: Dieser klare Unterschied macht deutlich, dass die Teichrohrsänger-Kuckucke **auf den wirtsspezifischen Warnruf adäquat reagieren.**

## Unterschiede: Genetisch fixiert oder erlernt?

Damit wird natürlich die Frage aufgeworfen, ob diese wirtsspezifische Reaktion von den Kuckucken erlernt wird oder genetisch determiniert ist. Dies wurde mit einem Versetzungsexperiment untersucht.

### Ausführung des Versetzungsexperiments

Sieben gerade geschlüpfte Kuckucke wurden aus Teichrohrsängernestern entfernt und dort durch zwei Teichrohrsängerjungen ersetzt. Die Zieheltern sollten ihr Nest nicht aufgeben und die jungen Kuckucke wollte man nach dem Experiment in ihre Nester zurücksetzen. Die Forscher konnten davon ausgehen, dass die kleinen Kuckucke noch keinen Teichrohrsänger-

Warnruf gehört hatten. Die Kuckucke wurden in Rotkehlchennester (n = 3) und in Nester der Heckenbraunelle (n = 4) im Botanischen Garten der Universität Cambridge gesetzt.

Den Kuckucken wurden im Alter von 6–8 Tagen folgende Warnrufe in zufälliger Reihenfolge vorgespielt und ihre Reaktion darauf gefilmt:

- Warnrufe des Teichrohrsängers
- Warnrufe der Heckenbraunelle
- Warnrufe des Rotkehlchens
- Warnrufe des Buchfinken

Es wurden bis zu 48 Warnrufe pro Minute vorgespielt.

### Ergebnisse

Die versetzten Kuckucke reagierten **nicht spezifisch** auf den Warnruf ihrer **neuen Wirtsvogelart**. Stattdessen reagierten sie vor allem auf den Warnruf des Teichrohrsängers, allerdings löste der bei ihnen das Bettelverhalten aus.

### Fazit

Das Versetzungsexperiment zeigt, dass die Kuckucke vom Schlupf an **den Warnruf der Wirtsvogelart** kennen. Sie benötigen allerdings die **Interaktion** mit diesen, um die „richtige" Reaktion auf den Warnruf ausführen zu können und um Futterrufe von Warnrufen unterscheiden zu lernen. Diese Studie zeigt somit, dass der Kuckuck nicht nur im Eistadium eine wirtsspezifische Anpassung (Eimimikry) entwickelt hat, sondern auch im Jungenstadium (→ die jungen Kuckucke reagieren nur auf den Alarmruf der Wirtsvogelart spezifisch). Diese Anpassung ist enorm wichtig, da der junge Kuckuck durch intensives Betteln einem erhöhten Feindrisiko ausgesetzt ist.

Wie aber erlangen die jungen Kuckucke eine nicht erlernte Reaktion auf die Warnrufe der Zieheltern? Da es innerhalb des Kuckucks die Wirtslinien innerhalb der Weibchen gibt, sollten die Gene für den Warnruf über die Weibchen auf Söhne und Töchter weitergegeben werden. Dies kann nicht über das Geschlechtschromosom W passieren, aber möglicherweise **über die mtDNA der Mutter**, denn die Mitochondrien aller Nachkommen erhalten über das Ei die mütterlichen Mitochondrien und somit dasselbe genetische mtDNA-Material. Diese Frage ist allerdings noch nicht geklärt.

### Ausblick

Die hier vorgestellten Studien sind ein Ausschnitt aus den faszinierenden Forschungsarbeiten zum „evolutiven Wettrüsten" zwischen dem Kuckuck als extremen Brutparasiten und den Wirtsvogelarten. Obwohl die außergewöhnliche Fortpflanzungsstrategie des europäischen Kuckucks schon sehr lange bekannt ist, bleiben noch viele Fragen offen, die erst in den nächsten Jahren geklärt werden. Die Geheimnisse des Kuckucks sind ein hervorragendes Beispiel für die stattfindende Evolution.

### Die Evolution geht weiter: Kuckuck nutzt neuen Wirtsvogel aus

Das Wechselspiel zwischen dem europäischen Kuckuck und den Wirtsvogelarten ist sehr dynamisch. Manche Wirtsvogelarten gewinnen den Wettstreit und diejenigen Kuckucke, die sich auf diese Art spezialisiert haben, sterben aus oder wechseln zu neuen Wirten. Erst seit Kurzem ist bekannt, dass die Azurflügelelster *Cyanopica cyanus* in Japan Wirt des Kuckucks ist. Hier steht mit Sicherheit das evolutive Wettrüsten noch in den Anfängen.

### 11.1.8 Evolutionsbiologen versus Evolutionskritiker

*Material 5 und 6*
*Evolutionsbiologen versus Evolutionskritiker 1 und 2*

Der Kuckuck kann nicht nur unter (evolutions-)biologischen Gesichtspunkten betrachtet werden, sondern auch unter „religiösen", genauer gesagt unter kreationistischen.

#### Ein Argumentationsversuch am Beispiel des europäischen Kuckucks (*Cuculus canorus*)

Als Charles Darwin im Jahr 1859 seinen Bestseller zur Entstehung der Arten veröffentlichte, geschah dies unter dem Konkurrenzdruck seines Kollegen Alfred Russel Wallace, der parallel zu Darwin die Gesetze der Evolution ausformulierte. Über 20 Jahre hatte Darwin gewartet, denn ihm war bewusst, dass er mit diesem Schritt das christliche Weltbild zerstören würde: Nicht Gott schuf Pflanzen, Tiere und den Menschen, sondern Naturgesetze sind die „Lebensgestalter".

Die öffentlichen Reaktionen auf seine Theorie waren von Beginn an entgegengesetzt. Das darwinsche Weltbild und das christliche Weltbild waren beziehungsweise sind auch heute noch unvereinbar, Kompromisse konnten/können nicht gefunden werden – und so sind ihre Anhänger seit nunmehr 150 Jahren Gegner.

## 11.2 Unterrichtspraxis

### 11.2.1 (Evolutions-)Biologie des europäischen Kuckucks

Im Folgenden bieten wir Unterrichtsmaterialien an, die den wissenschaftlichen Kenntnisstand aufgreifen und die Schüler befähigen, sich mit dem Thema „Der europäische Kuckuck – ein Erfolgsmodell der Evolution" selbst auseinanderzusetzen. Der Kuckuck ist fast allen Kindern aus Kinderliedern und Redensarten bekannt – er ist somit eine ideale Modelltierart, um Konzepte der Evolution zu erklären.

Die Aufgabensammlung gibt der Lehrkraft vielfältige Möglichkeiten, das Thema auf verschiedenen Ebenen und in verschiedenen Schwierigkeitsgraden einzusetzen. So gliedern sich die Unterrichtsmaterialien in einen Part für die Grundschule, die Sekundarstufe I und die Sekundarstufe II. Die Materialien bieten den Schülern einen unmittelbaren Kontakt zu aktuellen wissenschaftlichen Forschungsarbeiten. Sie können Daten interpretieren und mit der Lehrkraft kritisch diskutieren und sogar eigene Forschungsfragen entwickeln. Wichtig ist uns auch, dass die Schüler lernen, wie Forschung funktioniert. Vielleicht begeistern sich die Lernenden dadurch für das naturwissenschaftliche Studium.

## Der europäische Kuckuck im Fokus von Evolutionskritikern

Auch heute noch werden die Erkenntnisse von Evolutionsbiologen durch Kreationisten infrage gestellt. Besonders dann, wenn Meinungen intolerant und diktatorisch vertreten werden, sollten Schüler lernen, ihren Standpunkt durch beweisbare Argumenten zu finden und zu begründen. Aus diesem Grund sollten bei diesem Unterrichtspart zwei übergeordnete Ziele verfolgt werden:

☞ Abschnitt 17.1.5

- Die Schüler sollen die Argumente und die Motive von Evolutionsgegnern kennenlernen.
- Sie sollen durch sachliche Auseinandersetzung ihre eigene Position vertreten lernen. Dabei müssen die Schüler erworbenes Wissen anwenden und transferieren. Als Modell für dieses „Argumentations-Training" dient der Brutparasitismus des europäischen Kuckucks.

Es wird sich zeigen, dass der Kuckuck für diesen Zweck besonders geeignet ist, da die Selektionsmechanismen nicht „einfach" erkennbar, sondern sehr komplex und vielschichtig (Embryologie, Morphologie, Ethologie) vernetzt sind. So bieten sich dem Schüler wirkliche Arbeitsanreize, um zu begreifen: Der europäische Kuckuck ist geradezu ein Erfolgsmodell der Evolution!

### Methodisches Vorgehen

Während des gesamten Unterrichtsparts arbeiten die Schüler in festen Gruppen beziehungsweise Teams. Die Teams können im Zufallsprinzip oder nach pädagogischen Kriterien zusammengesetzt werden. Den Schülern sind die verschiedenen Aufgaben, die innerhalb einer Gruppenarbeit arbeitsteilig erfüllt werden müssen, bereits vertraut oder sollten vorab besprochen werden.

**Material 5**
Evolutionsbiologen versus Evolutionskritiker 1

Die Gruppenarbeit wird durch ein **Lerntagebuch** begleitet. Diese Tagebücher haben eine doppelte Funktion: Einerseits kann ähnlich wie auf einer *Placemat* (Unterrichtsmethode, „Platzdeckchen") der Gruppenkonsens festgehalten werden, andererseits bietet es die Möglichkeit zum dialogischen Austausch zwischen der Gruppe, dem Lehrer und anderen Gruppen.

### Vorkenntnisse der Schüler

Durch die bereits beschriebene Funktion dieses Unterrichtsparts als „Argumentations-Training" wird festgelegt, dass die Schüler bereits mit den Inhalten der Evolutionstheorie vertraut sind. An Beispielen wurden die fünf Theoreme von Charles Darwin veranschaulicht (Tab. 11.1) und die Schüler kennen diese.

Aus dem Lernblock „Genetik" sind den Schülern molekulargenetische Grundlagen zum genetischen Code, Veränderbarkeit der Gene durch Mutationen und die Geschlechtsfestlegung durch Geschlechtschromosomen bekannt.

**Tab. 11.1:** Die fünf Theoreme von Charles Darwin

| Nr. | Theorem |
|---|---|
| 1. | Jeder Organismus produziert weit mehr Nachkommen als für die Erhaltung der Art erforderlich sind und als schließlich auch überleben. (Überproduktion) |
| 2. | Die Individuen einer Art sind niemals völlig gleich, sondern unterscheiden sich voneinander in zahlreichen Merkmalen. (Variabilität) |
| 3. | Die Individuen, die durch ihre Eigenschaft für die Umweltbedingungen am besten geeignet sind, überleben und pflanzen sich fort, während die weniger gut geeigneten Varianten im Laufe der Zeit aussterben. (natürliche Auslese = Selektion) |
| 4. | Die Merkmale der Überlebenden werden an deren Nachkommen weitergegeben. (Vererbung) |
| 5. | Diese Faktoren haben in der Vergangenheit in derselben Weise gewirkt wie in der Gegenwart. (Aktualitätsprinzip) |

### Der Kuckuck in der Oberstufe

In der gymnasialen Oberstufe eignet sich das Material für den Einsatz im Themenbereich „Evolution der Vielfalt des Lebens in Struktur und Verhalten", vor allem für eine exemplarische Vorgehensweise bei der Behandlung des Evolutionsfaktors Selektion. Die Materialien ermöglichen eine problemorientierte Erarbeitung. Im Zentrum der Betrachtung steht die Frage: „Was veranlasst die Zieheltern zur intensiven Brutpflege des jungen Kuckucks?" Das Material dient einerseits der Klärung der unmittelbaren Ursachen (proximate Ursachen), soll aber zusätzlich eine weitere Dimension eröffnen. Es geht außerdem um die Frage, welche evolutionären Mechanismen das Phänomen des Brutparasitismus, insbesondere das Phänomen der Eimimikry, hervorgebracht haben (ultimate Ursachen). Auf hypothetisch-deduktiven Wegen kann eine Klärung des Phänomens erfolgen. Als Methode für die Erarbeitung bietet sich ein Gruppenpuzzle an. In etwas abgewandelter Form kann das Material auch im Rahmen des Kursthemas Ökologie bei der Behandlung von Wechselbeziehungen zwischen den Organismen (beispielsweise Parasitismus) eingesetzt werden.

## 11.3 Unterrichtsmaterialien

### 11.3.1 Unterrichtsmaterialien für die Grundschule

#### Material 1: Kuckuckspiel

(Idee von Prof. Nick Davies)

- 4–5 gleiche Gegenstände, die als Vogeleier fungieren können (z. B. je nach Jahreszeit Orangen, Tischtennisbälle, hart gekochte Hühnereier, Überraschungseier, Äpfel etc.).
- Schale, die als Nest eingesetzt werden kann.
- Stoppuhr

**Durchführung**. Ein Kind ist der Wirtsvogel. Es darf sich seine vier „Eier" im Nest genau ansehen. Nach dem Betrachten seiner „Eier" wartet das Kind vor der Klassentür oder bekommt im Klassenraum die Augen verbunden. Ein weiteres Kind spielt den Kuckuck. Es darf ein „Ei" entfernen und sein eigenes hinzulegen oder es verändert nichts am Nest. Es hat 10 Sekunden dafür Zeit (Stoppuhr). Dann wird der „Wirtsvogel" wieder hineingebeten. Er muss jetzt entscheiden, ob sich etwas am Nest verändert hat, ob er weiterbrütet oder das Gelege aufgibt. Das Spiel kann mehrfach wiederholt werden.

#### Aufgabe 1

Diskutiert die Reaktion des Wirtsvogels in der Klasse. Hat er sich richtig oder falsch entschieden?

#### Aufgabe 2

Überlege dir alleine oder in der Gruppe, wie du als Singvogel reagieren würdest, wenn dir auffällt, dass ein fremdes Ei in deinem Nest liegt. Schreibe deine Ideen auf.

#### Material 2: Eimimikry

#### Aufgabe 3

Überlege dir alleine oder in der Gruppe, wie ein Kuckucksweibchen es schaffen könnte, das Ei von der Wirtsvogelart ausbrüten zu lassen. Schreibe deine Ideen auf.

#### Aufgabe 4

In Abbildung 11.12 siehst du die Eier von fünf Singvogelarten (obere Reihe), bei denen der Kuckuck parasitiert. Hier entfernt der Kuckuck also eines der Eier aus dem Nest und legt sein eigenes Ei hinein. In der unteren Reihe sind verschiedene Kuckuckseier dargestellt. Zur Information: Jedes Kuckucksweibchen produziert nur Eier eines bestimmten Typs.

Ordne nun die Kuckuckseier (A bis E) den entsprechenden Singvogelarten zu. Achte hierfür besonders auf die Färbung und Sprenkelung der Eier.

siehe auch Onlinematerialien unter *http://extras.springer.com*

# 11 Der europäische Kuckuck – ein Erfolgsmodell der Evolution

Abb. 11.12   Eier der Wirtsvögel (obere Reihe) und Eier des Kuckucks (untere Reihe; aus Davies 2000)

## 11.3.2 Unterrichtsmaterialien für die Realschule, das Gymnasium und die Gesamtschule (Sek. I)

### Material 3: Stimulation zur Fütterung 1

**Aufgabe 5**

a  Betrachte Abbildung 11.13. Welche Besonderheiten fallen dir bei dem Kuckucksjungen auf? Was könnte deiner Meinung nach die Zieheltern stimulieren, den jungen Kuckuck zu füttern?

b  Nenne „Forschungsfragen" und mögliche Experimente, mit denen man die Stimulation der Zieheltern zur Fütterung untersuchen könnte.

Abb. 11.13   Ein etwa 14 Tage altes Kuckucksjunge (Heinz Schrempp)

## Aufgabe 6

Betrachte Abbildung 11.14. Ist die Rachenfläche eines einzelnen Kuckucksjungen größer als die Rachenfläche von vier Teichrohrsängern? Könnte deiner Meinung nach die Rachenfläche des Kuckucks also ein supernormaler Stimulus sein?

**Abb. 11.14** Schlundflächen im Vergleich (gleicher Maßstab, natürliche Größe).
a) junger Kuckuck, 11-12 Tage alt. b) vier Teichrohrsängerküken, 6-7 Tage alt. (aus Kilner et al. 1999)

## Aufgabe 7

Interpretiere die beiden Abbildungen (Abb. 11.15 und 11.16). Welche Schlussfolgerungen ziehst du daraus?

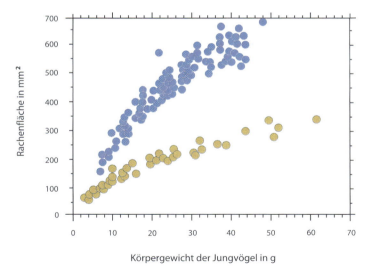

**Abb. 11.15** Beziehung zwischen Körpergewicht von Jungvögeln und ihrer Rachenfläche; beige Kreise: junger Kuckuck; blaue Kreise: vierköpfige Teichrohrsängerbrut (aus Kilner et al. 1999)

## 11 Der europäische Kuckuck – ein Erfolgsmodell der Evolution

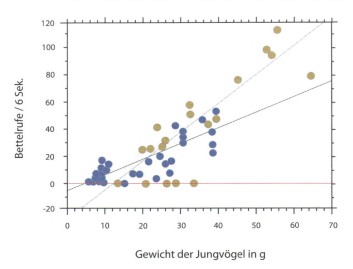

**Abb. 11.16** Anzahl der Bettelrufe je 6 Sekunden von vier Teichrohrsängerküken (blaue Kreise) und einem Kuckuck (beige Kreise) in Abhängigkeit vom Körpergewicht (aus Kilner et al. 1999)

### Aufgabe 8

In Abbildung 11.17 siehst du die Fütterrate durch Teichrohrsängereltern, die verschiedene Küken (Kuckuck, Amsel bzw. Singdrossel, Teichrohrsänger) füttern.

Beschreibe und interpretiere die Abbildung. Was fällt dir zunächst auf? Überlege weiterhin, warum die Forscher eine Amsel/Singdrossel eingesetzt haben. Warum wurde darauf geachtet, dass die Amsel/Singdrossel etwa so groß ist wie der junge Kuckuck?

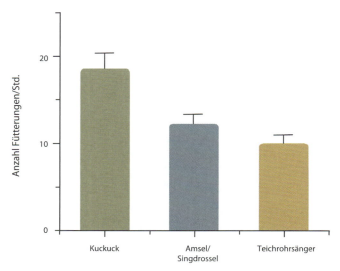

**Abb. 11.17** Anzahl der Fütterungen pro Stunde für einen jungen Kuckuck (n = 13), ein gleich großes Amsel- oder Singdrosseljunges (n = 15) bzw. ein einzelnes Teichrohrsängerjunges (n = 12); die Fütterungen erfolgten jeweils durch die Teichrohrsängereltern. (aus Davies et al. 1998)

## Material 4: Stimulation zur Fütterung 2 – Bettelrufe des Kuckucks

### Aufgabe 9

Für den folgenden Versuch wurde die Teichrohrsängerbrut durch ein Amseljunges ersetzt. Direkt neben den Nestern war jeweils ein kleiner Lautsprecher befestigt (Abb. 11.18). Aus dem Lautsprecher wurden immer dann Bettelrufe von verschiedenen jungen Vogelarten (Kuckuck, einer vierköpfigen Teichrohrsängerbrut; vgl. Audiodateien unter *http://extras.springer.com*) beziehungsweise keine Bettelrufe abgespielt, wenn die junge Amsel selbst bettelte. Auf einer der Audiodateien hörst du die Bettelrufe von vier Teichrohrsängerküken, die acht Tage alt sind. Auf der anderen Audiodatei sind die Rufe eines acht Tage alten Kuckucks zu hören, der im Teichrohrsängernest aufwächst.

In Abbildung 11.19 siehst du nun, wie gut die Teichrohrsängereltern unter den drei Bedingungen die junge Amsel gefüttert haben. Beschreibe Abbildung 11.19 und interpretiere die Daten.

**Abb. 11.18** Amseljunges im Teichrohrsängernest. Unmittelbar neben dem Nest ist der Lautsprecher für die Playback-Experimente installiert. Jedes Mal, wenn das Amseljunge bettelte, wurden die Bettelrufe eines jungen Kuckucks, die von vier Teichrohrsängerküken oder keine Bettelrufe abgespielt. (aus Davies et al. 1998)

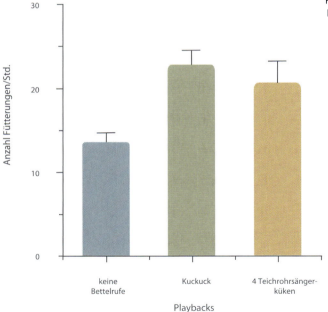

**Abb. 11.19** Anzahl der Fütterungen pro Stunde für ein Amsel- oder Singdrosseljunges durch die Teichrohrsängereltern (n = 19). Es wurden jeweils verschiedene Playback-Bettelrufe abgespielt. (aus Davies et al. 1998)

## Material 5: Evolutionsbiologen versus Evolutionskritiker 1

### Gruppenarbeit ist Teamarbeit

Gruppenarbeit wird häufig missverstanden! Gruppenarbeit bedeutet weder, dass nur ein Teil der Gruppe arbeitet und der Rest eine gemütliche Zeit verbringt, noch bedeutet es, dass alle (wie in einem Vogelschwarm) gleichgeschaltet arbeiten. In Wirklichkeit beinhaltet gute Gruppenarbeit eine sinnvolle Arbeitsteilung. Diese Aufgabenfelder solltet ihr vor Beginn der Arbeit verteilen und akzeptieren.

**Tab. 11.2:** Aufgabenverteilung bei Gruppenarbeit

| | |
|---|---|
| Der **Gruppenvorsitzende** übernimmt die Leitung. Er bestimmt zum Beispiel die Vorgehensweise, muss sich aber auch die Vorschläge der anderen anhören. Letztendlich bestimmt jedoch der Gruppenvorsitzende, wie gearbeitet wird. Er trägt hohe Verantwortung für den Gruppenerfolg. | |
| Der **Zeitgeber** behält die Uhr „im Auge" und informiert, wie viel Zeit noch verbleibt, sodass der Gruppenvorsitzende die Arbeit leichter steuern kann. | |
| Der **Protokollführer** notiert die Gruppenergebnisse. Er sollte sauber und gut leserlich schreiben, damit die Präsentation von allen Gruppenteilnehmern übernommen werden könnte. | |
| Der **Gruppensekretär** verwaltet das Arbeitsmaterial und die Ergebnisse. Die Gruppe muss sich auf ihn verlassen können. Nur wer zuverlässig und sorgfältig ist, sollte dieses Amt übernehmen. | |
| Der **Vermittler** greift ein, wenn es im Team zu Unstimmigkeiten oder sogar Streit kommt. In einer schlechten Arbeitsatmosphäre lässt sich nicht gut arbeiten und Erfolge bleiben aus. Der Vermittler muss von allen akzeptiert werden. | |
| Der **Gruppensprecher** trägt vor der ganzen Klasse die Gruppenergebnisse vor. Er sollte selbstbewusst sein und frei reden können. | |
| Der/die **Gruppenbewerter** gibt/geben seiner/ihrer Gruppe eine Note von 1–6. Dabei muss/müssen er/sie das Arbeitsergebnis, aber auch das Arbeitsklima bewerten. In diese Note fließt weiterhin ein, ob die Gruppe als Team gearbeitet hat oder nur einem die Arbeit überlassen hat. | Note: |

Anmerkung: Nur die eingefärbten Felder werden namentlich belegt. Je nach den Erfordernissen einer Gruppenarbeit können unterschiedliche Aufgabenverteilungen notwendig sein. In unserem Fall gibt es beispielsweise für den gesamten Unterrichtspart keinen fest bestimmten Protokollführer.

## Aufgabe 10

**a** Schreibe deine Assoziationen zum Begriff „Kreationismus" auf (Tab. 11.3). Was du nicht kennst oder weißt, recherchiere im Internet.

**b** Tauscht die Ergebnisse und Informationen anschließend in eurer Gruppe aus und notiert einen Gruppenkonsens in eurem Lerntagebuch.

**c** Tragt euren Gruppenkonsens der Klasse vor. Diskutiert anschließend in der großen Runde die Ergebnisse der einzelnen Gruppen.

**Tab. 11.3:** Assoziationen zu „Kreationismus"

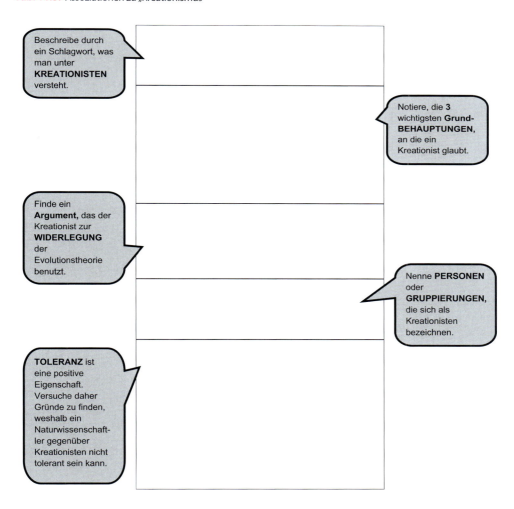

## 11 Der europäische Kuckuck – ein Erfolgsmodell der Evolution

**Aufgabe 11**

a Erstelle einen Steckbrief zum europäischen Kuckuck (Tab. 11.4). Was dir nicht bekannt ist, recherchiere im Internet (Tipp: Suche bspw. unter den Schlagwörtern „Kuckuck" und „Vogel des Jahres").

b Vergleicht eure Ergebnisse in der Gruppe und sucht den besten Steckbrief für euer Lerntagebuch aus.

**Tab. 11.4:** Steckbrief zum europäischen Kuckuck

| Name | |
|---|---|
| Tierordnung | |
| Tierfamilie | |
| Aussehen/Merkmale | |
| Vorkommen | |
| Lebensweise | |
| Fortpflanzung | |

## Aufgabe 12

**a** Lies dir die „Infotexte" durch. Markiere jene Aussagen farbig, die deiner Meinung nach objektive Argumente gegen den Kreationismus sind.

**b** Diskutiert und vergleicht in der Gruppe eure Farbsetzungen. Im Lerntagebuch werden anschließend nur die Textaussagen notiert, die als Schnittmenge bei allen Gruppenmitgliedern gekennzeichnet sind.

---

*Welche Betrügereien begehen die Evolutionisten, um die Öffentlichkeit zu täuschen?*

Die „Affenmenschen", die wir in Zeitungen, Magazinen oder Filmen sehen, basieren auf Zeichnungen, die der Fantasie von Evolutionisten entsprungen sind. Angeregt durch einen einzigen Zahn gestalten sie Merkmale, deren Realität nicht einmal durch das Vorhandensein von Fossilien gestützt wird (wie Nasen, Lippen, Haare, die Form der Augenbrauen), und sie produzieren Illustrationen von Wesen, die halb Affe, halb Mensch sind. Sie scheuen nicht einmal davor zurück, ganze Familien und das Sozialleben dieser Kreaturen darzustellen. Mit dieser Methode versuchen sie, die Öffentlichkeit in die Irre zu führen.

Evolutionisten stellen sogar Fossilien her, wenn sie keine für ihre Zwecke passenden finden können, womit sie Betrug begehen. Die berühmtesten dieser Fälschungen sind die folgenden:

Der Piltdown-Mann: Evolutionisten täuschten die wissenschaftliche Welt mit dieser Fälschung, indem sie den Kieferknochen eines gerade gestorbenen Orang-Utans an einem 500 Jahre alten menschlichen Schädel befestigten. Die Gelenke wurden passend zurechtgefeilt und danach wurden die Zähne eingesetzt, um dem Schädel ein an ein menschliches Wesen erinnerndes Aussehen zu geben. Das Ganze wurde dann mit Natriumdichromat behandelt, um das gewünschte Alter vorzutäuschen.

Der Nebraska-Mann: 1922 behaupteten Evolutionisten, ein Backenzahn, den sie ausgegraben hatten, besäße sowohl Merkmale eines Affen als auch die eines Menschen. Umfangreiche Forschungen wurden anhand dieses Zahns durchgeführt und man nannte das Wesen, dem der Zahn einmal gehört haben sollte, den Nebraska-Mann. Auf diesem einen Zahn basierend, wurden Rekonstruktionen des Kopfs und Körpers des Nebraska-Mannes gezeichnet. Mehr noch, der Nebraska-Mann wurde abgebildet mit Frau und Kindern, als ganze Familie in natürlicher Umgebung. 1927 fand man jedoch andere Teile des Skeletts, und man stellte fest, dass der Zahn einem Wildschwein gehört hatte.

---

*Wie erklären die Evolutionisten den Parasitismus beim Kuckuck?*

Nach Darwin sind Mutation und Selektion die Triebfedern für Evolution. Seiner Meinung nach führt die Selektion zu Lebensformen, die schließlich perfekt an ihre Umwelt angepasst sind. Wie aber lässt sich dann die Existenz von schlecht angepassten Lebewesen erklären? So mag es ja für den Kuckuck ein Vorteil sein, wenn er seine Brut nicht aufziehen muss, aber für seinen Wirtsvogel, der seine gesamte Nachkommenschaft verliert, ist sein aufopferndes Verhalten ein enormer Nachteil. Hier ist kein Tier entstanden, das immer schneller läuft oder immer intelligenter wird, sondern ein benachteiligtes Tier. Wie vereinbart sich so eine „Evolution" mit der Hypothese von Charles Darwin?

---

*Warum ist die Evolutionstheorie wissenschaftlich nicht haltbar?*

Die Evolutionstheorie wurde in dem primitiven Wissenschaftsverständnis des 19. Jahrhunderts als reine Hypothese vorgestellt und sie wurde bis heute durch keine einzige wissenschaftliche Entdeckung oder ein wissenschaftliches Experiment bewiesen. Im Gegenteil, alle Instrumente und Methoden, die angewandt wurden, die Theorie zu bestätigen, haben lediglich das Gegenteil bewiesen.

---

siehe auch Onlinematerialien unter *http://extras.springer.com*

# 11 Der europäische Kuckuck – ein Erfolgsmodell der Evolution

## Material 6: Evolutionsbiologen versus Evolutionskritiker 2

In der folgenden Gruppenarbeit sollen die einzelnen Teams der allgemeinen Frage nachgehen: „Welche Erklärungen findet der Evolutionsbiologe für den Brutparasitismus beim Kuckuck?" Es gilt, die Evolutionsgegner argumentativ zu widerlegen.

1. Jede Gruppe (1–5) bearbeitet nun eine spezielle Frage- beziehungsweise Problemstellungen. Innerhalb der Gruppen werden die Aufgaben zunächst einzeln erarbeitet und schriftlich fixiert, anschließend erfolgt der Austausch im eigenen Team. Im Lerntagebuch werden die Einzelbeiträge eingeheftet. Die Gruppe sucht jetzt nach einem Konsens und formuliert ihr gemeinsames Ergebnis im Lerntagebuch.

2. In einem weiteren Arbeitsschritt werden die Lerntagebücher ausgetauscht. Jede Gruppe erhält so die Möglichkeit, sich über die Arbeitsergebnisse der Parallelgruppen zu informieren. Gleichzeitig geben sie jeweils ein Feedback nach vereinbarten Beurteilungskriterien wie verständliche Darstellung, klare Strukturierung, Sprachgebrauch und optische Präsentation.

3. Jede Gruppe soll nun ein begründetes Statement auf die Frage oben, anlehnend an einen Richterspruch, formulieren. Die Gruppen notieren ihr Statement im Lerntagebuch, anschließend werden die „Urteile" verlesen.

4. Zum Abschluss entscheidet sich jeder Schüler in der Rolle eines „Geschworenen" für eine Position. Wer hat bezüglich des Brutparasitismus beim Kuckuck Recht? Der Evolutionsverfechter oder der Evolutionsgegner? Das Abstimmungsergebnis wird an der Tafel festgehalten.

### Aufgabe 13 – Gruppe 1

**Problemfrage.** Was veranlasst den Wirtsvogel, den jungen Kuckuck entsprechend seines erhöhten Bedarfs zu füttern? Evolutionsbiologisch formuliert: Wie erfolgt die Anpassung der Fütterleistung des Wirtsvogels an den erhöhten Bedarf des Jungkuckucks?

**Dazu müsst ihr wissen.** Vogeleltern passen ihre Fütterleistungen an die Anzahl der Jungen im Nest an. Das bedeutet: Bei nur einem Küken im Nest ist die Fütterleistung der Eltern deutlich geringer als bei vier Nestlingen. Ein einzelnes Kuckucksküken müsste eigentlich verhungern. Britische Forscher führten nun zwei verschiedene Experimente durch, deren Ergebnisse hier dargestellt sind.

**Die Experimente.**

Durchführung Experiment 1: Um zu testen, ob der entscheidende Faktor die Größe des Kuckucksjungen ist, sollte ein Jungvogel, der etwa so groß ist wie der junge Kuckuck (aber kein Brutparasit ist), ähnlich gut gefüttert werden wie der junge Kuckuck. Zu diesem Test wurden 40 Teichrohrsängernester untersucht. Aus 15 Nestern entnahm man die ca. 3–7 Tage alten Jungen und setzte stattdessen eine junge Amsel oder eine junge Singdrossel in das jeweilige Nest als „Kuckucksersatz" und maß die Fütterraten der Teichrohrsänger. In 12 anderen Nestern entfernten die Forscher die Teichrohrsängerbrut und ließen nur eines der 5–8 Tage alten Jungen zurück. In weiteren 13 Nestern war ein einzelnes Kuckucksjunge. Nun wurden die Fütterraten der Teichrohrsängereltern miteinander verglichen (Abb. 11.20).

Durchführung Experiment 2: Um zu testen, ob die Bettelrufe des jungen Kuckucks entscheidend für die Fütterraten der Zieheltern sind, setzten die Wissenschaftler eine junge Amsel, die etwa die Größe eines jungen Kuckucks hatte, ins Nest des Teichrohrsängers. Die Forscher installierten direkt neben den Teichrohrsängernestern einen Lautsprecher, aus dem sie verschiedene Rufe abspielten, sobald die Amsel bettelte (Abb. 11.21):

- Bettelruf von 4 Teichrohrsängerküken
- Bettelrufe eines jungen Kuckucks
- keinen Bettelruf zur Kontrolle

Ergebnisse der Experimente:

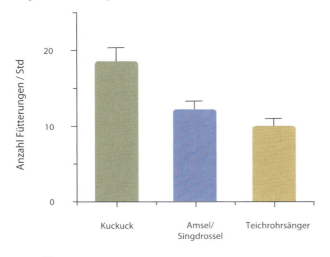

**Abb. 11.20** Anzahl der Fütterungen pro Stunde für einen jungen Kuckuck (n = 13), ein gleich großes Amsel- oder Singdrosseljunges (n = 15) bzw. ein einzelnes Teichrohrsängerjunges (n = 12); die Fütterungen erfolgten jeweils durch die Teichrohrsängereltern. (aus Davies et al. 1998)

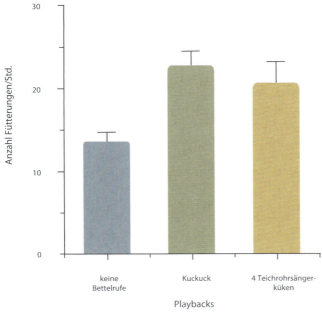

**Abb. 11.21** Anzahl der Fütterungen pro Stunde für ein Amsel- oder Singdrosseljunges durch die Teichrohrsängereltern (n = 19). Es wurden jeweils verschiedene Playback-Bettelrufe abgespielt. (aus Davies et al. 1998)

## 11 Der europäische Kuckuck – ein Erfolgsmodell der Evolution

**Aufgaben.**

**a** Interpretiere zunächst die Ergebnisse der beiden Versuche (stichpunktartig).

**b** Beantworte die Problemfrage (stichpunktartig).

**c** Tragt eure Ergebnisse zusammen. Euer Gruppenergebnis im Lerntagebuch muss ein zusammenhängender Text sein, der von Nicht-Spezialisten schnell und gut verstanden wird.

### Aufgabe 14 – Gruppe 2

**Problemfrage.** Kuckucksweibchen sind bei der Eiablage wirtsvogeltreu, aber sie paaren sich mit Männchen, die von verschiedenen Wirtsvogelarten aufgezogen wurden. Es käme zur Durchmischung der Gene, die Färbung und Form der Eier festlegen. Wie ist es möglich, dass ein Kuckucksweibchen dennoch stets die zum Wirtsvogel passenden Eier legt?

**Dazu müsst ihr wissen.** Beim europäischen Kuckuck gibt es die sogenannte Wirtslinie: Weibchen legen ihre Eier fast ausschließlich in die Nester einer bestimmten Wirtsvogelart. Jedes Kuckucksweibchen ist also auf einen Wirtsvogel spezialisiert. Ihre Eier müssen in Farbe und Größe denen ihrer Wirte entsprechen. Der biologische Hintergrund, wie dieser Trick möglich ist, ist sehr interessant und genial (siehe Sachtext).

**Sachtext.** Wie gelingt es nun, dass Kopien der Gene zur Eigestaltung unverändert von der Mutter an die Tochter weitergegeben werden können? Der geeignete Ort für diese Gene ist auf den geschlechtsbestimmenden Chromosomen.

Bei Vögeln, Säugetieren und Insekten wird das Geschlecht eines Individuums ausschließlich durch die Geschlechtschromosomen festgelegt. Weibliche Säugetiere haben die beiden Chromosomen XX, männliche die beiden Chromosomen XY. Die Weibchen sind somit das homozygotische Geschlecht, denn sie produzieren nur einen Keimzellentyp. Die Männchen sind dagegen das heterozygotische Geschlecht – sie produzieren zu 50 % Keimzellen mit einem Y-Chromosom und zu 50 % Keimzellen mit einem X-Chromosom.

Bei Vögeln liegt der umgekehrte Fall vor: Vogelweibchen haben immer die Geschlechtschromosomen WZ und Männchen die Geschlechtschromosomen ZZ. Hier sind also die Männchen homozygot, während die Weibchen heterozygot sind in Bezug auf die Geschlechtschromosomen. Nun kann man nachvollziehen, dass alle genetischen Informationen, die sich auf dem W-Chromosom der Vogelweibchen befinden, ausschließlich an die Töchter weitergegeben werden, aber niemals an die Söhne. Durch diesen genetischen „Trick" kann die Eitarnung von Generation zu Generation, also die ungestörte Weitergabe von der Mutter auf die Tochter, perfektioniert werden. Selektionsprozesse (Wirtsvogel, der das schlecht nachgeahmte Kuckucksei erkennt) fördern die Perfektionierung.

**Aufgaben.**

Denke dich in die Rolle eines Reporters und entwerfe mithilfe des Sachtextes einen echten Sensationsbericht!

**a** Lies zunächst den Text sorgfältig durch. Falls du Verständnisprobleme hast, markiere diese Stellen im Text, um sie später mit deiner Gruppe zu klären. Notiere in Stichpunkten Informationen, die unbedingt in den Text gehören. Überlege dir auch eine gute Schlagzeile.

**b** Entwerft gemeinsam den Bericht. Achtet auf gute Stilmittel wie „Verzicht auf Schachtelsätze" oder „Verwendung einer anschaulichen Bildsprache".

## Aufgabe 15 – Gruppe 3

**Problemfrage.** Der Brutparasitismus beim europäischen Kuckuck scheint nach einem einfachen Prinzip abzulaufen: Das Kuckucksweibchen legt seine Eier in ein Fremdnest, der Wirtsvogel bebrütet das Kuckucksei und füttert das Kuckucksküken. Tatsächlich sind eine Vielzahl von Anpassungen nötig, damit sich der Kuckuck erfolgreich fortpflanzen kann.

Welche Anpassungen des Kuckucksweibchens haben einen eindeutigen Selektionsvorteil und belegen die evolutive Entstehung des Brutparasitismus beim Kuckuck?

**Dazu müsst ihr wissen.** Der Kuckuck parasitiert erfolgreich die Nester von 45 verschiedenen Singvogelarten. Sie alle sind kleiner als der Kuckuck, haben offene oder halboffene Nester, ernähren ihre Jungen mit Insekten und kommen in einem Gebiet meist häufig vor. Die häufigsten Wirtsvogelarten sind zurzeit Rotkehlchen, Bachstelze, Heckenbraunelle, Teichrohrsänger und Drosselrohrsänger.

**Aufgaben.**

a  Überlege dir zunächst in Einzelarbeit den Selektionsvorteil des in der Tabelle 11.5 beschriebenen Verhaltens beziehungsweise der morphologischen und embryologischen Anpassungen.

b  Diskutiert eure Ergebnisse in der Gruppe.

c  Notiert nun euren Konsens in der Tabelle (Spalte Selektionsvorteile). Schneidet die Tabelle von diesem Arbeitsblatt ab und klebt sie in euer Lerntagebuch.

**Tab. 11.5:** Anpassungen beim europäischen Kuckuck

| Anpassungen | Selektionsvorteile |
|---|---|
| Im Vergleich zur eigenen Körpergröße legt das Kuckucksweibchen relativ kleine Eier. | |
| Der Kuckucksembryo entwickelt sich bereits im Ei, während das Ei noch den Eileiter zur Kloake hinab wandert. | |
| Das Kuckucksweibchen legt erst dann ein Ei ins Wirtsnest, wenn bereits 2–3 Wirtsvogeleier im Nest sind. Es beobachtet die Nester der Wirtsvogelart genau und weiß, in welchem Nest bereits wie viele Eier liegen. Die meisten Singvögel beginnen erst ab dem dritten Ei mit dem Brüten. | |
| Die Legezeit beim Kuckucksweibchen ist extrem kurz (10 Sekunden). Für das Legen der Eier benötigen Vogelweibchen normalerweise mehrere Minuten bis Stunden. | |
| Das Kuckucksweibchen nimmt vor der Eiablage ein Wirtsvogelei aus dem Nest. | |
| Das entnommene Ei wird gefressen. | |

## 11 Der europäische Kuckuck – ein Erfolgsmodell der Evolution

**Aufgabe 16 – Gruppe 4**

**Problemfrage.** Die Evolutionsgegner behaupten, dass beim Parasitismus des Kuckucks das aufopfernde Verhalten des Wirtsvogels ein enormer Nachteil ist und dass so die Aussage der Evolutionstheorie widerlegt werden kann. Die Evolutionsbiologen erklären dieses Phänomen mit dem Begriff des „evolutiven Wettrüstens". Was verbirgt sich hinter diesem wichtigen Begriff?

**Dazu müsst ihr wissen.** Eine der auffallenden Anpassungen des Kuckucks an die Wirtsvögel ist die Eimimikry. Die weiblichen Kuckucke produzieren Eier, deren Schale und Form denen der Wirtsvögel täuschend ähnlich sind. Ein Beispiel zeigt Abbildung 11.22.

**Abb. 11.22** Im Nest des Drosselrohrsängers (*Acrocephalus arundinaceus*) liegt ein Kuckucksei. Das Kuckucksei befindet sich unten rechts. (Csaba Moskát)

**Sachtext.** Vorsicht „Wettrüsten"! Wie ist Eimimikry entstanden?

Man kann davon ausgehen, dass zu Beginn die Kuckucksweibchen weiße Eier produzierten. Möglicherweise gab es in der damaligen Population aufgrund von Variation auch Weibchen, die weiße Eier mit einigen dunklen Sprenkeln legten. Als die Kuckucke zu Brutparasiten wurden, verteilten die Weibchen zunächst wahllos ihre Eier in die Nester verschiedener, häufig vorkommender Singvogelarten. Bei den Arten, die ebenfalls weiße Eier legten, fiel das Kuckucksei nicht auf. Der Kuckuck hatte Erfolg, die parasitierten Singvögel nicht. Diejenigen Kuckucksweibchen, die weiße Eier mit Sprenkeln produzierten, waren womöglich bei anderen Singvogelarten (Eier mit Sprenkeln) erfolgreicher als bei Arten ohne Eisprenkel.

Auf der Seite der Wirtsvögel muss man natürlich davon ausgehen, dass es bei diesen ebenfalls Variationen gab, beispielsweise in der Fähigkeit, fremde Eier von den eigenen zu unterscheiden. Individuen, bei denen diese Fähigkeit gut ausgeprägt war, hatten einen enormen Fortpflanzungsvorteil gegenüber denjenigen Individuen, die diese Fähigkeit nicht oder in zu geringem Maße besaßen. Die parasitierten Singvögel hatten in der Fortpflanzungsperiode nämlich keine eigenen Nachkommen, die anderen, die das Kuckucksei erkannten und das fremde Ei vernichteten, hatten dagegen mehrere eigene Nachkommen. Durch diesen extremen Unterschied im Fortpflanzungserfolg kann man sich gut vorstellen, dass in wenigen hundert Generationen die „kritischen" Wirtsvogel-Individuen in der Population zunahmen und die „unkritischen" aus der Population verdrängt wurden, da ihr Fortpflanzungserfolg sehr gering war.

Waren nun zu viele Wirtsvögel „kritisch" gegenüber den Kuckuckseiern und entwickelten Gegenmaßnahmen (Eianpicken, Nest überbauen, neues Nest bauen, Kuckucksei hinauswerfen u. a.), veränderte das den Erfolg der Kuckucke. Hier war beziehungsweise ist wiederum die Variation in der Eischalenfärbung und -form innerhalb einer Kuckucksgeneration wichtig. Dank der durch Selektion „geförderten" neuen Variationen gab und gibt es Kuckucksweibchen, die Eier produzieren, die denen der Wirtsvögel noch ähnlicher sehen. Diese Fremdeier erkennen auch die zurzeit existierenden „kritischen" Wirtsvögel nicht. Nun beginnt ein neuer Anpassungszyklus: Zunahme der Wirtsvogel-Individuen mit sehr guter Fremdei-Erkennung, anschließend Durchsetzung (Fortpflanzung) der Kuckucke mit noch täuschend ähnlicheren Eiern.

Die Entwicklung hin zur perfekten Eimimikry setzt sich aus vielen kleinen Schritten zusammen. Gesteuert wird dieser Selektionsprozess durch den Fortpflanzungserfolg seitens der Kuckucke und innerhalb der Wirtsvögel. Die erfolgreichen (solche mit vielen Jungen) bilden den Hauptanteil zukünftiger Generationen und liefern somit das Ausgangsmaterial für die Selektion.

**Aufgaben.**

a Lies den Sachtext sorgfältig durch und markiere wichtige Textstellen.

b Versuche anschließend den Text zu strukturieren, indem du ein Schema entwickelst, in dem das Prinzip des Wettrüstens deutlich wird. Kuckuck und Wirt müssen dabei als Gegner erkennbar sein, die aufeinander reagieren.

c Einigt euch in der Gruppe auf ein gemeinsames Schema und notiert es im Lerntagebuch. Formuliert unbedingt eine geeignete Überschrift.

**Aufgabe 17 – Gruppe 5**

**Problemfrage.** Manchmal lohnt sich ein Blick in die Geschichte. Denn natürlich blieb das seltsame Verhalten des Kuckucks auch Menschen, die vor Charles Darwin lebten, nicht verborgen. Welche Erklärung fanden sie für dieses seltsame Verhaltensphänomen?

**Dazu müsst ihr wissen.** Johann Wolfgang von Goethe wurde am 28. August 1749 in Frankfurt am Main geboren und starb am 22. März 1832 in Weimar. Er war Dichter, aber auch Forscher und publizierte auf verschiedenen naturwissenschaftlichen Gebieten. (Charles Darwin kehrte 1836 von seiner Weltumsegelung auf der Beagle nach England zurück!)

## 11 Der europäische Kuckuck – ein Erfolgsmodell der Evolution

**Johann Peter Eckermann – Gespräche mit Goethe** (31; Eckermann 2011 gekürzt).

(In Jena auf den Spuren Schillers; Diskurs über den Kuckuck; vordarwinsche Erklärungen zur Brutpflege)

Jena, Montag den 08. Oktober 1827

[…] „Das ist sehr überzeugend, erwiderte Goethe. Doch sagen Sie mir, wird denn der junge Kuckuck, sobald er ausgeflogen ist, auch von anderen Vögeln gefüttert, die ihn nicht gebrütet haben? Es ist mir als hätte ich dergleichen gehört."

*Es ist so, antwortete ich. Sobald der junge Kuckuck sein niederes Nest verlassen und seinen Sitz etwa in dem Gipfel einer hohen Eiche genommen hat, lässt er einen lauten Ton hören, welcher sagt, dass er da sei. Nun kommen alle kleinen Vögel der Nachbarschaft, die ihn gehört haben, herbei, um ihn zu begrüßen. Es kommt die Grasmücke, es kommt der Mönch, die gelbe Bachstelze fliegt hinauf, ja der Zaunkönig, dessen Naturell es ist beständig in niederen Hecken und dichten Gebüschen zu schlüpfen, überwindet seine Natur und erhebt sich, dem geliebten Ankömmling entgegen, zum Gipfel der hohen Eiche. Das Paar aber, das ihn erzogen hat, ist mit dem Füttern treuer, während die übrigen nur gelegentlich mit einem guten Bissen herzufliegen.*

„Es scheint also, sagte Goethe, zwischen dem jungen Kuckuck und den kleinen Insektenvögeln eine große Liebe zu bestehen."

*Die Liebe der kleinen Insektenvögel zum jungen Kuckuck, erwiderte ich, ist so groß, dass wenn man einem Neste nahe kommt, in welchem ein junger Kuckuck gehegt wird, die kleinen Pflegeeltern vor Schreck und Furcht und Sorge nicht wissen wie sie sich gebärden sollen. Besonders der Mönch drückt eine große Verzweiflung aus, sodass er fast wie in Krämpfen am Boden flattert.*

„Merkwürdig genug, erwiderte Goethe; aber es lässt sich denken. Allein etwas sehr problematisch erscheint mir, dass z. B. ein Grasmückenpaar, das im Begriff ist die eigenen Eier zu brüten, dem alten Kuckuck erlaubt ihrem Neste nahezukommen und sein Ei hineinzulegen."

*Das ist freilich sehr rätselhaft, erwiderte ich; doch nicht so ganz. Denn eben dadurch, dass alle kleinen Insektenvögel den ausgeflogenen Kuckuck füttern, und dass ihn also auch die füttern, die ihn nicht gebrütet haben, dadurch entsteht und erhält sich zwischen beiden eine Art Verwandtschaft, sodass sie sich fortwährend kennen und als Glieder einer einzigen großen Familie betrachten. Ja es kann sogar kommen, dass derselbige Kuckuck, den ein paar Grasmücken im vorigen Jahre ausgebrütet und erzogen haben, ihnen in diesem Jahre sein Ei bringt.*

„Das lässt sich allerdings hören, erwiderte Goethe, so wenig man es auch begreift. Ein Wunder aber bleibt es mir immer, dass der junge Kuckuck auch von solchen Vögeln gefüttert wird, die ihn nicht gebrütet und erzogen."

*Es ist freilich ein Wunder, erwiderte ich; doch gibt es wohl etwas Analoges. Ja ich ahne in dieser Richtung sogar ein großes Gesetz, das tief durch die ganze Natur geht.* […]

**Aufgaben.**

a Lies den Text „Gespräche mit Goethe" sorgfältig durch. Markiere die Textstellen, in denen Goethe und Eckermann Erklärungen für das Verhalten des Kuckucks und seiner Wirtsvögel geben.

siehe auch Onlinematerialien unter http://extras.springer.com

b Notiere das von ihnen gefundene Hauptmotiv für dieses Phänomen und finde Beweise für diese Annahme.

c Wie du weißt, war Goethe Dichter! Erprobe dich ebenfalls in der Dichtkunst, indem du ein kurzes Gedicht entwirfst, das die Ergebnisse aus b) wiedergibt.

d Tragt eure Gedichte in der Gruppe vor. Wählt das/die beste/n aus und notiert es „stilvoll" in eurem Lerntagebuch. Denkt an eine passende Überschrift.

### 11.3.3 Unterrichtsmaterialien für das Gymnasium (Sek. II)

**Material 7: Was veranlasst die Zieheltern zur intensiven Brutpflege des Kuckucksjungen?**

Kuckucke besitzen einen sehr auffälligen, orange bis rot gefärbten großen Rachen, der möglicherweise die Zieheltern dazu veranlasst, das artfremde Junge intensiv zu füttern (supernormaler Stimulus). Als supernormaler Stimulus muss ein Stimulus größer sein als der normale Stimulus. Der natürliche Stimulus wäre beispielsweise die gesamte Schlundfläche einer vierköpfigen Brut.

**Aufgabe 18**

Eine Frage ist daher: Ist der Rachen des jungen Kuckucks größer als der einer vierköpfigen Singvogelbrut? Um diese Frage zu klären, führten Nick Davies und sein Team ein Experiment durch. Sie untersuchten die Rachenfläche von jungen Kuckucken, die in Teichrohrsängernestern aufwuchsen und verglichen diese Fläche mit der Gesamtfläche einer vierköpfigen Teichrohrsängerbrut (Abb. 11.23). Der Teichrohrsänger ist nämlich ein typischer Wirtsvogel des Kuckucks. Die Forscher maßen die Rachenfläche junger Kuckucke und die gesamte Rachenfläche einer vierköpfigen Teichrohrsängerbrut mit zunehmendem Alter (Abb. 11.24).

Beschreibe und interpretiere die Abbildungen 11.23 und 11.24. Diskutiert in der Gruppe, welche Rolle der Rachen des Kuckucks für die intensive Brutfürsorge spielt und entwickelt auf der Grundlage des Materials weiterführende Fragestellungen.

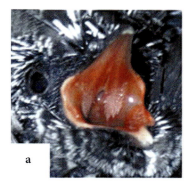

**Abb. 11.23** Schlundflächen im Vergleich (gleicher Maßstab, natürliche Größe). a) junger Kuckuck, 11-12 Tage alt. b) vier Teichrohrsängerküken, 6-7 Tage alt. (aus Kilner et al. 1999)

## 11 Der europäische Kuckuck – ein Erfolgsmodell der Evolution

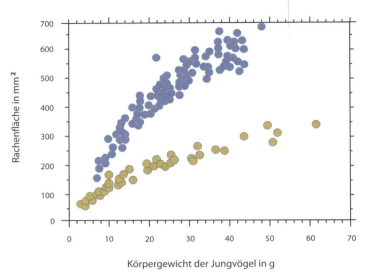

**Abb. 11.24** Beziehung zwischen Körpergewicht von Jungvögeln und ihrer Rachenfläche; beige Kreise: junger Kuckuck; blaue Kreise: vierköpfige Teichrohrsängerbrut (aus Kilner et al. 1999)

### Aufgabe 19

Beschreibe und interpretiere Abbildung 11.25. Beurteile anhand der Abbildung, welche Rolle die Größe des Kuckucks für die intensive Brutfürsorge spielt.

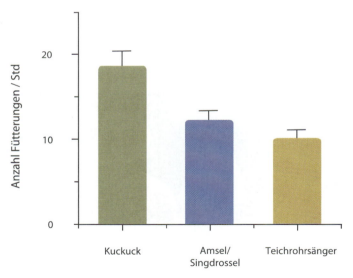

**Abb. 11.25** Anzahl der Fütterungen pro Stunde für einen jungen Kuckuck (n = 13), ein gleich großes Amsel- oder Singdrosseljunges (n = 15) bzw. ein einzelnes Teichrohrsängerjunges (n = 12); die Fütterungen erfolgten jeweils durch die Teichrohrsängereltern. (aus Davies et al. 1998)

## Aufgabe 20

Beschreibe und interpretiere Abbildung 11.26. Entwickle unter Berücksichtigung deiner Kenntnisse aus der Evolutionsbiologie (Selektionstheorie) eine Hypothese, wie sich die hier vorgestellte Anpassung (Eimimikry) entwickelt haben könnte. Gehe davon aus, dass die Vorfahren des europäischen Kuckucks eigene Brutfürsorge betrieben.

Zur Information: Heute betreibt der europäische Kuckuck bei verschiedenen Wirtsvögeln Brutparasitismus.

**Abb. 11.26** Verschiedene Eier des Kuckucks, seiner Wirte und Modelleier. Zur Information: Kuckucksweibchen legen nur einen bestimmten Eityp. (aus Davies 2000)

## Aufgabe 21

Beschreibe und interpretiere die Abbildungen 11.27 und 11.28. Beurteile, welche Rolle die Bettelrufe des Kuckucks für die intensive Brutfürsorge spielen und entwickle auf der Grundlage des Materials weiterführende Fragestellungen.

Zur Information: Ein Sonagramm ist eine grafische Darstellung einer akustischen Struktur.

## 11 Der europäische Kuckuck – ein Erfolgsmodell der Evolution

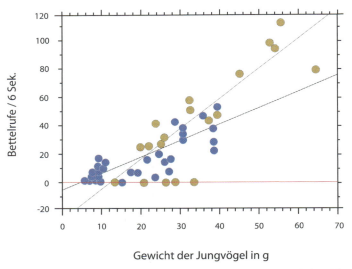

**Abb. 11.27** Anzahl der Rufe je 6 Sekunden von vier Teichrohrsängerküken (blaue Kreise) und einem Kuckuck (beige Kreise) in Abhängigkeit vom Körpergewicht (aus Kilner et al. 1999)

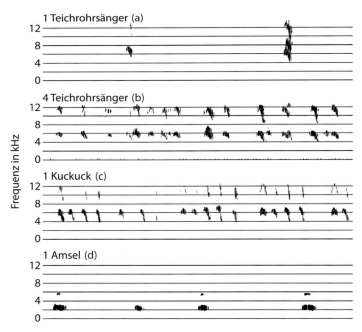

**Abb. 11.28** Sonagramme von Bettelrufen, Dauer je 2,5 Sek. a) einzelnes Teichrohrsängerküken. b) vierköpfige Teichrohrsängerbrut. c) junger Kuckuck. d) Amseljunges. (aus Davies et al. 1998, leicht verändert)

## 11.4 Literatur

- Bosch S (2008) Leicht zu hören, schwer zu sehen: Der Kuckuck ist Vogel des Jahres 2008. Naturschutz heute 1/08: 8–14
- Brooke M de L, Davies NB (1988) Egg mimicry by cuckoos *Cuculus canorus* in relation to discrimination by hosts. Nature 335: 630–632
- Davies NB, Kilner RM, Noble DG (1998) Nestling cuckoos, *Cuculus canorus*, exploit hosts with begging calls that mimic a brood. Proc R Soc Lond B 265: 673–678
- Davies NB (2000) Cuckoos, cowbirds and other cheats. Poyser, London
- Davies NB (2002) Cuckoo tricks with eggs and chicks. British Birds 95: 101–115
- Davies NB, Madden JR, Butchart SHM (2004) Learning fine-tunes a specific response of nestlings to the parental alarm calls of their own species. Proc R Soc Lond B 271: 2297–2304
- Davies NB, Madden JR, Butchart SHM, Rutila J (2006) A host-rade of the cuckoo *Cuculus canorus* with nestlings attuned to the parental alarm calls of the host species. Proc R Soc Lond B 273: 693–699
- Eckermann JP (2011) Gespräche mit Goethe (31). URL *http://eckermann.weblit.de/gespraech31.htm* [13.05.2011]
- Gibbs HL, Sorenson MD, Marchetti K, Brooks ML, Davies NB, Nakamura H (2000) Genetic evidence for female host-specific races in the common cuckoo. Nature 407: 183–186
- Jenner E (1788) Observations on the natural history of the Cuckoo. Phil Trans Roy Soc Lond 78: 219–237
- Kilner RM, Noble DG, Davies NB (1999) Signals of need in parent-offspring communication and their exploitation by the common cuckoo. Nature 397: 667–672
- Krüger O, Davies NB (2002) The evolution of cuckoo parasitism: A comparative analysis. Proc R Soc Lond B 269: 375–381
- Madden JR, Davies NB (2006) A host-race difference in begging calls of nestling cuckoos *Cuculus canorus* develops through experience and increases host provisioning. Proc R Soc Lond B 273: 2343–2351
- NABU (2010) Der Kuckuck – Vogel des Jahres 2008 (Steckbrief). URL *http://www.nabu.de/aktionenundprojekte/vogeldesjahres/2008-kuckuck/07193.html* [26.10.2010]
- Science@home.de (2011) Die Argumente der Kreationisten. URL *http://www.science-at-home.de/referate/kreationismus_argumente* [07.01.2011]

# 12 Aus zwei mach drei – Artbildungsprozesse bei der Groppe

Katharina Ley, Kathryn Stemshorn und Daniel Dreesmann

## 12.1 Fachinformationen

### 12.1.1 Einleitung

Die Frage, wie Arten definiert und erkannt werden können, zählt zu den kontrovers diskutierten Fragen innerhalb der Biologie. Mehr als 20 unterschiedliche Artkonzepte sind in der Vergangenheit formuliert und beschrieben worden. Das Thema Entstehung von Arten ist somit alles andere als ein abgeschlossenes Kapitel der Biologie, sondern bietet im Kontext von Genetik, Ökologie und Evolution spannende Einblicke in die aktuelle Forschung.

Es gibt verschiedene Möglichkeiten, Verwandtschaftsverhältnisse zwischen Arten nachzuweisen. Morphologische Merkmale sind für die Einteilung der Lebewesen innerhalb der Systematik unverzichtbar und wurden schon früh von Wissenschaftlern als Indiz für eine Verwandtschaft genutzt. Aber auch ökologische und geografische Parameter können mit einbezogen werden. Eine weitere, modernere Möglichkeit ist der **DNA-Vergleich**. Eng verwandte Arten besitzen eine höhere Übereinstimmung in ihren Genomen als weit entfernte. So ist es möglich, dass Arten, die sich äußerlich kaum ähneln, dennoch genetisch eng miteinander verwandt sind. Dies hat in der Vergangenheit immer wieder zu Problemen geführt.

Was definiert nun aber eine Art? Und ab wann kann eine Population als eine eigene Art angesehen werden und welche Bedingungen müssen dann gegeben sein? Dass diese Fragen nicht so einfach zu beantworten sind, erkannte bereits Charles Darwin (1859): *„No one definition has yet satisfied all naturalists; yet every naturalist knows vaguely what he means when he speaks of a species."*

Bis heute haben sich verschiedene Artkonzepte verbreitet, von denen hier die für den schulischen Kontext wichtigsten näher erläutert werden sollen. Man unterscheidet meist zwischen dem phänetischen, dem biologischen, dem phylogenetischen und dem ökologischen Artkonzept. Diese Artkonzepte gehen von unterschiedlichen Interpretationsstandpunkten aus.

- Beim **phänetischen (morphologischen) Artkonzept** werden gemeinsame morphologische Merkmale als Maß für Verwandtschaftsverhältnisse genommen. Doch dieses Artkonzept berücksichtigt nicht Sexualdimorphismen, Saisondimorphismen und Ökodimorphismen, die innerhalb einer Art auftreten können.

- Nach dem **ökologischen Artkonzept** wird eine Art als eine Gruppe von Individuen mit gleicher ökologischer Nische (Habitat, Nahrung, abiotische und biotische Umweltfaktoren) beschrieben. Geografische Variationen innerhalb einer Art werden hierbei nicht mit einbezogen.

- Das **phylogenetische Artkonzept** basiert darauf, dass Arten die terminalen Glieder einer evolutionären Linie sind, die sich von einem gemeinsamen Vorfahren ableiten und sich durch klar diagnostizierbare und somit relevante Merkmale voneinander unterscheiden lassen. Eine Art wird somit über ein einzigartiges Merkmal ausgezeichnet.

- Das **biologische Artkonzept** besagt dagegen, dass Arten Gruppen von sich miteinander kreuzenden natürlichen Populationen darstellen, die von anderen Gruppen reproduktiv isoliert sind (Mayr 1975). Dies bedeutet also, dass Populationen einer Art unter biologischen (natürlichen) Bedingungen lebensfähige und fruchtbare Nachkommen hervorbringen können, während mit Mitgliedern anderer Arten keine Kreuzung möglich ist. Mitglieder einer solchen Gemeinschaft werden als Biospezies zusammengefasst. Doch wo liegt die Grenze zwischen natürlichem und unnatürlichem Lebensraum? Bei diesem Artkonzept ist es außerdem problematisch, Prokaryoten, die sich nicht sexuell fortpflanzen, einzuteilen. Zudem ist es bei artverwandten Lebewesen, die in unterschiedlichen Regionen beheimatet sind, schwierig zu sagen, ob sie sich noch fortpflanzen können oder nicht. Wäre dies möglich, müssten sie nach dem biologischen Artbegriff als eine Art angesehen werden.

Die hier kurz vorgestellten Artkonzepte interpretieren Arten auf verschiedenen Ebenen und erfüllen abhängig von der Fragestellung und der Situation ihren Zweck.

### 12.1.2 Mögliche Mechanismen zur Entstehung neuer Arten

Unter normalen Bedingungen entsteht also selten eine neue Art. Nach dem biologischen Artkonzept gilt beispielsweise, dass solange die Mitglieder der einzelnen Populationen sich untereinander kreuzen und ihr genetisches Material austauschen können, es auch nicht durch natürliche Selektion zu einer Trennung der Populationen kommt. Obwohl natürliche Selektion die Tatsache begünstigt, dass sich Populationen in zwei oder mehrere unterscheidbare Formen aufspalten, führen geschlechtliche Vermehrung und Kreuzung wieder zu einer Mischung eben dieser. Erst die unten genannten Faktoren unterstützen eine Entwicklung in unterschiedliche Richtungen der Populationen.

Generell unterscheidet man zwei Formen der Artbildung (allopatrisch und sympatrisch), wobei es zwei weitere Sonderformen der Allopatrie gibt (parapatrisch und peripatrisch; Abb. 12.1).

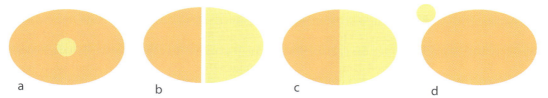

**Abb. 12.1** Formen der Artbildung aufgrund von geografischen Spezifikationen; neue Art = gelb, Mutterart/Ausgangspopulation = orange. a) sympatrisch. b) allopatrisch. c) parapatrisch. d) peripatrisch. (nach Zrzavý et al. 2009)

Die **allopatrische Artbildung** basiert auf geografischer Isolation einer Teilpopulation. Durch Einwirkungen von Umwelteinflüssen werden Mitglieder einer Population von einer Ausgangspopulation getrennt, und der Genfluss zwischen diesen beiden Gruppen ist unterbrochen. Aufgrund von Gendrift, die zufällige Veränderungen des Genoms verursacht, und Selektion können sich nun die Teilpopulationen in unterschiedliche Richtungen entwickeln, bis ihre Genome nicht mehr kompatibel sind. Folglich sind sie reproduktiv isoliert und eine oder mehrere neue Arten haben sich gebildet (Abb. 12.1b).

Ein weiteres Beispiel ist die **parapatrische Artbildung**. Zwischen benachbarten Populationen, die sich noch miteinander kreuzen können, entstehen Hybridzonen – die Barriere zwischen ihnen ist also nicht vollständig. Ein Genfluss zwischen diesen beiden Gruppen findet somit noch durch Migranten statt (Abb. 12.1c). Aufgrund von Isolationsmechanismen und Hybridschranken kommt es mit der Zeit zu einer auseinandergehenden Entwicklung der Populationen, bis keine Kreuzung zwischen den beiden Gruppen mehr stattfinden kann. Es haben sich somit zwei neue Arten entwickelt. Solche Hybridzonen gibt es bei dem bekannten Schulbuchbeispiel der Rabenkrähe und Nebelkrähe, aber auch bei der hier näher betrachteten Groppe zwischen dem Fluss- und dem Bachtyp. Bei den genannten Beispielen haben sich die beiden Unterarten noch nicht zu neuen Arten separiert.

Auch die **peripatrische Artbildung** ist wie die parapatrische ein Typ der Allopatrie. Das Areal der neuen Art entsteht durch Abtrennung und Isolation eines kleinen Teils der Population von der ursprünglichen Art an der Peripherie von deren Verbreitungsgebiet (Abb. 12.1d). Die peripatrische Artbildung findet man beispielsweise bei der Besiedlung von Inseln.

Bei der **sympatrischen Artbildung** entsteht dagegen eine neue Art innerhalb des Verbreitungsgebietes der Ausgangspopulation. Hierbei ist die Entwicklung einer Fortpflanzungsbarriere notwendig. Dabei wird ein Teil des Genpools von der Ausgangspopulation isoliert, ohne dass es eine geografische Barriere gab (Abb. 12.1a). Polyploidisierung und bevorzugte Paarung zwischen speziellen Genotypen können zu einer Abspaltung von Individuen innerhalb einer Art führen.

### Polyploidisierung und Hybride

Artbildung durch Polyploidisierung ist bei Pflanzen (z. B. Getreidearten) weit verbreitet, sie ist jedoch auch bei Tieren wie Fischen und Amphibien nachgewiesen worden. Grundsätzlich unterscheidet man die **Autopolyploidie** und die Allopolyploidie. Im ersten Fall erhält ein Individuum mehr als zwei Chromosomensätze von den Eltern einer Art. Aufgrund eines Fehlers bei der Gametenbildung kann es somit zu polyploiden (z. B. tetraploiden) und damit neuen Arten kommen (Abb. 12.2). Tetraploide Individuen können sich entweder selbst bestäuben oder aber Kreuzungen mit anderen tetraploiden Formen der gleichen Art eingehen. Eine erfolgreiche Kreuzung zwischen tetraploiden und diploiden Individuen ist dagegen nicht möglich, was auf Probleme bei der Chromosomenpaarung während der Meiose zurückzuführen ist. Bei der **Allopolyploidie** kommt es zu einer Kreuzung zwischen Individuen verschiedener Arten. In den meisten Fällen sind die dabei entstandenen Hybriden steril, da die haploiden Chromosomensätze der verschiedenen Arten sich während der Meiose nicht zu Tetraden paaren können. Bei Pflanzen ist dennoch eine ungeschlechtliche Fortpflanzung möglich. Reproduktion der Hybride ist dann möglich, wenn es zu einer anschließenden Chromosomenverdopplung kam (→ Bildung diploider Gameten; Abb. 12.3). Auch hier ist eine neue Art entstanden.

Bei Tieren kommt Artbildung durch Polyploidie nur selten vor. Hier können jedoch weitere Mechanismen zur Bildung neuer Arten führen (z. B. [reproduktive] Isolation von der Elternpopulation aufgrund unterschiedlicher Anpassungen an die Umwelt einhergehend mit phänotypischen Veränderungen oder durch die Wahl des Sexualpartners).

Einen Sonderfall der sympatrischen Artbildung stellt die **homoploide Hybridisierung** dar, bei der durch Kreuzung zwischen zwei Arten eine dritte Hybridart entsteht. Bei homoploiden Hybriden findet keine Polyploidisierung statt und sie besitzen somit einen diploiden Chromosomensatz. Dieses Ereignis wird auch rekombinate Speziation genannt und tritt recht selten auf.

Beispiele der homoploiden Hybridspeziation findet man sowohl in der Pflanzen- als auch in der Tierwelt. Hier ist die Hybridart nicht wie bei der Polyploidisierung direkt von den Elternarten reproduktiv isoliert. Es werden also andere Isolationsmechanismen benötigt, zum Beispiel die Ausbildung von extremen Phänotypen. Dieses Phänomen wurde bei hybriden Pflanzenarten bereits detailliert untersucht und beruht auf einer Neukombination von Plus- und Minusallelen in den Hybriden (→ genetische Trennung von der Elternpopulation). Sie können sich dann schneller an neue Bedingungen anpassen und neue ökologische Nischen belegen, in denen ihre Eltern nicht lebensfähig sind, und sich auf diese Weise ausbreiten (z. B. Sonnenblumen- oder Bärlapparten). In der Tierwelt findet man hybride Artbildung bei der hier als Modellorganismus gewählten Groppe und bei der Krustenechse.

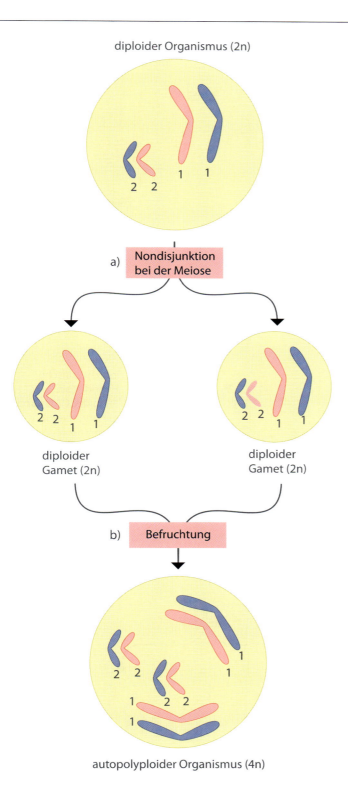

**Abb. 12.2**
Autopolyploidie.
a) Trennen sich die Chromosomen eines diploiden Organismus bei der Meiose nicht auf, können diploide Gameten (2n) entstehen.
b) Die Fusion zweier vom selben Individuum oder von verschiedenen Individuen derselben Art stammenden diploiden Gameten ergibt ein autopolyploides, hier tetraploides (4n) Individuum. Dieses Individuum ist grundsätzlich zur sexuellen Vermehrung fähig, ist jedoch von der diploiden Elternart reproduktiv isoliert.
(nach Raven et al. 2006)

## 12 Aus zwei mach drei – Artbildungsprozesse bei der Groppe

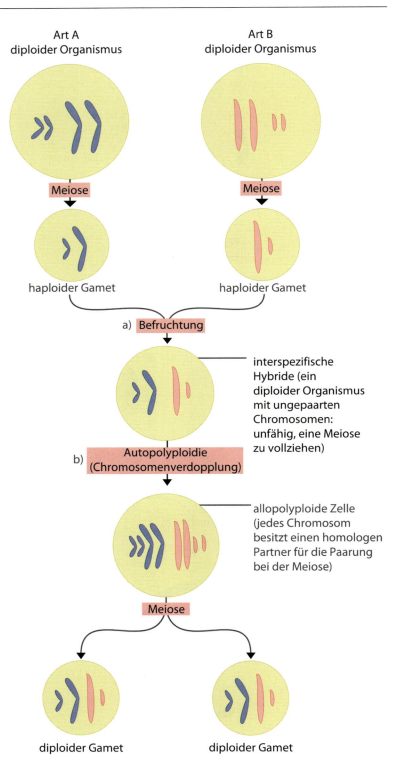

**Abb. 12.3**
Allopolyploidie.
a) Ein Individuum, das eine Hybride zwischen zwei Arten ist und aus zwei haploiden Gameten gebildet wurde, kann normal wachsen (normale Mitose). Dieses Individuum kann sich jedoch sexuell nicht fortpflanzen, weil sich die Chromosomen bei der Meiose nicht paaren können.
b) Sollte eine nachfolgend stattfindende Autopolyploidisierung zur Verdopplung der Chromosomenzahl führen, können sich die Chromosomen bei der Meiose paaren. Diese allopolyploide Hybride kann nun befruchtungsfähige diploide (2n) Gameten bilden. Dadurch wird das Individuum zu einer neuen Art, die sich sexuell reproduzieren kann.
(nach Raven et al. 2006)

## 12.1.3 Vor unserer Haustür: Bildung einer neuen Groppenart

Die Groppe (*Cottus*) ist ein benthisch lebender Fisch, der hauptsächlich in sauerstoffreichen Gewässern zu finden ist. Er hat sich auf der ganzen Welt verbreitet, so auch in Europa. Vor einigen Jahren wurden alle in Europa vorkommenden Groppenpopulationen unter dem Artnamen *Cottus gobio* zusammengefasst. Durch Vergleiche mitochondrialer D-loop-Sequenzen und morphologischer Merkmale verschiedener Groppenpopulationen wurden hier jedoch verschiedene distinkte Haplotyplinien festgestellt (Abb. 12.4). Aufgrund dieser Daten benannte man zusätzlich zu *Cottus gobio* neue Arten. So gibt es eine westlich angesiedelte Art, *Cottus perifretum* (Abb. 12.5), wohingegen in den Gewässern des Mittelrheinsystems *Cottus rhenanus* verbreitet ist. Die östlichen Groppenpopulationen werden weiterhin als *Cottus gobio* (Abb. 12.6) bezeichnet. Sie kommen in den östlichen und südlichen Gewässern Deutschlands wie Elbe und Donau vor.

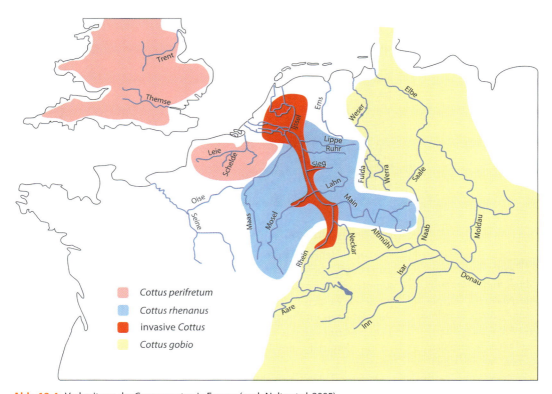

**Abb. 12.4** Verbreitung der Groppenarten in Europa (nach Nolte et al. 2005)

**Abb. 12.5**
*Cottus perifretum*
(Männchen; Andreas Hartl)

**Abb. 12.6**
*Cottus gobio*
(Männchen; Andreas Hartl)

## Groppenhybride

Bis vor 20 Jahren wurde *Cottus rhenanus* im Rheinsystem nur in kalten, sauerstoffreichen Bächen und Oberläufen angetroffen. Doch neuerdings konnten auch im Rhein selbst und in seinen Nebenflüssen Groppen nachgewiesen werden („invasive" *Cottus*). Das Verwunderliche ist, dass diese Populationen im Potamal (Unterlauf eines Gewässers, Flussregion) leben. Hier erwärmt sich das Wasser im Sommer und die Sauerstoffkonzentration ist im Vergleich zum Rhithral (Oberlauf eines Gewässers, Bachregion) niedriger.

Aufgrund der unterschiedlichen Habitate unterscheidet man bei den Rheingroppen den **Flusstyp** („invasive" *Cottus*) und den **Bachtyp** („ursprüngliche" *C. rhenanus*). Zwischen den beiden Typen sind zudem morphologische und genetische Unterschiede erkennbar. Der Flusstyp hat eine starke Stachelbeschuppung, ist hochrückiger und besitzt einen kürzeren Schwanzstiel (Abb. 12.9 in Unterrichtsmatrialien). Für weitere Untersuchungen verglich man ausgewählte DNA-Sequenzen (inkl. SNPs) von *Cot-*

### Info

***Single nucleotide polymorphism**s* (SNP [sprich „Snip"]; dtsch. Einzelnukleotid-Polymorphismen) sind zufällige, über das Genom verteilte Unterschiede einzelner Nukleotide (Variationen einzelner Basenpaare in einem DNA-Strang), die von Generation zu Generation nach den Mendel'schen Regeln vererbt werden.

*tus perifretum, Cottus gobio, Cottus rhenanus* (Bachtyp, „ursprünglich") und des Flusstyps miteinander. Bei der Analyse der DNA-Sequenzen wurde festgestellt, dass der Flusstyp SNP-Allele von *C. rhenanus* (Bachtyp) und *C. perifretum*, aber nicht von *C. gobio* aufweist. Diese Erkenntnisse lassen darauf schließen, dass der Flusstyp durch Hybridisierung zwischen *C. rhenanus* und *C. perifretum* hervorgegangen ist.

Durch den Bau von Kanälen im Schelde-Maas-Rheinsystem wurden **sekundäre Kontaktzonen** zwischen den Verbreitungsgebieten von *C. rhenanus* und *C. perifretum* geschaffen, die eine Hybridisierung ermöglichten. Zudem entstanden **neue Groppenhabitate** durch Anschüttung künstlicher Steine, die für den Brückenbau genutzt wurden, und durch den Bau von Abschlussdämmen. So wurde 1932 das Ijsselmeer vom Meer getrennt und es fand eine Aussüßung dieses Gewässers statt – ein neues Habitat für Süßwasserfische wurde geschaffen. Auch die durch Hybridisierung entstandene Groppenlinie, die im Rhein als Flusstyp zu finden ist, siedelte sich hier an.

### Ausbreitung einer neuen Art?

Immer weiter breitet sich der invasive Flusstyp im Rhein und seinen Nebenflüssen wie der Mosel aus. Aber kann man hier bereits von einer neuen Art sprechen? Morphologisch betrachtet besitzt der Flusstyp Merkmale sowohl von *C. perifretum* als auch von *C. rhenanus* (Bachtyp). Er weist jedoch noch kein Merkmal auf, dass ihn von den anderen Arten deutlich abgrenzt. Zudem gibt es Kontaktzonen an den Stellen, wo Bäche und Flüsse aufeinandertreffen – Kreuzungen zwischen den Bach- und Flusstypen sind daher in den sogenannte Hybridzonen weiterhin möglich.

## 12.1.4 Artensteckbrief

nach NATURA 2000 (2010)

- Groppe (*Cottus gobio*), auch Kaulkopf, Rotzkopf, Westgroppe, Koppe oder Mühlenkoppe genannt
- NATURA 2000-Code: 1163, Anhang II
- Rote Liste Deutschland: 2

### Bestimmungsmerkmale

Körper unbeschuppt, keulenförmig, leicht abgeplattet; Rückenflossen sind durch eine Flossenmembran verbunden; Maul leicht unterständig mit großer Maulspalte; Färbung graubraun bis braun, passt sich an die Farbe des Untergrundes an; männliche Tiere sind durch größeren Kopf, breiteres Maul und durch die röhrenartig verlängerte Genitalpapille von weiblichen Tieren gut zu unterscheiden (Abb. 12.7).

### Fortpflanzung/Biologie

Der Beginn der Laichzeit ist im März. Ein Weibchen kann zwischen 50 und 1 000 Eier produzieren. Die Laichklumpen werden von mehreren Weibchen in einer Laichhöhle abgelegt. Ein Teil der Tiere ist bereits am Ende des ersten Lebensjahres geschlechtsreif. In warmen Gewässern werden die Tiere 2–4 Jahre alt, in kühleren bis zu 10 Jahre.

**Abb. 12.7**
*Cottus-gobio*-Pärchen in Laichfärbung; die Männchen verfärben sich dann dunkel. (Andreas Hartl)

### Gefährdung

Gewässerverbau (z. B. Anlage von Schwellen oder Kanalabschnitten) führt zum Verschlammen des Gewässerbettes und des dort vorhandenen Lückensystems, das die wenig mobile Art benötigt; intensiver Besatz der Gewässer mit räuberisch lebenden Arten (z. B. Forelle).

### Schutz

Verbesserung der Durchgängigkeit und Naturnähe der besiedelten beziehungsweise der geeigneten Gewässer; die Gewässergüte sollte nicht schlechter als Güteklasse II sein.

## 12.2 Unterrichtspraxis

Als Beispiel für das Thema „Artbildung vor unserer Haustür" dient ein unscheinbarer kleiner Fisch, die Groppe oder Mühlenkoppe, der in vielen Flüssen und Bächen Deutschlands beheimatet ist. Anhand der Groppe können die Schüler nun ein weiteres, meist unbekanntes, aber modernes Beispiel der Artbildung kennenlernen – das Ausmaß von Evolution kann man hier also bewusst machen. Die Schüler sollen begreifen, dass Evolution ein fortwährender Prozess ist, der **immer und überall** stattfindet. Zudem ist davon auszugehen, dass ihr Interesse an diesem Thema stärker geweckt ist, da es sich um ein greifbares Beispiel der Artbildung handelt. Schließlich werden Abläufe vorgestellt, die in Flüssen und Bächen in der Nähe ihres Wohnortes stattfinden und nicht im weit entfernt liegenden Afrika oder anderswo. Die Schüler können also Evolution hier und jetzt beobachten und müssen nicht auf Inhalte zurückgreifen, die sich vor über 100 000 Jahren abgespielt haben. Die Artbildungsprozesse der Groppe sind zudem noch nicht abgeschlossen, sodass die Kreativität der Schüler angesprochen werden kann.

Vorstellbare Szenarien, wie es zur Entstehung dieser „Art", d. h. dem invasiven Flusstyp, gekommen sein kann, können von den Schülern selber erarbeitet und denkbare Zukunftsperspektiven der Groppe betrachtet werden. Aufgrund der Unbekanntheit des Themas ist es somit möglich, die Schüler in einen kreativen Denkprozess zu involvieren, losgelöst von richtigen oder falschen Antworten. Hierbei soll es in erster Linie nicht darum gehen, dass die Schüler den stattgefundenen Prozess richtig beschreiben. Vielmehr sollen sie selber Ideen und Möglichkeiten entwickeln, wie es zur Entstehung neuer Arten kommen kann. Dazu können sie ihr Vorwissen aus Ökologie, Genetik und Evolution mit einbringen. Sie sollten daher verschiedene Artbegriffe kennen und die Vor- und Nachteile der einzelnen Definitionen erläutern können.

**Material 1**
Wiederholung unterschiedlicher Artkonzepte

## 12.2.1 Artentstehung durch Hybridisierung – die Groppe konkret im Unterricht

Das Unterrichtsmaterial kann auf vielfältige Weise im Biologieunterricht der Sekundarstufe II eingesetzt werden. Eine Vorgehensweise, anhand derer es bereits im Unterricht erfolgreich erprobt wurde, stellt das Gruppenpuzzle dar (Tab. 12.1), aber auch andere Methoden wie Gruppenarbeit oder Fallstudien kann man nutzen.

Die Schüler sollen sich mit einem noch unbekannten Beispiel der Artbildung auseinandersetzen sowie eigene Thesen aufstellen und diese vor einem Publikum begründen können. Es ist die grundsätzliche Fragestellung zu beantworten, wie das Auftreten einer neuen Groppe, d. h. dem invasiven Flusstyp, zu erklären ist. Sogenannte „Experten" müssen sich zuvor mit einzelnen Teilfragen beschäftigen und den anderen Mitgliedern der Gruppe ihre Kenntnisse mitteilen sowie konstruktiv ihr Wissen zur Lösung der Hauptfragestellung einbringen. Als Teilaufgaben beziehungsweise -fragestellungen können zum Beispiel vier verschiedene Sachverhalte über die Lebensweise und Verbreitung der Groppe, Ergebnisse von Vergleichen mit SNP-Positionen von *Cottus perifretum*, *Cottus rhenanus* und des invasiven Flusstyps und Veränderungen der Flusssysteme in den letzten Jahrzehnten durch menschliches Eingreifen bearbeitet werden.

**Material 2**
Verbreitung und Morphologie der Groppe

**Material 3**
Habitate der Groppe

**Material 4**
Lebensraum Fluss

**Material 5**
Genetische Analyse mithilfe von SNPs

Beim Gruppenpuzzle wird die Schülergruppe zunächst in vier Stammgruppen eingeteilt, die am Ende wieder zusammenkommen und gemeinsam die Hauptfragestellung, wie es zur Bildung einer neuen Groppen-„Art" gekommen ist, bearbeiten. Prinzip des Gruppenpuzzles ist eine arbeitsteilige Gruppenarbeit, bei der aus jeder Stammgruppe ein Schüler Mitglied einer Expertengruppe wird, die eines der vier Materialien (Sachverhalte) aufbereitet. Die so erarbeiteten Inhalte werden anschließend in den Stammgruppen zusammengetragen, zum Beispiel als Poster dokumentiert und im Plenum präsentiert und diskutiert.

**Tab. 12.1:** Einsatzmöglichkeiten des Unterrichtsmaterials mit dem Gruppenpuzzle

| Phase | Aktion | Aufgaben an die Schüler |
|---|---|---|
| Phase 1 | Bildung von Stammgruppen und Expertengruppen sowie Verteilung der Expertenthemen | Bildet vier Gruppentische, an denen die Expertenthemen bearbeitet werden können. |
| Phase 2 | Arbeit in der zugeteilten Expertengruppe | Lest das entsprechende Arbeitsmaterial durch und werdet zum Experten für eure Fragestellungen. |
| Phase 3 | Rückkehr in die Stammgruppe, Präsentation der einzelnen Teilaufgaben durch die Experten und ggf. Bearbeitung der Arbeitsaufträge | Nutzt euer unterschiedliches Expertenwissen, um in eurer Stammgruppe die Hauptfragestellung zu beantworten, wie das Auftreten einer neuen Groppen-„Art" zu erklären ist. |
| Phase 4 | Dokumentation der Ergebnisse (z. B. als Poster) | Stellt eure Thesen zur Hauptfragestellung bildlich dar und fasst eure Ergebnisse in Form einer Präsentation zusammen. |
| Phase 5 | Plenum | Präsentiert und diskutiert eure Ergebnisse im Plenum. |

## 12.3 Unterrichtsmaterialien

### Material 1: Wiederholung unterschiedlicher Artkonzepte

**Aufgabe 1**

a Sicher kennst du verschiedene Konzepte, wie Arten – vom Darmbakterium *Escherichia coli* bis hin zum Menschen *Homo sapiens* – definiert werden können. Fasse dein Wissen in der folgenden Tabelle zusammen. Berücksichtige dabei auch Arten, die wir nur noch als Fossilien kennen. Tipp: Wenn du dir unsicher bist, schaue in Büchern oder im Internet nach.

b Welches Fazit kannst du aus den unterschiedlichen Artkonzepten ziehen?

**Tab. 12.2:** Definitionen unterschiedlicher Artkonzepte

| Artkonzept | kurze Definition | mögliche Probleme |
|---|---|---|
| biologisches Artkonzept „Biospezies" | | |
| morphologisches Artkonzept „Morphospezies" | | |
| ökologisches Artkonzept | | |
| phylogenetisches Artkonzept | | |

**An die Klasse**: Die folgenden Arbeitsaufträge (Material 2–5) sollen in insgesamt fünf Phasen bearbeitet werden (Tab. 12.3). Zunächst werden vier Stammgruppen gebildet. Pro Stammgruppe gibt es vier unterschiedliche Experten, die sich ebenfalls zu Gruppen zusammenschließen. Jede Expertengruppe bereitet nun eine Teilaufgabe auf, die Experten kehren mit ihrem Spezialwissen in ihre Stammgruppe zurück und hier soll nun gemeinsam die Hauptfragestellung („Wie ist das Auftreten einer neuen Groppen-‚Art' zu erklären?") beantwortet werden. Anschließend werden die Ergebnisse dokumentiert und im Plenum diskutiert.

## 12 Aus zwei mach drei – Artbildungsprozesse bei der Groppe

**Tab. 12.3:** Bearbeitung der Arbeitsaufträge in verschiedenen Experten- und Stammgruppen

| Phase | Aktion | Aufgaben |
|---|---|---|
| Phase 1 | Bildung von Stammgruppen und Expertengruppen sowie Verteilung der Expertenthemen | Bildet vier Gruppentische, an denen die Expertenthemen bearbeitet werden können. |
| Phase 2 | Arbeit in der zugeteilten Expertengruppe | Lest das entsprechende Arbeitsmaterial durch und werdet zum Experten für eure Fragestellungen. |
| Phase 3 | Rückkehr in die Stammgruppe, Präsentation der einzelnen Teilaufgaben durch die Experten und ggf. Bearbeitung der Arbeitsaufträge | Nutzt euer unterschiedliches Expertenwissen, um in eurer Stammgruppe die Hauptfragestellung zu beantworten, wie das Auftreten einer neuen Groppen-„Art" zu erklären ist. |
| Phase 4 | Dokumentation der Ergebnisse (z. B. als Poster) | Stellt eure Thesen zur Hauptfragestellung bildlich dar und fasst eure Ergebnisse in Form einer Präsentation zusammen. |
| Phase 5 | Plenum | Präsentiert und diskutiert eure Ergebnisse im Plenum. |

Für die meisten von euch kann Abbildung 12.8 hilfreich sein.

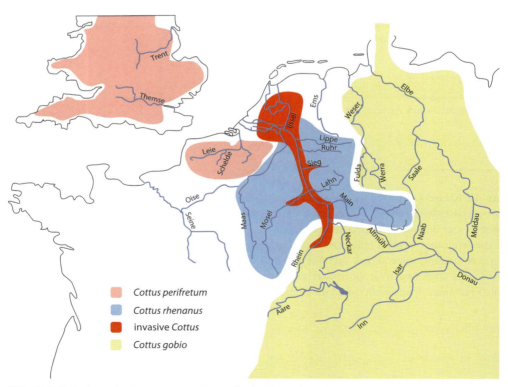

**Abb. 12.8** Verbreitung der Groppenarten in Europa (nach Nolte et al. 2005)

## Material 2: Verbreitung und Morphologie der Groppe

### Verbreitung …

In Europa haben sich verschiedene Arten der Groppe (*Cottus*), einem kleinen Süßwasserfisch, verbreitet. So ist zum Beispiel in Großbritannien und in den Niederlanden *Cottus perifretum*, in den östlichen und südlichen Gewässern von Deutschland *Cottus gobio* und im Nordwesten Deutschlands *Cottus rhenanus* zu finden. In unseren Bächen des Rheinsystems ist somit *Cottus rhenanus* beheimatet.

### … und Morphologie

Die verschiedenen Linien sind sich im Allgemeinen ähnlich, gewisse Unterschiede lassen sich jedoch erkennen. Der am Boden lebende Fisch besitzt einen keulenförmigen Körper mit einem breiten, abgeflachten Kopf, an dem das breite Maul und vorgewölbte Augen an der Oberseite liegen. Typisch sind die beiden großen, abstehenden Brustflossen. Zudem hat die Groppe relativ kleine Bauchflossen und eine geteilte Rückenflosse. Sie kann eine Länge von maximal 15 cm erreichen. Ihre Körperfarbe geht von einem hellen bis zu einem dunklen Braun und Grau über, was eine Schutztarnung vor Fressfeinden darstellt.

Bei den Groppen lassen sich hinsichtlich einer speziellen seitlichen Stachelbeschuppung Unterschiede feststellen. Während *C. rhenanus* kaum oder gar keine Stachelschuppen hat, kann man diese bei *C. perifretum* erfühlen, wenn man über die Haut streicht (Abb. 12.9).

Die im Hauptstrom von Rhein und Sieg gefundenen invasiven Groppen unterscheiden sich im Grad der Stachelbeschuppung von denen, die in den umliegenden Bächen beheimatet sind (*C. rhenanus*). Seinem Aussehen nach ähnelt die invasive Groppe eher *C. perifretum*.

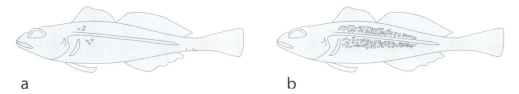

**Abb. 12.9** Stachelbeschuppung bei den verschiedenen Groppenarten.
a) *Cottus rhenanus*. b) *Cottus perifretum und* invasive Groppen. (nach Nolte et al. 2005)

### Aufgabe 2

**a** Lest den Text und fasst die wichtigsten Punkte zusammen.

**b** Die einzelnen Groppenpopulationen unterscheiden sich in einigen Merkmalen, wie Körperform und Grad der Stachelbeschuppung. Überlegt, wie es zu den unterschiedlichen Phänotypen kommen konnte.

## Material 3: Habitate der Groppe

Die Groppe ist ein Süßwasserfisch, der in sauerstoffreichen Fließgewässern und sommerkalten Seen beheimatet ist. Am häufigsten findet man sie in den Oberläufen von Bächen, die durch kaltes, klares und sauerstoffreiches Wasser gekennzeichnet sind (Abb. 12.10). Selbst im Sommer steigt die Wassertemperatur nur selten über 10 °C an. Hier leben zudem Insektenlarven, Bachflohkrebse und weitere kleinere Bodentiere, die zum einen für eine hohe Wasserqualität stehen, zum anderen als Nahrung für die Groppe dienen.

## 12 Aus zwei mach drei – Artbildungsprozesse bei der Groppe

Der Verlust der Schwimmblase ist eine Angepasstheit an ihre bodengebundene Lebensweise, hat aber auch zur Folge, dass die Groppe kein guter Schwimmer ist. Daher sucht sie ihre Beute meist in den Abend- und Nachtstunden und versteckt sich tagsüber zwischen den Steinen. Durch ihre hell-dunkle Braunfärbung bis braungraue Färbung weist sie ein Muster auf, das die Groppe auf dem Substrat tagsüber tarnt.

Die Laichzeit der Groppen zieht sich von Februar bis Juni. Die Männchen bauen ein Nest unter Steinen, an dessen Decke die Weibchen die Eier befestigen. Die Männchen beschützen und verteidigen das Nest, bis die Jungen geschlüpft sind. In dieser Zeit färben sich die Männchen dunkler und bekommen einen hellgelben Flossensaum, der den Groppeneiern ähnelt.

**Abb. 12.10** Ein typisches Groppenhabitat – ein sauerstoffreiches und kaltes Fließgewässer (Henry Czauderna)

### Aufgabe 3

**a** Lest den Text und fasst die wichtigsten Punkte zusammen.

**b** Überlegt, an welche neuen Bedingungen sich die invasive, im Fluss lebende Groppenlinie anpassen musste.

### Material 4: Lebensraum Fluss

Die Struktur der Flüsse hat sich mit der Zeit durch menschliches Eingreifen verändert. Flüsse wurden begradigt und Kanäle gebaut, um die Schifffahrt auszuweiten. Viele Lebensräume sind dadurch zerstört worden und die Hochwassergefahr ist angestiegen. Auch am Rhein wurden solche Umbaumaßnahmen ausgeführt (Abb. 12.11). So wollte Napoleon schon 1808 den Nordkanal zwischen Maas, Schelde und Rhein bauen lassen. Dieses Projekt ist jedoch nie beendet worden.

12.3 Unterrichtsmaterialien

**Abb. 12.11** Der Rhein: begradigt und schiffbar gemacht (Tom Bayer)

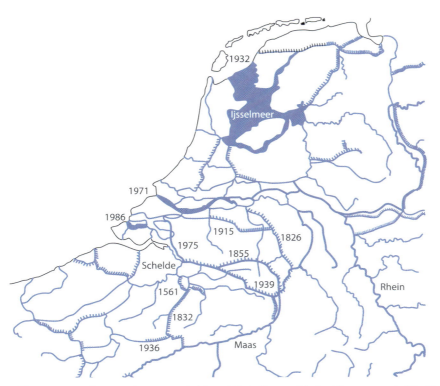

**Abb. 12.12** Kanalbau zwischen Maas, Schelde und Rhein. Die gestrichelten Wasserwege sind Kanäle. (nach Volckaert et al. 2002)

siehe auch Onlinematerialien unter *http://extras.springer.com*

## 12 Aus zwei mach drei – Artbildungsprozesse bei der Groppe

Mitte des 19. Jahrhunderts wurden viele kleinere Kanäle bei Antwerpen gebaut und mit der Zeit entstand ein Netzwerk von Kanälen, die Maas, Schelde und Rhein schließlich doch noch miteinander verbanden (12.12). Diese Kanäle bestehen nicht nur aus künstlich angelegten Wasserwegen, sondern auch aus natürlichen Flussläufen, die in das Kanalsystem integriert wurden. Für den Brückenbau verwendete man hier Steine, auf die die Groppen eigentlich angewiesen sind. In den Mündungsbereichen von Rhein, Maas und Schelde wurden zudem Umbaumaßnahmen vorgenommen. Man zog weiterhin Abschlussdämme, die Flüsse und Meer ganz oder teilweise trennen sollten. Auch das Ijsselmeer wurde auf diese Weise 1932 vom Meer getrennt. Als Folge fand eine Aussüßung dieses Gewässers statt. Damit hat man ein neues Habitat für Süßwasserfische geschaffen.

### Aufgabe 4

**a** Lest den Text und fasst die wichtigsten Punkte zusammen.

**b** Welche Auswirkungen haben die Vernetzung der Flusssysteme und der Bau von Abschlussdämmen für die Lebewesen, insbesondere für die Groppe?

### Material 5: Genetische Analyse mithilfe von SNPs

**SNPs** (*single nucleotide polymorphisms*; deutsch Einzelnukleotid-Polymorphismen) sind zufällige, über das Genom verteilte Unterschiede **einzelner** Nukleotide (Variationen einzelner Basenpaare in einem DNA-Strang). Sie stellen sozusagen „erfolgreiche Punktmutationen" dar, die von Generation zu Generation, d. h. nach den Mendel'schen Regeln, weiter vererbt werden.

Zustandsformen der Gene, die innerhalb einer Population oder zwischen Populationen am gleichen Genort (Locus; Mehrzahl Loci) gefunden werden, bezeichnet man als **Allele**. Allele können aufgrund des doppelten Chromosomensatzes in zweifacher Ausführung homozygot oder heterozygot vorkommen. Wenn sich nun SNPs (Tab. 12.4: hier gibt es die SNPs „C" und „A") innerhalb von Genen/Allelen befinden oder in Regionen, die für die Kontrolle von Genen verantwortlich sind, können sie sich auf den Phänotyp auswirken und somit für äußerliche Unterschiede zwischen Arten verantwortlich sein.

**Tab. 12.4:** Beispiel für SNPs in verschiedenen Allelen diverser Populationen. Population C ist eine Hybride von Population A und B und weist an Position 6 beide Genvarianten „A" und „C" auf.

| Population | Allel | Position | | | | | | | | | | | | | |
|---|---|---|---|---|---|---|---|---|---|---|---|---|---|---|---|
| | | 1 | 2 | 3 | 4 | 5 | 6 | 7 | 8 | 9 | 10 | 11 | 12 | 13 | |
| A | 1 | A | A | T | C | G | C | T | T | A | T | G | C | T | homo-zygot |
| | 2 | A | A | T | C | G | C | T | T | A | T | G | C | T | |
| B | 1 | A | A | T | C | G | A | T | T | A | T | G | C | T | homo-zygot |
| | 2 | A | A | T | C | G | A | T | T | A | T | G | C | T | |
| C | 1 | A | A | T | C | G | C | T | T | A | T | G | C | T | hetero-zygot an Position 6 |
| | 2 | A | A | T | C | G | A | T | T | A | T | G | C | T | |

## Aufgabe 5

**a** Lest den Text und fasst die wichtigsten Punkte zusammen.

**b** In den Tabellen 12.5–12.7 sind DNA-Sequenzen (inkl. SNPs) an drei verschiedenen Genorten (Loci) unterschiedlicher invasiver Populationen des „neuen" Flusstyps in den Flüssen Sieg, Ijssel und Mosel dargestellt. Als Locus, d. h. Ort im Genom, wird immer die Position innerhalb einer Nukleotidabfolge („Basensequenz") bezeichnet, an dem ein SNP vorliegt.
Vergleicht die DNA-Sequenzen (inkl. SNPs) von *C. perifretum* und *C. rhenanus* (siehe Tab. 12.8) mit denen dieser neuen Groppe. Von welcher Population könnte der invasive Flusstyp abstammen?

**Tab. 12.5:** Ausgewählte SNP-Loci unterschiedlicher Groppenpopulationen in der Sieg

| Locus | 557 | | 626 | | 643 | |
|---|---|---|---|---|---|---|
| Probe | Allel 1 | Allel 2 | Allel 1 | Allel 2 | Allel 1 | Allel 2 |
| Sieg 1 | G | G | C | C | T | T |
| Sieg 2 | G | T | T | T | T | T |
| Sieg 3 | G | G | C | C | T | T |
| Sieg 4 | G | G | C | T | C | T |
| Sieg 5 | G | T | C | T | T | T |
| Sieg 6 | G | G | C | C | T | T |
| Sieg 7 | G | T | C | C | T | T |
| Sieg 8 | T | T | C | C | T | T |
| Sieg 9 | G | G | C | C | T | T |
| Sieg 10 | G | G | C | C | T | T |
| Sieg 11 | G | T | C | C | T | T |
| Sieg 12 | G | T | C | C | C | T |
| Sieg 13 | G | T | C | T | T | T |
| Sieg 14 | G | T | C | T | T | T |
| Sieg 15 | G | G | C | C | T | T |
| Sieg 16 | G | G | C | C | T | T |
| Sieg 17 | G | G | C | C | T | T |
| Sieg 18 | G | G | C | T | C | T |
| Sieg 19 | G | G | C | C | C | T |
| Sieg 20 | G | T | C | T | T | T |
| Sieg 21 | G | T | C | T | T | T |
| Sieg 22 | G | T | C | T | T | T |
| Sieg 23 | G | G | T | T | T | T |
| Sieg 24 | G | T | C | C | T | T |

siehe auch Onlinematerialien unter *http://extras.springer.com*

## 12 Aus zwei mach drei – Artbildungsprozesse bei der Groppe

**Tab. 12.6:** Ausgewählte SNP-Loci unterschiedlicher Groppenpopulationen in der Ijssel

| Locus | 557 | | 626 | | 643 | |
|---|---|---|---|---|---|---|
| Probe | Allel 1 | Allel 2 | Allel 1 | Allel 2 | Allel 1 | Allel 2 |
| Ijssel 1 | G | G | C | C | T | T |
| Ijssel 2 | G | G | C | C | T | T |
| Ijssel 3 | G | G | C | C | T | T |
| Ijssel 4 | G | T | C | T | T | T |
| Ijssel 5 | G | T | C | C | C | T |
| Ijssel 6 | G | G | C | C | C | T |
| Ijssel 8 | G | G | C | C | T | T |
| Ijssel 9 | G | T | C | C | T | T |
| Ijssel 10 | G | G | C | T | T | T |
| Ijssel 11 | G | T | C | T | C | T |
| Ijssel 12 | G | G | C | T | T | T |
| Ijssel 13 | G | G | C | C | T | T |
| Ijssel 14 | G | G | C | C | T | T |
| Ijssel 15 | G | T | T | T | T | T |
| Ijssel 16 | G | T | C | C | T | T |
| Ijssel 17 | G | T | C | T | T | T |
| Ijssel 18 | G | T | C | C | T | T |
| Ijssel 19 | G | T | C | C | C | T |
| Ijssel 20 | G | G | C | C | T | T |
| Ijssel 21 | G | G | T | T | C | C |
| Ijssel 22 | G | G | C | C | T | T |
| Ijssel 23 | G | T | C | C | T | T |
| Ijssel 24 | G | T | C | T | T | T |

siehe auch Onlinematerialien unter *http://extras.springer.com*

**Tab. 12.7:** Ausgewählte SNP-Loci unterschiedlicher Groppenpopulationen in der Mosel

| Locus | 557 | | 626 | | 643 | |
|---|---|---|---|---|---|---|
| Probe | Allel 1 | Allel 2 | Allel 1 | Allel 2 | Allel 1 | Allel 2 |
| Mosel 1 | G | T | C | C | T | T |
| Mosel 2 | G | G | C | T | T | T |
| Mosel 3 | G | T | C | C | C | T |
| Mosel 4 | G | T | C | C | C | C |
| Mosel 5 | G | G | C | C | C | T |
| Mosel 6 | G | G | C | T | T | T |
| Mosel 7 | G | G | C | C | T | T |
| Mosel 8 | G | T | C | C | T | T |
| Mosel 9 | G | T | C | C | T | T |
| Mosel 10 | G | G | C | C | T | T |
| Mosel 11 | T | T | C | C | C | T |
| Mosel 12 | G | T | C | C | T | T |
| Mosel 13 | G | T | C | C | C | T |
| Mosel 15 | G | T | C | C | C | C |
| Mosel 16 | T | T | C | C | C | T |
| Mosel 17 | G | T | C | C | T | T |
| Mosel 18 | G | T | C | C | C | T |
| Mosel 19 | G | G | C | C | C | T |
| Mosel 20 | T | T | C | C | C | T |
| Mosel 21 | T | T | C | C | C | C |
| Mosel 22 | G | T | C | C | C | T |
| Mosel 23 | T | T | C | C | C | T |
| Mosel 24 | G | G | T | C | C | C |

siehe auch Onlinematerialien unter *http://extras.springer.com*

## 12 Aus zwei mach drei – Artbildungsprozesse bei der Groppe

**Tab. 12.8:** Ausgewählte SNP-Loci von *C. perifretum* und *C. rhenanus* (jeweils homozygot, daher nur Darstellung eines Allels)

| Art | Locus 557 | Locus 626 | Locus 643 |
|---|---|---|---|
| *C. perifretum 1* | G | T | T |
| *C. perifretum 2* | G | T | T |
| *C. perifretum 3* | G | T | T |
| *C. perifretum 4* | G | T | T |
| *C. perifretum 5* | G | T | T |
| *C. perifretum 6* | G | T | T |
| *C. perifretum 7* | G | T | T |
| *C. perifretum 8* | G | T | T |
| *C. perifretum 9* | G | T | T |
| *C. perifretum 10* | G | T | T |
| *C. rhenanus 1* | T | C | C |
| *C. rhenanus 2* | T | C | C |
| *C. rhenanus 3* | T | C | C |
| *C. rhenanus 4* | T | C | C |
| *C. rhenanus 5* | T | C | C |
| *C. rhenanus 6* | T | C | C |
| *C. rhenanus 7* | T | C | C |
| *C. rhenanus 8* | T | C | C |
| *C. rhenanus 9* | T | C | C |
| *C. rhenanus 10* | T | C | C |

siehe auch Onlinematerialien unter *http://extras.springer.com*

## 12.4 Literatur

**Allgemeine Literatur**

- Bayrhuber H, Kull U (2005) Linder Biologie. Schroedel, Hannover
- Darwin C (1859) On the origin of species by means of natural selection, or the preservation of favored races in the struggle for life. John Murray, London
- Jaenicke J, Paul A (2004) (Hrsg) Biologie heute entdecken S II. Schroedel, Hannover
- Mayr E (1975) Grundlagen der zoologischen Systematik. Blackwell Wissenschaftsverlag, Berlin
- NATURA 2000 (2010) Groppe (*Cottus gobio*).
  URL *http://www.ffh-gebiete.de/arten-steckbriefe/fische/details.php?dieart=1163* [Stand 29.12.2010]
- Raven PH, Evert RF, Eichhorn SE (2006) Biologie der Pflanzen. 4. Aufl. de Gruyter, Heidelberg
- Zrzavý J, Storch D, Mihulka S (2009) Evolution – ein Lese-Lehrbuch. Spektrum Akademischer Verlag, Heidelberg

**Literatur zum Thema Hybridarten am Beispiel der Groppe**

- Englbrecht C, Freyhof J, Nolte A, Rassmann K, Schliewen U, Tautz D (2000) Phylogeography of the bullhead *Cottus gobio* (pisces: teleostei: cottidae) suggests a pre-Pleistocene origin of the major central European populations. Mol Ecol 9: 709–722
- Freyhof J, Kottelat M, Nolte A (2005) Taxonomic diversity of European *Cottus* with description of eight new species (teleostei: cottidae). Ichthyol Explor Freshwaters 16: 107–172
- Mallet J (2007) Hybrid speciation. Nature 446: 279–283
- Nolte A (2005) Evolutionary genetic analysis of an invasive population of sculpins in the Lower Rhine. Dissertation Universität zu Köln. URL *http://kups.ub.uni-koeln.de/volltexte/2006/1638/* [19.01.2011]
- Nolte A, Freyhof J, Stemshorn K, Tautz D (2005) An invasive lineage of sculpins, *Cottus sp.* (pisces, teleostei) in the Rhine with new habitat adaptations has originated from hybridization between old phylogeographic groups. Proc R Soc Lond Ser B 272: 2379–2387
- Stemshorn K (2007) The genomic make-up of a hybrid species – analysis of the invasive *Cottus* lineage (pisces, teleostei) in the river Rhine system. Dissertation Universität zu Köln.
  URL *http://kups.ub.uni-koeln.de/frontdoor.php?source_opus=2062* [19.01.2011]
- Volckaert FAM, Hänfling B, Hellemans B, Carvalho GR (2002) Timing of the population dynamics of bullhead *Cottus gobio* (teleostei: cottidae) during the Pleistocene. J Evol Biol 15: 930–944

# 13 Zahmer Pelz mit wilden Wurzeln – die rasante Haustierwerdung des Silberfuchses

Anuschka Fenner und Nicola Lammert

## 13.1 Fachinformationen

### 13.1.1 Einleitung

„*Der Mensch ruft Variabilität in Wirklichkeit nicht hervor, [...] kann aber die ihm von der Natur dargebotenen Abänderungen zur Nachzucht auswählen und dieselben hierdurch in einer beliebigen Richtung häufen. [...] Er paßt auf diese Weise Thiere und Pflanzen seinem eigenen Nutzen und Vergnügen an. Er kann dies planmäßig oder kann es unbewusst tun.*" Darwin (1859)

Die **genetische Variabilität** bildet einen unentbehrlichen Baustein der Evolution. Sie hat als Ansatzpunkt der natürlichen Selektion eine enorme Artenvielfalt hervorgebracht und wartet mit wahren Superlativen auf: Etwa 46 500 Wirbeltierarten, ca. 130 000 Weichtierarten und über 1 000 000 Insektenarten sind bis heute beschrieben worden.

Bereits Darwin war seinerzeit von der ungeheuren Vielfalt fasziniert, wobei ihm die zugrunde liegenden genetischen Prozesse unbekannt waren und ein Großteil seiner damaligen Leserschaft eine Unveränderlichkeit der Arten postulierte. Als wichtigste Waffe im Kampf gegen die weitverbreitete Annahme der „Artbeständigkeit" diente ihm besonders seine Beobachtung an der Domestikation. Er war verblüfft über die „*unendliche Verschiedenartigkeit der vielen Varietäten unserer domestizierten Produkte*" (Darwin 1875) und schloss aus seinen Beobachtungen, dass unter den domestizierten Arten eine weitaus größere Vielfalt im Vergleich zu den Wildformen zu finden ist: „*Niemand zweifelt, dass domestizierte Produkte variabler sind, als organische Wesen, welche nie aus ihren natürlichen Bedingungen entfernt worden sind.*" (Darwin 1875) Tatsächlich ist die Variation innerhalb domestizierter Arten um ein Vielfaches größer als in ganzen zoologischen Familien oder sogar Ordnungen. Allein für den Haushund (*Canis lupus f. familiaris*) sind mittlerweile vom kynologischen Weltverband über 300 Rassen anerkannt (FCI 2011), die in ihren morphologischen Ausprägungen nicht mannigfaltiger sein könnten (Abb. 13.1).

> **Info**
>
> Unter **Domestikation** (lat. domesticare = zähmen) versteht man eine Umwandlung von Wildtieren und -pflanzen in Haustiere beziehungsweise Kulturpflanzen durch Zuchtauslese.

# 13 Zahmer Pelz mit wilden Wurzeln – die rasante Haustierwerdung des Silberfuchses

**Abb. 13.1** Vielfalt von Hunderassen. a) Chihuahua und Dänische Dogge (harlequin). b) Pudel, Labrador und Terrier. (a LifeOnWhite/ClipDealer, b Erik Lam/ClipDealer)

Seine Beobachtungen zur Domestikation brachten Darwin zu einer weiteren faszinierenden Erkenntnis: Bei unterschiedlichen Arten zeigten sich im Laufe des Domestikationsprozesses **ähnliche morphologische Veränderungen**. Hängeohren, ein aufwärts gebogener Schwanz und die Fähigkeit, sich unabhängig von Umwelteinflüssen mehrmals jährlich zu reproduzieren, konnte Darwin parallel auch bei verwandtschaftlich weit entfernten Arten dokumentieren. Die Mechanismen, die diesen Veränderungen zugrunde lagen, waren ihm jedoch fremd.

### Silberfuchs-Experiment – ein Modell für Domestikationsprozesse

Bis heute sind die genauen Abläufe der Domestikation nicht hinreichend geklärt und die immense Variabilität innerhalb der domestizierten Arten bleibt rätselhaft. Der Domestikationsprozess der meisten Arten fand bereits vor langer Zeit statt und Belege für diesen Prozess sind so gut wie nicht verfügbar. Ein geeignetes Modell für die Domestikation stellt das von dem russischen Genetiker **Dmitry Belyaev** vor mehr als einem halben Jahrhundert ins Leben gerufene Silberfuchs-Experiment dar. Über mehr als 40 Jahre wurden aus Pelztierfarmen entnommene Silberfüchse **auf Zahmheit selektiert**. Belyaevs Hypothese war, dass die Selektion auf Zahmheit sowohl **morphologische und physiologische Modifikationen als auch Verhaltensänderungen** der Füchse als Beiprodukt mit sich bringen würde. Es liegen zahlreiche gut dokumentierte Ergebnisse für dieses einzigartige Domestikationsexperiment vor und aufgrund der nahen Verwandtschaft von Fuchs und Hund lassen sich anhand der wissenschaftlichen Ergebnisse nachvollziehbare **Rückschlüsse auf** die zeitlich weit zurückliegende und wenig belegte **Domestikation des Hundes** ziehen. Dank dieser Eigenschaften ist das Experiment gut geeignet für den didaktischen Einsatz im Unterricht. Trotz seiner Eignung ist es bislang in der deutschsprachigen didaktischen Literatur unbekannt.

## 13.1.2 Die zahmen Füchse aus Sibirien

### Belyaevs Hypothese und das „Farm-Fox-Experiment" – eine Zusammenfassung

Der russische Genetiker Belyaev wollte den Prozess der Domestizierung in einem Modellexperiment wiederholen und dabei auftretende Veränderungen analysieren. Dieses Vorhaben stellte den Ausgangspunkt eines einzigartigen Versuchs dar, welches der Forscher 1959 in Novosibirsk in Russland begann und das bis heute, auch nach Belyaevs Tod, fortgeführt wird. Als Tier wählte er den Silberfuchs (*Vulpes vulpes*, Abb. 13.2), eine Farbvariante des Rotfuchses. Der Silberfuchs steht dem Hund taxonomisch nahe. Er wurde seit Beginn des 20. Jahrhunderts auf Pelztierfarmen gehalten, ist aber zuvor niemals domestiziert worden. Das Vorgehen bei diesem Züchtungsexperiment war einfach, kontrolliert und stringent. Es erfolgte eine alleinige Selektion auf zahme Reaktion auf menschlichen Kontakt (Trut 1999).

**Material 1**
Das Fuchsexperiment

**Abb. 13.2**
Typische Wildform des Silberfuchses (*Vulpes vulpes*): Die Ohren stehen aufrecht, der Schwanz hängt flach herab und das Fell ist bis auf die weiße Schwanzspitze silbergrau. (Mikael Males/ Dreamstime.com)

Hauptaufgabe dieses Versuchs war es nach Meinung Belyaevs, durch Selektion Tiere zu erhalten, deren **Verhalten hundeähnlich** ist. Außerdem wurde angenommen, dass sich in diesem Zusammenhang ebenfalls das strikt an Jahreszeiten gebundene Reproduktionsmuster der Tiere veränderte.

Heraus kam tatsächlich eine Population domestizierter Füchse mit hundeähnlichem Verhalten. Seit Kurzem werden diese Tiere sogar als Haustiere direkt von dem Labor der evolutionären Genetik in Novosibirsk in die ganze Welt verkauft (Institute of Cytology and Genetics 2011). Belyaevs Hypothese nach waren viele der Veränderungen während der Domestikation durch Selektion bestimmter Verhaltensmerkmale zu Beginn des Prozesses erklärbar (Belyaev 1979). Die häufig ähnlichen Veränderungen bei domestizierten Silberfüchsen sind hiernach das **Ergebnis genetischer Änderungen** infolge gleicher Selektion. Eine genetische Determination von Zahmheit und ein starker Selektionsdruck durch die Domestizierung sind Voraussetzungen, damit das Experiment auch Bedeutung hinsichtlich evolutionärer Änderungen haben kann.

# 13 Zahmer Pelz mit wilden Wurzeln – die rasante Haustierwerdung des Silberfuchses

Belyaev bezeichnete die Domestikation der Tiere als eines der größten biologischen Experimente. Nirgendwo im Verlauf der Evolution habe sich eine **vergleichbar große Variabilität in so kurzer Zeit** entwickelt wie bei der Domestikation des Silberfuchses. Als Elterntiere wurden 10500 Füchse eingesetzt, wobei 50000 Tiere als Nachwuchs daraus hervorgingen (Trut et al. 2009).

Im Folgenden werden sowohl die Vorgehensweise als auch die frappierend vielfältigen Ergebnisse dieses einzigartigen Experimentes detaillierter dargestellt.

### Das Experiment beginnt: die Ausgangspopulation

> **Info**
>
> In einer **polymorphen Population** unterscheiden sich die Individuen, und zwar nicht nur bezüglich des Alters und Geschlechts, sondern auch hinsichtlich Größe, Farbe, Verhalten und anderen Merkmalen. Diese Unterschiede können genetisch bedingt sein oder durch Umwelteinflüsse hervorgerufen werden.

Die Gründungspopulation für das Experiment bildeten ausgewählte Tiere von verschiedenen Pelztierfarmen aus Estland. Diese Tiere wiesen, wenn auch schon längere Zeit in Gefangenschaft gehalten, im Vergleich zum Wildtier phänotypisch keine Veränderungen auf und wurden in ihrer Geschichte niemals im Hinblick auf Verhalten selektiert. Im Verhalten gegenüber Menschen zeigten sie einen gewissen Polymorphismus, wobei nur 10 % der Füchse weder mit starker Angst noch mit heftiger Aggression reagierten. Eine Teilmenge im Umfang von 100 Weibchen und 30 Männchen aus diesem Pool bildete die Ausgangspopulation (Trut 1999).

### Strikte Selektion

Für eine Selektion auf Zahmheit war es notwendig, das Verhalten der Füchse unter diesem Aspekt zu analysieren und zu bewerten. Standardisierte monatliche Verhaltenstests, die bis zu einem Alter von 6–7 Monaten sowohl isoliert im Käfig als auch zusammen mit anderen Jungtieren im Gehege durchgeführt wurden, sollten darüber Auskunft geben. Hierbei bot der Experimentator Futter an und versuchte den taktilen Kontakt herzustellen (Trut 1999). Später umfasste der Test am Käfig immer fünf Punkte, jeder Punkt dauert eine Minute und wurde videografiert (Cornell-Universität 2011):

- Annäherung des Beobachters an den Käfig
- Verweilen des Beobachters am geschlossenen Käfig
- Beobachter steht am offenen Käfig, allerdings ohne den Kontakt zu initiieren
- Berührungskontakt
- Aufenthalt des Beobachters am geschlossenen Käfig

Um sicherzugehen, dass die Zahmheit das Ergebnis einer genetischen Selektion und nicht einer Gewöhnung war, wurden die Füchse in Käfigen gehalten und hatten nur kontrollierten, zeitlich sehr begrenzten Kontakt mit Menschen. Bei einsetzender Geschlechtsreife wurde die Zahmheit auf Grundlage der Ergebnisse der Verhaltenstests klassifiziert. Die Selektion war strikt, nur 20 % der weiblichen und bis zu 5 % der männlichen Tiere des Nachwuchses bildeten die folgende Elterngeneration. Zu erwähnen ist noch, dass der Inzuchtkoeffizient durch Einkreuzen während der ganzen Zeit gering gehalten wurde (2–7 %) und es außerdem eine nicht auf Zahmheit selektierte Kontrollpopulation gab (Trut 1999).

## Erste Veränderungen: die Füchse werden zahm

Die Füchse wurden zuerst aufgrund des Wertes, den sie in den Verhaltenstests erhielten, in eine von drei Klassen eingeordnet. Allerdings musste schon nach der sechsten Generation diese Einteilung durch Einrichtung einer neuen Klasse erweitert werden. Diese wurde als „domestizierte Elite beziehungsweise Auslese" bezeichnet.

- Klasse III: Flucht vor Experimentator, Beißen als Reaktion auf Kontaktversuch
- Klasse II: Berührung wird ohne freundliche Reaktion zugelassen.
- Klasse I: Freudige Reaktion auf die Anwesenheit des Experimentators wird begleitet durch Schwanzwedeln und Wimmern.
- Klasse DE: Tiere suchen von sich aus begierig den Kontakt, Wimmern nach Aufmerksamkeit, hundeähnliches Schnüffeln und Lecken (Abb. 13.3).

**Material 2**
Zahme Füchse und weitere verblüffende Ergebnisse

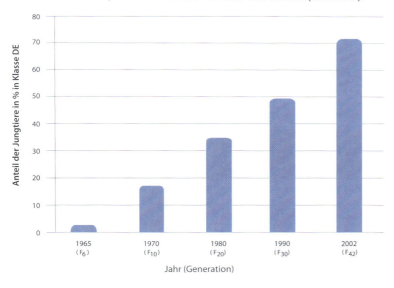

**Abb. 13.3**
Prozentualer Anteil zahmer Füchse (Klasse DE) zu verschiedenen Zeiten des Experimentes (nach Trut et al. 2004)

Nach 35 Generationen und 40-jähriger Zucht sind die Füchse unverkennbar domestiziert. Selbst Tiere, die von der Farm ausgerissen waren, sind immer wieder zurückgekehrt, was einen möglichen Hinweis darauf darstellt, das sie nicht mehr in der Natur überleben könnten (Trut 1999).

## Die vielfältigen Veränderungen

Im Zusammenhang mit der Selektion auf Zahmheit traten im Verlauf des Experimentes weitere verblüffende und vielfältige Ergebnisse nicht nur im Verhalten, sondern auch in Morphologie und Physiologie auf.

### Morphologische Veränderungen

Als erste körperliche Veränderung wurde in der 8.–10. Generation eine **Änderung der Fellfarbe** festgestellt. Einige Tiere waren schwarz-weiß ge-

# 13 Zahmer Pelz mit wilden Wurzeln – die rasante Haustierwerdung des Silberfuchses

scheckt, braun marmoriert oder hatten einen weißen Stirnfleck (Blässe). Der weiße Stirnfleck lässt sich auf eine Mutation zurückführen und wird autosomal unvollständig dominant vererbt (Belyaev et al. 1981). Zusätzlich traten bei manchen der Jungtiere Schlappohren und Ringelschwänze auf. Bei fortschreitender Selektion wurde in der 15.–20. Generation das Skelett verändert: Tiere hatten verkürzte Beine, Ruten und Schnauzen, einen Unterbiss sowie einen verbreiterten Schädel. Einige der Veränderung wurden zwar auch in nicht domestizierten Populationen in Gefangenschaft beobachtet, aber in deutlich geringerer Häufigkeit (Tab. 13.1; Trut 1999).

### Verhaltensänderungen

Bei der domestizieren Population gab es gravierende Veränderungen in der **frühen postnatalen Entwicklung**. Die Jungtiere reagierten nach der Geburt zwei Tage früher auf Geräusche und öffneten ihre Augen einen Tag früher. Allerdings trat Angst als Reaktion auf Unbekanntes drei Wochen später auf als bei Tieren der nicht domestizierten Kontrollgruppe (Abb. 13.4). Hieraus resultierte eine deutlich größere Zeitspanne, welche für die Ausbildung sozialer Bindungen als Sozialisationsfenster zur Verfügung steht (Trut 1999, Trut 2001). Bedeutsam ist auch das Ergebnis aus Verhaltensexperimenten mit domestizierten und nicht domestizierten Füchsen sowie Hunden, bei denen die Interaktion der Tiere mit dem Menschen im Mittelpunkt stand. Hierbei

**Tab. 13.1:** Häufigkeit verschiedener veränderter morphologischer Merkmale bezogen auf 100 000 Tiere (Trut 1999)

| morphologisches Merkmal | Anzahl Tiere (pro 100 000 Tiere) | |
|---|---|---|
| | domestizierte Population | nicht domestizierte Population |
| Depigmentierung („Stern") | 12 400 | 710 |
| braun marmoriertes Fell | 450 | 86 |
| Hängeohren | 230 | 170 |
| verkürzter Schwanz | 140 | 2 |
| aufgerollter Schwanz | 9 400 | 830 |

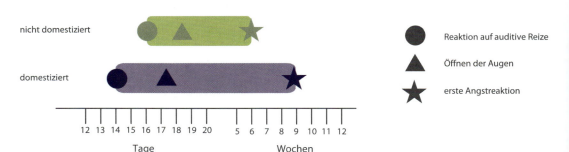

**Abb. 13.4** Zeiträume in der postnatalen Entwicklung (verändert nach Trut 1999, Trut 2001)

konnten die domestizierten Füchse menschliche Gesten ebenso gut wie Hunde interpretieren und waren auch ohne Futteranreiz interessierter an dargebotenem Spielzeug als die nicht domestizierten Individuen. Die Fähigkeit, menschliche Gesten zu interpretieren, fehlt vielen anderen Tieren (Hare et al. 2005).

**Physiologische Veränderungen**

Die wichtigste physiologische Veränderung betrifft das **saisonale Reproduktionsmuster**. In der Natur sowie bei Tieren auf Pelzfarmen tritt normalerweise einmal pro Jahr eine Paarungszeit auf, die an die zunehmende Tageslänge im Januar bis Februar gekoppelt ist. Bei einigen Gruppen der selektierten Tiere gab es jedoch sowohl sexuelle Aktivität als auch erfolgreiche Paarungen außerhalb dieser Paarungszeit. Einige der Weibchen bekamen sogar zweimal im Jahr Nachwuchs (Belyeav 1969).

Abgesehen davon wurden weitere **neuroendokrine Veränderungen** festgestellt. Der postnatale Anstieg des Cortisolspiegels im Plasma erfolgte bei den zahmen Füchsen später. Die Konzentration an Plasmacorticoiden wurde ab der 10. Generation gemessen. Sie war in der 20. Generation basal um 50 % geringer, bei Stress 30 % geringer und nach der 25. Generation waren beide Spiegel 3- bis 5-fach geringer als in der entsprechenden Kontrollpopulation (Trut et al. 2009). Das basale Level des Adrenocorticotropen Hormons (ACTH) sowie der stressinduzierte Adrenalinanstieg war bei den zahmen Tieren geringer (Oskina 1996). Auch im Serotoninstoffwechsel gab es Veränderungen. Hier wiesen die domestizierten Füchse einen höheren Gehalt an Serotonin (5-HT), dem Metabolit 5-Hydroxyindolessigsäure (5-HIES) und an Tryptophan-Hydrolase auf (Trut 1999). Außerdem konnte eine signifikant geringere Dichte an 5-HT1A-Rezeptoren im Hypothalamus bei den domestizierten Tieren nachgewiesen werden (Kukekova et al. 2008).

☞ „Phänotypische Änderungen und Entwicklungsraten" und „Serotonin und aggressives Verhalten" in Abschnitt 13.1.5

## 13.1.3 „Auf das Schaf gekommen" – die Domestikation unserer heutigen Nutztiere

Nach heutigen archäologischen, kulturellen und genetischen Erkenntnissen fanden erste Domestikationsversuche von Nutztieren vor rund 12000 Jahren im Bereich des sogenannten „fruchtbaren Halbmondes" im Norden der arabischen Halbinsel statt (Zeder 2008; Abb. 13.5). Dieses niederschlagsreiche Gebiet gilt als Wiege der Neolithischen Revolution, d. h. des Übergangs einer nomadisch lebenden Jäger-Sammler-Kultur hin zu einer sesshaft Ackerbau und Viehzucht betreibenden Gesellschaft. Aufgrund der üppigen Vegetation dieser Region war eine ausreichende Nahrungsversorgung durch kurze Streifzüge möglich, sodass sich erste feste Siedlungsplätze bilden konnten. Nach und nach wurden nicht nur wilde Getreidearten gesammelt, sondern auch gezielt angebaut, und es bildete sich allmählich eine gewisse **Unabhängigkeit von Schwankungen im natürlichen Nahrungsangebot** heraus. Eine weitere Stabilisierung des Nahrungsangebots erreichten die damaligen Gesellschaften durch die Domestikation von Tieren, die unter anderem als Fleischlieferanten genutzt wurden. Ein Großteil unserer heutigen Nutztiere

## 13 Zahmer Pelz mit wilden Wurzeln – die rasante Haustierwerdung des Silberfuchses

stammt von in Herden lebenden Pflanzenfressern ab. So gelten beispielsweise Auerochse (*Bos primigenius*), Mufflon (*Ovis orientalis*) und Bezoarziege (*Capra aegagrus*) als Stammart von Hausrind, Hausschaf und Hausziege.

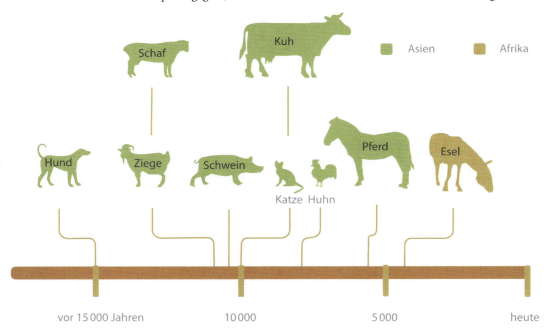

**Abb. 13.5** Zeitpunkt und Ursprung der Domestikation heutiger Haustiere (verändert nach Ratliff 2011)

Vermutlich nutzten Menschen des Neolithikums die hierarchischen Strukturen innerhalb der Herbivorenherden zur Domestikation, indem sie die Leittiere der Herde verdrängten und so Kontrolle über die restlichen Tiere erlangten. Möglicherweise erfolgte dann ein Übergang von zunächst lockerer Tierhaltung zu geschlossener Herdenhaltung, was besonders durch das ruhige Gemüt und die Anspruchslosigkeit (unspezifische Nahrung, schnelles Wachstum, Fortpflanzung auch in menschlicher Obhut) der Tiere ermöglicht wurde (Herre und Röhrs 1990).

### Merkmale domestizierter Tiere

**Material 4**
Veränderungen während der Haustierwerdung

Domestizierte Tiere zeichnen sich durch eine Reihe an Merkmalen aus, die für sie charakteristisch sind: Ihre Fortpflanzung wird mehr oder weniger durch den Menschen beeinflusst und erlaubt nur in **begrenztem Ausmaß eine freie Partnerwahl**. Überdies zeigen sie in der Regel ein **furcht- und aggressionsloses Verhalten** gegenüber Menschen, welches genetisch determiniert ist und an die Nachkommen weitergegeben wird. Im Gegensatz dazu wird die Zahmheit von an menschliche Obhut gewöhnten Tieren, wie einem Zirkuslöwen, nicht vererbt. Nachkommen dieser Spezies zeigen die für Wildformen typischen Reaktionen auf Menschen und müssen erneut „gezähmt" werden (Driscoll et al. 2009).

Auch in der Morphologie gibt es für den Domestikationsprozess **charakteristische Merkmale**. Wie bereits Charles Darwin seinerzeit bei seinen Forschungen bemerkte, können selbst bei verwandtschaftlich weit entfernten Arten im Laufe der Domestikation ähnliche morphologische Veränderungen beobachtet werden. Hängeohren beispielsweise finden sich sowohl beim Hausschaf als auch beim verwandtschaftlich weit entfernten Hund. Unter Wildformen ist dieses Merkmal allein beim Elefanten bekannt.

**Tab. 13.2:** Morphologische Veränderungen, die im Laufe der Domestikation bei unterschiedlichen Arten auftreten (verändert nach Trut 1999)

| morphologische Veränderung | domestizierte Art | |
|---|---|---|
| Zwerg- und Riesenformen | bei allen domestizierten Arten | |
| geschecktes Fell | bei allen domestizierten Arten | |
| gelocktes oder welliges Fell | ■ Schaf | ■ Schwein |
| | ■ Hund (z. B. Pudel) | ■ Ziege |
| | ■ Esel | ■ Maus |
| | ■ Pferd | ■ Meerschweinchen |
| Ringelschwanz | ■ Hund | ■ Schwein |
| verkürzter Schwanz | ■ Hund | ■ Schaf |
| | ■ Katze | |
| Hängeohren | ■ Hund | ■ Schaf |
| | ■ Katze | ■ Ziege |
| | ■ Schwein | ■ Rind |
| | ■ Pferd | |

Neben diesen sogenannten morphologischen Domestikationsmarkern können auch **physiologische Veränderungen** beobachtet werden. Verschiedene domestizierte Säugetierarten zeigen im Gegensatz zu ihren wilden Vorfahren ein größtenteils von Umwelteinflüssen unabhängiges Fortpflanzungssystem, welches ihnen mehrere Reproduktionszyklen pro Jahr ermöglicht (Sadleir 1969, Trut 1988).

Die Tatsache, dass diese Veränderungen parallel bei verwandtschaftlich weit entfernten domestizierten Arten auftreten, macht es unwahrscheinlich, dass für diese Veränderungen homologe Genmutationen verantwortlich sind (Trut et al. 2009). Es müssen andere genetisch determinierte Mechanismen zugrunde liegen, die im Laufe der Selektion durch Domestikation auf alle domestizierten Arten wirken.

### 13.1.4 Vom Wolf zum Wuff – die Domestikation des Wolfes

Der Hund (*Canis lupus f. familiaris*) ist nicht nur der „beste Freund des Menschen", sondern auch sein ältester Begleiter (vgl. Abb. 13.5). Archäologische Funde belegen unbestritten, dass dieser Kanide das erste Haustier war, noch bevor klassische Haustiere wie Schaf, Rind und Co. in den Hausstand des Menschen übernommen wurden. Als Stammart des Hundes wurden einst verschiedene Vertreter der Gattung *Canis* in Erwägung gezogen. Insbesondere Wolf (*Canis lupus*) und Goldschakal (*Canis aureus*), aber auch der Kojote (*Canis latrans*) wurden als anzestrale Spezies des heutigen Haushundes postuliert. Selbst Konrad Lorenz vertrat in seinem 1950 erschienenen Buch „So kam der Mensch auf den Hund" die Meinung, dass der Goldschakal als Stammart für die meisten Hunderassen diente, mit Ausnahme einiger wolfsblütiger Rassen wie Siberian Husky und Samojede. Nach heutigen genetischen, morphologischen und ethologischen Erkenntnissen können Goldschakal und Kojote als Stammart ausgeschlossen werden. Als **alleiniger Urahn** aller heutigen Hunderassen kommt daher **nur der Wolf** in Betracht (Feddersen-Petersen 2004; Abb. 13.6).

Was den Zeitpunkt erster Domestikationsversuche betrifft, gehen die wissenschaftlichen Meinungen immer noch auseinander. Der älteste gesicherte Fossilfund eines Haushundes stammt aus dem Jungpaläolithikum und ist etwa 14 000 Jahre alt. Neueste molekulargenetische Untersuchungen konnten den Domestikationsbeginn auf einen Zeitraum vor ca. 15 000 Jahren datieren (Savolainen et al. 2002). Die zeitliche Übereinstimmung aus unterschiedlichen Forschungsfeldern macht einen Domestikationsbeginn **vor etwa 14 000–15 000 Jahren** höchstwahrscheinlich.

Über den möglichen Ablauf und Auslöser des Domestikationsprozesses herrscht ebenfalls Uneinigkeit. Gemeinhin haben sich zwei Lager herausgebildet, die sich in ihren Ansichten stark unterscheiden: Eine Seite geht von der Domestikation des Wolfes durch künstliche Selektion durch den Menschen aus, die andere Seite versteht den Prozess eher als eine Art Selbstdomestikation.

Zu den Vertretern der **„künstlichen Selektion"** zählen beispielsweise die bedeutenden Kynologen Eberhard Trumler und Erik Zimen. Auch wenn sich beide Forscher einig waren, dass die Domestikation des Wolfes durch die künstliche Selektion des Menschen eingeleitet wurde, unterschieden sich ihre Erklärungsansätze für die Motivation, die zu ersten Domestikationsversuchen geführt hat, erheblich. Trumler vertrat die Hypothese, dass Wölfe zunächst als Fleischlieferanten dienten, auf die nach Bedarf zurückgegriffen werden konnte. Da die aggressiven Tiere sich in Gefangenschaft nicht vermehrten, wurden besonders ruhige Individuen gefangen und als Nahrungsvorrat gehalten. Nach und nach soll sich so eine Domestikation des Wolfes ergeben haben. Der schwedische Wolfsforscher Zimen ging stattdessen von emotionalen Faktoren als Triebkraft der Domestikation aus. So könnten Wolfswelpen von den Frauen der Clans aufgezogen worden sein und erst später gewisse Funktionen übernommen haben, die für die Menschen nützlich waren. Sie könnten zum Beispiel bei der Pflege des

---

**Info**

**Haustiere** sind im engeren Sinne Tiere, die zur Nutzbarmachung ihrer Produkte und Leistungen oder aus ideellen Gründen von Menschen über eine Vielzahl von Generationen gehalten wurden, die sich durch künstliche Zuchtwahl morphologisch, physiologisch und ethologisch gegenüber ihren wild lebenden Vorfahren verändert haben und damit zu eigenen Rassen wurden. […] Nur aus etwa 20 von 4500 bekannten Säugetierarten entstanden durch Domestikation echte Haustiere. Wiederum nur ein kleiner Teil von diesen erreichte wirtschaftliche Bedeutung und weltweite Verbreitung. (aus wissenschaft-online 2011)

**Material 5**
Vom Wolf zum Wuff – die Domestikation des Wolfes

Nachwuchses, als Vertilger von Unrat und Nahrungsresten oder als aufmerksame Beobachter eingesetzt worden sein (Zimen 1988).

Die **Selbstdomestikation** der Wölfe wurde vor allem durch den Hundeexperten Raymond Coppinger verbreitet. Seiner Auffassung nach fand vor der eigentlichen künstlichen Selektion durch den Menschen zunächst eine Selbstdomestikation statt, die mittels natürliche Selektion ins Rollen gebracht wurde: Steinzeitliche Menschen errichteten feste Siedlungen und brachten eine neue ökologische Nische hervor. Es eröffneten sich nun üppige neue Nahrungsquellen in Form dörflicher Müllkippen, die durch die Nähe zu menschlichen Siedlungen besonders von Wölfen mit einer zufällig geringeren Fluchtdistanz genutzt wurden. Diese Tiere hatten gegenüber den risikoscheuen Individuen mit hoher Fluchtdistanz einen Vorteil, da sie die Nahrungsressourcen der Müllhalde besser nutzen konnten und weniger Energie für die Flucht aufbringen mussten. Im Laufe der Generationen begünstigte die Selektion dadurch Individuen, die menschliche Nähe bei der Nahrungssuche duldeten. Erst diese „zahmeren" Wölfe wurden in die Obhut des Menschen genommen und einer künstlichen Selektion ausgesetzt (Coppinger und Coppinger 2001).

Vermutlich ähnelten die ersten domestizierten Hunde noch lange Zeit ihren wilden Vorfahren. Erst in den letzten 200–500 Jahren entwickelte sich durch eine gezielte Zuchtwahl des Menschen die ungeheure Vielfalt, die wir heute als unterschiedlichste Hunderassen kennen.

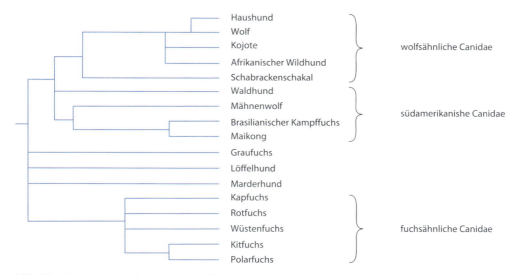

**Abb. 13.6** Die Systematik der Canidae (Hundeartige; verändert nach Wayne 1993)

## 13.1.5 Viele Veränderungen – auf der Suche nach Zusammenhängen

Anhand der aufgezeigten Ergebnisse des Silberfuchs-Experimentes stellt sich die Frage, wie sich die verblüffend vielfältigen Änderungen während der Selektion auf Zahmheit erklären lassen.

Zufällige Mutationen einzelner Gene, welche den häufigsten Mechanismus phänotypischer Veränderungen darstellen, kommen aufgrund des aus evolutionsbiologischer Sicht kurzen Zeitraums und in Anbetracht einer normalen Mutationsrate von $10^{-5}$–$10^{-9}$ pro Gen und Generation bei höheren Organismen kaum in Betracht.

### Belyaevs destabilisierende Selektion

Eine Erklärungsmöglichkeit sind Inzuchteffekte aufgrund einer relativ großen Anzahl von heterozygoten Trägern einer rezessiven Mutation in der Ausgangspopulation. Diese können aber bei dem Fuchsexperiment ausgeschlossen werden, da das im Experiment gewählte Paarungssystem Inzucht durch Einkreuzen verhinderte, was durch den niedrigen Inzuchtkoeffizienten belegt wird. Außerdem wurden einige der neuen Merkmale, zum Beispiel die Bildung der sternförmigen Blässe, nicht rezessiv, sondern unvollständig dominant vererbt (Trut 1999).

Eine andere Erklärungsmöglichkeit ist, dass die beobachteten Veränderungen die Nebenprodukte einer starken Selektion eines quantitativen Merkmals sind. Quantitative Merkmale weisen eine genetisch determinierte hohe Bandbreite auf und werden durch mehrere Gene kontrolliert, was auch als **Polygenie** bezeichnet wird.

Belyaev fand zu seiner Zeit in der traditionellen Genetik keine befriedigende Interpretation für die beobachteten Phänomene. Er führte als Erklärung den Begriff der **destabilisierenden Selektion** ein. Hiernach erfolgt eine Destabilisierung des die Entwicklung regulierenden Systems durch die Verhaltensselektion, was sich in einer Destabilisierung der morphologischen und physiologischen Organisation auswirkt. Der Begriff Destabilisation wirkt im ersten Moment verwirrend, ist aber als Gegenpart einer stabilisierend wirkenden natürlichen Selektion zu sehen. So ist es beispielsweise offensichtlich, dass die Zeit der sexuellen Aktivität und Paarung bei Tieren durch natürliche Selektion stark stabilisiert ist (Trut 1999).

### Phänotypische Änderungen und Entwicklungsraten

Die Veränderungen von Verhalten und Morphologie sind miteinander und mit physiologischen Prozessen im Zusammenhang zu betrachten, wobei es naheliegend scheint, nach einer **gemeinsamen Grundlage** zu forschen. Mögliche Kandidaten sind hier Gene, welche eine Schlüsselposition in Regulationsprozessen einnehmen (Trut et al. 2004) und somit die Rolle von Kontrollgenen haben.

Da bei domestizierten Individuen zum Teil juvenile Merkmale bis in das Erwachsenenalter erhalten bleiben (Coppinger et al. 1987), liegt es nahe, die Veränderungen in Verhalten und Morphologie unter dem Aspekt einer **abgewandelten Entwicklung** zu betrachten. Bei der Züchtung auf Zahmheit scheint die körperliche Entwicklung verzögert, die sexuelle hingegen beschleunigt zu sein. Die zahmen Füchse erreichen durchschnittlich einen Monat früher die Geschlechtsreife (Oskina 1995).

Viele der „neuen" Merkmale lassen sich durch eine **Veränderung der Ontogenese** erklären. So sind Schlappohren für junge, aber nicht für erwachsene Füchse charakteristisch. Sogar die neuen Fellfarben lassen sich auf Grundlage von Entwicklungsveränderungen erklären, da das zugrunde liegende Gen die Migrationsrate der Melanoblasten, den embryonalen Vorläufern der für die Fellfärbung verantwortlichen Melanozyten, beeinflussen. Diese Verzögerung der Entwicklung führt zum Fehlen der Melanozyten in bestimmten Bereichen und dort zu einer Depigmentierung (Trut et al. 2009). Ebenso könnte die Veränderung der Schädelmorphologie auf unterschiedlichen Wachstumsraten begründet sein (Trut 1999).

Die **sensitive Phase der Sozialisation**, welche den Zeitraum zwischen dem ersten Entdecken der Umgebung anhand der Sinnesorgane und dem Auftreten von Angst als Reaktion vor Unbekanntem umfasst, ist bei den auf Zahmheit gezüchteten Füchsen deutlich länger und stellt ebenfalls eine Entwicklungsverzögerung dar. Diese sensible Phase ist vor allem wichtig für die Ausbildung von sozialen Bindungen, auch im Hinblick auf menschlichen Kontakt. Die Selektion auf Zahmheit bewirkt folglich eine Veränderung der postnatalen Entwicklung physiologischer und hormoneller Mechanismen, welche für die Bildung des Sozialverhaltens verantwortlich sind. Der spätere Anstieg an **Glucocorticoiden** im Plasma steht weiterhin im Zusammenhang mit der bei zahmen Füchsen später einsetzenden Angstreaktion. Glucocorticoide (GC), zu denen unter anderem das Cortisol zählt, sind Steroidhormone der Nebennierenrinde, die sich vor allem auf den Glucosestoffwechsel auswirken und auch an der langfristigen Stressantwort des Organismus beteiligt sind. Ihre Freisetzung wird durch das im Hypophysenvorderlappen freigesetzte Tropin ACTH (Adrenocorticotropes Hormon) induziert (Campbell und Reece 2009). Die durch Domestikation hervorgegangenen zahmen Tiere stehen somit **weniger unter Stress**. Ergebnisse weisen zudem darauf hin, dass Glucocorticoide die Proliferation von Zellen hemmen und den Übergang zur Zelldifferenzierung fördern (Trut et al. 2009). Sie stellen somit einen weiteren Beleg für die Veränderung der Entwicklung dar. Zusätzlich wird für Glucocorticoide eine regulatorische Funktion in Zusammenhang mit Demethylierung und Transkriptionsaktivität von Genen postuliert (Thomassin et al. 2001).

Es scheint plausibel, dass diese verzögerten Entwicklungen eine Manifestation genetisch determinierter Regulationseffekte sind, welche sich auf die Entwicklungsraten auswirken und indirekt durch die Selektion auf Zahmheit betroffen sind (Trut et al. 2009). Durch Veränderung der Entwicklungsraten werden also Merkmale verändert, die nicht der direkten Selektion unterliegen. Dies führt offensichtlich zu einem Anstieg an phänotypischer Variation.

### Serotonin und aggressives Verhalten

Verhalten, das hier alleiniger Ansatzpunkt der strikten Selektion war, wird durch eine Balance zwischen Hormonen und Neurotransmittern gesteuert. Gene, welche diese Balance kontrollieren, stehen auf einer hierarchisch hohen Stufe im Genom. Aus diesem Grund wirken sich selbst kleine Änderungen weitreichend aus (Trut 1999). Die Beteiligung von Serotonin an der Ausprägung von aggressivem Verhalten ist für mehrere Organismen be-

**Material 3**
Video „Canine domestication"

☞ „Physiologische Veränderungen" in Abschnitt 13.1.2

☞ „Physiologische Veränderungen" in Abschnitt 13.1.2

legt, jedoch sind die zugrunde liegenden Mechanismen noch nicht völlig verstanden. Aggressives Verhalten ist zudem kein einheitliches Merkmal, sondern wird als komplexes Merkmal durch viele genetische Faktoren und Neurotransmitter reguliert.

Serotonin ist ein Neurotransmitter im Zentralnervensystem und seine frühe pränatale Expression spielt eine kritische Rolle bei der Gehirnentwicklung. Es ist im Tierreich weit verbreitet und ist darüber hinaus phylogenetisch alt. Da Serotonin aus chemischer Sicht kein Protein, sondern ein Indolamin ist, können sich genetische Änderungen auf seinen Metabolismus, auf die Aufnahme von Serotonin aus dem synaptischen Spalt oder die Dichte beziehungsweise Sensitivität von Serotoninrezeptoren auswirken. An der Serotoninsynthese aus der Aminosäure Tryptophan sind unter anderem das Enzym TPH (Tryptophan-Hydroxylase) beteiligt. Sowohl beim Silberfuchs (*Vulpes vulpes*) als auch bei der Wanderrate (*Rattus norvegicus*) wurden im Zusammenhang mit der Selektion auf zahmes Verhalten höhere Konzentrationen an Serotonin (5-Hydroxytryptamin [5-HT]), dem Hauptmetabolit Hydroxyindolessigsäure (5-HIAA) und eine gesteigerte TPH-Aktivität gemessen. Die Ergebnisse belegen die Beteiligung von Serotonin an der **angstinduzierten Verteidigungsreaktion** verschiedener Arten und die genetische Determination von aggressivem Verhalten (Popova 2006).

### Ablauf von Domestikationsprozessen

Das Fuchsexperiment zeigt, dass **bei der Selektion Gene beeinflusst** werden, welche den neurohormonalen Status beeinflussen. Dies wirkt sich wiederum auf verschiedene Merkmale aus (Abb. 13.7).

Die ähnlichen Veränderungen bei Säugetieren aus taxonomisch unterschiedlichen Gruppen im Verlauf der Domestizierung lassen den Schluss zu, dass sowohl die betroffenen Regulationsmechanismen als auch die von ihnen gesteuerten Entwicklungswege **sehr ähnlich** sind. Selektion des gleichen Verhaltens wird entsprechend vergleichbar verändert (Trut 1999).

## 13.1.6 Das Experiment geht weiter – aktuelle Forschung beim Silberfuchs

Der Silberfuchs dient nicht nur als Modell, um Fragen der frühen Domestikation zu lösen, sondern hilft auch, unser **Verständnis der genetischen Grundlage komplexen Verhaltens** zu erweitern (Spady und Ostrander 2007). Es stellt sich die Frage, inwieweit Merkmale in Bezug auf Verhalten und Morphologie auf genetischer Ebene integriert sind. Bisher ist wenig Konkretes über die Korrelation der Expression einzelner Gene und der phänotypischen Variation bestimmter Merkmale, vor allem hinsichtlich auf Verhaltensmerkmale, bekannt. Aus diesem Grund ist dieser Bereich Gegenstand aktueller Forschung.

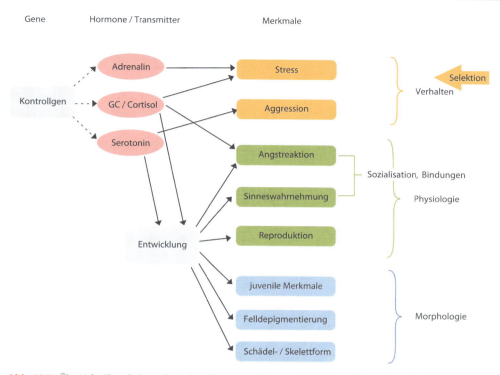

**Abb. 13.7** Übersicht über die hypothetischen Zusammenhänge bei Selektion auf Zahmheit. GC = Glucocorticoide

Um weitergehende genetische Analysen zu ermöglichen, wurde in einem ersten Schritt eine Kopplungskarte für den Silberfuchs erstellt. In einem zweiten Schritt kreuzte man experimentell Individuen aus zahmen und aggressiven Fuchspopulationen und führte Rückkreuzungen der daraus resultierenden Filialgeneration mit zahmen Füchsen durch. Als letzter Schritt wurde ein neues System zur Bewertung des Verhaltens als kontinuierliche Variable auf der Grundlage von 50 dichotomen Merkmalen entwickelt und angewendet (Kukekova et al. 2008). Erste Ergebnisse belegen eine **gemeinsame genetische Basis für die Variation von Morphologie und Verhalten** (Trut et al. 2006). Ziel zukünftiger Forschungen ist die Lokalisation von verhaltensbestimmenden Genen.

> **Info**
>
> Auf einer **Kopplungskarte** (*linkage map*) werden die relativen räumlichen Entfernungen von Genen, d. h. ihrer Genorte, auf einem Chromosom grafisch dargestellt. Grundlage hierfür sind die Crossing-over-Häufigkeiten zwischen Genen. Die Wahrscheinlichkeit für ein Crossing over zwischen zwei Genen ist nämlich umso höher, je weiter sie auseinander liegen. Umso höher ist auch ihre Rekombinationshäufigkeit.

## 13.2 Unterrichtspraxis

*„Eine besondere Rolle spielt die Evolutionstheorie als zentrale Theorie der Biologie. Sie stellt letztlich alle Basiskonzepte in einen gemeinsamen Zusammenhang. Die Grundzüge der Selektionstheorie und die Einführung des Aspekts der Geschichtlichkeit bilden eine durchgehende Leitlinie des Biologieunterrichts."* (Niedersächsisches Kultusministerium 2007, S. 72)

Die tragende Rolle der Evolutionsbiologie für das biologische Gesamtverständnis ist sicherlich sowohl aus fachlicher als auch didaktischer Sicht unumstritten. Wirft man aber einen tieferen Blick in die verschiedenen

Lehrpläne und Schulbücher, ist man doch überrascht, wie unterschiedlich dieses Thema im Zusammenhang mit obligaten Inhalten verknüpft ist. So wird die für das kausale Verständnis wichtige Evolutionstheorie zum Beispiel in dem Lehrplan Biologie für das Gymnasium des Landes Hessen nicht aufgeführt oder ist alleiniger Bestandteil der fachlichen Vorgaben höherer Jahrgangsstufen. Letzteres fußt wahrscheinlich auf der immer noch kursierenden Meinung, das Unterrichten der Evolutionstheorie sei ohne ein differenziertes genetisches Grundverständnis nicht sinnvoll. Einen Gegensatz hierzu bildet die Forderung von Biologiedidaktikern, die Selektionstheorie so früh wie möglich einzuführen (Giffhorn und Langlet 2006), wobei als Argumente ein besseres Verständnis, mehr Anspruch und Zusammenhang sowie mehr Bildung angeführt werden (Zabel 2006). Auch im Hinblick auf die zahlreich bekannten Fehlvorstellungen bei Schülern im Zusammenhang mit Variation und Selektion erscheint dies sinnvoll.

### 13.2.1 Evolutionsbiologie in der Sekundarstufe I

Ein klassisches Thema im Biologieunterricht der Jahrgangsstufen 5 und 6 ist die **Züchtung**; Beispiele wie Hund, Rind, Pferd, Schwein, Kohl oder Getreide lassen sich in vielen gängigen Lehrwerken finden. Problematisch ist hierbei allerdings die rein deskriptive Ebene. So werden beispielsweise Wolf und Hund gegenübergestellt, Begriffe wie Stammvater und Züchtung eingeführt, aber eine Erläuterung des eigentlichen Zuchtverfahrens durch künstliche Selektion fehlt. Dabei kann Züchtung ein Eingangstor in den Evolutionsunterricht bei unteren Jahrgangsstufen darstellen (Felzmann 2006).

Als Beispiel zur Behandlung von Züchtung bietet sich in den unteren Klassen der Sekundarstufe I der Silberfuchs an. Vorteilhaft ist die gute Dokumentation und damit Belegbarkeit des Experimentes. Mögliche Gegenargumente, die sich auf „nicht bewiesen" oder „nur eine Theorie" beziehen, werden dadurch nicht nur entkräftet, sondern dürften auch seltener auftreten. Die relativ kurze Zeitdauer der Domestikation des Fuchses ist für jüngere Schüler, die sich die großen Zeiträume nur schwer vorstellen können, ebenfalls ein positiver Aspekt. Außerdem ist das Experiment aufgrund seiner Einfachheit transparent und nachvollziehbar. Die verblüffenden Auswirkungen reiner Verhaltensselektion wirken sich hierbei zusätzlich motivierend aus.

Nachfolgend wird eine unterrichtliche Einbindung des Fuchsexperimentes für die Jahrgangsstufen 5/6 dargestellt. Ziel ist die Vermittlung eines **Grundverständnisses für Variation, künstliche Selektion und der Veränderung von Arten in der zeitlichen Dimension**. Die Domestikation des Silberfuchses kann auch in anderen Jahrgangsstufen sinnvoll in evolutivem Zusammenhang thematisiert werden. Allerdings sollte der Schwerpunkt dann auf der Bildung von Gesamtzusammenhängen liegen. Eine Möglichkeit stellt die Anbindung an die Behandlung der hormonellen Regulation dar. Einen Ausgangspunkt in Bezug auf weitere Daten und Abbildungen zur Erstellung von eigenem Unterrichtsmaterial sind die Artikel von Lyudmila Trut (1999, 2009).

## 13.2.2 Einstieg und Problemgewinnung

Die Tatsache, dass **zahme Füchse als Haustiere** verkauft werden, eröffnet die Möglichkeit eines problemorientierten Einstiegs. Hierzu können

- bei entsprechend technischer Ausstattung die Webseite von Sibfox (www.sibfox.com), dem offiziellen Händler der sibirischen Füchse, aufgerufen werden, oder

- ein Bild eines zahmen Silberfuchses präsentiert (Abb. 13.8) und die deutsche Übersetzung des Textes der Webseite (siehe unten) beziehungsweise Schlagzeilen eingesetzt werden.

**Abb. 13.8**
Zahmer Silberfuchs
(© Kovalvs/www.fotosearch.de)

Zeigt man den Schülern zunächst ein Bild, auf dem ein zahmer Silberfuchs zu sehen ist, sind sie häufig verblüfft. Bei entsprechenden Vorkenntnissen kommt es zu einem kognitiven Konflikt und der Formulierung einer ersten Problemfrage, zum Beispiel *„Wie ist es zu erklären, dass die Füchse unterschiedlich und anders aussehen als ‚normale' Silberfüchse?"* Je nach Lerngruppe kann es sinnvoll sein, als unterstützenden Impuls Bilder von einem „normalen" Silberfuchs (vgl. Abb. 13.2) und der domestizierten Farbvariante (Abb. 13.9) zu zeigen, um diesen Unterschied zu verdeutlichen.

Ruft man die englischsprachige Webseite von Sibfox auf, ist zu berücksichtigen, dass bei jüngeren Schülern die Fremdsprachenkompetenz zum Verständnis der Texte noch nicht ausreicht. Dadurch wird der Fokus auf die Bilder der Webseite gerichtet, was durchaus positiv zu werten ist und woraus sich die oben genannten Fragen ergeben. Nach der Betrachtung der Bilder sollte den Schülern in einem zweiten Schritt die englische Information zugänglich gemacht werden. Hierdurch werden weitere Problemfragen aufgeworfen, die sich auf die Methode der Züchtung der zahmen Silberfüchse und auf ethische Fragen beziehen. Diese könnten beispielsweise lauten: *„Wie kommt es, dass die Füchse, eigentlich Wildtiere, zahm geworden sind?"* oder *„Sollte der Mensch Wildtiere züchten und als*

## 13 Zahmer Pelz mit wilden Wurzeln – die rasante Haustierwerdung des Silberfuchses

*Heimtiere verkaufen?"* Im Hinblick auf die Problemfragen sollten dann, wenn von der Lerngruppe leistbar, Hypothesen festgehalten werden. Die Problemfragen bilden den Ausgangspunkt und das Grundgerüst der nachfolgend dargestellten drei Unterrichtsschritte (Unterrichtsabschnitte 1–3).

**Abb. 13.9** Die Vorfahren von „Alisas" waren wilde Silberfüchse. Der domestizierte Fuchs lebt als Haustier in einer wohlhabenden Familie. (Vincent J. Musi/National Geographic Stock)

Zur Übersetzung der Einstiegsseite von Sibfox:

*„Sibfox ist ein US-amerikanischer Händler von zahmen Füchsen des Instituts Cytologie und Genetik (Novosibirsk, Russland), das seit über 50 Jahren zahme Füchse züchtet.*

*Wir haben keine Tierfarm in den USA, wir unterstützen nur Bestellung und Transport der zahmen Füchse direkt von der Farm in Sibirien zu Ihrer Haustür in den USA. Dies ist ein zusätzlicher und teurer Service, bei dem wir alle Transportrisiken übernehmen. Wir erstatten Ihnen 100 % der Anzahlung, falls wir es nicht schaffen, einen zahmen Fuchs (Ihrer Wahl) an Ihrer Haustür innerhalb von 90 Tagen abzuliefern.*

*Wir sind nicht exklusive Händler der zahmen russischen Füchse in den USA, und JA – Sie können auch Füchse direkt von dem Institut kaufen (kontaktieren Sie bitte direkt das Institut für Informationen oder Fragen, die Sie haben.).*

*SibFox offizielle Vertriebsgesellschaft des Russischen Instituts Cytologie und Genetik: Link"*

## 13.2.3 Unterrichtsabschnitte zum Silberfuchs

### Unterrichtsabschnitt 1: Zahme Füchse in Sibirien

Die Erarbeitung der **Vorgehensweise und Ergebnisse des Fuchsexperimentes** steht im Mittelpunkt dieses Unterrichtsabschnittes. Allerdings erfolgt eine didaktische Reduktion der Ergebnisse, da diese aufgrund der zugrunde liegenden komplexen Zusammenhänge die Altersgruppe überfordern würden. Hierbei stehen die Veränderungen von Morphologie und Verhalten im Vordergrund; hingegen werden die neuroendokrinen Veränderungen nicht ausführlich dargestellt, da entsprechendes Vorwissen bei der Lerngruppe nicht vorhanden ist.

**Material 1**
Das Fuchsexperiment

**Material 2**
Zahme Füchse und weitere verblüffende Ergebnisse

Eine Chance zur Beobachtung bietet der **Vergleich des Verhaltens** zahmer und aggressiver Silberfüchse während der kontrollierten Experimente. Passendes Filmmaterial steht eingebettet als MP4-Dateien auf einer Internetseite zur Verfügung (Cornell-Universität 2011), leider sind diese nicht gut aufgelöst. Damit die Füchse unvoreingenommen beobachtet werden, sollten die Kurzfilme unter einem passenden Namen (z. B. „Fuchs 1" für *aggresive foxes* und „Fuchs 2" für *tame foxes*) abgespeichert und erst dann den Schülern vorgeführt werden. Das Vorgehen in dem Fuchsexperiment, d.h. die Verhaltensbewertung der Füchse lässt sich so eindrucksvoll selbst durch die Schüler nachvollziehen. Hierzu werden zuerst die einzelnen Schritte des Verhaltenstests (Standard-Tests) anhand des Filmmaterials analysiert. Anschließend werden das Verhalten der beiden Individuen vergleichend bei diesen Schritten gegenübergestellt sowie eine Einordnung vorgenommen.

Die Ergebnisse des Fuchsexperimentes entsprechen einerseits sowohl den Erwartungen, andererseits sind sie unerwartet und überraschend. Die Zunahme an zahmen Füchsen wird von Schülern am ehesten aufgrund der Zuchtbedingungen erwartet. Veränderungen in Morphologie und Entwicklung können an dieser Stelle nicht hinreichend erklärt werden und bieten Anlass, andere domestizierte Tiere zu betrachten. Soweit nötig, ist an dieser Stelle der Begriff **Generation** zu erklären. Am Ende dieses Unterrichtsabschnittes ist ein Rückgriff auf die drei formulierten Problemfragen sinnvoll. Die zweite Frage, die sich darauf bezieht, wie die Silberfüchse zahm geworden sind, kann nun von den Schülern beantwortet werden. Hierbei sollte das **Prinzip der künstlichen Selektion**, hier am Beispiel von Züchtung auf Zahmheit, herausgestellt werden. Es ist auch wichtig darauf hinzuweisen, dass das zahme Verhalten vererbt wird.

Fakultativ bietet sich die Möglichkeit, zur Veranschaulichung Videomaterial der Plattform YouTube mit einzubeziehen. Da diese Filmsequenzen meist mit englischem Ton versehen sind, sollten sie entweder ohne Ton oder mit zusätzlichen Erklärungen gezeigt werden, was aufgrund der Kürze der Filme keinen gravierenden Nachteil darstellt. Ein Videobeispiel, welches einen kurzen eindrucksvollen Überblick über das Experiment gibt, ist das Video „Canine domestication" (NOVA 2011). Damit keine Ergebnisse den Erarbeitungen vorweg genommen werden, sollte die Einbindung der Filme in den Unterricht vor dem Rückgriff auf die Problemfragen erfolgen.

**Material 3**
Video „Canine domestication"

## Unterrichtsabschnitt 2: Veränderungen während der Domestizierung – ein Vergleich

**Material 4**
Veränderungen während der Haustierwerdung

Die den Schülern nun bekannten Veränderungen des Silberfuchses während der Selektion auf Zahmheit bilden den Ausgangspunkt für einen **Vergleich mit anderen Haustieren**. Nachdem die Abwandlungen beim Silberfuchs wiederholt wurden, recherchieren die Schüler nach entsprechend anderen Haustierarten. Diese Aufgabe kann von den Schülern selbstständig in Einzel- oder Partnerarbeit gelöst werden. Um den Vergleich anschaulicher zu gestalten, sollten die Schüler zudem Bilder heraussuchen, die die Veränderungen beim Silberfuchs und Haustieren zeigen.

Aufgrund des Bezugs zum Silberfuchs werden hier nicht alle Domestikationsmarker gefunden. Fakultativ kann die Aufgabe durch eine arbeitsteilige Gruppenarbeit ausgeweitet werden, bei der jeweils eine Gruppe die **Wild- und Nutzform** eines Tieres vergleicht. Sinnvoll ist eine Auswahl der wichtigsten heimischen domestizierten Tiere.

Bei der Besprechung der Ergebnisse wird deutlich, dass bestimmte gleiche Merkmale wie die Änderung der Fellfarbe bei sehr unterschiedlichen Tieren auftreten. Als **Gemeinsamkeit** wird die **Haustierwerdung** gefunden und an dieser Stelle der Begriff Domestikation eingeführt. Die Änderungen im Domestikationsprozess liefern auch eine erste Erklärung der zu Beginn aufgeworfenen Problemfrage, warum die zahmen Silberfüchse anders aussehen als ihre wilden Verwandten. Eine genauere Begründung an dieser Stelle ist aufgrund der komplexen, noch nicht vollständig aufgeklärten Zusammenhänge schwierig. Die Herausstellung, dass alle Veränderungen der zahmen Silberfüchse sich entsprechend auch bei Hunden finden lassen, wird aufgegriffen, um die Domestikation des Hundes im nächsten Unterrichtsschritt zu thematisieren.

## Unterrichtsabschnitt 3: Übertragung der Ergebnisse des Fuchsexperimentes auf die Domestikation des Hundes

**Material 5**
Vom Wolf zum Wuff – die Domestikation des Wolfes

Die Ergebnisse des Fuchsexperimentes können genutzt werden, um die wenig belegte Domestikation des Hundes begreifbarer zu machen. Als stummer Impuls können die Abbildungen 13.1 und 13.10a gegeben werden. Die Schüler sollen dann eigene Hypothesen zur Haustierwerdung des Hundes durch Transfer der Ergebnisse aus dem Fuchsexperiment begründet formulieren. Können sie das erlernte Prinzip der künstlichen Selektion anwenden, wird vermutlich eine gezielte Züchtung zahmerer Wölfe durch den Steinzeitmenschen als Ausgangspunkt des Domestikationsprozesses beschrieben.

In einem nächsten Schritt vergleichen die Schüler ihre eigenen Hypothesen mit denen bekannter Forscher. Da der Wolfsforscher Erik Zimen die Domestikation des Hundes als Prozess der künstlichen Selektion annimmt, werden sich viele Übereinstimmungen zu den Schülerhypothesen finden. Im Gegensatz dazu steckt nach Raymond Coppinger eine natürliche Selektion hinter der Domestikation des Hundes. Anhand dieser beiden Hypothesen lassen sich die unterschiedlichen Selektionsfaktoren bei künstlicher und natürlicher

Selektion anschaulich erklären. Während laut Zimens Hypothese der Steinzeitmensch als selektierende Kraft wirkte, sind es bei Coppinger die veränderten Umweltbedingungen in den menschlichen Siedlungen. Die Schüler sollten das **Prinzip der Selektion** insoweit verstehen, dass sie die Selektionsfaktoren bei künstlicher und natürlicher Selektion benennen können.

**Abb. 13.10**
Vergleich von Wild- und Haustieren. a) Mackenzie-Wolf (*Canis lupus occidentalis*). b) Shih Tzu. (a und b LifeOnWhite/ClipDealer)

Eine anschließende Diskussion über Für und Wider der jeweiligen Positionen der Forscher bietet sich an. Aspekte der Diskussion können sein:

- Vergleich der Züchtungsbedingungen des Fuchsexperimentes mit denen der Steinzeit: Waren die Steinzeitmenschen überhaupt in der Lage, eine große Anzahl Wölfe zu halten und aus diesen immer die zahmsten für die Zucht auszuwählen?
- Was könnten Gründe dafür gewesen sein, dass steinzeitliche Menschen Wolfswelpen bei sich aufnahmen?
Nach Zimen (1988) dienten Wolfswelpen als Spielzeug für die Kinder, als Unratvertilger oder als aufmerksame Wächter.

Aus den vorhergehenden Materialien zum Fuchsexperiment haben die Schüler gelernt, dass durch einfache Zähmung **keine vererbbare Zahmheit** erreicht werden kann. Als Transferleistung sollen sie diese Erkenntnisse auf gezähmte Wölfe übertragen. Zur Unterstützung können weitere Beispiele gezähmter Tiere genannt werden (z. B. ein Löwe im Zirkus, Eisbär Knut etc.).

Die **morphologischen Veränderungen** im Verlauf der Domestikation sind Schwerpunkte des folgenden Abschnitts. Zunächst sollen die Schüler anhand zweier Abbildungen äußerlich sichtbare Unterschiede zwischen einem Wolf und einem heutigen Rassehund (z. B. Shih Tzu) durch Markieren herausstellen (Abb. 13.10). Aufgrund der vorangegangenen Übungen zum Silberfuchs sollten Domestikationsmarker wie Schlappohren, Ringelschwanz und geflecktes Fell beim Hund wiedererkannt werden. Als Begründung für die Gestaltänderung geben die Schüler dank ihrer bereits gewonnenen Erkenntnisse an, dass durch die Züchtung auf Zahmheit neben den Änderungen im Verhalten auch Veränderungen der Gestalt hervorgerufen werden. Bei dieser Aufgabe ist durch die Lehrkraft besonders auf einen korrekten Eindruck bei den Schülern zu achten, nämlich dass nicht alle Hunderassen allein durch Züchtung auf Zahmheit entstanden sind. Vielmehr sollten die Domestikationsmarker als **ungeplantes Nebenprodukt** einer Züchtung auf Zahmheit dargestellt werden, während durch **gezielte Züchtung** auf bestimmte Eigenschaften mannigfaltige Rassen entstehen konnten.

Abschließend kann zur Veranschaulichung ein Tafelbild vom Lehrer angefertigt werden, durch das der 2-stufige Prozess, der zur Vielfalt der heutigen Hunderassen geführt hat, verdeutlicht wird (Abb. 13.11).

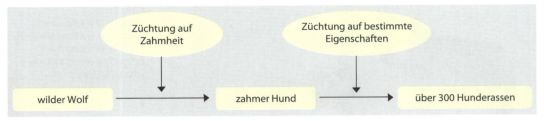

**Abb. 13.11** Prozess vom Wildtier Wolf zur heutigen Vielfalt von Hunderassen

### Unterrichtsabschnitt 4: Diskussion – Züchtung von Wildtieren

In dem letzten Unterrichtsabschnitt kann anhand des Themas die Gelegenheit genutzt werden, unter anderem **ethische Aspekte** zu diskutieren. So faszinierend und einmalig die Ergebnisse und Erkenntnisse des Fuchsexperimentes auch sind, so kritisch ist es aus ethisch-moralischer Sicht zu betrachten. Fragen, die sich im Laufe des Unterrichts angesammelt haben, können nun diskutiert werden. Nachfolgend werden nur einige thematische Aspekte angeführt, die man als Impulse zur Diskussion nutzen kann.

- Eingriff des Menschen: Soll beziehungsweise darf der Mensch Wildtiere züchten?
- Legitimation: Welcher Zweck legitimiert die Züchtung von Wildtieren, wo sind Grenzen? (Forschung, neue Haustiere)
- Tierhaltung im Experiment:
  - Ist die isolierte Haltung der Füchse in Käfigen für die Forschung gerechtfertigt?
  - Was passiert mit den Füchsen, die nicht weiter zur zahmen Zucht verwendet werden?
- Tiere für Luxusgüter: Hat der Mensch das Recht, Silberfüchse nur für die Pelztierzucht zu halten oder zu züchten?
- Haustierhaltung:
  - Wann ist ein Tier ein Haustier?
  - Welche Tiere sollte sich der Mensch als Haustier halten?
  - Würdest du dir einen Fuchs kaufen?
  - Sollte es erlaubt sein, Silberfüchse als Haustiere zu halten?
- Kulturfolger, Verstädterung von Wildtieren: Kann man die Problematik von beispielsweise Waschbären oder Wildschweinen anhand der erarbeiteten Prinzipen erklären?

## 13.3 Unterrichtsmaterialien

**Material 1: Das Fuchsexperiment**

Es war ein außergewöhnliches Experiment, welches der russische Forscher Dmitry Belyeav 1959 in Sibirien (Russland) begann. Er wollte erforschen, wie aus Wildtieren Haustiere entstehen konnten. Für seinen Versuch wählte der Wissenschaftler besonders zahme Silberfüchse von Pelztierfarmen aus, d.h. solche Tiere, die in Verhaltenstests weder mit starker Angst noch Aggression reagierten. Für die Pelztierzüchter war dieses Experiment auch von Vorteil, da sie weniger wilde Silberfüchse für ihre Zucht haben wollten.

Belyaev begann seinen Züchtungsversuch mit 100 Weibchen und 30 Männchen. Aus den Nachkommen dieser Tiere suchte er wieder nur die zahmsten Silberfüchse aus. Hierzu führte er Verhaltenstests durch, bei denen die Jungtiere monatlich bis zu einem Alter von sieben Monaten bei immer dem gleichen Test beobachtet wurden. Diese wurden einmal alleine im Käfig und in einer Gruppe in einem Gehege durchgeführt. Mithilfe der Beobachtungen wurde dann das Verhalten der Jungtiere bewertet. Damit die Füchse sich nicht an den Menschen gewöhnten und durch Training zahm wurden, wurden die Tiere einzeln in Käfigen gehalten und hatten sehr wenig Kontakt mit Menschen.

Von den Jungtieren wurden nur 20 % der Weibchen und nur 5 % der Männchen ausgewählt – sie bildeten die nächste Generation für die weitere Zucht. Aus ihrem Nachwuchs wählte der Forscher erneut die zahmsten Tiere aus und verpaarte sie. Dieses Zuchtverfahren wurde immer wieder angewendet.

Auch nach dem Tod von Belyaev wurde das Experiment fortgeführt und dauert heute noch immer an. Die Ergebnisse dieses einzigartigen Versuchs sind beeindruckend.

### Aufgabe 1

Fasse kurz zusammen, wie der russische Forscher vorgegangen ist, um zahme Füchse zu züchten. Gib an, welche Ergebnisse des Experimentes du erwartest.

### Aufgabe 2

a Beobachte in zwei Kurzfilmen das Verhalten verschiedener Füchse während der Tests.

b Beschreibe die Durchführung der Verhaltenstests bei dem Fuchsexperiment anhand der Filmsequenzen. Formuliere hierzu einzelne Schritte beim Vorgehen des Experimentators und trage sie in Tabelle 13.3 ein.

c Beobachte das Verhalten der beiden Füchse. Notiere stichpunktartig deine Beobachtungen in Tabelle 13.3.

d Ordne die Tiere aufgrund deiner Beobachtungen einer der angegebenen Klasse zu (siehe Tab. 13.4).

siehe auch Onlinematerialien unter *http://extras.springer.com*

## 13 Zahmer Pelz mit wilden Wurzeln – die rasante Haustierwerdung des Silberfuchses

**Tab. 13.3:** Verhaltenstests bei einem zahmen und einem aggressiven Silberfuchs – Stichpunkte zu Durchführung und Verhalten der Füchse

| Durchführung | Verhalten | |
| --- | --- | --- |
|  | Fuchs 1 | Fuchs 2 |
| 1. Schritt |  |  |
| 2. Schritt |  |  |
| 3. Schritt |  |  |
| 4. Schritt |  |  |

**Tab. 13.4:** Reaktionen der Silberfüchse und ihre Einteilung in eine Verhaltensklasse

| Klasse | Reaktion des Fuchses |
| --- | --- |
| aggressiv | Flucht vor Experimentator, Beißversuche |
| neutral | Tier lässt Berührung zu, aber keine freundliche Reaktion |
| zahm | freudige Reaktion bei Anwesenheit des Experimentators, Schwanzwedeln, Wimmern |
| superzahm | Tiere suchen Kontakt mit Mensch, Wimmern, Schnüffeln und Lecken |

## Material 2: Zahme Füchse und weitere verblüffende Ergebnisse

### Aufgabe 3

Zuerst gab es in dem Experiment nur Füchse, die als aggressiv, neutral oder zahm bezeichnet werden konnten. Nach sechs Generationen mussten die Forscher eine neue Klasse „superzahmer" Silberfüchse bilden. Es traten während des Experimentes noch weitere Veränderungen auf (Tab. 13.5, Aufzählung zu Merkmalen und Abb. 13.12).

a  Betrachte die Ergebnisse des Fuchsexperimentes und fasse die Veränderungen zusammen.

b  Entsprechen die Ergebnisse deinen Erwartungen? Vergleiche sie miteinander. Sind die Ergebnisse überraschend?

**Tab. 13.5:** Anzahl superzahmer Füchse zu verschiedenen Zeitpunkten des Experimentes

| Jahr (Generation = Gen.) | Anzahl superzahmer Jungtiere | Anzahl Jungtiere insgesamt |
|---|---|---|
| 1965 (6. Gen.) | 4 | 213 |
| 1970 (10. Gen.) | 66 | 370 |
| 1980 (20. Gen.) | 503 | 1438 |
| 1990 (30. Gen.) | 804 | 1641 |
| 2002 (42. Gen.) | 642 | 902 |

Merkmale, die bei einigen Silberfüchsen im Laufe des Experimentes auftraten:

- weißer Stirnfleck
- weiß-schwarze Fellfärbung
- braun marmoriertes Fell
- Hängeohren
- Ringelschwanz
- verkürzte Rute
- verkürzte Beine
- breiterer Schädel
- Unterbiss

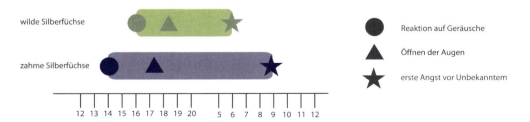

**Abb. 13.12** Entwicklung und Reaktionen von wilden und zahmen Jungfüchsen kurz nach der Geburt (verändert nach Trut 1999, Trut 2001)

## 13 Zahmer Pelz mit wilden Wurzeln – die rasante Haustierwerdung des Silberfuchses

**Aufgabe 4**

Bei dem Experiment wurden die Silberfüchse einzeln in Käfigen gehalten und hatten nur sehr wenig Kontakt zu Menschen. Erkläre, warum diese Bedingungen für den Versuch wichtig sind.

### Material 3: Video „Canine domestication"

**Aufgabe 5**

Im Internet kannst du dir alte Aufnahme zu dem Silberfuchs-Experiment anschauen. Hier werden auch einige der Veränderungen bei den Tieren erklärt.

a Rufe das Video „Canine domestication" auf: *http://www.youtube.com/watch?v=2t74B6S1kzc*
Für ein besseres Verständnis, hier die wichtigsten Übersetzungen aus dem Englischen.

(1:33 nach Beginn)

**Sprecher.** Um das Rätsel der Domestikation [Haustierwerdung] zu lösen, brauchte man ein außergewöhnliches Experiment an einem ungewöhnlichen Ort. Der Ort war mitten im Nirgendwo, in Sibirien, und der Experimentator war der Genetiker Dmitry Belyaev. Dortige Pelztierzüchter hatten Belyaev um Hilfe bei der Zucht von weniger wilden Tieren gebeten. Belyaev begann mit den zahmsten Füchsen, die er finden konnte. Von ihren Nachkommen und denen vieler Generationen danach suchte er nur die zahmsten zur weiteren Vermehrung aus. Er erwartete, dass jede neue Generation etwas weniger wild, dafür etwas zahmer sein würde. Aber in der zehnten Generation sah er Dinge, die er niemals erwartet hatte.

**Raymond Coppinger.** Plötzlich traten einige Füchse mit Hängeohren und hochgebogenen Ruten auf. Es gab Tiere, die bellten, was nicht charakteristisch für Füchse ist. Es trat auch eine andere Fellfärbung auf. All diese kleinen Merkmale gibt es beim Wildtyp nicht. Die Frage, ob nach ihnen selektiert [ausgewählt] wurde, stellt sich nicht, da sie nicht zur Auswahl standen, es gibt diese Variation im wilden Silberfuchs nicht.

**Sprecher.** Was hat Zahmheit mit den Ohren, dem Bellen und der Fellfarbe zu tun? Belyaev und seine Kollegen suchten sofort nach einer Erklärung. Sie untersuchten den Adrenalinspiegel der Füchse. Dieses Hormon kontrolliert die *Fight-or-flight*-Reaktion [Kampf-oder-Flucht-Reaktion]. Sie fanden einen wesentlich geringeren Adrenalingehalt. Dies erklärt die Zahmheit – sie sind aufgrund des geringeren Adrenalinspiegels weniger ängstlich. Es bleibt aber die Frage, woher die veränderte Fellfärbe kommt.

**Raymond Coppinger.** Der Syntheseweg von Adrenalin hängt auch mit Melanin [Farbpigmente] zusammen und somit auch mit der Fellfarbe des Tieres. Es gibt infolgedessen einen Zusammenhang zwischen Fellfarbe und Adrenalin.

**Sprecher.** Plötzlich ergab alles einen Sinn. Als Belyaev die Füchse auf Zahmheit züchtete, änderte sich damit im Laufe der Generationen auch der Hormongehalt. Diese Hormone sind für die Veränderungen verantwortlich und lösen die überraschende genetische Variation aus.

**James Serpell.** Alleine die Züchtung auf Zahmheit destabilisierte die genetische Struktur der Tiere so, dass alles, was normalerweise in einer Population an Wildtieren nicht auftaucht, plötzlich erscheint.

(bis 4:11, Filmlänge insgesamt 4:31)

## Material 4: Veränderungen während der Haustierwerdung

**Aufgabe 6**

Schaue dir das Video „Canine domestication" noch einmal genau an (siehe oben). Suche nun die körperlichen Veränderungen beim Silberfuchs heraus, die während des Experimentes auftraten.

**Aufgabe 7**

Gibt es andere Haustiere, die ähnliche Veränderungen aufweisen wie die zahmen Silberfüchse? Begib dich auf die Suche nach Informationen, um diese Frage zu klären.

## Material 5: Vom Wolf zum Wuff – die Domestikation des Wolfes

Der Hund ist der beste Freund des Menschen und sein ältester Begleiter. Bereits in der Steinzeit vor etwa 15 000 Jahren begann die Haustierwerdung des Hundes. Als Urahn aller Hunde wird heute der Wolf angesehen. Aus ihm haben sich alle heutigen Hunderassen (über 300) entwickelt, auch wenn sie noch so unterschiedlich aussehen. Sicher hast du schon einmal eine Dogge oder einen Chihuahua gesehen. Trotz ihres abweichenden Aussehens sind auch sie Verwandte des Wolfes.

Forscher beschäftigen sich schon lange mit der Frage, wie einst aus wilden Wölfen zahme Hunde werden konnten. Bekannt ist, dass ab einem gewissen Zeitpunkt solche zahmen Hunde in Gesellschaft mit den steinzeitlichen Menschen lebten und diese beispielsweise bei der Jagd unterstützten.

**Aufgabe 8**

Beschreibe unter Berücksichtigung deiner Erkenntnisse aus dem Fuchsexperiment, wie die Haustierwerdung des Hundes abgelaufen sein könnte.

**Aufgabe 9**

a  Lies dir die Vermutungen, die zwei Forscher zur Haustierwerdung des Hundes haben, durch.

b  Worin unterscheiden sich die beiden Vermutungen der Forscher im Hinblick auf die Zähmung der wilden Wölfe?

c  Vergleiche nun deine Vorstellungen mit den Vermutungen der beiden Forscher. Wo gibt es Übereinstimmungen, wo Abweichungen?

**Vermutung 1:** Der bekannte Hundeexperte Raymond Coppinger ist der Meinung, dass sich wilde Wölfe zunächst vom Müll erster menschlicher Siedlungen ernährt haben. Die Wölfe, die weniger Scheu vor Menschen zeigten, konnten diese Nahrungsquelle besser nutzen, da sie nicht so schnell flüchteten wie die besonders scheuen Tiere. Dadurch waren die zahmeren Wölfe besser mit Nahrung versorgt und konnten mehr Nachwuchs bekommen. Dieser war wiederum etwas zutraulicher, sodass die an den Müllkippen fressenden Wölfe mit der Zeit immer zahmer wurden. Neben ihrem Verhalten veränderte sich auch ihr Erscheinungsbild und sie wurden nach und nach zu den ersten Hunden. Diese zahmen Hunde wurden dann von Menschen aufgenommen und zum Beispiel für die Jagd ausgebildet.

**Vermutung 2:** Der Wolfsexperte Erik Zimen war stattdessen der Meinung, dass die damaligen Steinzeitmenschen wilde Wolfswelpen mit in ihre Lager nahmen und diese bei sich aufzogen, zähmten und ihnen beibrachten, bei der Jagd zu helfen. Von den gezähmten Wölfen wurden dann die für die Fortpflanzung ausgewählt, die das zahmste Verhalten zeigten, sodass nach und nach aus den wilden Wölfen zahme Hunde wurden.

## 13 Zahmer Pelz mit wilden Wurzeln – die rasante Haustierwerdung des Silberfuchses

**Aufgabe 10**

Der Wolfsexperte Erik Zimen geht davon aus, dass Steinzeitmenschen wilde Wolfswelpen aufgezogen und gezähmt haben. Stell dir vor, die von den Steinzeitmenschen gezähmten Wölfe würden sich fortpflanzen und Nachwuchs bekommen. Wären diese Jungtiere dann automatisch auch zahm? Was glaubst du?

Begründe deine Aussage unter Zuhilfenahme deiner Erkenntnisse aus dem Fuchsexperiment.

**Aufgabe 11**

Wie du bereits erfahren hast, ist der Wolf der Urahn aller Hunderassen, die wir heute kennen. Sein Aussehen unterscheidet sich jedoch stark von dem eines Hundes. Schau dir die unten abgebildeten Fotos von Wolf und Hund genau an (Abb. 13.13) und markiere die Unterschiede, die du zwischen den beiden finden kannst.

**Abb. 13.13** Vergleich von Wolf und Hund. a) Mackenzie-Wolf (*Canis lupus occidentalis*). b) Shih Tzu. (a und b LifeOnWhite/ClipDealer)

**Aufgabe 12**

Beschreibe aufgrund deiner Erkenntnisse aus dem Fuchsexperiment, wodurch sich erste Veränderungen im Erscheinungsbild des Hundes ergeben haben könnten.

## 13.4 Literatur

- Belyaev DK (1969) Domestication of animals. Sci J 5: 47–52
- Belyaev DK (1979) The Wilhelmine E. Key 1978 invitational lecture – destabilizing selection as a factor in domestication. J Hered 70: 301–308
- Belyaev DK, Ruvinsky AO, Trut LN (1981) Inherited activation-inactivation of the star gene in foxes – its bearing on the problem of domestication. J Hered 72: 267–275
- Campbell NA, Reece JB (2009) Biologie. 8. Aufl. Pearson Education, München
- Coppinger R, Glendinning J, Torop E, Matthay C, Sutherland M, Smith C (1987) Degree of behavioral neoteny differentiates canid polymorphs. Ethology 75: 89–108
- Coppinger R, Coppinger L (2001) Hunde – Neue Erkenntnisse über Herkunft, Verhalten und Evolution der Kaniden. animal Learn, Bernau
- Cornell-Universität (2011) Study of the molecular basis of tame and aggressive behavior in the silver fox model. URL *http://cbsu.tc.cornell.edu/ccgr/behaviour/Fox_Behavior.htm* [24.03.2011]
- Darwin C (1859) On the origin of species by means of natural selection, or the preservation of favoured races in the struggle of life. John Murray, London
- Darwin C (1875) The variation of animals and plants under domestication. 2. Aufl. (1) Murray, London
- Driscoll CA, MacDonald DW, O'Brien SJ (2009) From wild animals to domestic pets, an evolutionary view of domestication. PNAS 106: 9971–9978
- FCI (Fédération Cynologique Internationale) (2011) Website des kynologischen Weltverbandes. URL *http://www.fci.be/default.aspx* [11.04.2011]
- Feddersen-Petersen DU (2004) Hundepsychologie. Kosmos, Stuttgart
- Felzmann D (2006) Wie aus Wölfen Dackel wurden. Züchtung als Eingangstor zum Evolutionsunterricht. PdN-BioS 55 (6): 18–24
- Giffhorn B, Langlet J (2006) Einführung in die Selektionstheorie. So früh wie möglich. PdN-BioS 55 (6): 6–15
- Hare B, Plyusnina I, Ignacio N, Schepina O, Stepika A, Wrangham R, Trut L (2005) Social cognitive evolution in captive foxes is a correlated by-product of experimental domestication. Curr Biol 15: 226–230
- Herre W, Röhrs M (1990) Haustiere – zoologisch gesehen. 2. Aufl. Gustav-Fischer, Stuttgart
- Institute of Cytology and Genetics (2011) Laboratory of evolutionary genetics of animals. URL *http://www.bionet.nsc.ru/booklet/Engl/EnglLabaratories/LabEvolutionaryGeneticsAnimalsEngl.html* [24.03.2011]
- Kukekova AV, Trut LN, Chase K, Shepeleva DV, Vladimirova AV, Kharlamova AV, Oskina IN, Stepika A, Klebanov S, Erb HN, Acland GM (2008) Measurement of segrating behaviors in experimental silver fox pedigrees. Behav Genet 38: 185–194
- Niedersächsisches Kultusministerium (2007) Kerncurriculum für das Gymnasium Schuljahrgänge 5–10. Naturwissenschaften. URL *http://db2.nibis.de/1db/cuvo/datei/kc_gym_nws_07_nib.pdf* [11.04.2011]
- NOVA (2011) Video „Canine domestication". URL *http://www.youtube.com/watch?v=2t74B6S1kzc* [20.06.2011]

- Oskina IN (1995) Ontogenesis of endocrine function in silver foxes under domestication. Appl Anim Behav Sci 44: 273–274
- Oskina IN (1996) Analysis of the function state of the pituitary-adrenal axis during postnatal development of domesticated silver foxes (*Vulpes vulpes*). Scientifur 20 159–161
- Popova NK (2006) From genes to aggressive behavior – the role of the serotonergic system. BioEssays 28: 495–503
- Ratliff E (2011) Neue beste Freunde. National Geographic 4/2011: 72–89
- Sadleir RMFS (1969) The ecology of reproduction in wild and domestic mammals. Methuen, London
- Savolainen P, Zhang Y, Luo J, Lundeberg J, Leitner T (2002) Genetic evidence for an east asian origin of domestic dogs. Science 298: 1610–1613
- Sibfox (2011) Website von SIBFOX. URL *http://www.sibfox.com* [11.04.2011]
- Spady TC, Ostrander EA (2007) Canid genomics – mapping genes for behavior in the silver fox. Genome Res 17: 259–263
- Thomassin H, Flavin M, Espinas ML, Grange T (2001) Glucocorticoid-induced DNA demethylation and gene memory during development. Embo J 20: 1974–1983
- Trut LN (1988) The variable rates of evolutionary transformation and their parallelism in terms of destabilizing selection. J Anim Breed Genet 105: 81–90
- Trut LN (1999) Early canid domestication – the farm fox experiment. Am Sci 87: 160–169
- Trut LN (2001) Experimental studies of early canid domestication. In: Ruvinsky A, J Sampson (Hrsg) The genetics of the dog. CAB International, Wallingford UK. 15–43
- Trut LN, Plyusnina IZ, Oskina IN (2004) An experiment of fox domestication and debatable issues of evolution of the dog. Rus J Genetics 40: 644–655
- Trut LN, Kharlamova AV, Kukekova AV, Acland GM, Carrier DR, Chase K, Lark KG (2006) Morphology and behavior – are they coupled at the genome level? In: Ostrander EA, Giger U, Lindblad-Toh K (Hrsg) The dog and its genome. Cold Spring Harbor, Woodbury NY. 81–93
- Trut LN, Oskina IN, Kharlamova AV (2009) Animal evolution during domestication – the domesticated fox as a model. BioEssays 31: 349–360
- Wayne R (1993) Molecular evolution of the dog family. TIG 9 (6): 218–224
- wissenschaft-online (2011) Kompaktlexikon der Biologie – Haustiere. Spektrum Akademischer. URL *http://www.wissenschaft-online.de* [07.04.2011]
- Zabel J (2006). Evolutionsunterricht in der Sekundarstufe I. PdN-BioS 55 (6): 1–5
- Zeder MA (2008) Domestication and early agriculture in the mediterranean basin – origins, diffusion and impact. PNAS 105: 11597–11604
- Zimen E (1988) Der Hund. Goldmann, München

# Teil IV

## Stammbäume und Verwandtschaftsverhältnisse

Janina Jördens, Roman Asshoff und Harald Kullmann
**14 Stammbäume lesen und verstehen**

Anuschka Fenner und Röbbe Wünschiers
**15 Von den Gebeinen Lucys zu dem Genom des Neandertalers**

Vanessa DI Pfeiffer, Christine Glöggler, Stephanie Hahn und Sven Gemballa
**16 Wie DNA helfen kann, die Verwandtschaft der Menschenaffen zu verstehen**

# 14 Stammbäume lesen und verstehen

Janina Jördens,
Roman Asshoff und
Harald Kullmann

## 14.1 Fachinformationen

### 14.1.1 Einleitung

„Das größte Wunder unseres Planeten ist die ungeheure Vielfalt der Lebensformen", so beginnt Edward O. Wilson, Biologieprofessor am Museum of Comparative Zoology der Harvard Universität, das Vorwort des von ihm herausgegebenen Buchs „Ende der biologischen Vielfalt?". Nach heutigem Kenntnisstand sind bislang ca. 1,75 Millionen Arten von Lebewesen – Bakterien, Einzeller, Pilze, Pflanzen und Tiere – wissenschaftlich beschrieben worden und es gibt Grund zu der Annahme, dass diese nur einen Bruchteil der tatsächlich vorhandenen Artenfülle auf unserem Planeten darstellen. Für Wissenschaftler besteht kein Zweifel an der Tatsache, dass sich diese verblüffende Organismenvielfalt im Laufe der Evolution durch zahlreiche Artaufspaltungen aus einem allen Lebewesen gemeinsamen Vorfahren entwickelt hat. Diese Erkenntnis verdanken wir in erster Linie **Charles Darwin**, der in seinem 1859 erschienenen Werk „On the origin of species by means of natural selection or the preservation of favoured races in the struggle for life" das erste umfassende und mit einigen Erweiterungen bis heute gültige Theoriegebäude zur Evolution der Organismen vorgelegt hat. Eine der zentralen Ideen der darwinschen Evolutionstheorie ist als die *evolution by common descent*, auf Deutsch als **„Prinzip der gemeinsamen Abstammung"** bekannt. Dieses Prinzip ist heute die Grundlage für alle wissenschaftlichen Untersuchungen, die sich mit der Rekonstruktion des historischen Ablaufs der Evolution und der Ordnung der belebten Natur befassen.

### 14.1.2 Die Geschichte des Stammbaums

Vermutlich hat der Mensch schon seit er zur Sprache befähigt ist versucht, die verwirrende Mannigfaltigkeit der ihn umgebenden Organismen zu ordnen. Vor der Veröffentlichung von Darwins Ideen war das einzige verfügbare Kriterium zur Gliederung der Lebewesen ihre **abgestufte Ähnlichkeit** zueinander, wobei der Grund für diese Ähnlichkeit unklar war. **Aristoteles**

# 14 Stammbäume lesen und verstehen

ordnete die Lebewesen gemäß ihrer unterschiedlichen Komplexität in eine Stufenleiter, der Scala Naturae ein (ein Ordnungsprinzip, welches für die nächsten 2000 Jahre Bestand haben sollte). Mitte des 18. Jahrhunderts entwarf der schwedische Forscher **Carl von Linné** dann ein formales Prinzip, nach dem die Organismen in ein hierarchisches System aus Stämmen, Klassen, Ordnungen, Familien und Gattungen gegliedert wurden. Linnés System zur Klassifizierung der Lebewesen kam ohne jeden Evolutionsgedanken aus; das Kriterium zur Gruppierung von Arten zu höheren Einheiten war nach wie vor die abgestufte Ähnlichkeit ihrer Merkmale. Erst das von Darwin beschriebene Prinzip der gemeinsamen Abstammung lieferte eine Begründung für die abgestufte Ähnlichkeit der Organismen und darüber hinaus ein logisches und natürliches Kriterium für die Gliederung der belebten Natur: das **Kriterium der Verwandtschaft**.

**Material 1**
Stammbäume lesen

In diesem Zusammenhang ist es wichtig festzustellen, dass Ähnlichkeit und Verwandtschaft keineswegs das Gleiche sind. Ähnlichkeit kann, muss aber nicht auf Verwandtschaft hinweisen und der Grad der Verwandtschaft zweier Organismengruppen muss nicht dem Grad ihrer Ähnlichkeit entsprechen. Wenn man Eidechsen, Krokodile und Vögel miteinander vergleicht, so sind Eidechsen und Krokodile einander ähnlicher als beide den Vögeln. Heute wissen wir jedoch, dass die Krokodile näher mit den Vögeln als mit den Eidechsen verwandt sind. Verwandtschaftsverhältnisse lassen sich grafisch mithilfe von Stammbäumen darstellen. Auch Darwin hatte dies erkannt und das Prinzip der gemeinsamen Abstammung in Form eines schematischen Stammbaums gezeigt (Abb. 14.1).

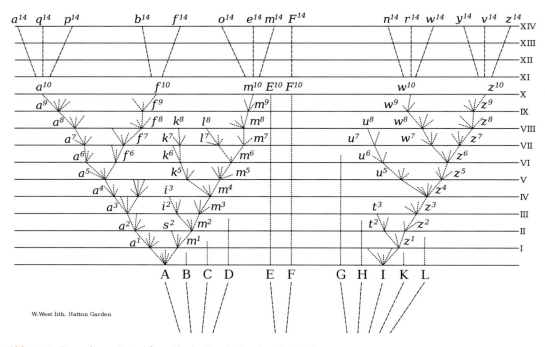

**Abb. 14.1** Stammbaum-Entwurf von Charles Darwin (aus Darwin 1859)

Besondere Bekanntheit erreichte der von dem deutschen Zoologen **Ernst Haeckel** 1874 veröffentlichte Stammbaum, welcher als erster von den Einzellern bis hin zum Menschen alle Tiergruppen (beziehungsweise was man damals für Tiere hielt) umfasste (Abb. 14.2). Dieser Stammbaum war tatsächlich in Form eines Baumes gezeichnet, der aus Stamm, Ästen und Zweigen bestand. Eine solche Darstellungsweise ist optisch sehr ansprechend, doch aus heutiger Sicht zu ungenau.

### Info

Ein **Stammbaum** ist eine grafische Darstellung der (hypothetischen) Verwandtschaftsverhältnisse einer Gruppe von Organismen. Die Abfolge der Generationen zwischen zwei Aufspaltungsereignissen wird mithilfe einer sogenannten Stammlinie gezeigt.

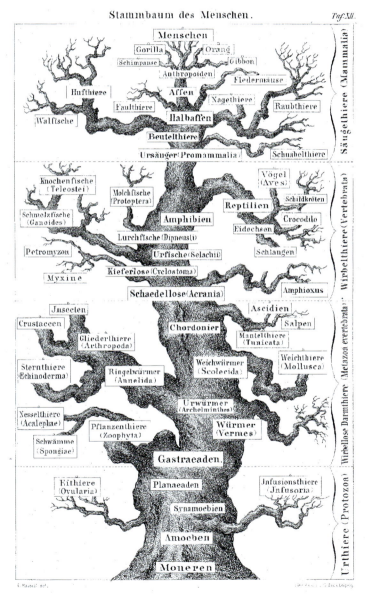

**Abb. 14.2** Stammbaum des Menschen von Ernst Haeckel (aus Haeckel 1874)

## Info

Eine **Stammart** (gemeinsamer Vorfahr) ist eine Art, aus deren Aufspaltung alle Mitglieder eines Taxons hervorgegangen sind. In der phylogenetischen Systematik verschwindet die Stammart per Definition im Moment der Artaufspaltung.

Einen Meilenstein in der Entwicklung einer präzisen Systematisierung der Lebewesen nach dem Kriterium der Verwandtschaft und der grafischen Darstellung der Verwandtschaftsverhältnisse stellt die Veröffentlichung des Buches „Grundzüge einer Theorie der phylogenetischen Systematik" des Berliner Zoologen **Willi Hennig** im Jahr 1950 dar. Das von ihm entworfene **Prinzip der phylogenetischen Systematik** liegt den meisten heute durchgeführten Studien zur Systematik der Lebewesen zugrunde. Stammbaumhypothesen, die sich aus diesen Studien ergeben, werden grafisch in Form von sogenannten **Kladogrammen** (ein anderer Name ist Phylogramme) dargestellt. Sie zeigen die beiden zentralen Aspekte des Ablaufs der Evolution, und zwar zum einen die Veränderung in einzelnen evolutiven Linien (Anagenese), zum anderen die fortwährende Entstehung von biologischer Vielfalt durch die Aufspaltung von evolutiven Linien (Kladogenese). Kladogramme verzweigen sich wiederholt dichotom.

### 14.1.3 Prinzipien der phylogenetischen Systematik

*Material 4*
*Abstammungsgemeinschaften*

*Material 5*
*Abstammungsgemeinschaften in der Forschung 1 – Die Verwandtschaft der Seevögel*

*Material 8*
*Abstammungsgemeinschaften in der Forschung 2 – Die Verwandtschaft der Geier*

Ziel der phylogenetischen Systematik ist es, die Lebewesen ausschließlich nach dem Kriterium der Verwandtschaft zu gruppieren. Dafür sucht man nach geschlossenen Abstammungsgemeinschaften, die **monophyletische Gruppen** genannt werden, und **alle** Nachfahren einer gemeinsamen Stammart umfassen. In der phylogenetischen Systematik werden ausschließlich monophyletische Gruppen als taxonomische Einheiten anerkannt. Eine solche monophyletische Gruppe sind beispielsweise die Vögel. Alle Vögel gehen auf eine gemeinsame Stammart zurück – einen kleinen, gefiederten Dinosaurier, der auf zwei Beinen lief – und es gibt keinen Nachfahren dieser Stammart, der nicht ein Vogel wäre. Gruppen von Organismen, die nicht alle Nachkommen einer Stammart umfassen, nennt man **paraphyletische Gruppen**. Die „Reptilien" der linnéschen Systematik stammen zwar alle von einem gemeinsamen Vorfahren ab, allerdings sind auch die Vögel Nachfahren dieser Stammart. Es gibt keinen Vorfahren, den nur die Reptilien alleine gemeinsam haben. Folglich sind zwar die Gruppe Vögel und die Gruppe Vögel + Reptilien (heute Sauropsida genannt) jeweils monophyletische Gruppen, die Reptilien allein stellen dagegen eine paraphyletische Gruppe dar.

#### Monophyletische Gruppen

*Material 9*
*Zuordnung phylogenetischer Begriffe*

Monophyletische Gruppen erkennt man an Merkmalen oder bestimmten Merkmalsausprägungen, die in der gemeinsamen Stammart der Gruppe zum ersten Mal in der Evolution aufgetreten sind. Solche **evolutiv neuen Merkmale** nennt man **Apomorphien** beziehungsweise apomorphe („abgeleitete") Merkmale. Alle Nachfahren der Stammart sollten dieses neue Merkmal besitzen (wenn sie es nicht wieder reduziert haben, was das Erkennen von monophyletischen Gruppen erschwert), während alle anderen Arten es nicht haben dürfen.

## 14.1 Fachinformationen

> **Info**
>
> Neue Eigenschaften oder Strukturen, die in der Stammlinie eines Taxons erst nach dem letzten Aufspaltungsereignis evolviert sind, bezeichnet man als **Apomorphien** dieses Taxons. Je nach Betrachtungsweise unterscheidet man zwischen den Begriffen Autapomorphie und Synapomorphie.
>
> Betrachtet man ein Taxon als Ganzes, nennt man die in seiner Stammart erstmals vorhandenen Merkmale **Autapomorphien** des Taxons. Der Begriff Autapomorphie bezieht sich also immer nur auf ein einziges Taxon. Beispiel: Haare sind eine Autapomorphie der Säugetiere. Betrachtet man die beiden aus der Aufspaltung der Stammart eines Taxons hervorgegangenen Schwestertaxa, bezeichnet man das gleiche Merkmal als eine **Synapomorphie** (= gemeinsames abgeleitetes Merkmal) der Schwestertaxa. Synapomorphien beziehen sich also immer auf zwei, nämlich die beiden ranghöchsten, Schwestertaxa innerhalb eines größeren Taxons. Haare sind somit die Synapomorphie der beiden aus der Aufspaltung der Stammart der Säugetiere hervorgegangenen Schwestertaxa Monotremata (= Kloakentiere) und Theria (= Beuteltiere und Höhere Säugetiere; vgl. Abb. 14.20 in Unterrichtsmaterialien).

Stammesgeschichtlich alte Merkmale, die nicht erst in der Stammart einer Organismengruppe entstanden sind, sondern die diese bereits von ihren Vorfahren geerbt hat, nennt man **Plesiomorphien** beziehungsweise „ursprüngliche" Merkmale. Mit ihnen kann man keine monophyletischen Gruppen begründen. Nehmen wir als Beispiel die Säugetiere. Autapomorphien der Säugetiere sind (unter anderem) der Besitz von Haaren und Milchdrüsen. Alle Tiere, die diese Merkmale haben, müssen Säugetiere sein. Der Besitz von vier Laufextremitäten mit jeweils fünf Fingern (beziehungsweise Zehen) am Ende ist hingegen eine Plesiomorphie der Säugetiere. Diese Extremitäten entwickelten sich bei der Eroberung des Landes durch die Wirbeltiere aus Fischflossen und sind eine Autapomorphie der Tetrapoda, also ein gemeinsames Merkmal der Amphibien, Sauropsida und Säugetiere. Der Besitz solcher Extremitäten ist demnach kein Beleg für die Monophylie der Säugetiere (Abb. 14.3; Außengruppenvergleich, siehe unten).

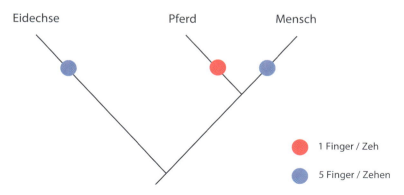

**Abb. 14.3**
Vergleich der Fingeranzahl bei Säugetieren (Pferd und Mensch) und weiteren Wirbeltieren (Eidechse)

### Homologien und Analogien

Wenn zwei Organismengruppen ähnliche Merkmale oder Merkmalsausprägungen besitzen, kann dies zwei Gründe haben. Zum einen können sich die Merkmale ähneln, weil sie aus dem Merkmal **einer gemeinsamen Stammart** hervorgegangen, also homolog sind. In diesem Fall zeigt uns die Ähnlichkeit der Merkmale an, dass die beiden Organismengruppen eng verwandt sind. Zum anderen kann die Ähnlichkeit der Merkmale aber auch daran liegen, dass **ähnliche Selektionsdrücke** unabhängig voneinander zu ähnlichen Anpassungen geführt haben. Dann hätte der letzte gemeinsame Vorfahre der untersuchten Organismen dieses Merkmal nicht gehabt, die Merkmale wären analog (= konvergent) entstanden.

Aus analogen Merkmalen lassen sich keine Rückschlüsse auf die Verwandtschaft der betrachteten Organismengruppen ziehen. Ein **zentrales Problem** in der phylogenetischen Systematik besteht also darin zu untersuchen, ob ähnliche Merkmale verschiedener Organismengruppen Homologien oder Analogien sind, denn nur im ersten Fall können sie für die Formulierung von Stammbaumhypothesen herangezogen werden. In der Praxis versucht man, Homologien durch die Anwendung der von dem Kieler Zoologen Alfred Remane 1952 formulierten **Homologiekriterien** zu erkennen:

- dem Kriterium der Lage
- dem Kriterium der spezifischen Qualität
- dem Kriterium der Kontinuität

Organismengruppen, die aufgrund analoger Merkmale zusammengefasst werden, stellen keine geschlossenen Abstammungsgemeinschaften dar. Solche Gruppierungen werden als **polyphyletische Gruppen** bezeichnet. Ein Polyphylum ist daher eine Gruppierung von Arten oder anderen Taxa, die auf nicht näher miteinander verwandte Stammarten zurückgehen. Ein Beispiel für eine polyphyletische Gruppe sind die Greifvögel.

### Vergleich der Taxa

*Material 2*
*Einen Stammbaum rekonstruieren 1 – Haarige Probleme ...*

*Material 3*
*Einen Stammbaum rekonstruieren 2 – Auf die Füße geschaut ...*

*Material 6*
*Der Außengruppenvergleich 1 – Die Evolution der Säugetiere*

*Material 7*
*Der Außengruppenvergleich 2 – Zeigt her eure Füße ...*

Alle monophyletischen Gruppen in einem Stammbaum, egal ob es sich um Arten oder größere Gruppen (z. B. die Säugetiere) handelt, bezeichnet man als Taxa (Singular: Taxon); die beiden aus der Spaltung einer Stammart hervorgehenden Taxa werden **Schwestertaxa** genannt.

Um ein Taxon beschreiben und mit anderen Taxa vergleichen zu können, muss man sein **Grundmuster** rekonstruieren. Damit bezeichnet man den gesamten Satz an Merkmalen, Apomorphien und Plesiomorphien, den die Stammart eines Taxons besessen hat. Mit der Charakterisierung des Grundmusters eines Taxons beschreibt man im Grunde seine Stammart. Will man die Verwandtschaftsverhältnisse innerhalb eines Taxons weiter aufklären, ist es von entscheidender Bedeutung zu wissen, welche Merkmale bereits im Grundmuster vorhanden waren und welche im Laufe der Evolution innerhalb der Gruppe dazu gekommen oder verloren gegangen sind. Dafür ist es notwendig, das Taxon mit verwandten Taxa zu vergleichen, d. h. einen **Außengruppenvergleich** durchzuführen. Wenn man beispielsweise die Verwandtschaft innerhalb der Säugetiere aufklären möchte, stellt man fest, dass die Kloakentiere (z. B. die Schnabeltiere) Eier legen, während die Beuteltiere und die Plazentatiere (= Höhere Säugetiere) lebendgebärend sind. Welche Merkmalsausprägung gehört ins Grundmuster? Sind die Säugetiere ursprünglich lebendgebärend, so haben die Kloakentiere das Eierlegen „erfunden" (Abb. 14.4a), sind sie im Grundmuster eierlegend, dann haben Beuteltiere + Plazentatiere das Lebendgebären neu entwickelt (Abb. 14.4b). Der Außengruppenvergleich zeigt nun, dass alle anderen Wirbeltiere in ihrem Grundmuster jeweils Eier legen (Abb. 14.4c). Das macht die Zugehörigkeit dieses Merkmals zum Grundmuster der Säugetiere sehr wahrscheinlich. Die Fortpflanzung über das Lebendgebären ist demnach eine Autapomorphie des Taxons Beuteltiere + Plazentatiere, wissenschaftlich Theria genannt. Man sagt auch, das Lebendgebären ist eine Synapomorphie der beiden Taxa Beuteltiere und Plazentatiere (Abb. 14.4c). Durch diese Aussage wird klar, dass die beiden Schwestertaxa sein müssen.

Die Rekonstruktion von Verwandtschaftsverhältnissen ist eine historische Wissenschaft. Man versucht, den Ablauf eines einmaligen, nicht wiederholbaren Prozesses nachzuvollziehen. Da dieser Ablauf nicht experimentell überprüft werden kann, sind alle Aussagen darüber, also auch alle Stammbäume, Hypothesen. Dabei geht man davon aus, dass evolutive Szenarien umso wahrscheinlicher sind, je weniger einzelne Änderungsschritte die jeweilige Stammbaumhypothese erfordert. Diese Vorgehensweise nennt man das **Parsimonie-Prinzip** (Sparsamkeits-Prinzip). Schauen wir uns als Beispiel wieder die Säugetiere an. Ein Stammbaum, bei dem sich die Säugetiere in die beiden Schwestertaxa Kloakentiere und Theria aufspalten, erfordert nur einen Änderungsschritt bezüglich der Fortpflanzungsweise: Die Theria entwickelten das Lebendgebären. Jede andere Gruppierung der Kloakentiere, Beuteltiere und Plazentatiere erfordert mehr als einen Änderungsschritt bezüglich der Fortpflanzung und ist deshalb als unwahrscheinlicher anzusehen.

**Material 10**
Einen Stammbaum erstellen – Wie der Leopard zu seinen Flecken kam …

### Info

Als **Innengruppe** werden die Gruppen von Organismen bezeichnet, deren gegenseitige Verwandtschaftsbeziehungen in einer phylogenetischen Analyse untersucht werden sollen. Um unterscheiden zu können, welche Merkmalszustände in der Innengruppe als ursprünglich und welche als abgeleitet zu werten sind, vergleicht man die Innengruppe mit einer Außengruppe. Als **Außengruppe** wählt man eine Gruppe, die mit der Innengruppe einen nah verwandten gemeinsamen Vorfahren teilt, also beispielsweise die Schwestergruppe des zu untersuchenden Taxons. Die Merkmalsausprägungen der für die Verwandtschaftsanalyse relevanten Merkmale, die in der Außengruppe auftreten, geben einen Hinweis darauf, welche Merkmalsausprägungen in der Innengruppe ursprünglich sind.

# 14 Stammbäume lesen und verstehen

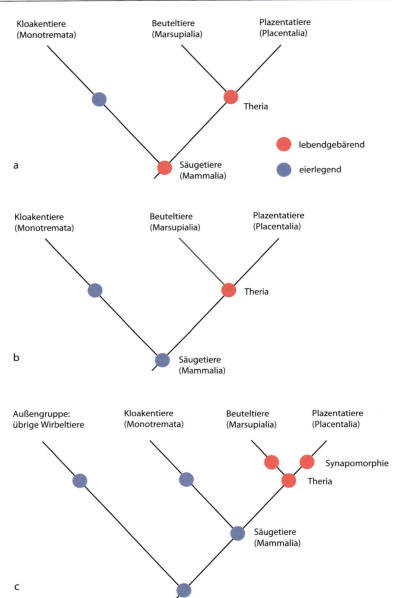

**Abb. 14.4**
Welche Fortpflanzungsweise gehört in das Grundmuster der Säugetiere?
a) Merkmal „lebendgebärend" im Grundmuster der Säugetiere.
b) Merkmal „eierlegend" im Grundmuster der Säugetiere.
c) Außengruppenvergleich mit den übrigen Wirbeltieren.

## 14.1.4 Welche Informationen stecken in einem Stammbaum?

Ein Stammbaum kann ungewurzelt (*unrooted tree*) oder als gewurzelter Stammbaum (*rooted tree*) dargestellt werden (Abb. 14.5). Da der ungewurzelte Stammbaum kaum mehr Informationen als das Muster der Verwandtschaftsbeziehungen beinhaltet, wird bei der Erstellung eines Stammbaums häufig ein gewurzelter Stammbaum bevorzugt. Letzterer macht bei korrekter Aufstellung zusätzliche Informationen über die Entwicklungsrichtung und eine zeitliche Abfolge der Verzweigungen sichtbar.

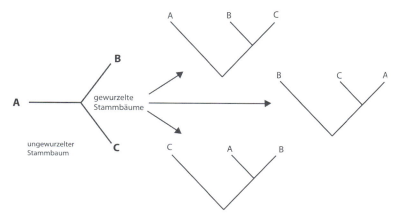

Abb. 14.5
Ungewurzelter Stammbaum und mögliche gewurzelte Stammbaumvarianten

Heute werden Stammbaumhypothesen größtenteils in Form von Kladogrammen visualisiert (Abb. 14.6). Die beiden Darstellungsweisen in den Teilabbildungen 14.6a und 14.6b sind absolut gleichwertig und enthalten die gleiche Information. Senkrecht neben das Kladogramm kann man sich eine Zeitachse denken. Je weiter oben sich eine Aufspaltung befindet, desto später hat sie stattgefunden. Alle rezenten Taxa befinden sich terminal an den Ästen. Neben dieser Art der Anordnung findet man auch häufig Kladogramme, die im Vergleich zu Abbildung 14.6 um 90 ° gekippt sind. In diesem Fall muss man sich die Zeitachse horizontal denken.

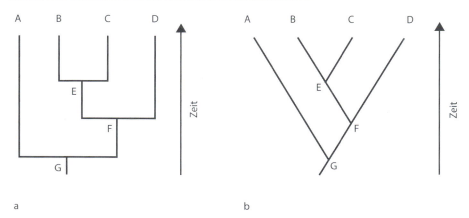

Abb. 14.6  Gleichwertige Darstellungsformen von Kladogrammen (a, b)

Die evolutiven Veränderungen innerhalb phylogenetischer Linien (= Anagenese, Artwandel) finden entlang der Zeitachse statt. Dabei sind Ausmaß, Art und Geschwindigkeit des Wandels nicht aus einem Kladogramm abzulesen – diese Informationen sind schlicht nicht enthalten.

# 14 Stammbäume lesen und verstehen

> **Info**
>
> Zwei Taxa (Arten oder Gruppen), die auf eine nur ihnen gemeinsame Stammart zurückgehen, werden als **Schwestergruppen** bezeichnet. Andersherum betrachtet handelt es sich um die beiden aus der Spaltung einer Stammart hervorgehenden evolutiven Linien.

Jeder Verzweigungspunkt in einem Kladogramm stellt eine Art dar, die in der Vergangenheit real existierte und sich in zwei **Schwesterarten** aufgespalten hat. In der phylogenetischen Systematik geht man in der Regel davon aus, dass sich Arten nicht zeitgleich in mehr als zwei Schwesterarten aufspalten, sodass man immer dichotome Verzweigungen erhält. Theoretisch sind natürlich Szenarien denkbar, in denen sich eine Art in kürzester Zeit in mehr als zwei Arten aufspaltet, beispielsweise wenn Festland durch einen Anstieg des Meeresspiegels in viele einzelne Inseln untergliedert wird. Solche Ereignisse lassen sich in einem Kladogramm nicht adäquat auflösen. Sie sind allerdings eher die Ausnahme und stellen in der Praxis zumeist kein Problem dar.

Ein Kladogramm ist ein enkaptisches System: Immer zwei Schwestertaxa können zu einem übergeordneten Taxon zusammengefasst werden. Je mehr Taxa man in einem Kladogramm darstellt, desto mehr ineinander geschachtelte Taxa erhält man (Abb. 14.7).

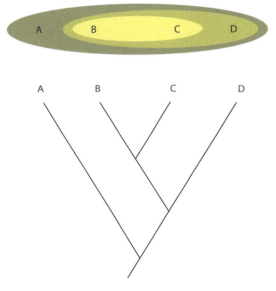

**Abb. 14.7** Darstellung eines Kladogramms (unten) als enkaptisches System (oben)

## Kladogramme: Keine Kategorien wie bei Linné

Wenn man sich nun vorstellt, man würde alle Organismen von den Archaebakterien bis zu den Säugetieren in einem Kladogramm erfassen, dann erhielte man eine riesige Anzahl von Taxa mit unzähligen Ordnungsebenen. Allen diesen Ordnungsebenen eigene Namen zu geben, wäre sinnlos und praktisch unmöglich. Diese Ordnungsebenen sind auch nicht identisch mit den Kategorien der linnéschen Systematik und lassen sich nicht in diese „übersetzen". Machen wir uns das am Beispiel einer Fischgruppe klar: In der linnéschen Systematik wird die Ordnung der Barschartigen (Perciformes) in 18 Unterordnungen untergliedert. Eine solche Klassifizierung suggeriert, dass alle diese Unterordnungen in einem Stammbaum die gleiche Hierarchieebene einnehmen und untereinander gleich verwandt sind. Grafisch dargestellt würde das bedeuten, dass wir in dem Stammbaum der Fische einen Knotenpunkt haben, von dem gleichzeitig 18 evolutive Linien ausgehen. In der Realität sind diese 18 Taxa, sofern sie tatsächlich alle monophyletische Gruppen sind, natürlich untereinander in unterschiedlichem Grade verwandt. Ein Stammbaum, der diese 18 Taxa enthält, muss 17 Knotenpunkte besitzen, und wir stellen eine Vielzahl unterschiedlicher Verwandtschaftsverhältnisse fest.

Aus diesem Grund wird in der phylogenetischen Systematik und insbesondere auch in Kladogrammen auf die Kategorien der linnéschen Systematik verzichtet. Ein Taxon bekommt einen Namen, ohne jeden weiteren Zusatz wie Klasse, Ordnung oder Familie.

Möchte man in einem Kladogramm die Apomorphien der darin enthaltenen Taxa kennzeichnen, schreibt man diese neben die Stammlinien der jeweiligen Taxa (Abb. 14.8). Genau in diesem Zeitraum sind die Autapomorphien des betrachteten Taxons evolviert.

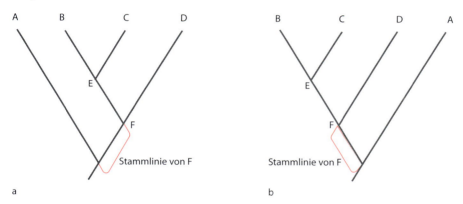

**Abb. 14.8** Verschiedene Kladogramme (a, b) mit den gleichen Informationen

Es ist in einem Kladogramm vollkommen unbedeutend, welches Schwestertaxon nach links und welches nach rechts gezeichnet wird. Die beiden Kladogramme in Abbildung 14.8a und 14.8b sind beispielsweise in ihrer Aussage absolut identisch, denn Kladogramme sind in jedem Verzweigungspunkt frei drehbar.

Häufig werden Kladogramme so gezeichnet, dass das Taxon, auf welches es dem Autor besonders ankommt, ganz rechts steht. Insbesondere bei Stammbäumen, die den Menschen oder zumindest die Säugetiere enthalten, stehen diese Taxa meist rechts. Das führt leicht zu dem falschen Eindruck, dass die Evolution eine Höherentwicklung hin zu diesem Taxon sei.

## Stammt der Mensch vom Affen ab?

Aus der Darstellungsform eines Kladogramms wird klar, dass keine heute lebende Art die Stammart einer anderen Art sein kann. Der Mensch und die Schimpansen (Gemeiner Schimpanse + Bonobo) sind Schwestertaxa. Sie sind beide aus einer gemeinsamen Stammart hervorgegangen, die wahrscheinlich vor ca. 7–8 Millionen Jahren in Ostafrika gelebt hat. Seit der Aufspaltung dieser Stammart, die weder Mensch noch Schimpanse war, haben sich beide Taxa gleich lange unabhängig voneinander weiterentwickelt. Der Mensch hat sich, sowohl was sein Aussehen als auch seine intellektuellen Fähigkeiten betrifft, zwar im Vergleich zur Stammart stärker verändert als die Schimpansen, der Mensch stammt dennoch nicht von einem Schimpansen ab. Es wäre jedoch nicht falsch zu sagen, dass Mensch und Schimpanse von einem heute nicht mehr lebenden Affen abstammen, der den gemeinsamen Vorfahren beider Taxa verkörpert.

## 14.2 Unterrichtspraxis

In den KMK-Bildungsstandards (2004) wie auch in der Fachdidaktik wird der Anwendung und dem Verständnis wissenschaftlicher Methoden ein hoher Stellenwert eingeräumt. Im Sinne der *scientific literacy* sollen Schüler lernen, naturwissenschaftliches Wissen anzuwenden, naturwissenschaftliche Fragen zu erkennen und aus Belegen Schlussfolgerungen zu ziehen (Prenzel et al. 2007). Gefordert wird demzufolge auch ein Wissen über Naturwissenschaften (*nature of science*). Ein essenzielles Instrument der wissenschaftlichen Erkenntnisgewinnung in der Evolutionsbiologie besteht in der stammesgeschichtlichen Rekonstruktion, deren Ergebnisse in Form von Stammbäumen visualisiert werden. Stammbäume verkörpern die direkteste Darstellung des Prinzips der gemeinsamen Abstammung. Daher sind das richtige Verständnis und das richtige Interpretieren von Stammbäumen wichtige Fähigkeiten für einen fundierten Umgang mit der Evolutionstheorie. Zudem ist die Stammbaumanalyse ein wichtiges Mittel, um Schülern einen Einblick in das wissenschaftliche Arbeiten zu geben.

### 14.2.1 Biologische Arbeitsweisen

Der Vergleich ist bei der Erkundung und Einordnung von Merkmalen, beim Analysieren und Interpretieren von Stammbäumen eine bedeutende und grundlegende biologische Arbeitsweise, die dem Verständnis der Geschichtlichkeit (der Abstammung) und der Diversität der Organismen dient (Eichberg 1972, Hammann und Scheffel 2005, Spörhase-Eichmann und Ruppert 2004). Bei der stammesgeschichtlichen Rekonstruktion hat diese Methode zusätzlich eine zeitliche Dimension. Der Vergleich erhält zudem einen dynamischen Charakter, da die Merkmale bezüglich ihrer Entwicklung beziehungsweise Veränderung im Laufe der Evolution betrachtet werden (Kattmann 2007); dagegen ist die Betrachtung der Ordnungskriterien bei der Klassifizierung eher „statisch". Erst die Untersuchung des Informationsgehalts der Merkmale, also die Differenzierung zwischen Homologien und Analogien und die Bewertung der Homologien als ursprünglich oder abgeleitet, lassen den Schritt zu einer Rekonstruktion der Phylogenie zu, die den Gang der Evolution näherungsweise reflektiert.

## 14.2.2 Das Thema Evolution im Unterricht

Das Thema Evolution wird in den meisten Bundesländern erst in der Oberstufe thematisiert, obwohl es sich eigentlich durch alle Klassenstufen zieht. So behandeln Schüler in der 5./6. Klasse „Angepasstheit verschiedener Organismen an den Lebensraum" und erarbeiten hier die wichtigsten Merkmale der verschiedenen Organismengruppen (Reptilien, Amphibien, Vögel, Säugetiere). Sie lernen allerdings meist nicht die Denk- und Arbeitsweisen der Evolutionsbiologie kennen. Gerade hier bieten sich jedoch die Einbindung dieses (Fakten-)Wissens in den Kontext Evolution und die Arbeit mit Stammbäumen an, denn die Auseinandersetzung mit der Evolutionstheorie und den Evolutionsmechanismen stellt ein wichtiges Themenfeld des Biologieunterrichts dar. Betrachtet man verschiedene Unterrichtseinheiten des Biologieunterrichts wie Reptilien, Amphibien oder Säugetiere, fällt auf, dass diese Themen bislang weitestgehend losgelöst nebeneinander stehen. Verwandtschaftsbeziehungen werden in Schulbüchern kaum thematisiert. Ferner gewinnen Schüler den Eindruck, dass die paraphyletischen „Reptilien" oder die monophyletischen Amphibien als gleichwertige, eigenständige Einheiten existieren. Im Kontext der Evolution und der Rekonstruktion der Stammesgeschichte der Organismen ist diese Einteilung aber nicht unproblematisch. Während Amphibien tatsächlich ein monophyletisches Taxon darstellen, sind Reptilien lediglich als systematische Gruppierung anzusehen. Letztere sind jedoch kein monophyletisches Taxon, wie bereits in Abschnitt 14.1.3 deutlich wurde. Diese Problematik kann den Schülern aber erst durch eine korrekte Stammbauminterpretation verdeutlicht werden.

### KMK-Bildungsstandards

In den KMK-Bildungsstandards für den Mittleren Schulabschluss (2004) finden sich im Kompetenzbereich Erkenntnisgewinnung folgende Standards, die auf das Thema „Stammbäume lesen und verstehen" zutreffen:

- Schüler beschreiben und vergleichen Anatomie und Morphologie von Organismen (E 2).
- Schüler analysieren die stammesgeschichtliche Verwandtschaft beziehungsweise ökologisch bedingte Ähnlichkeit bei Organismen durch kriteriengeleitetes Vergleichen (E 3).

Auch im Kompetenzbereich Fachwissen lässt sich ein unmittelbarer Bezug zur Stammbaumanalyse herstellen:

- Schüler stellen strukturelle und funktionelle Gemeinsamkeiten und Unterschiede von Organismen und Organismengruppen dar (F 2.3).
- Schüler beschreiben und erklären stammesgeschichtliche Verwandtschaft von Organismen (F 3.5).
- Schüler beschreiben und erklären Verlauf und Ursachen der Evolution an ausgewählten Lebewesen (F 3.6).

Der Kompetenzbereich Kommunikation findet sich ebenfalls wieder:

- Schüler werten Informationen zu biologischen Fragestellungen aus verschiedenen Quellen zielgerichtet aus und verarbeiten diese auch mit Hilfe verschiedener Techniken und Methoden adressaten- und situationsgerecht (K 4).

### 14.2.3   Die Unterrichtsmaterialien im Überblick

Die folgenden Unterrichtsmaterialien richten sich an Schüler verschiedener Jahrgangstufen: Die Materialien 1–2 sind für Schüler der Unterstufe geeignet, Material 3 ist für Lernende der Unter- bis Mittelstufe gedacht. Für Schüler der Mittelstufe sind die Materialien 4–7 passend. Oberstufenschüler können dagegen gut mit den Materialien 8–10 arbeiten.

In Material 1 sollen die Schüler in erster Linie Verschwandtschaftsbeziehungen aufdecken und beispielsweise erläutern, warum die Eidechse gleich nah mit den Vögeln und den Krokodilen verwandt ist.

Die Materialien 2, 3, 6 und 7 (Unterstufe und Mittelstufe) dienen der Anwendung der Methode des Außengruppenvergleichs. In Material 6 sollen die Schüler zudem einen Stammbaum selbstständig erstellen. Hierfür müssen sie wissen beziehungsweise im Vorfeld recherchieren, ob ein Schnabeltier Milchdrüsen besitzt oder ob die Zauneidechse lebendgebärend ist.

In Material 4 sollen die Schüler zunächst monophyletische Abstammungsgemeinschaften bilden. Hier wird zum Beispiel deutlich, dass es sich bei der Gruppe der Reptilien nicht um eine genuine Abstammungsgemeinschaft handelt. Darüber hinaus müssen bei Material 4 die Begriffe Paraphylum, Polyphylum und Schwestertaxon korrekt angewendet werden.

Material 5 (Mittelstufe) und 8 (Oberstufe) sind Reorganisationsaufgaben. Schüler sollen ihr Wissen an einem realen Stammbaum testen und Monophyla, Paraphyla und Polyphyla benennen. Material 8 thematisiert zudem, wie mithilfe eines Stammbaums herausgefunden werden kann, ob Merkmale homolog oder analog sind.

Material 9 dient wiederum der Klärung von Begrifflichkeiten (Autapomorphie, Synapomorphie, Plesiomorphie).

In der Reorganisations- und Transferaufgabe von Material 10 sollen die Schüler einen Stammbaum selbstständig anfertigen beziehungsweise vervollständigen, indem sie sich selbst entsprechende Informationen beschaffen und diese interpretieren. Die Aufgabe ist geeignet, um das Parsimonie-Prinzip zu erklären.

## 14.3 Unterrichtsmaterialien

### 14.3.1 Unterrichtsmaterialien für die Unterstufe (Klasse 5–6)

#### Material 1: Stammbäume lesen

Abbildung 14.9 gibt die Verwandtschaftsverhältnisse verschiedener Tiere wieder.

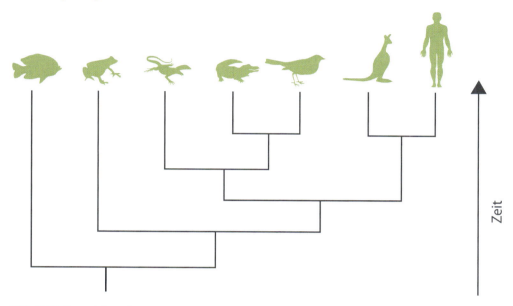

**Abb. 14.9** Stammbäume lesen

#### Aufgabe 1

Wer ist näher miteinander verwandt? Begründe deine Antwort anhand des Stammbaums.

**a** Ist der Vogel näher mit der Eidechse oder näher mit dem Känguru verwandt?

**b** Ist die Eidechse näher mit dem Vogel oder näher mit dem Menschen verwandt?

**c** Ist die Eidechse näher mit dem Krokodil oder näher mit dem Vogel verwandt?

#### Aufgabe 2

Sind die Lurche mit den Eidechsen und dem Menschen gleich nah verwandt? Begründe deine Antwort anhand des Stammbaums.

#### Aufgabe 3

Ein Wissenschaftler gräbt nach Fossilien. Schau dir den abgebildeten Stammbaum genau an.

**a** Der Wissenschaftler entdeckt in einer der Schichten Fossilien von sehr urtümlichen Fischen. Wie wahrscheinlich ist es, dass er in derselben Schicht auch Fossilien von Kängurus findet?

**b** Der Wissenschaftler entdeckt in einer der Schichten Fossilien von Krokodilen. Wie wahrscheinlich ist es, dass er in derselben Schicht auch Fossilien von Fischen findet?

## Material 2: Einen Stammbaum rekonstruieren 1 – Haarige Probleme …

**Aufgabe 4**

Säugetiere besitzen zahlreiche gemeinsame Merkmale und doch kommen Unterschiede in den verschiedenen Untergruppen vor. Geparde und Pferde besitzen beispielsweise ein dichtes Fell, wohingegen Elefanten fast keine Haare tragen. Ein Wissenschaftler möchte nun herausfinden, ob Haare (Fell) ein ursprüngliches („altes") Merkmal von Säugetieren sind oder ob die Haarlosigkeit der Elefanten ursprünglich ist. Ein Kollege hat ihm den folgenden Stammbaum zur Verfügung gestellt, mit dessen Hilfe er seine Frage beantworten kann (Abb. 14.10).

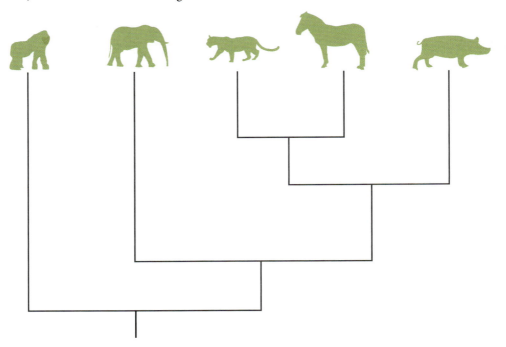

**Abb. 14.10** Einen Stammbaum rekonstruieren 1 – Haarige Probleme …

Mit welcher Gruppe muss der Wissenschaftler Pferde und Elefanten vergleichen, um herauszufinden, ob Fell oder Haarlosigkeit ursprünglich sind? Zu welchem Ergebnis kommt er? Begründe deine Antwort.

## 14.3.2 Unterrichtsmaterialien für die Unterstufe bis Mittelstufe (Klasse 5–9)

### Material 3: Einen Stammbaum rekonstruieren 2 – Auf die Füße geschaut …

#### Aufgabe 5

Säugetiere gehören zu den Tetrapoden (Vierfüßern), daher besitzen alle Säugetiere vier Extremitäten. Einige Arten haben jedoch eine ganz unterschiedliche Zehenanzahl an den Füßen. So haben Kamele zwei Zehen, während Hunde fünf Zehen an jeder Pfote besitzen. Durch einen Vergleich kann man ermitteln (Abb. 14.11), ob das Merkmal „fünf Zehen"

- ein altes, ursprüngliches Merkmal ist, das im Verlauf der Evolution früher entstand als die geringere Zehenanzahl, oder
- ein jüngeres, abgeleitetes Merkmal darstellt, das sich erst später aus Vorfahren mit weniger Zehen entwickelt hat.

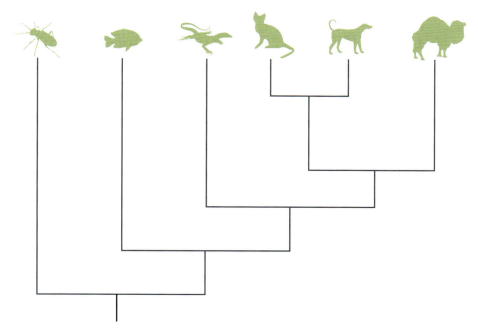

**Abb. 14.11** Einen Stammbaum rekonstruieren 2 – Auf die Füße geschaut …

Mit welcher Tiergruppe müsste man das Merkmal „Anzahl der Zehen" bei Hunden und Kamelen vergleichen, um dieses Problem zu lösen? Zu welchem Ergebnis kommst du? Begründe deine Auswahl.

## 14.3.3 Unterrichtsmaterialien für die Mittelstufe (Klasse 7–9)

### Material 4: Abstammungsgemeinschaften

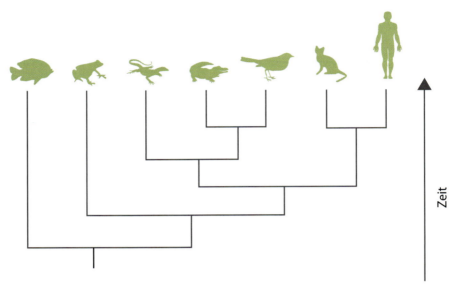

**Abb. 14.12** Abstammungsgemeinschaften

### Aufgabe 6

In diesem Stammbaum stellen Katzen und Menschen eine geschlossene Abstammungsgemeinschaft (Monophylum) dar, da sie auf einen gemeinsamen Vorfahren zurückzuführen sind, den sie mit keiner der anderen Gruppen teilen (Abb. 14.12).

**a** Erarbeite alle weiteren Abstammungsgemeinschaften aus dem abgebildeten Stammbaum.

**b** Zeichne mindestens eine unvollständige Abstammungsgemeinschaft (Paraphylum) im abgebildeten Stammbaum ein. Welche Problematik verbirgt sich in einer solchen Gruppierung für die Interpretation von Verwandtschaft?

**c** Wie bezeichnet man eine Gruppe, die nur Katzen und Vögel umfasst? Ein Tipp: Denke an Stammarten und Verwandtschaft. Benenne eine weitere Gruppierung, die dieser entsprechen würde.

### Aufgabe 7

Innerhalb der geschlossenen Abstammungsgemeinschaft (des Monophylums) stehen sich Katzen und Menschen als Schwestertaxa gegenüber.

**a** Welche Gruppe ist Schwestertaxon zum Taxon Vögel?

**b** Benenne das Schwestertaxon der Lurche.

**c** Welche Gruppen umfassen in diesem Stammbaum die Tetrapoda und welches Schwestertaxon steht diesen gegenüber?

## Material 5: Abstammungsgemeinschaften in der Forschung 1 – Die Verwandtschaft der Seevögel

Abbildung 14.13 zeigt die Verwandtschaft der Schwarzschnabelsturmtaucher, zu denen Sturmtaucher, Sturmvögel, Albatrosse und Sturmschwalben gehören. Der Stammbaum basiert auf molekularen Daten (Nukleotidsequenzen des Cytochrom-b-Gens).

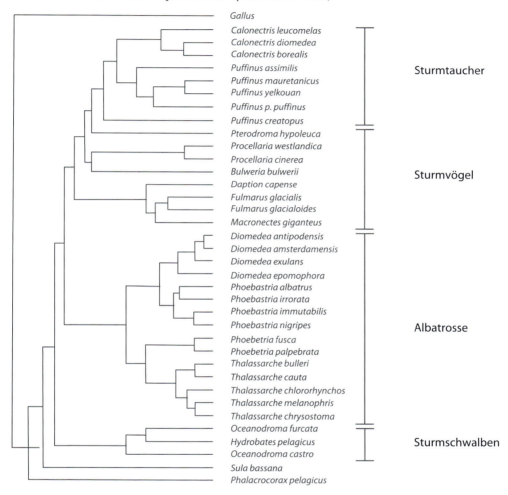

Abb. 14.13 Stammbaum der Schwarzschnabelsturmtaucher-Gruppe, basierend auf Nukleotidsequenzen des Cytochrom-b-Gens (nach Storch et al. 2007)

### Aufgabe 8

Bei welchen der Gruppen (Sturmtaucher, Sturmvögel, Albatrosse und Sturmschwalben) handelt es sich um eine geschlossene Abstammungsgemeinschaft (Monophylum), bei welchen um eine unvollständige Abstammungsgemeinschaft (Paraphylum)? Begründe deine Zuordnung.

## 14 Stammbäume lesen und verstehen

### Aufgabe 9

Innerhalb der Sturmtaucher gibt es die Gattung *Puffinus*. Stellt dieses Taxon ein Monophylum oder ein Paraphylum dar? Begründe deine Zuordnung.

### Aufgabe 10

Woraus setzt sich die Schwestergruppe der Albatrosse zusammen?

### Aufgabe 11

Welche Außengruppe wurde gewählt, um den Stammbaum zu „wurzeln"?

### Material 6: Der Außengruppenvergleich – Die Evolution der Säugetiere

### Aufgabe 12

Säugetiere sind durch eine Vielzahl von gemeinsamen, homologen Merkmalen gekennzeichnet, die unter anderem in der Homoiothermie, dem Besitz eines Haarkleids und dem Vorhandensein von Milchdrüsen bestehen. Trotz der Abstammung von einem gemeinsamen Vorfahren sind innerhalb der Säugetiere ganz unterschiedliche Vertreter zu finden, die sich in der Ausprägung einiger homologer Merkmale unterscheiden (z. B. Schnabeltier und Hund). Die Unterscheidung ursprünglicher und abgeleiteter Merkmalsausprägungen ist Grundlage für die Rekonstruktion der Abstammung und die Erstellung eines Stammbaums.

**Tab. 14.1:** Merkmale vom Schnabeltier, Hund und der Zauneidechse

| Merkmal | Schnabeltier | Hund | Zauneidechse |
|---|---|---|---|
| Haarkleid | | | |
| Milchdrüsen | | | |
| Fortpflanzungsart lebendgebärend oder eierlegend) | | | |

siehe auch Onlinematerialien unter http://extras.springer.com

**a** Fülle die Tabelle aus, indem du entscheidest, ob das jeweilige Merkmal vorliegt. Verwende hierfür die Symbole + und – beziehungsweise trage die Begriffe ein.

**b** Bestimme durch den Vergleich der Merkmalsausprägungen die Entwicklungsrichtung der Merkmale und erstelle einen Stammbaum. Welches Merkmal ist innerhalb der Säugetiere ursprünglich? Lebendgebärend oder eierlegend?

## Material 7: Der Außengruppenvergleich 2 – Zeigt her eure Füße …

### Aufgabe 13

Alle Schmetterlinge gehen auf einen gemeinsamen Vorfahren zurück und bilden demnach eine monophyletische Gruppe. Die Zugehörigkeit zu einer monophyletischen Gruppe bringt es mit sich, dass die Organismen zahlreiche gemeinsame abgeleitete Merkmale aufweisen. Innerhalb dieser Gruppe lassen sich jedoch auch gravierende Unterschiede feststellen, zum Beispiel bezüglich des Merkmals „Anzahl der Laufbeine". So besitzen Vertreter der Schmetterlingsgruppen Fleckenfalter (Nymphalinae, Abb. 14.14) und Monarchfalter (→ Danainae, Abb. 14.15) neben vier funktionsfähigen Laufbeinen zwei stark verkürzte Laufbeine. Die Vertreter der Gruppen Ritterfalter (Papilionidae, Abb. 14.16) und Weißlinge (Pieridae, Abb. 14.17) weisen dagegen sechs funktionsfähige Laufbeine auf.

**Abb. 14.14** Tagpfauenauge (Nymphalinae, 4 Laufbeine + 2; Friedrich Böhringer)

**Abb. 14.15** Monarchfalter (Danainae, 4 Laufbeine + 2; Derek Ramsey)

siehe auch Onlinematerialien unter http://extras.springer.com

## 14 Stammbäume lesen und verstehen

**Abb. 14.16** Schwalbenschwanz (Papilionidae, 6 funktionsfähige Laufbeine; Christel Kessler)

**Abb. 14.17** Großer Kohlweißling (Pieridae, 6 funktionsfähige Laufbeine; Juergen Wagner)

Einer dieser Merkmalszustände ist ursprünglich, also auch bei zahlreichen anderen Verwandten zu finden. Der abgeleitete Merkmalszustand charakterisiert dagegen seine Merkmalsträger als eine Gruppe innerhalb der Schmetterlinge, die auf einen jüngeren gemeinsamen Vorfahren zurückgehen.

**a** Bestimme eine geeignete Außengruppe für den Vergleich. Hierfür kannst du den abgebildeten Stammbaum (Abb. 14.18) als Hilfestellung nutzen.

**b** Ist das Merkmal „6 funktionsfähige Laufbeine" innerhalb der Gruppe der Schmetterlinge ein ursprünglicher oder ein abgeleiteter Merkmalszustand? Begründe deine Antwort.

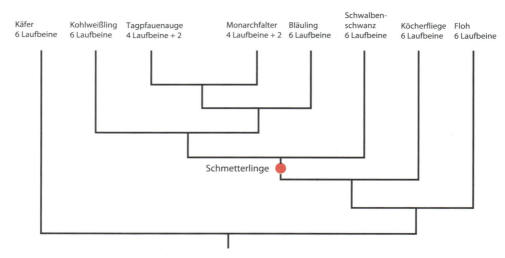

**Abb. 14.18** Auszug aus einem Insekten-Stammbaum

## 14.3.4 Unterrichtsmaterialien für die Oberstufe (Klasse 10–12)

### Material 8: Abstammungsgemeinschaften in der Forschung 2 – Die Verwandtschaft der Geier

Bis heute wurden über 230 verschiedene Greifvogelarten beschrieben, die 5 Familien zugeordnet werden (Falken [Falconidae]; Adler, Bussarde, Weihen, Habichte [Accipitridae]; Fischadler [Pandionidae]; Sekretäre [Sagittaridae]; Neuweltgeier [Cathartidae]). Da sie äußerlich ähnlich aussehen und viele gemeinsame Merkmale aufweisen, werden sie traditionell als Ordnung „Falconiformes" zusammengefasst. Vögel dieser Ordnung sind daran angepasst, entweder lebende Beute zu erlegen oder Aas zu fressen und besitzen dementsprechend morphologische Angepasstheiten (z. B. kräftige hakenförmige Schnäbel, kräftige Greiffüße mit starken Krallen, exzellentes Sehvermögen, sehr gut entwickelte Flugfähigkeit). Aus einer Studie ergab sich aus Analysen der Nukleotidsequenzen des Cytochrom-b-Gens beispielsweise der unten abgebildete Stammbaum (Abb. 14.19; verkürzt dargestellt aus Storch et al. 2007).

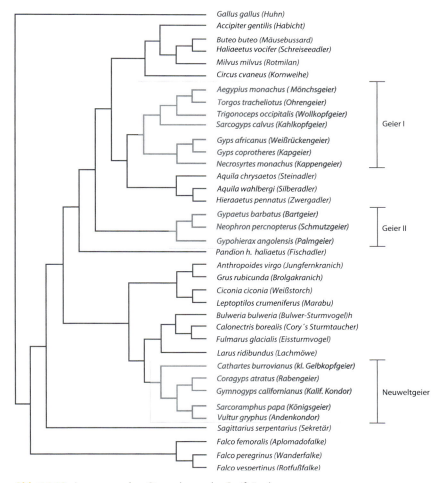

**Abb. 14.19** Auszug aus dem Stammbaum der Greifvögel, basierend auf Nukleotidsequenzen des Cytochrom-b-Gens (verändert nach Storch et al. 2007)

## 14 Stammbäume lesen und verstehen

### Aufgabe 14

Die im Stammbaum grau unterlegten Vögel werden im allgemeinen Sprachgebrauch oft als „Geier" zusammengefasst und teilen neben den morphologischen Merkmalen auch die Ernährung als Aasfresser.

**a** Handelt es sich bei der Gruppierung „Geier" um ein Monophylum, ein Paraphylum oder ein Polyphylum?

**b** Alle Geier ernähren sich ausschließlich als Aasfresser. Ist diese Eigenschaft aufgrund des Stammbaums als homologes oder als analoges Merkmal zu bewerten? Begründe deine Annahme.

### Aufgabe 15

Welche Schwestergruppe steht hier den Neuweltgeiern gegenüber? Mit welcher Gruppe teilen sie also einen gemeinsamen Vorfahren?

### Aufgabe 16

**a** Kennzeichne in Abbildung 14.19 die im Text beschriebene Ordnung Falconiformes (z. B. indem du alle Vertreter der Gruppe einkreist).

**b** Erläutere, ob es sich um ein Monophylum, ein Paraphylum oder ein Polyphylum handelt.

**c** Welche Konsequenzen ergeben sich daraus für die Bezeichnung Falconiformes?

### Material 9: Zuordnung phylogenetischer Begriffe

#### Aufgabe 17

Bestimme die „umgangssprachlichen" Begriffe für die wissenschaftlichen Bezeichnungen in Abbildung 14.20.

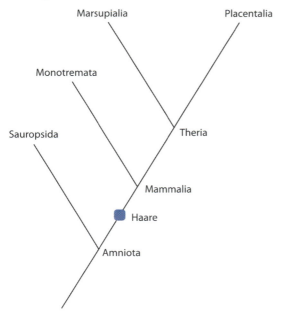

**Abb. 14.20** Stammbaum einiger Tiergruppen

## Aufgabe 18

Bestimme die folgenden Merkmalszugehörigkeiten in Abbildung 14.20 und begründe deine Antwort.

a Für welches Taxon ist das Merkmal „Haare" eine Autapomorphie?

b Für welche beiden Taxa ist das Merkmal „Haare" eine Synapomorphie?

c Nenne ein Taxon, für das das Merkmal „Haare" eine Plesiomorphie ist.

### Material 10: Einen Stammbaum erstellen – Wie der Leopard zu seinen Flecken kam ...

## Aufgabe 19

Viele Katzenarten weisen charakteristische Fellzeichnungen auf, die von einfarbigem Fell über Flecken, Rosetten bis hin zu Streifen variieren. Wissenschaftler stellen sich die Frage, wie die ursprüngliche Fellzeichnung des letzten gemeinsamen Vorfahren dieser Gruppe ausgesehen haben könnte. Bezüglich der Evolution des Fellmusters behaupten einige Forscher, dass das ursprüngliche Muster aus relativ großen Flecken besteht, die sich mit der Zeit in kleinere Flecken, Sprenkeln oder Rosetten aufgelöst haben.

Da die Fellzeichnung bei Fossilien nicht erhalten bleibt, sind keine konkreten Hinweise auf die Ausprägung zu finden. Man kann jedoch Stammbäume, die auf der Untersuchung anderer Daten beruhen, nutzen, um die Entstehung der heutigen Fellzeichnungen nachzuvollziehen. So kann man das mögliche Farbmuster des letzten gemeinsamen Vorfahren dieser Gruppe ermitteln.

In Abbildung 14.21 ist ein Ausschnitt aus einem Stammbaum für neun rezente (heute noch lebende) Katzenarten beschrieben. Die in diesem Stammbaum dargestellten Verwandtschaftsbeziehungen sind das Ergebnis der Analyse molekularbiologischer Daten (DNA) und morphologischer Daten von rezenten Arten und Fossilien (z. B. Skelette, Schädel, Zähne).

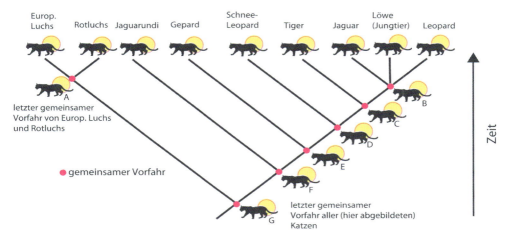

**Abb. 14.21** Stammbaum von neun rezenten Katzenarten (verändert nach Freeman und Herron 2007)

**a** Recherchiere das Fellmuster der in Abbildung 14.21 dargestellten rezenten Arten und benenne die Musterung nach folgenden Kategorien: einfarbig, Flecken, Rosetten, Streifen. Nutze Abbildung 14.22 als Hilfestellung bei der Bestimmung.

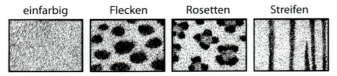

**Abb. 14.22** Fellzeichnungen (nach Werdelin und Olsson 1997)

**b** Skizziere in Abbildung 14.21 das jeweilige Fellmuster in den dafür vorgesehenen Kreisen. Versuche Schritt für Schritt nachzuvollziehen, welches Fellmuster der jeweils letzte gemeinsame Vorfahr (an den jeweils nächsten Knotenpunkten) gehabt haben könnte. Beginne mit Knotenpunkt A und rekonstruiere dann das Merkmal für die Knotenpunkte B, C, D, E und F. Berücksichtige dabei das Parsimonie-Prinzip!

**c** Welches Fellmuster ist bei dem letzten gemeinsamen Vorfahren aller dargestellten Katzen anzunehmen?

**d** Welche Katzenart(en) zeigt/zeigen auch heute noch die ursprüngliche Fellzeichnung?

**e** Handelt es sich bei den Streifen um ein ursprüngliches oder ein abgeleitetes Merkmal?

## 14.4 Literatur

- Darwin C (1859) On the origin of species by means of natural selection, or the preservation of favoured races in the struggle for life. John Murry, London
- Eichberg E (1972) Über das Vergleichen im Unterricht. Schroedel, Hannover
- Freeman S, Herron JC (2007) Evolutionary analysis. 4. Aufl. Pearson Education, Upper Saddle River NJ
- Haeckel E (1874) Anthropogenie oder Entwicklungsgeschichte des Menschen. Gemeinverständliche wissenschaftliche Vorträge über die Grundzüge der menschlichen Keimes- und Stammes-Geschichte. Engelmann, Leipzig
- Hammann M, Scheffel L (2005) Stammbaumtraining durch Vergleichen. Unterricht Biologie 19 (310): 38–44
- Hennig W (1950) Grundzüge einer Theorie der phylogenetischen Systematik. Deutscher Zentralverlag, Berlin
- Kattmann U (2007) Ordnen & Bestimmen – Einheiten in der Vielfalt. Unterricht Biologie Kompakt 31 (323): 1–47
- Kultusministerkonferenz (KMK) (2004) Bildungsstandards für den mittleren Schulabschluss im Fach Biologie. URL *http://www.kmk.org/fileadmin/veroeffentlichungen_beschluesse/2004/2004_12_16-Bildungsstandards-Biologie.pdf* [21.10.2010]
- Prenzel M, Artelt C, Baumert J, Blum W, Hammann M, Klieme E, Pekrun R (2007) PISA 2006 – Die Ergebnisse der dritten internationalen Vergleichsstudie. Waxman, Münster
- Remane A (1952) Die Grundlagen des natürlichen Systems, der vergleichenden Anatomie und der Phylogenetik. Akademische Verlagsgesellschaft Geest & Portig, Leipzig
- Spörhase-Eichmann U, Ruppert W (2004) Biologie Didaktik – Praxishandbuch für die Sekundarstufe I und II. Cornelsen Scriptor, Berlin
- Storch V, Welsch U, Wink M (2007) Evolutionsbiologie. 2. Aufl. Springer, Berlin
- Werdelin L, Olsson L (1997) How the leopard got its spots: a phylogenetic view of the evolution of felid coat patterns. Biol J Linnéan Soc 62: 383–400

# 15 Von den Gebeinen Lucys zu dem Genom des Neandertalers

**Anuschka Fenner und Röbbe Wünschiers**

## 15.1 Fachinformationen

### 15.1.1 Einleitung

Es ist in der Geschichte der Naturwissenschaften das mosaikartige Wirken von Wissenschaftlergenerationen, das zu unserem heutigen Bild der Evolution führte. Selten war eine These oder Theorie so umstritten, und durch religiöse, politische oder persönliche Interessen wurde Unschärfe in dieses Bild gebracht. Kaum ein Wissenschaftszweig kennt so heftige Dispute wie die Evolutionsforschung im Allgemeinen beziehungsweise die Evolutionstheorie im Speziellen. Warum? Sehr wahrscheinlich liegt die Ursache darin begründet, dass es letztlich auch um uns geht. So gebannt wie wir heute, in verstaubten Fotoalben schmökernd, unsere Kindheitserlebnisse wieder in unser Bewusstsein rufen möchten, so zieht uns die Geschichte der Menschheit selbst in den Bann. Neueste Befunde, welche belegen, dass sich in unserem Erbgut Teile des Erbgutes von Neandertalern finden (Green et al. 2010) und somit auf eine Paarung von Neandertalern und modernen Menschen hinweisen, nähren das allgemeine Interesse.

Die Dimensionalität der Evolutionswissenschaft hat in den vergangenen Jahren dramatisch zugenommen. Noch vor rund 200 Jahren waren Fossilien eher ein Fall für ein fürstliches Kuriositätenkabinett denn für die Wissenschaft. Heute schauen sich Bürger aller Bildungsschichten mit einer gewissen Faszination „Dokumentationen" über das Leben der Dinosaurier oder eben unserer menschlichen Vorfahren an. Prähistorische Knochen sind keine musealen Ausstellungsstücke mehr, sondern werden computergestützt zu multimedialem Leben erweckt. Am 12. Februar 2009, dem 200sten Geburtstag von Charles Darwin und 150 Jahre nach dem Erscheinen seines Hauptwerkes „On the origin of species", wurde bekannt gegeben, dass die etwa 3,7 Millionen Jahre alten Knochen von Lucy, einem Australopithecinen, an der Universität Texas/USA per hochauflösender Röntgen-Computer-Tomografie digitalisiert wurden (Universität Texas 2009).

"Vormenschen", Neandertaler und Co werden quasi in unsere Zeit katapultiert (Abb. 15.5 und 15.6 in Abschnitt 5.2.1). Dies ist eine neue Dimension, von der bei der Arbeit mit Schülern rege Gebrauch gemacht wird und werden soll.

In diesem Beitrag geht es uns um eine andere Dimension, die zu der Evolutionswissenschaft hinzugekommen ist: die Genomik. Wichtige Erkenntnisse zur Evolutionsgeschichte des Menschen beruhen auf der **morphologischen und chemischen Analyse** von prähistorischen Funden. Mit der Entwicklung und Etablierung molekularbiologischer und molekulargenetischer Arbeitsweisen hat sich ein komplett neues Methodenspektrum für die Evolutionsforschung eröffnet. Ergänzend zu Beschreibungen des Phänotyps tritt die **Analyse des Genotyps** hinzu. Die ersten Nukleotidsequenzen prähistorischer mitochondrialer DNA (mtDNA) wurden 1997 publiziert (Krings et al. 1997). Rund eine Million Basenpaare mitochondrialer und genomischer Neandertaler-DNA wurden 2006 (Green et al. 2006) und die komplette Sequenz der mitochondrialen Neandertaler-DNA 2008 (Green et al. 2008) der Öffentlichkeit vorgestellt (Abb. 15.8 in Abschnitt 15.2.1). Grundlage hierfür waren 100 mg Knochenmaterial, die in der Vindija-Höhle in Kroatien gefunden wurden. Ebenfalls am 12. Februar 2009 wurde von dem Forschungsteam um Svante Pääbo am Max-Planck-Institut für evolutionäre Anthropologie in Leipzig bekannt gegeben, dass 60 % des rund 4 Milliarden Basenpaar großen Neandertaler-Genoms, also 60 % seiner Erbanlagen, aufgeklärt sind. Rund ein Jahr später veröffentlichte das Forschungsteam die gesamte Genomsequenz (Green et al. 2010).

Im März des Jahres 2010 wurde die mitochondriale DNA eines prähistorischen Fundes, ein Stück eines 40 000 Jahre alten Fingerknochens, aus einer sibirischen Höhle im Altai-Gebirge in Zentralasien (N 51°40'; O 84°68'), sequenziert (Krause et al. 2010). Grundlage hierfür waren 30 mg Knochenpulver. Interessanterweise deuten mtDNA-Sequenzvergleiche darauf hin, dass diese prähistorische zuvor unbekannte Menschenlinie, der Neandertaler (*Homo neanderthalensis*) und der moderne Mensch (*Homo sapiens*) vor etwa einer Million Jahre aus einem gemeinsamen Vorfahren hervorgegangen sind. Weitere Grabungsfunde in der Region lassen vermuten, dass alle drei Formen parallel existierten. Aktuell (Juni 2010) hat diese neu entdeckte Menschenlinie noch keinen Namen, wird aber gelegentlich als *Huminin X* oder *Woman X* bezeichnet (Balter 2010).

Wir nehmen all diese Entwicklungen zum Anlass, um verschiedene Module für den Oberstufenunterricht zur Paläogenetik beziehungsweise -genomik vorzustellen. Sie sollen das bestehende Curriculum zur Evolution im Allgemeinen und zur Evolution des Menschen im Besonderen erweitern.

### 15.1.2 Lucy und die Neandertaler

Um es vorwegzunehmen: Lucy und die Neandertaler kannten einander nicht. Lucy ist der Name für die Überreste eines weiblichen Skeletts der ausgestorbenen Art *Australopithecus afarensis* (Südaffe aus Afar). Australopithecinen lebten vor etwa 3,0–3,9 Millionen Jahren und gelten als unmittelbare Vorfahren der Linie, die zu der Gattung *Homo* führte. Lucy wurde 1974 nahe

Hadar in der Afarwüste Äthiopiens von dem amerikanischen Paläoanthropologen Donald Johanson und dem Studenten Tom Gray entdeckt und ist rund 3,7 Millionen Jahre alt. Da bei den Ausgrabungsarbeiten, die zur Entdeckung von Lucy führten, das Beatle-Lied „Lucy in the Sky with Diamonds" vom Tonband lief, erhielten die gefundenen Knochenreste diesen Namen. Aufgrund des hohen Alters ist eine genetische Analyse von Lucy nicht möglich. Die DNA ist bereits vollständig zerfallen und zersetzt. Die bislang älteste DNA-Probe, die untersucht werden konnte, ist rund 800 000 Jahre alt und stammt aus grönländischen Eis-Bohrkernen (Willerslev et al. 2007). Sämtliche Analysen zur evolutiven Einordnung dieses bedeutenden Fundes sind daher morphologischer Natur.

### Die Entdeckung des Neandertalers

1856 ist das Jahr der Entdeckung des Neandertalers, *Homo neanderthalensis*. In den 1850er-Jahren war das Neandertal eine etwa 50 Meter tiefe, enge Schlucht. In ungefähr 20 Meter Höhe gab es den Einstieg zu einer kleinen Höhle, der Feldhofer Grotte. Ursprünglich hieß das Tal Hundsklipp, wird aber seit Mitte des 19. Jahrhunderts zum Gedenken an den lokalen Kirchenlieddichter, Vikar und Schulrektor Joachim Neander, Neanderthal genannt. Das „h" in Thal fiel der Rechtschreibreform 1904 zum Opfer.

Der aus 16 Knochen bestehende, zunächst Bären zugesprochene Fund wurde 1856 von italienischen Arbeitern während Ausräumarbeiten im Zusammenhang mit Kalkabbau in der Feldhofer Grotte gemacht. Bereits zuvor fand man Knochen von noch nicht sogenannten Neandertalern: 1830 in Belgien und 1848 in Gibraltar. Während diese Entdeckungen keine Beachtung erhielten, fielen die Funde aus dem Neandertal in eine Zeit, die von Darwins Veröffentlichung im Jahre 1859 geprägt waren. Die Knochen wurden dem Lehrer und Naturforscher Johann Carl Fuhlrott übergeben, der sofort den menschlichen Ursprung erkannte und Gipsabdrücke an den Bonner Professor für Naturforschung Hermann Schaaffhausen weiterleitete. Gemeinsam stellten sie den Fund der wissenschaftlichen Gemeinschaft vor. Ihr größter Widersacher war der „Vater der Pathologie", Rudolf Virochow, nach dessen Meinung die Knochen von einem krank gestorbenen, rezenten Menschen stammten. Neandertaler lebten im Mittelpaläolithikum in der Zeit vor etwa 200 000 bis mindestens vor 30 000 Jahren, vielleicht sogar noch vor 24 000 Jahren. Die ältesten Überreste stammen aus Kroatien (nahe der Stadt Krapina) und Italien; sie sind etwa 130 000 beziehungsweise 120 000 Jahre alt. Der Fund aus dem Neandertal wird heute auf ein Alter von 42 000 Jahren datiert.

Erneute Berühmtheit erlangten die Knochen aus dem Neandertal in den 1990er-Jahren, als es einer Gruppe von Wissenschaftlern um Professor Svante Pääbo gelang, etwa 300 Basenpaare mitochondrialer DNA aus dem Originalfund zu sequenzieren (Krings et al. 1997). Drei Jahre später wurde die phylogenetische Stellung der von Krings beschriebenen Sequenz von einem zweiten Forschungsteam bestätigt. Sie konnten eine sehr ähnliche Sequenz aus einem im Kaukasus gefundenen Neandertaler-Knochen beschreiben (Ovchinnikov et al. 2000). Heute liegen von über neun unabhängigen Überresten des Neandertalers DNA-Sequenzen vor. Aber auch von anderen ausgestorbenen Lebewesen kann mit modernen Methoden DNA isoliert und analysiert werden. Das hat zu einer neuen Wissenschaft, der Paläogenetik, geführt.

### 15.1.3 Paläogenetik

Die Paläogenetik ist ein relativ junger Wissenschaftszweig der Genetik. Sie beinhaltet die genetische Analyse prähistorischer und fossiler Überreste von Organismen. Dazu wird zum Beispiel aus Gewebeproben, Knochenresten oder Pflanzensamen DNA extrahiert, amplifiziert und sequenziert.

Als Begründer der modernen Paläogenetik gilt der schwedische Biologe Professor Svante Pääbo. Ihm gelang 1985 erstmals die Extraktion von DNA aus einer Mumie (Pääbo 1985). Der Begriff Paläogenetik wurde dagegen bereits in den 1960er-Jahren in einem Forschungsartikel von den US-amerikanischen Chemikern Emile Zuckerkandl und Linus Carl Pauling geprägt (Pauling und Zuckerkandl 1963).

Elementar für die Paläogenetik oder gar Paläogenomik, also den Vergleich prähistorischer Genome, ist die **DNA-Sequenzierung**.

#### Polymerase-Ketten-Reaktion und DNA-Sequenzierung

Die Genomsequenzierung ist heute wissenschaftlicher Alltag. Ein erster Entwurf des menschlichen Genoms wurde im Jahre 2000, die komplette Version drei Jahre später vorgestellt. Heute liegen die individuellen Genome von James Watson, dem Mitentdecker der DNA-Struktur, und Craig Venter, dem Begründer der *whole-genome-shotgun*-Sequenzierung (siehe unten), vor. Im Jahre 2008 wurden beispielsweise die stammesgeschichtlich interessanten Genome des Schnabeltiers (*Ornithorhynchus anatinus*), des Lanzettfischchens (*Branchiostoma floridae*), des Pilzes *Laccaria bicolor*, des Laubmooses *Physcomitrella patens*, des Choanoflagellaten *Monosiga brevicollis* und das Chromatophoren-Genom von *Paulinella chromotophora* publiziert.

Jeder DNA-Sequenzierung geht die **Vervielfältigung** der zu analysierenden DNA voraus. Gerade bei prähistorischen Proben ist der größte Teil der DNA zerstört und es gilt, die verbliebenen Reste mittels der Polymerase-Ketten-Reaktion (*polymerase chain reaction*, PCR) zu kopieren. Vergleichbar mit der von Gutenberg entwickelten Buchdruckkunst führt die von Kary Mullis entwickelte PCR zu einer gezielten Vervielfältigung ausgewählter DNA-Abschnitte. Mithilfe dieser Methode lassen sich binnen weniger Stunden DNA-Sequenzen milliardenfach kopieren – die rekombinante Biotechnologie der prä-PCR-Ära brauchte für denselben Zweck noch Tage. Neben der erheblichen **Zeitersparnis** liegt der besondere Wert der PCR in ihrer **hohen Spezifität**, der einfachen **Automatisierbarkeit** und der **winzigen Menge** notwendigen Ausgangsmaterials (ein DNA-Molekül).

---

**Info**

Die **Extraktion von DNA** ist ein Verfahren zur Gewinnung der Erbsubstanz. Hierbei werden die Zellen aufgebrochen, sodass ein Zellextrakt entsteht. In einem weiteren Schritt wird die DNA von den Zelltrümmern gereinigt und ggf. konzentriert – man erhält isolierte DNA. Die aus prähistorischen Funden isolierte DNA wird als aDNA (*ancient* DNA) bezeichnet.

Bei der **Amplifikation** werden dann einzelne DNA-Abschnitte gezielt vermehrt, deren Nukleotidabfolge bei der Sequenzierung bestimmt wird.

Die **Sequenz eines Gens** zu kennen, erlaubt es dem Forscher, diese mit den Sequenzen anderer Gene zu vergleichen, zum Beispiel aus denen anderer Arten. Gene mit sich stark ähnelnden Sequenzen lassen sich dann auf ähnliche Funktionen der Genprodukte schließen.

## PCR-Methode

Die Methode der PCR beruht auf der doppelhelikalen Struktur der DNA und auf der Fähigkeit der DNA-Polymerasen, DNA zu verdoppeln. Damit ähnelt die PCR der In-vivo-Verdopplung (Replikation) der DNA in einer Zelle bei der Mitose. Während die Zelle jedoch einen gigantischen enzymatischen Apparat in Bewegung setzt, um ihre DNA zu vervielfältigen, nutzt die In-vitro-Methode PCR nur ein einziges Enzym: die DNA-Polymerase 1. Dieses Enzym hat in der Zelle normalerweise die Aufgabe, Schäden innerhalb des DNA-Stranges zu reparieren. Ausgehend von einer bereits doppelsträngig vorliegenden DNA synthetisiert die DNA-Polymerase 1 eine gewisse Strecke der DNA neu. Mullis bemerkte, dass es vollkommen ausreicht, wenn die doppelsträngige Startstelle für die DNA-Neusynthese nur rund 10–20 Basenpaare lang ist (Oligonukleotid). Zudem erkannte er, dass, wenn ein DNA-Abschnitt von zwei entgegengesetzt ausgerichteten Oligonukleotiden eingeschlossen ist, man genau diesen Abschnitt amplifiziert.

Um einen DNA-Abschnitt mittels PCR vervielfältigen zu können, sind also neben der DNA-Vorlage (Template-DNA) zwei einzelsträngige Oligonukleotide (Primer), die DNA-Polymerase 1 und Baumaterial (Nukleotide) notwendig. Alle Komponenten befinden sich in rund 50 μl in einem kleinen Reaktionsgefäß. Das Reaktionsgemisch wird nun auf eine Temperatur von rund 94 °C eingestellt (Abb. 15.1). Dies führt zu einer Trennung der Template-DNA in zwei Einzelstränge (Denaturierung, *denaturation step*). Durch Erniedrigung der Temperatur auf rund 55 °C können sich die beiden Primer an ihren komplementären Strang anlagern (Anlagerung, *annealing step*). Eine Erhöhung der Temperatur auf das Optimum der DNA-Polymerase (72 °C im Falle der meist verwendeten DNA-Polymerase des Bakteriums *Thermus aquaticus [Taq]*) bewirkt, dass das Enzym an die 3'-Enden der Primer Nukleotide komplementär zur Template-DNA anknüpft (Verlängerung, *elongation step*). Da die Elongation an beiden Primern stattfindet, hat man in einem Zyklus die Zahl der Template-DNA verdoppelt. Wiederholt man nun denselben Zyklus aus Denaturierung, Anlagerung und Verlängerung, erhält man die vierfache Menge.

Früher wurde bei der PCR die DNA-Polymerase aus *Escherichia coli* verwendet. Da sie bei der Denaturierungstemperatur von 94 °C irreversibel geschädigt wird, musste nach jedem PCR-Zyklus neues Enzym zugegeben werden – eine langwierige und teure Angelegenheit. Heute werden hitzestabile DNA-Polymerasen aus thermophilen Organismen genommen. Das am häufigsten verwendete Enzym ist die DNA-Polymerase aus *Thermus aquaticus* und wird daher als Taq-DNA-Polymerase bezeichnet. Die Temperaturänderungen bewerkstelligen automatisierte Thermoblöcke (Thermozykler). Zudem werden die DNA-Polymerasen gentechnisch dahingehend optimiert, dass sie keine DNA zersetzen können, was natürlich vorkommende DNA-Polymerasen unter bestimmten Bedingungen tun.

## 15 Von den Gebeinen Lucys zu dem Genom des Neandertalers

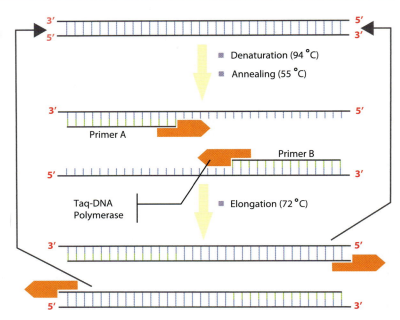

Abb. 15.1
Schema eines PCR-Zyklus

### Sequenzierungs-Methoden

Nach erfolgreicher Vervielfältigung kann die eigentliche Genomsequenzierung beginnen. Derzeit dominieren hier zwei Methoden: die *clone-by-clone*-Sequenzierung (Klon-nach-Klon-Methode) und die *whole-genome-shotgun*-Sequenzierung (Gesamtgenom-Schrotschuss-Methode; Abb. 15.2).

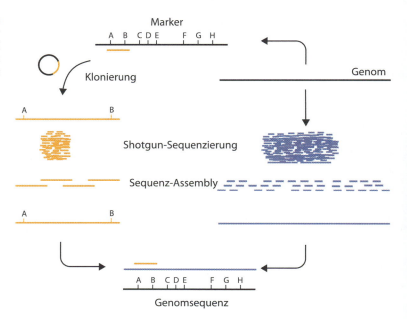

Abb. 15.2
Schema der
*clone-by-clone-* (orange) und
*shotgun-genom-* (blau)
Sequenzierung

Sie unterscheiden sich vor allem in dem zeitlichen Aufwand, der im ersten Fall im Labor und im zweiten Fall vor dem Computer aufgewendet werden muss. Bei der Sequenzierung des menschlichen Genoms kamen beide Methoden zum Einsatz: Das öffentlich geförderte Human-Genom-Projekt verfolgte den *clone-by-clone*-Weg, während die Firma Celera Genomics die *whole-genome-shotgun*-Methode wählte.

Für die **clone-by-clone-Methode** wird das Genom (in Realität mehrere 100 Genome) zunächst enzymatisch in rund 150 Kilo-Basenpaare (kb) große Fragmente partiell „verdaut". Die Verdauung, vermittelt durch DNA-spaltende Restriktionsenzyme, erfolgt derart, dass sich überlappende Fragmente ergeben. Diese Fragmente werden in künstliche bakterielle Chromosomen (BACs, *bacterial artificial chromosomes*) eingefügt (ligiert), diese in Bakterien eingebracht (transformiert) und die Bakterien vervielfältigt. Diese BAC-tragenden Bakterien bilden eine DNA-Bibliothek, die anschließend nach Markern durchsucht werden kann. Solche Marker können zum Beispiel Schnittstellen für Restriktionsenzyme sein. Anhand dieser „Kartierung", die in einer „physikalischen Karte" (*physical map*) mündet, kann bestimmt werden, welche Fragmente sich überlappen. Die Fragmente werden nun nach der *shotgun*-Methode in noch kleinere Fragmente zerlegt und sequenziert. Schließlich werden zunächst jene BAC-Fragment-Sequenzen zusammengefügt, die aufgrund der Markerinformationen zur Genomsequenz verknüpft werden können (*sequence assembly*).

Bei der **whole-genome-shotgun-Methode** wird das gesamte Genom direkt in kleine Fragmente zerlegt und sequenziert. Auf eine Kartierung des Genoms wird also verzichtet. Stattdessen musste Celera Genomics Weltklasse-Mathematiker für sich gewinnen, um aus der ungeheuren Menge aus kurzen Sequenzen die Genomsequenz zusammenzupuzzeln.

Beide Methoden haben Vor- und Nachteile. Insbesondere bei Chromosomenabschnitten mit einem hohen Anteil repetitiver Sequenzen (z. B. Chromosom Y) schneidet die aufwendigere *clone-by-clone*-Methode zurzeit noch besser ab.

Bei der eigentlichen DNA-Sequenzierung wird die **Sanger-Methode**, die auf einen Dideoxynukleotid vermittelten Syntheseabbruch beruht, zunehmend durch die **Pyrosequenzierung** ersetzt (Abb. 15.3). Wie bei der Sanger-Methode wird einzelsträngige DNA mit einem Oligonukleotid-Primer inkubiert. In Zyklen werden die Enzyme DNA-Polymerase, ATP-Sulfurylase, Luciferase und Apyrase, das Substrat Adenosin-5-Phosphosulfat und nur eines der vier Deoxynukleotide dATP-$\alpha$-S, dCTP, dGTP und dTTP dem Reaktionsgemisch hinzugefügt. Wird ein Deoxynukleotid (dNTP) erfolgreich von der DNA-Polymerase zur Elongation eingebaut, so wird ein Pyrophosphat (PPi) freigesetzt. Dieses reagiert in einer ATP-Sulfurylase vermittelten Reaktion mit Adenosin-5-Phosphosulfat zu ATP, das wiederum ein Substrat für die Luciferase ist. Diese emittiert einen Lichtquant, was den Einbau des im Zyklus anwesenden dNTPs signalisiert. Jeglicher Überschuss an dNTPs wird schließlich durch die Apyrase abgebaut und es kann ein neuer Zyklus mit einem anderen dNTP beginnen. Der Einsatz des Deoxynukleotids dATP-$\alpha$-S anstelle von dATP ist notwendig, da dATP direkt als Substrat für die Lucife-

**Info**

Die Sequenzanalyse nach Frederick Sanger wird auch **Kettenabbruch-Verfahren** genannt. Sie führte 1977 zur ersten vollständigen Sequenzierung eines Bakteriophagen-Genoms. Der Forscher erhielt für seine Arbeiten zur DNA-Sequenzierung 1980 den Nobelpreis für Chemie, nachdem er ihn 1958 bereits für die Aufklärung der Struktur des Insulins erhalten hatte.

rase agieren könnte. dATP-α-S hingegen kann zwar von der DNA-Polymerase, nicht aber von der Luciferase umgesetzt werden.

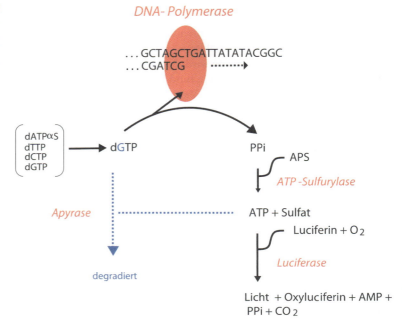

Abb. 15.3
Schema der Pyrosequenzierung, wie sie bei der Firma 454 Life Sciences parallelisiert zur Anwendung kommt

Moderne Sequenzierautomaten, wie jene der Firma 454 Life Sciences, parallelisieren die Pyrosequenzierung und sind so in der Lage, rund 600 Millionen Nukleotide in zehn Stunden zu sequenzieren. Bei der Genomsequenzierung entstehen Tausende, etwa 500 Nukleotide lange Sequenzen, die wie bei der *shotgun*-Methode zur Gesamtgenomsequenz zusammengefügt werden müssen.

Material 1
Puzzle zur Genomsequenzierung

Der zugrundeliegende Algorithmus beruht auf der Suche nach überlappenden Fragmenten und war eines der ersten bioinformatischen Probleme, das bereits in den 1960er-Jahren von der Pionierin der Bioinformatik, Margaret Oakley Dayhoff, für Proteine gelöst wurde (Dayhoff und Ledley 1962).

## 15.2 Unterrichtspraxis

### 15.2.1 Vorstellung von drei Unterrichtsmodulen

Die **Entwicklung der Evolutionsforschung** unter Berücksichtigung von Erkenntnissen aus der **Molekularbiologie und Genomforschung** in Bezug auf **Evolution und Stammesgeschichte** des Menschen wird nachfolgend in drei Unterrichtsabschnitten für den Oberstufenunterricht dargestellt. Diese lassen sich entweder zu einer Unterrichtssequenz zur Humanevolution im Bereich des Halbjahresthemas Evolution kombinieren und ergänzen, oder isoliert als Bausteine im Bereich des Halbjahresthemas Genetik mit

Evolutionskontext unterrichten. Als Voraussetzung sollten im Unterricht die Grundkenntnisse der Molekularbiologie behandelt worden sein. Vorteilhaft ist es, wenn Grundprinzipien und -begriffe von Stammbäumen aufgrund von morphologischen Merkmalen, zum Beispiel bei den Wirbeltierklassen, bekannt sind.

☞ **Kapitel 14**

In allen drei Unterrichtsabschnitten spielen **Bezüge zur Bioinformatik** eine besondere Rolle, wobei der anthropologische Aspekt im Hinblick auf Motivierung und Bildung des Selbstverständnisses den zentralen Bezugspunkt bildet. Es werden vor allem Daten aus frei zugänglichen wissenschaftlichen Datenbanken verwendet, um Erkenntniswege selbst nachvollziehen zu können. Hierdurch wird wissenschaftspropädeutisches Arbeiten ermöglicht. In Hinblick auf Aktualitätsbezug und Kontextualisierung können neueste Erkenntnisse unter Nutzung von aktuellen Medien relativ einfach beleuchtet werden. Durch unterschiedliche Materialvorgaben und konkretisierte Informationen lässt sich das Anspruchsniveau in Abhängigkeit von der Schülergruppe differenzieren.

## Unterrichtsabschnitt 1: Von der Krone zum Ast, oder wir sind auch „nur" Menschenaffen

### Einstieg und Schülervorstellungen

Im Hinblick auf Humanevolution existieren bei Schülern häufig vor allem zwei Fehlvorstellungen. Diese beziehen sich einerseits auf eine gerichtete Höherentwicklung als zielgerichtete Anpassung und andererseits auf die Stellung des Menschen „über" den Menschenaffen. Bei Letzterem wird der Mensch als Weiterentwicklung gegenüber den als stehengeblieben betrachteten Menschenaffen gesehen (Kattmann 2007). Die beiden Fehlvorstellungen können als kognitive Schemata, das „Oben-unten-Schema" und das „Start-Weg-Ziel-Schema", betrachtet und zu einer übergeordneten Denkfigur, dem „Treppen-Schema", zusammengefasst werden (Groß und Gropengießer 2007). Solche Fehlvorstellungen, häufig auch als **Alltagsvorstellung** bezeichnet, sollten im Unterricht aufgegriffen und reflektiert werden.

Als Möglichkeit für einen Unterrichtseinstieg bietet es sich daher an, die Schüler einzeln anhand von Abbildungen (z. B. Mensch, Schimpanse, Gorilla, Orang-Utan) stammesgeschichtliche Beziehungen selbst erstellen zu lassen. An den Vergleich dieser Darstellungen kann man anschließend für den folgenden Unterricht anknüpfen. Hierbei hängt es von der Verschiedenheit der stammesgeschichtlichen Beziehungen und den Kursvoraussetzungen ab, ob es sinnvoll ist, die schülereigenen Darstellungen zu diesem Zeitpunkt untereinander zu vergleichen oder mit ausgewählten Daten zu arbeiten.

### Analyse ausgewählter morphologischer Daten zu Mensch und Menschenaffen in Hinblick auf Merkmalsähnlichkeit

Eine Analyse in Hinblick auf Merkmalsähnlichkeit kann beispielsweise anhand von einer Vielzahl von morphologischen Daten (z. B. Zahnbogen, Gehirnvolumen) erfolgen. Alternativ bietet es sich an, nur einen Teil der Angaben vorzugeben und weitere Daten beziehungsweise Merkmale, die

**Material 2**
Ähnlichkeitsvergleich von Menschenaffen

# 15 Von den Gebeinen Lucys zu dem Genom des Neandertalers

mittels Vergleich der Schädel gewonnen werden können, unter Verwendung von Replikaten oder Abbildungen selbst zu gewinnen. Eine Sammlung mit Schädelabbildungen aus verschiedenen Perspektiven hält zum Beispiel die Anthropologie-Abteilung des Glendale Community College im Internet bereit (Glendale Community College 2011).

Diese Daten können von den Schülern als Belege für ihre Darstellung (siehe oben) hinzugezogen und diskutiert werden, sind allerdings nicht eindeutig zu interpretieren und lassen deshalb einen Schluss auf die richtigen Verwandtschaftsverhältnisse der Arten nicht zu. So bietet sich hier insbesondere die Möglichkeit, an diesem Beispiel ungewurzelte Bäume und das **Parsimonie-Prinzip** („Sparsamkeits-Prinzip") einzuführen. Danach wird derjenige ungewurzelte Baum ausgewählt (bei vier Gruppen gibt es drei mögliche ungewurzelte Bäume), der mit der geringsten Anzahl an Merkmalsänderungen erklärt werden kann (Abb. 15.35 in Lösungen). Anhand der Daten von Material 2 wird in den Bäumen der Mensch entweder den übrigen Menschenaffen gegenübergestellt oder der Orang-Utan dem Menschen als am nächsten verwandt eingestuft. Hierdurch wird die Problematik erkannt, welche sich auch in der Entwicklung der Taxonomie der Hominoiden widerspiegelt und im weiteren Unterrichtsverlauf aufgegriffen wird.

### Geschichte der Taxonomie der Hominoiden

Ein Vergleich der vom Primatologen Adolph Hans Schultz 1936 gegenübergestellten Stammbäume (Abb. 15.4) sollte zur Formulierung einer Problemfrage führen: „Wie kann man die richtigen Verwandtschaftsverhältnisse der Arten untereinander belegen?" Diese wird dann durch die Betrachtung der Geschichte der Taxonomie historisch-problemorientiert geklärt. Hierbei wird der naturwissenschaftliche Erkenntnisweg in Bezug zur Geschichte gesetzt und von den Schülern durch Auswertung von Text und Datenmaterial selbst nachvollzogen. Das kann ebenfalls zur Reflexion der eigenen Vorstellung genutzt werden.

**Material 3**
Die Geschichte der Hominoiden-Taxonomie

Mit Taxonomie, damit verbundenen Begrifflichkeiten sowie der Problematik der Eingruppierung des Menschen werden die Schüler durch die Auseinandersetzung mit der Geschichte der Taxonomie der Hominoiden konfrontiert.

**Material 4**
Chromosomen der Hominiden

Den Schülern wird hierbei verdeutlicht, dass erst moderne molekularbiologische Methoden eindeutige und überzeugende Erkenntnisse ermöglichen. In leistungsstarken Gruppen sollte in Erwägung gezogen werden, an dieser Stelle die Chromosomen der Hominiden zu vergleichen (Abb. 15.13 in Unterrichtsmaterialien). Da dies nicht einfach ist, bietet es sich an, in arbeitsteiligen Gruppen zu arbeiten und die Chromosomen vergrößert zum Aus- und Zerschneiden zur Verfügung zu stellen. Obwohl der Vergleich kaum eine überzeugende Lösung bietet, sollte trotzdem die Chance bei ausreichender Zeit wie in Leistungskursen genutzt werden. An diesem Material kann man dann Chromosomenmutationen, vor allem Inversion und die hier wichtige Fusion, erarbeiten beziehungsweise wiederholen (Abb. 15.37 in Lösungen). Es könnten auch bei der Auswertung die Änderungen in einer Tabelle als Binärcodierung zusammengefasst und nach Parsimonie-Prinzip analysiert werden (Tab. 15.12 in Lösungen).

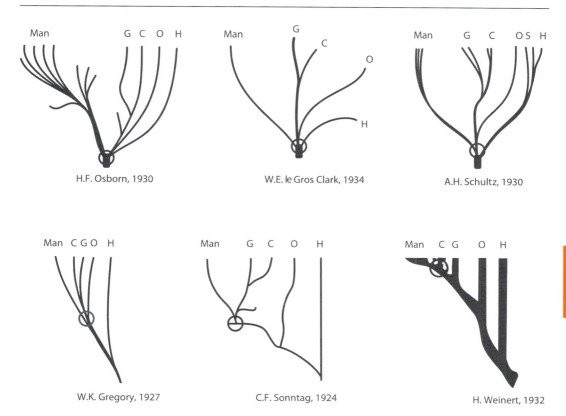

**Abb. 15.4** Von Adolph Hans Schultz skizzierter Stammbaumvergleich für Hominoidea gemäß verschiedener Autoren (1936; nach Chaoui 2006 verändert). Die Kreise wurden von Schultz eingefügt, um einen Hinweis auf den letzten gemeinsamen Vorfahren des Menschen und anderen Primaten zu geben. Um den Vergleich der Stammbäume zu erleichtern, setzte Schultz den Menschen immer links. Man = Mensch; G = Gorilla; C = Schimpanse; O = Orang-Utan; S = Siamang; H = Gibbon (oder *Hylobatidae* allgemein).

## Sequenzvergleiche von Aminosäuren und DNA

Der Vergleich von Aminosäure- und DNA-Sequenzen ermöglicht das **Aufstellen der richtigen stammesgeschichtlichen Beziehungen**. Im Gegensatz zur Analyse der Chromosomenbanden-Muster (Material 4) gelingt die Auswertung von Sequenzen durch entsprechende Softwaretools relativ einfach und schnell (beispielsweise European Bioinformatics Institute [EBI] 2011). Die Daten lassen sich aus wissenschaftlichen Datenbanken beziehen; hier sei vor allem die Datenbank des NCBI (National Center for Biotechnology Information 2011) erwähnt.

Zu Beginn scheint es etwas unübersichtlich, in der NCBI-Datenbank eine Sequenz ohne Kenntnis der eindeutig zugeordneten *Accession-Number* (Zugriffsschlüssel) zu finden. Aus diesem Grunde ist es sinnvoll, bei dem ersten Umgang mit der Datenbank die Zugriffsschlüssel zur Verfügung zu stellen und erst später die Suche nach entsprechenden Sequenzen anhand von Taxonomie oder Sequenzähnlichkeit (mittels BLAST) einzuführen.

### Info

**BLAST** (*basic local alignment search tool*) ist der am weitesten verbreitete und am meisten genutzte Algorithmus zur Analyse biologischer Sequenzdaten.

### Material 6
Sequenzvergleiche und Stammbaumerstellung am Beispiel des Cytochrom b

## 15 Von den Gebeinen Lucys zu dem Genom des Neandertalers

> **Info**
>
> Beim **Alignieren** werden für einen Vergleich Sequenzen der untersuchten Arten so angeordnet, dass möglichst gleiche beziehungsweise funktional ähnliche Sequenzabschnitte untereinander stehen. Sind diese Arten sehr eng miteinander verwandt, unterscheiden sich die Sequenzen nur an einer oder an einigen wenigen Positionen.
>
> **Material 5**
> Prinzip eines Alignments

Als Beispiel wird hier das **Cytochrom b** gewählt (Lösungen zu Material 6), dessen Gen Bestandteil der **mitochondrialen DNA** (mtDNA) ist. Das Protein ist Teil des Komplexes III der mitochondrialen Atmungskette und wurde bereits in vielen phylogenetischen Studien bei Säugetieren untersucht. Alternativ lassen sich auch andere Gene der mtDNA in arbeitsteiliger Gruppenarbeit vergleichend analysieren.

Die mtDNA bietet eine gute Basis, da sich die Variabilität der Gene innerhalb derselben Ordnung beziehungsweise Familie für Untersuchungen eignet und die mtDNA als Gesamtsequenz für die Lebewesen Mensch, Schimpanse, Gorilla, Orang-Utan und zahlreiche weitere Organismen zugänglich ist.

Die Schüler können nun mithilfe des Zugriffschlüssels selbst, eventuell nach einer kurzen Einführung in den Aufbau der Datenbank, sowohl Aminosäure- als auch DNA-Sequenzen für beispielsweise das Cytochrom b in der NCBI-Datenbank suchen und speichern (Abb. 15.14–15.19 in Unterrichtsmaterialien). Anhand des EBI-Softwaretools werden die Sequenzen dann verglichen (Abb. 15.20–15.22 in Unterrichtsmaterialien). Auch wenn Datenbank und Softwaretool auf den ersten Blick für manche Schüler etwas kompliziert erscheinen, eröffnet sie die Möglichkeit, in der Wissenschaft verwendete Daten und Methoden selbst zu nutzen. Außerdem haben sie den Vorteil, kostenlos und unabhängig von der Art des Betriebssystems zu sein. Darüber hinaus können die Schüler die Aufgaben zu Hause nacharbeiten.

Es bietet sich an, die Sequenzen zunächst paarweise zu alignieren, um dann die Sequenzunterschiede zu ermitteln und in eine Matrix einzutragen (Abb. 15.22 in Unterrichtsmaterialien und Lösungen zu Material 6). Alternativ kann auch die Erstellung eines multiplen Alignments durchgeführt werden (EBI-Softwaretool aufrufen → Tools → Sequence Analysis → ClustalW2). Allerdings ist an dieser Stelle dem paarweisen Alignment der Vorzug zu geben und das Prinzip eines Alignments zu besprechen, da das paarweise Alignment die Grundvoraussetzung eigentlich aller molekularphylogenetischen Untersuchungen darstellt.

Die Sequenzunterschiede können dann als evolutive Distanz aufgefasst dazu dienen, einen **Stammbaum selbst zu erstellen**. Hierbei wird aufgrund der einfachen Methode das UPGMA-Verfahren (*unweighted pair group method with arithmetic mean*) ausgewählt und auf ermittelte Daten angewendet (Abb. 15.23 in den Unterrichtsmaterialien). Abschließend sollten die so gefertigten Bäume untereinander und mit den zu Beginn von den Schülern erstellten verwandtschaftlichen Beziehungen verglichen werden. Ergänzend kann man die Unterschiede in den Analysen von Aminosäuren und DNA diskutieren.

### Unterrichtsabschnitt 2: Cousin oder Urahn – wer war der Neandertaler?

### Einstieg und Problemgewinnung

Die Klärung der Verwandtschaftsverhältnisse zwischen modernem Menschen und Neandertaler, die erst durch Gentechnik und Molekularbiologie möglich war, bietet sich als interessantes Unterrichtsthema unter anderem aufgrund des **Aktualitätsbezugs** an. Die komplette mitochondriale Neandertaler-DNA wurde 2008 sowie ein Teil der Genom-DNA 2010 entschlüsselt (Green et al. 2008, Green et al. 2010). Ungeklärte Fragen, wie der Grund für das Aussterben des Neandertalers, sind Gegenstand der Forschung. Hierbei ist bemerkenswert, dass diese Sequenzen frei zugänglich sind und aktuelle wissenschaftliche Erkenntnisse am eigenen Rechner nachvollzogen und mit verschiedenen Veröffentlichungen (z. B. Green et al. 2008, Noll 2001, Krings 1997, Krings et al. 1999) verglichen werden können. Außerdem haben Schüler aufgrund des ersten Fundortes des Neandertalers in Mettmann einen **Lokalitätsbezug**. Vor allem im Umfeld von Nordrhein-Westfalen sind manche schon Besucher des dortigen Museums gewesen.

Die Präsentation von Abbildungen rekonstruierter Neandertaler ermöglicht einen Einstieg in die Thematik (Abb. 15.5–15.6). Die Abbildung mit dem Mädchen aus unserer Zeit lässt Unterschiede, aber auch viele Ähnlichkeiten zwischen den beiden erkennen. Zusammen mit dem Cro-Magnon-Mensch ergibt sich aufgrund der zeitlichen Koexistenz der beiden Menschenarten für Schüler der Impuls, Problemfragen zu formulieren und somit die Möglichkeit eines forschend-entwickelnden Unterrichts. Dieser Impuls kann durch Darstellung der Neandertaler-Fundorte auf einer Karte bei Bedarf verstärkt werden (Abb. 15.7). Nach dem Einstieg in die Thematik ist folgende Problemfrage denkbar: „Ist der Neandertaler ein direkter Vorfahre moderner Europäer, oder gehörte er einer anderen, sich parallel entwickelnden Menschenart an, die ausgestorben ist?"

**Abb. 15.5**
Rekonstruktion von Neandertaler und Cro-Magnon
(Historisches Museum der Pfalz/ P. Haag-Kirchner)

## 15 Von den Gebeinen Lucys zu dem Genom des Neandertalers

**Abb. 15.6** Neandertaler mit Mädchen (Neanderthal Museum/ H. Neumann)

**Abb. 15.7** Karte der Neandertaler-Fundorte (nach Wikipedia 2010b)

### Entwicklung von Hypothesen und Vorgehensweise zur Problemlösung

Um die **Problemfrage** zu klären, werden die Lernenden ohne weitere Informationen vermutlich nur den morphologischen Vergleich sowie eine ausführliche Recherche vorschlagen. Durch die Pressemeldung über die Entschlüsselung der kompletten mitochondrialen Neandertaler-DNA (Abb. 15.8) angeregt, wird auch der DNA-Sequenzvergleich genannt.

## Mitochondriale Neandertaler-DNA komplett entschlüsselt

**Neandertaler und moderne Menschen haben sich offenbar nicht fortgepflanzt und vor etwa 660.000 Jahren auseinander entwickelt**

Wissenschaftler am Leipziger Max-Planck-Institut für evolutionäre Anthropologie haben die vollständige Bausteinabfolge des mitochondrialen Erbguts eines 38.000 Jahre alten Neandertalers veröffentlicht. Dessen Knochen wurden 1980 in der Vindija-Höhle in Kroatien gefunden. Die Untersuchung im Rahmen des "Neandertaler Genom Projektes", soll neue Einblicke in die Geschichte des Neandertalers geben und offene Fragen zur Verwandtschaft mit dem modernen Menschen beantworten. (Cell, 8. August 2008).

*Abb.* *In der Vindija-Höhle (Kroatien) wurde 1980 der 38.000 Jahre alte Knochen eines Neandertalers gefunden. Max-Planck-Forscher haben nun sein vollständiges mitochondriales Erbgut entschlüsselt.*

Bild: Max-Planck-Institut für evolutionäre Anthropologie/Johannes Krause

**Abb. 15.8**
Pressemeldung des Max-Planck-Instituts für evolutionäre Anthropologie vom 14. August 2008

An dieser Stelle kann es fakultativ je nach Vorwissen der Lerngruppe, vor allem bei genetischer Schwerpunktsetzung und wenn weitere Fragen aus der Problemgewinnungsphase entstanden sind, sinnvoll sein, eine arbeitsteilige Informationssuche in Form eines Gruppenpuzzles durchzuführen. Als Themen bieten sich hierfür an:

- Morphologie des Neandertalers, morphologischer Vergleich Neandertaler ↔ moderner Mensch
- Altersbestimmung in Bezug auf Fossilien des Neandertalers ↔ Cro-Magnon-Menschen
- Kultur des Neandertalers und Cro-Mangon-Menschen
- Methode der Gewinnung fossiler DNA (DNA-Stabilität, DNA-Extraktion, DNA-Amplifikation: PCR, DNA-Verunreinigung)
- Eigenschaften und Besonderheiten mitochondrialer DNA

Die Bildung konkreter und überprüfbarer **Hypothesen** im Hinblick auf die eigentliche Problemfrage wird mithilfe der beiden Modelle zur Entstehung des *Homo sapiens* möglich. Sowohl bei dem multiregionalen Modell als auch bei dem Out-of-Africa-Modell ist *Homo erectus* derjenige, der aus Afrika auswanderte (Abb. 15.9). Aus diesem gingen regional unterschiedliche Formen wie der Neandertaler hervor.

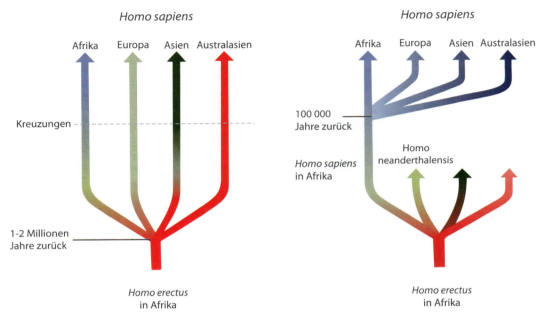

**Abb. 15.9** Multiregionales Modell (links) und Out-of-Africa-Modell (rechts; nach Campbell und Reece 2003)

- **Out-of-Africa-Modell:** einmaliger Ursprung des modernen Menschen
  - Der Neandertaler stellt eine eigenständige Linie von Hominiden dar, die ausgestorben ist.
  - Die genetischen Unterschiede zwischen modernem Menschen und Cro-Magnon-Mensch (als vorgeschichtlicher Vertreter des modernen Menschen) sowie Neandertalern sollten untereinander deutlich geringer sein als zwischen modernen Menschen und Neandertalern.
- **Multiregionales Modell:** paralleler Ursprung des *Homo sapiens* an mehreren, nicht verbundenen Orten
  - Der Neandertaler ist der Vorfahre moderner Europäer.
  - Die genetischen Unterschiede sollten zwischen Neandertalern und modernen Europäern wesentlich geringer sein als zwischen Neandertalern und modernen Menschen von anderen Kontinenten.

Anhand dieser Hypothesen kann, vor allem wenn die Lernenden im ersten Unterrichtsabschnitt Erfahrungen im Umgang mit Sequenzvergleichen gesammelt haben, die folgende Vorgehensweise zur Überprüfung der Hypothesen entwickelt werden. Es werden die genetischen Unterschiede durch Sequenzvergleiche ermittelt zwischen:

- modernen Menschen verschiedener Kontinente
- modernen Europäern untereinander
- Neandertalern untereinander
- modernen Europäern, fossilen Europäern und Neandertalern
- Neandertalern und modernen Menschen verschiedener Kontinente

## Analyse von mtDNA-Sequenzen moderner Menschen und Neandertalern zur Klärung der Verwandtschaftsverhältnisse

Für den Vergleich der mtDNA-Sequenzen ist eine arbeitsteilige Gruppenarbeit sinnvoll. Die Auswertung der Sequenzvergleiche führt (**im Gegensatz zu neuesten Erkenntnissen** anhand von Analysen der Genom-DNA) zu dem Ergebnis, dass der **Neandertaler eine eigene ausgestorbene Art** (→ korrekte Benennung *Homo neanderthalensis*) und kein Vorfahr des modernen Menschen ist (Lösungen zu Material 7). Dies sollte aufgrund der großen Sequenzunterschiede zwischen modernen Menschen und Neandertalern (auch im Vergleich zu anderen Arten) geschlussfolgert werden. Das multiregionale Modell ist demnach zu verwerfen und das **Out-of-Africa-Modell** sollte akzeptiert werden.

Das Ergebnis könnte durch Nutzung der Animation „Solving the mystery of the Neandertals" auf der Website von Genetic Origins (2010) genutzt werden. Auf dieser Webseite sind unter anderem auch kurze Filmsequenzen von Interviews mit dem Begründer der Paläogenetik, Professor Svante Pääbo vom Max-Planck-Institut für evolutionäre Anthropologie in Leipzig, der die Neandertaler-mtDNA sequenziert hat, sowie Animationen zur Evolution des mitochondrialen Genoms und der Polymerase-Ketten-Reaktion zu sehen.

Es ist an dieser Stelle anzumerken, dass die Ergebnisse der Analyse des Neandertaler-Genoms zwar ebenfalls das Out-of-Africa-Modell unterstützen, aber aufgrund der geringeren Distanz von Europäern und Asiaten im Gegensatz zu südlichen Afrikanern ein Gentransfer durch **Vermischung zwischen dem Neandertaler und dem modernen Menschen im Mittleren Osten wahrscheinlich** ist (Green et al. 2010). Diese Ergebnisse lassen sich allerdings selber schwer durch Sequenzvergleiche nachvollziehen. In leistungsstarken Lerngruppen könnten aber diese aktuellen Ergebnisse miteinbezogen und unter Erweiterung des Modells diskutiert werden (Zusatzaufgabe in Material 8).

**Material 7**
Vergleich mitochondrialer DNA-Sequenzen (hypervariable Region I)

## Die molekulare Uhr – Zeitpunkt der Aufspaltung von *Homo sapiens* und *Homo neanderthalensis*

**Material 8**
Erstellung eines Stammbaums und einer molekularen Uhr mithilfe von Sequenzvergleichen

**Info**

Mithilfe einer **molekularen Uhr** lässt sich der Zeitpunkt der Aufspaltung zweier Arten von einem gemeinsamen Vorfahren bestimmen und die Evolutionsdauer abschätzen. Je mehr Mutationen (Unterschiede in den [mt]DNA-Sequenzen) festzustellen sind, desto länger hat die Entwicklungszeit gedauert.

Mit dem UPGMA-Verfahren zur Stammbaumerstellung („Sequenzvergleiche von Aminosäuren und DNA" in Abschnitt 15.2.1 und Abb. 15.23 in den Unterrichtsmaterialien) lassen sich anhand der ermittelten Daten nicht nur ein Stammbaum erstellen, sondern auch die Zeiten der jeweiligen Aufspaltung unter Annahme einer molekularen Uhr ermitteln. Aus Gründen der Übersichtlichkeit werden hier nur die Aufspaltung zwischen modernem Menschen und Neandertaler sowie die Abspaltung vom Schimpansen betrachtet.

Voraussetzung für die Gültigkeit einer molekularen Uhr ist, dass Mutationen mit einer konstanten Rate auftreten und folglich die Sequenzunterschiede linear mit der Zeit ansteigen. Dies gilt für die hier untersuchte mtDNA der hypervariablen Region I (Material 7), da sie kein Protein oder rRNA kodiert und somit keiner starken Selektion unterliegt. Allerdings ist die Zeitspanne für korrekte Ergebnisse mit dieser Methode ohne Berücksichtigung **mathematischer Korrekturen** begrenzt, da feststellbare Unterschiede durch Mehrfach- und Rücksubstitutionen zu gering ausfallen und zu einem falschen, abweichenden Ergebnis führen. Eine solche Problematik ergibt sich bei Anwendung der molekularen Uhr auf die Zeit der Aufspaltung der Entwicklungslinie, die zu Mensch und Schimpanse führt, welche durch das einfache Verfahren stark unterschätzt wird. Diese Abweichung zu begründen, dürfte den Lernenden schwerfallen.

**Material 9**
Simulation einer molekularen Uhr

Die Erklärung kann anhand einer Simulation mit Karten und Würfeln selbst hergeleitet werden (Tab. 15.22 in Lösungen). In dieser Simulation gibt es zunächst zwei identische Kartenreihen, die jeweils eine DNA-Sequenz darstellen. Die beiden Kartenreihen bestehen aus je 20 Karten, die eine von vier verschiedenen Farben aufweisen (analog zu den vier verschiedenen Nukleotiden). Die Reihenfolge der Karten ist bei beiden Kartenreihen zu Beginn zwar zufällig, aber identisch – die zweite Kartenreihe ist sozusagen eine exakte Kopie der ersten. Mit zwei Würfeln werden für beide Kartenreihen **Mutationsereignisse simuliert**, wobei ein 20-seitiger Würfel die Position der Karte festlegt, die ausgetauscht werden soll, und ein 4-seitiger Würfel die zu wechselnde Farbe der Karte bestimmt. (Alternativ können die Informatikliebhaber unter den Schülern auch einen kleinen Zufallsgenerator programmieren, der die Zahlen beziehungsweise Farben erzeugt.) Die farbigen Karten können aus buntem Papier einfach selbst geschnitten werden und bieten gegenüber Symbolen beziehungsweise Zahlen den Vorteil, dass sich Unterschiede deutlicher erkennen lassen. Aufgrund der Übersichtlichkeit ist die Länge der Reihen relativ kurz gewählt. Hierdurch wird der Effekt, dass trotz vieler stattgefundener Ereignisse relativ wenige Unterschiede in den Kartenreihen auftreten, sehr deutlich. Die grafische Auftragung der Ergebnisse lässt die Folgerung zu, dass nur auf einem **kurzen Zeitabschnitt eine Linearität** vorliegt. Die Schüler kennen einen analogen Kurvenverlauf aus dem Bereich der Enzymkinetik. Aufgrund der Erfahrungen während der Simulation können

Beispiele genannt werden, die dazu führen, dass die Anzahl der Unterschiede (Abweichungen zwischen den „DNA"-Sequenzen) kleiner ist als die Anzahl der Mutationsereignisse.

Sind die Eigenschaften und Besonderheiten mitochondrialer DNA bisher im Unterrichtsverlauf nicht thematisiert worden, sollte dies zu diesem Zeitpunkt nachgeholt und diskutiert werden (Abb. 15.10). Intergenische Bereiche, die nicht der unmittelbaren Selektion unterliegen, sind zu betonen.

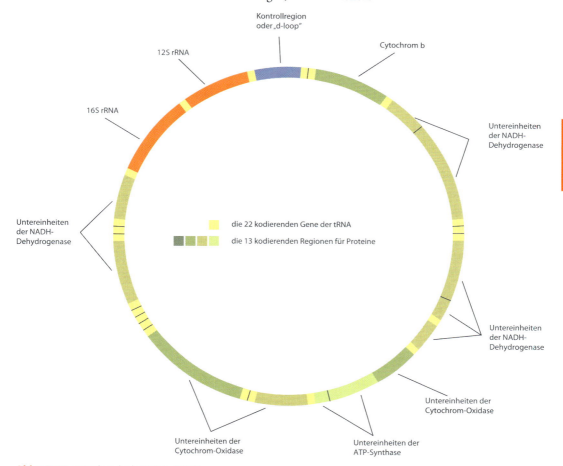

**Abb. 15.10** Mitochondriale DNA (mtDNA)

## Unterrichtsabschnitt 3: Mitochondriale Eva – ein bisschen Spucke führt zur Urmutter!

### Einstieg

Die wissenschaftlich anerkannte Theorie der „Mitochondrialen Eva" wurde durch das populärwissenschaftliche Buch „Die sieben Töchter Evas" (Sykes 2001) einer breiten Öffentlichkeit bekannt. Inwiefern ist aber die „Eva der Mitochondrien" für uns Menschen heute noch von Bedeutung?

## Info

Das Konzept der **„Mitochondrialen Eva"** beruht auf der Tatsache, dass mitochondriale DNA (fast) ausschließlich über die weibliche Linie vererbt wird und Variationen nur aufgrund von Gendrift (→ hohe Mutationsrate der mtDNA, keine Rekombination) auftreten. Jeder Mensch besitzt also die mtDNA seiner Mutter, diese wiederum von ihrer und so fort. Nach Analysen mitochondrialer Genome erstellte man einen Stammbaum, der eine Afrika-Gruppe und eine Nicht-Afrika-Gruppe aufwies. Die Urmutter stammte daher vermutlich aus Afrika und hat gelebt, bevor die Vorfahren der heutigen Menschheit Afrika verlassen hatten (→ Unterstützung des Out-of-Africa-Modells). Mithilfe einer molekularen Uhr ermittelte man, dass die „Eva der Mitochondrien" vor etwa 200 000 Jahren (150 000 Jahren) existierte.

Die „Mitochondriale Eva" stellt weder die erste Frau noch die einzige Frau zu einem bestimmten Zeitpunkt der Vergangenheit dar. „Eva" hatte viele Zeitgenossinnen; die mitochondrialen Erblinien der anderen Frauen starben aber aus, während die von „Eva" überlebte.

## Info

1981 wurde die **komplette Sequenz der menschlichen mtDNA** vom Human Genome Project veröffentlicht. Diese wurde als *Cambridge Reference Sequence* (CRS) bekannt. Mit einer korrigierten Version der CRS (*revised* CRS, rCRS) werden alle anderen Sequenzen verglichen und ihre Abweichungen zur rCRS beschrieben.

Mit der Auswanderung aus Afrika kam es aufgrund von neuen Lebensbedingungen zu einer unterschiedlichen Entwicklung der frühzeitigen Menschen. Im Laufe von Zehntausenden von Jahren wurden diese Bevölkerungsgruppen voneinander isoliert, ihre DNA änderte sich und es bildeten sich genetische Unterschiede zwischen den Gruppen. Diese verschiedenen Gruppen nennt man heute **Haplogruppen**. Durch DNA-Tests, d. h. Sequenzvergleiche der eigenen mtDNA mit der korrigierten **Referenzsequenz** (*revised Cambridge Reference Sequence* [rCRS]), lassen sich die Verzweigungen der Haplogruppen und ihren Untergruppen seit ihrem afrikanischen Ursprung zurückverfolgen. Dies lässt Rückschlüsse auf die zeitlichen und geografischen Details der **Wanderungsbewegung der eigenen Vorfahren** zu (Abb. 15.11).

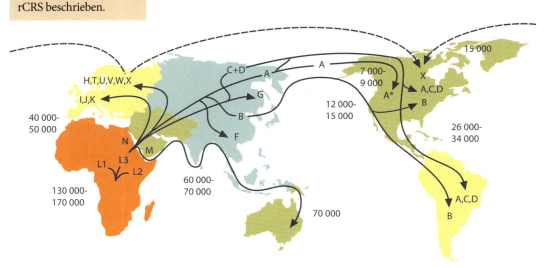

**Abb. 15.11** mtDNA-Haplogruppen und ihre Ausbreitung aus Afrika. Angabe der Zeit vor X Jahren (nach MAMMAG Web 2010a)

Mittlerweile trifft man im Internet auf viele Anbieter, bei denen man seine DNA unter **genealogischen Aspekten** untersuchen lassen kann. Eine Übersicht über englischsprachige Anbieter bietet die International Society of Genetic Genealogy (2010). Bei der Suche nach deutschsprachigen Webseiten findet man vor allem das Genographic Project, eine auf fünf Jahre angelegte anthropologische Studie (eine privatfinanzierte Kooperation von National Geographic, IBM und Waitt Family Foundation), und auf die Unternehmen IGENEA und Roots for Real. In Amerika gibt es sogar Experimentiersysteme zur Isolierung und anschließender externer Sequenzierung menschlicher mtDNA für den Unterricht (Carolina Biological Supply Company 2011). In Deutschland bietet nach unserem Wissen nur das Göttinger Schülerlabor XLab in dem Kurs „Meine Urmutter" (XLAB Göttinger Experimentierlabor für junge Leute e.V. 2010) und das Alfried Krupp-Schülerlabor der Ruhr-Universität Bochum in „Auf den Spuren unserer Vorfahren" (Ruhr-Universität Bochum 2011) die Untersuchung eigener mtDNA an.

Eine Möglichkeit, diese aktuelle und interessante Thematik im Unterricht aufzugreifen, eröffnet sich mit Schlagzeilen und Werbung aus dem Internet. Gegebenenfalls kann auch auf die Ergebnisse des Sequenzvergleichs moderner Menschen zurückgegriffen werden. Im weiteren Verlauf ergeben sich Fragen zum Verfahren, zum Verbreitungsweg der modernen Menschen, aber auch zur Sinnhaftigkeit und Problematik solcher Untersuchungen.

☞ **„Analyse von mtDNA-Sequenzen moderner Menschen und Neandertalern zur Klärung der Verwandtschaftsverhältnisse" in Abschnitt 15.2.1**

## Vom Speichel zum Verwandtschaftsnachweis mit der Urmutter

Aufgrund der Medienpräsenz stehen den Lernenden genügend Informationsquellen zur Verfügung, um sich die Verfahrensschritte einer genealogischen Untersuchung selbstständig zu erarbeiten, wobei auch englischsprachige Quellen genutzt werden sollten. Ein Vergleich der Ergebnisse kann dann in der Erstellung eines gemeinsamen Ablaufdiagramms münden.

**1** Eigene DNA gewinnen
Der erste Schritt solcher Untersuchungskits besteht aus der Entnahme einer eigenen Speichelprobe, aus welcher die DNA isoliert wird. Aufgrund der Einfachheit des Experiments und der Faszination, eigene DNA zu sehen, bietet es sich an, die Isolation als Schülerexperiment im Unterricht durchzuführen.

**Material 10**
Meine DNA – Extraktion von DNA aus Mundschleimhautzellen

**2** „Einschicken" der Probe
Die nachfolgenden Schritte lassen sich im normalen schulischen Rahmen nicht mehr experimentell erarbeiten. Eine Motivation, die weitere Untersuchung der DNA nachzuvollziehen, bietet eine Simulation mit Rätselcharakter.

Die Schüler suchen sich zufällig eine mtDNA-Sequenz aus einer Datenbank aus (Uppsala Universität 2011) und notieren sich Herkunftsland sowie die *Accession-Number*. Sie ordnen „ihrer" Sequenz eine durch Los zugeteilte Nummer zu, womit eine „Anonymisierung" erfolgt.

**Material 11**
Woher stammt die DNA?

Die Sequenzen werden anschließend in einem Dokument in der Reihenfolge der „neuen" Nummern gesammelt und gespeichert. Dieser Schritt steht analog zum Einschicken und Sequenzieren der DNA.

**3 DNA-Analyse**
Durch ein zweites Losverfahren erhält jeder Lernende eine neue Nummer und damit eine zu analysierende mtDNA unbekannter Herkunft. Die Aufgabe ist, Abweichungen in Bezug zur Referenzsequenz zu ermitteln. Anhand der Abweichungen soll nun der unbekannten mtDNA eine Haplogruppe zugeordnet werden.

**4 „Ergebnisübermittlung"**
Als Ergebnis dieser Erarbeitung wird eine Zusammenstellung (Zertifikat) entworfen, welches unter anderem Entstehungsort, Wanderung und Entstehungszeitraum der Haplogruppe enthält. Dieses wird dann an den „Einsender" übermittelt.

**5 Vergleich der Ergebnisse**
Die vorgestellten und verglichenen Ergebnisse können ein Anlass zu Diskussionen und Meinungsbildung sein, wobei Sinnhaftigkeit, Nutzen und Risiken solcher Analysen und eine damit verbundene Sammlung von Datenmengen thematisiert werden sollten.

Interessierte Schüler, welche im Umgang mit Sequenzen und Datenbanken bereits geübt sind, können auch anhand von BLAST ähnliche Sequenzen in der Datenbank ermitteln und so die Haplogruppe und die Herkunft der DNA überprüfen. Eine anschaulich bebilderte englischsprachige Anleitung mit Aufgaben und Beispielsequenzen ist im Internet verfügbar (Digital World Biology 2010).

## 15.3 Unterrichtsmaterialien

### Material 1: Puzzle zur Genomsequenzierung

**Aufgabe 1**

Schneide die Textfragmente (Abb. 15.12) aus. Sie entsprechen sozusagen den bei der Genomsequenzierung entstehenden DNA-Fragmenten.

Lege nun die sich überlappenden Fragmente untereinander, sodass der ursprüngliche Satz (das ursprüngliche „Genom") rekonstruiert wird.

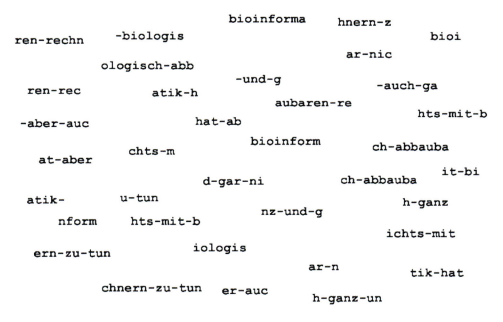

Abb. 15.12 Sequenzierungs-Puzzle

### 15.3.1 Unterrichtsmaterialien für den 1. Unterrichtsabschnitt

#### Material 2: Ähnlichkeitsvergleich von Menschenaffen

**Aufgabe 2**

Führe einen Ähnlichkeitsvergleich der vier Menschenaffen anhand der hier dargestellten Merkmale durch (Tab. 15.1). Erstelle drei Bäume nach dem sogenannten Parsimonie-Prinzip. Welches Lebewesen ist demnach am nächsten verwandt mit dem Menschen?

**Tab. 15.1:** Ausgewählte Daten zum Vergleich von Menschenaffen

| | Merkmals-Nr. | Mensch (M) | Gorilla (G) | Orang-Utan (O) | Schimpanse (S) |
|---|---|---|---|---|---|
| Knöchelgang | 1 | – | + | – | + |
| Zahnbogen | 2 | parabolisch | U-förmig | U-förmig | U-förmig |
| Diastema („Affenlücke") | 3 | – | + | + | + |
| Lage Hinterhauptsloch | 4 | zentral | hinten | hinten | hinten |
| Zahnschmelzdicke | 5 | dick | dünn | dick | dünn |
| Gehirnvolumen ($cm^3$) | 6 | 1400 | 506 | 411 | 394 |
| Chromosomenzahl | 7 | 46 | 48 | 48 | 48 |
| Trächtigkeitsdauer (Tage) | 8 | 228 | 258 | 264 | 228 |
| Kindheitsphase (Jahre) | 9 | 6 | 3 | 3,5 | 5 |

## Material 3: Die Geschichte der Hominoiden-Taxonomie

verändert nach: Wikipedia 2010a

Die Geschichte der Hominoiden-Taxonomie erscheint verwirrend und komplex. Die Namen der Untergruppen haben ihre Bedeutung mit der Zeit verändert, da neue Belege durch Entdeckung neuer Fossilien und Vergleiche von Anatomie und DNA das Verständnis der Verwandtschaft unter den Hominoiden veränderte.

Carolus Linnaeus (Carl von Linné) platzierte 1758 die drei Gattungen *Homo*, *Simia* und *Lemur* in die Familie der Primaten. Seine Aufnahme der Menschen in die Gruppe der Primaten zusammen mit den Menschenaffen war für die Leute beunruhigend, welche eine nähere Verwandtschaft zwischen den Menschen und dem Rest des Tierreichs bestritten. Der lutherische Erzbischof beschuldigte ihn der Gottlosigkeit. In einem Brief an Johann Georg Gmelin vom 25. Februar 1747 schrieb Linnaeus: „It is not pleasing to me that I must place humans among the primates, but man is intimately familiar with himself. Let's not quibble over words. It will be the same to me whatever name is applied. But I desperately seek from you and from the whole world a general difference between men and simians from the principles of Natural History. I certainly know of none. If only someone might tell me one! If I called man a simian or vice versa I would bring together all the theologians against me. Perhaps I ought to, in accordance with the law of Natural History."

Dementsprechend schlug Johann Friedrich Blumenbach in seiner ersten Edition des „Manual of natural history" (1779) vor, die Primaten in Quadrumana (Vierhänder) und Bimana (Zweihänder) zu unterteilen. Diese Unterteilung wurde von anderen Naturalisten, vor allem von Georges Cuvier, übernommen. Manche haben diese Unterteilung auf die Ebene einer Ordnung angehoben.

Aber die vielen Affinitäten zwischen Menschen und anderen Primaten, vor allem den Großen Menschenaffen, offenbarten, dass diese Unterteilung wissenschaftlich keinen Sinn machte. Charles Darwin schrieb in „The descent of man": *„The greater number of naturalists who have taken into consideration the whole structure of man, including his mental faculties, have followed Blumenbach and Cuvier, and have placed man in a separate order, under the title of the Bimana, and therefore on an equality with the orders of the Quadrumana, Carnivora, etc. Recently many of our best naturalists have recurred to the view first propounded by Linnaeus, so remarkable for his sagacity, and have placed man in the same order with the Quadrumana, under the title of the Primates. The justice of this conclusion will be admitted: for in the first place, we must bear in mind the comparative insignificance for classification of the great development of the brain in man, and that the strongly-marked differences between the skulls of man and the Quadrumana (lately insisted upon by Bischoff, Aeby, and others) apparently follow from their differently developed brains. In the second place, we must remember that nearly all the other and more important differences between man and the Quadrumana are manifestly adaptive in their nature, and relate chiefly to the erect position of man; such as the structure of his hand, foot, and pelvis, the curvature of his spine, and the position of his head."*

**Veränderungen in der Taxonomie**

a  Bis ca. 1960 wurden die Hominoiden (= Hominoidea, Menschenaffen und Mensch) gewöhnlich in zwei Familien eingeteilt: die Menschen und ihre ausgestorbenen Verwandten in die Hominidae, die anderen (Schimpansen, Gorillas, Orang-Utans, Gibbons) in die Pongidae.

b  Dann wurden molekularbiologische Techniken auf die Taxonomie der Primaten angewendet. So nutzte beispielsweise Morris Goodman 1964 die Ergebnisse seiner immunbiologischen Studie der Serumproteine, um eine Unterteilung der Hominoiden in drei Familien vorzuschlagen: die Hominidae mit dem Menschen und seinen ausgestorbenen Verwandten, die Pongidae mit den nicht menschlichen Großen Menschenaffen (Schimpanse, Gorilla, Orang-Utan) und die Hylobatidae mit den niedrigeren Affen (*Hylobates* = Gibbons). Allerdings forderte die Trichotomie der Hominoiden-Familien die Wissenschaftler zu der Frage auf, welche der Familien sich zuerst von einem gemeinsamen Vorfahren der Hominoiden abgespalten hat.

c  Im weiteren Verlauf bildeten die Gibbons in der Überfamilie der Hominoidea eine Außengruppe. Das heißt, dass der Rest der Hominoiden näher untereinander verwandt ist als mit den Gibbons. Dies führte dazu, die anderen Großen Menschenaffen in die Familie der Hominidae mit dem Menschen zusammen zu platzieren, wobei die Pongidae zu einer Unterfamilie degradiert wurden. Die Familie der Hominidae enthielt nun die beiden Unterfamilien Homininae und Ponginae. Wiederum warf diese Dreiteilung eine analoge Frage auf.

d  Vergleiche der Menschen mit allen drei anderen Hominidae-Gattungen zeigten, dass die afrikanischen Menschenaffen und die Menschen näher miteinander verwandt sind als einer von diesen mit den Orang-Utans. Deshalb bilden die Orang-Utans hierzu eine Außengruppe. Die afrikanischen Menschenaffen wurden also in die Unterfamilie der Homininae gruppiert. Diese Klassifikation wurde von Goodman 1974 vorgeschlagen.

**e** Ein Versuch, die Trichotomie der Homininae aufzulösen, bildet der Vorschlag einiger Autoren, diese Unterfamilie in Triben, die Gorillini und Homonini, zu unterteilen.

**f** Allerdings brachte der DNA-Vergleich den überzeugenden Beweis, dass in der Unterfamilie der Homininae die Gorillas die Außengruppe darstellen. Das legt nahe, die Schimpansen mit den Menschen zusammen in die Homonini zu gruppieren. Wiederum schlug Goodman diese Klassifikation 1990 vor.

**g** Später führten DNA-Vergleiche dazu, die Gattung der Gibbons in vier Gattungen, die *Hylobates*, *Hoolock*, *Nomascus* und *Symphalangus*, zu teilen.

## Aufgabe 3

Stelle die beschriebenen Veränderungen in der Taxonomie der Hominoiden schrittweise anhand von Skizzen dar.

## Aufgabe 4

Beschreibe die Probleme bei der Entwicklung der Taxonomie und begründe diese anhand der Materialien.

## Material 4: Chromosomen der Hominiden

### Aufgabe 5

Betrachte Abbildung 15.13 und vergleiche die Chromosomenbanden-Muster von Mensch, Schimpanse, Gorilla und Orang-Utan. Kennzeichne in der Abbildung markante Abweichungen beziehungsweise Mutationen. (Kleinere Abweichungen an den Chromosomenenden können vernachlässigt werden.)

Erstelle nun eine Tabelle, in der du die Chromosomennummern und die einzelnen Lebewesen aufführst. Vergebe für Abweichungen beziehungsweise Mutationen bei einem Lebewesen im Vergleich zu den anderen eine „1", bei einem gleichen Chromosomenmuster eine „0".

## Material 5: Prinzip eines Alignments

Beim Alignieren in der Bioinformatik werden Aminosäure- oder DNA-Sequenzen so ausgerichtet, dass möglichst gleiche beziehungsweise ähnliche Buchstaben (Symbole) untereinander stehen. (Buchstaben gelten als ähnlich, wenn die Aminosäuren, die sie repräsentieren, ähnliche physikochemische Eigenschaften haben.)

Hierbei muss die Reihenfolge der Buchstaben gleich bleiben und jedem Buchstabe der einen Sequenz ist entweder ein Buchstabe der anderen Sequenz oder eine Lücke (*gap*) zuzuordnen. Untereinander stehende Buchstaben können gleich sein, dann spricht man von einem „*match*" (= Übereinstimmung), oder sie sind unterschiedlich, was als „*mismatch*" (= Nichtübereinstimmung) bezeichnet wird (Tab. 15.2).

Mit einem Alignment kann eine funktionelle oder evolutionäre Ähnlichkeit untersucht werden. Es werden hierbei also homologe Positionen untereinander angeordnet.

Bei mehreren großen Sequenzen ist das gar nicht so einfach und es gibt mehrere Möglichkeiten, zwei Sequenzen zu alignieren. Um das „beste" Alignment zu finden, werden die einzelnen Positionen bewertet und aufsummiert. Das Ergebnis bildet dann den sogenannten „Score" eines Alignments.

**Tab. 15.2:** Bewertungen beim Alignieren

| Bezeichnung | Score | untereinander stehende Buchstaben |
|---|---|---|
| match | +1 | beide Buchstaben sind gleich |
| mismatch | -1 | beide Buchstaben sind verschieden |
| gap | -2 | ein Buchstabe und eine Lücke stehen untereinander |

Beispiel: GAC / GC

GAC

G–C

Score = 1+(-2)+1 = 0

## Aufgabe 6

Aligniere die folgenden beiden Sequenzpaare. Schreibe hierzu jeweils die beiden Sequenzen untereinander und finde mehrere Möglichkeiten für jedes Sequenzpaar.

- Sequenzpaar 1: CDGCD / CGC
- Sequenzpaar 2: ATGCGTCGGT / ATCCGCGTC

## Aufgabe 7

Finde jeweils das beste Alignment, indem du einen Score berechnest.

## Material 6: Sequenzvergleiche und Stammbaumerstellung am Beispiel des Cytochrom b

### 1 Ermittlung der Sequenzen anhand einer Datenbank

DNA-Sequenzen und damit folgend auch Aminosäuresequenzen lassen sich in der NCBI-Datenbank folgendermaßen ermitteln:

- Website des NCBI (National Center for Biotechnology Information) im Internet aufrufen: *http://www.ncbi.nlm.nih.gov/*
- Klick auf „DNA & RNA" oder „Sequence Analysis"
- Klick auf „GenBank"
- Nun die Nukleotid-Datenbank auswählen und die *Accession-Number*\* für verschiedene Lebewesen eingeben (Abb. 15.14):
  - J01415: Mensch (*Homo sapiens*)
  - NC_001643: Gemeiner Schimpanse (*Pan troglodytes*)

## 15 Von den Gebeinen Lucys zu dem Genom des Neandertalers

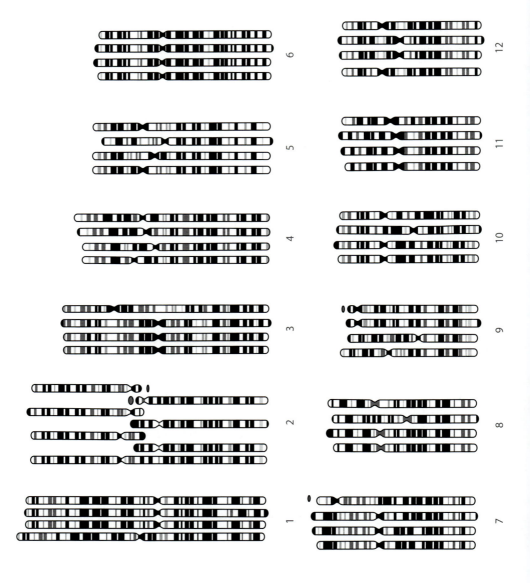

## 15.3 Unterrichtsmaterialien

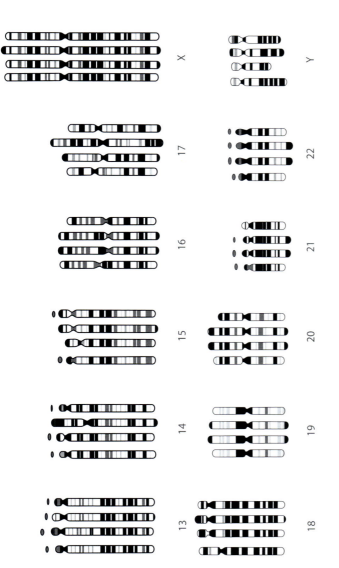

**Abb. 15.13** Chromosomen der Hominiden (späte Prophase; nach Yunis und Prakash 1982). Es sind die Chromosomen von Mensch, Schimpanse, Gorilla und Orang-Utan dargestellt (von links nach rechts für jede Nummer). Nr. 2 – links Mensch, je zwei weitere Chromosomenstücke gehören zu den anderen Lebewesen.

## 15 Von den Gebeinen Lucys zu dem Genom des Neandertalers

- NC_001645: Westlicher Gorilla (*Gorilla gorilla*)
- X97707: Sumatra-Orang-Utan (*Pongo abelii*)

\* Wenn eine neue Sequenz in die Datenbank aufgenommen wird, erhält sie einen eindeutigen Zugriffsschlüssel, der aus einem oder zwei Buchstaben und mindestens fünf Ziffern besteht. Diese *Accession-Number* wird nur einmal vergeben und begleitet die Sequenz unverändert.

**Abb. 15.14** Screenshot 1 – Überblick über die Website des National Center for Biotechnology Information (NCBI), notwendige Angaben

- Die Website stellt sich bei vorheriger Eingabe der *Accession-Number* für den Menschen wie in Abbildung 15.15 dar. Es werden detaillierte Angaben zur Sequenz (Sequenzlänge, Organismus, Autor usw.) und ganz unten die DNA-Sequenz selber angezeigt. Durch Scrollen nach unten lassen sich die Sequenzen einzelner Gene beziehungsweise Proteine (z. B. für Cytochrom b) ermitteln (Abb. 15.16).

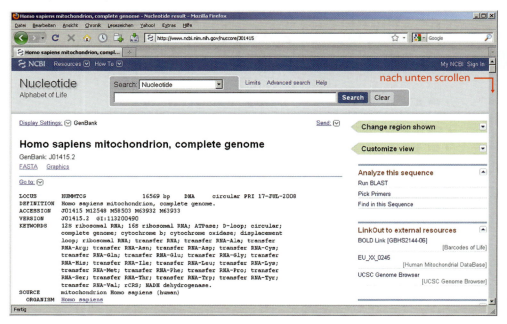

**Abb. 15.15** Screenshot 2 - Detaillierte Angaben zur Sequenz der mitchondrialen DNA (mtDNA) des Menschen

siehe auch Onlinematerialien unter *http://extras.springer.com*

## 15.3 Unterrichtsmaterialien

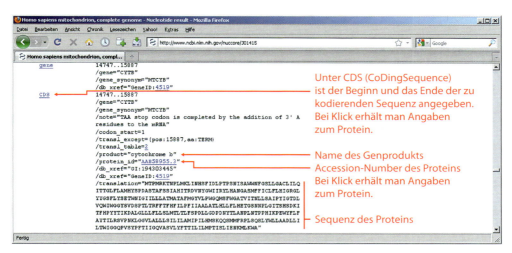

**Abb. 15.16** Screenshot 3 – Angaben zur Cytochrom-b-Sequenz

- Nach Klick auf die *Accession-Number* des Proteins (Abb. 15.16) erhält man die entsprechende Aminosäuresequenz. Unter „Display Settings" das Format „FASTA" auswählen (Abb. 15.17).

**Abb. 15.17** Screenshot 4 – Weiteres Vorgehen zur Ermittlung der Cytochrom-b-Aminosäuresequenz

- Die Aminosäuresequenz kopieren (Abb. 15.18) und speichern. (Um Probleme beim Auswerten der Sequenzen zu vermeiden, diese immer in einen Text-Editor speichern. Ansonsten kann es später zu Fehlermeldungen kommen.

siehe auch Onlinematerialien unter *http://extras.springer.com*

## 15 Von den Gebeinen Lucys zu dem Genom des Neandertalers

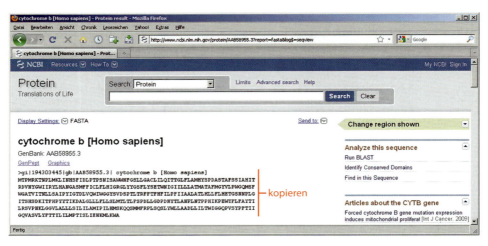

**Abb. 15.18** Screenshot 5 – Aminosäuresequenz von Cytochrom b (Mensch)

- Nach der gleichen Vorgehensweise lässt sich auch die DNA-Sequenz für ein Gen (z. B. für Cytochrom b; Abb. 15.19) recherchieren.
  - Klick auf „CDS" (Abb. 15.16)
  - Als Anzeigeformat „FASTA" auswählen (Vorgehen Abb. 15.17).
  - DNA-Sequenz kopieren und speichern (Vorgehen Abb. 15.18).

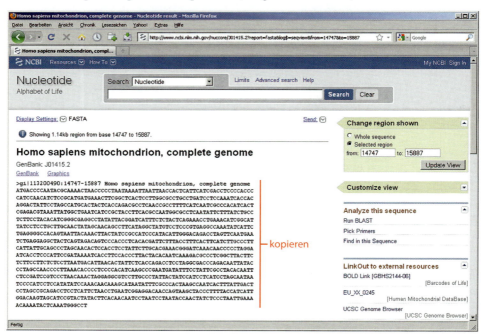

**Abb. 15.19** Screenshot 6 – DNA-Sequenz von Cytochrom b (Sequenzpositionen 14747–15887; Mensch)

siehe auch Onlinematerialien unter *http://extras.springer.com*

## 15.3 Unterrichtsmaterialien

- Die Schritte zur Ermittlung der Aminosäure- und DNA-Sequenzen für ein Protein (z. B. Cytochrom b) für die weiteren drei angegebenen Organismen (Schimpanse, Westlicher Flachlandgorilla, Sumatra-Orang-Utan) wiederholen.

### 2 Durchführung eines paarweisen Sequenzvergleichs

Anhand der ermittelten Sequenzen lassen sich dann paarweise und multiple Alignments automatisch durchführen.

- Die Website des European Bioinformatics Institute (EBI) aufrufen: *http://www.ebi.ac.uk/*
- Die URL-Adresse erweitern (*http://www.ebi.ac.uk/Tools/psa*) und unter „Global Alignment", „Needle (EMBOSS)" den Button „Protein" auswählen (Abb. 15.20).

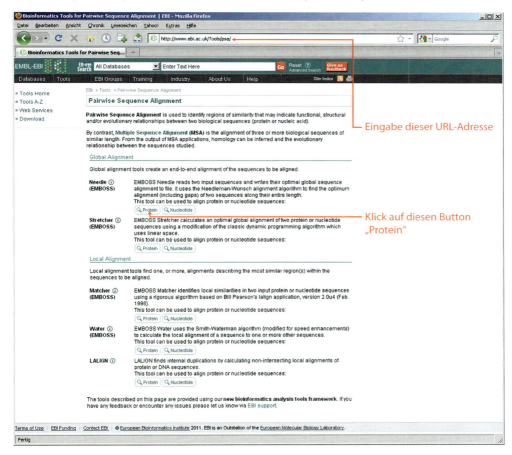

**Abb. 15.20** Screenshot 7 – Website des European Bioinformatics Institute (EBI), Vorgehen für paarweises Alignieren von Aminosäuresequenzen

siehe auch Onlinematerialien unter *http://extras.springer.com*

## 15 Von den Gebeinen Lucys zu dem Genom des Neandertalers

- Nun die zu vergleichenden Sequenzen einfügen (z. B. Aminosäuresequenzen für Mensch und Schimpanse) und das Tool starten (Abb. 15.21).

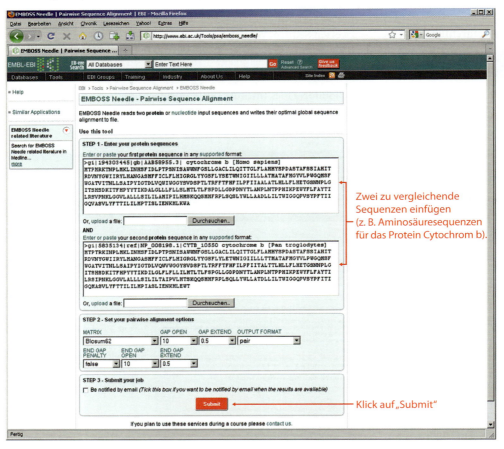

**Abb. 15.21** Screenshot 8 – Eingabe der Cytochrom-b-Aminosäuresequenzen von Mensch und Schimpanse in das EBI-Softwaretool

## 15.3 Unterrichtsmaterialien

■ Die Sequenzen werden durch ein paarweises Alignment verglichen. Angaben hierzu sowie das Alignment selbst werden angezeigt (Abb. 15.22).

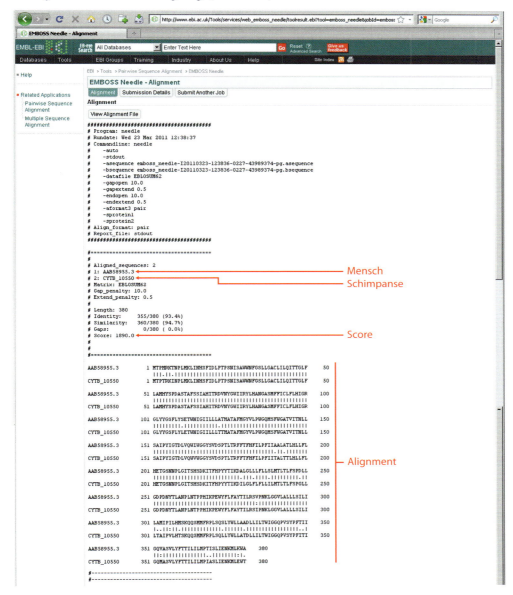

**Abb. 15.22** Screenshot 9 – Ergebnis eines paarweisen Vergleichs (Alignment) der Cytochrom-b-Aminosäuresequenzen von Mensch und Schimpanse

## Aufgabe 8

Vergleiche die Aminosäure- und DNA-Sequenzen für das Protein Cytochrom b für die vier Lebewesen Mensch, Schimpanse, Gorilla und Orang-Utan. Trage deine Ergebnisse in Tabelle 15.3 ein.

**Tab. 15.3:** Vergleich der Aminosäure- und DNA-Sequenzen des Cytochrom b von vier Lebewesen

| | | Anzahl Aminosäureunterschiede in der Aminosäuresequenz (Gesamtlänge: _____ Aminosäuren) | | | |
|---|---|---|---|---|---|
| Anzahl Basenunterschiede in der DNA-Sequenz (Gesamtlänge: ___ Basenpaare) | | Mensch | Schimpanse | Gorilla | Orang-Utan |
| | Mensch | | | | |
| | Schimpanse | | | | |
| | Gorilla | | | | |
| | Orang-Utan | | | | |

### 3 Erstellen eines Stammbaums anhand der ermittelten Sequenzunterschiede

**Methoden zur Erstellung eines Stammbaums.** Es gibt drei Methoden, nach denen Stammbäume erstellt werden.

Die erste ist die Maximum-Parsimonie-Methode, nach welcher angenommen wird, dass die Evolution auf dem Weg der geringsten Änderung verlaufen ist. Hiernach ist der „kürzeste" Stammbaum mit den wenigsten Evolutionsschritten (= Anzahl an Änderungen) der „beste" unter allen möglichen.

Die zweite Methode, die Likelihood-Methode, beruht auf Wahrscheinlichkeiten. Sie basiert auf einer Funktion, die die Wahrscheinlichkeit errechnet, mit der der Baum die beobachteten Daten produziert.

Die letzte Methode ist die Distanz-Methode. Hierbei werden Distanzen als Sequenzunterschiede bestimmt und diese zur Stammbaumerstellung benutzt.

**UPGMA-Verfahren.** Das sogenannte UPGMA-Verfahren (*unweighted pair group method with arithmetic mean*) gehört zu den Distanz-Methoden. Als Grundlage dient eine Tabelle, welche die paarweisen Sequenzunterschiede enthält. Nachfolgend wird in einem Beispiel ein Stammbaum Schritt für Schritt erstellt (Abb. 15.23):

**1** Das Paar mit der geringsten Distanz (mit den geringsten Unterschieden) wird gesucht.
Hier ist der Sequenzunterschied zwischen A und B mit dem Wert 10 am kleinsten. Diese bilden ein Paar (AB) mit einem gemeinsamen Vorfahren. Die mittlere Distanz von A und B zu einem gemeinsamen Vorfahren = 5.

15.3 Unterrichtsmaterialien

2  Nun werden schrittweise immer die Organismen zu Paaren zusammengefasst, die die nächste geringste Distanz aufweisen. Die Astlänge des Stammbaums zwischen dem vorherigen Paar und dem „neuen" Lebewesen wird anhand der Mittelwerte berechnet.
Der erste Mittelwert ergibt sich aus den Werten zwischen dem „neuen" Lebewesen und denen, die bereits zu Paaren zusammengefasst sind. In unserem Beispiel ist der Mittelwert der Sequenzunterschiede zwischen A und C sowie zwischen B und C = 16.
Jetzt wird C und die Gruppe AB zu ihrem gemeinsamen Vorfahren verbunden. Um die korrekte Distanz zu berechnen, wird die Zahl 16 durch die Zahl 2 geteilt.

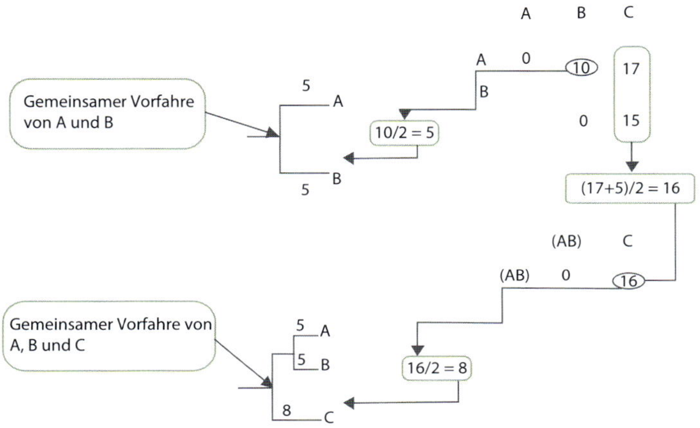

**Abb. 15.23** Stammbaumerstellung mithilfe des UPGMA-Verfahrens

**Aufgabe 9**

Erstelle einen Stammbaum nach der UPGMA-Methode anhand deiner ermittelten Daten (Tab. 15.3, paarweise Unterschiede der Aminosäure- und DNA-Sequenzen) als Distanzen.

## 15.3.2 Unterrichtsmaterialien für den 2. Unterrichtsabschnitt

### Material 7: Vergleich mitochondrialer DNA-Sequenzen (hypervariable Region I)

Die Auswahl der homologen Sequenzabschnitte erfolgte so, dass ein einfacher Vergleich, „per Hand", ermöglicht wird. Konkret heißt das, dass die eigentlichen Sequenzen länger sind und hier nur Ausschnitte bearbeitet werden.

**1  Sequenzen ermitteln**

- Website des NCBI (National Center for Biotechnology Information) im Internet aufrufen: *http://www.ncbi.nlm.nih.gov/*
- Nun die Sequenzen der mitochondrialen DNA mithilfe der *Accession-Number* ermitteln (Abb. 15.14 und Aufgabe 11).
- Auf den Pfeil neben „Change region shown" klicken, „Selected region" auswählen und die Sequenzpositionen in die Felder „from:" und „to:" eingeben (Abb. 15.24).
- Anschließend den Button „Update View" klicken und unter „Display Settings" → „FASTA" auswählen (Abb. 15.17).

## 15 Von den Gebeinen Lucys zu dem Genom des Neandertalers

- Die Sequenzen kopieren (Abb. 15.19) und in einem Text-Editor speichern.

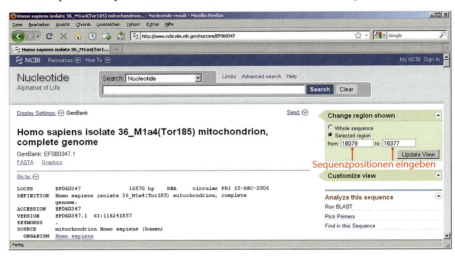

**Abb. 15.24** Screenshot 10 – Vorgehen zur Ermittlung einer speziellen DNA-Sequenz durch Angabe der Sequenzpositionen

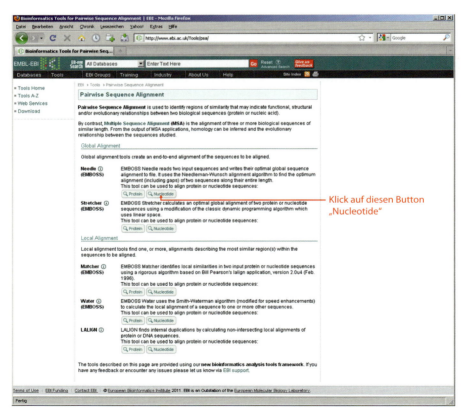

**Abb. 15.25** Screenshot 11– Vorgehen für paarweises Alignieren von DNA-Sequenzen im EBI-Softwaretool

siehe auch Onlinematerialien unter *http://extras.springer.com*

## 2 Sequenzen paarweise vergleichen

- Die Website des European Bioinformatics Institute (EBI) aufrufen: *http://www.ebi.ac.uk/*
- Die erweiterte URL-Adresse (*http://www.ebi.ac.uk/Tools/psa*) eingeben und unter „Global Alignment", „Needle (EMBOSS)" nun den Button „Nucleotide" auswählen (Abb. 15.25).

### Aufgabe 10

Ermittle die DNA-Sequenzen der unten aufgeführten Lebewesen, und zwar für die angegebenen Sequenzpositionen. Vergleiche die DNA-Sequenzen mithilfe des EBI-Softwaretools und trage deine Ergebnisse in die Tabellen ein. Berechne nun die Unterschiede in Prozent.

### Aufgabe 11

Vergleiche deine Ergebnisse und überlege, ob der Neandertaler ein direkter Vorfahre des modernen Menschen ist (multiregionales Modell versus Out-of-Africa-Modell). Begründe deine Meinung.

#### Gruppe 1: Drei Menschen verschiedener Kontinente

- Somalia: EF060347, Sequenzpositionen 16078–16377
- Vietnam: DQ981474, Sequenzpositionen 16078–16377
- Deutschland: AF346983, Sequenzpositionen 16077–16376

**Tab. 15.4:** Gruppe 1: DNA-Sequenzvergleiche zwischen drei Menschen verschiedener Kontinente

| Sequenzen | | Sequenzlänge | Anzahl Unterschiede | Unterschied (%) |
|---|---|---|---|---|
| Somalia | Vietnam | | | |
| Somalia | Deutschland | | | |
| Vietnam | Deutschland | | | |

#### Gruppe 2: Drei verschiedene Europäer

- Deutschland: AF346983, Sequenzpositionen 16077–16376
- Frankreich: AF346981, Sequenzpositionen 16078–16377
- Spanien: AF382011, Sequenzpositionen 16076–16375

**Tab. 15.5:** Gruppe 2: DNA-Sequenzvergleiche zwischen drei Europäern

| Sequenzen | | Sequenzlänge | Anzahl Unterschiede | Unterschied (%) |
|---|---|---|---|---|
| Deutschland | Frankreich | | | |
| Deutschland | Spanien | | | |
| Frankreich | Spanien | | | |

## 15 Von den Gebeinen Lucys zu dem Genom des Neandertalers

**Gruppe 3: Drei verschiedene Neandertaler**

- Neandertaler 1 (Feldhofer Höhle, Deutschland): AY149291, Sequenzpositionen 55–355
- Neandertaler 2 (Okladnikov Höhle, Sibirien:): EU078680, Sequenzpositionen 43–343
- Neandertaler 3 (El Sidron, Spanien): DQ859014, Sequenzpositionen 1–301

**Tab. 15.6:** Gruppe 3: DNA-Sequenzvergleiche zwischen drei Neandertalern

| Sequenzen | | Sequenzlänge | Anzahl Unterschiede | Unterschied (%) |
|---|---|---|---|---|
| Neandertaler 1 | Neandertaler 2 | | | |
| Neandertaler 1 | Neandertaler 3 | | | |
| Neandertaler 2 | Neandertaler 3 | | | |

**Gruppe 4: Moderner sowie fossiler Europäer und Neandertaler**

- Deutschland: AF346983, Sequenzpositionen 16077–16376
- Cro-Magnon (fossiler Europäer, 23 000 Jahre alt): AY283027, Sequenzpositionen 54–353
- Neandertaler 1 (Feldhofer Höhle, Deutschland): AY149291, Sequenzpositionen 55–355

**Tab. 15.7:** Gruppe 4: DNA-Sequenzvergleiche zwischen eines modernen sowie fossilen Europäers und eines Neandertalers

| Sequenzen | | Sequenzlänge | Anzahl Unterschiede | Unterschied (%) |
|---|---|---|---|---|
| Deutschland | Cro-Magnon | | | |
| Deutschland | Neandertaler 1 | | | |
| Cro-Magnon | Neandertaler 1 | | | |

**Gruppe 5: Moderne Menschen verschiedener Kontinente, Neandertaler und Schimpanse**

- Somalia: EF060347, Sequenzpositionen 16078–16377
- Vietnam: DQ981474, Sequenzpositionen 16078–16377
- Neandertaler 1 (Feldhofer Höhle, Deutschland): AY149291, Sequenzpositionen 55–355
- Neandertaler 2 (Okladnikov Höhle, Sibirien:): EU078680, Sequenzpositionen 43–343
- Schimpanse: DQ367612, Sequenzpositionen 63–360

## 15.3 Unterrichtsmaterialien

**Tab. 15.8:** Gruppe 5: DNA-Sequenzvergleiche zwischen modernen Menschen verschiedener Kontinente, Neandertalern und einem Schimpansen

| Sequenzen | | Sequenzlänge | Anzahl Unterschiede | Unterschied (%) |
|---|---|---|---|---|
| Somalia | Neandertaler 1 | | | |
| Vietnam | Neandertaler 2 | | | |
| Vietnam | Schimpanse | | | |
| Neandertaler 1 | Schimpanse | | | |

## Material 8: Erstellung eines Stammbaums und einer molekularen Uhr mithilfe von Sequenzvergleichen

### Aufgabe 12

Trage in Tabelle 15.9 die aus den Sequenzvergleichen ermittelten prozentualen Unterschiede ein. Verwende für den Vergleich „moderne Menschen – Neandertaler" die Mittelwerte aus den Tabellen 15.7 und 15.8.

**Tab. 15.9:** Sequenzvergleiche der prozentualen Unterschiede aus den Tabellen 15.7 und 15.8

| | Neandertaler | Schimpanse |
|---|---|---|
| **moderne Menschen** | | |
| **Neandertaler** | | |

### Aufgabe 13

Ergänze den Stammbaum (Abb. 15.26, Daten aus Tab. 15.9). Verfahre nach der UPGMA-Methode (Abb. 15.23).

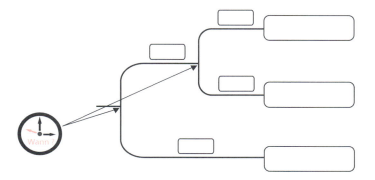

**Abb. 15.26** Stammbaum für prozentualen Sequenzvergleich

siehe auch Onlinematerialien unter *http://extras.springer.com*

## Aufgabe 14

Berechnung einer molekularen Uhr: Archäologen benutzen eine Vielzahl unterschiedlicher Techniken, um das Alter von Fossilien zu bestimmen. Bei der Datierung von Menschenfossilien in Afrika haben Wissenschaftler herausgefunden, dass die ersten modernen Menschen vor ca. 200 000 Jahren dort auftraten. Diesen Wert und die mittlere Abweichung von modernen Menschen untereinander kann man benutzen, um eine „molekulare Uhr" zu bestimmen.

Berechne anhand deiner Daten aus Tabelle 15.4 die Zeit in Jahren, die es dauert, damit 1 % Unterschied zwischen den untersuchten mtDNA-Sequenzen (mtDNA = mitochondriale DNA) auftritt.

## Aufgabe 15

Aufspaltung von *Homo sapiens* und *Homo neanderthalensis*: Fossilien des Neandertalers wurden in Europa und im Mittleren Osten entdeckt. Anhand der Radiokarbon-Methode wurde die dünne Besiedlung von Europa durch die Neandertaler auf eine Zeit vor etwa 28 000 Jahren datiert. Der Zeitpunkt des ersten Auftretens von *Homo neanderthalensis* beziehungsweise *Homo sapiens* in Europa kann so aber nicht genau bestimmt werden.

Betrachte deine Ergebnisse und gib an, vor wie vielen Jahren ein gemeinsamer Vorfahre der beiden Arten lebte.

## Aufgabe 16

Gemeinsamer Vorfahre von Schimpanse und Menschenarten: Auf Fossilien basierend sind Wissenschaftler zu der Erkenntnis gelangt, dass sich die Entwicklungslinien, die zu Schimpansen und Menschenarten führten, vor etwa 8 Millionen Jahren getrennt haben.

Berechne anhand deiner Daten aus Tabelle 15.9 und mithilfe der molekularen Uhr (Aufgabe 14), wann ein gemeinsamer Vorfahre von Schimpansen und Menschenarten gelebt hat.

Würde die molekulare Uhr „schneller" oder „langsamer" gehen, wenn du die Zeit von 8 Millionen Jahren als Grundlage zur zeitlichen Bestimmung der Entstehung des modernen Menschen benutzt hättest?

## Zusatzaufgabe

Neuste Untersuchungen haben anhand der Analyse der Genom-DNA des Neandertalers gezeigt, dass Neandertaler und moderne Menschen sich doch vermischen konnten.

Recherchiere Fakten hierzu im Internet und stelle die Ergebnisse dieser Analyse zusammen. Nimm anhand der Ergebnisse Stellung zu der Frage, ob der Neandertaler eine eigene Art darstellt. Erweitere das entsprechende Modell zur Entstehung des modernen Menschen unter Berücksichtigung dieser Erkenntnisse (Aufgabe 11).

### Material 9: Simulation einer molekularen Uhr

verändert nach: Westerling 2008

**Material pro Gruppe (3 Personen)**

- Karten aus Fotokarton in 4 Farben (Kartengröße 3 x 4 cm in rot, blau, gelb, grün)
- 20-seitiger Würfel

## 15.3 Unterrichtsmaterialien

- 4-seitiger Würfel
- Würfelbecher
- Unterlage mit Positionen

**Vorbereitungen**

- Legt die Karten in beliebiger Farbe in Reihe auf die 20 Positionen der Unterlage.
- Bildet darunter eine zweite Kartenreihe als identische Kopie der ersten (Tab. 15.10). Jede Kartenreihe modelliert eine DNA-Sequenz.
- Legt eine verantwortliche Person für jede Reihe und für das Notieren der Ergebnisse fest.

**Tab. 15.10:** Beispiel für die Anordnung der Karten

| Position | 1 | 2 | 3 | 4 | 5 | 6 | 7 | 8 | 9 | 10 | 11 | 12 | 13 | 14 | 15 | 16 | 17 | 18 | 19 | 20 | | Unterschiede |
|---|---|---|---|---|---|---|---|---|---|---|---|---|---|---|---|---|---|---|---|---|---|---|
| 1a | | | | | | | | | | | | | | | | | | | | | | |
| 1b | | | | | | | | | | | | | | | | | | | | | | |

**Simulationsverlauf**

Jede Runde entspricht einem Zeitabschnitt der molekularen Uhr (einem Mutationsereignis) und besteht aus folgenden Schritten:

- Würfelt das Mutationsereignis für die erste Reihe (a). Das Ergebnis des 20-seitigen Würfels gibt die Position, das Ergebnis des 4-seitigen Würfels die Farbe an.
  Hierbei gilt für den 4-seitigen Würfel: 1 = rot; 2 = gelb; 3 = blau; 4 = grün
  An der gewürfelten Position wird die Karte gegen eine Karte der gewürfelten Farbe ausgetauscht. Wird die gleiche Farbe gewürfelt, passiert nichts.
- Würfelt das Mutationsereignis für die zweite Reihe (b) und tauscht entsprechend die Karte aus.
- Zählt die Anzahl an Unterschieden zwischen beiden Reihen (Abweichungen zwischen den „DNA"-Sequenzen) und notiert diese in Form einer Tabelle.

**Tab. 15.11:** Mögliche Würfelergebnisse
Beispiel für die erste Reihe (1a). 20-seitiger Würfel: 10; 4-seitiger Würfel: 4
Beispiel für die zweite Reihe (1b). 20-seitiger Würfel: 13; 4-seitiger Würfel: 3
Unterschied nach dieser Runde: 1

| Position | 1 | 2 | 3 | 4 | 5 | 6 | 7 | 8 | 9 | 10 | 11 | 12 | 13 | 14 | 15 | 16 | 17 | 18 | 19 | 20 | | Unterschiede |
|---|---|---|---|---|---|---|---|---|---|---|---|---|---|---|---|---|---|---|---|---|---|---|
| 1a | | | | | | | | | | | | | | | | | | | | | | |
| 1b | | | | | | | | | | | | | | | | | | | | | | 1 |

- Die Würfelergebnisse bleiben bestehen. Nun wird weiter gewürfelt und die Karten entsprechend ausgetauscht. Die Unterschiede zwischen der ersten und zweiten Reihe werden pro Runde jeweils notiert.

siehe auch Onlinematerialien unter *http://extras.springer.com*

## Aufgabe 17

Führt 30 Runden der Simulation durch. Tragt in eine Tabelle die Anzahl der Unterschiede gegen die Runden (Mutationsereignisse) auf.

## Aufgabe 18

Zeichnet mithilfe eurer Ergebnisse eine Kurve (X-Achse = Runde, Y-Achse = Unterschiede zwischen 1. und 2. Reihe) und erklärt den Kurvenverlauf.

## Aufgabe 19

Folgert, für welchen Zeitabschnitt diese molekulare Uhr „richtig" geht.

## Aufgabe 20

Erkläre mithilfe deines Wissens über molekulare Uhren nun Abbildung 15.27.

**Abb. 15.27** Veränderung einer Ursprungssequenz nach 12 Mutationsereignissen

### 15.3.3 Unterrichtsmaterialien für den 3. Unterrichtsabschnitt

#### Material 10: Meine DNA – Extraktion von DNA aus Mundschleimhautzellen

nach: Krings et al. 1997, PBS Nova Teachers 2010

**Versuchsmaterial**

- kleiner Papp- oder Plastikbecher (Einweg)
- großes Schnappdeckelglas (oder großes Reagenzglas mit Stopfen)
- kleines Schnappdeckelglas (oder kleines Reagenzglas)
- 2 TL (10 ml) 0,9%ige Salzlösung (2 TL Salz in ¼ l Wasser gelöst)
- 1 TL (5 ml) 25%ige Spülmittellösung (1 Teil Seifenlösung und 3 Teile Wasser)
- 2 TL (19 ml) 95%iges Ethanol, eisgekühlt
- dünner Glas- oder Plastikstab

**Durchführung**

1. Stelle die Salz- und Spülmittellösung her.

2. Nimm 2 TL (10 ml) der Salzlösung in den Mund und bewege diese 30 Sekunden lang im Mund hin und her. Reibe die Salzlösung auch mit der Zunge am Gaumen. Hierdurch werden abgestorbene Mundschleimhautzellen abgelöst.

3. Spucke die Salzlösung in den Becher. Gib die Spucke in ein Schnappdeckelglas, welches 1 TL (5 ml) 25%ige Spülmittellösung enthält.

4. Verschließe das Glas und schwenke es für 2–3 Minuten behutsam auf der Seite hin und her. Du darfst dabei nicht heftig schütteln, ansonsten bricht das lange DNA-Molekül durch die wirkenden Scherkräfte.

5. Öffne das Glas und füge vorsichtig 1 TL eiskaltes Ethanol hinzu, indem du das Glas schräg hältst und die Lösung am Rand herunterlaufen lässt. Das Ethanol bildet dann eine Schicht auf der Lösung. Lass das Glas für mindestens 1 Minute ruhig stehen.

6. Versuche mit dem Stab die DNA aufzuwickeln, die sich an der Phasengrenze ansammelt. Vermische hierbei möglichst nicht die Schichten. (Manchmal bilden sich auch „nur" Klumpen aufgrund kleiner Fragmente.)

7. Überführe die DNA in ein kleines Glas, welches das restliche Ethanol enthält. Die DNA stellt ein Gemisch aus genomischer und mitochondrialer DNA dar.

## Material 11: Woher stammt die DNA?

### „Meine" mtDNA – „Einschicken" der Probe

Da es nicht möglich ist, DNA im Unterricht zu sequenzieren, müssen wir uns zur Simulation eine „eigene" Sequenz aus einer Datenbank aussuchen:

- Jeder Schüler lost zu Beginn der Untersuchung eine Nummer (z. B. 12).

- Die Website der Uppsala-Universität Schweden und hier die Datenbank „mtDB – Human Mitochondrial Genome Database" im Internet aufrufen:
  *http://www.genpat.uu.se/mtDB/*

- Klick auf „Download mtDNA sequences"

- Jeder Schüler sucht sich eine beliebige Sequenz aus. Herkunft und Zugriffsnummer werden notiert (Abb. 15.28).
  Beispiel: *Accession-Number* AY882386; Herkunft Spanien

## 15 Von den Gebeinen Lucys zu dem Genom des Neandertalers

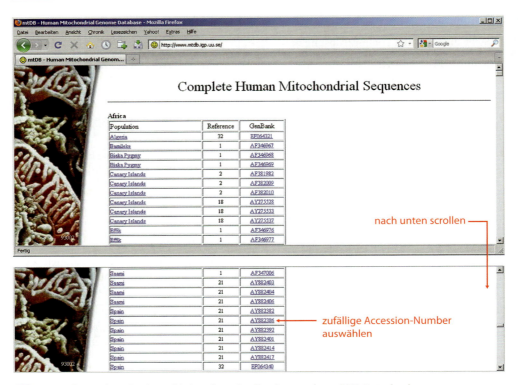

**Abb. 15.28** Screenshot 12 – Auswahl einer *Accession*-Number aus der mtDNA-Datenbank der Uppsala-Universität Schweden

- Durch Klick auf die Zugriffsnummer wird man auf die Website des National Center for Biotechnology Information (NCBI) weitergeleitet. Dort wählt man als Anzeigeformat „FASTA" aus (Abb. 15.29). In den Beschreibungen der mtDNA kann man bereits die genaue Haplogruppe und das Herkunftsland erkennen.

- Nachdem die Sequenz im sogenannten FASTA-Format angezeigt wird, kopiert man diese und fügt sie in eine Datei eines Textverarbeitungsprogramms (z. B. Word) ein.

- Nun ändert man die ersten beiden beschreibenden Zeilen (nicht die Sequenz!), indem man die Information über die Sequenz durch die zugeloste Nummer ersetzt.
    - Hinweis: Das „>"-Zeichen muss zur Erkennung des FASTA-Formats stehen bleiben.
    - Die Datei wird unter der entsprechenden Nummer gespeichert und an die Lehrkraft „eingeschickt" (übermittelt). Die mtDNA wird also anonymisiert.

siehe auch Onlinematerialien unter *http://extras.springer.com*

15.3 Unterrichtsmaterialien

### Beispiel

>gi|57903842|gb|AY882386.1| Homo sapiens isolate 8_U4a(Tor60) mitochondrion, complete genome
GATCACAGGTCTATCACCCTATTAACCACTCACGGGAGCTCTCCATGCATTTGGTATTTTCGTCTGGGGG
GTGTGCACGCGATAGCATTGCGAGACGCTGGAGCCGGAGCACCCTATGTCGCAGTATCTGTCTTTGATTC
......

wird zu

>12
GATCACAGGTCTATCACCCTATTAACCACTCACGGGAGCTCTCCATGCATTTGGTATTTTCGTCTGGGGG
GTGTGCACGCGATAGCATTGCGAGACGCTGGAGCCGGAGCACCCTATGTCGCAGTATCTGTCTTTGATTC
......

beispielsweise speichern unter: „DNA_12.doc"

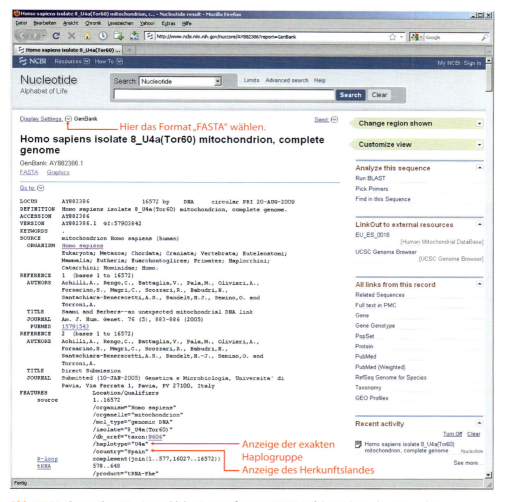

**Abb. 15.29** Screenshot 13 – Auswahl des Anzeigeformats FASTA auf der Website des National Center for Biotechnology Information (NCBI)

siehe auch Onlinematerialien unter *http://extras.springer.com*

## 15 Von den Gebeinen Lucys zu dem Genom des Neandertalers

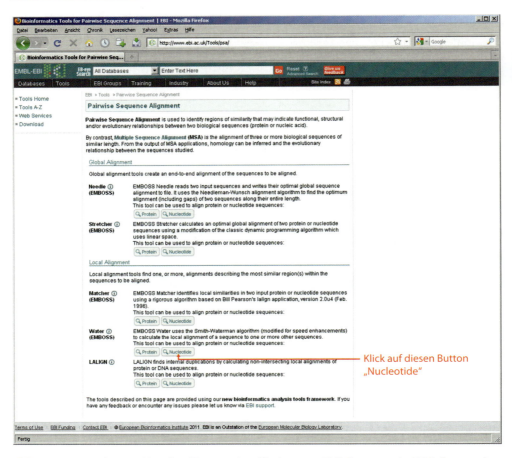

**Abb. 15.30** Screenshot 14 – Vorgehen für paarweises Alignieren von DNA-Sequenzen im EBI-Softwaretool

### DNA-Analyse

Die Aufgabe eines jeden Schülers ist es nun, eine unbekannte mtDNA zu analysieren.

- Lose erneut eine Nummer. Passend zu dieser zweiten Nummer erhältst du eine Datei mit entsprechender DNA-Sequenz.
- Die unbekannte DNA-Sequenz wird jetzt mit der Referenzsequenz (*revised Cambridge Reference Sequence* [rCRS], NC_012920) verglichen. Dieser Vergleich wird anhand eines paarweisen Alignments durchgeführt (Abb. 15.20–15.22).
- Die Datenbank des European Bioinformatics Institute (EBI) aufrufen: *http://www.ebi.ac.uk/*
- Die erweiterte URL-Adresse eingeben und dieses Mal unter „Local Alignment", „Water (EMBOSS)" den Button „Nucleotide" auswählen (Abb. 15.30).
- Nun füge die beiden Sequenzen in das Softwaretool ein (Referenzsequenz, unbekannte DNA-Sequenz). Klicke auf „Submit" (Abb. 15.31).

siehe auch Onlinematerialien unter *http://extras.springer.com*

## 15.3 Unterrichtsmaterialien

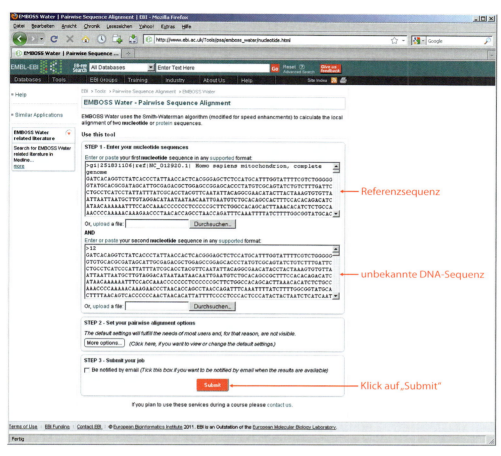

**Abb. 15.31** Screenshot 15 – Eingabe der Referenzsequenz (rCRS) und der unbekannten mtDNA-Sequenz in das Softwaretool des European Bioinformatics Institute (EBI)

- Anhand der Abweichungen zur Referenzsequenz (rCRS) kann man die Haplogruppe ermitteln, zu der die unbekannte mitochondriale DNA (mtDNA) gehört. Hierfür geht man folgendermaßen vor (Abb. 15.32):
  - Kopiere das Alignment in ein extra Textdokument (Schrifttyp CourierNew, Größe 9, kaum Seitenrand).
  - Vergleiche nun schrittweise jede Abweichung der unbekannten Sequenz von der Referenzsequenz.
    Beispiel: In der Referenzsequenz wurde der DNA-Baustein „A" gegen den Baustein „G" ausgetauscht, und zwar an Position „73". Damit lautet eine Abweichung zur Referenzsequenz „A73G".
  - Notiere alle Abweichungen.

## 15 Von den Gebeinen Lucys zu dem Genom des Neandertalers

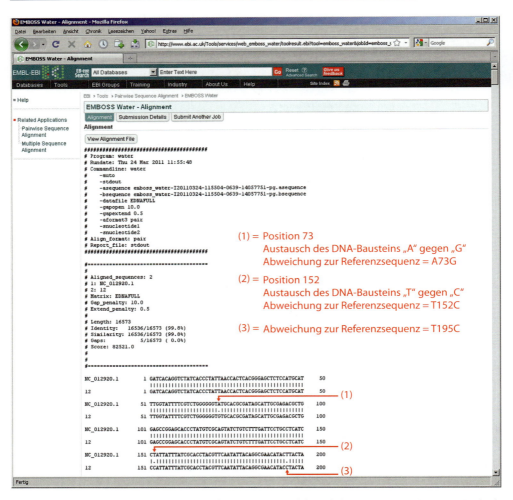

**Abb. 15.32** Screenshot 16 – Alignment der Referenzsequenz und der unbekannten mtDNA-Sequenz, Vergleich der Abweichungen

## 15.3 Unterrichtsmaterialien

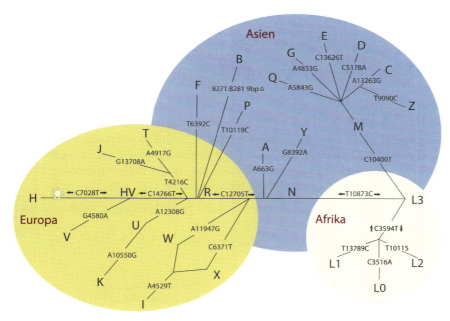

**Abb. 15.33** Ermittlung der Haplogruppe der unbekannten mtDNA-Sequenz anhand eines „Stammbaums" menschlicher mtDNA und ihren Abweichungen zur Referenzsequenz (rCRS; nach MAMMAG Web 2010b)

- Eine Möglichkeit, die Haplogruppe der unbekannten mtDNA herauszufinden, bietet sich mit Abbildung 15.33. Allerdings können hier nur die Haplogruppen aus Europa, Afrika und Asien ermittelt werden. (Von hier aus haben sich aber Nachfahren in die ganze Welt ausgebreitet.) Die Referenzsequenz (in Abb. 15.33 mit einer Sonne markiert) weist die Haplogruppe H auf. Jede Haplogruppe hat eine **spezifische Kombination an Abweichungen** zu dieser Referenzsequenz. Schritt für Schritt müssen die Abweichungen an jeder „Abzweigung" (Haplogruppe) überprüft werden.

  - In unserem Beispiel der unbekannten mtDNA lauten die gesamten Abweichungen zur rCRS: A73G • T152C • T195C • A263G • 315insC • G499A • A750G • T961C • 965insC • 965insC • 965insC • A1438G • A1555G • A1811G • A2706G • A4562G • T4646C • A4769G • T5999C • A6047G • **C7028T** • C8818T • A8860G • C11332T • A11467G • G11719A • **A12308G** • G12372A • A12937G • C14620T • **C14766T** • A15326G • T15693C • C16134T • T16356C • T16519C
  („ins" bedeutet, dass es eine Insertion einer Base gibt (z. B. 315insC oder 315.1C)

  - Nur bei der Haplogruppe U kommen die Abweichungen C7028T, C14766T **und** A12308G vor.

  - anderes Beispiel: Eine mtDNA der Haplogruppe D weist unter anderem die folgenden Abweichungen (spezifische Kombination) auf: C7028T, C14766T, C12705T, T10873C C10400T **und** C5178A.

  - Nach dem gleichen Prinzip kann man auf der Website von genebase (2011) (*http://www.genebase.com/doc/mtdnaHaplogroupTree_Ref.pdf*) die etwas genaueren Haplogruppen einer unbekannten mtDNA ermitteln. Hier sind allerdings nur die Positionen der Abweichungen (und nicht die abweichenden Basen) angegeben, was völlig ausreicht.

## 15 Von den Gebeinen Lucys zu dem Genom des Neandertalers

**Aufgabe 21**

Analysiere deine unbekannte mtDNA wie beschrieben und finde ihre Haplogruppe heraus.

**Ein Zertifikat entwerfen – „Ergebnisübermittlung"**

**Aufgabe 22**

Recherchiere über „deine" Haplogruppe im Internet.

Erstelle anhand deiner Ergebnisse ein ansprechend gestaltetes Zertifikat, welches mindestens folgende Informationen enthält: Probennummer (z. B. 12), Abweichungen zur Referenzsequenz, zugeordnete Haplogruppe, Informationen über die Haplogruppe, Weg der Haplogruppe aus Afrika (Karte). Anregungen hierzu findest du bei deiner Internetrecherche.

Das Zertifikat wird nun über die Lehrkraft an den „Einsender" zurückgeschickt, welcher das Rätsel der Sequenz auflösen kann.

**Vergleich der Ergebnisse**

**Aufgabe 23**

Die Ergebnisse sollen miteinander verglichen und diskutiert werden. Hierbei solltet ihr auch Sinnhaftigkeit, Nutzen und Risiken von solchen mtDNA-Analysen und eine damit verbundene Datensammlung thematisieren.

siehe auch Onlinematerialien unter *http://extras.springer.com*

## 15.4 Literatur

- Balter M (2010) Ancient DNA from Siberia fingers a possible new human lineage. Science 327: 1566–1567
- Campbell NA, Reece JB (2003) Biologie. 6. Aufl. Spektrum Gustav Fischer, Heidelberg Berlin
- Carolina Biological Supply Company (2011) Human mitochondrial DNA haplotyping kit (at).
  URL *http://www.carolina.com/product/haplotyping+dna+extraction+and+amplification+kit+with+0.5-ml+tubes+%28with+prepaid+coupon%29.do?keyword=Human+mitochondrial+DNA+haplot&sort-by=bestMatches* [31.05.2011]
- Chaoui NJ (2006) Adolph Hans Schultz (1891–1976) im Spannungsfeld zwischen Paläoanthropologie und Primatologie. In: Preuß D, Hoßfeld U, Breidbach O (Hrsg) Anthropologie nach Haeckel. Franz Steiner, Stuttgart. 36
- Dayhoff MO, Ledley RS (1962) Comprotein: a computer program to aid primary protein structure determination. In: Proceedings of the fall joint computer conferences. Santa Monica, CA: American Federation of Information Processing Societies. 262–274
- Digital World Biology (2011) BLAST for beginners.
  URL *http://www.digitalworldbiology.com/dwb/Tutorials/Entries/2009/126_BLAST_for_Beginners.html* [13.04.2010]
- European Bioinformatics Institute (EBI) (2011). URL *http://www.ebi.ac.uk/* [23.03.2011]
- genebase (2011) Genebase mtDNA haplogroup reference guide.
  URL *http://www.genebase.com/doc/mtDNAHaplogroupTree_Ref.pdf* [25.03.2011]
- Genetic Origins (2010) Solving the mystery of the Neandertals.
  URL *http://www.geneticorigins.org/mito/mitoframeset.htm* [15.03.2010]
- Glendale Community College (2011) Skulls.
  URL *http://www.cs.ucr.edu/~eamonn/shape/skulls.zip* [31.05.2011]
- Green RE, Krause J, Ptak SE, Briggs AW, Ronan MT, Simons JF, Du L, Egholm M, Rothberg JM, Paunovic M, Pääbo S (2006) Analysis of one million base pairs of Neanderthal DNA. Nature 444: 330–336
- Green RE, Malaspinas A-S, Krause J, Briggs AW, Johnson PLF, Uhler C, Meyer M, Good JM, Maricic T, Stenzel U, Prüfer K, Siebauer M, Burbano HA, Ronan M, Rothberg JM, Egholm M, Rudan P, Brajkovic D, Kucan Z, Gusic I, Wikström M, Laakkonen L, Kelso J, Slatkin M, Pääbo S (2008) A complete Neandertal mitochondrial genome sequence determined by high-throughput sequencing. Cell 134 (3): 416–426
- Green RE, Krause J, Briggs AW, Maricic T, Stenzel U, Kircher M, Patterson N, Li H, Zhai W, Fritz M H-Y, Hansen NF, Durand EY, Malaspinas A-S, Jensen JD, Marques-Bonet T, Alkan C, Prüfer K, Meyer M, Burbano HA, Good JM, Schultz R, Aximu-Petri A, Butthof A, Höber B, Höffner B, Siegemund M, Weihmann A, Nusbaum C, Lander ES, Russ C, Novod N, Affourtit J, Egholm M, Verna C, Rudan P, Brajkovic D, Kucan Z, Gusic I, Doronichev VB, Golovanova LV, Lalueza-Fox C, de la Rasilla M, Fortea J, Rosas A, Schmitz RW, Johnson PLF, Eichler EE, Falush D, Birney E, Mullikin JC, Slatkin M, Nielsen R, Kelso J, Lachmann M, Reich D, Pääbo S (2010) A draft sequence of the Neandertal genome. Science 328: 710–725
- Groß J, Gropengießer H (2007) Warum Humanevolution so schwierig zu verstehen ist. In: Bildungsstandards Biologie. Tagungsband der Internationalen Tagung der Sektion Biologiedidaktik im VBio, Essen

- Historisches Museum der Pfalz Speyer (2011) Urgeschichte.
  URL *http://www.museum.speyer.de/Deutsch/Sammlungsausstellungen/Urgeschichte.htm* [31.05.2011]
- Ian Logan (2010) Gen sequences by haplogroup.
  URL *http://www.ianlogan.co.uk/sequences_by_group/haplogroup_select.htm* [15.03.2010]
- International Society of Genetic Genealogy (2010) mtDNA testing comparison chart.
  URL *http://www.isogg.org/mtdnachart.htm* [15.03.2010]
- Kattmann U (2007) Ordnen und Bestimmen – Einheiten in der Vielfalt – Kompakt. Unterricht Biologie 31 (323)
- Krause J, Fu Q, Good JM, Viola B, Shunkov MV, Derevianko AP, Pääbo S (2010) The complete mitochondrial DNA genome of an unknown hominin from southern Siberia. Nature 464: 894–897
- Krings M, Stone A, Schmitz RW, Krainitzki H, Stoneking M, Pääbo S (1997) Neandertal DNA sequences and the origin of modern humans. Cell 90: 19–30
- Krings M, Geisert H, Schmitz RW, Krainitzki H, Pääbo S (1999) DNA sequence of the mitochondrial hypervariable region II from the Neandertal type specimen. Proc Natl Acad Sci USA 96: 5581–5585
- MAMMAG Web, University of California, Center for molecular & mitochondrial Medicine & Genetics (2010a) World migrations.
  URL *http://mitomap.org/MITOMAP/MitomapFigures* [15.03.2010]
- MAMMAG Web, University of California, Center for molecular & mitochondrial Medicine & Genetics (2010b) Simple mtDNA tree.
  URL *http://mitomap.org/MITOMAP/MitomapFigures* [16.04.2010]
- Max-Planck-Institut für evolutionäre Anthropologie (2008) Pressmitteilung vom 14. August 2008 Mitochondriale Neandertaler-DNA komplett entschlüsselt.
  URL *http://www.mpg.de/556212/pressemitteilung20080821*
- National Center for Biotechnology Information (NCBI) (2011).
  URL *http://www.ncbi.nlm.nih.gov/* [23.03.2011]
- Neanderthal Museum, Neumann H (2010) Neanderthaler mit Mädchen.
  URL *http://www.neanderthal.de/presse-bilder/bilder/neanderthaler/index.html* [15.03.2010]
- Noll JD (2001) A reanalysis of the origin of modern humans using the mitochondrial control region. Bioscience 27 (3): 9–14
- Ovchinnikov IV, Götherström A, Romanova GP, Kharitonov VM, Lidén K, Goodwin W (2000) Molecular analysis of Neanderthal DNA from the northern Caucasus. Nature 404: 490–493
- Pääbo S (1985) Molecular cloning of ancient Egyptian mummy DNA. Nature 314: 644–645
- Pauling L, Zuckerkandl LE (1963) Chemical paleogenetics, molecular restoration studies of extinct forms of life. Acta Chem Scand 17: 9–16
- PBS Nova Teachers (2010) See your DNA.
  URL *http://www.pbs.org/wgbh/nova/teachers/activities/2809_genome.html* [15.03.2010]
- Ruhr-Universität Bochum (2011) Auf den Spuren unserer Vorfahren, Alfried Krupp-Schülerlabor.
  URL *http://www.aks.ruhr-uni-bochum.de/projekte/projekt/auf-den-spuren-unserer-vorfahren/* [31.05.2011]
- Sykes B (2001) Die sieben Töchter Evas. Lübbe, Bergisch-Gladbach

- The Genographic Project (2010) Haplogroup prediction tool.
  URL *http://nnhgtool.nationalgeographic.com/classify/index.html* [15.03.2010]

- Uppsala Universität, Schweden, Molecular Anthropology Section of Medical Genetics Department of Genetics and Pathology (2011) mtDB – Human mitochondrial genome database.
  URL *http://www.genpat.uu.se/mtDB/* [23.03.2011]

- Universität Texas (2009) Jawbone of the famous Lucy fossil in 3D.
  URL *http://www.youtube.com/watch?v=B76G96upbg8* [30.06.2010]

- Westerling KE (2008) Using playing cards to simulate a molecular clock. American Biology Teacher 70: 37–42

- Wikipedia (2010a) History of hominoid taxonomy.
  URL *http://en.wikipedia.org/wiki/Ape* [15.03.2010]

- Wikipedia (2010b) Fundorte des klassischen Neandertalers.
  URL *http://upload.wikimedia.org/wikipedia/commons/1/1d/Carte_Neandertaliens.jpg* [15.03.2010]

- Willerslev E, Cappellini E, Boomsma W, Nielsen R, Hebsgaard MB, Brand TB, Hofreiter M, Bunce M, Poinar HN, Dahl-Jensen D, Johnsen S, Steffensen JP, Bennike O, Schwenninger J-L, Nathan R, Armitage S, de Hoog C-J, Alfimov V, Christl M, Beer J, Muscheler R, Barker J, Sharp M, Penkman KEH, Haile J, Taberlet P, Gilbert MTP, Casoli A, Campani E, Collins MJ (2007) Ancient biomolecules from deep ice cores reveal a forested southern greenland.
  Science 317: 111–114

- XLAB Göttinger Experimentierlabor für junge Leute e.V. (2010) Meine Urmutter.
  URL *http://www.xlab-goettingen.de/150.html?&kursname=Molekularbiologie* [15.03.2010]

- Yunis JJ, Prakash O (1982) The origin of man: a chromosomal pictorial legacy. Science 215: 1525–1530

**Für Aktualisierungen von Websites und Onlinetools**

- Wünschiers R (2011) Neue und geänderte Links zum Beitrag „Von den Gebeinen Lucys zu dem Genom des Neandertalsers".
  URL *http://www.staff.hs-mittweida.de/~wuenschi/doku.php?id=evobook*

# 16 Wie DNA helfen kann, die Verwandtschaft der Menschenaffen zu verstehen

Vanessa D. I. Pfeiffer,
Christine Glöggler,
Stephanie Hahn und
Sven Gemballa

## 16.1 Fachinformationen

### 16.1.1 Einleitung

Mit den Fortschritten und Entdeckungen auf dem Gebiet der Molekularbiologie seit der Strukturaufklärung der DNA 1953 durch James Watson und Francis Crick hat die biologische Systematik neben der Morphologie, Zellbiologie und Paläontologie ein weiteres wichtiges Werkzeug gewonnen, um evolutive Zusammenhänge zu analysieren. Dieses Werkzeug erweist sich insbesondere bei der Aufklärung der frühen Evolution von Zellen und zellulären Prozessen als besonders wichtig (Marais 2000, Woese 2000). Aber auch die klassischerweise durch Morphologie und Paläontologie besetzten Felder der biologischen Systematik sind durch molekularbiologische Untersuchungen neu stimuliert worden.

Dies gilt auch für eine zentrale Frage der Verwandtschaftsforschung, mit der sich schon Darwin und Huxley beschäftigten: Wer ist der **nächste Verwandte des modernen Menschen** innerhalb der Primaten? Konsens herrscht darüber, dass Mensch, Orang-Utan, Schimpanse und Gorilla einen nur ihnen gemeinsamen Vorfahren haben, also gemeinsam das **Monophylum Hominidae** (Große Menschenaffen) bilden. Diesem Monophylum stehen die Gibbons als Schwestergruppe gegenüber. Hominidae + Gibbons (= Hominoidea, Menschenaffen) sind als monophyletische Teilgruppe der Altweltaffen (Catarrhini) gut begründet (Tree of Life Web Project 2010). Die Frage nach den Verwandtschaftsverhältnissen innerhalb der Hominidae hingegen ist immer wieder kontrovers diskutiert worden. Morphologische und molekularbiologische Befunde sprechen dafür, dass Orang-Utans an der Basis der Hominidae stehen, während die Verwandtschaft der verbleibenden Arten Mensch, Gorilla und Schimpanse unklar scheint. Diese drei Arten haben sich innerhalb eines sehr kurzen Zeitraums divergent entwickelt (Horai et al. 1992), und Stammbaumhypothesen stellten dies lange als unaufgelöste Trichotomie dar. Diese Trichotomie konnte mithilfe einer **Analyse der Nukleotidsubstitutionen** in jüngerer Zeit geklärt werden.

☞ Abschnitt 14.1.3 und „Material 3: Die Geschichte der Hominoiden-Taxonomie" in Abschnitt 15.3.1

## Verwandtschaftsverhältnisse und Entwicklungen innerhalb der Hominidae

Das menschliche Genom besteht aus etwa 3,08 Milliarden Basenpaaren (bp) mit geschätzten 20000–25000 Genen (International Human Genome Sequencing Consortium 2004); ein unerschöpfliches Reservoir für Sequenzvergleiche. Für die Auflösung der Mensch-Schimpanse-Gorilla-Trichotomie verglich man nun schnell evolvierende Gensequenzen wie die **mitochondriale DNA** (mtDNA). Man benutzte eine bekannte Sequenz aus der mtDNA von Bonobo (*Pan paniscus*), Gemeiner Schimpanse (*Pan troglodytes*), Gorilla (*Gorilla gorilla*) und dem Menschen (*Homo sapiens*). Die phylogenetische Analyse der Sequenzunterschiede spricht dafür, dass die **Schimpansen** die nächsten Verwandten des Menschen sind (Horai et al. 1992).

Diese Erkenntnis ist wichtig für die Einordnung weiterer molekularbiologischer Befunde. Beispielsweise erhält erst durch diesen Befund die Sequenzierung des Schimpansen-Genoms eine besondere Bedeutung für das Verständnis der Evolution des modernen Menschen (Weissenbach 2004). Über detaillierte Sequenzvergleiche hofft man, insbesondere diejenigen Sequenzen zu identifizieren, die zu den Verhaltenszügen heutiger Menschen geführt haben. Nachweisen ließen sich bisher unter anderem Abweichungen in einem für die **Ausbildung von Sprache** essenziellen Gen von Mensch und Schimpanse (Enard et al. 2002, Lindner 2005). In den letzten Jahren gelang es zudem Anthropologen um Svante Pääbo, Teile von Neandertaler-Genomen zu sequenzieren. Damit konnten bisherige Vermutungen zur zeitlichen Abspaltung der Neandertaler vom modernen Menschen geprüft und modifiziert werden (Dalton 2006, Green et al. 2006, Green et al. 2008). Das bereits näher untersuchte „Sprachgen" ließ sich beispielsweise auch beim Neandertaler nachweisen (Krause et al. 2007). Ein Befund, der ganz neue Vermutungen hinsichtlich der Evolution von Sprache aufkommen lässt.

Diese skizzenhaften Ausführungen verdeutlichen einerseits, welche Bedeutung die biologische Systematik innerhalb der Biologie besitzt. Andererseits wird der Stellenwert klar, die molekularbiologische Werkzeuge für diese Teildisziplin erlangt haben. Auch der Biologieunterricht sollte dieser Entwicklung Rechnung tragen, ein Desiderat, das bisher mangels Materialien nur wenig eingelöst wird.

☞ Kapitel 9 und Kapitel 15

## Sequenzdatenbanken in der Schule

Mit den immer weiter entwickelten Methoden zur DNA-Sequenzierung stieg auch die Anzahl der veröffentlichten Sequenzinformationen fortwährend an. Diese ungeheuren Datenmengen werden in Sequenzdatenbanken gespeichert, die derzeit ein exponentielles Wachstum verzeichnen (Knopp und Müller 2006). Um die dortigen Informationen möglichst allen Interessenten gleichermaßen zugänglich zu machen, wurden drei Hauptdatenbanken eingerichtet:

- GenBank (USA)
- European Molecular Biology Laboratory – European Bioinformatics Institute (EMBL-EBI; Heidelberg/Cambridge)
- DNA Data Bank of Japan (DDBJ; Japan)

Exemplarisch soll hier die Arbeit mit GenBank (Benson et al. 2008) vorgestellt werden, um ihren Einsatz im schulischen Kontext zu ermöglichen. Ziel ist es, über die Arbeit mit dieser Datenbank einen Klassiker aus der Forschung, nämlich die Verwandtschaftsanalyse innerhalb der Hominidae, in die Schulen zu transferieren. Schüler können daran selbst Gensequenzen recherchieren und diese vergleichend analysieren. Sie erlernen so an einem evolutionsbiologischen Beispiel den Umgang mit modernen computergestützten Methoden der Biologie.

## 16.1.2 Theoretischer Überblick

### Was ist Phylogenie?

Das Testen von Verwandtschaftshypothesen erfolgt in der Biologie über die **phylogenetische Systematik oder Kladistik** (Ax 1984, Rieppel 1999). Diese analysiert die evolutiven Verwandtschaftsbeziehungen zwischen verschiedenen Organismen und illustriert ihre Hypothesen durch Stammbäume oder Kladogramme (Abb. 16.1). Man unterscheidet zwischen klassischer Phylogenie, die auf morphologischen Merkmalen beruht, und molekularer Phylogenie, die sich auf die vergleichende Analyse von Nukleotidsequenzen stützt. Sind Nukleotidsequenzen verschiedener Arten einmal entschlüsselt, können sie vergleichend analysiert werden. Dazu müssen die einzelnen DNA-Abschnitte zunächst nach bestimmten Prinzipien aligniert werden, bevor mithilfe verschiedenster Algorithmen Verwandtschaftshypothesen, also Stammbäume, gewonnen werden können.

☞ **Kapitel 14**

### Grundlagen des Alignieren

Unter Alignieren versteht man einen Prozess, bei dem Nukleotidsequenzen homologer Gene verschiedener Arten möglichst passgenau übereinander gelegt werden. Dazu werden die Sequenzen als Matrix angeordnet, wobei in der linken Spalte die Namen der Arten stehen und in der oberen Zeile die Stelle des Nukleotids verzeichnet ist. Das Alignieren erfolgt durch Einfügen von Lücken in die einzelnen Sequenzen; die Reihenfolge der Nukleotide darf also nicht verändert werden. Damit wird quasi ein evolutiver Prozess simuliert, bei dem sich Basensequenzen durch Substitution, Deletion oder Insertion von Basen verändern.

**Material 1**
Alignieren von Nukleotidsequenzen für die Verwandtschaftsanalyse

☞ **Material 5: „Prinzip eines Alignments" in Abschnitt 15.3.1**

Alignments werden nach speziellen Algorithmen erstellt, die das Einfügen der Lücken gegenüber dem Austausch von benachbarten Basen gemäß bestimmter Algorithmen gewichten. Diese Alignments liefern die Basis für eine molekulare Verwandtschaftsanalyse. Die Tabellen 16.1–16.2 zeigen ein Beispiel, bei dem aus „Rohsequenzen" (Tab. 16.1) alignierte Sequenzen generiert werden (Tab. 16.2; verändert nach Working Group of Teaching Evolution, National Academy of Science 1998).

## 16 Wie DNA helfen kann, die Verwandtschaft der Menschenaffen zu verstehen

☞ **Material 6: „Sequenzvergleiche und Stammbaumerstellung am Beispiel des Cytochrom b" in Abschnitt 15.1.3**

### Grundlagen zur Erstellung eines Stammbaums

Bei der Erstellung von Stammbäumen aufgrund alignierter Sequenzen unterscheidet man vier grundsätzliche Methoden: das Maximum-Parsimonie-Verfahren, das Maximum-Likelihood-Verfahren, die *bayesian inference* und sogenannte Distanz-Methoden (Felsenstein 1981, Huelsenbeck und Rannala 2004, Knopp und Müller 2006, Rieppel 1999).

Maximum-Parsimonie (auch „Sparsamkeitsprinzip", von engl. *parsimony* = Sparsamkeit) wird vor allem für die Analyse morphologischer Daten verwendet und dient auch in diesem Beitrag wegen seiner leichten Verständlichkeit als Modellverfahren. Das **Parsimonie-Prinzip** geht davon aus, dass derjenigen Verwandtschaftshypothese der Vorzug zu geben ist, welche sich mit den wenigsten Evolutionsschritten, zum Beispiel Punktmutationen, Deletionen etc. erklären lässt. Jede Position im „Alignment" (jede Spalte der Matrix) wird dabei wie ein eigenes Merkmal betrachtet, das bei den verschiedenen Organismen (Zeilen der Matrix) unterschiedliche Ausprägungen annehmen kann. Vergleicht man also die Basenfolge von zwei Arten, ist die Anzahl der Unterschiede beziehungsweise Gemeinsamkeiten ein Maß für die Nähe der Verwandtschaft dieser beiden Arten. Um schließlich einen Stammbaum erstellen zu können, vergleicht man die Anzahl der Änderungen zwischen den einzelnen Artpaaren und setzt sie in Beziehung zu einem hypothetischen gemeinsamen Vorfahren (Stammart). Tabelle 16.3 gibt einen Überblick über die Anzahl der übereinstimmenden und nicht übereinstimmenden Basen der Beispielmatrix (Tab. 16.1–16.2). Die hohe Übereinstimmung bei Mensch und Schimpanse einerseits sowie Gorilla und gemeinsamen Vorfahren andererseits indiziert, dass dieser Vorfahr sich in eine Art A (Gorilla) und eine Art B aufgespalten hat. Letztere hat sich später in Mensch und Schimpanse aufgespalten. Somit ergibt sich der Stammbaum in Abbildung 16.1.

**Tab. 16.1:** Datenmatrix einer Sequenz von bis zu 23 Basen des Gens für eine Hämoglobin-Untereinheit von Mensch, Gorilla, Schimpanse und einem hypothetischen gemeinsamen Vorfahren. Hier Darstellung der nicht alignierten Sequenzen (siehe auch Material 1 in Unterrichtsmaterialien).

| Position | 1 | 2 | 3 | 4 | 5 | 6 | 7 | 8 | 9 | 10 | 11 | 12 | 13 | 14 | 15 | 16 | 17 | 18 | 19 | 20 | 21 | 22 | 23 |
|---|---|---|---|---|---|---|---|---|---|---|---|---|---|---|---|---|---|---|---|---|---|---|---|
| Mensch | A | G | G | C | A | T | A | A | A | C | C | A | A | C | C | G | A | T | T | A | | | |
| Schimpanse | A | G | G | C | C | C | C | T | T | C | C | A | A | C | C | G | A | T | T | A | | | |
| Gorilla | A | G | G | C | C | C | C | T | T | C | C | A | A | C | C | A | G | G | C | C | | | |
| hypothetischer Vorfahr | A | G | G | A | A | C | C | C | G | C | T | C | C | C | A | A | C | C | A | G | G | C | C |

## 16.1 Fachinformationen

**Tab. 16.2:** Gleiche Datenmatrix wie in Tabelle 16.1, dieses Mal mit alignierten Sequenzen (siehe auch Lösungen zu Material 1 der Unterrichtsmaterialien).

| Position | 1 | 2 | 3 | 4 | 5 | 6 | 7 | 8 | 9 | 10 | 11 | 12 | 13 | 14 | 15 | 16 | 17 | 18 | 19 | 20 | 21 | 22 | 23 |
|---|---|---|---|---|---|---|---|---|---|---|---|---|---|---|---|---|---|---|---|---|---|---|---|
| Mensch | A | G | G | --- | --- | --- | C | A | T | A | A | A | C | C | A | A | C | C | G | A | T | T | A |
| Schimpanse | A | G | G | --- | --- | --- | C | C | C | C | T | T | C | C | A | A | C | C | G | A | T | T | A |
| Gorilla | A | G | G | --- | --- | --- | C | C | C | C | T | T | C | C | A | A | C | C | A | G | G | C | C |
| hypothetischer Vorfahr | A | G | G | A | A | C | C | C | G | C | T | C | C | C | A | A | C | C | A | G | G | C | C |

**Tab. 16.3:** Übersicht über die Anzahl der richtig und falsch gepaarten Basen der Artpaare aus Tabelle 16.2, die zur Erstellung eines Stammbaums notwendig sind. Die Anzahl der falsch beziehungsweise richtig gepaarten Basen kann als Maß für die Verwandtschaftsnähe gelten. Deletionen wurden bei der Auszählung nicht berücksichtigt (siehe auch Lösungen zu Material 1 der Unterrichtsmaterialien).

|  | Anzahl nicht übereinstimmender Basen | Anzahl übereinstimmender Basen |
|---|---|---|
| **DNA Mensch verglichen mit** |  |  |
| DNA Schimpanse | 5 | 15 |
| DNA Gorilla | 10 | 10 |
| **DNA gemeinsamer Vorfahr verglichen mit** |  |  |
| DNA Mensch | 10 | 10 |
| DNA Schimpanse | 7 | 13 |
| DNA Gorilla | 2 | 18 |

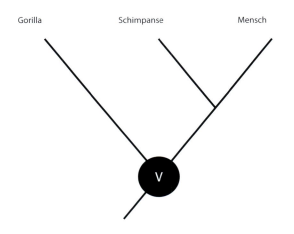

**Abb. 16.1**
Stammbaum, der sich aus der Datenmatrix in Tabelle 16.1–16.2 und dem Artenvergleich in Tabelle 16.3 ergibt. Demnach ist der Mensch näher mit dem Schimpansen als mit dem Gorilla verwandt. V = hypothetischer gemeinsamer Vorfahr.

## 16.1.3 Durchführen einer Verwandtschaftsanalyse

### Zugriff auf DNA-Sequenzen mithilfe des Internets

**Material 2**
Von der Gensequenz zum Stammbaum

In Gendatenbanken sind DNA-Sequenzen verschiedenster Organismen ähnlich wie Bücher in einer Bibliothek gespeichert. Viele sind dank des Internets offen zugänglich. Eine der größten Gendatenbanken ist GenBank, die Gensequenzen von mehr als 260 000 Organismen gespeichert hat (Enard et al. 2002). Bei GenBank kann man gezielt nach Gensequenzen einzelner Arten suchen und sie herunterladen, sodass nicht immer wieder aufwändig im Labor neu sequenziert werden muss. Dadurch sind die Daten auch im schulischen Kontext nutzbar.

☞ „Stammbäume erstellen und Verwandtschaftshypothesen testen mithilfe von MacClade" im Abschnitt 16.1.3

☞ Abschnitt 16.2

Wir greifen hier das Beispiel der Gensequenz für die mitochondriale DNA (mtDNA) verschiedener Primaten inklusive des Menschen auf. Tabelle 16.4 zeigt die Signaturen, die bei GenBank für die Mitochondrien-DNA von sechs verschiedenen Affenarten stehen. Anhand der entsprechenden Sequenzen lassen sich verschiedene Verwandtschaftshypothesen zur Verwandtschaft innerhalb der Hominidae im Unterricht testen.

### Schritt für Schritt: Umgang mit der Datenbank

Zum Aufrufen der ersten Sequenz wählt man auf der Homepage der GenBank (*http://www.ncbi.nlm.nih.gov/*) „*Search: Nucleotide*" und gibt die in Tabelle 16.4 verzeichnete Signatur der gewünschten Art ein (Abb. 16.2). Man wird zum Link der gewünschten Sequenz weitergeleitet. Mit „*Display Settings: Summary*" und „*Send to: Clipboard*" kann man sich den gefundenen Link in die persönliche Ablage kopieren (Abb. 16.3–16.4). Nun gibt man bei „*Search: Nucleotide*" die nächste Signatur ein, speichert sie im „Clipboard" und verfährt genauso mit den restlichen vier Signaturen beziehungsweise Sequenzen.

**Tab. 16.4:** Übersicht über die Signaturen, die bei GenBank für die Mitochondrien-DNA der rezenten Hominidae (Innengruppe, grau unterlegt) und der beiden Außengruppentaxa Makake und Gibbon (weiß unterlegt) stehen. Für jedes übergeordnete Taxon ist jeweils nur die Signatur der DNA einer Art aufgeführt.

| Gattung | wissenschaftlicher Artname | Signatur bei GenBank |
|---|---|---|
| Makake | *Macaca sylvanus* | AJ309865 |
| Gibbon | *Hylobates lar* | NC_002082 |
| Mensch | *Homo sapiens* | D38112 |
| Schimpanse | *Pan troglodytes* | D38113 |
| Gorilla | *Gorilla gorilla* | X93347 |
| Orang-Utan | *Pongo pygmaeus* | D38115 |

## 16.1 Fachinformationen

Hat man alle Sequenzen ins „Clipboard" kopiert, wählt man die Karteikarte „*Clipboard*" und setzt bei allen sechs Dateien ein Häkchen (Abb. 16.5). Anschließend wählt man „*Display Settings: FASTA*" und „*Send: File*", sodass die DNA-Sequenzen gespeichert werden (Abb. 16.6). Nun hat man auf seinem Computer alle sechs Sequenzen in einer Datei zusammengefasst, und die Sequenzen können im nächsten Schritt aligniert werden.

**Abb. 16.2**
Screenshot 1– Website des National Center for Biotechnology Information (NCBI) und Eingabe der Signaturen ausgewählter Arten

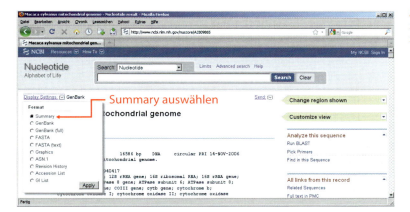

**Abb. 16.3**
Screenshot 2 – „Display Settings: Summary"

**Abb. 16.4**
Screenshot 3 – „Send to: Clipboard"

**467**

**Abb. 16.5**
Screenshot 4 – „Clipboard"

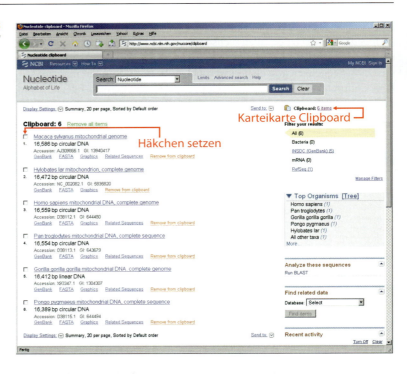

**Abb. 16.6**
Screenshot 5 – „Display Settings: Fasta" und „Send: File"

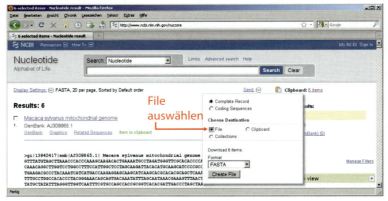

## Alignieren von DNA-Sequenzen mithilfe von ClustalX

ClustalX ist ein Programm, um ein multiples Alignment zu erstellen, also um mehrere DNA-Sequenzen zu alignieren. Es arbeitet nach dem Clustal-Prinzip (Higgins et al. 1992), bei dem ganz bestimmte Algorithmen zugrunde gelegt werden, nach denen also aligniert wird. Unter dem Link *www.clustal.org* oder der Spiegelseite *ftp://ftp.ebi.ac.uk/pub/software/clustalw2/* kann man ClustalX laden (aktuelle Version 2.1). Mac-Nutzer finden im Ordner 2.1 die Datei *clustalx-2.1-mac.dmg*, mit der man das Programm ClustalX laden kann; PC-Nutzer benötigen die Datei *clustalx-2.1-win.msi*.

## Schritt für Schritt: Umgang mit dem Programm

Im Menü öffnet man über „*File → load sequences*" die zuvor gespeicherte FASTA-Datei, die sich in einem Fenster öffnet (Abb. 16.7). Die Maske besteht aus den vier Teilen „Mode-Einstellung", „Namen der Sequenzen", „Darstellung der einzelnen Basen der Sequenzen" und der „Nummerierung der Basenspalten". Die alignierten Basensequenzen der einzelnen Arten werden untereinander dargestellt, wobei die Spalten nummeriert sind (siehe unterer Rand der Abb. 16.7). Bei der Mode-Einstellung sollten „*Multiple Alignment Mode*" und bei Font „*10*" gewählt werden.

Das Alignieren startet man im Menü mit „*Alignment → do complete alignment*". Abhängig von der Rechenleistung des Computers nimmt das Fertigstellen des Alignments nur wenige Minuten oder bis zu 50 Minuten in Anspruch. Unter Menü öffnet man mit „*File → save sequences as*" ein neues Fenster und speichert nun das Alignment als nexus-Datei ab (Abb. 16.8).

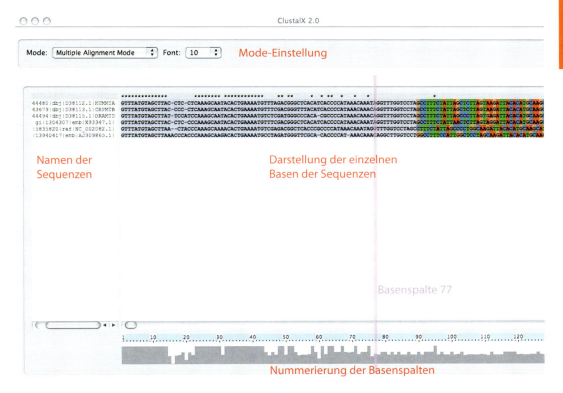

**Abb. 16.7** Screenshot 6 – Maske von ClustalX, nachdem die FASTA-Datei geladen wurde. Die vier im Text erwähnten Maskenbereiche sind mit farbiger Schrift gekennzeichnet, die ersten 89 Basen und Basenspalte 77 sind markiert. Weitere Erläuterungen siehe Text.

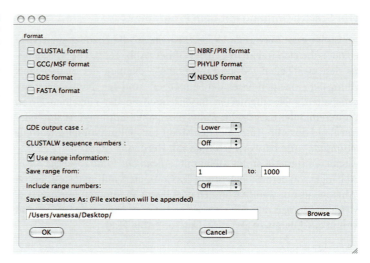

**Abb. 16.8**
Screenshot 7 – Pop-up Fenster in ClustalX zur Sicherung der alignierten Sequenzen. Der zu sichernde Bereich ist hier auf die ersten 1000 Basenspalten eingegrenzt.

Der Vorgang des Alignierens kann auf eine minimale Rechenzeit reduziert werden, wenn man vor dem Alignieren nur einige der 16 668 Basen der Sequenzen auswählt. Beispielsweise führt die Beschränkung auf die ersten 1000 Basenpaare schon zu einem guten Ergebnis. Dazu klickt man auf die erste Basenspalte, hält den rechten Mauszeiger gedrückt und zieht die Markierung nach rechts bis Basenspalte 1000 (Abb. 16.7). Wählt man im Menü „*Alignment* → *realign selected residue range*", werden nur die ersten 1000 Basen aligniert. Beim Abspeichern ist für das Weiterarbeiten mit der Datei im nächsten Abschnitt wichtig, unter „*use range information*" auch nur die ersten 1000 Stellen abzuspeichern (Abb. 16.8).

### Stammbäume erstellen und Verwandtschaftshypothesen testen mithilfe von MacClade

Die hier vorgestellte Variante der Stammbaumanalyse zielt auf das Programm MacClade für das Macintosh-Betriebssystem ab. Auch als PC-User kann man das Programm MacClade nutzen, und zwar mittels einer Mac-Emulation. Informationen hierzu gibt es unter MacClade (2010a). Ein MacClade vergleichbares Programm für PC ist Mesquite. Dieses besitzt jedoch weniger Funktionen und ist schwerer zu bedienen, weswegen die Verwendung einer Mac-Emulation empfohlen wird.

Ebenso wie mit morphologischen Merkmalen kann das Programm MacClade auch mit molekularbiologischen Daten einfache Stammbäume erstellen und Verwandtschaftshypothesen gegeneinander testen (für Details zum Erwerb und Nutzung des Programms siehe Gemballa und Pfeiffer 2009, MacClade 2010b). Dazu wird eines der im vorherigen Abschnitt als nexus-Datei vorbereiteten Alignments geöffnet. In der linken Spalte erscheinen die ursprünglichen Signaturen der Sequenzen mit zahlreichen Abkürzungen. Die einzelnen Sequenzen können nun umbenannt werden, indem man auf die ursprünglichen Namen klickt und sie mit dem Artnamen überschreibt.

## 16.1 Fachinformationen

**Umgang mit dem Programm und Beispiel-Ergebnisse**

Nach dem Öffnen der Datei erhält man im MacClade-Menü unter „*Windows → tree window*" (Kurzbefehl <Apfel-T>) und der Wahl „*Default Ladder*" im erscheinenden Dialogfenster einen Vorschlag für einen Stammbaum (Abb. 16.9a). Mit dem Werkzeug <Move Branch> (Symbol „Pfeil"; Abb. 16.9b) kann man die einzelnen Äste des Stammbaums verschieben und so neue Stammbäume generieren. Die Abbildungen 16.9a und 16.10a–b zeigen drei mögliche Beispiele. Allen dreien gemeinsam ist die Position der beiden **Außengruppen (Makake und Gibbon)**.

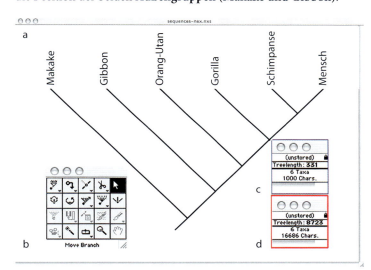

**Abb. 16.9**
a) Stammbaum der rezenten Hominidae mit den Außengruppen Gibbon und Makake, der nach heutigen Erkenntnissen als am wahrscheinlichsten gilt.
b) Werkzeugpalette von MacClade. Mit dem schwarz unterlegten Pfeil können die Äste des Stammbaums verschoben werden („Move branch"-Werkzeug).
c) Zusatzinformationen zum Stammbaum, wenn die ersten 1000 Basenpaare ausgewertet werden.
d) Zusatzinformationen zum Stammbaum, wenn über 16000 Basenpaare ausgewertet werden.

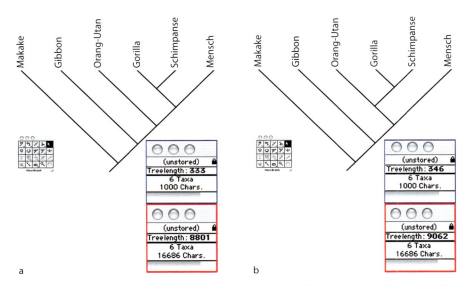

**Abb. 16.10** a, b) Verschiedene Stammbaumversionen mit unterschiedlichen *treelengths* („Stammbaumlängen"). blau: Zusatzinformationen, wenn die ersten 1000 Basenpaare ausgewertet werden. rot: Zusatzinformationen, wenn über 16000 Basenpaare ausgewertet werden.

Außengruppen werden in der Phylogenie berücksichtigt, um Auskunft über die Richtung von Merkmalsveränderungen zu bekommen. In „Grundlagen zur Erstellung eines Stammbaums", Abschnitt 16.1.2 und in Unterrichtsmaterial 1 (Abschnitt 16.3) übernimmt die Sequenz des hypothetischen gemeinsamen Vorfahren diese Funktion, der in der Praxis jedoch nicht bekannt ist. Man greift daher in der Wissenschaft auf nicht von der zu untersuchenden Gruppe allzu weit entfernte und relativ ursprüngliche Taxa zurück, die als Außengruppe in die Analyse miteinbezogen werden. Es ist empfehlenswert, die Außengruppen wie in den Abbildungen 16.9a und 16.10a–b für die weiteren Betrachtungen fest vorzugeben (siehe unten, dazu verwendet man die Funktion <Make ancestral>). Mit dieser Festlegung ist die Verwandtschaftsanalyse auf ein überschaubares Problem reduziert.

Nun muss man sich entscheiden: Welches Verzweigungsschema der verbleibenden vier Äste (Mensch, Schimpanse, Gorilla, Orang-Utan) ist das wahrscheinlichste? Nach dem Parsimonie-Prinzip lautet die Antwort: Die beste Verwandtschaftshypothese ist diejenige, die mit der **kleinsten Anzahl von Basenänderungen im Verlauf der Evolution** erklärt werden kann. Jedes Änderungsereignis wird dabei einzeln gezählt. Die Gesamtzahl der Basenänderungen, die nötig sind, um ein bestimmtes Verzweigungsschema zu erhalten, gibt MacClade als *treelength* („Stammbaumlänge") an (Abb. 16.9c–d für Beispiele). Der Vergleich von zwei Verwandtschaftshypothesen (oder Verzweigungsschemata) wird damit auf den Vergleich der *treelengths* beider Alternativen reduziert. Je „kürzer" der Stammbaum, d.h. je weniger Evolutionsschritte, desto besser. Die Abbildungen 16.9 und 16.10 zeigen, dass sowohl bei Betrachtung einer 1000 Basen langen Sequenz („*1000 Chars.*" = 1000 Characters = 1000 Merkmale in Abb. 16.9c, 16.10a–b; jeweils blau umrandet) als auch bei Betrachtung einer 16686 Basen langen Sequenz („*16686 Chars.*"; jeweils rot umrandet) der Stammbaumalternative aus Abbildung 16.9a der Vorzug zu geben ist. Tabelle 16.5 fasst die Ergebnisse für verschiedene Möglichkeiten zusammen.

Mit dem <Move Branch>-Werkzeug lassen sich in kurzer Zeit problemlos sehr viele verschiedene Alternativen ausprobieren und hinsichtlich ihrer *treelengths* vergleichen. Da nur die Anordnung der vier Hominidenäste fraglich ist, kann mit vertretbarem Zeitaufwand die in Abbildung 16.9a dargestellte Hypothese gegen alle anderen getestet werden. Sie bleibt dabei immer die sparsamste und damit beste Hypothese. Auch die Wahl der Außengruppe kann einer kritischen Prüfung unterzogen werden. Wenn man eine oder beide Außengruppen mit den <Move Branch>-Werkzeug in die Gruppe der Hominidae zieht, sollte es immer zu einem deutlichen Anstieg der *treelength* kommen. Diese Vorhersage bestätigt sich im gewählten Beispiel.

**Tab. 16.5:** Übersicht über die Änderungen der *treelengths*, wenn über 16000 Basen beziehungsweise nur die ersten 1000 Basen ausgewertet werden. Die von MacClade ermittelten *treelengths* sind für die drei in den Abbildungen 16.9a und 16.10a–b beziehungsweise in Unterrichtsmaterial 2 verglichenen Stammbaumhypothesen angegeben. Die sparsamste Variante ist Hypothese 1.

| Stammbaumversion | resultierende *treelengths* bei Auswertung der ersten 1000 Basen (blau eingerahmt in Abbildung 16.9a und 16.10a–b) | resultierende *treelengths* bei Auswertung von über 16000 Basen (rot eingerahmt in Abbildungen 16.9a und 16.10a–b) |
| --- | --- | --- |
| Hypothese 1 (Abb. 16.9a) | 331 | 8723 |
| Hypothese 2 (Abb. 16.10a) | 333 | 8801 |
| Hypothese 3 (Abb. 16.10b) | 346 | 9062 |

## 16.2 Unterrichtspraxis

### 16.2.1 Einbindung in den Unterricht

Eine Unterrichtssequenz „Überprüfen von Verwandtschaftshypothesen mittels computergestützter Vergleiche von DNA-Sequenzen am Beispiel von Menschenaffen" lässt sich an verschiedenen Stellen in der Kursstufe platzieren. Es wäre denkbar, die hier vorgeschlagene molekulare Verwandtschaftsanalyse an die Unterrichtseinheit Molekularbiologie, insbesondere an die Behandlung von Mutationen, anzubinden, um die beiden großen Themengebiete Evolution und Genetik zu verknüpfen. Eine weitere Möglichkeit ist die Integration in das Thema „Evolution des Menschen", das dadurch um eine aktuelle wissenschaftliche Methode bereichert wäre. Die Schüler können wie ein Phylogenetiker mit Originaldaten die Verwandtschaftsverhältnisse des Menschen ermitteln. Das hier beschriebene Beispiel beruht auf einer wissenschaftlichen Originalarbeit mit eben diesen Daten (Horai et al. 1992).

Wichtige Voraussetzungen für jeglichen Einsatz der dargestellten Verwandtschaftsanalyse sind mindestens Kenntnisse zu den molekularen Grundlagen der Vererbung (z.B. Aufbau der DNA, Transkription, Translation, Mutationen), dazu ist ein grundlegendes Wissen über die Evolutionstheorie wünschenswert (z.B. Selektion, Adaptation). Für Schüler ist das hier vorgestellte Thema komplex und anspruchsvoll, da Fähigkeiten zum Umgang mit dem Computer (internetgestützte Datenbankrecherchen und Abrufen im unbekannten Format; Einrichten von Programmen, Benutzung unbekannter Programme) gleichzeitig mit neuen Inhalten kombiniert werden müssen. Es ist daher zu überlegen, die Methode der Stammbaumerstellung zuvor an einem einfachen klassischen, d.h. morphologischen Beispiel einzuüben. Dabei können die Schüler zunächst nur das methodische Prinzip allein erlernen oder in Verbindung mit dem Programm MacClade (für Beispiele siehe Gemballa und Pfeiffer 2009). Der Schritt zur molekularen Verwandtschaftsanalyse würde dann im Wesentlichen auf die Auseinandersetzung mit GenBank und der Alignierungssoftware beschränkt sein.

### 16.2.2 Unterrichtsvorschlag für den Sekundarbereich II

Neben den Unterrichtsmaterialien werden unter *http://extras.springer.com* Dateien (2x nexus, 1x Fasta) mit den alignierten Basensequenzen der hier betrachteten Arten zur Verfügung gestellt, sodass ohne Vorarbeit direkt mit der Verwandtschaftsanalyse im Programm MacClade begonnen werden kann.

Die Unterrichtsmaterialien sind für die selbstständige Arbeit der Schüler an den Originaldaten ausgelegt. Das beigefügte Material stellt einen kompletten Unterrichtsbaustein von der Basensequenz bis zur molekularen Verwandtschaftsanalyse dar und kann damit eine immer noch bestehende Lücke im Kursunterricht Biologie füllen. Sinnvollerweise können den Übungen zur molekularen Phylogenie Aufgaben zur klassischen Phylogenie der Menschenaffen vorangestellt werden. Als Ergänzung beziehungsweise Ausweitung sei auf Kapitel 15 „Von den Gebeinen Lucys zu dem Genom des Neandertalers" und auf Kapitel 14 „Stammbäume lesen und verstehen" verwiesen.

**Material 1: Alignieren von Nukleotidsequenzen für die Verwandtschaftsanalyse**
Dieser erste Teil stellt eine Vorübung zur Computeranalyse dar (verändert nach Working Group on Teaching Evolution, National Academy of Science 1998) und soll den Schülern das Prinzip der Alignierung und das Erstellen eines Stammbaums an einem einfachen Beispiel verdeutlichen. Die Schritte wurden analog zu den späteren Rechenschritten des Computerprogramms angelegt (Gemballa und Pfeiffer 2009).

Die Übungen hier sind eine Grundlage für die komplexe Arbeit mit GenBank (Material 2). Material 1 greift dazu kurze DNA-Sequenzabschnitte des Hämoglobins des Menschen, Schimpansen, Gorillas und eines gemeinsamen hypothetischen Vorfahrens auf.

☞ „Grundlagen des Alignierens" in Abschnitt 16.1.2

Zur Veranschaulichung sollen die Schüler die Basensequenzen mittels farbiger Büroklammern darstellen sowie den Anfang und das Ende des Stranges markieren. Dabei repräsentieren die Farben der Klammern die verschiedenen Basen der DNA, zum Beispiel Blau für Thymin (T), Rot für Adenin (A), Grün für Cytosin (C) und Gelb für Guanin (G; vgl. Tab 16.1). Um Verwandtschaftsbeziehungen zwischen den Spezies zu ermitteln, müssen nun die unterschiedlichen DNA-Stränge aligniert werden. Beim Aneinanderlegen der Büroklammer-Stränge wird deutlich, dass der Strang des Fossilfundes länger ist als die der übrigen Arten. Aufgabe der Schüler ist es, die Basen so zu paaren, dass eine möglichst große Übereinstimmung der

Basenpaarungen zwischen den verschiedenen DNA-Sequenzen erreicht wird. Unter Heranziehung ihrer Kenntnisse aus der Genetik gelangen sie zu dem Schluss, dass sich im Laufe der Evolution Deletionen ereignet haben müssen. Um diese in den DNA-Strängen markieren zu können, fügen die Schüler an den entsprechenden Stellen der DNA-Sequenzen silberne Büroklammern ein, welche die Deletionen kennzeichnen sollen. Der so erhaltene alignierten DNA-Abschnitt wäre nun für die Errechnung eines Stammbaums vorbereitet (vgl. Tab. 16.2).

Die Schüler sollen jetzt die verschiedenen alignierten DNA-Stränge miteinander vergleichen. Wenn ein Unterschied zwischen zwei Strängen auftritt, ist dies unmittelbar an den unterschiedlichen Farben der Büroklammern erkennbar. Für einen Überblick über die Vergleiche ist eine Tabelle sinnvoll, in welcher die Anzahl richtig gepaarter und falsch gepaarter Basen protokolliert wird. Die Schüler erhalten schließlich das in Tabelle 16.3 dargestellte Ergebnis. Zuletzt können sie mithilfe ihrer Daten die Verwandtschaftsgrade begründen und ihr Ergebnis in Form eines Stammbaums festhalten (vgl. Abb. 16.1).

☞ **„Grundlagen zur Erstellung eines Stammbaums" in Abschnitt Kapitel 16.1.2**

### Material 2: Von der Gensequenz zum Stammbaum

Die Schüler sollen nun einen Einblick in die Forschungspraxis bekommen. Dieser Unterrichtsabschnitt lässt sich am besten im Computerraum der Schule durchführen, der einen Internetzugang haben sollte. Es empfiehlt sich, die Programme ClustalX und MacClade bereits auf den Computern installiert zu haben. Unter Verwendung originaler Sequenzen einer Gendatenbank können die Schüler das Herunterladen der Sequenzen und das Erstellen eines Alignments mithilfe von ClustalX nachvollziehen. Das zuvor erworbene theoretische Wissen kann beim Testen verschiedener Stammbaumhypothesen unter Verwendung des Programms MacClade angewendet werden. Anhand der unterschiedlichen *treelengths* der einzelnen Stammbäume sollten die Schüler in der Lage sein, einen Stammbaum zu favorisieren (Abb. 16.9a) und zu begründen, warum dieser die Phylogenie der Menschenaffen am besten darstellt.

☞ **Abschnitt 16.1.3**

# 16.3 Unterrichtsmaterialien

## Material 1: Alignieren von Nukleotidsequenzen für die Verwandtschaftsanalyse

Für eine Verwandtschaftsanalyse vergleicht man unter anderem Nukleotidsequenzen miteinander. Für einen solchen Vergleich müssen zuvor allerdings die entsprechenden DNA-Abschnitte aligniert werden.

### Aufgabe 1

Erstelle mit farbigen Büroklammern Modelle für die in Tabelle 16.6 gezeigten DNA-Teilstränge des Hämoglobins von Mensch, Schimpanse, Gorilla und eines hypothetischen Vorfahren (fossile, ausgestorbene Art). Verwende für jede Base eine andere Farbe und markiere die Richtung von Base 1 nach Base 20.

**Tab. 16.6:** Ausschnitt aus der für das Protein Hämoglobin kodierenden DNA von Mensch, Schimpanse, Gorilla und einem hypothetischen gemeinsamen Vorfahren.

| Position | 1 | 2 | 3 | 4 | 5 | 6 | 7 | 8 | 9 | 10 | 11 | 12 | 13 | 14 | 15 | 16 | 17 | 18 | 19 | 20 | 21 | 22 | 23 |
|---|---|---|---|---|---|---|---|---|---|---|---|---|---|---|---|---|---|---|---|---|---|---|---|
| Mensch | A | G | G | C | A | T | A | A | A | C | C | A | A | C | C | G | A | T | T | A | | | |
| Schimpanse | A | G | G | C | C | C | C | T | T | C | C | A | A | C | C | G | A | T | T | A | | | |
| Gorilla | A | G | G | C | C | C | C | T | T | C | C | A | A | C | C | A | G | G | C | C | | | |
| hypothetischer Vorfahr | A | G | G | A | A | C | C | C | G | C | T | C | C | C | A | A | C | C | A | G | G | C | C |

### Aufgabe 2

**a** Lies den folgenden Text und beschreibe den Vorgang des Alignierens in eigenen Worten.

**Was ist ein Alignment?** Bei einem Alignment werden die Basensequenzen verschiedener Arten möglichst passgenau übereinandergelegt. Die Reihenfolge der Basensequenz darf dabei nicht verändert werden. Eine Ausgangssituation für ein Alignment ist in Tabelle 16.6 dargestellt. Da Gene nicht nur durch Punkt-, sondern auch durch Rastermutationen verändert werden, ist an manchen Stellen das Einfügen von Lücken notwendig, um eine höchstmögliche Passgenauigkeit zu erzielen. Die Kunst, ein gutes Alignment zu erstellen, besteht darin, diese Lücken an den richtigen, d.h. in den evolutionsbiologisch wahrscheinlichsten Stellen einzufügen. Diese werden bei proteinkodierender DNA durch die Übersetzung des Stranges in Aminosäuren und deren Bedeutung für die Funktionalität des Proteins ermittelt. Damit sich das Leseraster nicht verschiebt und ein völlig verändertes Protein resultiert, treten Lücken meist als Vielfaches des Triplettrasters auf. Im folgenden Beispiel-Alignment (Tab. 16.7) kennzeichnet das Symbol * eine Punktmutation und der Unterstrich _ eine Deletion oder Insertion.

**Tab. 16.7:** Beispiel-Alignment mit Punktmutationen (*) und Deletionen oder Insertion ( _ )

| | Basensequenzen | | | | | | | | | | | |
|---|---|---|---|---|---|---|---|---|---|---|---|---|
| Art 1 | A | T | C | G | G | A | | | | T | A | C |
| Art 2 | A | T | T | G | G | C | A | G | A | T | A | C |
| **Mutation** | | | * | | | * | _ | _ | _ | | | |

**b** Erstelle nun mithilfe der Büroklammer-Sequenzen aus Aufgabe 1 ein Alignment für die DNA-Teilstränge des Hämoglobins von Mensch, Schimpanse, Gorilla und des hypothetischen Vorfahren. Ermittle die wahrscheinlichen Deletionen.

**Aufgabe 3**

**a** Lies den folgenden Text und beschreibe das Parsimonie-Prinzip in eigenen Worten.

**Parsimonie-Prinzip.** Mithilfe der alignierten Sequenzen kann man nach dem sogenannten Parsimonie-Prinzip (engl. *parsimony* = Sparsamkeit) einen Stammbaum erstellen. Laut Parsimonie-Prinzip ist derjenige Stammbaum der wahrscheinlichste, bei dem die Summe der Merkmalsänderungen beziehungsweise Substitutionen von einer Art zur anderen möglichst klein ist.

**b** Vergleiche die alignierten Sequenzen aus Aufgabe 2b mit dem in Tabelle 16.8 vorgegebenen Raster. Erstelle unter Verwendung des Parsimonie-Prinzips einen Stammbaum.

**Tab. 16.8:** Zu erstellende Übersicht über die Anzahl der richtig beziehungsweise falsch gepaarten Basen des Alignments zum Vergleich der einzelnen Sequenzen. Deletionen sollen bei der Auszählung nicht berücksichtigt werden.

|  | Anzahl nicht übereinstimmender Basen | Anzahl übereinstimmender Basen |
|---|---|---|
| **DNA Mensch verglichen mit** | | |
| DNA Schimpanse | | |
| DNA Gorilla | | |
| **DNA gemeinsamer Vorfahr verglichen mit** | | |
| DNA Mensch | | |
| DNA Schimpanse | | |
| DNA Gorilla | | |

**Material 2: Von der Gensequenz zum Stammbaum**

Bei den unten stehenden Aufgaben sollen Gensequenzen ermittelt, verglichen (aligniert) und anschließend eine Verwandtschaftsanalyse durchgeführt werden, d.h. ein Stammbaum selbst erstellt werden.

**Aufgabe 4**

Verwende die Datenbank GenBank, um die Mitochondrien-DNA von Makake, Gibbon, Mensch, Schimpanse, Gorilla und Orang-Utan zu suchen (Signaturen siehe Tab. 16.9). Lade die Sequenzen unter Verwendung der „Clipboard-Funktion" als eine FASTA-Datei auf deinen Computer.

siehe auch Onlinematerialien unter *http://extras.springer.com*

**Tab. 16.9:** Übersicht über diverse Signaturen bei GenBank für die Mitochondrien-DNA von verschiedenen Arten

| Gattung | wissenschaftlicher Artname | Signatur bei GenBank |
|---|---|---|
| Makake | *Macaca sylvanus* | AJ309865 |
| Gibbon | *Hylobates lar* | NC_002082 |
| Mensch | *Homo sapiens* | D38112 |
| Schimpanse | *Pan troglodytes* | D38113 |
| Gorilla | *Gorilla gorilla gorilla* | X93347 |
| Orang-Utan | *Pongo pygmaeus* | D38115 |

**Gehe folgendermaßen vor: Sequenzen laden mit GenBank**

- GenBank ist eine öffentlich zugängliche Gendatenbank, die Gensequenzen von mehr als 260 000 Organismen wie Bücher in einer Bibliothek gespeichert hat.
  Unter *http://www.ncbi.nlm.nih.gov/* kann man Gensequenzen zu bestimmten Organismen suchen und herunterladen.

- Entsprechend den Büchern in einer Bibliothek ist bei GenBank jeder Sequenz eine Signatur zugeordnet. Tabelle 16.9 gibt einen Überblick über die Signaturen, die bei GenBank für die Mitochondrien-DNA der verschiedenen Affenarten und den Menschen stehen. Wähle „*Search: Nucleotide*" und gib die Signatur der gewünschten Art ein. Du wirst dann zu einem Link mit der passenden Sequenz weitergeleitet.

- Mit „*Display Settings: Summary*" und „*Send to: Clipboard*" kopierst du den gefundenen Link in eine persönliche Ablage. Setze die Suche nach den anderen Signaturen auf derselben Seite fort und kopiere die Ergebnisse ebenso in die persönliche Zwischenablage.

- Wähle die Karteikarte „*Clipboard*" und setze bei allen Dateien, die du zusammenfassen möchtest, ein Häkchen. Mit „*Display Settings: FASTA*" und „*Send: File*" speicherst du die DNA-Sequenzen als eine FASTA-Datei.

**Aufgabe 5**

Aligniere die Sequenzen der FASTA-Datei mithilfe von ClustalX.

**Gehe dabei folgendermaßen vor: Alignieren mit ClustalX**

- Öffne das Programm ClustalX und wähle im Menü über „*File → load sequences*" die zuvor angelegte FASTA-Datei. Diese erscheint nun im Arbeitsfenster.

- Bei der Mode-Einstellung wähle „*Multiple Alignment Mode*" und bei Font „*10*". Da das Alignieren der gesamten Sequenzen zu viel Zeit in Anspruch nehmen würde, markiere nur die ersten 1000 Basen der Sequenzen. Klicke dafür auf die erste Basenspalte und ziehe bei gedrücktem rechten Mauszeiger die Markierung nach rechts bis zur Basenspalte 1000. Das Alignieren startest du im Menü mit „*Alignment → realign selected residue range*".

- Öffne im Menü mit „*File → save sequences as*" ein neues Fenster und speichere das Alignment der ersten 1000 Stellen unter „*use range information*" als nexus-Datei ab.

## Aufgabe 6

### Stammbaumhypothese 1

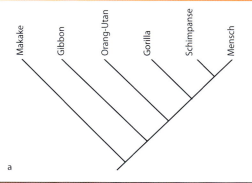

Die nach dem Parsimonie-Prinzip durch das Programm MacClade ermittelte *treelength* für Stammbaumhypothese 1 beträgt:

### Stammbaumhypothese 2

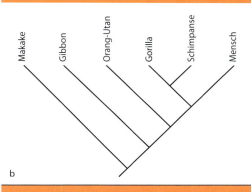

Die nach dem Parsimonie-Prinzip durch das Programm MacClade ermittelte *treelength* für Stammbaumhypothese 2 beträgt:

### Stammbaumhypothese 3

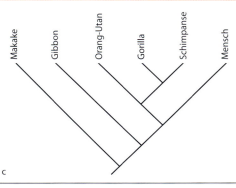

Die nach dem Parsimonie-Prinzip durch das Programm MacClade ermittelte *treelength* für Stammbaumhypothese 3 beträgt:

**Abb. 16.11** Links die drei unterschiedlichen Hypothesen zur Verwandtschaft der großen Menschenaffen. Auf der rechten Seite können die mit MacClade ermittelten *treelengths* eingetragen werden.

## 16 Wie DNA helfen kann, die Verwandtschaft der Menschenaffen zu verstehen

a  Vergleiche die in Abbildung 16.11 dargestellten Stammbaumhypothesen, indem du mit dem Programm MacClade die zugehörigen *treelengths* ermittelst.

b  Beurteile die drei Hypothesen nach dem Parsimonie-Prinzip und treffe eine begründete Entscheidung bezüglich des nächsten Verwandten des Menschen.

**Gehe folgendermaßen vor: Verwandtschaftsanalyse mit MacClade**

- Öffne im Programm MacClade die vorbereitete nexus-Datei. Die Sequenzen erscheinen als Matrix.

- Über „*Windows → tree window*" und der Wahl „*Default Ladder*" im erscheinenden Fenster erhältst du einen Vorschlag für einen Stammbaum.

- Aktiviere in der Werkzeugpalette von MacClade durch Anklicken das Werkzeug <Move Branch> (Symbol „Pfeil"). Nun kannst du durch Anklicken und Halten der Maustaste die einzelnen Äste des Stammbaums verschieben und so neue Stammbäume generieren, um deren *treelength* („Stammbaumlänge") zu vergleichen.

siehe auch Onlinematerialien unter *http://extras.springer.com*

## 16.4 Literatur

- Ax P (1984) Das Phylogenetische System – Systematisierung der lebenden Natur aufgrund ihrer natürlichen Phylogenese. Gustav Fischer, Stuttgart

- Benson DA, Karsch-Mizrachi I, Lipman DJ, Ostell J, Wheeler DL (2008) GenBank. Nucleic Acids Res 36: D25–D30. doi: 10.1093/nar/gkm929

- Dalton R (2006) Neanderthal DNA yields to genome foray. Nature 441: 260–261

- DNA Data Bank of Japan (DDBJ) (2010) Homepage der DDBJ.
  URL *http://www.ddbj.nig.ac.jp/* [10.12.2010]

- Enard W, Przeworski M, Fisher SE, Lai CSL, Wiebe V, Kitano T, Monaco AP, Pääbo S (2002) Molecular evolution of FOXP2, a gene involved in speech and language. Nature 418: 869–872

- European Molecular Biology Laboratory – European Bioinformatics Institute (EMBL-EBI) (2010) Homepage von EMBL-EBI.
  URL *http://www.ebi.ac.uk/* und *ftp://ftp.ebi.ac.uk/pub/software/clustalw2/* [28.12.2010]

- Felsenstein J (1981) Evolutionary trees from DNA sequences: a maximum likelihood approach. J Mol Evol 17: 368–376

- Gemballa S, Pfeiffer VDI (2009) Wer ist der nächste Verwandte des Menschen? Computereinsatz beim Testen von Verwandtschaftshypothesen. MNU 62 (4): 236–243

- GenBank (2010) What is GenBank; bereitgestellt durch NCBI (National Center for Biotechnology Information). URL *http://www.ncbi.nlm.nih. gov/genbank/* [10.12.2010]

- Green RE, Krause J, Ptak SE, Briggs AW, Ronan MT, Simons JF, Du L, Egholm M, Rothberg JM, Paunovic M, Pääbo S (2006) Analysis of one million base pairs of Neanderthal DNA. Nature 444: 330–336

- Green RE, Malaspinas AS, Krause J, Briggs AW, Johnson PLF, Uhler C, Meyer M, Good JM, Maricic T, Stenzel U, Prüfer K, Siebauer M, Burbano HA, Ronan M, Rothberg JM, Egholm M, Rudan P, Brajkovi D, Kuan Ž, Guši I, Wikström M, Laakkonen L, Kelso J, Slatkin M, Pääbo S (2008) A complete Neandertal mitochondrial genome sequence determined by high-throughput sequencing. Cell 134: 416–426

- Higgins DG, Bleasby AJ, Fuchs R (1992) Clustal V – improved software for multiple sequence alignment. Cabios 8: 189–191

- Horai S, Satta Y, Hayasaka K, Kondo R, Inoue T, Ishada T, Hayashi S, Takahata N (1992) Man's place in Hominoidea revealed by mitochondrial DNA genealogy. J Mol Evol 35: 32–43

- Huelsenbeck JP, Rannala B (2004) Frequentist properties of Bayesian posterior probabilities of phylogenetic trees under simple and complex substitution models. Syst Biol 53: 904–913

- International Human Genome Sequencing Consortium (2004) Finishing the euchromatic sequence of the human genome. Nature 431: 931–945

- Knopp V, Müller K (2006) Gene und Stammbäume – Ein Handbuch zur molekularen Phylogenetik. Spektrum, München

- Krause J, Lalueza-Fox C, Orlando L, Enard W, Green RE, Burbano HA, Hublin JJ, Bertranpetit J, Hänni C, Fortea J, de la Rasilla M, Rosas A, Pääbo S (2007) The derived FOXP2 variant of modern humans was shared with Neandertals. Current Biology 17: 1908–1912

- Lindner M (2005) Die Wanderkarte aus dem Genlabor. GEO kompakt 4: 120–121
- MacClade (2010a) Frequently asked questions about MacClade 4. URL *http://macclade.org/faq.html* [10.12.2010]
- MacClade (2010b) MacClade. URL *http://macclade.org/macclade.html* [10.12.2010]
- des Marais D (2000) When did photosynthesis emerge on earth? Science 289: 1703–1705
- Rieppel O (1999) Einführung in die computergestützte Kladistik. Pfeil, München
- University College Dublin (2010) Clustal: multiple sequence alignment. URL *http://www.clustal.org/* [28.12.2010]
- Tree of Life Web Project (2010) Catarrhini – Humans, great apes, gibbons, old world monkeys. URL *http://tolweb.org/Catarrhini/16293/1999.01.01* [13.12.2010]
- Weissenbach J (2004) Differences with the relatives. Nature 429: 353–354
- Woese CR (2000) Interpreting the universal phylogenetic tree. PNAS 97: 8392–8396
- Working Group on Teaching Evolution, National Academy of Science (1998) Teaching about evolution and the nature of science. National Academy Press, Washington, DC.

# Teil V

## Evolution und Schöpfung

    Karl Peter Ohly
**17 Evolutionstheorie und Schöpfungslehre im Biologieunterricht**

    Thomas Waschke und Christoph Lammers
**18 Evolutionstheorie im Biologieunterricht – (k)ein Thema wie jedes andere?**

# 17 Evolutionstheorie und Schöpfungslehre im Biologieunterricht

Karl Peter Ohly

## 17.1 Fachinformationen

### 17.1.1 Einleitung

Als vor einiger Zeit die damalige hessische Kultusministerin, Karin Wolff, die Forderung erhob, die Schöpfungslehre solle im Biologieunterricht behandelt werden, ging ein Aufschrei durch die Medien. Nicht zu Unrecht sahen sich viele an die *equal-time*-**Forderung** der US-amerikanischen Kreationisten erinnert, deren These darin besteht, dass die Schöpfungslehre ebenfalls eine wissenschaftliche Theorie ist. Diese sei ebenso gut oder ebenso schlecht bewiesen wie die Evolutionstheorie, und daher müsste sie auch die gleiche Zeit im Unterricht beanspruchen.

Nachdem sich die Wellen gelegt haben, bedarf die kontroverse Diskussion um Evolutionstheorie und Schöpfungslehre einer allgemeiner gefassten Würdigung. Es erschreckt zum einem die Vorstellung von Schulunterricht, die hinter dem Protest vermutet werden kann. Offenbar wird Unterricht hier leichthin mit Indoktrination gleichgesetzt, so als würden die Schüler unbesehen alles glauben und lernen, was im Unterricht vorkommt. Das trifft nicht zu. Neuere empirische Studien zum „trägen Wissen" (Gruber et al. 1999) zeigen, wie wenig im Unterricht dauerhaft gelernt wird. Untersuchungen zu Alltagsansichten belegen zudem, wie schwierig es ist, gegen verbreitete, aus Sicht der jeweiligen Wissenschaft fehlerhafte Vorstellungen anzuunterrichten (z.B. Wandersee et al. 1995). Zum anderen kann jedoch ein Biologieunterricht, wenn er über das bloße Fachwissen hinaus Schülern die Fähigkeit zu kritischer Auseinandersetzung mit biologisch relevanten Themen vermitteln will, eine öffentliche Debatte wie die über das Verhältnis von Evolutionstheorie und Schöpfungslehre nicht aus dem Unterricht ausklammern.

Es kann also nicht darum gehen, **ob** dieses Verhältnis im Biologieunterricht behandelt wird, sondern vielmehr, **wie** dies geschehen soll.

Um Missverständnissen vorzubeugen: Im vorliegenden Beitrag wird die These erläutert, dass gerade die Behandlung der Schöpfungslehre im Biologieunterricht dazu dienen kann, herauszuarbeiten, was die Eigenart naturwissenschaftlichen Wissens (*nature of science*) und naturwissenschaftlicher Theoriebildung ist. Hieran wird dann deutlich, dass die **Schöpfungslehre eben keine naturwissenschaftliche Theorie** ist.

Für die weiteren Ausführungen sind Unterscheidungen notwendig, und zwar zwischen

- empirischem Wissen[1] über die Welt der Dinge und Beziehungen sowie religiösem Wissen,
- Voraussetzungen, Methoden und Ergebnissen von Wissenschaft und
- guter und schlechter Wissenschaft.

Danach werden religiöse Positionen zur Evolutionstheorie, insbesondere aus dem Islam, näher betrachtet.

### 17.1.2 Was unterscheidet naturwissenschaftliches Wissen von religiösen Überzeugungen?

Zwar handelt es sich in beiden Fällen um Wissen, aber diese Formen des Wissens unterscheiden sich in ihrem Gegenstand, in ihrem Charakter hinsichtlich ihrer Objektivität und in ihrer methodischen Begründung.

#### Gegenstand

Naturwissenschaftliches Wissen hat Bezug zur **Welt der Dinge** und ihren Beziehungen und zielt dabei auf eine reiche, genaue und **auf Erfahrung begründete Beschreibung** der Welt. Dagegen bezieht sich religiöses Wissen auf **Wert- und Sinnfragen** sowie die **individuellen Heilserwartungen** und zielt auf eine daraus abgeleitete Anleitung zum guten Leben, also auf **Moral**. Dieser Gegenüberstellung entspricht die Unterscheidung von „Wissen" und „Glaube" (siehe dazu beispielsweise Barth 1989 oder Antweiler 2008).

„Die christliche Kirche erklärt Glaube als ein ‚von der Gnade getragenes festes Fürwahrhalten der von der Kirche verkündeten göttlichen Offenbarung'." (Barth 1989)

Bezogen auf das Thema Evolutionstheorie und Schöpfung belegen die folgenden Zitate von Golser (2001) diese Zielperspektive religiösen Wissens: „Biblischer Schöpfungs- und Erlösungsglaube sind zwei Seiten einer Medaille." Golser führt aus, dass „das Schöpfersein ein Gottesprädikat (ist). Es ist der dreifaltige Gott, der in Liebe eine gute Welt auf Christus hin erschafft und erhält, [...] der sie erlöst und vollenden will." Er fährt fort: „Ethisch ist eine Änderung der Grundeinstellung des Menschen zur Natur und zu sich selbst angesagt, die [...] ein zukunftsfähiges Verhalten verlangt."

---

[1] Die weiteren Ausführungen beziehen sich auf Naturwissenschaften im engeren Sinne, obgleich viele der Überlegungen für den gesamten Bereich dessen gelten, was im englischsprachigen Bereich als „*science*" bezeichnet wird (also auch für die empirischen Human- und Sozialwissenschaften).

### Charakter und methodische Begründungen

Naturwissenschaftliches Wissen zielt auf **Objektivität**. Im Prinzip sollen alle naturwissenschaftlichen Aussagen von jedermann überall und jederzeit nachprüfbar sein. Es liegt auf der Hand, dass es sich bei dieser Forderung um eine Fiktion handelt. Wissenschaft ist in unseren differenzierten Gesellschaften eine Unternehmung, die an ein gesellschaftliches Teilsystem gebunden ist. Es ist vorwiegend solchen Personen die Überprüfung möglich, die – sieht man von den materiellen Voraussetzungen wie Labors einschließlich ihrer Einrichtung und der Verfügbarkeit der Untersuchungsobjekte einmal ab – eine entsprechende Ausbildung (in der Regel durch ein Studium erworben) haben. Und diese Leute gehören, wie Fleck (1980) sagt, dem gleichen Denkkollektiv an. Dennoch verfügt die Wissenschaftlergemeinschaft über Methoden, die die Objektivierung wissenschaftlicher Aussagen ermöglichen wie die **methodische Anlage von Untersuchungen** und ihre **Veröffentlichung**.

Im Gegensatz dazu ist religiöses Wissen, auch wenn es durch die Zugehörigkeit des Einzelnen zu einer Religionsgemeinschaft sozial gerahmt ist, ausdrücklich **subjektiv** und **persönlich**. Zwar verfügen die meisten Religionsgemeinschaften über Verfahren der Unterrichtung ihrer Mitglieder hinsichtlich der Glaubensinhalte und Rituale, wie der Einzelne aber zu seinem Glauben kommt, wird mit Begriffen wie „Erleuchtung", „Berufung" oder „Offenbarung" umschrieben – und die entziehen sich eher einer methodischen Begründung.

Theologieprofessor a. D. Wolf Krötke formuliert den Unterschied zwischen Wissenschaft und Glaube wie folgt (2007):

*„Die wissenschaftliche Forschung kann beanspruchen, allgemein zugängliche Einsichten für alle zu vermitteln, die sich Ihres Verstandes bedienen. Der Glaube an den Schöpfer aber ist abhängig von spezifischen existenziellen und geschichtlichen Erfahrungen, die durchaus nicht von allen Menschen geteilt werden müssen. Den Religionen Asiens ist der Schöpfungsglaube z. B. gänzlich fremd. Der konfessionslosen Bevölkerung des Osten Deutschlands und nicht nur ihr ist das Leben ohne Gotteserfahrung zur Gewohnheit geworden."*

Schließlich ist naturwissenschaftliches Wissen seinem Anspruch nach **weltanschaulich neutral**. Die Zugehörigkeit zur Forschergemeinschaft ist nicht an bestimmte weltanschauliche Positionen ihrer Mitglieder gebunden. Das bedeutet allerdings nicht, dass Wissenschaftler nicht über ein bestimmtes Weltbild verfügen. Da vielmehr wissenschaftliches und weltanschauliches Denken in den gleichen Köpfen abläuft, ist bezogen auf den einzelnen Forscher davon auszugehen, dass sich beide Bereiche beeinflussen können.

### 17.1.3 Was ist naturwissenschaftlichem Arbeiten vorausgesetzt?

Wie angedeutet, erfordert wissenschaftliches Arbeiten in aller Regel eine entsprechende Ausbildung, in der sich der zukünftige Forscher relevante Teile des Wissens- und Methodenbestandes aneignet. Dabei werden (zumeist implizit) auch Dinge mit vermittelt, die genau genommen nicht Ergebnisse wissenschaftlicher Forschung sind, sondern zu deren wissenschaftstheoretischen Voraussetzungen gehören.

Wie der Ausdruck „Voraussetzung" sagt, handelt es sich um Regeln und Wissensbestände, die selbst nicht innerhalb der Wissenschaft empirisch begründet werden können. Zwei dieser Voraussetzungen sollen in der gebotenen Kürze genannt werden.

- Naturwissenschaftler gehen meist selbstverständlich davon aus, dass eine Welt außerhalb des erkennenden Subjekts existiert, dass diese in Grenzen regelhaft funktioniert und für die Subjekte erkennbar ist. Die philosophische Debatte um diese Voraussetzung kann hier nicht einmal skizziert werden, sie ist aber weit davon entfernt, trivial zu sein.[2]

- Bezogen auf das Verhältnis zwischen Schöpfung und Evolutionstheorie ist eine weitere Voraussetzung entscheidend. Sie gehört zu den methodischen Vorannahmen und wird als **„Naturalismus"** oder „methodischer Materialismus" bezeichnet. Sie legt fest, dass in naturwissenschaftlichen Erklärungen nur auf natürliche Gründe und Gegebenheiten Bezug genommen werden darf. Naturwissenschaftliche Erklärungen sollen bestimmte Phänomene auf bestimmbare Ursachen zurückführen.

Wie Mahner (1989) ausführt, ist *„die Existenz übernatürlicher Kräfte oder Wesen prinzipiell nicht überprüfbar [...], denn sie sind mit unseren natürlichen Mittel ja nicht zu erfassen, geschweige denn [...] zu kontrollieren, (folglich) gäbe es keine notwendige Grenze für deren Wirken."*

Damit scheiden übernatürliche Kräfte und Wesen als besondere und bestimmbare Gründe aus. Anders gesagt, mit ihnen kann alles und damit nichts erklärt werden. Auf die Frage der Überprüfbarkeit wird weiter unten eingegangen.

Im Gegensatz zu einem **weltanschaulichen Materialismus**, der die Existenz übernatürlicher Wesen und Kräfte verneint, ist der methodische Materialismus bescheidener, indem er feststellt, dass über solche Kräfte und Wesen nichts Verlässliches ausgesagt werden kann.

**Info**

Von **„methodischem Materialismus"** (Naturalismus) wird gesprochen, um ihn vom **„weltanschaulichen Materialismus"** zu unterscheiden.

### 17.1.4 Was unterscheidet gute Wissenschaft von schlechter?

Vollmer (2000) hat eine Liste von sechs notwendigen und acht wünschenswerten Eigenschaften einer guten wissenschaftlichen Erklärung zusammengestellt, von denen ich einige hier aufgreifen möchte.

#### Allgemeine Forderungen an wissenschaftliche Erklärungen

Mit dem Erklärungscharakter von Theorien und Hypothesen hängen die Forderungen nach dem **Erklärungswert** und der **äußeren Widerspruchsfreiheit** zusammen. Eine Hypothese muss bekannte empirische Daten aus

---

[2] Diese wissenschaftstheoretischen Fragen werden bezüglich der Behandlung von Theorien und Hypothesen im Unterricht zum Beispiel von Langlet (2001) und Ohly (2003) ausführlicher dargestellt.

dem Bereich, den sie erklären soll, auch erklären. Das hört sich trivial an, aber Fyerabend (1976) hat darauf hingewiesen, dass Hypothesen sich eben auch in den Bereichen, auf die sich ihre Erklärungen erstrecken sollen, unterscheiden können. Damit wird jedoch die Forderung nach Erklärung aller bekannten empirischen Daten nicht eingehalten. Hypothesen, die mit empirischen Befunden im Widerspruch stehen, werden dennoch oft nicht als falsifiziert verworfen, sondern durch Modifikationen ihres Geltungsbereichs „gerettet". Ähnliches gilt für die an sich berechtigte Forderung, dass Hypothesen nicht mit den für einen Bereich als gültig anerkannten Theorien in Widerspruch stehen dürfen.

Hypothesen und Theorien werden in empirischen Wissenschaften deshalb gesucht, weil sie über das einzelne Phänomen hinaus allgemeinere Erklärungen liefern (sollen). Daher gilt die **Allgemeinheit** einer Theorie als Gütekriterium. Ob es aber in allen Fällen so ist, dass eine Theorie oder eine Hypothese umso besser ist, je größer der Gegenstandsbereich ist, den sie erklärt, darf doch in Zweifel gezogen werden. Über einen großen Gegenstandsbereich kann oft nur wenig mit allgemeiner Gültigkeit gesagt werden; und so liegt der Scherz nahe, dass Aussagen von großer Allgemeinheit nicht mehr von Inhaltsleere unterschieden werden können.

Eine Gruppe von Anforderungen bezieht sich darauf, Hypothesen formallogisch fehlerfrei zu halten. Dazu zählt die Forderung nach **innerer Widerspruchsfreiheit** und nach dem **Vermeiden von Zirkularität**.

Eine weitere an die Voraussetzungen von Naturwissenschaft als Erfahrungswissenschaft gebundene Forderung ist die des **Naturalismus** (siehe oben). Sie lässt zur Erklärung von Erscheinungen nur Ursachen zu, deren Wirkungen begrenzt und beobachtbar sind. Diese Forderung einzuhalten, ist in der Biologie nicht immer einfach, sie schließt „übernatürliche" Erklärungen prinzipiell aus. Sie ist eng verbunden mit dem auf Karl Popper (1966), einem österreichisch-britischem Philosoph mit wegweisenden Arbeiten zur Erkenntnis- und Wissenschaftstheorie, zurückgehenden Anspruch nach **Falsifizierbarkeit**. Dieser stellt gleichsam einen Sonderfall der **Prüfbarkeit** dar. Dabei bedeutet Prüfbarkeit, dass man für eine Hypothese angeben können muss, in welchen empirischen Kontexten sie sich bewähren oder auch nicht bewähren kann. Popper hat sich in seinen Arbeiten mit der Möglichkeit der Verifikation von Hypothesen auseinandergesetzt und dargelegt, dass aus logischen Gründen eine endgültige empirische Bestätigung von Hypothesen scheitern muss. Bei empirischen Befunden, die mit einer Hypothese übereinstimmen, kann man deshalb nur von einer „Bewährung" sprechen. Finden sich jedoch Beobachtungen, die der Hypothese widersprechen, so gilt sie als widerlegt. Wenn eine Hypothese jedoch keine Falsifikation zulässt – zum Beispiel kann die Behauptung eines übernatürlichen Schöpfers als Ursache aller Lebewesen nicht durch Beobachtungen widerlegt werden – so ist sie nach Popper wissenschaftlich unbrauchbar und damit unzulässig.

Mit der Prüfbarkeit hängt die Forderung nach **Prognosefähigkeit** eng zusammen. Hypothesen sollen danach in der Lage sein, überprüfbare Behauptungen über noch nicht Bekanntes, zum Beispiel den zukünftigen Ausgang eines Experiments oder einer Untersuchung, zu machen. Vollmer (2000) hat,

> **Info**
>
> **Gerhard Vollmer** ist Natur- und Sprachwissenschaftler und seit 1981 Philosophieprofessor. Seine Forschungsschwerpunkte sind unter anderem Logik, Erkenntnis- und Wissenschaftstheorie sowie evolutionäre Ethik.

und das ist insbesondere im Kontext der Evolutionstheorie und der aus ihr abgeleiteten Hypothesen von Bedeutung, darauf hingewiesen, dass auch die **Retrodiktion** (Nachhersage) ein Mittel der empirischen Prüfung ist. Im Zusammenhang mit naturhistorischen Rekonstruktionen, wie sie in der Phylogenetik betrieben werden, geht es darum, Aussagen über Vergangenes zu machen. Zwar ist die Vergangenheit selbst nicht unmittelbar zugänglich, aber eine auf den Ablauf der Naturgeschichte zielende Hypothese gewinnt dadurch an Plausibilität, dass sie Vorhersagen zu noch nicht bekannten Tatsachen aus der Vergangenheit macht, die zum Beispiel durch Grabungen und neue Funde bestätigt oder verworfen werden können. Aus diesen Überlegungen folgt, dass Hypothesen mit den bestätigenden Befunden an Glaubwürdigkeit gewinnen, wenn sie sich „bewähren". Jede bestätigte Prognose oder Retrodiktion beseitigt zwar nicht die prinzipielle Widerlegbarkeit, aber sie macht uns wie jeder misslungene Versuch der Falsifizierung sicherer. Zudem widerlegt dieses Argument die vorgetragene Behauptung, Aussagen über die Natur- und Stammesgeschichte entzögen sich der empirischen Prüfung.

### Forderungen an die Güte wissenschaftlicher Erklärungen

Schließlich gibt es Kriterien für die Güte wissenschaftlicher Erklärungen, die mehr mit den Forschern und dem Forschungsprozess als mit dem Forschungsgegenstand zu tun haben. Dazu zählen die Forderungen nach Einfachheit, nach Anschaulichkeit und nach Fruchtbarkeit.

Die Forderung der **Einfachheit**, auch als das Prinzip der sparsamsten Erklärung bezeichnet, geht von dem Gedanken aus, dass es immer möglich ist, beliebig viele wirksame Faktoren zu fordern und zu beliebig komplizierten Erklärungsmodellen zu verknüpfen. Schon das experimentelle Prinzip der Isolierung von wirksamen Faktoren zielt darauf ab, wirksame von weniger wirksamen oder unbeteiligten Ursachen zu trennen. Dass gelegentlich konkurrierende Hypothesen ähnlich komplex sind, sodass das Kriterium der Einfachheit zur Bewertung nicht immer weiterhilft, tut dem Wert dieses Kriteriums keinen Abbruch.

Die Forderung nach **Anschaulichkeit** leuchtet einerseits unmittelbar ein, andererseits sind exakte mathematische Modelle, die ihrerseits sehr genaue Prognosen erlauben, häufig unanschaulich. Zudem wird die Anschaulichkeit oft dadurch erreicht, dass an Erfahrungen und Modelle angeknüpft wird, die uns aus der Alltagswelt vertraut sind – ein eigentlich guter Gedanke. Doch hier können sich eine Vielzahl von Missverständnissen und Irrtümern auftun, die wir mit unserem „anschaulichen Modell" gar nicht beabsichtigt hatten. So ist beispielsweise der Begriff der Anpassung, der uns aus dem Alltag („*wir passen uns den Anforderungen einer Situation an*") gut vertraut ist, sehr anschaulich. Er trägt aber die Vorstellung in sich, Anpassung sei ein vom Organismus ausgehender bewusster Prozess, die für evolutionäre Angepasstheit und deren Entstehung unzutreffend ist. Insofern ist die Forderung nach Anschaulichkeit durchaus mit Vorsicht zu genießen.

Einen ganz anderen Charakter hat die Forderung nach **Fruchtbarkeit**. Sie leitet sich aus der heuristischen Funktion von Hypothesen (und Theorien) ab. Hypothesen sollen zur Produktion neuen Wissens oder zur Formulierung neuer Fragen und Probleme beitragen. Können aus einer Hypothese vielfältige Prognosen hergeleitet werden (vielleicht sogar für Gebiete, für die die Hypothese zunächst nicht formuliert war), so ist es wahrscheinlich, dass sie unabhängig davon, ob die Vorhersagen im Einzelnen bestätigt werden oder nicht, unser Wissen voranbringt. Ähnliches gilt für Theorien, die vielfältige unterschiedliche Hypothesen generieren lassen. Von ihnen wird man sagen, sie seien „fruchtbar".

Dass die Evolutionstheorie sich seit 150 Jahren als außerordentlich fruchtbar für die Biologie erwiesen hat, wird wohl niemand ernsthaft bestreiten. Inwieweit Schöpfungsvorstellungen zur Formulierung neuer Forschungsfragen beigetragen haben, vermag ich nicht abzuschätzen. Mir scheint lediglich, dass der **Intelligent-Design-Ansatz** insofern neue Fragen hervorgebracht hat, als nun komplexe Organe daraufhin betrachtet werden, ob sie nachweislich so vollkommen sind, wie es bei einem planenden und konstruierenden Geist zu erwarten wäre. Die inverse Retina und der Blinde Fleck des Wirbeltierauges scheinen einer solchen Annahme eher zu widersprechen. Eine Zusammenstellung wichtiger Befunde zu diesem Problem findet sich bei Schrader (2007) im Kapitel „Evolution ist eine Serie erfolgreicher Fehler".

## 17.1.5 Religiöse Positionen zur Evolutionstheorie

Nachdem auf den vorangegangenen Seiten Unterschiede bezüglich der empirischen Wissenschaft erläutert wurden, soll nun auf religiöse Positionen eingegangen werden.

### Christentum

Die **protestantische Kirche** nimmt im Wesentlichen den oben ausgeführten Standpunkt ein, dass es sich bei Glauben und Naturwissenschaft um unterschiedliche Bereiche des Wissens handelt, die nicht in Widerspruch zueinander stehen, sondern sich vielmehr ergänzen.[3]

Geht es um die Position der **katholischen Kirche**, hat die öffentliche Debatte in der letzten Zeit erneut für Aufsehen gesorgt. Als sich 1996 der damalige Papst Johannes Paul II zur Evolutionstheorie äußerte (vollständiger Text siehe Johannes Paul II 1996), titelte eine deutsche Tageszeitung „Papst schließt Frieden mit der Evolution". Durch den Gastkommentar von Kardinal Schönborn, der in der New York Times 2005 veröffentlicht wurde (Katholische Nachrichten 2005), scheint der Frieden, wenn es ihn je gab, aufgekündigt.

### Papst Johannes Paul II zur Evolutionstheorie

Bei einer genauen Analyse des damaligen Textes von Papst Johannes Paul II (Abb. 17.1) hätte man schon ahnen können, dass das Verhältnis zur Evolutionstheorie nicht problemlos ist.

> **Info**
>
> Nach der **Intelligent-Design-Hypothese** wird die Entstehung des Universums und des Lebens am besten durch ein intelligentes (planendes) Wesen als Ursache erklärt. Nach Meinung ihrer Vertreter ist Intelligent Design eine wissenschaftliche Theorie, die mit vorhandenen wissenschaftlichen Theorien zum Ursprung des Lebens auf einer Stufe steht oder diesen sogar überlegen ist.

---

[3] Ich beschränke mich hier auf die katholischen und evangelischen Positionen, ohne auf den breit diskutierten evangelikalen Fundamentalismus (Kreationismus und Intelligent Design) einzugehen. Zum Standpunkt der christlich-orthodoxen Kirchen liegen mir keine Informationen vor.

# 17 Evolutionstheorie und Schöpfungslehre im Biologieunterricht

**Info**

**Johannes Paul II** war von 1978 bis zu seinem Tode 2005 Papst der römisch-katholischen Kirche.

**Abb. 17.1**
Papst Johannes Paul II beim Gebet (T. Imo/photothek)

**Info**

Studiendirektor Dr. **Bruno Schlageter** war Fachleiter für katholische Religionslehre in Speyer; er erhielt 1954 in der Diözese Speyer die Priesterweihe. 1987 arbeitete er als Mitherausgeber von fächerübergreifenden Materialien des Deutschen Instituts für Fernstudien (DIFF) zum Thema Evolution mit.

So findet sich ziemlich am Anfang der päpstlichen Botschaft der Hinweis: *„Wir wissen in der Tat, dass Wahrheit nicht der Wahrheit widersprechen kann."*

Dies ist ein Wink auf die Lehre von den **zwei Wahrheiten** – der durch Untersuchung der Welt gewonnenen empirischen Wahrheit und der durch die Bibel offenbarten Wahrheit.

Der weitere Text spitzt das Problem auf die Entstehung des Menschen und, wie im Titel „Christliches Menschenbild und moderne Evolutionstheorien" angedeutet, auf das Menschenbild zu und formuliert die katholische Position:

*„Der menschliche Körper hat seinen Ursprung in der belebten Materie, die vor ihm existiert. Die Geistseele hingegen ist unmittelbar von Gott geschaffen. […] Folglich sind diejenigen Evolutionstheorien nicht mit der Wahrheit über den Menschen vereinbar, die – angeleitet von der dahinterstehenden Weltanschauung – den Geist für die Ausformung der Kräfte der belebten Materie oder für ein bloßes Epiphänomen der Materie halten."*

Hier wird einerseits die Differenz der unterschiedlichen Wissensgebiete betont, andererseits soll aber deren Vereinbarkeit dargestellt werden:

*„Die Berücksichtigung der in den verschiedenen Ordnungen des Wissens verwendeten Methoden erlaubt uns, zwei Standpunkte, die unvereinbar scheinen, miteinander in Einklang zu bringen. Die empirischen Wissenschaften beschreiben und messen mit immer größerer Genauigkeit die vielfältigen Ausdrucksformen des Lebens und schreiben sie auf der Zeitachse fest. Der Moment des Übergangs ins Geistige ist nicht Gegenstand einer solchen Beobachtung, […]."*

Bezogen auf diesen Übergang wird von einem ontologischen Sprung gesprochen, dessen Behandlung in den Bereich der Philosophie gehöre, *„während die Theologie dessen letztendlichen Sinn nach dem Plan des Schöpfers herausstellt."*

### Weitere katholische Theologen und die Evolutionstheorie

Schlageter (1987) referiert eine vergleichbare Position unter Berufung auf **Joseph Ratzinger** (1984; Abb. 17.2):

*„Der Schöpfungsglaube fragt nach dem Sein als Ganzem, das nicht aus sich selbst heraus begründet ist, die Evolutionstheorie dagegen nach der Ursache für die Erscheinungsformen der belebten Welt; diese bewegt sich auf einer phänomenologischen Ebene, jene auf einer ontologischen. […] Die logische Konsequenz ist, dass die integrierende, ganzheitliche Weltsicht auch die Erfahrungen und Aussagen der Naturwissenschaft einschließen muss und nicht umgekehrt."* Weiterhin zitiert er Ratzinger: *„In diesem Sinn kann sie [gemeint ist die Evolutionslehre, Anmerkung des Autors] mit Recht die Idee der Schöpfung als für sich unbrauchbar bezeichnen: innerhalb des positiven Materials, auf dessen Bearbeitung sie von ihrer Methode her festgelegt ist, kann er [gemeint ist der Schöpfungsglaube] nicht vorkommen."*

Nicht verwunderlich ist für einen religiösen Standpunkt, dass **sich die katholische Kirche im Besitz der umfassenden und unbestreitbaren Wahrheit sieht**. Aus dieser Position kann auch der Wert naturwissenschaftlicher Theorien festgestellt werden (siehe oben). Es erscheint den Theologen nicht widersprüchlich, wenn einerseits die Evolutionstheorie als etablierte naturwissenschaftliche Theorie angesehen wird, andererseits aber vom „Plan des Schöpfers" gesprochen wird.

So überrascht auch der Gastkommentar **Kardinal Christoph Schönborns** (Abb. 17.3) weniger durch den Grundtenor als durch die Schärfe, mit der die katholische Position vorgetragen und die Botschaft des Papstes von 1996 interpretiert wird.

*„Die katholische Kirche überlässt der Wissenschaft viele Details über die Geschichte des Lebens auf der Erde, aber sie verkündet zugleich, dass der menschliche Verstand im Licht der Vernunft leicht und klar Ziel und Plan in der natürlichen Welt, einschließlich der Welt des Lebendigen, erkennen kann. Die Evolution im Sinn einer gemeinsamen Abstammung (aller Lebewesen) kann wahr sein, aber die Evolution im neodarwinistischen Sinn – ein zielloser, ungeplanter Vorgang zufälliger Veränderung und natürlicher Selektion – ist es nicht. Jedes Denksystem, das die überwältigende Evidenz für einen Plan in der Biologie leugnet oder wegzuerklären versucht, ist Ideologie, nicht Wissenschaft."*

Hier und wenn Schönborn gleich zu Anfang des Interviews von neodarwinistischem Dogma redet, wird deutlich, dass er nicht naturwissenschaftlich über die Richtigkeit einer Theorie, sondern im Kampf der Weltanschauungen argumentiert und dabei die Unterscheidung zwischen methodischem und weltanschaulichem Materialismus verwischt. Ein redlicher Naturwissenschaftler würde die Evolutionstheorie als durch viele Befunde gut bestätigte Beschreibung der Welt qualifizieren, die das Beste ist, was wir zurzeit empirisch über die Entwicklung der Vielfalt des Lebendigen wissen. Er würde sie jedoch nicht als absolut wahr qualifizieren und den Begriff Dogma ablehnen, weil in den Naturwissenschaften Theorien, mögen sie sich auch noch so häufig bewährt haben, prinzipiell als revidierbar angesehen werden.

Indem Kardinal Schönborn die Unterscheidung zwischen empirischem und religiösem Wissen hier nicht erkennen lässt, fällt seine Argumentation hinter die Differenziertheit zurück, die die Ausführungen des jetzigen Papstes (Ratzinger 1984) kennzeichnet.

Innerhalb der Wissenschaft würde auch Schönborns Behauptung von *„überwältigender Evidenz für einen Plan in der Biologie"* Verwunderung auslösen und zu der Aufforderung führen, diese Evidenz zu belegen. Wenn dieser Plan, wie Schönborn behauptet, für den menschlichen Verstand *„leicht und klar"* erkannt werden kann, so ist dies wohl auch eine Erkenntnis, die sich wenig um die Einzelheiten der Wissenschaft bemüht.

Dass natürliche Vorgänge als von einem „Schöpfer" veranlasst verstanden werden, könnte allerdings mit dem Problem der Anschaulichkeit (siehe oben) zusammenhängen. Lakoff und Johnson (1998) haben darauf hingewiesen, dass Metaphern ein wichtiger Bestandteil unserer alltäglichen Sprache sind. Sie bestimmen unsere Wahrnehmung, unser Denken und Handeln und somit unsere Wirklichkeit. Statt also funktionale Beziehungen durch die Mechanismen zu beschreiben, die der Funktionalität zugrunde liegen, wählen wir eine anschauliche Sprachform, in der die beteiligten Stoffe und Strukturen wie handelnde Personen dargestellt werden. Zum Beispiel wird in der Molekulargenetik davon gesprochen, dass die DNA den Stoffwechsel der Zelle „steuert", dass sie für die Übertragung der Erbinformation „verantwortlich ist", obgleich niemand ernstlich der DNA Zielstrebigkeit, Verantwor-

**Abb. 17.2**
Der ehemalige Kardinal Joseph Ratzinger ist seit April 2005 das neue Oberhaupt der katholischen Kirche – Papst Benedikt XVI (D. Ecken/Keystone)

**Info**

**Kardinal Christoph Schönborn** ist ein römisch-katholischer Theologe und seit 1995 Erzbischof von Wien. 1998 wurde er zum Kardinal erhoben.

**Abb. 0.3**
Kardinal C. Schönborn (F.J. Rupprecht/Kathbild.at)

tung oder Absicht unterstellt. Entsprechend wird im evolutionären Kontext davon geredet, dass sich Arten an ihre Umwelt anpassen, obwohl gleichzeitig und mit guten Gründen lamarckistische Ansätze, die den einzelnen Organismen ein Streben nach Vervollkommnung unterstellen, abgelehnt werden. Offenbar verstehen wir Zusammenhänge in der Natur besser, wenn wir sie in unseren Beschreibungen nach den Erfahrungen aus der alltäglichen Welt der Dinge und Beziehungen modellieren.

So besehen könnte sich das, was so „*leicht und klar*" erkannt werden kann, als eine anthropomorphe Projektion unserer Alltagserfahrungen in die äußere Welt erweisen.

### Islam

Angesichts der Tatsache, dass ein beachtlicher Teil der deutschen Bevölkerung Muslime sind und daher viele Lehrer in ihrem Unterricht mit muslimischen Positionen zur Evolutionstheorie konfrontiert werden, lohnt es, sich mit ihnen ausführlicher zu beschäftigen. Die hier herangezogenen Schriften stammen nicht nur aus Deutschland, sondern auch aus verschiedenen Ländern von Nordafrika bis Südostasien. Weitere sind von Muslimen in den letzten 40 Jahren (ab ca. 1968) in Europa oder den USA verfasst worden. Bei den Schriften handelt es sich meist um apologetische Literatur[4], die überwiegend in Englisch geschrieben wurde, wenige in Deutsch oder Französisch. Mit muslimischen Positionen (vorwiegend aus der Türkei) hat sich auch Riexinger (2006), ein Orientalist, anhand von Originalliteratur auseinandergesetzt. Auf seiner Website (Riexinger 2010) findet man zudem viele Internetquellen zum Thema Islam und Evolution.

Die gefundenen Positionen lassen sich zunächst in zwei Gruppen teilen: In diejenige, die den Konflikt betont, und in diejenige, die in der einen oder anderen Weise eine Vereinbarkeit von Wissenschaft und Glaube vertritt.

### Kreationismus im Islam

Evolution ablehnende Positionen lassen sich allgemein als „kreationistisch" bezeichnen. Da der Islam an die christlich-jüdische Tradition des Schöpfergottes anknüpft und im Koran zahlreiche Aufnahmen der biblischen Schöpfungsgeschichte in verschiedenen Suren (Abschnitten) zu finden sind, kann das nicht verwundern. Allerdings fehlt im Koran eine geschlossene, dem biblischen Text vergleichbare Darstellung der Schöpfung. Für Muslime stellt die Frage nach der Stellung des Menschen eine besondere Konfliktquelle dar (siehe unten). Trotz dieser Gemeinsamkeiten gibt es auch zwischen den kreationistischen Positionen Unterschiede.

---

**Info**

**Kreationismus** ist allgemein die Lehre, der zufolge das Universum beziehungsweise das Leben auf der Erde von einem übernatürlichen Wesen erschaffen wurde. Grundlage kreationistischer Vorstellungen sind meist religiöse Schöpfungsmythen wie die Schöpfungsgeschichte im biblischen Buch Genesis. Viele Kreationismus-Anhänger treten mit wissenschaftlichem Geltungsanspruch auf.

---

[4] Es versteht sich von selbst, dass diese Texte nicht an den Kriterien für naturwissenschaftliche Publikationen gemessen werden können, sofern sie nicht selbst diesen Eindruck erwecken wollen. Sie sind sozusagen weltanschauliche Kampfschriften.

Eine der Positionen sei beispielhaft an Shaikh Abdul Mabud (1993) erläutert. Mabud stellt die **Unvereinbarkeit zwischen Evolutionstheorie und islamischer Perspektive** in den Mittelpunkt. Dabei wird die islamische Position aus der wörtlichen Bedeutung der koranischen Schriften abgeleitet. So wird für die Erschaffung der Pflanzenwelt aufgeführt:

„*Im Koran gibt es keinen Hinweis auf die Evolution des Pflanzenreichs. Er sagt explizit, dass Gott alle Arten von Pflanzen und Früchten geschaffen hat: Und Er ist's, der da hinabsendet vom Himmel Wasser, und Wir bringen heraus durch dasselbe die Keime aller Dinge; aus ihnen bringen Wir Grünes hervor, aus dem Wir dichtgeschichtetes Korn hervorbringen; und aus den Palmen, aus ihrer Blütenscheide niederhängende Fruchtbüschel; und Gärten von Reben und Oliven und Granatäpfeln, einander ähnlich [der Art nach] und unähnlich [nach den Sorten].*" (Sure 6:99)[5]

> **Info**
>
> **Shaikh Abdul Mabud** ist seit 1983 Direktor der Islamischen Akademie, Cambridge, Großbritannien.

Mit diesen Ergänzungen interpretiert Mabud den koranischen Text im Sinne der **Konstanz der Arten**. Entsprechend wird die Schöpfung der Tierwelt und des Menschen aus Erde begründet. Ähnlich vertritt Aisha Bridget Lemu, eine Islamwissenschaftlerin, im Zusammenhang mit der Erschaffung des Menschen eine Position der Konstanz der Arten (Lemu 1983). So gehört es nach Lemu zu den „gegebenen" Eigenschaften des Menschen, dass er Intelligenz, Bewusstsein, freien Willen und Anteil am göttlichen Geist hat. Diese einzigartigen Eigenschaften kämen nur bei dem Menschen als Art vor und sie „*können jedoch weder auf die Evolution zurückgeführt werden, noch sind sie mit der Vorstellung vereinbar, dass sich die Menschen aus den Affen entwickelt hätten, die diese Merkmale nicht einmal in rudimentärer Form aufweisen.*"

Da solche Tatsachenbehauptungen kaum mit den in der Wissenschaft bekannten Fakten übereinstimmen, müssen die Autoren die Aussagen der wissenschaftlichen Biologie sowohl als unsicher als auch als fragwürdig darstellen.[6]

Eine kreationistische Position findet sich auch beim türkischen Propagandisten **Harun Yahya**[7]. In seinem Werk von 1999 geht er unter anderem auf die Evolution des Menschen ein. Dabei negiert er unter Verwendung von aus dem Zusammenhang gerissenen Zitaten namhafter Evolutionsbiologen die Evolution des Menschen. Für ihn sind **alle fossilen Hominiden entweder Affen** (z. B. die Australopithecinen) **oder Rassen von Jetztmenschen** (alles ab *Homo erectus*). In Tabelle 17.1 sind Originalzitate Yahyas den entsprechenden Texten der zitierten Autoren gegenübergestellt, um zu zeigen, dass ein solcher Umgang mit Literatur innerhalb der Wissenschaft völlig inakzeptabel ist.

> **Info**
>
> In den Dokumenten zur Stellungnahme des **Europäischen Parlaments** vom September 2007 (Doc. 11375) wurde ausdrücklich auf die Aktivitäten von Harun Yahya hingewiesen und vor ihnen gewarnt.

---

[5] Der deutsche Text wurde der Koranübersetzung von Max Henning (1998) entnommen. Die Ergänzungen in den Klammern wurden nach denen in Mabuds Text (1993) vom Autor übersetzt.

[6] Mabud macht dazu Anleihen bei christlichen Kreationisen. Die zum Teil detaillierte Besprechung beispielsweise der Fossilgeschichte des Menschen wird tendenziös gedeutet. Aus dem Auftreten von *Australopithecus*, *Homo habilis* und Frühformen des *H. erectus* am gleichen Fundort werden alle aus der Ahnenreihe des heutigen Menschen ausgeschlossen und ein Argument für die Unveränderlichkeit der Arten konstruiert. Ähnliches gilt auch für die Südafrikanerin Nadvi (1993).

[7] Zu einer Auseinandersetzung zwischen Yahya und der von ihm gegründeten Stiftung BAV einerseits und engagierten Biologen und der Türkischen Akademie der Wissenschaften siehe Edis (1999) sowie Sayin und Kence (1999).

## 17 Evolutionstheorie und Schöpfungslehre im Biologieunterricht

**Tab. 17.1:** Originalzitate von Harun Yahya, Texte anderer Autoren und Kommentare des Verfassers (Ohly) dazu

| Harun Yahya | Texte anderer Autoren, auf die Yahya Bezug nimmt bzw. zitiert | Kommentar Ohly |
|---|---|---|
| Therefore, *Homo erectus* is also a modern human race. Even evolutionist Richard Leakey states that the differences between *Homo erectus* and modern man are no more than racial variance: „One would also see differences in the shape of the skull, in the degree of protrusion of the face, the robustness of the brows and so on. **These differences are probably no more pronounced than we see today between the separate geographical races of modern humans.** Such biological variation arises when populations are geographically separated from each other for significant lengths of time." | Leakey RE (1981a) The making of mankind. Sphere Books, London. 62<br>„One would also see differences in the shape of the skull, in the degree of protrusion of the face, the robustness of the brows and so on. These differences are probably no more pronounced than we see today between the separate geographical races of modern humans. Such biological variation arises when populations are geographically separated from each other for significant lengths of time." | Dieses Zitat findet sich nicht auf Seite 62 des Buches von Leakey! In der deutschen Ausgabe von 1981 (Leakey 1981b) findet man den Text auf den Seiten 115–116. Dort steht das Zitat jedoch in einem anderen Zusammenhang, als dem, den Yahya nennt: „*Würde man alle bisher gefundenen Schädel von Homo erectus nebeneinander stellen, so würde die anatomische Ähnlichkeit offenkundig: die große Hirnschale, die vorspringenden Augenbrauenwülste, die Gestaltung der Gesichtspartie und die Dicke des Schädelknochens. Es würden jedoch auch Unterschiede erkennbar, in der Form des Schädels, im Ausmaß des Vorspringens insbesondere der unteren Gesichtshälfte, der Mächtigkeit der Augenbrauenwülste und dergleichen.* **Diese Unterschiede sind vermutlich nicht stärker ausgeprägt, als wir sie heute bei den verschiedenen geographischen Rassen der modernen Menschen wahrnehmen.** *Solche biologischen Varianten pflegen aufzutreten, wenn Populationen während eines ausreichenden Zeitraums geographisch voneinander getrennt sind.*" Hier werden die Schädel von *H. erectus* untereinander keinesfalls mit *H. sapiens* verglichen. Dass Leakey beide Arten für gut getrennt hält, geht, wenn man ein Zitat dafür braucht, aus dem folgenden Satz auf Seite 110 unten hervor: „*Der im Museum als KNM-ER 3883 registrierte Fund ist ein schönes Beispiel für Homo erectus, dem Hominiden, der Homo sapiens unmittelbar vorausging.*" |

## 17.1 Fachinformationen

**Tab. 17.1:** Originalzitate von Harun Yahya, Texte anderer Autoren und Kommentare des Verfassers (Ohly) dazu

| Harun Yahya | Texte anderer Autoren, auf die Yahya Bezug nimmt bzw. zitiert | Kommentar Ohly |
|---|---|---|
| Prof. Alan Walker, a paleo-anthropologist from John Hopkins University who has done as much research on KNM-ER 1470 as Leakey, defends that this living being should not be classified under a „homo", that is, human species such as *Homo habilis* or *Homo rudolfensis*, but on the contrary must be included under the *Australopithecus* species. | Walker A, Leakey RE (1978) The hominids of east turkana. Scientific American 239 (2). 54<br>Auf der zitierten Seite in dem von Alan Walker und Richard Leakey verfassten Artikel heißt es: „*We ourselves cannot agree on a generic assignment for KNM-ER 1470. One of us (Leakey) prefers to place the species in the genus Homo, the other (Walker) in Australopithecus. This disagreement is merely one of nomenclature: we are in firm agreement on the evolutionary significance of what are now multiple finds. Since 1972 two additional partial skulls of this large-brained, thin-vaulted kind have been found in association with strata assigned to the lower member of the Koobi Fora Formation.*" | Yahya unterschlägt, dass es sich bei der Zuordnung von KNM-ER 1470 zur Gattung *Homo* (Leakey) oder *Australopithecus* (Walker) lediglich um eine Frage der Nomenklatur handelt. Auch die wichtige Feststellung Walkers, dass er und Leakey sich über die evolutionäre Bedeutung dieses und verwandter Funde völlig einig sind, lässt Yahya aus. |

Dass Yahya mit den Befunden der Naturwissenschaft genauso voreingenommen und rücksichtslos umgeht wie mit den Texten der Naturwissenschaftler, zeigt sein 2007 verbreiteter Atlas der Schöpfung. In diesem aufwendig gestalteten Bildband versucht er den Nachweis zu führen, dass es keine fossilen Belege für den Formenwandel der Lebewesen gibt. In dem Ankündigungstext für das Werk im Internet schreibt er:

„*Fossilien offenbaren, dass die Lebensformen auf der Erde sich niemals auch nur im Geringsten verändert haben und dass sie sich nicht aufeinander aufbauend entwickelt haben. Bei der Untersuchung des Fossilienbestands erkennt man, dass alle Lebewesen noch heute genau dieselben sind, wie vor hunderten Millionen Jahren – anders gesagt, sie haben nie eine Evolution erlebt.*"

Um dies zu belegen, werden in dem Band jeweils Hochglanzabbildungen von Fossilien den „unveränderten" rezenten Vertretern gegenübergestellt. Die fehlenden zoologischen Kenntnisse Yahyas werden auf verschiedenen Seiten seines Werkes deutlich (Yahya 2007, vgl. Seiten 54–55, 368–369 und 414–415), wo er fossile Crinoiden (Stachelhäuter) mit rezenten Röhrenwürmern (*Sabelidae*, *Polychaeta*) vergleicht. Yahas ungenügende Expertise offenbart sich weiterhin auf Seite 468 des Bildbandes. Hier wird ein Fossil, das dem Begleittext nach von einem Aal stammen soll, einer gestreiften

Seeschlange (*Laticauda*), einem Reptil (das taxonomisch nichts mit den Knochenfischen zu tun hat), gegenübergestellt. Diese Beispiele sollen als Belege für die Unveränderlichkeit der Lebewesen dienen (siehe dazu auch Dawkins 2008). Gröber kann man die Forderung, Aussagen mit Befunden zu untermauern, nicht verletzen.

Eine in mehreren Schriften dargelegte kreationistische Position ist die von Seyyed Hossein Nasr. Er argumentiert nicht von biologischen Fakten oder Theorien her, sondern **erklärt die Vorstellung der Evolution des Menschen für schlicht undenkbar**.

„Traditionale Lehren sind sich zwar dessen bewusst, dass andere Geschöpfe dem Menschen auf Erden vorangegangen sind, glauben aber, dass der Mensch ihnen auf der grundsätzlichen Ebene vorausgeht und dass dieses Erscheinen auf Erden das Ergebnis eines Herniedersteigens, nicht eines Aufsteigens ist. Der Mensch verdichtet sich auf der Erde aus einem feineren Zustand [...]. Er erscheint auf der Erde bereits als ein zentrales und totales Wesen, das das Absolute nicht nur in seinen spirituellen und geistigen Fähigkeiten, sondern sogar in seinem Körper widerspiegelt. Während dem prometheischen Menschen schließlich der Blick für die höheren Daseinsebenen völlig verloren ging [...] und er gezwungen war, zu einem mysteriösen zeitlichen Prozess namens Evolution seine Zuflucht zu nehmen, die ihn aus einer Ursuppe von Molekülen erzeugte, wie sie sich die moderne Naturwissenschaft vorstellt, hat sich der pontifikale Mensch immer als die Herabkunft einer Wirklichkeit betrachtet, die durch viele formgebende Welten hindurchgegangen und in fertiger Form als das zentrale und theomorphe Wesen, das er ist, auf Erden erschienen ist. Aus seiner Sicht [...] ist der Affe nicht etwas, was der Mensch einst war und nicht mehr ist, sondern etwas, was er aufgrund dessen, was er ist und immer war, niemals sein konnte." (Nasr 1990)

Nasrs explizit metaphysische Argumentation ist meines Erachtens mit naturwissenschaftlicher Theoriebildung inkompatibel – und so sieht er das wohl auch selbst. Ähnliche Argumentationen finden sich bei Hadayathullah Hübsch (1995).

### Naturwissenschaften „im Einklang" mit dem Koran

Bei den Positionen, die den Islam und Wissenschaft, genauer gesagt den Koran und naturwissenschaftliche Aussagen in Übereinstimmung bringen wollen, fällt auf, dass die meisten den Nachweis eines **widerspruchsfreien Nebeneinanders zwischen moderner wissenschaftlicher Erkenntnis und einem richtig verstandenen Koran** versuchen. Die überwiegende Mehrheit der Autoren in dieser Gruppe teilt dabei mit den vorher beschriebenen die Vorstellung einer **absoluten Wahrheit**, die für den gläubigen Muslim im Koran niedergelegt ist. Obgleich der Korantext von den Autoren als unmittelbares Wort Gottes verstanden wird, das keiner Interpretation bedarf, wird zuweilen eingeräumt, dass Passagen des Koran dunkel und damit erklärungsbedürftig sind, „richtig" verstanden sei seine Botschaft jedoch rational. Die Art, wie diese Übereinstimmung erreicht werden soll und wie weit sie sich erstreckt, ist durchaus unterschiedlich.

---

**Info**

**Seyyed Hossein Nasr** ist ein iranischer Philosoph und lehrt seit 1984 islamische Studien an der George Washington University. Er ist Schüler Frithjof Schuons und publiziert in den Bereichen der vergleichenden Religionswissenschaft, der islamischen Esoterik, des Sufismus, der Philosophie, der Wissenschaft und der Metaphysik.

Majid Ali Khan hat in mehreren Schriften zur Übereinstimmung der Wissenschaften mit dem Koran Stellung genommen. Dabei unterscheidet er **offenbartes Wissen** von **wissenschaftlichem Wissen**, wobei Letzteres unter Bezug auf westliche Autoren wie Bertrand Russel, einem der Väter der analytischen Philosophie, durchaus zutreffend als voraussetzungshaft, zeitgebunden und revidierbar dargestellt wird. Dieses Wissen, zu dessen Erwerb auch der Muslim aufgefordert sei, diene der Bewältigung der alltäglichen Probleme und enthülle zugleich die auf den Schöpfer zurückgehenden Gesetzmäßigkeiten der Natur. Dabei erweist sich der Koran als überlegene, weil offenbarte Quelle des Wissens:

> *„Es gehört zu den großen Wundern des Korans, dass er eine Sprache angenommen hat, die einen großen Schatz an Bedeutungen einschließt. Für die Ungebildeten ist er eine schlichte Erzählung, während er für andere große Philosophie enthält. In der Tat hat der Koran alles Wissen in bezug auf Allah diskutiert und zugleich die logische Kohärenz der natürlichen Ereignisse, wie sie sich dem Menschen darstellen, bedacht. [...] Die Kohärenz der natürlichen Phänomene ist der Passivität der Dinge vor dem Göttlichen Akt geschuldet, der seine Freiheit gegenüber der Schöpfung bewahrt. Daher sind wissenschaftliche Forschung über ‚den Ursprung des Lebens' im besonderen und andere natürliche Phänomene im allgemeinen, wenn sie sich an die Grundlagen des Glaubens halten, und (wissenschaftliche) Gedanken Tatsachen bezogen auf das offenbarte Wissen des Koran."* (Khan 1978)

In ähnlicher Weise führt Dzulkifli Abdul Razak (1986) in einer Auseinandersetzung mit dem „wissenschaftlichen Kreationismus" amerikanischer Prägung aus, dass der Koran nicht im Gegensatz zu wissenschaftlichen Erkenntnissen stehe und zudem **rationaler und genauer sei als die Bibel**, auf die sich die Kreationisten beziehen. So sei die Reihenfolge, in der Geschöpfe nach dem Bericht der Bibel erscheinen, nicht mit wissenschaftlichen Fakten vereinbar, wogegen Sure 24/45 die Erschaffung aller Tiere aus dem Wasser erkläre und mit der Reihung, *„die auf dem Bauch kriechen (= Reptilien), die auf zwei Beinen gehen (= Vögel) und die auf vier Beinen gehen (= Säuger)"* in viel besserer Übereinstimmung mit der Wissenschaft sei. In ähnlicher Weise sehen andere Muslime die Evolution des Menschen durch Sure 71/14 bestätigt beziehungsweise vorausgesagt, in der es heißt: *„Hat euch Allah nicht in Stufen geschaffen?"* [8]

Insgesamt erscheint vielen Muslimen die Vorstellung der Evolution sowohl des Kosmos als auch der Welt der Lebewesen nicht als besonders anstößig. Sie wird aber als creatio continua, d.h. als andauerndes schöpferisches Eingreifen Gottes verstanden. Razak hierzu:

> *„[...] (die islamische Lehre) unterstützt die Vorstellung, dass keine Schöpfung statisch in einem dauerhaften Zustand ist, so wie kein Muslim in einem*

> **Info**
>
> **Majid Ali Khan** hat in sunnitischer Theologie an der Aligarh Muslim University in Aligarh (Indien) promoviert. Der sunnitischen Glaubensrichtung gehören weltweit die meisten Muslime an.

> **Info**
>
> **Dzulkifli Abdul Razak** ist Vize-Kanzler an der Sains-Universität, Malaysia. Eine Reihe seiner Argumentationen findet sich auch bei anderen islamischen Autoren wieder.

---

[8] Der Ausdruck „in Stufen geschaffen" wird auch mit der vorgeburtlichen Entwicklung des Menschen in Verbindung gebracht. Theologisch gesehen kennt der Koran eine doppelte Schöpfung des Menschen: Eine erste ursprüngliche, deren Geschöpf Adam ist, und eine dauernde gestufte Schöpfung und Erhaltung jedes Einzelnen über Zeugung, vorgeburtliche Entwicklung, Geburt, Lebensalter bis hin zum Tode.

# 17 Evolutionstheorie und Schöpfungslehre im Biologieunterricht

> **Info**
>
> **Irfan Yilmaz** ist Mitglied der Abteilung Biologie der Fakultät für Erziehung an der Dokuz Eylül Universität in Izmir (Türkei).

Zustand des Seins sondern vielmehr in dem des Werdens ist. Nur der Schöpfer verändert sich nicht." [9]

Noch einen Schritt weiter geht Irfan Yilmaz (1998), der gleichsam den **darwinistischen Mechanismus** der Evolution, Variabilität und Auslese als Motor der Anpassung zum **göttlichen Gesetz** macht – es erinnert an Theodosius Dobzhanskys Diktum „Evolution ist die Art, in der Gott die Welt erschafft". Mit der Gegenüberstellung von **Evolution durch Zufall**, den er den Evolutionisten zuschreibt, und **geordneter Evolution** als Realisierung des göttlichen Plans, möchte Yilmaz gleichzeitig die biologische Theorie mit dem Islam versöhnen und die materialistischen Evolutionisten ablehnen.

Die Mehrzahl der Versuche, die Übereinstimmung von Wissenschaft und Koran zu begründen, erweist sich bei näherer Betrachtung als **scheinhaft**. Wissenschaft wird auf eine Sammlung mehr oder weniger nützlicher Hypothesen reduziert, die zwar bei der Bewältigung des Alltäglichen helfen, aber eine dem geoffenbarten Wissen gegenüber minderwertige Form des Wissens darstellen. Gerade die prinzipielle Vorläufigkeit und Revidierbarkeit naturwissenschaftlicher Aussagen wird gegen sie gewendet, um die Überlegenheit der koranischen Offenbarung zu unterstreichen, eine rhetorische Figur, auf die auch der syrische Philosoph Sadiq Dschalal Al-Azm (1993) hinweist.

## 17.1.6 Schlussbetrachtung

> **Material**
>
> In „Wo findet man Hilfen?" in Abschnitt 18.2.3 finden Sie Literaturtipps für den praktischen Biologieunterricht zu den Themen „Evolution – Glaube – Evolutionskritik".

Nun ist es nicht Aufgabe des Biologieunterrichts, die religiösen Überzeugungen oder Weltanschauungen der Lernenden zu verändern, dennoch gibt es gute Gründe, das Verhältnis von Wissenschaft und Glaube hier zu behandeln (möglicherweise in einem fächerübergreifenden Ansatz, beispielsweise mit dem Religionslehrer zusammen).

Zum einen bringen Schüler auf die Evolution bezogene religiöse Vorstellungen und Vorurteile mit (Illner 1999), die **im Unterricht wirken** und die **Vermittlung zentraler biologischer Konzepte verhindern können**, ob wir wollen oder nicht. Werden fachlich, d.h. evolutionsbiologisch unangemessene Ansichten thematisiert, besteht zumindest die Möglichkeit, ihren Status bezogen auf die Naturwissenschaft Biologie zu klären.

Zum anderen bietet sich, wie zu Beginn des Beitrags festgestellt, durch die Behandlung des Verhältnisses religiöser Positionen zu wissenschaftlichen Theorien die Chance, die **Leistungsfähigkeit und Grenzen von Naturwissenschaft erkennbar** zu machen. Hierbei kommen dann auch wissenschaftstheoretische Positionen der Lehrenden ins Spiel. Die Perspektive des Verfassers ist konstruktivistisch:

---

[9] Die Auszüge aus der Schrift von Razak (1986) wurden vom Verfasser (Ohly) übersetzt.

- Naturwissenschaft beschränkt das, was nicht mehr geprüft werden kann und daher vorausgesetzt werden muss, auf ein Minimum – nämlich die Existenz und die (relative) Erkennbarkeit der Welt außer uns – und
- lässt nur „natürliche Ursachen" zu.

Diese als methodischer Materialismus bezeichnete Voraussetzung der Naturwissenschaften schränkt die Dinge, über die Naturwissenschaft reden kann, ein, macht aber durch die Überprüfbarkeit die naturwissenschaftlichen Erklärungen außerordentlich verlässlich. Dafür „weiß" Naturwissenschaft nichts von dem Rest der Welt, hier sind andere Formen des Wissens (z.B. auch religiöses Wissen) gefragt.

### Darwin und die Schöpfung

Auf den letzten zusammenfassenden Seiten seines Werkes „On the Origin of Species" schrieb Darwin:

„*Ich sehe keinen triftigen Grund, warum die in diesem Buche aufgestellten Ansichten gegen irgend jemandes religiöse Gefühle verstoßen sollten.*"

Er beendet das Werk mit den Zeilen:

„*Es ist wahrhaftig eine großartige Ansicht, dass der Schöpfer den Keim alles Lebens, das uns umgibt, nur wenigen oder nur einer einzigen Form eingehaucht hat, und dass, während unser Planet den strengsten Gesetzen der Schwerkraft folgend sich im Kreise geschwungen, aus so einfachem Anfange sich eine endlose Reihe der schönsten und wundervollsten Formen entwickelt hat und noch immer entwickelt.*"

## 17.2 Literatur

- Al-Azm SJ (1993) Unbehagen in der Moderne. Aufklärung im Islam, Fischer, Frankfurt/M.
- Antweiler C (2008) Evolutionstheorien in den Sozial- und Kulturwissenschaften. In: Antweiler C, Lammers C, Thies N (Hrsg) Die unerschöpfte Theorie. Alibri, Aschaffenburg. 115–141
- Barth R (1989) Das Verhältnis zwischen Naturwissenschaft und christlichem Glauben erläutert am Beispiel der Evolutionstheorie. Das Wort – Zeitschrift für den evangelischen Religionsunterricht an Pflichtschulen Heft 1: 9–44
- Darwin C (o J) Die Entstehung der Arten durch natürliche Zuchtwahl. Alfred Kröner, Stuttgart
- Dawkins R (2008) Venomous snakes, slippery eels and Harun Yahya. URL *http://richarddawkins.net/article,2833,UPDATED-Venomous-Snakes-Slippery-Eels-and-Harun-Yahya,Richard-Dawkins* [08.04.2010]
- Edis T (1999) Cloning kreationism in Turkey. RNCSE 19 (6): 30–35
- Fyerabend P (1976) Wider den Methodenzwang. Suhrkamp, Frankfurt/M.
- Fleck L (1980) Entstehung und Entwicklung einer wissenschaftlichen Tatsache. Suhrkamp, Frankfurt/M.
- Golser K (2001) Neue Entwicklungen der Schöpfungstheologie. Europe infos 27: 15
- Gruber H, Mandl H, Renkl A (1999) Was lernen wir in Schule und Hochschule: Träges Wissen? (Forschungsbericht Nr. 101). Ludwig-Maximilians-Universität, Lehrstuhl für Empirische Pädagogik und Pädagogische Psychologie, München
- Henning M (Übers., 1998) Der Koran. Philipp Reclam jun., Stuttgart
- Hübsch H (1995) Die Kosmologie des Islam. Clemens Zerling, Berlin
- Illner R (1999) Einfluss religiöser Schülervorstellungen auf die Akzeptanz der Evolutionstheorie. URL *http://oops.uni-oldenburg.de/volltexte/2000/421/* [09.04.2010]
- Irfan Y (1998) Biologische Veränderungen. Fontäne Juli/Sept: 5–8
- Johannes Paul II (1996) Christliches Menschenbild und moderne Evolutionstheorien. L'Osservatore Romano 26 (44): 1–2
- Katholische Nachrichten (2005) Den Plan in der Natur entdecken. URL *http://www.kath.net/detail.php?id=10972* [29.03.2010]
- Khan MA (1978) Islam on origin and evolution of life. Idarah-i-Adbiyat, Delhi
- Krötke W (2007) Erschaffen und erforscht – Der Mensch im Lichte der Naturwissenschaften und des Gottesglaubens. URL *http://www.wolf-kroetke.de/vortraege_17.html* [17.05.2010]
- Lakoff G, Johnson M (1998) Leben in Metaphern. Carl Auer, Heidelberg
- Langlet J (2001) Wissenschaft – entdecken & begreifen. UB 25 (268): 4–12
- Leakey RE (1981a) The making of mankind. Sphere Books, London
- Leakey RE (1981b) Die Suche nach dem Menschen – Wie wir wurden, was wir sind. Umschau, Frankfurt/M.
- Lemu BA (1983) Evolutionstheorie aus islamischer Sicht. Muslim Studenten, Beirut
- Mabud SA (1993) Theory of evolution – an assessment from the islamic point of view. Islamic Academy, Cambridge
- Mahner M (1989) Warum eine Schöpfungstheorie nicht wissenschaftlich sein kann. PdN-BioS 38 (8): 33–36
- Nadvi KS (1993) Darwinism on trial (basic teachings). 2. Aufl. Ta-Ha Publishers, London

- Nasr SH (1990) Die Erkenntnis und das Heilige. Diederichs, München
- Ohly KP (2003) Hypothesen und Theorien im Unterricht – Wissenschaftstheoretische Überlegungen. PdN BioS 52 (8): 1–5
- Popper K (1966) Logik der Forschung. 2. Aufl. Mohr, Tübingen
- Ratzinger J (1984) Schöpfungsglaube und Evolutionstheorie. In: Lang W (Hrsg) Begleitlektüre für den Religionsunterricht in der Oberstufe, Teil 1. Glaube und Wissen, Herder, Freiburg. 94 ff
- Razak DA (1986) An inquiry into „scientific creationism". Islam and the Modern Age 17 (1/2): 1–10
- Riexinger M (2006) Reactions of south asian muslims to the theory of evolution. 18th European conference on modern south asian studies, Lund, 05.-09.07.2004
- Riexinger M (2010) Islam & Evolution. URL *http://wwwuser.gwdg.de/~mriexin/EvolutionIslam.html* [29.03.2010]
- Sayin Ü, Kence A (1999) Islamic scientific creationism: a new challenge in Turkey. RNCSE 19 (6): 18–20, 25–29
- Schlageter B (1987) Zum Verhältnis von Schöpfungsglaube und Evolutionstheorie. In: Eyselein K, Huber GL, Munding H, Reinhard P, Rotering-Steinberg S, Rottländer E, Schlageter B (Hrsg) Fächerübergreifende Zusammenarbeit zum Thema Evolution – Materialsammlung. Deutsches Institut für Fernstudien, Tübingen. 97–101
- Schrader C (2007) Darwins Werk und Gottes Beitrag. Kreuz, Stuttgart
- Vollmer G (2000) Was ist Wissenschaft? In: von Falkenhausen E (2000) Biologieunterricht – Materialien zur Wissenschaftspropädeutik. Aulis Deubner, Köln. 152–163
- Wandersee JH, Good RG, Demastes SS (1995) Forschungen zum Unterricht über Evolution: Eine Bestandsaufnahme. ZfDN 1 (1): 43–54
- Walker A, Leakey RE (1978) The hominids of east Turkana. Sci Am 239 (2): 54–66
- Yahya H (1999) The evolution deceit. URL für deutsche Texte *http://www.evolution-schoepfung.de/* oder *http://www.harunyahya.org/de/index.html* [09.04.2010]
- Yahya H (2007) Atlas der Schöpfung, Band 1. URL *http://us1.harunyahya.com/Detail/T/N703OFTA187/productId/4162/ATLAS_DER_SCHOPFUNG_-_BAND_1_-_* [08.04.2010]

# 18 Evolutionstheorie im Biologieunterricht – (k)ein Thema wie jedes andere?

Thomas Waschke und Christoph Lammers

## 18.1 Fachinformationen

### 18.1.1 Einleitung

Nicht nur in den Vereinigten Staaten, auch hier in Deutschland gibt es Eltern, die ihre Kinder aus religiösen Gründen dem Unterricht an öffentlichen Schulen entziehen möchten. An vorderster Stelle der angeführten Gründe findet man durchgängig zwei Bereiche, die den Biologieunterricht betreffen: Evolution und Sexualkunde.

Der **Sexualkunde** wird immer noch im Schulrecht zumindest einiger Bundesländer ein Sonderstatus eingeräumt. Vor dem Beginn der Unterrichtseinheit muss den Eltern die Gelegenheit gegeben werden, Einblick in die Unterrichtsmaterialien zu nehmen und sich über Vorgehensweise und Inhalte zu informieren.

**Evolution** ist hingegen aus Sicht der Schulverwaltung kein besonderer Unterrichtsgegenstand. Fachwissenschaftlich gesehen ist die Evolutionstheorie die einigende Klammer nicht nur der Biowissenschaften. In allen Bundesländern ist das Thema Evolution daher als Unterrichtsinhalt des Faches Biologie in den Abschlussklassen jeder Schulform vorgesehen, sozusagen als der letzte Baustein, der auch das Gebäude der Biowissenschaften fertigstellt. (Teil-)Bereiche der Evolutionsbiologie werden darüber hinaus in allen anderen Jahrgangsstufen angesprochen (vgl. Lehrpläne verschiedener Bundesländer).

Aus der Sicht von fundamentalistisch geprägten religiösen Menschen wird Evolution jedoch **weniger als Zweig der Naturwissenschaften** denn als **eine Art Religion im Sinne einer Weltdeutung** angesehen, die der eigenen Überzeugung widerspricht. Daher sind Widerstände gegen Inhalte des Unterrichtsgegenstands Evolutionsbiologie sowohl von Eltern als auch den zumindest in der gymnasialen Oberstufe schon durchaus als junge Erwachsene anzusehenden Schülern zu erwarten. Diese Problematik ist in Deutschland zurzeit glücklicherweise noch nicht allzu verbreitet. Mittel-

> **Info**
>
> Der Begriff „**fundamentalistisch**" kommt ursprünglich aus dem anglo-amerikanischen Raum und bezieht sich auf die religiös motivierte Ablehnung eines modernen, wissenschaftlich geprägten Weltbildes, welches auch durch die Evolutionstheorie von Charles Darwin beeinflusst wird.

fristig ist allerdings zu befürchten, dass vor allem durch Migranten aus muslimischen Ländern auch die Zahl der evolutionskritisch eingestellten Eltern und Schülern ansteigen wird. Des Weiteren sind hier christlich-fundamentalistische Spätaussiedler aus Russland zu erwähnen.

Im Rahmen dieser Arbeit soll zunächst analysiert werden, warum konkrete Inhalte der Evolutionsbiologie für Menschen mit bestimmten religiösen Auffassungen Probleme mit sich bringen. In einem zweiten Schritt wird dargestellt, wie sich diese Widerstände auf den Unterricht auswirken können. Ziel des Unterrichts muss es sein, die Schüler dazu zu bringen, sich zumindest so weit mit den kognitiven Inhalten des Unterrichtsstoffs zu befassen, dass sie nachvollziehen können, warum in den Biowissenschaften von einer Evolution ausgegangen wird.

### 18.1.2 Einflussfaktoren für die Ablehnung der Evolutionstheorie aus religiöser Perspektive

Untersuchungen, welche sich näher mit den Ursachen religiös bedingter Ablehnung der Evolution beschäftigen, sind im deutschsprachigen Raum kaum zu finden (Illner 1999). Die Mehrzahl der Arbeiten aus den letzten 20 Jahren stammt vor allem aus den Vereinigten Staaten. Der Großteil der Autoren stellt hierin zu Recht fest, dass die Entstehung von Überzeugungen zum Thema Evolution **altersabhängig** ist (Carey 1985) und dass sie sich **im Laufe der persönlichen und schulischen Entwicklung ändern** (Evans 2000). Die Frage, welche Faktoren auf diese Entwicklung mit einwirken, wird jedoch kaum gestellt. Das Thema Evolution berührt aber das religiöse Selbstverständnis des Schülers und seiner Eltern – so der „Minimal"-Konsens der Autoren.

Die bisherigen Ergebnisse legen nahe, dass mehrere Faktoren das Verständnis und die Akzeptanz von Evolution beeinflussen. Alle diese Faktoren sind miteinander verbunden und lassen sich nicht getrennt voneinander betrachten. Zu diesen Faktoren zählen

- die Überzeugung der Eltern und der Lehrer zum Thema Evolution,
- das Verständnis von und das Vertrauen in die Wissenschaft,
- die Rezeption weltanschaulicher Aspekte in der Öffentlichkeit,
- die Glaubensüberzeugung und
- die mitgebrachten Denkdispositionen der Kinder.

### Eltern, Lehrer und Schule

Die Ansichten der **Eltern** und der Lehrer prägen sehr früh das Verständnis von und die Zustimmung zu Wissenschaft – in Bezug auf Evolution ganz besonders. Ist ein Kind in einem Elternhaus aufgewachsen, in dem der Glaube eine zentrale Rolle für das Selbstverständnis des Kindes und für die Wahrnehmung der (sozialen) Umwelt spielt, ist davon auszugehen, dass ein naturalistischer Erklärungsansatz, wie ihn die Evolutionsbiologie lehrt, dem konträr gegenübersteht.

Die von Evans durchgeführte Studie weist den Zusammenhang von (kultureller) Sozialisation und Überzeugung von Evolution sehr deutlich nach (Evans 2000). Je mehr Kinder (engl. *preadolescents*) Mechanismen der Evolution verstehen, umso eher sind sie in der Lage, biologische Prozesse evolutionär zu erklären. Je stärker sie von Eltern geprägt werden, die selbst evolutionär denken, umso stärker sind sie von der Evolutionstheorie überzeugt. Bei Schülern, die kreationistische Vorstellungen hatten, war das Gegenteil zu beobachten.

☞ **„Kreationismus im Islam"** in Abschnitt 17.1.5

„*These findings indicate that the effect of cultural beliefs should play a role in any discussion of children's naive biology [...], and that religious beliefs might be an important and underresearched factor in the expression of a folk biology among U.S. populations.*" (Evans 2000)

In ihrer Vergleichsstudie von 2001, bei der sowohl Schüler als auch deren Eltern befragt wurden, konnte Evans in den USA zudem einen Zusammenhang zwischen **Schultyp** und Überzeugung von Evolution herstellen. Schüler, die kreationistische beziehungsweise auf einer spontanen Entstehung (Urzeugung) basierende Erklärungsansätze vertraten, sind in jungen Jahren sowohl in öffentlichen (*nonfundamentalist school communities*) wie religiös-fundamentalistischen Gemeinschaften (*fundamentalist school communities*) zu finden. Mit zunehmendem Alter steigt die Überzeugung der evolutionären Auslegung bei den Lernenden an öffentlichen Einrichtungen, wohingegen bei Schülern religiös-fundamentalistischer Gemeinschaften der Anteil an Erklärungsansätzen mit Bezug auf Schöpfung zunimmt (Abb. 18.1). Hier setzen sich die Interpretationen auf der Basis einer Evolution nicht durch (Evans 2001, Graf 2008). Es ist anzunehmen, dass die etablierten Erklärungsansätze (spontane Entstehung, Schöpfung) nur sehr schwer verändert werden können (Jackson et al. 1995), da sich keine Gedankenbrücke zwischen dem religiösen und dem evolutionären Ansatz bauen lässt.

### Glaubensüberzeugung und Denkdispositionen

Die ablehnende Haltung religiöser Schüler und Eltern gegenüber der Evolutionstheorie lässt sich in erster Linie durch die eigene religiöse Überzeugung erklären. Auch die Denkdispositionen der Kinder spielen im Zusammenhang mit der Annahme beziehungsweise Ablehnung der Evolutionstheorie eine Rolle. Je früher Kinder lernen, (kritisch) zu denken, desto eher entwickeln sie ein Grundverständnis für Wissenschaft. Dieses bildet die Voraussetzung für die Akzeptanz der Evolutionstheorie. Sicherlich ist bei streng religiösen Eltern die Befürchtung groß, dass Kinder zu früh mit der Wissenschaft in Berührung kommen. Wissenschaft wird hier nicht mit positivem Fortschritt, sondern mit einem Rückschritt gleichgesetzt, welcher sich im „Erschaffen" von Atombomben und der Befürwortung von Abtreibungen ebenso zeigt wie in der Abkehr von Gott in einer modernen säkularen Gesellschaft.

> **Info**
>
> Das **Schulsystem** in den **USA** unterscheidet sich grundlegend von dem in Deutschland. Auf der einen Seite ist das Mitspracherecht der Eltern, auch hinsichtlich der Lerninhalte und Unterrichtsmaterialien, wesentlich größer. Auf der anderen Seite ist die Behandlung religiöser Inhalte in öffentlichen Schulen durch die Verfassung verboten. Es gibt selbstverständlich auch keinen Religionsunterricht, zumindest nicht an öffentlichen Schulen. Dieses Verbot gilt nicht für Privatschulen.

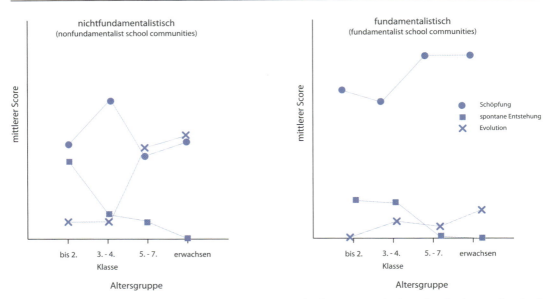

**Abb. 18.1** Häufigkeiten von drei verschiedenen Erklärungstypen für den Ursprung der Arten (*nonfundamentalist school communities* = öffentliche Schulen ohne Religionsunterricht, *fundamentalist school communities* = christliche Privatschulen mit Religionsunterricht; nach Evans 2001, übernommen aus Graf 2008)

### Kommunikation weltanschaulicher Aspekte

Teil dieser modernen Gesellschaft sind auch die Medien, allen voran das Internet. Die ablehnende Haltung religiöser Menschen gegenüber den „neuen Medien" hat sich in den letzten Jahren gewandelt. Mittlerweile sehen religiös-fundamentalistische Gruppen das Internet als Verbreitungsmedium und decken einen Großteil ihrer Vermittlungen dadurch ab. Damit bilden die „neuen Medien" eine Art „Schlachtfeld", auf dem es vor allem um die Frage geht, welche der Positionen – naturalistische Wissenschaft oder schöpfungsorientierter Glaube – in diesem Diskurs die Oberhand hat.

### Religiöse Bindung

Ein weiterer Aspekt, der bisher nicht näher im Zusammenhang mit religiösen Einstellungen und der Evolutionstheorie untersucht wurde, ist die Unterscheidung zwischen christlich konfessionalisierten Schülern und Lernenden mit muslimischem Migrationshintergrund. Illner geht nicht ausführlich auf diesen Punkt ein, stellt dazu aber immerhin Folgendes fest:

„*Die Vorstellungen zu evolutionsbiologischen Fragestellungen sind bei den interviewten moslemischen Schülern eher religiös geprägt, während die Vorstellungen der interviewten christlichen Schüler zu entsprechenden Fragestellungen eher fachwissenschaftlich geprägt sind.*" (Illner 1999)

In einer Studie zu fehlerhaften Vorstellungen über Evolution bei Schülern aus dem Sekundarbereich in Kuwait fand Subbarini heraus, dass auf der einen Seite der Glaube die Antwort beeinflusst, andererseits aber auch, dass Evolution als unbedeutendes Thema angesehen wird (Subbarini 1983).

## Kindergärten

Der Aspekt „Kindergarten" wurde ebenfalls noch nicht näher analysiert. Mit einem Anteil von ca. 50 % sind Kindergärten in kirchlicher Trägerschaft in Deutschland weit verbreitet. Gerade im Hinblick auf diese konfessionelle Bindung ist davon auszugehen, dass hier Geschichten mit biblischen Motiven (unter anderem die Schöpfungsgeschichte und die Erzählung zu Adam und Eva) stark rezipiert werden. Sicherlich wird auch an nicht konfessionellen Kindergärten eher auf die bildlichen Motive zur Erklärung der Lebensentstehung zurückgegriffen als auf komplexe Denkansätze der Biologie. Weder zu den konfessionellen noch zu den staatlichen Kindergärten gibt es Studien, inwieweit hier der frühe Einfluss religiöser Mythen das Denken von Kindern prägt.

### 18.1.3 Vorurteile in Bezug auf Wissenschaft und Evolutionstheorie

Im Mittelpunkt dieses Teils stehen die durch die christlich geprägte Alltagskultur bedingten Vorurteile, die im Zusammenhang mit Wissenschaft und der Evolutionstheorie bestehen. Die Analyse bezieht sich hierbei auf Überlegungen des US-amerikanischen Wissenschaftshistorikers Michael Shermer. Dieser hatte in seinem Buch „Why Darwin matters: the case against intelligent design" (Shermer 2006) die grundlegenden Widerstände gegen die von Darwin begründete Evolutionstheorie aufgezeigt. Shermer nimmt in dieser Arbeit Bezug auf den berühmten Scopes-Monkey-Trial (Affenprozess), der 1925 in Dayton (Tennessee) stattfand (Abb. 18.2) und bis heute die Auseinandersetzung zwischen Kreationisten und Vertretern eines naturalistischen Weltbildes prägt. Aufschlussreich ist das Plädoyer des dreimaligen demokratischen Präsidentschaftskandidaten William Jennings Bryan (Bryan 1925), der in diesem Prozess die Anklage vertrat. Die gesellschaftlichen Hintergründe und den Verlauf dieses Prozesses hat Edward J. Larson in seinem Buch „Summer for the gods: the scopes trial and america's continuing debate over science and religion" umfassend dargestellt (Larson 1997).

### Generelle Skepsis gegenüber Wissenschaft

Shermer macht deutlich, dass er das Verb „**glauben**" in Bezug auf die Evolutionstheorie als eine unpassende Zuschreibung sieht. Als Wissenschaftler glaubt man nicht an die Evolution, da es sich bei der Evolutionstheorie nicht um ein absolutes und geschlossenes Glaubenssystem handelt. Eine Glaubensvorstellung speist sich aus der Überzeugung vom Einwirken einer übernatürlichen Kraft auf die Zustände der Welt, wobei der Mensch weder Einsicht in das Handeln noch das Verstehen des Zweckes besitzt. Wenn Schüler mit dem Thema Evolution in Kontakt treten, sollte daher Wert darauf gelegt werden, dass man von der „**Akzeptanz**" der Evolutionstheorie spricht. Die Evidenz an Befunden, die eine Evolution untermauern, macht einen Glauben daran obsolet. So wenig man an die Gravitation glaubt, sollte auch nicht an die Evolution geglaubt werden (Shermer 2006). Dennoch zweifeln fundamentalistische Christen an der Aussagekraft der Evolutionstheorie, wie das folgende Zitat von Bryan zeigt und das auch heute noch Gültigkeit hat.

> **Info**
>
> Bei dem **Scopes-Prozess (Affenprozess)** wurde 1925 der Lehrer John T. Scopes zu 100 Dollar Bußgeld verurteilt, da er die Evolutionstheorie (Abstammung des Menschen von nicht menschlichen Vorfahren) an einer öffentlichen Schule lehrte. Kurz zuvor wurde in Tennessee (USA) ein Gesetz erlassen, das die Lehre von solchen Theorien verbot, die der Bibel hinsichtlich der Entstehungsgeschichte der Menschheit widersprachen.

**Abb. 18.2**
Der Scopes-Prozess erregte erhebliches Aufsehen.
(The Art Archive)

„The absurdity of such a claim is apparent when we remember that any one can prove the law of gravitation by throwing a weight into the air and that any one can prove the roundness of the earth by going around it, while no one can prove evolution to be true in any way whatever." (Bryan 1925)

Dieser Vorbehalt gegenüber der Evolutionstheorie, d. h. gegenüber der Nichtbeweisbarkeit ihrer Grundaussagen, ist bei allen Schülern zu beobachten, soweit es sich um den Teil handelt, der eine Unterscheidung zwischen Wissenschaft (Evolutionstheorie) und Glaube (christliches Selbstverständnis) treffen kann. Anders sieht es bei den Lernenden aus, die aus einem religiös-fundamentalistisch geprägten Umfeld stammen. Sie sehen in der Evolutionstheorie eine Bedrohung (*threat*) für das eigene Glaubenssystem, weil wissenschaftliches Denken die Glaubensvorstellungen gefährdet. Für sie scheint wissenschaftlicher Fortschritt mit einer Säkularisierung einherzugehen (siehe oben). Hier ist eine Unterscheidung zwischen Wissenschaft und Glaube nicht möglich, da die Evolutionstheorie als abweichende Glaubenswelt zur eigenen Weltanschauung aufgefasst wird. Zudem stellen die Ergebnisse der Wissenschaften eine illegitime Alternative zur eigentlichen Wahrheit der Bibel dar.

### Evolution stellt eine Bedrohung für die religiöse Lehre dar

Glaubenssysteme folgen einem bestimmten Heilsplan, der sich nach Gottes Willen richtet und sich im Laufe der Geschichte immer wieder zeigt. Der Mensch, so die Annahme, hat sich nach der Erhebung zur Krone der Schöpfung an diesem Plan vergangen. Begonnen hat dies mit der Entfremdung von Gott im Paradies.

Die biblische Schöpfungsgeschichte ist die Grundlage für jede Erklärung der Entstehung des Lebens auf der Erde. Kreationisten gehen davon aus, dass die uns offenbarte Bibel und die Fossilien zeigen, dass die Erde nicht älter als 10 000 Jahre sein kann. Da die Bibel Gottes Wort ist, und sie niedergeschrieben wurde, um den **Heilsplan Gottes** umfassend darstellen zu können, kann nach der Auffassung religiös-fundamentalistischer Menschen nur die Bibel wahr sein.

Die Evolutionstheorie, die der **Annahme eines Schöpfergottes** widerspricht und ein (permanentes) **Wirken Gottes auf der Erde infrage stellt**, ist damit eine Bedrohung der Glaubensvorstellung. Die Kritik an der Evolutionstheorie richtet sich aber nicht nur gegen die wissenschaftlichen Grundaussagen zur Entstehung des Lebens, sondern auch gegen die Annahme, dass es innerhalb des evolutionären Prozesses weder „Sinn" noch „Ziel" gibt. Im *Scopes-Monkey-Trial* bringt der Prediger und Ankläger Bryan die Überzeugung auf den folgenden Punkt: *„If evolution wins, christianity goes!"* (Bryan 1925)

## Evolution degradiert den Menschen in seinem Selbstverständnis

Aus biologischer Sicht ist der Mensch nichts anderes als ein schimpansenartiger Menschenaffe, oder anders formuliert, **ein vom Baum gestiegener Affe**. Darwin selbst schrieb dazu:

*„Da der Mensch aus genealogischer Sicht zu den Catarrhinen oder Altweltaffen gehört, müssen wir schließen – so sehr die Schlussfolgerung unseren Stolz kränken mag –, dass unsere frühen Vorfahren korrekterweise so bezeichnet werden müssten. Aber wir dürfen nicht in den Irrtum verfallen anzunehmen, dass der frühe Vorfahre des gesamten Affenstammes, einschließlich des Menschen, identisch mit irgendeinem heute lebenden Affen oder Menschenaffen war oder ihm auch nur sehr ähnelte."* (Darwin 1871)

Das christliche Selbstverständnis widerspricht dieser Annahme. Bis heute besteht der Anspruch, dass mit der „Schöpfung durch Gott" der Mensch nicht nur die **Krone dieses Schaffens** darstellt, sondern ihm auch der Auftrag erteilt wurde, **über die Erde zu herrschen**. So zeichnen einige Stellen im Alten Testament diese (behauptete) herausragende Stellung des Menschen nach. In den Psalmen wird auf die besondere Rolle des Menschen verwiesen:

*„Du hast ihn nur wenig geringer gemacht als Gott, / hast ihn mit Herrlichkeit und Ehre gekrönt. Du hast ihn als Herrscher eingesetzt über das Werk deiner Hände, / hast ihm alles zu Füßen gelegt: All die Schafe, Ziegen und Rinder / und auch die wilden Tiere, die Vögel des Himmels und die Fische im Meer, / alles, was auf den Pfaden der Meere dahinzieht."* (Psalm 8,6–8,9)

Nachdem Nikolaus Kopernikus, Galileo Galilei und andere Forscher in den folgenden Jahrhunderten die bis dato herausgehobene Stellung der Erde im Sonnensystem relativierten, legten sie damit den Grundstein zur Relativierung des menschlichen Selbstverständnisses. Darwins Erkenntnisse zur Stellung des Menschen innerhalb der Primaten bestätigte die fortschreitende Überwindung aristokratischen Denkens der Religion. Der Mensch war demnach nicht mehr die Krone einer Schöpfung, sondern kontingenter **Teil eines komplexen ziellosen Prozesses**.

**Abb. 18.3**
Karikatur von Darwin aus dem Jahre 1871. Seine Werke und seine Äußerungen sorgten für Furore. Kritiker sagten, er würde den Menschen auf einen „intelligenten Affen" reduzieren. (bridgemanart.com)

Für viele Menschen stellt dies bis heute eine unzulässige und illegitime Degradierung des Menschen dar. Bryan greift diesen Aspekt auf und fragt, welche (negative) Bedeutung die Gleichsetzung von Mensch und Tier nach sich ziehen würde.

„*Does it not seem a little unfair not to distinguish between that and lower forms of life? What shall we say of the intelligence, not to say religion, of those who are so particular to distinguish between fishes and reptiles and birds but put a man with an immortal soul in the same circle with the wolf, the hyena and the skunk? What must be the impression made upon children by such a degradation of man?*" (Bryan 1925)

### Gleichsetzung von Evolution mit Nihilismus und moralischer Degeneration

Viele Menschen assoziieren mit Religion **positive Moral- und Wertevorstellungen**, vor allem die der Nächstenliebe und der Gottesliebe. Wissenschaft wird von Gläubigen dagegen mit den (**negativen**) **Entwicklungen der Moderne** in Verbindung gebracht. Der Krieg zwischen Völkern, der Bau der Atombombe, der Verfall von Werten und das Klonen von Menschen sind demnach Ergebnisse des Kampfes um das Überleben des Stärkeren.

Wissenschaft, zuvorderst Evolution, wird nicht als Gemeingut verstanden und mit Fortschrittsdenken identifiziert, sondern als ein menschenfeindliches areligiöses Denken der Moderne. Allzu gern stimmen Alltagsvorstellungen zu Themen wie Kapitalismus, Krieg und Hunger mit den rudimentären Vorstellungen von „Darwinismus" beziehungsweise „Sozialdarwinismus" überein. Zu der **Gleichsetzung von Darwinismus mit Krieg und Unmoral** kommt die Vorstellung, dass die Evolutionstheorie dem Menschen jeden Daseinsgrund abspricht. Durch die fehlende Perspektive im wissenschaftlichen Denken verfallen die Menschen dem Nihilismus und sind in Anarchie dem Untergang geweiht – so die Vermutung. Der dem evolutionären Prozess fehlende Zweck – wozu gibt es Leben auf der Erde? – wird mit der Annahme gekoppelt, dass Menschen, die nicht an einen höheren Sinn des Lebens glauben, kein Interesse an einem kooperativen Zusammenleben haben. Dabei spielen Fehlinterpretationen wie die des Kampfes um das Dasein (*struggle for life*) eine besondere Bedeutung. Der Theologieprofessor und ehemalige Prodekan der Technischen Universität Dortmund Thomas Ruster deutet die Evolutionstheorie als eine moderne Wettbewerbstheorie des Neoliberalismus: „*Die Evolution ist eine kapitalistische Theorie, es gibt Gewinner und Verlierer.*" (Stöckmann 2008)

> **Info**
>
> **Nihilismus** ist ein vieldeutiger Begriff. Allgemein wird damit eine Orientierung bezeichnet, die auf der Verneinung aller Werte, Ziele, Glaubensinhalte, Erkenntnismöglichkeiten, manchmal auch aller bestehender Ordnungen und Einrichtungen basiert. Für Nihilisten gibt es keinen erkennbaren Lebenssinn, keine Moral, keine Ethik.

### Der Mensch unterliegt „evolutionären Zwängen"

Das letzte hier kurz zu erläuternde Vorurteil ist die Annahme, dass der Mensch nach der Evolutionstheorie evolutionären Zwängen unterworfen ist, die er nicht mehr ablegen kann. Diese Auffassung ist nicht nur bei denen zu finden, die die darwinsche Evolutionstheorie aus religiösen Gründen ablehnen, sondern auch bei denen, die den Grundaussagen der Evolutionstheorie prinzipiell zustimmen. Für beide Gruppen gilt, dass neue Erkenntnisse nicht ohne Weiteres auf das **Sozialverhalten** des Menschen übertragen werden dürfen. Der evolutionsbiologische Zweig, der als Vorreiter die Bedeutung des Sozialverhaltens thematisiert, ist die Soziobiologie. Diese Fachrichtung beschäftigt sich mit der Frage, wieso Lebewesen – und das schließt den Menschen gerade auch deshalb mit ein, weil er Teil des evolutionären Prozesses ist – sich zu sozialen Gruppen organisieren (Voland 2007).

Nach dem Einwand der Evolutionskritiker unterscheidet sich der Mensch von Tieren nur darin, dass sein Verhalten von seiner Kultur und nicht von seiner Natur bestimmt wird. Auch hier spielt die Fehlvorstellung eine Rolle, wonach der Mensch, würde ihn die Evolutionsbiologie auf seine Verhaltensweisen reduzieren, die ihm der Natur nach zukommen, sich **unkooperativ, egoistisch und asozial** verhalten würde. Diese Zwänge, so die gängigste Annahme, wurden mit den kulturellen und religiösen Errungenschaften im Laufe der Geschichte überwunden. Die Kultur und die Religion des Menschen **sichern demnach das friedliche Zusammenleben**. Anthropologen und Primatologen, deren Untersuchungsgegenstand das Sozialverhalten von Primaten (insbesondere Menschenaffen) ist, somit also dem Menschen genetisch nah verwandte Arten erforschen, weisen seit Langem darauf hin, dass der Mensch von seiner Natur her keinesfalls barbarisch ist. Moral oder Unmoral sind „*aus evolutionstheoretischer Sicht nichts weiter als die Verlängerung und Verfeinerung stammesgeschichtlicher Prinzipien, die sich schon zu einer Zeit bewährten, als noch niemand über Moral nachzudenken imstande war.*" (Wuketits 2008)

Untersuchungen bei Menschenaffen, unseren nächsten Verwandten, lassen ein Sozialverhalten erkennen, welches auch beim Menschen zu beobachten ist. Keinesfalls sind „wilde Affen" so einseitig in ihrem Verhalten, wie es ihnen der Mensch zuschreibt. Somit sind uns Affen in vielen Dingen ähnlich: in der Traditionspflege, der Kinderaufzucht, der Partnertreue, aber auch in der Artgenossentötung und dem Egoismus (Sommer 2008).

Der Vorwurf, die Soziobiologie wolle den Menschen in einem deterministischen Diskurs auf seine Gene reduzieren, ist unberechtigt. Franz M. Wuketits, Evolutionsbiologe und Wissenschaftsphilosoph, weist in diesem Zusammenhang zu Recht auf folgenden Punkt hin:

„*Gene sind weder gut noch böse, sondern bloß Träger der jeder Art eigenen Erbinformation, die sich ihrerseits in der Evolution durch natürliche Auslese ‚angesammelt' hat.*" (Wuketits 2002)

Auch hier lassen sich Einwände dahingehend auflösen, dass es sich bei der Kritik vor allem um Alltagsvorstellungen handelt, die einer wissenschaftlichen Prüfung nicht standhalten und lediglich im Deutungsrahmen eines religiösen Denksystems ihre Berechtigung finden. Transportiert werden sie durch das Fehlen von funktionierenden Brückengliedern zwischen Wissenschaft und Gesellschaft.

## 18.1.4 Zur (Un-)Vereinbarkeit von Evolutionstheorie und Glauben

☞ „Gläubige Evolutionswissenschaftler analysieren" in Abschnitt 18.2.3

Für den Großteil der Biologen besteht kein Konflikt zwischen naturwissenschaftlichen Aussagen und der weltanschaulichen Orientierung (Miller 1999). Stellvertretend dafür steht der Biologe Theodosius Dobzhansky, der feststellte, dass in der Biologie nichts einen Sinn ergebe, außer man betrachte es aus Sicht der Evolution. Dobzhansky war nicht nur ein herausragender Biologe, sondern zugleich bekennender Christ. Neben erklärt atheistisch orientierten Biologen (wie Julian Huxley, Ernst Mayr und Richard Dawkins [Abb.18.4]) gab und gibt es eine Reihe von Wissenschaftlern, die sich zu ihrer christlichen Konfession bekennen. Zwar sehen sie keine Vereinbarkeit zwischen Schöpfungsglauben und der Evolutionstheorie, wenn es um die exakte Beschreibung des evolutionären Prozesses geht, dennoch wird respektiert, dass sich beide Disziplinen Gedanken um die Frage des „Woher kommen wir?" machen. Bernhard Verbeek betont hierzu, *„dass die Bibelgeschichte die erste Evolutionstheorie darstellt."* (Verbeek 2007) Diese Aussage ist selbstverständlich keine Aufforderung, die biblische Schöpfungsgeschichte als naturwissenschaftliche Erklärung zu verstehen. Die Mehrzahl der Theologen sieht dazu auch keinen Anlass. Sie betonen den kategorialen Unterschied zwischen Naturwissenschaft und Religion (Hemminger 2007).

Abb. 18.4
Richard Dawkins – Popularisierer der Evolutionstheorie und bekennender Atheist (David Shankbone/ Wikipedia.org; CC BY 3.0)

### Darwins fruchtbare Ideen

Im Laufe der letzten 150 Jahre mussten die beiden hiesigen großen christlichen Kirchen (katholische und evangelische) einsehen, dass die Fülle an Belegen, die die Evolutionstheorie untermauern, derart umfassend ist, dass sich beispielsweise die katholische Kirche dazu veranlasst sah, deren Richtigkeit weitgehend anzuerkennen (Papst Johannes Paul II 1996). Der Mensch unterliegt einem evolutionären Prozess und ist als solcher Teil der Evolution – darin sind sich auch die Theologen weitgehend einig. Dennoch unterscheiden sich die Auffassungen der Naturwissenschaftler und der Geistlichen in einem wichtigen Punkt: Bis heute gehen die Vertreter des christlichen Glaubens davon aus, dass dem Menschen **von Gott eine Seele eingepflanzt** wurde und dass er sich **auf Gottes Spuren** bewegt, die er mit dem Ziel der Erlangung des göttlichen Paradieses verfolgt.

### Naturalismus versus Theologie

Die beiden Kirchen sehen sich seit einigen Jahren mit dem Problem konfrontiert, einerseits der wissenschaftlichen Erkenntnis der Natur- und Sozialwissenschaften, andererseits ihrem Anspruch auf Vollkommenheit (*Extra ecclesiam nulla salus est* – Außerhalb der Kirche gibt es kein Heil) gerecht zu werden. Bisweilen gelingt dies nicht, da die von Darwin formulierte Grundthese, Evolution verfolge keinen Zweck (Teleologie), mit dem religiösen Selbstverständnis unvereinbar ist. Über dieses Problem hinaus sehen sich die Kirchen zunehmend in Bedrängnis, da auf der einen Seite fundamentalistische Christen die absolute Wahrheit der biblischen Geschichten predigen, während auf der anderen Seite der ontologische Naturalismus die Glaubensüberzeugung infrage stellt (Mahner und Bunge 1996). Seit Dawkins mit seiner grundsätzlichen Kritik an Religion („*Gott existiert mit großer Wahrscheinlichkeit nicht*"; Dawkins 2007) über einen langen Zeitraum die Bestsellerlisten anführte, machen sich zunehmend Theologen daran, diesem aufklärerischen Anspruch entgegenzutreten (Kummer 2009).

*„Unser Ziel ist weder, die Evolutionstheorie als falsch zu entlarven, noch, eine alternative Erklärung dafür zu bieten. Was wir an der Evolutionstheorie kritisieren, ist nicht ihr tatsächliches Erklärungspotenzial, sondern die ideologische Verhärtung, mit der manche, manchmal auch viele ihrer Vertreter auf Folgerungen bzw. Verallgemeinerungen beharren, die durch die Theorie nicht gedeckt sind."* (Kummer 2007)

Diese Kritik zielt somit nicht auf die von Darwin begründete Evolutionstheorie, sondern auf die Frage ab, was von der Metaphysik bleibt, wenn der evolutionäre Erkenntnisprozess alles zu erklären vermag. Dass die Evolutionstheorie eine Theorie ist – und damit ist sie immer nur vorläufig und unterliegt einem permanenten Entwicklungsprozess – und keinen absoluten Anspruch auf Wahrheit hat, darf hier nicht aus den Augen verloren werden. Man sollte jedoch ebenso wenig vergessen, dass Evolution an sich als historische Tatsache zweifelsfrei durch Fossilien als „Urkunden" belegt ist – selbst wenn alle Theorien über die Mechanismen der Evolution falsch wären, bleibt die historische Tatsache unberührt und damit „wahr".

> **Info**
>
> Unter **Naturalismus** wird meist eine Auffassung verstanden, die davon ausgeht, dass „alles mit rechten Dingen zugeht". In den durch Naturgesetze geregelten Lauf der Dinge erfolgen keine Eingriffe von übernatürlichen Wesen wie Göttern oder Designern. Nur unter dieser Voraussetzung kann man Hypothesen testen und Naturwissenschaft betreiben.
>
> Einige Autoren unterscheiden einen methodologischen Naturalismus, der keine Aussagen über die Existenz derartiger Wesenheiten macht, von einem ontologischen (oder philosophischen) Naturalismus, der behauptet, es gäbe diese Wesenheiten nicht.
>
> Religiös motivierte Autoren legen Wert darauf, dass für die Naturwissenschaften der methodologische Naturalismus hinreicht, denn nur so bleibt Raum für einen Gott.

### „Gott macht, dass die Dinge sich machen"

Die Theologie versucht den evolutionären Erkenntnisprozess auf eine Abstraktionsebene zu heben, die der Naturwissenschaft fremd ist. In der angewandten Wissenschaft geht es um einen Zuwachs an Wissen, die Darstellung von Fakten sowie die Prüfung derselben mithilfe von Experimenten. Die Theologie vertraut dagegen einerseits auf das Wirken Gottes, andererseits auf die Befähigung des Menschen, dieses Wirken zu seinen Gunsten einzusetzen. Diese Überlegungen sind keinesfalls neu, gewinnen aber im Hinblick auf die Auseinandersetzung mit dem Kreationismus und dem Erstarken des Naturalismus an Bedeutung. Grundlegende Überlegungen dazu stellte der Geologe und Jesuit Pierre Teilhard de Chardin (1881–1955) an. Firmiert unter dem Begriff „Theistische Evolution" gewann dieser in den letzten 20 Jahren zunehmend Einfluss, sowohl auf die katholische wie auf die protestantische Theologie. Wollte man die Überlegungen de Chardins konkretisieren, könnte man ihn am besten selbst zitieren: *„Gott macht, dass die Dinge sich machen"* (franz. *Dieu faisant se faire les choses*). Somit wirkt Gott nicht aktiv, sondern **ermöglicht den Menschen ein selbstbestimmtes Handeln** in einer von ihm erschaffenen Welt.

*„Die Vorstellung eines über Milliarden Jahre hinweg vor sich hin bastelnden Schöpfers ist aber auch unvereinbar mit einem modernen aufgeklärten Theismus. Wer versucht, Gottes Werk in jeder Flagelle eines Darmbakteriums zu finden, der reduziert den vermeintlich allmächtigen Schöpfer auf allzu menschliche Dimensionen."* (Illinger 2009)

Hier wird die Kritik an der modernen Variante des Kreationismus, dem Intelligent Design, deutlich. Beanstandet wird, dass die Kreationisten zwanghaft versuchen, Gott in ein Korsett zu zwängen, welches für einen „allmächtigen Schöpfer" zu klein ist.

*„Das ist also, was Gott in einer evolutiven Welt noch ‚macht': nicht Dinge, sondern den Dingen zu ermöglichen, dass sie sich selbst machen. Er befreit sie zum Selber-Werden. Diese Fähigkeit hat er in die Dinge, seine Geschöpfe, gelegt, und zu deren Natur gehört es nun, die eigenen Möglichkeiten auszutesten und – unter vielen Irrungen und Wirrungen gewiss – nach und nach eine Schöpfung aufzubauen, die nicht von ihrem Schöpfer vorgeplant ist, aber doch in seiner Absicht liegt, weil alles Mehrwerden der Geschöpfe seinem Schöpferwillen entspricht."* (Kummer 2009)

Auf den Kreationismus reagieren moderate Theologen mit zwei Argumenten. Zum einen, wie bereits dargestellt, wollen sie Gott von der Verpflichtung loslösen, in jeder Sekunde auf den evolutiven Prozess einwirken zu müssen, und widerlegen damit die Argumentationsführung des Kreationismus in ihrem Sinne. Andererseits weisen sie dem Schöpfer eine außerordentliche Rolle zu. In ihren Darlegungen bleiben sie allerdings an den metaphysischen Erklärungscharakter gebunden. Ohne dies näher darstellen zu können, gibt es auch weitaus kritischere Töne gegenüber der darwinschen Evolutionstheorie. Nicht zuletzt nutzte der Wiener **Kardinal Christoph Schönborn** in der US-amerikanischen Tageszeitung The New York Times die Möglichkeit, über einen Anschluss der katholischen Theologie an Intelligent Design nachzudenken (Schönborn 2005). In jüngster Zeit hat sich Schönborn jedoch eindeutig davon distanziert (Anonymus 2009a). Es bleibt daher abzuwarten, wie sich das Verhältnis zwischen römisch-katholischer Kirche und Intelligent Design (weiter-)entwickeln wird.

### 18.1.5 Mögliche Widerstände auf verschiedenen Ebenen: Wer könnte sich gegen eine Evolutionstheorie im Unterricht stellen?

Die zum Teil auftretende Forderung, die **Schöpfungslehre im naturwissenschaftlichen Unterricht** durchzunehmen, ist nur aus den Verhältnissen in den USA zu verstehen. Dort ist die Behandlung religiöser Inhalte an öffentlichen Schulen von der Verfassung grundsätzlich verboten; selbstverständlich gibt es auch keinen Religionsunterricht. Zunächst wurde in den USA von Evolutionsgegnern der Versuch unternommen, das Thema Evolution in den öffentlichen Schulen ganz zu verbieten. Derartige Gesetze einiger Bundesstaaten scheiterten aber vor dem Verfassungsgericht. Daher besteht die einzige Möglichkeit, ein Gegengewicht zur Evolution zu schaffen, darin, eine „Schöpfungswissenschaft" zu formulieren, die dann Inhalt des naturwissenschaftlichen Unterrichts werden kann. In Deutschland macht diese Forderung wenig Sinn, denn dieses Thema wird im Religionsunterricht behandelt.

Konkret ausformuliert liegen derartige, sich als „naturwissenschaftlich" bezeichnende Alternativen zur Evolutionstheorie als „Junge-Erde-Kreationismus" (auch als Kurzzeitkreationismus, *„young earth creationism"* oder *„scientific creationism"* bezeichnet) und als „Intelligent Design" vor (Waschke 2008). Historisch gesehen bauen diese Positionen aufeinander auf, obwohl es nur wenig personelle oder gar institutionelle Überschneidungen in dem Sinn gibt, dass von bestimmten Gruppen zunächst Junge-Erde-Kreationismus und dann Intelligent Design vertreten wurde. Der **Junge-Erde-Kreationismus** fasst vor allem die ersten Kapitel der Bibel als naturwissenschaftliches Lehrbuch auf und behauptet, mit naturwissenschaftlichen Methoden beispielsweise zeigen zu können, dass die Erde nur wenige Jahrtausende alt ist oder dass alle Lebewesen gleichzeitig erschaffen wurden (Waschke 2002). Nach Ansicht von **Intelligent Design** sind hingegen bestimmte Einrichtungen von Lebewesen (z. B. Bakterien-Flagellen) so komplex, dass sie nicht durch natürliche Prozesse entstanden sein können, sondern durch einen intelligenten „Designer" geschaffen wurden, was ebenfalls mit naturwissenschaftlichen Methoden nachweisbar sein soll. Diese Theorie macht aber zur Natur des Designers (z. B. Gott, Allah) keine Angaben und ist daher im Rahmen vieler Religionen vertretbar (Waschke 2003).

Im Gegensatz zu den USA findet man hierzulande – zumindest momentan – keinen organisierten Widerstand gegen das Thema Evolution in den Schulen oder Forderungen nach der Behandlung von Schöpfungslehren im naturwissenschaftlichen Unterricht beziehungsweise Biologieunterricht. Verlangt wird eher eine fundamentale Evolutionskritik im naturwissenschaftlichen Unterricht, die so weit geht, dass die offenen Fragen der Evolutionsbiologie herausgestellt und als Hinweis auf die Notwendigkeit eines Eingreifens übernatürlicher Wesen betrachtet werden. Aufgrund der oben genannten Gründe könnte es in Zukunft jedoch durchaus Organisationen geben, die sich gegen das Unterrichten von Evolution in der Schule aussprechen.

## Großkirchen

Die beiden Großkirchen erkennen Evolution als eine Art Schöpfungsmethode Gottes („theistische Evolution") an und bestehen nur darauf, dass **Gott in einer nicht näher spezifizierten Art und Weise an diesem Prozess beteiligt ist**. Vertreter der Großkirchen sind religiös motivierten Evolutionsgegnern gegenüber meist sehr kritisch eingestellt, weil diese deren Verständnis von Bibel und Christentum nicht teilen. Exemplarisch sei die von der Evangelischen Zentralstelle für Weltanschauungsfragen herausgegebene Arbeit von Hansjörg Hemminger „Mit der Bibel gegen Evolution. Kreationismus und ‚intelligentes Design' – kritisch betrachtet" (Hemminger 2007) genannt. Hier werden Evolutionsgegner auch auf der Ebene der Theologie scharf kritisiert und man findet schlagkräftige Argumente gegen viele pseudowissenschaftliche Einwände, die Evolution ablehnen. In einer aktuelleren Arbeit stellt Hemminger diese Position noch umfassender dar (Hemminger 2009).

### Studiengemeinschaft Wort und Wissen

Bei dieser Studiengemeinschaft, die als gemeinnütziger Verein organisiert ist, handelt es sich um die einflussreichste Gruppierung, die eine durchgängig **naturalistische Evolution ablehnt**. Obwohl diese Organisation eindeutig kurzzeitkreationistische Positionen vertritt, wird öffentlich meist mit Darlegungen aus dem Bereich von Intelligent Design argumentiert. Im Gegensatz zu den amerikanischen Kurzzeitkreationisten, die ihre Ansichten als Naturwissenschaft rechtfertigen, vertreten die Autoren von Wort und Wissen ihre Positionen eher **aus persönlicher Glaubensüberzeugung** trotz der vorliegenden Befunde. Die Einstellung von Wort und Wissen hinsichtlich Evolution in der Schule ist eindeutig. Ein Positionspapier, das anlässlich der Berichterstattung über den Dover-Prozess in den USA und der Berichterstattung darüber verfasst wurde, beginnt mit folgenden Sätzen:

„In den aktuellen Auseinandersetzungen um Evolution, Schöpfung und ‚Intelligent Design' wird häufig die Befürchtung geäußert, Evolutionskritiker wollten die Evolutionstheorie aus dem Biologieunterricht entfernen, oder, falls das nicht möglich ist, die Schöpfungslehre oder ‚Intelligent Design' mit juristischen Mitteln wenigstens gleichberechtigt zur Evolutionslehre in den Naturkundeunterricht zwingen. Solche Bestrebungen werden von der Studiengemeinschaft Wort und Wissen nicht verfolgt." (Anonymus 2006)

Dieses am 14.11.2005 erstellte und zuletzt am 2.3.2006 aktualisierte Positionspapier ist immer noch gültig, denn dessen Zusammenfassung wird fast wörtlich in dem Ende 2008 erschienenen Büchlein „Schöpfung und Wissenschaft. Die Studiengemeinschaft Wort und Wissen stellt sich vor" abgedruckt. Im Kapitel „Fragen an Wort und Wissen" als Antwort auf die 14. und letzte Frage „*Wie sollte nach Auffassung der Studiengemeinschaft Wort und Wissen das Thema ‚Schöpfung und Evolution' in der Schule unterrichtet werden?*" lautet die vollständige Antwort:

„Da die Evolutionstheorie von der überwältigenden Mehrheit der Biologen befürwortet wird, hat sie in einem demokratischen Gemeinwesen ihren Platz im Biologieunterricht der öffentlichen Schulen. Allerdings fordert die Studiengemeinschaft Wort und Wissen, dass der Evolutionstheorie widersprechende Befunde angemessen unterrichtet werden und dass die Evolutionstheorie nicht als alleinige Deutungsmöglichkeit biologischer Daten in Ursprungsfragen präsentiert wird. Grenzen naturwissenschaftlicher Forschung müssen deutlich kenntlich gemacht werden; eine umfassende Deutung in einem naturalistischen Rahmen soll ebenso als Grenzüberschreitung über den naturwissenschaftlich begründbaren Bereich hinaus gekennzeichnet werden wie eine Deutung im Rahmen einer Schöpfungslehre. Theologische Aspekte von Schöpfungslehren sind Gegenstand des Religionsunterrichts. Eine Verhältnisbestim-

---

**Info**

2005 fand in den USA der sogenannte **Dover-Prozess** statt. Hier wurde zum ersten Mal die Frage erörtert, ob Intelligent Design eine religiöse Vorstellung oder eine auf Fakten basierende und experimentell überprüfbare naturwissenschaftliche Theorie ist und damit in öffentlichen Schulen behandelt werden darf.

mung von Naturwissenschaft, Evolution und Schöpfung ist Aufgabe eines Fächer übergreifenden Unterrichts." (Ullrich und Junker 2008)

Wesentlich ist, dass die Studiengemeinschaft Wort und Wissen den Bildungsauftrag der öffentlichen Schulen in einer demokratischen Gesellschaft anerkennt (der Konsens der relevanten Fachwissenschaft bestimmt die Unterrichtsinhalte). Was unter *„der Evolutionstheorie widersprechende Befunde"* zu verstehen ist, ist aus dem wie ein Schulbuch aufgemachten und inzwischen in der 6. Auflage vorliegenden „Evolution. Ein kritisches Lehrbuch" (Junker und Scherer 2006) sowie dem Internetauftritt (Genesisnet.Info 2010) ersichtlich. Auf durchaus hohem fachlichen Niveau werden dort auch die neuesten Erkenntnisse der Evolutionsbiologie dargestellt, allerdings kritisch hinterfragt. Der Ansatz des genannten Buchs wird von der Organisation wie folgt charakterisiert:

*„Es handelt sich um ein zusätzliches Informationsangebot für Lehrer und Schüler, die sich auch mit naturwissenschaftlichen, evolutionskritischen Argumenten oder alternativen Deutungen von biologischen Daten befassen wollen."* (Anonymus 2006)

Im Gegensatz zu der *„überwältigenden Mehrheit der Biologen"* geht Wort und Wissen davon aus, dass es **naturwissenschaftliche Einwände** gegen eine durchgängig naturalistische Evolution gibt, die sich in der Fachliteratur finden, und die der Öffentlichkeit, wenn auch nicht verschwiegen, so doch zumindest **nicht hinreichend deutlich präsentiert** werden.

Durch Aufzeigen der Grenzen von Forschungsmöglichkeiten soll offenbar ein Raum für eine „Übernatur" geschaffen werden. Aus der Sicht der Evolutionsgegner ist eine Weltdeutung, die auf einer durchgängig naturalistischen Evolution beruht, genauso eine **Grenzüberschreitung** wie eine theistische Weltdeutung. Man beachte den Hinweis, dass derartige Fragen Thema des Religionsunterrichts zu sein haben und auch fächerübergreifend betrachtet werden könnten.

Die Aussagen des Positionspapiers (Forderung nach Erkenntniskritik, kritisches Hinterfragen) klingen auf den ersten Blick durchaus sinnvoll und sollten auch Inhalt eines anspruchsvollen Unterrichts sein. Problematisch werden diese Forderungen, sobald man diese im Kontext betrachtet. Wenn davon gesprochen wird, dass „inhaltlich die biblische Schöpfungslehre" vertreten wird, bedeutet das im Klartext unter anderem eine wenige Jahrtausende junge Erde, eine Schöpfungswoche und eine weltweite Sintflut. Keine noch so treffende Kritik an Inhalten und Erkenntnisgrenzen der Evolutionsbiologie kann derartige als „wissenschaftlich vertretbar" vorgetragene Auffassungen rechtfertigen.

Biologielehrer sollten sich mit dem Ansatz und vor allem mit den Materialien der Studiengemeinschaft Wort und Wissen intensiver befassen, denn so gut wie alle Evolutionsgegner bedienen sich der inhaltlichen Argumente, die von dieser Organisation bereitgestellt werden. Es ist zudem wichtig zu sehen, wie allgemein anerkannte Ergebnisse der Evolutionsbiologie auch „gegen den Strich" interpretiert werden und in ein konträres Weltbild integriert werden können. Eine inhaltliche Auseinandersetzung mit den dort vorgetragenen Argumenten ist im Rahmen des Unterrichts, wie unten dargestellt, wenig sinnvoll, denn es wird in den wenigsten Fällen möglich sein, das für eine inhaltliche Diskussion erforderliche Grundlagenwissen in der Schule zu vermitteln.

### Eltern

Im Gegensatz zur Unterrichtseinheit über Sexualkunde, vor deren Durchführung zum Teil eine Informationsveranstaltung für die Eltern stattfinden muss, wird dem Thema Evolution keine Sonderstellung eingeräumt. Da Eltern hierzulande im Gegensatz zu den Vereinigten Staaten kein Mitspracherecht bei der Auswahl der Unterrichtsinhalte haben, ist nicht zu erwarten, dass evolutionskritisch eingestellte Eltern auf Lehrer einzuwirken versuchen, auf die Behandlung bestimmter Unterrichtsinhalte zu verzichten beziehungsweise auch Evolutionskritik zu unterrichten. Die juristische Situation ist für den Lehrer hier sehr einfach, denn in den jeweiligen Lehrplänen sind die Inhalte, die zu lehren sind, verpflichtend festgelegt. Nach unseren Kenntnissen sind direkte Konflikte mit Eltern sehr selten.

## 18.2 Unterrichtspraxis

### 18.2.1 Vorüberlegungen

☞ „Wo findet man Hilfen?" in Abschnitt 18.2.3

Auf eine Analyse des Umfelds und der fachspezifischen Unterrichtsinhalte kann hier nicht näher eingegangen werden. In den meisten Unterrichtswerken findet man zumindest kurze Ausführungen zum Kreationismus, in den neuesten Werken, beispielsweise der Neuausgabe des Bandes „Evolution" der „Grünen Reihe" des Schroedel-Verlags (Erdmann et al. 2008), sogar zu Intelligent Design. Häufig sind diese Hinweise nur sehr kurz gehalten und für eine ausführliche inhaltliche Diskussion nicht ausreichend. Weiter unten finden Sie Hinweise auf Quellen, in denen diese Thematik umfassender dargestellt wird.

#### Evolutionskritik im Unterricht behandeln – ja oder nein?

☞ „Soll man auf evolutionskritische Fragen eingehen?" in Abschnitt 18.2.3

☞ Kapitel 17

Zunächst stellt sich, unabhängig davon, ob evolutionskritisch eingestellte Schüler anwesend sind, die Frage, ob man auf die Argumente von Evolutionsgegnern überhaupt eingehen sollte.

Auf den ersten Blick bietet sich die Beschäftigung mit evolutionskritischen Positionen durchaus an, denn hier ließe sich an einem konkreten Beispiel zeigen, wie Wissenschaft funktioniert und wie derartige Einwände widerlegt werden können. Letztendlich sollen die Schüler Kenntnisse über die Arbeitsweisen der modernen Naturwissenschaften haben und auf dieser Grundlage in die Lage versetzt werden, **evolutionskritische Positionen zu hinterfragen** und einen **begründeten Standpunkt** vertreten zu können.

Die effektivste Methode, diese Ziele zu erreichen, ist letztendlich eine **sorgfältige Vermittlung** der üblichen fachwissenschaftlichen Inhalte zum Thema Evolutionsbiologie. Kaum jemand, der verstanden hat, wie radiometrische Datierung funktioniert, wie Fossilien entstanden sind oder zu welchen Erkenntnissen die Biogeografie gelangt ist, kann eine Position, die davon ausgeht, dass alle Lebensformen vor wenigen Jahrtausenden gleichzeitig erschaffen wurden oder dass zu einer Zeit, als schon Menschen lebten, eine gewaltige Flut die gesamte Erdoberfläche bedeckte, ernst nehmen. Wenn derartige Inhalte tatsächlich geglaubt werden, ist ein rationaler Diskurs kaum mehr möglich.

Die Auseinandersetzung mit Intelligent Design, das letztendlich auf der Kombination einer Analogie mit menschlichem Handeln und momentanen Erkenntnislücken beruht, erfordert eine **kritische Behandlung der Erkenntnismethodik der Naturwissenschaften**. Wenn im Unterricht herausgearbeitet wird, dass aus Wissenslücken nicht mehr als Forschungsbedarf folgt und dass Analogien bestenfalls hilfreiche Veranschaulichungen sind, die keinen Beweischarakter haben, wird deutlich, warum Intelligent Design keinen Anspruch auf Geltung als Wissenschaft haben kann.

> **Info**
>
> Neben der allgemein bekannten Evolutionstheorie von Charles Darwin gibt es Erweiterungen von dieser beziehungsweise neue Konzepte. Hier ein paar Beispiele:
>
> Die „Synthetische Theorie der Evolution" ist eine Vereinigung der Selektionstheorie Darwins mit der Populationsgenetik (→ unterschiedliche Ausbreitung der Allele in einer Population) und berücksichtigt auch Aspekte der Zellforschung sowie vieler anderer Bereiche der Biologie (z. B. Paläontologie). Die Ursprünge dieser Theorie gehen auf Theodosius Dobzhansky zurück.
>
> Die „Neutrale Theorie" der molekularen Evolution, die vor allem vom Genetiker Motoo Kimura entwickelt wurde, besagt, dass der größte Teil der auf der molekularen Ebene beobachteten Veränderungen das Resultat zufälliger genetischer Drift ist und nicht durch Anpassungsvorgänge zu erklären ist.
>
> Die „**Theorie des unterbrochenen Gleichgewichts**" (Punktualismus), die auf die Paläontologen Niles Eldredge und Stephen Jay Gould zurückzuführen ist, geht von einer stoßweisen Evolution aus: Auf lange Perioden, in denen eine Art unverändert blieb, folgten solche, in denen es zu abrupten Änderungen kam. Damit wird das Fehlen von Übergangsformen begründet. Im Gegensatz zum Saltationismus, der davon ausgeht, dass es gar keine Übergänge gibt, sind diese beim Punktualismus nur sehr selten und werden daher nicht gefunden.
>
> Das Konzept von Wolfgang Friedrich Gutmann, die „**Frankfurter Evolutionstheorie**" (Hydraulik-Theorie der Evolution, Kritische Evolutionstheorie), beschäftigt sich mit biomechanischen Aspekten von Lebewesen. Nach Gutmanns Auffassung sind Lebewesen so etwas wie energiewandelnde Maschinen. Evolution wird nun als Konsequenz der kontinuierlich arbeitenden und sich selbst reproduzierenden Körperkonstruktion der Organismen angesehen. Lebewesen passen sich also nicht an die Umwelt an, sondern dringen, soweit es ihre Körperkonstruktion ermöglicht, in verschiedene Lebensräume ein und gestalten diese maßgeblich mit.

Solange Evolutionsgegner im öffentlichen Bewusstsein keine größere Rolle spielen, genügt es, evolutionskritische Positionen **bestenfalls kurz zu erwähnen**. Der Bildungswert derartiger Auffassungen ist vernachlässigbar, denn keine Gruppe von Evolutionsgegnern war bisher in der Lage, eine prüfbare Alternative zu formulieren, die innerhalb der Naturwissenschaften diskutiert wurde. Daher gibt es keine wissenschaftliche Kontroverse um die Evolutionstheorie, die eine Behandlung im Unterricht erfordern würde. Innerhalb der Evolutionsbiologie, also unter Anerkennung einer als naturalistisch aufgefassten Evolution, gibt es heftige Kontroversen (erinnert sei nur an die Frankfurter Evolutionstheorie, die Theorie des unterbrochenen Gleichgewichts oder an die Neutrale Evolutionstheorie), an denen sich kritisches Denken genauso gut üben lässt.

☞ „Schüler stellen kritische Fragen" in Abschnitt 18.2.3

Selbstverständlich wird eine Beschäftigung mit Einwänden gegen die Evolutionstheorie erforderlich, falls aktuelle Vorfälle in der Presse behandelt werden oder Schüler danach fragen. Der Lehrer sollte also auf jeden Fall darüber informiert sein, welche Argumente gegen eine Evolution vorgebracht werden könnten, und wie diesen zu begegnen ist. Entsprechende Fragen und nützliche Hinweise finden Sie am Ende dieser Arbeit.

### 18.2.2 Wichtige Inhalte

#### Bedeutung des Begriffs „Evolution"

In weltanschaulich motivierten Diskussionen ist es unumgänglich, zu präzisieren, was überhaupt unter „Evolution" verstanden werden soll. Ganz allgemein bedeutet Evolution **die Veränderung eines Systems im Laufe der Zeit**. Im Bereich der Evolutionsbiologie wird dieser Begriff in mindestens drei grundlegenden Bedeutungen verwendet, die zwar aufeinander aufbauen, aber in gewissem Sinn auch unabhängig voneinander sind.

Zunächst beschreibt Evolution einen **realhistorischen Vorgang**. Fossilien sind „Urkunden", welche die Geschichte des Lebens auf der Erde dokumentieren. Unter Anerkennung sehr plausibler Prämissen (es muss nur angenommen werden, dass die Schichtenfolge, beispielsweise im Grand Canyon, zeitlich nacheinander abgelagert wurde, und zwar von unten nach oben) kann gezeigt werden, dass nicht alle Lebensformen gleichzeitig vorhanden waren, sondern allmählich entstanden und wieder vergingen. Dies wird unter dem Begriff „Evolution" verstanden, wenn behauptet wird, Evolution sei so sicher wie die Tatsache, die Erde drehe sich um die Sonne oder die Schwerkraft wirke.

Die zentrale Bedeutung stellt aber Evolution im Sinne einer **Deszendenz** dar. Spätestens seit Darwin wird davon ausgegangen, dass die Lebensformen nicht nur zeitlich nacheinander auftreten, sondern sich in Form einer Genealogie auseinander entwickelt haben. Viele Forschungsergebnisse (beispielsweise Gemeinsamkeiten im Körperbau bis hin zu den Biomolekülen oder geografische Verbreitungen) lassen sich sehr plausibel mithilfe von verwandtschaftlichen Verhältnissen erklären. Solche Erkenntnisse werden dann durch Stammbäume dargestellt. Die meisten Schulbücher definieren Evolution hinsichtlich einer Deszendenz, die üblichen Evolutionsbeweise (heute wird meist vorsichtiger von „Belegen" gesprochen, erwähnt werden hier meist die „klassischen" Befunde wie Homologien, Biogeografie, Embryologie oder auch Fossilbefunde) beziehen sich auf diese Bedeutung.

Innerhalb der Evolutionsbiologie ist allerdings nach wie vor umstritten, welche **konkreten Mechanismen beziehungsweise Kombinationen von Faktoren** letztendlich für den Ablauf der Evolution verantwortlich sind. Es wird zwar allgemein anerkannt, dass die **natürliche Selektion** eine zentrale Rolle spielt, strittig ist jedoch, welche Bedeutung weiteren Faktoren zukommt. Aus diesem Grund gibt es bis heute eine **Vielzahl von verschiedenen Evolutionstheorien**, die sich teilweise widersprechen.

Für die Auffassung, dass Evolution ein realhistorischer Vorgang ist, die Lebewesen durch gemeinsame Abstammung verbunden sind und dass die Mechanismenfrage zumindest in wesentlichen Punkten geklärt ist, wird üblicherweise der Begriff „Evolutionstheorie" (oder, wie auch ab und an in dieser Arbeit nur der Ausdruck „Evolution") im Singular verwendet und soll den Standard der Forschung repräsentieren, der von der Mehrzahl der Evolutionsbiologen vertreten wird und deshalb Unterrichtsstoff in der Schule ist.

**Evolution – eine Weltanschauung?**

Bis zu diesem Punkt haben viele Religionen kein Problem mit der Akzeptanz einer Evolution. Die Wege von Naturwissenschaften und Religion trennen sich aber, wenn aus der Annahme einer naturgesetzlich verlaufenden Evolution gefolgert wird, dass es keinen Gott gibt. Am deutlichsten hat wohl Dawkins diese Haltung auf den Punkt gebracht:

☞ **Abschnitt 18.1.4**

„[ ... ] although atheism might have been logically tenable before Darwin, Darwin made it possible to be an intellectually fulfilled atheist." (Dawkins 1986)

Mit „Evolutionstheorie" im Singular wird oft auch diese Auffassung bezeichnet. In dieser Bedeutung ist Evolutionstheorie dann **keine Theorie mehr, sondern eher eine Weltanschauung**. Letztlich wäre als entsprechende Begründung dieser Weltanschauung erforderlich, dass man detailliert zeigen könnte, durch welche Mechanismen die konkreten Systeme, die man in der Natur findet, entstanden sind. Von diesem Verständnis ist die Evolutionsbiologie noch weit entfernt. Für liberale Theologen wäre aber selbst ein Verstehen der Evolution auf diesem Niveau kein Grund, an ihrem Glauben zu zweifeln, denn sie gehen bei Evolution sozusagen von einer Schöpfungsmethode Gottes aus. Die Natur ist so geschaffen, dass sie sich selbst schafft. Ein Gott, der so etwas vollbringt, ist größer als ein Gott, der ständig in den Lauf der Dinge eingreifen muss. Von dieser Warte aus betrachtet stellt Evolutionsbiologie keine Gefahr für einen fortschrittlichen Glauben dar, und das ist auch der Grund, warum die Großkirchen eine Art Burgfrieden mit der Naturwissenschaft schließen konnten. In diesem Weltbild ist die Evolution ein gottgewollter Vorgang, der mit den Methoden der Naturwissenschaften erforscht werden kann. Welche Erkenntnisse auch immer so gewonnen werden, sie tangieren den Glauben nicht.

# 18 Evolutionstheorie im Biologieunterricht – (k)ein Thema wie jedes andere?

### Evolution spricht für sich selbst

☞ „Gläubige Evolutionswissenschaftler analysieren" in Abschnitt 18.2.3

Im Grunde genommen ist die Aufgabe des Biologieunterrichts auch die Vermittlung eines modernen naturwissenschaftlichen Weltbildes. Dieses Weltbild ist von der Methodik her naturalistisch, und man findet in keiner fachwissenschaftlichen Abhandlung das Wirken einer übernatürlichen Entität als Kausalfaktor in einer Erklärung. Letztendlich geht es aber darum, die Schüler dazu zu bringen, sich **mit den in den Naturwissenschaften unstrittigen Fakten zu befassen**. Aufzuzeigen, wie diese Fakten mit dem persönlichen Weltbild vereinbart werden können, ist nicht Aufgabe des Biologieunterrichts. Es spricht jedoch nichts dagegen, darauf hinzuweisen, dass es eine ganze Reihe von erstklassigen Evolutionsbiologen gab und gibt, die kein Problem damit haben, ihre Forschung mit einem persönlichen Glauben in Einklang zu bringen. Genauso wenig kann es allerdings das Unterrichtsziel sein, aus diesen Fakten die Notwendigkeit einer atheistischen Position abzuleiten. Eher ist deutlich zu machen, dass eine Evolution auf der Basis einer Vielzahl von Weltanschauungen vertreten werden kann, darunter selbstverständlich auch religiösen.

### Bedeutungsumfang des Begriffs „Theorie"

Der wohl wichtigste Begriff neben „Evolution", der für eine Diskussion mit Evolutionsgegnern geklärt werden muss, ist „Theorie". Während im allgemeinen Sprachgebrauch das Wort Theorie eher abwertend im Sinn von „Vermutung" (als Gegensatz zu „Praxis" oder zu „Tatsache") verwendet wird, hat dieser Begriff in der Wissenschaftstheorie eine vollkommen andere Bedeutung:

*„Der wissenschaftstheoretischen Standardauffassung zufolge sind Theorien Aussagensysteme: Eine Theorie ist nicht etwa eine einzelne Hypothese, sondern ein System logisch miteinander in Beziehung stehender Aussagen (Hypothesen), das einen bestimmten Gegenstandsbereich beschreibt beziehungsweise erklärt."* (Mahner 2000)

Die veraltete Auffassung von Theorie als „bestätigte Hypothese" sollte man nicht mehr verwenden. Eine Theorie fasst also eine **Vielzahl von Einzelbefunden und Erklärungen** zu einem konsistenten Gedankengebäude zusammen. Eine solche Theorie ist mehr wert als Fakten! Ohne die **einigende Klammer** einer Theorie bestünde die Wissenschaft aus einem unorganisierten Konglomerat von Einzeldaten. Die Charakterisierung *„Evolution ist ja nur eine Theorie"* (eine häufige Behauptung von Evolutionsgegnern) verzerrt daher den Status der Evolutionstheorie in unzulässiger Weise. Eine Theorie ist der höchste Status, den eine Auffassung in den Naturwissenschaften erreichen kann. Auf diesen Punkt muss explizit hingewiesen werden.

### 18.2.3 Wie reagieren Schüler auf die Bedrohung ihrer Weltanschauung? Tipps für den Unterricht

Bei den folgenden Überlegungen wird davon ausgegangen, dass die Evolutionstheorie neben rein fachwissenschaftlichem Gedankengut einen hohen Bildungswert aufweist. Es müssen daher auch diejenigen Schüler, deren religiöse Einstellung mit den Unterrichtsinhalten nicht oder nur schwer zu vereinbaren ist, soweit in den Unterricht integriert werden, dass sie sich mit dessen Inhalten zumindest befassen. Der Primat kommt dabei selbstverständlich der Wissenschaft zu, man sollte jedoch auch eine mögliche Verknüpfung von Evolution mit verschiedenen Weltanschauungen zeigen. Das „Missionieren" von religiösen oder atheistischen Schüler sollte man dagegen tunlichst unterlassen.

Falls Schüler Probleme mit den Inhalten des Unterrichts haben, gibt es zwei typische Alternativen, wie diese darauf reagieren. Man könnte sie als „Innere Emigration" und „Aufbegehren" charakterisieren.

#### Schüler nehmen innerlich nicht am Unterricht teil

Eine Strategie für Schüler, die sich mit für ihr Weltbild bedrohlichen Unterrichtsinhalten beschäftigen müssen, besteht darin, *„sich die Finger in die Ohren zu stecken"* – so drückte es Scott (1996) bildlich aus. Ziel des Unterrichts muss es sein, dass diese Schüler „die Finger aus den Ohren nehmen" und sich mit den Inhalten des Unterrichts wenigstens kognitiv auseinandersetzen. Das kann nur gelingen, wenn die Schüler einen Weg finden, bei dem sie ihren persönlichen Glauben mit dem Thema in Einklang bringen beziehungsweise bei dem sie trotz der Unterrichtsinhalte an ihrem Glauben festhalten können. Selbstverständlich dürfen an den Inhalten der Fachwissenschaft Biologie keine Abstriche gemacht werden. Die anerkannten Ergebnisse bilden sozusagen einen Rahmen, der mögliche Glaubensthemen, die Aussagen über die objektiv erforschbare Welt machen, umfasst. Kurzzeitkreationismus sprengt diesen Rahmen in jedem Fall.

Wie bereits erwähnt, geht es nicht um das Ziel, dass die Schüler an die Unterrichtsinhalte „glauben". Es ist vielmehr wichtig, dass ein modernes Weltbild, zu dem auch Evolution gehört, vermittelt und akzeptiert wird.

#### Wie erreicht man religiös motivierte Schüler?

Hier stellt sich die Frage, ob das Thema „Schöpfung" im Biologieunterricht überhaupt angesprochen werden sollte. Ein Blick in Schulbücher zeigt, dass dieses Thema durchaus behandelt wird, oft in einem Textkasten über Kreationismus oder in Hinweisen auf den Religionsunterricht. Im Lehrplan des Landes Hessen für das Fach Biologie (2009) findet man dagegen konkrete Vorgaben:

*„Auseinandersetzungen mit philosophischen und religiösen Aussagen müssen die naturwissenschaftliche Diskussion ergänzen und erweitern."* (Hessisches Kultusministerium o.J.)

Diese Passage findet sich in der Präambel (den Vorbemerkungen), also an zentraler Stelle, noch vor den eigentlichen Unterrichtsinhalten und verpflichtet (die Formulierung „müssen" ist hier eindeutig) den Lehrer sogar, auf über die naturwissenschaftlichen Inhalte hinausgehende Aussagen einzugehen. Die Diskussion über das Verhältnis von (naturalistischer) Evolution und der Annahme eines Schöpfers bietet eine Möglichkeit, diese Ergänzung zu leisten. Hier könnte man auf das **Spektrum an Schöpfungsvorstellungen** eingehen, beispielsweise durch eine vergleichende Betrachtung von Schöpfungsmythen verschiedener Völker. Interessant ist vor allem die Frage, auf welche Art der jeweilige Schöpfer in den Lauf der Natur eingreift. Die Variationsbreite reicht hier von *„special creation"*, bei der die Organismen in der Form, wie wir sie kennen, erschaffen werden, bis hin zur Gestaltung einer Natur, die sich selbst schafft, ohne dass in den Lauf der Dinge weiter eingegriffen werden muss. So kann eine **gewisse Offenheit** erzeugt werden: Auf der einen Seite ist es möglich, Evolution und Schöpfung zusammen zu denken, auf der anderen Seite lässt sich jeder Glaube in eine Reihe von Alternativen einordnen, was zumindest die Exklusivität jeder Religion relativiert.

Eine weitere mögliche Frage ist, welche **Auffassungen mit naturwissenschaftlichem Denken vereinbar** sind. Deutlich werden sollte auf jeden Fall, dass die Alternative nicht Evolution *oder* Schöpfung lauten muss, sondern dass es darauf ankommt, welche Form einer Schöpfung angenommen wird. Bestimmte Vorstellungen von Schöpfung (beispielsweise eine geschaffene Natur, die sich selbst organisiert) sind mit den Ergebnissen der Evolutionsbiologie vereinbar, andere (die Erschaffung sämtlicher Arten von Lebewesen in einer Schöpfungswoche) nicht. Dabei kann herausgearbeitet werden, dass es nur eine Naturwissenschaft gibt, aber viele Religionen. Das erklärt dann auch, warum auf der einen Seite für die Ergebnisse der Evolutionsbiologie Allgemeingültigkeit beansprucht wird, die nicht verhandelbar ist, während es auf der anderen Seite eine Art „Wahlfreiheit" zumindest unter einigen Alternativen gibt.

Lehrer aus den USA berichten über einen weiteren gangbaren Unterrichtsweg, bei dem Schüler aufgefordert werden, sich bei ihren jeweiligen **religiösen Autoritäten** zu erkundigen, wie diese das **Verhältnis zwischen Evolution und Schöpfung** sehen (Scott 1996). Das Ergebnis dieser Befragungen kann in Form eines Referates dargestellt werden. Erfahrungsgemäß erhält man auch hier ein Spektrum an Möglichkeiten. Es ist in einer pluralen Gesellschaft durchaus wichtig, dass die Schüler erkennen, dass es auf der Grundlage unterschiedlicher Auffassungen dennoch Standards gibt, die anerkannt werden müssen. Verbindlich für die Gesellschaft kann kein partikularer Glaube sein, sondern nur eine gemeinsame Haltung, wie sie eben die Erkenntnisse der Naturwissenschaften darstellen.

## Gläubige Evolutionswissenschaftler „analysieren"

Ein anderer Ansatz besteht darin, **Zitate** von Menschen zu analysieren, die ihren religiösen Glauben mit der Annahme einer Evolution in Einklang bringen können (Beispiele finden sich in Sager 2008). So kann gezeigt werden, dass Evolution nicht zwingend mit Atheismus gekoppelt sein muss. Eine Alternative könnte auch in einer Art **Quiz** bestehen, bekannten Evolutionsforschern deren Weltanschauung zuzuordnen. Unter den Begründern der Synthetischen Evolutionstheorie, die lange Zeit den unangefochtenen Standard der Evolutionsbiologie darstellte, findet man ein Spektrum an Glaubensvorstellungen vom bekennenden Christen (Sir Ronald Aylmer Fisher, Theodosius Dobzhansky, Sewall Wright) über Anhänger einer mehr oder weniger frei schwebenden Religion (ohne eine feste organisatorische Institution; George Gaylord Simpson, John Burdon Sanderson Haldane, Bernhard Rensch) bis hin zu ausgewiesenen Atheisten (Julian Sorell Huxley, Ernst Walter Mayr [Abb.18.5]). Auch heute gibt es, vor allem unter den Forschern, die sich aktiv mit Evolutionsgegnern auseinandersetzen, bekennende Christen wie Francisco José Ayala oder Kenneth Miller.

**Abb. 18.5** Ernst Walter Mayr, gerne auch als „Darwin des 20. Jahrhunderts" bezeichnet, war ein ausgewiesener Atheist. (Matthias Luedecke)

Ein Beispiel: Theodosius Dobzhansky war maßgeblich an der Entwicklung der evolutionären Synthese beteiligt, und bekannte sich zugleich zeitlebens zur russisch-orthodoxen Kirche. Von Dobzhansky stammt der viel zitierte Satz „*Nothing in biology makes sense except in the light of evolution*". In dem Artikel, dessen Titel eben dieser Satz darstellt, findet man auch die (von Evolutionsbiologen eher selten zitierte) Passage:

„*It is wrong to hold creation and evolution as mutually exclusive alternatives. I am a creationist and an evolutionist. Evolution is God's, or Nature's, method of Creation. Creation is not an event that happened in 4004 B.C.; it is a process that began some 10 billion years ago and is still under way.*" (Dobzhansky 1997)

Aus jüngster Zeit lassen sich diverse Arbeiten finden, die für eine Vereinbarkeit von Religion und Naturwissenschaften plädieren, wie „Finding Darwin's god" (Miller 1999), „Can a darwinian be a christian? The relationship between science and religion" (Ruse 2000) oder „Darwin's gift to science and religion" (Ayala 2007). Man kann die „Koexistenz" von Religion und Naturwissenschaften auch in der Form vertreten, dass man die Aufgabenbereiche so verteilt, dass die Naturwissenschaften die Welt erforschen, während der Religion der Bereich der Moral vorbehalten ist (NOMA, *non overlapping magisteria*; Gould 1999).

Es ist nicht relevant, wie derartige Versuche inhaltlich zu beurteilen sind, gezeigt werden sollte in diesem Kontext lediglich, dass eine Vereinbarkeit von Ergebnissen der Naturwissenschaften mit gelebter Religiosität für diese Menschen durchaus möglich ist.

## Schüler stellen „kritische" Fragen

Auf der anderen Seite gibt es Lernende, die offensiv Inhalte des Unterrichts anzweifeln. In evolutionskritischen Kreisen findet man Arbeiten unterschiedlicher Qualität, in denen Schüler dazu aufgefordert werden, ihren

Lehrern derartige Fragen zu stellen. Auf einen „Klassiker" soll etwas intensiver eingegangen werden. Es handelt sich um ein auch in Buchform erschienenes Werk des holländischen Genetikers **Willem Johannes Ouweneel** mit dem Titel „Schöpfung oder Evolution?". Es erschien in zehn Auflagen und ist inzwischen vergriffen. Eine ältere Onlineversion ist im Internet verfügbar (Ouweneel 1978). Ouweneel argumentiert von einem kurzzeitkreationistischen Hintergrund aus, dessen Inhalte gerade in evangelikalen Kreisen immer noch sehr verbreitet sind. Durch die Lektüre dieser Arbeit gewinnt man einen Eindruck davon, mit welchen Fragen und Einstellungen man von Schülern zu rechnen hat.

In dem Kapitel „Bluff" findet man die Aussage *„Der zweite Bluff, der dir auf der Schule verkauft wird, ist der, Evolution sei eine wissenschaftliche ‚Tatsache'."* (der erste Bluff bestand nach Meinung von Ouweneel in der Behauptung, dass *„kein einziger vernünftiger Biologe noch an der Evolution zweifelt"*) und weiter unten die folgende Aufforderung:

*„Sagt dein Lehrer auch, dass die Evolution eine wissenschaftliche Tatsache ist? Das ist reiner Bluff; und das ist leicht zu zeigen, denn du kannst ihn mühelos entlarven. Nicht dadurch, dass du dem guten Mann rechthaberisch widersprichst, denn er ist immerhin der Biologe, und du bist nur ein unwissender Schüler. Du brauchst ihm nur ein paar einfache Fragen zu stellen. Nicht, um ihn in die Enge zu treiben, sondern um dir selbst den Beweis zu geben, dass es wahr ist, was ich sage."* (Ouweneel 1978)

Hier wird die Strategie im Kern deutlich. Den Schülern wird eingeredet, dass der Lehrer mit *„Evolution ist eine wissenschaftliche Tatsache"* nur blufft und dieser Bluff durch gezielte Fragen entlarvt werden kann. Der erhoffte Erfolg ist in einem der berüchtigten Chick-Traktate (Chick 1997) dargestellt: Ein smarter Schüler erreicht, dass der zunächst so selbstsichere Lehrer total verwirrt die Klasse verlässt und vom Schulleiter gefeuert wird, weil er nicht mehr an Evolution glaubt, während der Schüler die Klasse missioniert.

Die wohl modernste Variante derartiger Fragenkataloge sind die zehn Fragen von **Jonathan Wells**, die auf dessen Buch „Icons of evolution. Science or myth? Why much of what we teach about evolution is wrong" (Wells 2000) basieren (abgedruckt und kurz beantwortet in der New York Times, Anonymus 2008). Diese Version beschränkt sich auf ganz konkrete Detailfragen. Wesentlich ist zudem, dass keine inhaltlichen Alternativen formuliert werden, es geht nur darum, die Leistungsfähigkeit der Evolutionstheorie zu kritisieren. Das macht diese Fragen problematischer, weil sie eine raffinierte Beweislastumkehr vornehmen. Evolution kommt sozusagen in Beweisnot, wodurch nicht näher spezifizierte Alternativen salonfähig gemacht werden sollen.

☞ „Studiengemeinschaft Wort und Wissen" in Abschnitt 18.1.5

Des Weiteren sind die Publikationen der **Studiengemeinschaft Wort und Wissen** zu nennen. Selbst wenn diese Organisation sich offen für Evolutionsunterricht ausspricht, wird so nicht verhindert, dass deren Argumente von Vertretern aggressiverer Positionen für deren Zwecke verwendet werden. Das Hauptwerk ist das ursprünglich als Schulbuch konzipierte und nun in der 6. Auflage vorliegende „Evolution. Ein kritisches

Lehrbuch" (Junker und Scherer 2006; eine vernichtende Kritik findet sich in Thomas Junker 2009, nicht zu verwechseln mit Reinhard Junker, dem Co-Autor des erwähnten Buchs). Im Gegensatz zu den üblichen Lehrwerken wird hier ein anderer Blickwinkel gewählt. Neben einer durchaus objektiven Darstellung der gesicherten Standards wird besonders großer Wert darauf gelegt, auch die Grenzen und vor allem die offenen Fragen der jeweiligen Bereiche zu zeigen. Der Grundtenor ist eindeutig: Aufgrund eben dieser offenen Fragen ist es angeblich legitim, die vorliegenden Daten auch in einem Schöpfungsmodell zu deuten. Dieser Ansatz wird ebenfalls in den anderen Publikationen und in den Internetpräsenzen dieser Organisation verfolgt. Auf Genesisnet.Info (2010) erscheinen beispielsweise speziell für das Internet erstellte Arbeiten zu vorwiegend naturwissenschaftlichen Aspekten. Sie sind auf durchweg hohem fachlichen Niveau verfasst, meist gegliedert in unterschiedliche Versionen als „Überblick", für „Interessierte" oder „Experten" sowie „wissenschaftliche Aufsätze".

Es würde den Rahmen des Beitrags bei Weitem sprengen, auf die Fülle an evolutionskritischen Schriften einzugehen, aus denen derartige Fragen und Argumente stammen. Hier wurde nur auf die wichtigsten Quellen für derartige Materialien hingewiesen. Weiter unten finden Sie Hilfen, was man diesen Argumenten entgegensetzen kann.

**Soll man auf evolutionskritische Fragen eingehen?**

Aus mehreren Gründen ist es im Normalfall nicht ratsam, auf derartige Fragen näher einzugehen. Es böte sich natürlich an, anhand dieser Beispiele kritisches Denken zu schulen. Man könnte einen Punkt aus einer derartigen Liste nehmen und exemplarisch in Form von Schülerreferaten die Pro- und Kontra-Argumentation darstellen lassen. So ließe sich herausarbeiten, warum derartige Angriffe nicht geeignet sein können, die Evolutionstheorie infrage zu stellen.

☞ „Evolutionskritik im Unterricht behandeln – ja oder nein?" in Abschnitt 18.2.1

Aus unserer Sicht sprechen allerdings mindestens zwei Gründe dagegen. Auf der einen Seite dürfte die eingehende Diskussion eines interessanteren Sachverhalts mit den **fachwissenschaftlichen Kenntnissen der meisten Schüler** kaum zu führen sein. Beispiel: erste Frage aus Wells Fragebogen. Hier wird gefragt, warum das Ursuppen-Experiment von Miller und Urey als Beleg für die Entstehung des Lebens gewertet wurde und teilweise immer noch wird, obwohl längst bekannt ist, dass die Simulation mit den inzwischen bekannten Verhältnissen auf der frühen Erde nicht so funktioniert, wie das unter den von den Forschern verwendeten Bedingungen der Fall war. Zudem gibt es in der Evolutionsbiologie wie in jeder anderen Disziplin, in der wissenschaftlicher Fortschritt stattfindet, offene Fragen, auf die es derzeit keine Antwort gibt. Das Problem besteht dann darin, wertend zu zeigen, warum das, was bisher als sicher bekannt angenommen werden kann, höher einzuschätzen ist als die Daten, die noch nicht integriert werden konnten beziehungsweise ganz fehlen. Diese Fragen gehören eindeutig in den Bereich der Wissenschaftstheorie und dürften auf dem Niveau, das in der Schule erreichbar ist, kaum sinnvoll diskutiert werden können.

Des Weiteren sind die Fragen meist nicht in vertretbarer **Zeit** zu beantworten, weil schon in der Fragestellung bestimmte problematische Auffassungen von Evolution impliziert sind, die man erst ausräumen muss. Ouweneel fragt beispielsweise: „*Wie zeigen die Fossilien, dass die Stämme des Tierreiches (z. B. die Würmer, die Weichtiere, die Hohltiere, die Gliederfüßler, die Wirbeltiere) miteinander verwandt sind?*" Diese Frage kann man bestenfalls als Einstieg in die Frage, wie systematische Zusammenhänge geklärt werden, nutzen, es ist jedoch kaum möglich, die Antwort in wenigen Sätzen zu formulieren. Falls sich ein Evolutionsgegner intensiver mit der Thematik befasst hat, wird er über die Problematik der Ableitung von Großgruppen informiert sein und dann weitere Fragen stellen. In vielen Stammbäumen findet man gestrichelte Linien, die genau das angesprochene Problem veranschaulichen. Der Fossilbefund ist nicht aussagefähig genug, um diese Fragen zu klären, und auch unter Fachwissenschaftlern sind viele derartige Ableitungen umstritten.

Wichtiger noch scheint uns zu sein, dass durch derartige Diskussionen die evolutionskritisch eingestellten Schüler, vor allem aber diejenigen, die sich nicht offensiv äußern, in eine **Außenseiterrolle** gedrängt werden. Der Unterricht beziehungsweise dessen Inhalte könnten von den Lernenden als ein Angriff auf ihre Religion aufgefasst werden und sie wären rationalen Erklärungen dann kaum noch zugänglich. „Schlimmstenfalls" informieren sich diese Schüler inhaltlich aus den genannten Quellen so intensiv, dass man mit den im Unterricht vermittelbaren Kenntnissen nicht adäquat auf diese Argumente eingehen kann.

### Wo findet man Hilfen?

Selbstverständlich muss ein Lehrer in der Lage sein, evolutionskritischen Schülern zumindest kurze Antworten auf ihre Fragen zu geben. Aus den Antworten muss auf der einen Seite hervorgehen, dass man die Person und ihre Fragen ernst nimmt, und auf der anderen Seite, dass diese Probleme durchaus bekannt sind und Antworten vorliegen. Es schadet auch nichts, wenn es im Einzelfall eben noch keine Antwort gibt. Hieran kann man gut erklären, wie Wissenschaft funktioniert. Gegen „Verschwörungstheorien" in dem Sinn, bestimmte Befunde würden unter Verschluss gehalten oder systematisch verschwiegen werden, muss man allgemein verständliche Literatur zur Verfügung haben (siehe unten), um zumindest zeigen zu können, dass die Probleme in der Fachwelt behandelt werden. Auf der Internetseite von TalkOrigins Archive (2010) ist zudem eine sehr umfangreiche, klar strukturierte Liste aufgeführt, in der man zu den meisten Argumenten von Evolutionsgegnern zumindest Hinweise für eine Antwort findet.

In jüngerer Zeit haben sich mehrere Autoren ausführlicher mit Evolutionskritikern befasst, allerdings überwiegend in den USA. Diese Arbeiten sind für Deutschland nur bedingt relevant. Gute Einstiege in die Problematik liefern zum Beispiel Hansjörg Hemminger (2007) oder Jochem Kotthaus (2003). Aufbereitete Unterrichtsmaterialien, Hintergrundinformationen und kommentierte Quellen hat Matthias Roser aus der Sicht eines Religionslehrers zusammengestellt (Roser 2009). Der vom Biologiedidaktiker Ulrich

Kattmann verfasste Sonderband der Zeitschrift Unterricht Biologie (Evolution & Schöpfung. Kreationistische Vorstellungen als Gegenstand des Biologieunterrichts) stellt die Thematik umfassend dar und enthält ausgearbeitete Unterrichtsmaterialien (Kattmann 2008). Aktuelle Informationen, vor allem zur Situation in Deutschland, finden Sie beispielsweise auf der Website des Arbeitskreises Evolutionsbiologie im Verband Biologie, Biowissenschaften und Biomedizin in Deutschland (2010), in dem von diesem Arbeitskreis verfassten Sammelband (Kutschera 2007), der Webseite der AG Evolution in Biologie, Kultur und Gesellschaft (2010, dort befinden sich inzwischen viele Materialien, die früher auf der Seite des erwähnten Arbeitskreises zu finden waren), aber auch in dem vom Generaldirektor des Berliner Museums für Naturkunde der Humboldt-Universität zusammengestellten Pressespiegel (2010). Die umfassendste Arbeit zum Thema Evolutionskritik ist der jüngst erschienene Sammelband (Neukamm 2009), der sich speziell mit den Verhältnissen in Deutschland beschäftigt und auf hohem fachwissenschaftlichen Niveau auf die Argumente der hiesigen Evolutionsgegner, vor allem der Studiengemeinschaft Wort und Wissen, eingeht. Der von Graf (2011) herausgegebene Sammelband befasst sich mit dem Kreationismus in Europa und liefert viele wichtige Argumente für die Diskussion mit Evolutionsgegnern.

### 18.2.4 Ausblick

Umfragen zufolge lehnen in Mitteleuropa noch etwa 20 % der Bevölkerung Evolution ab. Zudem sind die Evolutionsleugner in den letzten Jahren deutlich offensiver geworden und drängen in die Öffentlichkeit (Graf 2009). Auf der anderen Seite zeigt sich, dass die Anzahl der Menschen, welche die Frage *„Haben Affe und Mensch gemeinsame Vorfahren?"* mit *„ja"* beantworten, seit 1970 bis heute kontinuierlich von weniger als 40 % (1970) auf über 60 % (Anonymus 2009b) angestiegen ist. Das bedeutet einerseits eine noch überschaubare Gefahr, andererseits muss man den Anfängen wehren.

Warum stellt die Evolutionstheorie für Menschen mit einer bestimmten religiösen Einstellung eine Bedrohung dar? Welche Probleme können dadurch für den Unterricht entstehen? Mithilfe der vorliegenden Arbeit soll ein Beitrag zum Verständnis dieser Fragen geliefert werden. Dann gibt es noch die Frage, ob man auf Evolutionsgegner eingehen sollte oder nicht. Schafft man unnötig Aufmerksamkeit oder liefert man die erforderlichen Argumente? Die beste Abwehr der Evolutionsgegner besteht aktuell in einer **überzeugenden Vermittlung der fachspezifischen Inhalte** und der **soliden Kenntnis, wie Wissenschaft funktioniert**. Anbetrachts der knappen Unterrichtszeit sollte auf fundamentale Evolutionskritik oder gar Schöpfungslehren im Biologieunterricht ohne Not nicht eingegangen werden.

Abschließend ist zu fordern, das Thema „Evolution" in dem Sinn aufzuwerten, dass es nicht nur in den Abschlussklassen in Form einer speziellen Unterrichtseinheit behandelt wird.

## 18.3 Literatur

- AG EvoBio – Evolution in Biologie, Kultur und Gesellschaft (2010) Homepage der AG EvoBio. URL *http://ag-evolutionsbiologie.de/* [04.05.2010]
- Anonymus (2006) Evolution und Schöpfung in der Schule. URL *http://www.wort-und-wissen.de/presse/main.php?n=Presse.P05-2* [04.05.2010]
- Anonymus (2008) 10 questions, and answers, about evolution. New York Times, 24.08.2008. URL *http://www.nytimes.com/2008/08/24/us/WEB-tenquestions.html?_r=2&pagewanted=print* [04.05.2010]
- Anonymus (2009a) Es hat mich noch keine Wissenschaft in meinem Glauben erschüttert. Kardinal Schönborn betonte bei Podiumsgespräch in Österreichischer Akademie der Wissenschaften die Komplementarität von Naturwissenschaften, Theologie und Philosophie. URL *http://www.katholisch.at/content/site/otoene/article/31545.html* [04.05.2010]
- Anonymus (2009b) Weitläufig verwandt. Die Meisten glauben inzwischen an einen gemeinsamen Vorfahren von Mensch und Affe. URL *http://www.ifd-allensbach.de/pdf/prd_0905.pdf* [04.05.2010]
- Arbeitskreis Evolutionsbiologie im Verband Biologie, Biowissenschaften und Biomedizin in Deutschland (2010) Info-Seite der Evolutionsbiologen. URL *http://www.evolutionsbiologen.de* [04.05.2010]
- Austermann C (2008) Die Evolutionstheorie im Spannungsfeld zwischen modernen Naturwissenschaften und religiösen Weltanschauungen. Marburger Schriften zur Lehrerbildung, Band 1, Tectum, Marburg
- Ayala FJ (2007) Darwin´s gift to science and religion. Joseph Henry, Washington
- Bryan WJ (1925) Text of the closing statement of William Jennings Bryan at the trial of John Scopes, Dayton Tennessee. URL *http://www.csudh.edu/oliver/smt310-handouts/wjb-last/wjb-last.htm* [04.05.2010]
- Carey S (1985) Conceptual change in childhood. MIT press, Cambridge MA
- Chick JT (1997) Dein Papi? URL *http://www.chick.com/de/reading/tracts/0419/0419_01.asp* [04.05.2010]
- Darwin C (1871) The descent of man, and selection in relation to sex. Vol. 2, John Murray, London
- Dawkins R (1986) The blind watchmaker. Longman, Essex
- Dawkins R (2007) Der Gotteswahn. Ullstein, Berlin
- Dobzhansky T (1997) Nothing in biology makes sense except in the light of evolution. In: Ridley M (Hrsg) Evolution. Oxford University Press, New York Oxford. 378–387
- Erdmann U, Paul A, Polzin C (Hrsg) (2008) Evolution. Grüne Reihe Materialien für den Sekundarbereich II, Schroedel, Braunschweig
- Evans EM (2000) The emergence of beliefs about the origins of species in school-age children. Merrill-Palmer Quarterly 46 (2): 221–254
- Evans EM (2001) Cognitive and contextual factors in the emergence of diverse belief systems. Creation versus evolution. Cognitive Psychology 42 (3): 217–266
- Genesisnet.Info (2010) Das Portal zu Kreationismus, Intelligent Design, Schöpfungslehre und Evolution. URL *http://www.genesisnet.info* [03.05.2010]
- Gould SJ (1999) Rocks of ages. Science and religion in the fullness of life. Library of Contemporary Thought, New York
- Graf D (2008) Kreationismus vor den Toren des Biologieunterrichts? Einstellungen und Vorstellungen zur „Evolution". In: Antweiler C, Lammers C, Thies N (Hrsg) Die unerschöpfte Theorie. Evolution und Kreationismus in Wissenschaft und Gesellschaft. Alibri, Aschaffenburg. 17–38
- Graf D (2009) Kreationismus in Europa. Skeptiker 22 (1): 4–10

- Graf D (2011) Evolutionstheorie – Akzeptanz und Vermittlung im europäischem Vergleich. Tagungsband Einstellung und Wissen zu Evolution und Wissenschaft in Europa. Springer, Heidelberg
- Hemminger H (2007) Mit der Bibel gegen Evolution. Kreationismus und „intelligentes Design" – kritisch betrachtet. EZW-Texte 195, Stuttgart
- Hemminger H (2009) Und Gott schuf Darwins Welt. Der Streit um Kreationismus, Evolution und Intelligentes Design. Brunnen, Gießen
- Hessisches Kultusministerium (o.J.) Lehrplan Biologie. Gymnasialer Bildungsgang Jahrgangsstufen 5 bis 13. URL http://www.hessisches-kultusministerium.de/irj/servlet/prt/portal/prtroot/slimp.CMReader/HKM_15/HKM_Internet/med/973/97350e9f-ba45-b901-be59-2697ccf4e69f,22222222-2222-2222-2222-222222222222,true.pdf [04.05.2010]
- Illinger P (2009) Der echte Darwin. URL http://www.sueddeutsche.de/wissen/153/457809/text/ [04.05.2010]
- Illner R (1999) Einfluß religiöser Schülervorstellungen auf die Akzeptanz der Evolutionstheorie. URL http://deposit.d-nb.de/cgi-bin/dokserv?idn=960903097&dok_var=d1&dok_ext=zip&filename=960903097.zip [04.05.2010]
- Jackson DF, Doster EC, Meadows L, Wood T (1995) Hearts and minds in the science classroom: The education of a confirmed evolutionist. Journal of Research in Science Teaching 32: 585–611
- Junker R, Scherer S (2006) Evolution. Ein kritisches Lehrbuch, 6. Aufl. Weyel, Gießen
- Kattmann U (2008) Evolution & Schöpfung. Kompakt Unterricht Biologie 333
- Klare HH, Peroth P (2007) „Gott existiert mit großer Wahrscheinlichkeit nicht". URL http://www.stern.de/wissen/mensch/richard-dawkins-gott-existiert-mit-grosser-wahrscheinlichkeit-nicht-599503.html [04.05.2010]
- Kotthaus J (2003) Propheten des Aberglaubens – Der deutsche Kreationismus zwischen Mystizismus und Pseudowissenschaft. LIT, Münster
- Kummer C (2007) Evolution – offen für Gottes schöpferisches Handeln? In: Klinnert L (Hrsg) Zufall Mensch? Das Bild des Menschen im Spannungsfeld von Evolution und Schöpfung. Wissenschaftliche Buchgesellschaft, Darmstadt. 91–105
- Kummer C (2009) Der Fall Darwin. Evolutionstheorie contra Schöpfungsglaube. Pattloch, München
- Kutschera U (Hrsg) (2007) Kreationismus in Deutschland. Fakten und Analysen. LIT, Berlin
- Larson EJ (1997) Summer for the gods: The scopes trial and america´s continuing debate over science and religion. Harvard University Press, Cambridge MA
- Mahner M, Bunge M (1996) Is religious education compatible with science education? Science & Education 5: 101–123
- Mahner M (2000) Stichwort: Theorie. Naturwiss Rdsch 53 (3): 157–158
- Miller KR (1999) Finding darwin´s god. Harper Collins, New York
- Museum für Naturkunde der Humboldt-Universität zu Berlin (2010) Evolution und Kreationismus. URL http://www.palaeo.de/edu/kreationismus [04.05.2010]
- Neukamm M (Hrsg) (2009) Evolution im Fadenkreuz des Kreationismus. Vandenhoeck & Ruprecht, Göttingen
- Ouweneel WJ (1978) Was lehrt die Bibel? Schöpfung oder Evolution? URL http://www.onesimus-missionsgemeinschaft.de/resources/Was+lehrt+die+Bibel+-+Sch$C3$B6pfung+oder+Evolution++von+Dr.+W.+J.+Ouweneel.pdf [04.05.2010]
- Papst Johannes Paul II (1996) Christliches Menschenbild und moderne Evolutionstheorien. URL http://www.stjosef.at/dokumente/evolutio.htm [04.05.2010]

- Roser M (2009) Gott vs. Darwin. Umfassende Materialien zur Kontroverse „Evolution und Schöpfung". Auer, Donauwörth
- Ruse M (2000) Can a darwinian be a christian? The relationship between science and religion. Cambridge University Press, Cambridge
- Sager C (2008) Voices for Evolution. 3. Aufl. National Center for Science Education, Berkeley CA. URL *ncse.com/files/pub/evolution/Voices_3e.pdf* [31.05.2010]
- Schönborn C (2005) Keine Evolution durch blinden Zufall! URL *http://www.stjosef.at/dokumente/evolution_schoepfung_schoenborn.htm* [04.05.2010]
- Scott EC (1996) Dealing with antievolutionism. URL *http://www.ucmp.berkeley.edu/fosrec/Scott1.html* [04.05.2010]
- Shermer M (2006) Why Darwin matters. The case against intelligent design. Henry Holt, New York
- Sommer V (2008) Darwinisch denken. Horizonte der Evolutionsbiologie. Hirzel, Stuttgart
- Stöckmann S (2008) Es werde Mensch. Indopendent 200: 10
- Studiengemeinschaft Wort und Wissen e.V. (2010) Homepage der Studiengemeinschaft Wort und Wissen. URL *http://www.wort-und-wissen.de* [04.05.2010]
- Subbarini MS (1983) Misconceptions about evolution among secondary school pupils in Kuwait. In: Helm H, Novak JD (Hrsg) Proceedings of the international seminar „Misconceptions in science and mathematics". Ithaca, New York. 434–440
- TalkOrigins Archive (2010) Exploring the creation/evolution controversy. URL *http://www.talkorigins.org/indexcc/index.html* [04.05.2010]
- Ullrich H, Junker R (Hrsg) (2008) Schöpfung und Wissenschaft. Die Studiengemeinschaft Wort und Wissen stellt sich vor. 5. Aufl. Hänssler, Holzgerlingen
- Verbeek B (2007) Gene und Gesellschaft. Die evolutionären Grundlagen unserer Moral. In: Klinnert L (Hrsg) Zufall Mensch? Das Bild des Menschen im Spannungsfeld von Evolution und Schöpfung. Wissenschaftliche Buchgesellschaft, Darmstadt. 177–196
- Voland E (2007) Die Natur des Menschen. Grundkurs Soziobiologie. Beck, München
- Waschke T (2002) Die Kreationisten: pseudo-wissenschaftliche Evolutionsgegner mit biblischem Hintergrund. MIZ 31 (3): 39–48
- Waschke T (2003) Intelligent Design: Eine Alternative zur naturalistischen Wissenschaft? Skeptiker 16: 128–136
- Waschke T (2008) Moderne Evolutionsgegner – Kreationismus und Intelligentes Design. In: Antweiler C, Lammers C, Thies N (Hrsg) Die unerschöpfte Theorie. Evolution und Kreationismus in Wissenschaft und Gesellschaft. Alibri, Aschaffenburg. 75–97
- Wells J (2000) Icons of evolution. Science or myth? Why much of what we teach about evolution is wrong. Regnery, Washington
- Wuketits FM (2002) Was ist Soziobiologie? Beck, München
- Wuketits FM (2008) Die unerschöpfte Theorie – oder was die Evolutionstheorie so alles erklärt. Zum Erklärungspotential der Evolutionstheorie. In: Antweiler C, Lammers C, Thies N (Hrsg) Die unerschöpfte Theorie. Evolution und Kreationismus in Wissenschaft und Gesellschaft. Alibri, Aschaffenburg. 99–114

# Bildnachweis

Abb. 1.1: Charles Cattoire

Abb. 2.2: R. Rojek

Abb. in Kapitel 4 (Unterrichtsmaterialien) Eigenschaften von Säugetieren, Vögeln und Fischen: USFWS/E. und P. Bauer, NOAA/L. M. Herman, USFWS/G. M. Stolz, P. Jeschke, O. Wiedemann, USFWS/D. Pfritzer, J. Jeschke, USFWS/S. Maslowski, USFWS/D. Raver, USFWS E. Engbretson, USFWS/T. Knepp;

Abb. 5.15: Arid Ocean

Abb. 6.1–6.5: Bildarchiv des Ernst-Haeckel Hauses

Abb. 6.8: John Wiley and Sons

Abb. 7.2: MPI für Ornithologie

Abb. 7.6: Max-Planck-Forschungsstelle für Ornithologie/K. Delhey

Abb. 7.9 und 7.14: Max-Planck-Gesellschaft

Abb. 7.11: MPI für Ornithologie

Abb. 8.1: C. Anton; 8.2: A. Künzelmann/UFZ

Abb. 9.1: C. Fichtel

Abb. 9.2 bis 9.3: P. M. Kappeler

Abb. 9.4: R. J. Ross/P. Arnold

Abb. 9.5: Biosphoto/S. Cordier

Abb. 9.6: M. Gunther/BIOS/Okapia

Abb. 10.1: R. Stawikowski

Abb. 10.4: Wildlife/G. Czepluch

Abb. 10.5: C. Albertson (zur Verfügung gestellt)

Abb. 10.6 bis 10.8: R. Stawikowski

Abb. 11.1: Biosphoto/G. Schulz

Abb. 11.3 und 11.22: C. Moskát

Abb. 11.7, 11.8, 11.18, 11.28: aus Davies et al. 1998

Abb. 11.10: aus Madden und Davies 2006

Abb. 11.12 und 11.26: aus Davies 2000

Abb. 11.13: H. Schrempp

Abb. 11.14 und 11.23: aus Kilner et al. 1999

Abb. 12.5 bis 12.7: A. Hartl

Abb. 12.10: H. Czauderna

Abb. 12.11: T. Bayer

Abb. 13.1a: LifeOnWhite/ClipDealer

Abb. 13.1b: E. Lam/ClipDealer

Abb. 13.2: M. Males/Dreamstime.com

Abb. 13.8: Kovalvs/www.fotosearch.de

Abb. 13.9: Vincent J. Musi/National Geographic Stock

Abb. 13.10 und 13.13: LifeOnWhite/ClipDealer

Abb. 14.1: aus Darwin 1859

Abb. 14.2: aus Haeckel 1874

Abb. 14.14: F. Böhringer

Abb. 14.15: D. Ramsey

Abb. 14.16: C. Kessler

Abb. 14.17: J. Wagner

Abb. 15.5: Historisches Museum der Pfalz/P. Haag-Kirchner

Abb. 15.6: Neanderthal Museum/H. Neumann

**Bildnachweis**

Abb. 17.1: T. Imo/photothek
Abb. 17.2: D. Ecken/Keystone
Abb. 17.3: F. J. Rupprecht/Kathbild.at
Abb. 18.2: The Art Archive
Abb. 18.3: bridgemanart.com

Abb. 18.4: D. Shankbone/Wikipedia.org, CC BY 3.0
Abb. 18.5: M. Luedecke
Portraitfoto D. Dreesmann: JGU/Peter Pulkowski
Portraitfoto D. Graf: Jürgen Huhn

# Stichwortverzeichnis

**A**
*Acrocephalus scirpaceus* siehe Teichrohrsänger
Adaptation 44, 205
 - Bänderschnecken 208
Adrenalin 351
Adrenocorticotropes Hormon (ACTH) 351, 357
Ähnlichkeit von Arten 377
Ähnlichkeitsvergleich
 - Desoxyribonukleinsäure (DNA) und Aminosäuren 321, 415
 - Hominidae 413
AIDS 121
Alarmrufe 229, 246
alignieren 416, 430, 463, 476
Allel 338
allgemeinbildende höhere Schule (AHS) 66
 - Lehrpläne zu Sexualität 73
 - Schulbücher zu Sexualität 74
 - Schülervorstellungen zu Sexualität 78
Allopolyploidie 324
Aminosäuren 415
 - Sequenzvergleiche 415
Amphibien
 - Entwicklungsbiologie 168
Anagenese 385
Analoga 133
Analogien 382
Angepasstheit 205
Anisogamie 69
*Anolis* 263
Anpassung 44, 205
Anpassungswert 281

Antibiotika 127
Apomorphie 380, 381
Apoyosee 262
*Argyroxiphium* 263
Aristoteles
 - Scala Naturae 377
Artbildung 38, 322
 - allopatrische 262, 323
 - Buntbarsche 262
 - Groppe 321, 327
 - ökologische 263
 - parapatrische 323
 - peripatrische 262, 323
 - rekombinate 324
 - sympatrische 262, 323
Arten
 - Definition 321
 - Eigenschaften
   r- und K-selektiert 95
   schnelle und langsame Lebenszyklen 101
 - Konzepte 321
Artenschwarm 261
Atovaquon 120
Attrappen 230
Aufspaltung
 - Neandertaler und moderner Mensch 422
Außengruppe 383, 472
*Australopithecus afarensis* 406
Autapomorphie 381
Autopolyploidie 324
Azidothymidin 123

**B**
*Bacterial Artificial Chromosomes (BAC)* 411
Baer, Carl Ernst von 160

Bakterien
 - Infektionen 127
 - Resistenzen 128
Bänderschnecken 205
*bayesian inference* 464
BCR-ABL-Protein 136
Belyaev, Dmitry 346
Bettelrufe
 - Kuckuck 288
Bindeglied, fehlendes 39
Biogenetisches Grundgesetz 156
Bioinformatik 413
Boden 44
*bottleneck effect* 262
Brutparasitismus 279
 - Buntbarsche 270
Brutpflege
 - Buntbarsche 259, 268
 - Kuckuck 280
Buntbarsche 259

**C**
*Cambridge Reference Sequence (CRS)* 424
Cenogenie 156
*Cepaea* 205
Chemotherapie 133
Chilidae 259
Chloroquin 117
Chorea Huntington 184
Christentum 491
chronische Myeloid-Leukämie (CML) 136
*clone-by-clone*-Sequenzierung 410
ClustalX 468
*conceptual change* 27

# Stichwortverzeichnis

*connecting link* 39
Corticoide 351
Cortisol 351, 357
*Cottus* 321
*Cuculus canorus* siehe Kuckuck, europäischer
Cytochrom b 416

## D

Darwin, Charles 31, 345
 - Artendefinition 321
 - Biogenetisches Grundgesetz 160
 - Giraffen 49
 - Stammbaum 377
Darwinfinken 263
Datenbanken
 - Sequenzvergleiche 462
Davies, Nick 280
Dawkins, Richard 514
Denken, typologisches 36
Desoxyribonukleinsäure (DNA)
 - Analyse 408
 - Extraktion 448
 - mitochondriale (mtDNA) 416, 424, 462
 - Polymerase-Ketten-Reaktion (PCR) 408
 - prähistorische 408
 - Sequenzierung 408
 - Sequenzvergleiche 415
  Buntbarsche 261
Deszendenz 522
Deszendenztheorie
 - Entwicklungsbiologie 155
Didaktische Rekonstruktion 66
Distanz-Methode 440, 464
Dobzhansky, Theodosius 96, 521
Domestikation 345
 - charakteristische Merkmale 353, 364
 - Hund 354, 364
 - Wolf 354, 364
Dominanzbeziehungen 228, 244
Driesch, Hans 162
Drosselschmiede 208
Duftmarkierungen 218

## E

Edaphon 45
Eiattrappen bei Buntbarschen 260, 266
Eimimikry 283
Eldredge, Niels 521
Entwicklungsbiologie 151
 - Amphibien 168
Entwicklungsmechanik 161, 162
Epigenese 153
Epigenetik 31
*equal time* 485
Euler-Lotka-Gleichung 99
Eva der Mitochondrien 423
evangelische Kirche 517
Evo-Devo 151
Evolution
 - biologische 30
 - chemische 30
 - Definition 30, 522
 - Fehlvorstellungen 25
 - in kurzer Zeit 348
 - kontinuierlich und sprunghaft 139
 - konvergente 266
 - kosmische 30
 - Mechanismen 34
 - MegaLab 205
 - parallele 266
 - schnelle 209
 - Sexualität 65
 - Vorstellungen 28
 - Zeit 32
evolutionäre Entwicklungsbiologie 151
Evolutionsbiologie
 - im Sachunterricht 43
Evolutionstheorie
 - Annahme oder Ablehnung 506
 - Definition 523
 - Glaube 35
  Vereinbarkeit 514, 527
 - Konzepte 521, 523
 - kritische Fragen und Antworten 527
 - Schöpfungslehre 485
 - Studiengemeinschaft Wort und Wissen 518
 - Vorstellungen 28
 - Vorurteile 509
 - Weltanschauung 523
*extra-pair young* 191, 201

## F

fachliche Klärung 66
Färbungen 223
Farm-Fox-Experiment 347
*fast/slow*-Konzept 95, 101
Fehlvorstellungen zur Evolution 25
Finalismus 34
Finalität 34
Fisher, Ronald Aylmer 97
Fitness 207
 - Heterozygotie 193
 - Partnerwahl 190
 - Strategien 191
Flaschenhalseffekt 262
Fortpflanzung
 - asexuelle 70
 - eingeschlechtliche 71
 - sexuelle 65
Fortpflanzungsstrategien
 - Kuckuck 280
Fossilien 522
Frankfurter Evolutionstheorie 521
Fuhlrott, Johann Carl 407
funktionale Referenzialität 230

## G

Galapagos-Inseln 263
*Gastraea*-Theorie 158
Gastrulation 158
Gefangenendilemma 140
Gene
 - Entwicklung 182
 - gute 193, 237
 - paraloge 183
 - Sequenzvergleiche 184
Genealogie 425, 522
genetische Drift 262, 323
genetische Kompatibilitäts-Hypothese 193
genetische Variabilität 65, 67, 68
 - Mutation 68
Genkarte, physikalische 411

# Stichwortverzeichnis

Genom
- Neandertaler 405

Genomevolution 182
Geruchssinn 217
Geschlechtsmerkmale, sekundäre 236, 265
Gestik 222
Giraffen
- Darwin, Charles 49

Glaube
- Evolutionstheorie 35, 296, 485, 505, 509
- Naturwissenschaften 486, 509

Glucocorticoide 357
Gould, Stephen Jay 28, 521
Gray, Tom 407
Groppe 321
Gründereffekt 262
Grundgesetz, biogenetisches 156
Grundschule 43
Gruppe
- monophyletische 380
- paraphyletische 380
- polyphyletische 382

Gute-Gene-Hypothese 193
Gutmann, Wolfgang Friedrich 521

## H

Haeckel, Ernst
- Entwicklungsbiologie 155
- Stammbaum 379

Haldane, John Burdon Sanderson 97
Handicap-Hypothese 237
Haplogruppen 424
- Analyse 452

Haustier 345, 354, 367, 370
- Vergleiche 364

Hennig, Willi 380
Hertwig, Oscar 164
Heterochronie 165
Heterozygotie
- Blaumeisen 201
- Fitness 193

His, Wilhelm 161
HI-Virus 121
- Kombinationstherapien 125
- Lebenszyklus 121
- Mutationen und Resistenzen 123

Höhlenbrüter 269
Hominidae
- Ähnlichkeitsvergleich 413
- Taxonomie 414, 428, 461

Hominoidea 461
- Taxonomie 414, 428

*Homo*
- *erectus* 420
- *neanderthalensis* siehe Neandertaler
- *sapiens* Verwandtschaftsverhältnisse 416, 461

Homologien 382
Hund
- Domestikation 346, 354, 364

Huntington-Krankheit 184
Hybride 324
Hybridisierung, homoploide 324
Hydraulik-Theorie der Evolution 521

## I

Imatinib 136
Innengruppe 383
Intelligent Design 37, 491, 516
Islam 494
- Naturwissenschaften 498

Isogamie 69

## J

Johannes Paul II 491
Johanson, Donald 407
Junge-Erde-Kreationismus 517

## K

Kapazitätsgrenze 99
katholische Kirche 491, 517
Khan, Majid Ali 499
Kimura, Motoo 521
Kladogramm 380, 385, 463
Klima
- Bänderschnecken 208

Klimawandel
- Bänderschnecken 210
- Vogelzug 189

Koevolution 67
Kombinationstherapien
- HI-Virus 125
- Krebs 135
- Malaria 118
- Tuberkulose 132

Kommunikation
- akustische 225, 241
- Definition 233, 251
- Grundlagen 233, 251
- interspezifische 235
- intraspezifische 235
- nicht menschlicher Primaten 217
- olfaktorische 217, 239
- visuelle 220, 239

Konstruktivismus 25
Konvergenz 266
- Buntbarsche 266
- vokale 226

Konzept der phylogenetischen Großübergänge 139
Kopplungskarte 359
Koran 494
- Naturwissenschaften 498

K-Parameter 99
Kreationismus 31, 37, 494, 515
- Islam 494

Krebs 132
- Resistenzen 134

Kritische Evolutionstheorie 521
K-Strategen 95
Kuckuck, europäischer 279
- Adaptationen 281
- Bettelrufe 288
- Eiablage und -entwicklung 282
- Eimimikry 283
- Experimente zur Fütterung durch Wirtsvögel 286
- Warnrufe 293
- Wirtsvögel 281, 284

Kuckucke
- Fortpflanzungsstrategien 280

Kuckuckswels 270
Kulturpflanze 345
Kurzzeitkreationismus 517

# Stichwortverzeichnis

## L
Lamarck, Jean-Baptiste de 31
Lamarckismus 31
Lamprecht, Jürg 260
Laute 225
 - funktional referenzielle 230
Lebensraum Boden 44
Lebenszyklen, langsame und schnelle 95, 101
Lernen auf konstruktivistischer Grundlage 25
Leukämie 134
Likelihood-Methode 440, 464
Linné, Carl von 378
Lucy 405
Lumbricidae 46

## M
Mabud, Shaikh Abdul 495
MacArthur, Robert 97
MacClade 470
*major evolutionary transitions* 139
Makroevolution 95, 139
Malaria 116
 - Medikamentenentwicklung und Resistenzen 116
Malawisee 263
Materialismus
 - methodischer und weltanschaulicher 488
Maulbrüter 260, 269
Maximum-Parsimonie-Methode 440, 464
Mayr, Ernst 28, 206
Mayr, Ernst Walter 182
Medikamente
 - Bakterien 127
 - Krebs 133
 - Malaria 116
 - Resistenzen 115
MegaLab 205
Meiose 68
Menschen
 - Evolution des Sozialverhaltens 513
 - religiöses Selbstverständnis 511
 - Wanderbewegungen 424

Menschenaffen und Mensch *siehe* Hominidae
Menschenaffen, Menschenartige *siehe* Hominoidea
Mesquite 470
Mikroevolution 139
 - Vogelzugverhalten 186
Mimik 221
Mimikry 283
mineralische Substanz 44
*missing link* 39
mitochondriale DNA (mtDNA) 416, 424, 462
Mitochondriale Eva 423
Modell der Didaktischen Rekonstruktion 66
molekulare Uhr 422
 - Simulation 446
Monod, Jacques 28
Monophylum 380
 - Hominidae 461
Mosaikform 39
MRSA (Methizillin-resistente *Staphylococcus* aureus) 131
Müller, Fritz 160
multiregionales Modell 420
Muslime 494
Mutation
 - Chorea Huntington 184
 - genetische Variabilität 68
 - Medikamentenresistenzen 115
 - sexuelle Fortpflanzung 65
*Mycobacterium tuberculosis* 132

## N
Nasr, Seyyed Hossein 498
Naturalismus 38, 488, 514
natürliche Selektion 523
Naturwissenschaften
 - Glaube 486, 509
 - Koran 498
 - Voraussetzungen 487
Neandertaler
 - Entdeckung 407
 - Genom 405, 462
 - Verwandtschaftsverhältnisse 416
Neutrale Evolutionstheorie 521

Nihilismus 512
Nische, ökologische 263
Nutztier
 - Domestikation 351

## O
Offenbrüter 269
Ontogenese und Phylogenese nach Haeckel 155
organische Bodensubstanz 45
Ornamente 223, 239
Österreich
 - Lehrpläne zu Sexualität 73
 - Schulbücher zu Sexualität 74
 - Schülervorstellungen zu Sexualität 78
 - Schulformen 66
Out-of-Asia-Theorie 420
 - Medikamentenresistenzen 119
Ouweneel, Willem Johannes 528

## P
Pääbo, Svante 408, 462
Paläogenetik 408
Palingenie 156
Pan troglodytes 462
Papst Johannes Paul II 491
Paraphylum 380
Parsimonie-Prinzip 383, 414, 464, 472, 477
Parthenogenese, uniparentale 71
Partnerwahl
 - Fitness 190
PCR *siehe* Polymerase-Kettenreaktion
Penizillin 130
*Perissodus microlepis* 265
Philadelphia-Chromosom 136
Phylogenese 463
Phylogenese und Ontogenese nach Haeckel 155
phylogenetische Systematik 380, 463
Pianka, Eric 97
*Plasmodium* 116
Plesiomorphie 381
Polygamie
 - Vögel 191

# Stichwortverzeichnis

Polygenie 356
Polymerase-Ketten-Reaktion (PCR) 408
Polymorphismus 206, 348
Polyphylum 382
Polyploidisierung 324
Populationen 209
 - verschiedene Dichten 95
Populationsdenken 36
Präformation 153
Präkonzepte 26, 48
Primaten, nicht menschliche
 - Kommunikation 217
*prisoner's dilemma* 140
protestantische Kirche 491
Punktualismus 521
Pyrimethamin 118
Pyrosequenzierung 411

## R

r/K-Konzept 95
 - Probleme 100
Radiation, adaptive 263
 - Buntbarsche 263
Ratzinger, Joseph Alois 492
Razak, Dzulkifli Abdul 499
Red-Queen-Hypothese 68
Regenwürmer 46
 - Funktion 45
Reiz, supernormaler 286
Rekapitulationstheorie 156
Rekombination 68
Rekonstruktion
 - didaktische 66
 - stammesgeschichtliche 377
Religion
 - Evolutionstheorie 296, 485, 505
Remane, Alfred 382
Resistenzen
 - Bakterien 128
 - gegenüber Medikamenten 115
 - HI-Virus 123
 - Krebs 134
 - Mutationen 115
 - *Plasmodium* 116
 - Selektion, natürliche 67
 - *Staphylococcus aureus* 131

*Revised Cambridge Reference Sequence* (rCRS) 424
Roux, Wilhelm 161, 162
r-Parameter 99
r-Strategen 95

## S

Sachunterricht 43
Sæther, Bernt-Erik 102
Saltationismus 521
Sanger, Frederick 411
Scala Naturae 160, 378
Schaaffhausen, Hermann 407
Schimpansen 462
Schlämmprobe 60
Schönborn, Kardinal Christoph 493, 516
Schöpfungslehre
 - Evolutionstheorie 485
 - im naturwissenschaftlichen Unterricht 485, 516
Schultz, Adolph Hans 414
Schuppenfresser 264
Schwestergruppe 382, 386
*scientific literacy* 48
Scopes-Prozess 509
Seen, ostafrikanische 263
Selektion 365
 - Bänderschnecken 208
 - destabilisierende 356
 - frequenzabhängige 265
 - gerichtete 345
  Veränderungen 349
  Wolf 354
 - Kuckuckseier und Wirtsvögel 284
 - künstliche 364
 - natürliche 31, 34, 65, 67, 266, 345, 356, 364
 - sexuelle 70, 236, 265
  Buntbarsche 266
 - sexuelle Fortpflanzung 65, 67
 - Vogelzugverhalten 188
Selektionsdruck
 - Kuckuck und Wirtsvögel 281
Sequenzierung 408
 - *clone-by-clone* 410
 - Pyrosequenzierung 411

 - Sanger-Methode 411
 - *whole-genome-shotgun* 410
Sequenzvergleiche
 - Datenbanken 184, 415, 462
 - Desoxyribonukleinsäure (DNA) und Aminosäuren 415
 - Krankheitsgene 184
 - Sprache 462
 - Umgang mit Datenbanken und Softwaretools 431
Serotonin 351, 357
Sexualdimorphismus 69
Sexualität
 - doppelte Kosten 70
 - Evolution 65
 - wissenschaftliche Konzepte, Schulbücher und Schülervorstellungen 65
Sexualverhalten 191
Signale
 - ehrliche 236, 239
 - Kommunikation 233
Silberfuchs 345
Silberschwert 263
*Single Nucleotide Polymorphism* (SNP) 328, 338
Sozialverhalten
 - Buntbarsche 259
Speziation *siehe* Artbildung
Sprache 231
 - Eigenschaften 231
 - funktionale Referenzialität 230
 - Lautäußerungen bei Emotionen 227
 - Sequenzvergleiche 462
 - Versuche mit Menschenaffen 231, 247
Stammart 380, 464, 472
Stammbaum 377, 463, 522
 - Buntbarsche 261
 - Darwin, Charles 378
 - Geschichte 377
 - Haeckel, Ernst 379
 - Hominoidea 414, 428
 - selbst erstellen 416, 440, 464, 470
 - Verwandtschaft 378

# Stichwortverzeichnis

Stammlinie 379
Standvögel 186, 196
*Staphylococcus aureus* 130
Stimulus, supernormaler 286
Strategien, r und K 95
Streifgebiete, Kennzeichnungen 229
Stufenleiter der Lebewesen 160
Sulfadoxin-Pyrimethamin 117
supernormaler Stimulus 286
Synapomorphie 381
Synthetische Evolutionstheorie 29, 521, 527
Systematik, phylogenetische 380, 463
Systematisierung der Lebewesen 377

## T

Tanganjikasee 263
Taxon 382
Taxonomie 414, 428
Teichrohrsänger
   - Experimente zur Fütterung von Kuckucken 286
Teilzieher 186, 196
Teleologie 34
Theoria Generationis 153
Theorie
   - Definition 524
Theorie des unterbrochenen Gleichgewichts 521
Therapie, adjuvante 134
Tiefenzeit 32
Tragekapazität 99
Tryptophan 358
Tuberkulose 132
Tumor 132
typologisches Denken 36

## U

Übergangsform 39
Umweltbedingungen
   - Lebenszyklen 96
uniparentale Parthenogenese 71
UPGMA-Methode 440
Urknall 30
Urmutter 423
Urozean 30

## V

Variabilität 31, 65, 67, 345, 364
   - genetische 68, 345
   - Mutation 68
   - sexuelle Fortpflanzung 65, 67
Variation
   - adaptive 206
   - Bänderschnecken 206
   - innerartliche 205
   - Kuckuckseier und Wirtsvögel 284
Verhalten
   - Buntbarsche 259, 268
   - Silberfüchse 346
Verwandtschaft
   - Analysen 466
   - Analysen *siehe auch* Stammbaum, selbst erstellen
   - Arten 321, 378
   - Buntbarsche 261
   - Hypothesen testen 470
   - Stammbäume 378
Viktoriasee 263
Vogelzug 186
   - Klimawandel 189
   - Selektion des Zugverhaltens 188
Vorfahr, gemeinsamer *siehe* Stammart
Vorstellungen
   - Evolution und Evolutionstheorie 28
   - von Lernenden 25
*Vulpes vulpes* 345

## W

Wachstum, logistisches 99
Wachstumsrate 99
Wettrüsten, koevolutives 67
*whole-genome-shotgun*-Sequenzierung 410
Wickler, Wolfgang 260
Wildtyp 345, 354, 366, 367, 370
Wilson, Edward Osborne 97
Wissenschaft
   - gute und schlechte 488
Wolf
   - Domestikation 354, 364
Wolff, Caspar Friedrich 153
Wright, Sewall 97

## Y

Yilmaz, Irfan 500

## Z

Zeitdimension 32
Zenogenie 156
Zidovudin 123
Züchtung 354, 360, 364
   - Ethik 366
Zugunruhe 186
Zugvögel 186, 196

**spektrum-verlag.de**

# Der neue *Purves Biologie*

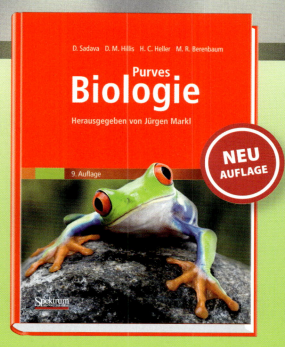

- Standardlehrbuch in Neuauflage
- Zum unschlagbaren Preis von € 69,95
- Alle Teildisziplinen der Biologie
- Exzellent bebildert und hochaktuell

*Purves Biologie* enthält die gesamte Biologie mit all ihren Teildisziplinen: klar verständlich, reich illustriert und komplett vierfarbig! Die 10 Teile des Buches untergliedern die Biologie entsprechend der Curricula an Universitäten. Ein Muss für Studierende der Biologie, die einen guten Einstieg in das Studium und einen verlässlichen Begleiter an der Universität brauchen. Die Neuauflage wurde durch Prof. Jürgen Markl (Universität Mainz) an die deutschsprachigen Studienverhältnisse angepasst. **Das Standardwerk zum unschlagbaren Preis von € 69,95!**

„Treuer Studienfreund – Ein kluges Lehrbuch für Biologen. Auf rund 1500 Seiten ist der komplette Stoff des Grundstudiums sorgfältig aufgearbeitet und didaktisch klug präsentiert. Die deutsche Ausgabe wurde gegenüber dem Original an vielen Stellen erweitert, etwa durch kurze Essays am Ende eines Kapitels." **FAZ** zur vorhergehenden Auflage von *Purves Biologie*

David Sadava et al.
**Purves Biologie**
Herausgegeben von Jürgen Markl
9. Aufl. 2011, 1.888 S., 1280 Abb., geb.
ISBN 978-3-8274-2650-5
▶ € (D) 69,95 | € (A) 71,91 | *sFr 87,50

▶ € (D) sind gebundene Ladenpreise in Deutschland und enthalten 7% MwSt; € (A) sind gebundene Ladenpreise in Österreich und enthalten 10% MwSt. Die mit * gekennzeichneten Preise für sind unverbindliche Preisempfehlungen und enthalten die landesübliche MwSt. ▶Preisänderungen und Irrtümer vorbehalten.